Geschichte der Politik

HISTORISCHE ZEITSCHRIFT

Beihefte
(Neue Folge)

Herausgegeben von Lothar Gall

Band 44

R. Oldenbourg Verlag München 2007

Hans-Christof Kraus/Thomas Nicklas
(Hrsg.)

Geschichte der Politik

Alte und Neue Wege

R. Oldenbourg Verlag München 2007

Bibliografische Information Der Deutschen Bibliothek

Die Deutsche Bibliothek verzeichnet diese Publikation in der Deutschen Nationalbibliografie; detaillierte bibliografische Daten sind im Internet über <http://dnb.d-nb.de> abrufbar.

Rosenheimer Straße 145, D-81671 München
Internet: http://www.oldenbourg.de

Umschlaggestaltung: Dieter Vollendorf
Gedruckt auf säurefreiem, alterungsbeständigem Papier (chlorfrei gebleicht).
Satz: Typodata GmbH, München
Druck: Memminger MedienCentrum, Memmingen
Bindung: Thomas Buchbinderei GmbH, Augsburg

ISBN: 978-3-486-64444-9

Inhalt

V. Militärgeschichte als politische Geschichte

VI. Politische Biographik

VII. Monarchische Politik

VIII. Politische Ideengeschichte

Einleitung

Von

Hans-Christof Kraus und Thomas Nicklas

Es stimmt: „Politikgeschichte ist wieder im Kommen."[1] Doch fragt sich auch, welches Verständnis von Geschichte der Politik dem Satz jeweils zugrunde gelegt wird. Dazu hat jüngst eine erfreulich intensiv geführte Debatte begonnen, zu der dieser Band weitere Beiträge liefert.[2] Seine Herausgeber sehen sich einem Verständnis von Politik verpflichtet, das weniger auf Symbolbezüge rekurriert, sondern das Entscheidungen in den Mittelpunkt stellt. An der Möglichkeit der historischen Analyse politischen Handelns wird explizit festgehalten. Es gilt, die Thematik von Macht und Herrschaft wieder als die zentrale Herausforderung der Geschichtswissenschaft zu erkennen, der heute eine Reihe neuer Forschungsansätze gerecht zu werden versucht, wie sie sich im folgenden dokumentiert finden. Dabei liegt es in der Natur des Gegenstandes, daß er Fragen stellt, „die den, der sich auf sie einläßt, über die Grenzen streng scientistischer Selbstbeschränkung hinausführen. Man kann ihnen nicht auf die Dauer ausweichen, ohne dem Gegenstand Politik selbst auszuweichen."[3] Geht es um Politik, so sind stets auch ontologische und anthropologische Standortbestimmungen im Spiel. Zwischen Normen und Praktiken sowie verschiedenen Welt- und Menschenbildern hat jeder Wissenschaftler seine Position zu finden. Gerade deshalb plädieren die

[1] *Ute Frevert*, Neue Politikgeschichte: Konzepte und Herausforderungen, in: dies./Heinz-Gerhard Haupt (Hrsg.), Neue Politikgeschichte. Perspektiven einer historischen Politikforschung. Frankfurt am Main/New York 2005, 7–26, 7.

[2] *Wolfgang Reinhard*, Was ist europäische politische Kultur? Versuch zur Begründung einer politischen Historischen Anthropologie, in: GG 27, 2001, 593–616; *Barbara Stollberg-Rilinger*, Die zeremonielle Inszenierung des Reiches, oder: Was leistet der kulturalistische Ansatz für die Verfassungsgeschichte?, in: Matthias Schnettger (Hrsg.), Imperium Romanum – irregulare Corpus – Teutscher Reichs-Staat. Mainz 2002, 233–246; *Thomas Mergel*, Überlegungen zu einer Kulturgeschichte der Politik, in: GG 28, 2002, 574–607; *ders.*, Kulturwissenschaft der Politik: Perspektiven und Trends, in: Friedrich Jaeger/Burkhard Liebsch (Hrsg.), Handbuch der Kulturwissenschaften. Bd. 3. Stuttgart/Weimar 2004, 413–425; *Achim Landwehr*, Diskurs – Macht – Wissen. Perspektiven einer Kulturgeschichte des Politischen, in: AKG 85, 2003, 71–117; *Thomas Nicklas*, Macht – Politik – Diskurs. Möglichkeiten und Grenzen einer Politischen Kulturgeschichte, in: AKG 86, 2004, 1–25; *Frank Becker*, Geschichte und Systemtheorie – ein Annäherungsversuch, in: ders. (Hrsg.), Geschichte und Systemtheorie. Exemplarische Fallstudien. Frankfurt am Main/New York 2004, 7–28; *Barbara Stollberg-Rilinger*, Was heißt Kulturgeschichte des Politischen? Einleitung, in: dies. (Hrsg.), Was heißt Kulturgeschichte des Politischen? (ZHF, Beih. 35.) Berlin 2005, 9–24.

[3] *Peter von Kielmansegg*, Zur philosophischen Tradition des Faches und seiner Bildungsfunktion, in: Hans-Hermann Hartwich (Hrsg.), Politikwissenschaft. Lehre und Studium zwischen Professionalisierung und Wissenschaftsimmanenz. Opladen 1987, 59–64, 61.

Herausgeber entschieden für eine Pluralität der Zugangswege zur Politikgeschichte, jenseits theoretischer Summierungen und großartiger Verkündigungen vorgeblicher „Paradigmenwechsel“ oder „Turns“, mit denen immer die Gefahr scholastischer Verengung und einseitiger Diskussionszwänge verbunden ist. Sie bekennen sich zu der Überzeugung, daß alte und neue Wege gleichermaßen zum Ziel geschichtswissenschaftlicher Erkenntnis führen, wenn sie mit forscherlichem Ernst und methodischer Präzision begangen werden.

Was ist mit der Metapher des „alten Weges“ gemeint? Politikgeschichte wird möglich durch die Befreiung von Transzendenzansprüchen. Die humanistische Geschichtsschreibung und die ihr folgende Historiographie haben seit dem 16. Jahrhundert das Politische seiner religiösen Deutungsmuster weitgehend entledigt und an die Stelle des mittelalterlichen Verständnisses von der göttlichen Vorausbestimmtheit menschlichen Handelns historische Kausalitäten gesetzt. Die Historiographie des Humanismus, die sich im Spätmittelalter in den oberitalienischen Kommunen formierte, kennzeichneten nicht nur ästhetische Kriterien, sondern auch inhaltliche Charakteristika, wie „ein nüchtern-skeptischer Blick, der auf Wahrscheinlichkeit und Kohärenz der Überlieferung beharrte, Urkunden über fromme Legenden stellte und deren Echtheit mit Hilfe neuer Methoden kritisch zu prüfen wusste.“[4] In dieser realistischen Betrachtungsweise kam der Macht für den Bereich der Politik die Bedeutung des Letztwertes zu, wie ihn im Ökonomischen das Geld darstellt.[5] Der Blick der Humanisten auf die Machtfragen wurde im Verlauf ihrer Erziehung geschärft, in der Macht den Rang eines Essentials einnahm.[6]

Schließlich war es einer der größten Fortschritte für die Geschichtswissenschaft insgesamt, wenn mit der historisch-kritischen Methode des 19. Jahrhunderts eine Politikgeschichte ermöglicht wurde, die den begründeten *An-*

[4] *Gerrit Walther*, Nation als Exportgut. Mögliche Antworten auf die Frage: Was heißt Diffusion des Humanismus?, in: Johannes Helmrath/Ulrich Muhlack/Gerrit Walther (Hrsg.), Diffusion des Humanismus. Studien zur nationalen Geschichtsschreibung europäischer Humanisten. Göttingen 2002, 436–446, 437. Vgl. auch die weiteren Beiträge dieses Bandes.

[5] *Wolfgang Kersting*, Handlungsmächtigkeit – Machiavellis Lehre vom politischen Handeln, in: Philosophisches Jahrbuch 95, 1988, 235–255, 237.

[6] „Humanism succeeded because it persuaded Italian and ultimatively European society that without its lessons no one was fit to rule or lead“ (*Robert Black*, Humanism, in: Christopher Alleand [Ed.], The New Cambridge Medieval History. Vol. 7 [c. 1415–c. 1500]. Cambridge 1998, 243–277, 276); „(…) the social groups who dominated [Italian] political life found in a humanistic education precisely the kind of education needed to prepare their sons to govern“ (*Charles G. Nauert*, Humanism and the Culture of Renaissance Europe. Cambridge 1995, 13); vgl. auch *Gerrit Walther*, Adel und Antike. Zur politischen Bedeutung gelehrter Kultur für die Führungselite der Frühen Neuzeit, in: HZ 266, 1998, 359–385.

spruch erheben (und oft, wenngleich nicht immer einlösen) konnte, sich wenigstens von der Zumutung unmittelbarer politischer Indienstnahme fernzuhalten. Die Politikgeschichte stand nämlich immer in der Versuchung, selbst politisch zu werden. Dagegen wehrte sie sich durch strenge Kriterien der Objektivität, wie sie für Frankreich Gabriel Monod vertrat, der Begründer der 1876 erstmals erschienenen „Revue Historique", des französischen Pendants zur Historischen Zeitschrift. Er forderte vehement „sévérité de méthode et de critique et (...) impartialité d'esprit" sowie „rigueur de méthode" und „absence de parti".[7] So brachte die methodische Politikgeschichte des 19. Jahrhunderts eine doppelte Befreiung. Sie vollzog einen entscheidenden Schritt auf dem Wege der Emanzipation der Historiographie von unmittelbarer politischer Indienstnahme, und sie erteilte philosophischen Spekulationen mit der Vergangenheit eine Absage, wie sie in der Geschichtstheologie Bossuets oder noch in der Geschichtsphilosophie Hegels zum Ausdruck kamen.

Mit Leopold von Ranke soll an der Autonomie der Geschichte festgehalten werden: „Menschliche Dinge kennen zu lernen, gibt es eben zwei Wege: den der Erkenntnis des Einzelnen und den der Abstraktion; der eine ist der Weg der Philosophie, der andere der der Geschichte."[8] Mit seinem Willen, zuerst einmal vom Konkreten auszugehen und das Einzelne über die Abstraktion zu stellen, hat sich Ranke allerdings Hegels Verdikt zugezogen, bloß „ein gewöhnlicher Historiker" zu sein.[9] Dabei wäre es ein grobes Mißverstehen Rankes und eine absurde Forderung, wollte man einer theoriefernen Historiographie das Wort reden. Im Gegenteil – die stets vorhandenen Theorieansätze sollten offenliegen, damit es zu einem Wettbewerb der Methoden und zu einer lebendigen Diskussion kommen kann.[10] Ebensowenig wird die Stringenz kulturalistischer Konzepte in ihrer Anwendung auf Geschichte bestritten. Kritische Aufmerksamkeit ist jedoch gefordert, wenn eine „Neue Politikgeschichte" oder eine „Kulturgeschichte des Politischen" postuliert und der „traditionellen" oder „konventionellen" Politikgeschichte mit sichtlich abwertender Tendenz gegenübergestellt werden. Es kennzeichnet die unter dem Etikett „Kulturgeschichte des Politischen" versammelten Strömungen, daß „sie von einem weiten, sozialanthropologischen Kulturbegriff ausgehen, wonach Kultur über die fundamentale Fähigkeit des Men-

[7] RH 1, 1876, 1; *Benjamin Harrison*, Gabriel Monod and the Professionalization of History in France, 1844–1912. Ann Arbor 1974.

[8] *Leopold von Ranke*, Aus Werk und Nachlaß. Bd. 4: Vorlesungseinleitungen. Hrsg. v. Volker Dotterweich u. Walther Peter Fuchs. München 1975, 87.

[9] *Ernst Simon*, Ranke und Hegel. München 1928, 82. Nach anderer Überlieferung lautete der Satz: „Nein, mit dem Ranke ist es nichts."

[10] Zur Theoriefrage in der Geschichtswissenschaft sei hier lediglich verwiesen auf: *Chris Lorenz*, Konstruktion der Vergangenheit. Eine Einführung in die Geschichtstheorie. Köln 1997, 356–365.

schen zur Symbolerzeugung definiert wird und die Gesamtheit der symbolischen Hervorbringungen – von der Sprache über die Institutionen und Alltagspraktiken bis zur Wissenschaft umfaßt. Dabei wird der dialektische Charakter des symbolischen Weltbezuges betont: Das kulturelle Bedeutungsgeflecht ist den einzelnen als objektives und kollektives immer schon vorgegeben, ebenso wie es umgekehrt von den einzelnen stets aufs Neue reproduziert und modifiziert wird."[11] Die Bedeutung der Symbole und der Sinnkonstruktionen für das Politische in Vergangenheit und Gegenwart ist gewiß nicht zu unterschätzen, doch geht das kulturalistische Kalkül für die Politikgeschichte in einem Punkt nicht auf – nämlich in dem, der nach realistischer Einschätzung und nach dem Alltagsverständnis von Herrschaft für die Politik konstitutiv ist. Es geht um die Macht. Staat und Institutionen sind Konstrukte. Die Macht und die hinter ihr stehende Gewalt entziehen sich jedoch einem ausschließlich kulturwissenschaftlichen Zugriff. Jedenfalls ist bisher deren Integration in die „Interdisziplin" der Kulturgeschichte nicht gelungen.[12] Solange es der „Kulturgeschichte der Politik" nicht gelingt, eine für die „traditionelle" Politikgeschichte seit Thukydides nach allgemeiner Auffassung zentrale Kategorie in ihr Modell zu integrieren, solange muß jeder Triumphalismus auf ihrer Seite vorzeitig erscheinen. Die Geschichtswissenschaft wird sich weiter an dem Anspruch messen lassen müssen, die erfahrbare Realität mit ihren Entwürfen zur Deckung zu bringen.

Dem Pluralismus der Themen, Perspektiven und Methoden verpflichtet, sind die folgenden Texte weit davon entfernt, einem bestimmten theoretischen Ansatz zu folgen. Allerdings haben sich deren Verfasser an bestimmten Leitfragen ausgerichtet: Wie kann man Politik aus Politik heraus erklären? Welchen Rang beansprucht das Individuum, wo liegen die Chancen historischer Biographik? Wie kann das Handeln von Menschen angemessen analysiert und dargestellt werden? Schließlich: Was ist das Politische, wo beginnt und wo endet es? Weit davon entfernt, diese Grundfragen auch nur annähernd beantworten zu können und zu wollen, zeigen die Aufsätze zwischen Bestandsaufnahmen, konkreten thematischen Zugriffen und Ausblicken in die Zukunft jeweils individuelle „neue Wege" politikgeschichtlicher Forschung auf. Wissenschaftler der jüngeren Generation beschreiben im Sinne eines intellektuellen Itinerars den Weg, den sie bisher zurückgelegt haben, und die Richtung, die sie weiterhin einschlagen wollen. Ihnen ist gemein, daß sie auf ihren geschichtlichen Wanderungen von den Archiven ausgehen. Die Herausgeber jedenfalls teilen die Ansichten eines Geschichtspraktikers

[11] *Stollberg-Rilinger*, Was heißt Kulturgeschichte des Politischen? (wie Anm. 2), 10f.

[12] Vgl. *Achim Landwehr/Stefanie Stockhorst*, Einführung in die Europäische Kulturgeschichte. Paderborn 2004. Hier lagert sich die Kulturgeschichte an die Begriffspaare Natur/Umwelt, Kommunikation/Medien, Wissen/Wissenschaft, Staat/Nation, Identität/Alterität, Körper/Geschlecht, Wahrnehmung/Gedächtnis an. Es fehlt die Kategorie Macht/Norm/Gewalt.

und Archivars, wie sie Michael Hochedlinger in seinen fulminanten Darlegungen vorträgt, besonders wenn er die „Enthandwerklichung" der historischen Zunft beklagt. Jenseits der Konzeptualisierung, der Begriffsbildung und der Periodisierungsansätze wartet vergangenes Leben auf die Historiker. Gefordert ist heute die Hinwendung zum Konkreten, zum Gegenstand an sich, letztlich auch zu den Problemen einer Welt, in der es keine Fluchträume mehr gibt.

Sven Externbrink blickt zurück auf alte Schmähungen der Diplomatiegeschichte und auf neuere selbstgewisse Ansätze zu einer Kulturgeschichte des Politischen, um schließlich die Frage zu stellen, welche Formen der Geschichte der internationalen Beziehungen heute angesichts solcher Herausforderungen angemessen sind. Für das frühneuzeitliche Europa erscheint ihm der Begriff des internationalen Systems adäquat, dessen Tragfähigkeit mit dem jüngst von Barry Buzan und Richard Little formulierten Theoriekonzept untermauert werden kann. Der Rahmen des internationalen Systems der Frühen Neuzeit wird allerdings in den neueren Handbüchern jeweils recht unterschiedlich gefüllt, so in der „Nouvelle histoire des relations internationales" des Pariser Verlages Seuil oder in dem von Heinz Duchhardt und Franz Knipping herausgegebenen „Handbuch der Geschichte der Internationalen Beziehungen". Als Folgewirkung jener europäischen Renaissance der Diplomatiegeschichte, für die Lucien Bélys 1990 veröffentlichte Arbeit über „Espions et ambassadeurs au temps de Louis XIV" als Fanal wirkte, tun sich der Forschung mehrere neue Wege auf. Der Autor tritt für eine engere Verflechtung von Mikro- und Makropolitik ein, für einen geschärften Blick auf persönliche Netzwerke der Mächtigen und (außen-)politische Entscheidungen. In den Aktengebirgen der Archive schlummern jedenfalls große Zukunftsmöglichkeiten für die Geschichte von Außenpolitik, die es weiter zu prospektieren gilt.

Eckart Conze plädiert für eine moderne, gleichwohl fruchtbare ältere Ansätze nicht ignorierende Geschichte der internationalen Beziehungen, die „in multiperspektivischem Zugriff wirtschaftliche, kulturelle, soziale, konfessionelle, mentale, geopolitische, militärische und viele andere Faktoren in die historische Analyse, Darstellung und Interpretation internationaler Beziehungen integriert". Vor allem kommt es ihm darauf an, traditionelle Schlüsselbegriffe wie „Staat" und „Staatensystem" zu historisieren und in ihren geschichtlich verschiedenen Ausprägungen zu analysieren, damit auch die Teileinheiten und Subsysteme eben jener „gedachten Ordnungen" der Vergangenheit in den Blick des Historikers geraten können. – Als konkretes Beispiel untersucht er das Problem des Einflusses des bürgerlichen Liberalismus auf die Entwicklung des europäischen Staatensystems zwischen 1815 und 1871. Er kommt zu dem Ergebnis, daß die nach und nach sich vollziehende Delegitimierung der 1815 völkerrechtlich fundierten und lange Zeit auch weitgehend stabilen Wiener Ordnung nur dann wirklich zu verstehen ist, wenn der Anteil der gemeineuropäischen liberalen Bewegung – deren Interessen nicht nur auf bürgerliche Freiheiten, sondern auch auf die Entwicklung bedeutender wirtschaftlicher Potentiale und die Bildung starker Nationalstaaten gerichtet war – an diesem Vorgang angemessen in den Betrachtungs- und Analyserahmen einbezogen wird.

Axel Gotthard verortet Krieg und Frieden in der begrifflichen Spannung zwischen Moderne und Vormoderne. In jeder Zeitschicht finden sich andere Bedeutungen und Einschätzungen. Dabei läßt sich als Entwicklungstendenz in der Frühen Neuzeit eine Säkularisierung von Krieg und Frieden erkennen, eine ethisch-religiöse Entleerung des „ius ad bellum", das zum regulären Bestandteil staatlicher Souveränitätsrechte wurde, ehe es nach 1918 in ebensolcher Schärfe dem Verdikt der Absurdität verfiel wie um 1648 das theologische Postulat eines „bellum iustum" um konfessioneller Ansprüche willen. Gotthards Fragestellung zielt aber darauf ab, welche Kriterien und Gesichtspunkte auf der Ebene des entscheidenden Personals ausschlaggebend waren für Beschlüsse über Krieg oder Frieden. Ging es um religiöses Pflichtgefühl oder um säkulares Interessenkalkül? Derartige Forschungen können sinnvoll nur an der „Schnittstelle zwischen Bibliothek und Archiv" betrieben werden, im Wechsel zwischen Propagandaschriften und Beratungsprotokollen, um die Normen und die kognitiven Prozesse zu identifizieren, die Staaten in den Krieg führten. Damit zeichnen sich die Konturen einer „Wahrnehmungs- und Mentalitätsgeschichte der Entscheider" im frühneuzeitlichen Europa ab, die erstarrte Debatten neu beleben kann. Ging es 1618 letztlich um Konfession oder Staatsräson? Zogen die Soldaten in einen Glaubenskrieg oder in einen Staatenbildungskrieg, als Europa nach dem Prager Fenstersturz den Sprung ins Dunkle wagte?

Andreas Rödder beantwortet die Frage nach alten und neuen Wegen moderner Geschichtswissenschaft anhand zweier Exempla aus der neuesten Zeitgeschichte: Die politisch-gesellschaftliche Kontroverse innerhalb der alten Bonner Republik um den NATO-Doppelbeschluß untersucht er in der Form einer wechselseitigen Analyse der drei politischen Aktionsebenen: der gesellschaftlichen Forderungen, der nationalen Sicherheits- und Bündnispolitik und der Anforderungen des internationalen Systems. Er kommt dabei, durchaus auf der Linie „älterer" Wege der Politikgeschichte, zu dem Resultat, daß am Ende der Kontroverse „das vollständige Unterliegen der gesellschaftlichen Protestbewegung gegen die Forderungen des Bündnisses" stand. Gleichzeitig plädiert Rödder für eine Erweiterung der „klassischen" Politikgeschichte in den Bereich des Gesellschaftlich-Sozialen hinein, und er verdeutlicht seine Auffassung mit dem Hinweis auf den gesellschaftlich-kulturellen Transformationsprozeß des bundesdeutschen Gemeinwesens seit den 1970er Jahren, das man gemeinhin auch auf den Begriff des „Wertewandels" zu bringen versucht. Die Analyse dieses Phänomens, die noch in den Anfängen steckt, erfordert tatsächlich das Beschreiten wesentlich „neuer

Wege“ und nicht zuletzt auch die *kritische* Rezeption verwandter wissenschaftlicher Ansätze der „Gegenwartswissenschaften“ – ohne jedoch die ureigenen Interessen und Erkenntnisformen der Geschichtswissenschaft damit ad acta zu legen.

Matthias Schnettger bietet einen Rückblick auf die Forschung über das Alte Reich in der Bundesrepublik. Diese stand bekanntlich im Zeichen einer historiographischen Kehrtwende gegen die auf das Heilige Römische Reich zielenden Verdammungsurteile borussischer Nationalgeschichtsschreibung. Diese Revision überkommener Geschichtsbilder erfuhr vor einigen Jahren einen neuen Anstoß, als die Thesen Georg Schmidts diskutiert wurden, die ihr Urheber in die Formel vom „komplementären Reichs-Staat“ kleidete. Demnach läßt sich die Geschichte des Reiches in der Frühen Neuzeit keineswegs auf den einfachen Nenner des Verfalls und der Desintegration bringen. Es wird von einer Geschichte des Zusammenwachsens und der Integration zu sprechen sein. Schnettger untersucht Möglichkeiten und Grenzen einer Umwertung des Reiches und seiner von kritischen Zeitgenossen als *monströs* qualifizierten Verfassung. Seiner Einschätzung nach ist es für ein Schlußwort in der Kontroverse noch zu früh. Wichtige Institutionen der Reichsverfassung wie der Reichshofrat bedürfen noch der eindringenden Erforschung. Andererseits werden in bestimmten Bereichen auch kulturwissenschaftliche Ansätze weiterführen, weil sie es gestatten, das Heilige Römische Reich als Ort von Symbolen und von Kommunikation präziser zu erfassen.

Moderne Institutionengeschichte in kulturgeschichtlicher Erweiterung untersucht *Bernhard Löffler*, anknüpfend an eigene Arbeiten zur Geschichte des bundesrepublikanischen Wirtschaftsministeriums unter Ludwig Erhard. Er plädiert dafür, die „ältere“ Verwaltungsgeschichte (wie sie sich etwa in dem bekannten Handbuch Jeserichs manifestiert) durch Aufnahme neuerer kulturgeschichtlicher Fragestellungen zu ergänzen. Wenn es bei der Analyse großer Verwaltungsinstitutionen darauf ankommt, auch die informellen Verfahrensprozesse, auch die Modifikationen der verwaltungstechnischen und rechtlichen Vorgaben durch den bürokratischen Alltag und nicht zuletzt ebenfalls die Herausbildung spezifischer „Organisationskulturen“ in den Blick zu bekommen, dann reichen hierfür die traditionellen Zugangsweisen der klassischen Politik- und Verwaltungsgeschichte nicht mehr aus. Nur in erweiterter methodischer Perspektive lassen sich Staat, Gesellschaft und Wirtschaft sowohl als Produzenten wie auch als Produkte einer jeweiligen spezifischen „politischen Kultur“ erfassen und begreifen. Freilich warnt Löffler ebenfalls davor, die Analyse politischer Institutionen – in denen er auch weiterhin zentrale Bezugspunkte der Politikgeschichte sieht – zum bloßen Anhängsel kulturalistisch-diskurstheoretischer Erörterungen zu machen.

In seinem Beitrag geht *Thomas Nicklas* der Frage nach, ob es im frühneuzeitlichen Europa tatsächliche jene unterschiedlichen Politikstile gegeben hat, die sich reichlich ungenau als „monarchische“ und „ständische“ Politik bezeichnen lassen und die Otto Brunner einst sehr griffig in zwei Denkern personifizierte. Hatte der sich formende Staat tatsächlich, wie Brunner einst suggerierte, die Wahl zwischen „Bodin“ und „Althusius“? Hier scheint einmal mehr eine theoretische Verkürzung vorzuliegen, mit der Gefahr von Kurzschlüssen. Jedenfalls beweist schon ein kurzer Blick auf die Spannung zwischen den vormodernen Politikformen sowie auf die Vielzahl theoretischer Verständigungsversuche über das Politische, daß bis heute genügend Stoff zum fruchtbaren Nachdenken und fleißigen Forschen vorhanden ist. Es erscheint freilich geboten, nicht vom jeweils aktuellen Theorieangebot auszugehen, sondern vielmehr zeitgenössische Ansätze zur analytischen Durchdringung von Politik aufzugreifen, die hineinführen in das keineswegs keimfreie Laboratorium früher Staatlichkeit, in dem Machttatsachen das Geschehen bestimmten. Es gibt bis heute keine Geschichte der Macht, weder im Singular noch im Plural, die dem reichlich akkumulierten theoretischen Kapital von Machiavelli bis Foucault Rechnung trüge; es fehlt aber auch eine Geschichte des Konstitutionalismus, die systematisch im europäischen Rahmen den Modellen zur Beschränkung und Kontrolle von Macht nachgeht. Selbst die Verständigung über angemessene Analysekategorien frühneuzeitlichen Politikgeschehens steht noch aus: „Interesse“ oder „Legitimität“? Politik muß zuerst einmal zwischen den Polen von Agon und Konsens, von Geschichte der Macht und Geschichte des Zusammenlebens, wissenschaftlich tragfähig justiert werden.

Manfred Kittel widmet sich in seinem Beitrag der Geschichte der „parlamentarischen Kultur“ in der Weimarer Republik am Beispiel der neueren Debatte um den politischen Stellenwert und die programmatisch-ideologische Ausrichtung der Deutschnationalen Volkspartei. Gegen die von einigen Autoren vertretene – kulturhistorisch und symboltheoretisch begründete – These einer „stillen Republikanisierung“ der DNVP (Th. Mergel) erhebt Kittel gewichtige Einwände: Eine solche Deutung unterschätze nicht nur erheblich die „politischen Funktionsdefizite“ des Weimarer Reichstags, sondern werde auch durch neuere Forschungsergebnisse zur Entwicklung dieser Partei auf der regionalen Ebene innerhalb und außerhalb Preußens (Pommern, Württemberg, Bayern) klar widerlegt. Wenngleich sich anhand der Entwicklung nach 1945 belegen lasse, daß „das konservative Deutschland keineswegs prinzipiell unfähig zur Demokratie“ gewesen sei, so zeigten doch die politische Praxis wie auch die Verfassungsvorstellungen der Weimarer Deutschnationalen, daß von einer „stillen Republikanisierung“ nach 1919 nicht die Rede sein könne.

Michael Hochedlinger betrachtet das Paradoxon des Machtstaates in der deutschen und der österreichischen Frühneuzeitforschung. Allgegenwärtig in den Quellen, wird er von den Historikern doch gern gemieden. So klafft denn „eine merkwürdige Lücke zwischen den Einsichten, die wir immer wieder aus der Vogelsperspektive der Lehrbücher aufgetischt bekommen, und dem, was der ungesteuerte Bienenfleiß der Frühneuzeithistoriker zu erforschen sich bemüßigt fühlt." Den Kern des Problems bildet die von Wolfgang Weber konstatierte „Vergeistigung der Staats- und Politikgeschichte", die heute angesichts begrenzter Ressourcen der Forschung bedenklich wirkt, weil sie in historische Wahrnehmungsstörungen münden kann. Vor einer exzessiv geisteswissenschaftlichen Ausrichtung der Geschichte wird gewarnt. Als Antidot empfiehlt sich die „Strukturgeschichte des Machtstaates", ein Interpretationsangebot für diejenigen historischen Teildisziplinen, die sich mit dem frühneuzeitlichen Staat befassen. Ihr Wert steht außer Frage, denn: „the state is back in". Aber auf welchem Wege bekommen wir dieses vielgestaltige und oftmals unheimliche Geschöpf in den Griff? Wir müssen in die Archive. Die Defizite unseres Wissensstandes und die Desiderate des Erkenntniswillens bleiben enorm. Offen ist beispielsweise noch die sozialgeschichtliche Frage, wie sich die verschärfte Machtpolitik in der zweiten Hälfte des 18. Jahrhunderts auf gesellschaftlicher Ebene ausgewirkt hat. Die Historiker müssen sich dem neuzeitlichen Machtstaat stellen, dem bereits die Zeitgenossen nicht entgehen konnten.

Günther Kronenbitter widmet sich der neueren Forschung zur Militärgeschichte des 19. Jahrhunderts, und er plädiert dabei nachdrücklich für eine „politikgeschichtlich arbeitende Militärhistoriographie des ‚langen' 19. Jahrhunderts". Die insgesamt wenig hilfreiche Spaltung innerhalb der deutschen militärgeschichtlichen Forschung zwischen einerseits einem Ansatz, der das Phänomen „Krieg" ausschließlich als die „Geschichte organisierter Tötungsgewalt" untersucht sowie andererseits der Tendenz, das Militär ausschließlich als „gesellschaftlichen Faktor" in Friedenszeiten zu untersuchen, verstellt den Blick darauf, daß die Vorbereitung auf den Krieg immer im Zentrum des Militärischen (gerade auch in Friedenszeiten) stand. Zu den Desideraten einer modernen Militärgeschichte des 19. Jahrhunderts gehören neben dem Fehlen großer Synthesen u. a. auch eine stärkere Berücksichtigung des technik- und wissenschaftshistorischen Faktors, die genauere Beachtung der Militärdiplomatie sowie ein Ausbau der biographischen Zugangsweise. Als weiterhin maßgebend und maßstabsetzend sieht Kronenbitter die Clausewitz-Tradition einer Verbindung von Militär und Politik an, ohne die eine moderne Militärgeschichte nicht denkbar ist.

Sönke Neitzel gibt einen umfassenden Rückblick auf die deutsche Militärgeschichtsschreibung nach dem Zweiten Weltkrieg. Die Anregungen, Fragestellungen und auch manche Resultate der neueren „kulturalistischen" Richtung innerhalb dieser Disziplin erkennt er als Bereicherung und methodische Erweiterung durchaus an, doch er sieht ein Defizit darin, daß in vielen neueren Arbeiten bei der Untersuchung der Interdependenz von Theorie und Kriegsgeschehen die politisch-strategischen, die technischen und operativen Zusammenhänge vielfach nicht hinreichend berücksichtigt werden. Den fehlenden Praxisbezug derartiger Studien erklärt er mit einem noch im gegenwärtigen Deutschland vorhandenen großen gesellschaftlichen Befremden im Umgang mit dem Militär im allgemeinen und der deutschen Militärgeschichte im besonderen. Er plädiert ausdrücklich für „eine Rückkehr des Krieges in die Militärgeschichte", die vor allem eine stärkere Berücksichtigung der Operationsgeschichte mit sich bringen muß – ohne neuere kulturgeschichtliche Fragestellungen dabei zu vernachlässigen. Eine Kombination aus Bewährtem und Neuem ist hierbei gefragt, die sich übrigens in verschiedenen Großprojekten der institutionalisierten außeruniversitären Forschung hier und da bereits andeutet.

Hans-Christof Kraus beleuchtet die Bedeutung der politischen Biographie im Rahmen moderner Historiographie. Nach einem knappen Rückblick auf die Entwicklung dieser Gattung der Geschichtsschreibung seit dem 19. Jahrhundert weist er auf ein eigentümliches Mißverhältnis hin, das sich seit den 1970er Jahren herausgebildet hat: Zum einen hat sich die politische Biographie bis zur Gegenwart als eine der erfolgreichsten Formen moderner Historiographie behauptet, zum anderen aber werden ihr Wert und ihre wissenschaftliche Bedeutung immer wieder bestritten, und zwar aus den unterschiedlichsten Motiven. Er weist nach, daß die vielbeachtete, zeitweilig höchst einflußreiche Biographiekritik von Pierre Bourdieu (1982) starke Defizite aufweist und weder als originell noch als argumentativ stichhaltig angesehen werden kann, während einige der älteren, von Wilhelm Dilthey gegen Ende des 19. Jahrhunderts formulierten Grundgedanken einer wissenschaftlichen Biographik auch noch in der Gegenwart fruchtbar gemacht werden können. Kraus plädiert für eine moderne politische Biographik, die den Blick auf Wirkungszusammenhänge zwischen Individuum und Gesellschaft richtet, die das Webersche Konzept der „Lebensführung" aufnimmt, die auch die Brüche eines Lebenslaufs genau in den Blick bekommt und die sich schließlich ebenfalls der genauen Rekonstruktion von individuellen Handlungsspielräumen zuwendet.

Guido Müller widmet sich dem Thema des Verhältnisses von Moral und Politik anhand der politischen Biographie von Theodor Heuss. Indem er von der Grundannahme ausgeht, daß sich dieses Verhältnis gerade am Beispiel der Individualbiographie eines einzelnen Politikers besonders anschaulich explizieren läßt, zeichnet Müller Heuss' politisches Agieren in den ersten Jahren der Bundesrepublik nach, in denen der erste Bundespräsident „auch durch Eigenstilisierung zum moralischen Gewissen der Deutschen" nach 1945 wurde. Sein Bekenntnis zum Vermächtnis des deutschen Widerstandes gegen die NS-Diktatur, sein Initiieren der „Dankspende des deutschen Volkes", vor allem seine Bemühungen um eine Verständigung zwischen Israel und Deutschland und sein offensives Wachhalten der Erinnerung an die nationalsozialistischen Verbrechen an den Juden sind Zeichen für sein Engagement, mit dem er die Verbindung zwischen Moral und Politik herzustellen suchte. Dies tat er freilich in dem Bewußtsein, daß Moral – die er vor allem im Begriff des „Anstands“ zu fassen versuchte – nicht nur im Rahmen „ewiger Gesetze“ gesucht und gefunden werden dürfe, sondern der ständigen Bemühung und zeitgemäßen Erneuerung bedürfe. In diesem Sinne war „Anstand“ für ihn eine „Erziehungsidee“.

Frank-Lothar Kroll behandelt das Problem der Überlebensstrategien der europäischen Monarchien im Zeitalter der Revolutionen und des Nationalismus. Er beschreibt die Entwicklung der Monarchie im 19. Jahrhundert als eine spezifische Form geglückter Elitenanpassung durch eine weitgehend erfolgreich vollzogene institutionelle Modernisierung. Dabei unterscheidet er drei Phasen: die Zeit der immer noch stark übernational geprägten Anpassungsversuche (bis 1848), die Ära der Neulegitimierung der monarchischen Staatsform mittels Konstitutionalisierung und Nationalisierung (bis etwa 1880), und schließlich die Spätzeit vor dem Ersten Weltkrieg, in der sich die Folgen der zunehmend nationalistisch unterfütterten Neulegitimierung monarchischer Herrschaft nicht zuletzt darin zeigten, daß der traditionelle „monarchische Internationalismus“ und dessen politische Möglichkeiten in der Zeit um und nach 1900 rapide zu zerfallen begannen. Insofern kann man nur eine gewisse Konsequenz in der Tatsache sehen, daß die meisten Monarchien „den Weg in Krieg und Selbstzerstörung“ mitgingen, ebenso als Sinnbilder „nationaler Identität“ wie auch als Symbole „nationaler Hybris“.

Matthias Stickler widmet sich dem bisher nur wenig behandelten Thema der Geschichte der regierenden, aber auch der entthronten Dynastien im 20. Jahrhundert; er sieht darin ein durchaus innovatives, viele Möglichkeiten bietendes Forschungsfeld auch für die Geschichtswissenschaft. Dies illustriert er anhand dreier zentraler Aspekte des Themas: Erstens erörtert er die sowohl integrierende wie auch polarisierende Funktion einer Dynastie im politischen Bereich, vornehmlich am Beispiel der Habsburger, zweitens vermag er deutlich zu machen, in welch hohem Maße auch noch über das 19. Jahrhundert hinaus von den regierenden Familien Verwandtschaft als Mittel der Politik (und zwar keineswegs nur der dynastischen Familienpolitik im engeren Sinne) gehandhabt worden ist, und drittens schließlich erörtert er anhand einiger Beispiele (Habsburg, Spanien) die Grenzen, aber auch die Möglichkeiten einer monarchischen Restauration. Er kommt abschließend zu dem Resultat, daß die Bedeutung der Transnationalität angesehener Fürstenhäuser und die sich ihnen – vor allem aufgrund des Prestiges ihrer Familien – bietenden Möglichkeiten politischer Einflußnahme bis in die Gegenwart hinein nicht unterschätzt werden sollten.

Das Jahr 1648 brachte in vielen Bereichen einen epochalen Einschnitt. Wie hat das politische Denken darauf reagiert? Gab es die „Ideen von 1648“, die ausgehend von dem Vertrag und seinen praktischen Auswirkungen die Wahrnehmungen des Politischen bestimmt haben? Die Forschung hat sich dieser Frage bislang kaum gestellt, so daß die exploratorische Feldbegehung, die *Frank Kleinehagenbrock* vornimmt, recht deutlich erkennen läßt, welche Potentiale das Thema in Zukunft bietet. Zuletzt hatte sich der Göttinger Staatsrechtslehrer Johann Stephan Pütter (1725-1807) in einer Abhandlung von 1795 dem „Geist des Westfälischen Friedens“ gewidmet. Nachfolgende Wissenschaftlergenerationen begnügten sich dagegen mit juristischer, diplomatischer oder historischer Exegese des Vertragstextes. Bereits die zeitgenössische Interpretation suchte den Sinn der Friedensinstrumente in der Gewährung religiöser Freiheit und konfessioneller Gleichberechtigung, womit die Verträge von Münster und Osnabrück als Geburtsort eines spezifisch deutschen Katalogs der Grundrechte erscheinen können. Das damit aufgeworfene Toleranzproblem ist an der lokalen Umsetzung des Friedens in Gebieten mit konfessioneller Interferenz (Wertheim, Osnabrück) zu untersuchen. Politische Ideengeschichte hat somit in diesem Fall vom Konkreten auszugehen.

Wenn es einen gemeinsamen Nenner gibt, auf den alle Beiträge dieses Bandes gebracht werden können, dann wohl die übereinstimmende Überzeugung, daß es keinen „Paradigmenwechsel“ innerhalb der Geschichtswissenschaft von „alter“ Politikgeschichte zu „neuer“ Kulturgeschichte gibt – und daß es ihn auch nicht geben kann. Das bedeutet kein einseitiges Plädoyer für „alte“ Methoden und Themen, sondern gewissermaßen den Willen zu einer wissenschaftlichen Janusköpfigkeit, die alte *und* neue Themen und Fragestellungen in *gleicher* Weise aufnimmt, sie gegebenenfalls sogar miteinander kombiniert und in wechselseitiger Gemeinsamkeit fruchtbar zu machen versucht. Entschiedener Protest ist allerdings dann zu erheben, wenn der Versuch unternommen wird, die Politikgeschichte vermeintlich „traditioneller“ Art, etwa die machtgeschichtliche Analyse, die politische Biographie oder die Institutionengeschichte, pauschal zu verabschieden und durch wenig ertragreiche Diskursanalysen oder kulturalistische Spekulationen über die „Symbolizität“ des Politischen abzulösen. In diesem Fall dürfte es besonders notwendig sein, deutlicher und schärfer als bisher die nicht immer sichtbaren verdeckten Motivationen, die wissenschaftspolitischen und nicht selten auch karrierestrategisch-individuellen Implikationen mancher mit großem Aplomb vorgetragenen methodischen „Neuerungen“ in den Blick zu nehmen. Auch hier gilt, was in der Geschichte immer schon gegolten hat: Neues ist nicht schon deshalb gut, weil es neu ist.

***

Abschließend ist es den Veranstaltern und Teilnehmern der Tagung ein dringendes Bedürfnis, dem Bildungswerk der Hanns-Seidel-Stiftung (Helmuth Stock) herzlichen Dank für die Gastfreundschaft abzustatten. Der ebenso imposante wie angenehme architektonische Rahmen von Kloster Banz, in dem die hier dokumentierten Vorträge gehalten wurden, hat allen Beteiligten einmal mehr einen bleibenden Eindruck der seit Jahrhunderten zu Recht gelobten *Liberalitas Bavariae* vermittelt.

I. Internationale Politik

Internationale Politik in der Frühen Neuzeit

Stand und Perspektiven der Forschung zu Diplomatie und Staatensystem

Von

Sven Externbrink

Vor einigen Jahren plädierte Jürgen Osterhammel für die Erneuerung der Diplomatiegeschichte als einem „Untergebiet der Geschichte der internationalen Beziehungen" und wies auf die Frühneuzeithistoriker hin, die für diesen Forschungsbereich als Vorbild dienen könnten.[1] Dies verwundert, war es gerade doch die Begegnung mit dem ausgewiesenen „Diplomatiehistoriker" Max Braubach in Bonn, die bei einem jungen Geschichtsstudenten namens Hans-Ulrich Wehler einen prägenden Eindruck hinterließ: „Der Neuzeitler Braubach lehrte Diplomatiegeschichte in der Art: ‚der König dachte [...] der Botschafter sagte' – schrecklich".[2] Thema und Methode Braubachs scheinen Wehler derart abgeschreckt zu haben, daß er sich später, selbst in Amt und

[1] *Jürgen Osterhammel*, Internationale Geschichte, Globalisierung und die Pluralität der Kulturen, in: Wilfried Loth/Jürgen Osterhammel (Hrsg.), Internationale Geschichte. Themen – Ergebnisse – Aussichten. (Studien zur internationalen Geschichte, 10.) München 2000, 387–408, 399 Anm. 56. Siehe auch die Bemerkungen bei: *Friedrich Kießling*, Der „Dialog der Taubstummen" ist vorbei. Neue Ansätze in der Geschichte der internationalen Beziehungen des 19. und 20. Jahrhunderts, in: HZ 275, 2002, 651–680, 677. Zum Forschungsstand: *Heinz Duchhardt*, Das Zeitalter des Absolutismus. (Oldenbourg Grundriß der Geschichte, Bd. 11.) 3. Aufl. München 1998, 188–196. Pointiert fordert Brendan Simms den „Primat der Außenpolitik" ein: *Brendan Simms*, The Return of the Primacy of Foreign Policy, in: German History 21, 2003, 275–291.

[2] Interview mit Hans-Ulrich Wehler, in: *Rüdiger Hohls/Konrad H. Jarausch* (Hrsg.), Versäumte Fragen. Deutsche Historiker im Schatten des Nationalsozialismus. Stuttgart/München 2000, 240–266, 243f. Braubach wiederholte bis in die sechziger Jahre hinein die (nur wenig überarbeiteten?) Vorlesungen, die er „als Privatdozent und junger Ordinarius wörtlich ausgearbeitet" hatte, so *Konrad Repgen*, Max Braubach. Leben und Werk, in: Annalen des Historischen Vereins für den Niederrhein 202, 1999, 9–41. „Ironie der Geschichte?": Wehler hatte ursprünglich beabsichtigt, sich mit einer Arbeit zu den internationalen Beziehungen zu habilitieren: *Hans-Ulrich Wehler*, Der Aufstieg des amerikanischen Imperialismus. Göttingen 1974. Außenbeziehungen bzw. die Interdependenz von Innen- und Außenpolitik lagen schließlich auch seiner tatsächlichen Habilitation zugrunde: *Hans-Ulrich Wehler*, Bismarck und der Imperialismus. 4. Aufl. München 1976. Die zentralen Kritikpunkte Wehlers finden sich formuliert in: *ders.*, Moderne Politikgeschichte oder „Große Politik der Kabinette", in: GG 1, 1975, 344–369, wiederabgedr. in: ders., Krisenherde des Kaiserreichs 1871–1918. Studien zur deutschen Sozial- und Verfassungsgeschichte. 2. Aufl. Göttingen 1979, 383–403; erneut aufgegriffen in: *ders.*, „Moderne" Politikgeschichte? Oder: Willkommen im Kreis der Neorankeaner vor 1914, in: GG 22, 1996, 257–266.

Würden, zu einem Nestor der Anti-Diplomatiegeschichte entwickelte, der die vom Bonner Ordinarius repräsentierte Form der Geschichtsschreibung und -forschung auf das heftigste kritisierte. Dabei darf aber nicht übersehen werden, daß zum einen einige von Braubachs Büchern noch immer als Standardwerke gelten[3], und zum anderen, daß er Lehrer mehrerer Generationen von Schülern war, von denen einige selbst Lehrstühle besetzten. Braubach und seine Schüler stehen für eine Vielzahl an quellengesättigten, wenig an methodischen Fragen interessierten Studien zur „Diplomatiegeschichte" der Frühen Neuzeit[4] oder anders formuliert: zur Geschichte der internationalen Beziehungen und des Staatensystems. Seit Braubachs Tod wurde die Geschichte der Staatenbeziehungen in der deutschen Frühneuzeitforschung nur noch von wenigen Lehrstuhlinhabern – Konrad Repgen[5], Hermann Weber[6] (beide Schüler Braubachs), Heinz Duchhardt[7] (Schüler Webers), Johannes Kunisch[8] sowie Klaus Malettke[9] und deren

[3] Noch immer unersetzt: *Max Braubach*, Versailles und Wien von Ludwig XIV. bis Kaunitz. Die Vorstadien der diplomatischen Revolution im 18. Jahrhundert. (Bonner Historische Forschungen., 2.) Bonn 1952. Kaum zu übertreffen bleibt Braubachs *opus magnum*: Prinz Eugen von Savoyen. Eine Biographie. 5 Bde. München/Wien 1963–1965, siehe dazu: *Christoph Kampmann*, Eine Biographie „alten Stils"? Prinz Eugen und seine Zeit in der historischen Forschung seit 1965, in: Annalen des Historischen Vereins für den Niederrhein 202, 1999, 43–62.

[4] Vgl. die Liste der von Braubach betreuten Dissertationen 1930–1973, in: Annalen des Historischen Vereins für den Niederrhein 202, 1999, 95–104.

[5] Z. B.: *Konrad Repgen*, Kriegslegitimation in Alteuropa. Entwurf einer historischen Typologie, in: HZ 241, 1985, 27–48; vgl. auch *ders.*, Dreißigjähriger Krieg und Westfälischer Friede. Studien und Quellen. Hrsg. v. Franz Bosbach u. Christoph Kampmann. (Rechts- und Staatswissenschaftliche Veröffentlichungen der Görresgesellschaft, NF., 81.) 2. Aufl. Paderborn usw. 1999.

[6] Weber steht vor allem für die Erforschung der Außenpolitik Richelieus, vgl. *Hermann Weber*, Dieu, le roi et la Chrétienté. Aspects de la politique du Cardinal de Richelieu, in: Francia 13, 1985, 233–245; *ders.*, Zur Legitimation der französischen Kriegserklärung von 1635, in: HJb 108, 1988, 90–113; *ders.*, Vom verdeckten zum offenen Krieg. Richelieus Kriegsgründe und Kriegsziele, in: Konrad Repgen (Hrsg.), Krieg und Politik 1618–1648. (Schriften des Historischen Kollegs, Kolloquien, 8.) München 1988, 203–217.

[7] Vor 1989 publizierte Studien, z. B.: *Heinz Duchhardt*, Gleichgewicht der Kräfte, Convenance, Europäisches Konzert. Friedenskongresse und Friedensschlüsse vom Zeitalter Ludwigs XIV. bis zum Wiener Kongreß. (Erträge der Forschung, 56.) Darmstadt 1976 (Max Brauchbach gewidmet); *ders.*, Studien zur Friedensvermittlung in der Frühen Neuzeit. Wiesbaden 1979; *ders.*, England-Hannover und der europäische Friede 1714–1748, in: Adolf M. Birke/Kurt Kluxen (Hrsg.), England und Hannover – England und Hannover. München/London 1986, 127–144; *ders./Eberhard Schmitt* (Hrsg.), Deutschland und Frankreich in der Frühen Neuzeit. Festschrift Hermann Weber. (Ancien Régime, Aufklärung und Revolution, 12.) München 1987.

[8] Vgl. z. B.: *Johannes Kunisch*, Der kleine Krieg. Studien zum Heerwesen des Absolutismus. (Frankfurter Historische Abhandlungen, 4.) Wiesbaden 1973; *ders.*, Das Mirakel des Hauses Brandenburg. Studien zum Verhältnis von Kabinettspolitik und Kriegführung im Zeitalter des Siebenjährigen Krieges. München 1978; *ders.*, Staatsverfassung und Mächtepolitik. Zur Genese von Staatenkonflikten im Zeitalter des Absolutismus. (Histo-

Schülern[10] – fortgeführt und erweitert. Daß der Umbruch von 1989 die Renaissance der einst so kritisierten „Diplomatiegeschichte" einleitete, bedarf mittlerweile keiner weiteren Kommentare.

Angesichts dieses neu erwachten Interesses an „Diplomatiegeschichte" soll mit diesem Beitrag der aktuelle Stand und damit der Beitrag der Frühneuzeitforschung zum Themenkomplex „Diplomatiegeschichte" – „Internationale Beziehungen in der Frühen Neuzeit" skizziert und bilanziert werden. Ausgehend von einigen allgemeinen Überlegungen und der Definition des Forschungsgegenstandes (I.), werden (II.) einerseits die seit kurzem vorliegenden neuen Gesamtdarstellungen zur Problematik vorgestellt und andererseits (III.) ein Blick auf die aktuelle Forschung geworfen, die sich in einer Fülle von neuen Fallstudien niederschlägt. Sie alle hier zu kommentieren ist unmöglich, und daher soll nur der Versuch unternommen werden, einige allgemeine Tendenzen der Spezialforschung aufzuzeigen. So wird es möglich sein, die derzeitigen und zukünftigen Perspektiven zu umreißen, in denen sich die Frühneuzeitforschung zur „Internationalen Geschichte" bewegt.

I.

Beginnen wir mit einer knappen Standortbestimmung und Definition der im folgenden verwandten Begriffe.

Die von Wehler drastisch beschriebene und von anderen endlos wiederholte Phobie gegen „Diplomatiegeschichte" (im Sinne internationaler Bezie-

rische Forschungen, 15.) Berlin 1979; *ders.* (Hrsg.), Expansion und Gleichgewicht. Studien zur europäischen Mächtepolitik des Ancien Régime. (ZHF, Beih. 2.) Berlin 1986.

[9] Eine ganze Reihe von Forschungen stieß Klaus Malettke mit seinen Studien zur Perzeption der Reichsverfassung in Frankreich an, jetzt gesammelt in: *Klaus Malettke*, Frankreich, Deutschland und Europa im 17. und 18. Jahrhundert. Beiträge zum Einfluß französischer politischer Theorie, Verfassung und Außenpolitik in der frühen Neuzeit. (Marburger Studien zu Neueren Geschichte, 4.) Marburg 1994, 169-261. Vgl. auch: *Olaf Asbach/Sven Externbrink/Klaus Malettke* (Hrsg.), Altes Reich, Frankreich und Europa. Politische, philosophische und historische Aspekte des französischen Deutschlandbildes im 17. und 18. Jahrhundert. (Historische Forschungen, 70.) Berlin 2001.

[10] Z. B.: *Wolfgang H. Stein*, Protection royale. Eine Untersuchung zu den Protektionsverhältnissen im Elsaß zur Zeit Richelieus (1622–1643). (Schriftenreihe der Vereinigung zur Erforschung der Neueren Geschichte, 9.) Münster 1978; *Klaus Peter Decker*, Frankreich und die Reichsstände 1672–1675. Die Ansätze zur Bildung einer „Dritten Partei" in den Anfangsjahren des Holländischen Krieges. (Pariser Historische Studien, 18.) Bonn 1981; ein „Braubach-Thema" (Die Bedeutung der Subsidien für die Politik in Spanischen Erbfolgekrieg. Bonn/Leipzig 1924) griff *Peter C. Hartmann* in seiner Münchener Habilitationsschrift auf: *ders.*, Geld als Instrument europäischer Machtpolitik im Zeitalter des Merkantilismus. Studien zu den finanziellen und politischen Beziehungen der Wittelsbacher Territorien Kurbayern, Kurpfalz und Kurköln mit Frankreich und dem Kaiser von 1715 bis 1740. (Studien zur bayerischen Verfassungs- und Sozialgeschichte, 8.) München 1978.

hungen) bezieht sich auf das Forschungsfeld „Politik“ an sich. „Politik“ wird in der Politikwissenschaft als mehrdimensional strukturiert begriffen und unterschieden in eine institutionelle (*polity*), eine inhaltliche (*policy*) und prozessuale (*politics*) Dimension.[11] Und gerade letzterer galt das vornehmliche Interesse der traditionellen „Diplomatiegeschichte“. Zwangsläufig kommen in diesem Bereich Menschen als Akteure vor, und daher mußte angesichts der Innovationen in historischer Theorie und Methode die von Max Braubach praktizierte Geschichtsschreibung kritische Geister vom Schlage Wehlers eher abschrecken.

Doch aufmerksamen Beobachtern dürfte nicht entgangen sein, daß aktuelle Fallstudien zur Geschichte der internationalen Beziehungen zwar in den *Gegenständen*, nicht aber in der *Methode* mit Braubach übereinstimmen. Die Braubachsche Tradition der Geschichtsschreibung wurde durch die Einbeziehung etwa von Methoden der politischen Wissenschaften wie auch der Sozialgeschichte behutsam erweitert. Mit den als Folie für die massive Kritik an der „Diplomatiegeschichte“ dienenden Studien haben die neueren Forschungen nicht mehr viel gemeinsam. Manche Vertreter der sogenannten „neuen Kulturgeschichte“ haben diese Entwicklung noch nicht rezipiert, sie bleiben alten Feindbildern treu.[12]

Das pauschale Festhalten an einer spezifischen Vorstellung von Gegenstand und Methode scheint entscheidend für das Negativimage der „Diplomatiegeschichte“ zu sein. Deutlich wird dies auch in den jüngst vorgelegten Überlegungen von Achim Landwehr über eine „Kulturgeschichte des Politischen“, die als Diskursgeschichte konzipiert ist. Landwehr schließt dabei den Bereich der Entscheidungsfindungsprozesse wie auch der internationalen Politik aus seiner „Kulturgeschichte des Politischen“ aus.[13] Dazu ist er geradezu gezwungen, denn ansonsten stellt sich ihm das grundsätzliche Problem, daß das, was „Entscheidungen“ bewirken, eben keinen „diskursiven Knotenpunkt“ etabliert[14], sondern das Leben von Menschen von heute auf morgen existentiell verändern kann. Kriege und ihre Folgen als wesentlicher Be-

[11] Vgl dazu mit weiterführender Literatur: *Dirk Berg-Schlosser/Theo Stammen*, Einführung in die Politikwissenschaft. 5. Aufl. München 1992, 30; *Karl Rohe*, Politik. Begriffe und Wirklichkeiten. 2. Aufl. Stuttgart usw. 1994, 61–81.

[12] Siehe die einleitenden Bemerkungen von *Thomas Nicklas*, Macht – Politik – Diskurs. Möglichkeiten und Grenzen einer Politischen Kulturgeschichte, in: AKG 86, 2004, 1–24, 1–5.

[13] Vgl. *Achim Landwehr*, Diskurs – Macht – Wissen. Perspektiven einer Kulturgeschichte des Politischen, in: AKG 85, 2003, 71–117, 96, 116. Hierzu kritisch: *Nicklas*, Macht – Politik – Diskurs (wie Anm. 12). Im Gegensatz zu Landwehr zeigt sich *Thomas Mergel*, Überlegungen zu einer Kulturgeschichte der Politik, in: GG 28, 2002, 574–606, weitaus offener für die Interessen der internationalen Geschichte, vgl. seine Bemerkungen 592f., 595, 597. Weit mehr als Landwehr entwickelt Mergel jedoch seine Kategorien am Beispiel der Geschichte des 19. und 20. Jahrhunderts. Die Frühe Neuzeit kommt bei ihm nicht in den Blick.

[14] *Landwehr*, Diskurs – Macht – Wissen (wie Anm. 13), 106.

standteil nicht nur der frühneuzeitlichen Staatenbeziehungen lassen sich nicht nur als Diskurse beschreiben. Der Dissens über die Politikgeschichte geht über die „Feindbilder" hinaus und berührt wesentliche erkenntnistheoretische Prämissen historischer Forschung.

Allgemein formuliert sind das in einem zu analysierenden Kontext stattfindende Handeln bzw. die Entscheidungen von Individuen der zentrale Gegenstand der Untersuchungen von Politikgeschichte. Oder wie der Kommentator der Frankfurten Allgemeinen Zeitung anläßlich des Historikertags in Kiel resümierte: Es habe sich gezeigt, „daß der Nachvollzug eines Entscheidungsprozesses, vielleicht, denkt man an Thukydides, das älteste Thema wissenschaftlicher Historie, wohl noch immer ihr anspruchsvollster Gegenstand ist".[15] Indem Landwehr diesen gesamten Bereich aus seiner „Kulturgeschichte des Politischen" ausblendet, verzichtet er auf wesentliche Untersuchungsgegenstände der politischen Geschichtsschreibung.

Soweit einige grundsätzliche Überlegungen zur Politikgeschichte an sich. Was aber ist Gegenstand der Geschichte der Internationalen Beziehungen? Im Prinzip umfassen jene „alle Arten von öffentlichen oder privaten, politischen oder sonstigen Beziehungen, welche die Überschreitung einer staatlichen Grenze durch Menschen, Waren oder Ideen voraussetzen". Ihre Erforschung zielt ab auf sämtliche „Interaktionen zwischen Mitgliedern verschiedener – im Regelfalle staatlich organisierter – Gesellschaften bzw. mit den aus diesen Interaktionen während eines bestimmten Zeitraumes entstandenen Interaktionsmustern".[16] Die Geschichte der internationalen Beziehungen, muß, dies gilt auch für die Frühe Neuzeit, „neben den Beziehungen zwischen den Staaten [...] immer auch deren Vernetzung mit thematisieren [...]: wechselseitige Beeinflussung, Verflechtung, Integration und den Einfluß von Akteuren und Strukturen jenseits der staatlichen Ebene. Sie ist damit nicht nur Politikgeschichte, sondern notwendigerweise auch immer Gesellschaftsgeschichte und Kulturgeschichte".[17] „Diplomatiegeschichte" wird oft als Synonym für die internationalen Beziehungen verwandt, findet aber im folgenden nur Verwendung für die Forschungen, die sich mit den Trägern der Interaktion zwischen Akteuren beschäftigen, d. h. in erster Linie mit dem Gesandtschaftswesen und allem, was damit zusammenhängt.

[15] *Patrick Bahners*, Sonderforschungsbereiche. Konstruktives Erwachen: Der Historikertag entdeckt die Politik, in: FAZ, Nr. 219, 20. September 2004, 31.

[16] *Reinhard Meyers*, Die Lehre von den Internationalen Beziehungen. Ein entwicklungsgeschichtlicher Grundriß. 2. Aufl. Düsseldorf 1981, 20.

[17] *Wilfried Loth*, Einleitung, in: ders./Jürgen Osterhammel (Hrsg.), Internationale Geschichte. Themen – Ergebnisse – Aussichten. (Studien zur internationalen Geschichte, 10.) München 2000, VI–XIV, XI. Die „Fortsetzung" dieses Bandes konnte für die Abfassung dieses Beitrags nicht berücksichtigt werden: *Eckhart Conze/Ulrich Lappenküper/Guido Müller* (Hrsg.), Geschichte der internationalen Beziehungen. Erneuerung und Erweiterung einer historischen Disziplin. Köln/Weimar/Wien 2004.

„Internationale Geschichte vollzieht sich in Staatensystemen", so Anselm Doering-Manteuffel. „Sie formen die Handlungsmuster der Akteure, sie bestimmen die Perspektive und markieren die Grenzen für die Politik eines jeden Landes".[18] Aufgabe des Historikers sei es, die epochenspezifischen „Erscheinungsformen des Systems" zu untersuchen. Was genau aber zeichnet ein Staatensystem aus? Der Beantwortung dieser Frage könnten mühelos umfangreiche Abhandlungen gewidmet werden, und entsprechend hat man auch die unterschiedlichsten Modelle entwickelt, auf deren Diskussion hier jedoch aus Platzgründen verzichtet wird.[19]

Dem in diesem Beitrag verwandten Begriff des „Staatensystems" liegt eine weit gefaßte Definition zugrunde: Unter Staatensystem wird ganz allgemein die Gesamtheit der Beziehungen, Verhaltensweisen, Mechanismen und Ordnungsprinzipien zwischen den dieses System konstituierenden Größen oder Akteuren verstanden. Diese Akteure sind in der frühen Neuzeit in erster Linie die souveränen bzw. die nach Souveränität strebenden Staaten.[20] Da es aber auch in der Frühen Neuzeit durchaus nichtstaatliche Akteure gab – z. B. die großen Handelskompagnien der Engländer und Holländer, einen international agierenden Orden wie die Jesuiten, aber auch Institutionen wie die Reichskreise –, wird im folgenden in erster Linie vom Internationalen System die Rede sein. Die Frage, die sich an diese allgemeine Definition anschließt, lautet: Wie kann die Geschichte internationaler Systeme geschrieben werden?

Einen Weg hierzu weist das von Barry Buzan und Richard Little entwickelte Modell zur Erforschung internationaler Systeme in der Weltgeschichte, dem die folgenden Ausführungen zahlreiche Anregungen verdanken. Da es zur Bewertung der im weiteren besprochenen Forschungen immer wieder herangezogen wird und die vorliegenden Ausführungen ihm wichtige Anregungen verdankt, soll es hier kurz skizziert werden.

Ausgehend von einer der oben vorgestellten sehr ähnlichen Systemdefinition entwerfen Buzan und Little ein „theoretisches Werkzeug" der Systemanalyse.[21] Dieses „Werkzeug" setzt sich aus drei aufeinander bezogenen Ka-

[18] *Anselm Doering-Manteuffel*, Internationale Geschichte als Systemgeschichte. Strukturen und Handlungsmuster im europäischen Staatensystem des 19. und 20. Jahrhunderts, in: Loth/Osterhammel (Hrsg.), Internationale Geschichte (wie Anm. 17), 93–115, 93.

[19] Vgl. die Beispiele bei: *Barry Buzan/Richard Little*, International Systems in World History. Remaking the Study of International Relations. Oxford 2000, 35–48; siehe auch: *Holger Th. Gräf*, Konfession und internationales System. Die Außenpolitik Hessen-Kassels im konfessionellen Zeitalter. (Quellen und Forschungen zur hessischen Geschichte, 94.) Darmstadt/Marburg 1993, 4–8.

[20] *Heinz Duchhardt*, Das Reich in der Mitte des Staatensystems, in: Peter Krüger (Hrsg.), Das europäische Staatensystem im Wandel. (Schriften des Historischen Kollegs, Kolloquien, 35.) München 1996, 1-9, 2. Vgl. auch *Peter Krüger*, Einleitung, in: ders. (Hrsg.), Kontinuität und Wandel in der Staatenordnung der Neuzeit. (Marburger Studien zur Neueren Geschichte, 1.) Marburg 1991, 9–18.

[21] *Buzan/Little*, International Systems (wie Anm. 19), 1–13.

tegorien der Beschreibung zusammen: erstens den Ebenen, zweitens den Sektoren und drittens den Systemmerkmalen Struktur, Prozeß und Interaktion.

Unter „Ebene" werden die systembildenden Elemente verstanden, sie reichen von der Ebene der Systeme über Subsysteme, Einheiten (oder Akteure), Untereinheiten bis hin zu den Individuen.[22] Sektoren beschreiben die Untersuchungsgegenstände: Militär, Politik, Wirtschaft, Kultur, aber auch Umwelt[23] können auf der jeweils zu wählenden Ebene untersucht werden. Die dritte Kategorie schließlich, auf die Ebenen und Sektoren zu beziehen sind, beschreibt die Systemkennzeichen Struktur[24], Prozeß[25] und Interaktion[26].

Die Verzahnung dieser Kategorien, etwa die Ausdifferenzierung der systembildenden Einheiten, der Grad der Interaktion im System etc. kennzeichnen, so Buzan und Little, verschiedene Stadien der Entwicklung. Sie unterscheiden eine Hierarchie der Internationalen Systeme der Weltgeschichte, die zugleich für die Evolution von den früheren *pre-international systems* bis hin zu dem ausgebildeten System der Neuzeit steht:

1. die *full-international systems*, die alle Formen der Interaktionen umfassen,
2. *economic international systems*, in denen militärisch-politische Interaktion nicht stattfindet, und
3. *pre-international systems*, die in erster Linie auf sozio-kulturellem Austausch basieren und nur in rudimentärer Form Elemente wirtschaftlichen Austausches kennen.

Zu den zentralen Fragen, die an diese Systeme gestellt werden müssen, gehören die nach ihrer Gestalt (unterschieden werden lineare und mehrdimen-

[22] Ebd. 68–72.

[23] Der Sektor Umwelt im Internationalen System bezieht sich auf Untersuchungen über die Veränderung der Umwelt durch „internationale Beziehungen" auf Systemebene, z. B. die Verbreitung europäischer Krankheiten in der Neuen Welt oder die Einführung neuer Kulturpflanzen aus der Neuen Welt in Europa. Hier wird bereits deutlich, daß internationale Beziehungen, so wie sie hier verstanden werden, den eigentlichen Bereich der „Politik" weit überschreiten.

[24] Zum Folgenden: *Buzan/Little*, International Systems (wie Anm. 19), 77–86. *Struktur* beschreibt die Prinzipien der Anordnung der einzelnen Teile des Systems wie auch ihre Beziehung zueinander. Dies umfaßt auch Fragen nach der Verfaßtheit der Einheiten bzw. nach den trennenden Prinzipien (strukturelle und funktionelle Differenzierung).

[25] *Prozeß* im Gegensatz zu Struktur als bedeutendes Systemmerkmal bezieht sich auf Bewegungen und Veränderungen im System.

[26] Die *Interaktionsfähigkeit* schließlich umfaßt den Bereich der technischen Voraussetzungen von Interaktion (vom Boten über den berittenen Kurier bis zur drahtlosen Kommunikation und dem Internet) sowie die allgemeinen Normen, Regeln und Institutionen, die Interaktion zwischen den Einheiten ermöglichen. Zentrale Frage für die Charakterisierung der untersuchten Systeme sollte die nach hoher oder niedriger Interaktionsfähigkeit sein. Diese findet statt in Form von militärischer, politischer, wirtschaftlicher und sozio-kultureller Interaktion.

sionale Systeme), nach ihrer Größe, nach den sie konstituierenden Einheiten, nach ihrer Genese sowie nach der Gestalt der Beziehungen der Einheiten untereinander, etwa nach dem Gewicht der Strukturen auf die Autonomie der Akteure.[27]

Die folgenden grundlegenden sechs Veränderungen unterscheiden in der makrohistorischen Perspektive Buzans und Littles das internationale System der Neuzeit von denen früherer Zeiten[28]:

1. Die Entstehung eines weltumspannenden internationalen Systems, das nach und nach räumlich voneinander getrennte Systeme integrierte, wobei die jeweiligen Entwicklungsstufen internationaler Systeme durchschritten wurden.
2. Das Aufkommen einer dominanten Einheit, des neuzeitlichen souveränen Staates in Europa, dessen Modell prägend für die Ausbildung bzw. Fortentwicklung weiterer *units* in der Welt wurde.[29] In den Kontext der Staatsbildung ist auch die von ihm sich „ableitende" Entstehung von überregional agierenden *subunits* wie großen Konzernen und NGOs zu verorten.
3. Die Interaktionsfähigkeit wuchs in einem zuvor nie gekannten Maße. Raum und Luft wurden beherrschbar, die Geschwindigkeit des Austausches erreichte für frühere Epochen unvorstellbare Dimensionen. Neue „Sozialtechnologien" im Bereich von Diplomatie und Völkerrecht bedienten sich der technischen Fortschritte.
4. Internationale Beziehungen intensivierten sich in einem nie zuvor gekannten Ausmaß, und zwar in allen Bereichen.
5. Zugleich bildeten sich im System stabilere Strukturen als je zuvor aus – zurückzuführen auf die Stabilität der souveränen Staaten als bedeutendsten *units*.
6. Schließlich entstanden zahlreiche regionale Subsysteme, sei es in Form regionaler Wirtschaftsräume oder begrenzten internationalen Zusammenschlüssen (z. B. die EU).

Soweit methodisch-theoretische Vorüberlegungen, die es nun mit der Forschungspraxis zu konfrontieren gilt. Die Geschichte der Internationalen Beziehungen in der Frühen Neuzeit bezieht sich demnach auf die Phase der Genese des weltumspannenden internationalen Systems der Neuzeit. Mögliche Gegenstände von Untersuchungen könnten die Ausbildung und Etablierung der Akteure im System sein, die Formierung und Verschränkung einzelner Systeme, Phasen der Dynamik und des Stillstandes im System, die Ausbildung von das System stabilisierenden oder verändernden Strukturen,

[27] *Buzan/Little*, International Systems (wie Anm. 19), 108–110.

[28] Ebd. 344-345.

[29] Siehe auch: *Wolfgang Reinhard* (Hrsg.), Verstaatlichung der Welt? Europäische Staatsmodelle und außereuropäische Machtprozesse. (Schriften des Historischen Kollegs, Kolloquien, 47.) München 1999.

oder einfach die Frage nach dem Einfluß des handelnden Individuums auf Prozesse und Interaktionen im System.

Mit ihrem Modell stellen Buzan und Little sowohl historischen Synthesen als auch Fallstudien zur Internationalen Geschichte eine Orientierung bereit. Gerade Einzeluntersuchungen beispielsweise zum politisch-militärischen Sektor wird somit die Möglichkeit gegeben, ihre spezifischen Fragen in einen größeren Kontext einzuordnen. Dadurch kann einerseits verdeutlicht werden, warum gerade dieses oder jenes Problem von Bedeutung ist und untersucht werden muß, und andererseits gewinnt die in eine weltgeschichtliche Perspektive eingebundene Spezialforschung eine größere Legitimation.[30]

Beim sich jetzt anschließenden Streifzug durch die neuere Literatur ist daher auch danach zu fragen, ob sich in den hier aufgeführten Darstellungen Anknüpfungspunkte an das Systemmodell von Buzan und Little ergeben.[31]

II.

Das gewachsene Interesse an der Geschichte der Internationalen Beziehungen manifestiert sich nicht zuletzt am seit kurzem zu beobachtenden Prozeß der Ersetzung älterer durch neuere Gesamtdarstellungen. Ein Beispiel hierfür sind die drei der Frühen Neuzeit gewidmeten Bände der „Nouvelle Histoire des relations internationales" der „Editions du Seuil", die alle im Jahre 2003 erschienen sind und in Frankreich die aus den 1960er Jahren stammende, von Pierre Renouvin herausgegebene „Histoire des relations internationales"[32] ersetzen.

Jean-Pierre Sallmann, bislang hervorgetreten durch Studien zur Mentalitätsgeschichte Süditaliens und zur historischen Anthropologie[33], will die Geschichte der internationalen Beziehungen im 16. Jahrhundert in globaler Perspektive darstellen, und zwar die „évolution des grands équilibres mondiaux", unter bewußtem Verzicht auf eine europazentrische Schwerpunktset-

[30] Damit wird zugleich einer Forderung Jürgen Osterhammels entsprochen, der eine „universalhistorische Grundbildung" des Historikers einfordert. *Jürgen Osterhammel*, Einleitung, in: ders., Geschichtswissenschaft jenseits des Nationalstaates. Studien zu Beziehungsgeschichte und Zivilisationsvergleich. (Kritische Studien zur Geschichtswissenschaft, 147.) Göttingen 2001, 7–10, 7.

[31] Generell skeptisch gegenüber dem Systemansatz zur Erforschung der internationalen Beziehungen zeigt sich: *Jeremy Black*, European International Relations 1648–1815. Basingstoke 2002, der jedoch auch Systemstrukturen beschreibt, siehe hierzu die Rezension des Verfassers in: Francia 31/2, 2004, 287f.

[32] *Gaston Zeller*, Les temps modernes. 2 Vols. (Histoire des relations internationales, 2/3.) Paris 1951/55.

[33] Z. B.: *Jean-Michel Sallmann*, Chercheurs de trésors et jeteuses de sorts: la quête du surnaturel à Naples au XVIe siècle. Paris 1986; *ders.*, Naples et ses saints à l'âge baroque. Paris 1994.

zung.[34] Dargestellt werden die nach Sallmann vier großen, die „Geopolitik" des Jahrhunderts prägenden Bewegungen („lignes"): Erstens, das Gewicht der islamischen Reiche, deren Macht im 16. Jahrhundert ihren Höhepunkt erreichte; zweitens, die europäische Expansion; drittens, der politische „Zerfall" Europas und die Rivalitäten zwischen den sich dort ausbildenden Staaten und, viertens, der Widerstand der asiatischen Zivilisationen gegen die Versuche der Europäer, dort Fuß zu fassen.[35]

Sallmanns Darstellung ist im wesentlichen eine deskriptive Ereignisgeschichte des Jahrhunderts in weltgeschichtlicher Perspektive, deren Lektüre, was außereuropäische Schauplätze betrifft, informativ ist. Die Europa gewidmeten Kapitel aber bleiben im konventionellen Rahmen dessen, was seine Vorgänger vorgelegt haben. Reflexionen über das Staatensystem sind nicht enthalten. Vielleicht wäre ein vergleichender, problemorientierter Ansatz anstatt einer rein chronologischen Gliederung reizvoller gewesen. So könnten Mittel und Formen europäischer und asiatischer Diplomatie verglichen oder Erfolg und Mißerfolg von Großmachtbildungen thematisiert werden, etwa die Gründung des Mogulreichs in Indien und Karls V. Traum von der Universalmonarchie. Ohne Zweifel ist es wichtig, sich europazentristischer Sichtweisen zu entledigen, doch dies allein reicht als Grundlage einer Geschichte der internationalen Beziehungen nicht aus.

Ungeklärt bleibt auch, was Sallmann unter „Géopolitique" versteht. Es ist anzunehmen, daß sich dahinter zum einen die „géohistoire" Fernand Braudels, und zum anderen, die neue, von Yves Lacoste begründete „Schule" der französischen Geopolitik verbirgt. Eine Raumbeschreibung nach dem Vorbild von Braudels Mittelmeerbuch findet sich jedoch nicht. Eher trifft auf das Konzept des Bandes Jürgen Osterhammels Charakterisierung der aktuellen französischen Schule der Geopolitik zu: sie sei stark in der Deskription, „bescheiden" im theoretischen Anspruch.[36]

Ganz anders dagegen das von Claire Gantet im Folgeband über „Guerre, paix et construction des États 1618–1714" gewählte Vorgehen. Sie wählt be-

[34] *Jean-Michel Sallmann*, Géopolitique du XVIe siècle 1490–1618. (Nouvelle Histoire des relations internationales, 1.) Paris 2003, 8: „Il fallait tout d'abord éviter de privilégier l'Europe, de lui donner une place qui excède le rôle qu'elle a réellement rempli. L'histoire du monde ne se résume pas à l'histoire de l'Europe et il convient de réserver la place qui leur revient aux autres grandes civilisations et de ne pas les étudier uniquement à travers le prisme de l'histoire européenne".

[35] Ebd. 9f.: „J'ai opté pour un plan thématique, en réservant un chapitre aux quatre grandes lignes directrices qui me semblent caractériser la géopolitique de ce siècle: le poids considérable représenté par les grands empires musulmans qui atteignent alors leur apogée; l'expansion outre-mer des États d'Europe occidentale, en Amérique principalement, mais aussi dans l'océan Indien et dans le Pacifique; la pulverisation politique de l'Europe et les rivalités qu'elle engendre entre les États; la résistance des sociétés asiatiques aux tentatives de pénétration de l'Occident". Vgl. zu Sallmann auch die positive Würdigung von *Thomas Nicklas*, in: HZ 278, 2004, 758f.

[36] *Jürgen Osterhammel*, Raumbeziehungen. Internationale Geschichte, Geopolitik und

wußt eine europazentrische Perspektive, stellt die Beziehungen zur außereuropäischen Welt weitgehend in den Hintergrund[37] und beschränkt sich damit auf das europäische Staatensystem als Gegenstand ihrer Darstellung. Im Gegensatz zum ereignisgeschichtlich orientierten Vorgehen Sallmanns ist ihr Überblick stark strukturgeschichtlich bzw. problemorientiert angelegt, einsetzend mit einer Darstellung der „Acteurs et structures" – Diplomatie, Militär und Wirtschaft umfassend –, der dann ein im eigentlichen Sinne ereignisgeschichtlicher Abriß der „Geopolitik der Konflikte" folgt, bevor abschließend internationale Beziehungen jenseits der Staaten („relations en deça et au-délà des États, dans les différent aires") beschrieben werden. Weit mehr als Sallmann aber wendet Gantet einem umfassenden Begriff der Analyse von internationalen Systemen an und beschreibt – ohne dies näher auszuführen – Elemente des oben entwickelten Modells.

Es ist Thomas Nicklas zuzustimmen, der in seiner Rezension des Buches darauf hingewiesen hat, daß Erklärungen, warum das 17. Jahrhundert ein *siècle de fer* war, gegenüber der Betonung europäischer Gemeinsamkeiten zurücktreten.[38] Daß bei Gantets Ansatz, wie von Nicklas kritisiert, die außereuropäische Welt kaum thematisiert wird, ist letztlich darauf zurückzuführen, daß nach dem Zeitalter der Entdeckungen im 16. Jahrhundert die Intensität erstmaliger außereuropäischer Kontakte nachließ und eine wenig spektakuläre Phase ihres Ausbaus begann. Das spanische Kolonialreich verfügte im 17. Jahrhundert über stabile Strukturen, und die Holländer begannen nun ihrerseits bei gleichzeitiger Verdrängung der Portugiesen mit der Etablierung eines eigenen Einflußbereiches in Ostasien, wohingegen die englischen und französischen Versuche des Aufbaus von Kolonien an der nordamerikanischen Ostküste nur schleppend vorankamen. Nach der Öffnung Asiens gegenüber den Europäern im 16. Jahrhundert folgte nun die selbstgewählte Isolierung etwa Japans (seit 1639) und weniger streng Chinas.[39] An-

historische Geographie, in: Loth/Osterhammel (Hrsg.), Internationale Geschichte (wie Anm. 17), 287–308, 297. Skeptisch bin ich auch gegenüber der Analogiebildung zwischen 16. und 20./21 Jahrhundert als eines „clash of civilisations", wie ihn Sallmann in seinem „Post-scriptum" andeutet, *Sallmann*, Géopolitique du XVIe siècle (wie Anm. 34), 357f.

37 *Claire Gantet*, Guerre, paix et construction des États 1648–1714. (Nouvelle histoire des relations internationales, 2.) Paris 2003, 9.

38 Siehe: *Thomas Nicklas*, in: Sehepunkte 4, 2004, Nr. 3 [15.03.2004], URL: http://www.sehepunkte.historicum.net/2004/03/4477.html sowie die Reaktion von *Gantet*: http://www.sehepunkte.historicum.net/2004/03/comments.html.

39 Informativ dazu der Überblick von: *Roland Mousnier*, Les XVIe et XVIIe siècles. La grande mutation intellectuelle de l'humanité. L'avènement des la science moderne et l'expansion de l'Europe. (Histoire générale des civilisations, 4.) Paris 1967, 571–635, und zu den japanisch-europäischen Kontakten der Frühen Neuzeit auch: *Thomas Schleich*, Vom Warenumschlag zum Wissenstransfer. Die Anfänge der japanischen Öffnung zum Westen in der Phase des verschlossenen Landes (1640–1853), in: Thomas Beck/Annerose Menninger/Thomas Schleich (Hrsg.), Kolumbus' Erben. Europäische Expansion und überseeische Ethnien im ersten Kolonialzeitalter 1415–1815. Darmstadt 1992, 217–245.

ders formuliert: der Entstehung eines vornehmlich auf punktuellen Kontakten bestehenden *pre-international (World-)System* im 16. folgte im 17. Jahrhundert die Etablierung eines Wirtschafts-Weltsystems.

Wiederum einen von den Vorgängerbänden unterschiedenen Ansatz legt Jean-Pierre Bois seiner Darstellung der Jahre 1714 bis 1815 zugrunde, die geprägt ist von einer Mischung aus struktur- und ereignisgeschichtlicher Vorgehensweise, mit einem deutlichen Schwerpunkt auf letzterem.[40] Sein Band ist gleichsam den klassischen Darstellungen am stärksten verpflichtet, gleichwohl auf dem neuesten Stand der Forschung und spiegelt in der Auswahl der behandelten Fragen das Bemühen, über den militärisch-politischen Sektor hinaus die ganze Breite internationaler Beziehungen zu dokumentieren.

Dadurch daß den Autoren der „Histoire des relations internationales" freie Hand in der Konzeption gelassen wurde, liegen drei Einzelbände vor, die durchaus auch außerhalb einer Reihe hätten publiziert werden können. Allen ist letztlich die Frage gemein, wie die Geschichte der internationalen Beziehungen im Europa der Frühen Neuzeit mit der Geschichte der internationalen Beziehungen außerhalb Europas zu verbinden ist: Sallmann löst dies, indem er sich auf ein Referat der Ereignisgeschichte beschränkt, „Machttatsachen in den Mittelpunkt stellt" (T. Nicklas).[41] Gantet blendet Außereuropa weitgehend aus, während Bois die ersten Etappen der langsamen Unterwerfung der Welt unter europäische Herrschaft rekonstruiert.

Fehlt den Bänden der „Nouvelle histoire des relations internationales" eine einheitliche Gesamtkonzeption – was nicht heißt, daß jeder Band für sich lesenswert ist – so zeichnet sich das von Heinz Duchhardt und Franz Knipping herausgegebene, mittlerweile auf drei Bände angewachsene „Handbuch der Geschichte der Internationalen Beziehungen" eben durch diese aus. Duchhardt und Knipping legen ihrem Werk einen „breit gefaßten Begriff des Politischen" zugrunde, „der [...] in multiperspektivischem Zugriff wirtschaftliche, kulturelle, konfessionelle, mentale, geopolitische, strategische usw. Gegebenheiten und Interessen in die Interpretation der Internationalen Beziehungen einbezieht."[42] Alle Bände verfügen über die gleiche Gliederung nach Strukturen, worunter „Rahmenbedingungen" und „Akteure" verstanden werden, und Ereignissen.

Vergleicht man die beiden erschienenen Bände zur Frühen Neuzeit von Duchhardt und Erbe, so fällt der unterschiedliche Umfang einzelner Teilbereiche auf, der aber letztlich dem Umstand geschuldet ist, daß in die Darstellung der Akteure im Band von Michael Erbe über ‚Revolutionäre Erschütte-

[40] *Jean-Pierre Bois*, De la paix des rois à l'ordre des empereurs 1714–1815. (Nouvelle Histoire des relations internationales, 3.) Paris 2003.

[41] *Nicklas*, in: Sehepunkte 4 (2004), Nr. 3 (wie Anm. 38).

[42] Vorwort zum Gesamtwerk.

rung und Gleichgewicht 1785-1830' bereits „in erheblichem Umfang“ die Ereignisgeschichte Berücksichtigung findet.[43] In der Darstellung überschneiden sich das Handbuch und die oben besprochenen französischen Werke vielfach, wenngleich das erstere insgesamt systematischer angelegt ist und die Untersuchung konsequent auf die Ebene des Systems, der Subsysteme und der Akteure sowie auf den militärisch-politischen Sektor konzentriert ist.

Die vorliegenden Bände des Handbuches ermöglichen die schnelle Information und somit den Einstieg in die aktuelle Forschung. Bei ihrer Konzeption – in dieser Bemerkung liegt keine Kritik – erhielt die Gewährung einer pragmatischen Nutzung den Vorrang vor einer ambitionierten „Theorie“ der frühneuzeitlichen Internationalen Beziehungen. Daher liegt für die Frühe Neuzeit eine dem *opus magnum* Paul W. Schroeders vergleichbare Synthese, in der zur Deutung einer Umbruchsepoche des Staatensystems ein zentrales Interpretament (von der *Balance of Power* zum *political equilibrium*) herangezogen wird, noch nicht vor. Schroeders Werk ist auf breite Resonanz gestoßen[44], aber auch auf scharfe Kritik[45]. Erste Ansätze, sein Konzept der „Transformation“ auf die gesamte Frühe Neuzeit auszudehnen, gibt es bereits.[46] Schroeder selbst plant eine weitere Darstellung der Internationalen Beziehungen, die von 1648 bis in die Gegenwart reichen soll.[47]

III.

Am Beginn der Renaissance der „Diplomatiegeschichte“ nicht nur in Frankreich steht die Maßstäbe setzende, 1990 publizierte *Thèse d'État* von Lucien Bély über „Espions et ambassadeurs au temps de Louis XIV“. Es ist dies

43 *Michael Erbe*, Revolutionäre Erschütterung und erneuertes Gleichgewicht. Internationale Beziehungen 1785-1830. (Handbuch der Geschichte der Internationalen Beziehungen, 5.) Paderborn 2004, XV.

44 *Paul W. Schroeder*, The Transformation of European Politics 1763-1848. Oxford 1994. Vgl. die Sondernummer des International History Review 19, 1994, Nr. 4; *Peter Krüger/Paul W. Schroeder/Katja Wüstenbecker* (Hrsg.), „The Transformation of European Politics 1763-1848“. Episode or Model in Modern History? (Forschungen zur Geschichte der Neuzeit. Marburger Beiträge, 5.) Münster usw. 2002.

45 *Harald Kleinschmidt*, Vom „Gleichgewicht“ zum „Equilibrium“. Paul W. Schroeders „Tranformation of European Politics“ – eine Systemgeschichte der internationalen Beziehungen?, in: ZfG 45, 1997, 520-528.

46 Vgl. etwa die Überlegungen von *Lucien Bély*, La Paix, dynamique de l'Europe moderne: L'Exemple de Westphalie, in: Rainer Babel (Hrsg.), Le Diplomate au travail. Entscheidungsprozesse, Information und Kommunikation im Umkreis des Westfälischen Friedenskongresses. (Pariser Historische Forschungen, 65.) München 2005, 199-217, 207-211.

47 Siehe die Bemerkungen von *Heinz Duchhardt*, in: Krüger/Schroeder/Wüstenbecker (Hrsg.), „The Transformation of European Politics“ (wie Anm. 44), 25-28, sowie die daran anschließenden Beiträge.

eine aus den Quellen geschöpfte *histoire totale* nicht nur des französischen Gesandtschaftswesens am Ende des 17. Jahrhunderts.[48] Im Verständnis der oben skizzierten Theorie des Internationalen Systems beschäftigt sich Bély mit der Rekonstruktion von Interaktionsmechanismen im Staatensystem. Seine weiteren Schriften, zu erwähnen sind ein Hand- bzw. Studienbuch zur Geschichte der internationalen Beziehungen in der Frühen Neuzeit und über die „Société des Princes"[49], wie auch die, die sich von ihm direkt oder indirekt haben inspirieren lassen, zeichnen sich durch eine Offenheit gegenüber Methoden und Theorien aus, die nicht genuin zum „klassischen" Repertoire des „Diplomatiehistorikers" zählen.

So kommen zum Beispiel im Bereich der Erforschung des auch für die Außenpolitik bedeutenden frühneuzeitlichen Zeremoniells an den Fürstenhöfen verstärkt Anregungen der „neuen" Kulturgeschichte zur Anwendung, mit denen sich nicht zuletzt die Interaktionen zwischen den systembildenden Einheiten besser als zuvor beschreiben lassen. Hier sei besonders verwiesen auf die exemplarischen Studien von Barbara Stollberg-Rilinger über das diplomatische Zeremoniell an den europäischen Fürstenhöfen.[50] Die vorliegenden Studien zu diesem Themenkomplex, die vornehmlich aus der umfangreichen Traktatliteratur erarbeitet wurden, müssen jetzt ergänzt werden durch den Blick in die Korrespondenzen der Gesandten, um einen Eindruck davon zu erhalten, wie Fragen des Ranges und des Zeremoniells von den Akteuren wahrgenommen und gedeutet wurden.

Unverzichtbar bleiben nach wie vor „klassische" Studien zur Rekonstruktion der Politik einzelner Akteure im Staatensystem. Zu dieser Gruppe zählen auch jene Forschungen, die – auch das gibt es noch – bislang kaum bekannte Themen der internationalen Beziehungen in der Frühen Neuzeit

[48] *Lucien Bély*, Espions et ambassadeurs au temps de Louis XIV. Paris 1990. Grundlegend auch: *ders.*, (Ed.), L'Invention de la diplomatie. Paris 1998.

[49] *Lucien Bély*, Les Relations internationales en Europe XVIIe–XVIIIe siècles. Paris 1992; *ders.*, La Société des Princes XVIe–XVIIIe siècles. Paris 1999.

[50] *Barbara Stollberg-Rilinger*, Honores Regii. Die Königswürde im zeremoniellen Zeichensystem der Frühen Neuzeit, in: Johannes Kunisch (Hrsg.), Dreihundert Jahre Preußische Königskrönung. Eine Tagungsdokumentation. (FBPG, NF., Beih. 6.) Berlin 2002, 1-26, 4. Siehe auch *dies.*, Höfische Öffentlichkeit. Zur zeremoniellen Selbstdarstellung des brandenburgischen Hofes vor dem Europäischen Publikum, in: FBPG NF. 7, 1997, 145-176; *dies.*, Die Wissenschaft der feinen Unterschiede. Das Präzedenzrecht und die europäischen Monarchien vom 16. bis 18. Jahrhundert, in: Majestas 10, 2003, 125-150. Vgl. zur frühneuzeitlichen Zeremonialwissenschaft auch: *Milos Vec*, Zeremonialwissenschaft im Fürstenstaat. Studien zur juristischen und politischen Theorie absolutistischer Herrschaftsrepräsentation. (Studien zur europäischen Rechtsgeschichte, 106.) Frankfurt am Main 1998.

[51] *Friedrich Beiderbeck*, Heinrich IV. von Frankreich und die protestantischen Reichsstände, in: Francia 23/2, 1996, 1-32 u. 25/2, 1998, 1-26; *Sven Externbrink*, Le Cœur du monde. Frankreich und die norditalienischen Staaten (Mantua, Parma, Savoyen) im Zeitalter Richelieus 1624-1635. Münster 1999; *ders.*, Frankreich, das Alte Reich und Ita-

erstmals aufgreifen[51] oder umfassend bilaterale bzw. multilaterale Beziehungen darstellen[52]. Aus den Quellen geschöpfte Studien dieser Art wie auch Editionen[53] stellen weiterhin eine wichtige Basis der Geschichte der Internationalen Beziehungen dar.

Die Bandbreite solcher Studien reicht von der ereignisgeschichtlich orientierten, deskriptiv-erzählend vorgehenden, meist nur einen Zeitraum von wenigen Jahren umfassenden Rekonstruktion, die sich auf die Auswertung relevanter Quellenbestände stützt und zugleich beschränkt[54], bis hin zu methodisch-theoretisch reflektierten Untersuchungen, die an Fallbeispielen grundsätzliche Fragen der Staatenpolitik diskutieren. In diesem Kontext ist hinzuweisen zum einen auf die Versuche, das „Konfessionalisierungsparadigma" auf die internationalen Beziehungen auszuweiten – insbesondere in Untersuchungen zur Außenpolitik vor und während des Dreißigjährigen

lien am Vorabend des Dreißigjährigen Krieges (1613-1617.) Der politische Hintergrund für Caspar von Widmarckters Feldzug im Jahre 1617, in: Holger Th. Gräf (Hrsg.), Söldnerleben am Vorabend des Dreißigjährigen Krieges – Der Lebenslauf und das Kriegstagebuch aus dem Jahre 1617 des hessischen Obristen Caspar von Widmarckter. (Beiträge zur hessischen Geschichte, 16.) Marburg 2000, 24–58; *ders.*, „Faire contrepoids à la puissance d'Espagne" – Paul Ardier (1590-1672) et la politique de Richelieu en 1634, in: Francia 27/2, 2000, 1-24. *Jörg Ulbert*, Frankreichs Deutschlandpolitik im zweiten und dritten Jahrzehnt des 18. Jahrhunderts. Zur Reichsperzeption französischer Diplomaten während der Regentschaft Philipps von Orléans (1715-1723). (Historische Forschungen, 79.) Berlin 2004.

[52] *Klaus Malettke*, Les Relations entre la France et le Saint-Empire au XVIIe siècle. (Bibliothèque d'histoire moderne et contemporaine, 5.) Paris 2001. Ein Beispiel für eine Fallstudie multilateraler Beziehungsgeschichte (zwischen Spanien, den Spanischen Niederlanden und dem Reich): *Monique Weis*, Les Pays-Bas espagnols et les États du Saint-Empire (1559-1579). Priorités et enjeux de la diplomatie en temps de troubles. Brüssel 2003.

[53] Hier sind an erster Stelle zu nennen die Acta Pacis Westphalicae. Hrsg. v. d. Vereinigung zur Erforschung der Neueren Geschichte e. V., unter der Leitung v. *Konrad Repgen*, mit insgesamt 3 Reihen (Instruktionen; Korrespondenzen; Protokolle, Verhandlungsakten, Diarien, Varia), bislang erschienen 28 Bde. (in 34 Teilbden.) Münster 1962–2005; oder auch die Korrespondenz Richelieus, hrsg. v. d. Monumenta Europae Historica: Les papiers de Richelieu. Section politique intérieure. Correspondance et papiers d'État. Ed. par *Pierre Grillon*. 7 Vols. Paris 1975-1985, sowie die Section politique extérieure: Empire allemand. 3 Vols. Ed. par *Adolf Wild* et *Anja V. Hartmann*. Paris 1982–1999. Vergleichbare Editionen für das 18. Jahrhundert fehlen. Unvollendet ist die Politische Korrespondenz Friedrichs II. (46 Bde. erschienen bis 1939, 1740–1782 April) geblieben, ihre Edition wurde kürzlich bis zum Jahresende 1782 fortgeführt: Politische Correspondenz Friedrichs des Großen. Bd. 47: April bis Dezember 1782. Hrsg. v. *Peter Baumgart*, bearb. v. *Frank Althoff*. (Veröffentlichungen aus den Archiven Preußischer Kulturbesitz, 45.) Köln/Weimar/Wien 2003.

[54] Z. B. *Anna Sinkoli*, Frankreich, das Reich und die Reichsstände 1697-1702. Frankfurt am Main/Bern/New York 1995; *Eckart Buddruss*, Die französische Deutschlandpolitik 1756-1789. (Veröffentlichungen des Instituts für Europäische Geschichte Mainz, Abt. Universalgeschichte, Bd. 157.) Mainz 1995; *Ulrich Naujokat*, England und Preußen im Spanischen Erbfolgekrieg. Bonn 1999.

Krieges[55], und zum anderen auf die Perzeptionsproblematik, die bislang vor allem am deutsch-französischen Beispiel erforscht wurde[56].

Forschungen zur Perzeption lassen sich sehr gut verbinden mit einem Modell der Entscheidungsprozeßanalyse, das Perzeption versteht als „die der Beurteilung einer außenpolitischen Umweltlage vorangehende selektiv-subjektive Bestandsaufnahme der Wirklichkeit".[57] Der außenpolitische Entscheidungsprozeß wird idealtypisch zerlegt in mehrere aufeinanderfolgende Stufen, die es näherungsweise zu rekonstruieren gilt. Der Reiz dieses Modells besteht darin, daß es gerade der Kombination verschiedener Herangehensweisen (z. B. Verfahren der Institutionen- und Verfassungs- und Sozialgeschichte) bedarf, um die einzelnen Etappen einer Entscheidung zu erklären.[58]

[55] Vgl. dazu programmatisch: *Gräf*, Konfession und internationales System (wie Anm. 19); und mit zum Teil kritischen Urteilen hinsichtlich einer „Konfessionalisierung" der Außenpolitik an der Wende vom 16. zum 17. Jahrhundert: *Friedrich Beiderbeck/Gregor Horstkemper/Winfried Schulze* (Hrsg.), Dimensionen europäischer Außenpolitik zur Zeit der Wende vom 16. zum 17. Jahrhundert. (Innovationen, 10.) Berlin 2003; siehe auch: *Axel Gotthard*, Konfession und Staatsräson. Die Außenpolitik Württembergs unter Herzog Johann Friedrich (1608-1628). (Veröffentlichungen der Kommission für Geschichtliche Landeskunde in Baden-Württemberg, Rh. B, 126.) Stuttgart 1992.

[56] Den Weg hierzu wiesen die Studien Klaus Malettkes (wie Anm. 9). Der Ansatz Malettkes ist aufgegriffen worden von: *Martin Wrede*, Das Reich und seine Geschichte in den Werken französischer Staatsrechtler und Historiker des 18. Jahrhunderts, in: Francia 27/2, 2000, 177-211; *ders.*, Die Reichsverfassung in der Perzeption französischer Staatsrechtler und Historiker des 18. Jahrhunderts, in: Thomas Höpel (Hrsg.), Deutschlandbilder – Frankreichbilder 1700-1840. Rezeption und Abgrenzung zweier Kulturen. (Veröffentlichungen des Frankreich-Zentrums, 6.) Leipzig 2001, 29-56; *ders.*, L'État de l'Empire empire? Die französische Historiographie und das Reich im Zeitalter Ludwigs XIV. – Weltbild, Wissenschaft und Propaganda, in: Matthias Schnettger (Hrsg.), Imperium Romanum – irregulare corpus – Teutscher Reichs-Staat. Das Alte Reich im Verständnis der Zeitgenossen und der Historiographie. (Veröffentlichungen des Instituts für Europäische Geschichte Mainz, Abt. Universalgeschichte, Beih. 57.) Mainz 2002, 89-110; *Guido Braun*, Les traductions françaises des traités de Westphalie (de 1648 à la fin de l'Ancien Régime), in: XVIIe Siècle 48, 1996, 131-155; *ders.*, Die „Gazette de France" als Quelle zur Rezeptionsgeschichte des Westfälischen Friedens und des Reichsstaatsrechts in Frankreich, in: HJb 119, 1999, 283-294; *ders.*, Scheid, Necker et Dupal. La connaissance du droit public allemand en France et en Grande-Bretagne (1741-1754), in: Francia 27/2, 2000, 213-247; *Sven Externbrink*, Friedrich der Große, Maria Theresia und das Alte Reich. Deutschlandbild und Diplomatie Frankreichs im Siebenjährigen Krieg. Berlin 2006, sowie *ders.*, Frankreich und die Reichsexekution gegen Friedrich II. Zur Wahrnehmung der Reichsverfassung durch die französische Diplomatie während des Siebenjährigen Krieges, in: Asbach/Externbrink/Malettke (Hrsg.), Altes Reich, Frankreich und Europa. (wie Anm. 9), 221-253; *Ulbert*, Frankreichs Deutschlandpolitik (wie Anm. 51).

[57] *Jürgen Bellers/Wichard Woyke* (Hrsg.), Analyse internationaler Beziehungen. Methoden – Instrumente – Darstellungen. Opladen 1989, 142-143.

[58] Vgl. *Externbrink*, Friedrich der Große, Maria Theresia und das Alte Reich (wie Anm. 56) S. 11-19 und passim.

Notwendig ist aber auch die parallele Erhellung der personellen und institutionellen Voraussetzungen sowie der im weiten Sinne sozialen und kulturellen Kontexte frühneuzeitlicher Außenpolitik. *Personell* meint die Beschäftigung mit den Akteuren auf der Ebene der Individuen, d. h. Biographien der Entscheidungsträger und der Staatsoberhäupter, aber auch die Rekonstruktion der Lebensgeschichten der im Hintergrund agierenden Personen[59]. Der Gang in die Archive fördert immer wieder unerschlossene oder bislang übersehene Bestände zutage, die es ermöglichen, das Leben und Wirken einzelner Individuen auf der politischen Bühne nachzuzeichnen.[60] Dabei gelingen erstaunliche Werke, die weit mehr sind als nur „politische Geschichte".[61]

Institutionell bezieht sich auf die Entstehung des souveränen Staates als wesentlichen, die Frühe Neuzeit prägenden Fundamentalprozeß. Staatsbildung erfolgte nach innen und außen und manifestierte sich nicht zuletzt in der administrativen Durchdringung des Raumes sowie durch Entstehung von institutionellen Strukturen als Träger staatlichen Handelns. Dieser Prozeß betraf nicht zuletzt die auswärtigen Beziehungen: Nicht nur das System ständiger Gesandtschaften bildete sich seit dem Spätmittelalter heraus, sondern es wurden auch „Außenministerien" aufgebaut. Im Zuge einer sich über alle frühneuzeitlichen Jahrhunderte hinziehenden Professionalisierung der Gesandten entstand der „Beruf" des Diplomaten mit seinen Rangstu-

[59] Siehe zu letzterem programmatisch: *Axel Gotthard*, Benjamin Bouwinghausen. Wie bekommen wir die „Männer im zweiten Glied" in den Griff?, in: Helmut Altrichter (Hrsg.), Persönlichkeit und Geschichte. (Erlanger Studien zur Geschichte, 3.) Erlangen/Jena 1997, 69–103.

[60] Vgl. in chronologischer Reihenfolge z. B.: für das späte Mittelalter: *Jürgen Petersohn*, Ein Diplomat des Quattrocento. Angelo Geraldini (1422–1486). (Bibliothek des Deutschen Historischen Instituts in Rom, 62.) Tübingen 1985; *Béatrice Nicolier-De Weck*, Hubert Languet (1518–1581). Un réseau politique international de Mélanchton à Guillaume d'Orange. (Travaux d'humanisme et de Renaissance, 293.) Genf 1995; *Toby Osborne*, Dynasty and Diplomacy in the Court of Savoy: Political Culture and the Thirty Year's War. Cambridge 2002; *Claudia Kaufold*, Ein Musiker als Diplomat. Abbé Agostino Steffani in hannoverschen Diensten (1688–1703). (Veröffentlichungen des Instituts für Historische Landesforschung der Universität Göttingen, 36.) Bielefeld 1997. Neben diesen Monographien ist noch auf zahlreiche kleinere Studien über Diplomaten hinzuweisen, vgl. stellvertretend: *Ruth Kohlndorfer*, Jacques Bongars (1554–1612.) Lebenswelt und Informationsnetzwerke eines frühneuzeitlichen Gesandten, in: Francia 28/2, 2001, 1–15; *Sven Externbrink*, Das Selbstporträt eines Diplomaten im 17. Jahrhundert. Guistiniano Priandis Memorandum für Desmarets de Saint-Sorlin aus dem Jahre 1644, in: ders./Jörg Ulbert (Hrsg.), Formen internationaler Beziehungen in der Frühen Neuzeit. Frankreich und das Alte Reich im europäischen Staatensystem. Festschrift Klaus Malettke. (Historische Forschungen, 71.) Berlin 2001, 227–244; *Jean Bérenger*, Un diplomate suédois ami de la France: Esaias Pufendorf (1628–1687), in: Daniel Tollet (Ed.), Guerres et paix en Europe centrale aux époques moderne et contemporaine. Mélanges d'histoire des relations internationales offerts à Jean Bérenger. Paris 2003, 123–146.

[61] Z. B. *John Bossy*, Agent der Königin. Giordano Bruno und die Londoner Botschaftsaffäre 1583–1586. Stuttgart 1995; *Gary Kates*, Monsieur d'Eon ist eine Frau. Die Geschichte einer politischen Intrige. Hamburg 1996.

fen.[62] Die Außenpolitik der frühneuzeitlichen Staaten erhielt somit nach und nach, und in unterschiedlichen Geschwindigkeiten, eine institutionelle Basis und damit eine schnelle Wechsel an ihrer Spitze überdauernde Kontinuität, die sich im oft jahrzehntelangen Dienst subalterner „Beamter" oder *Premier Commis* (in Frankreich) manifestierte. Dieser Prozeß der Institutionsbildung in der Außenpolitik, zu der auch der Aufbau der politischen Archive gehört[63], wurde immer schon beachtet, systematisch erforscht ist er nicht[64], sieht man vielleicht von der französischen Diplomatie ab[65]. Einzig die Entstehung des Gesandtschaftswesens seit dem späten Mittelalter weckte früh die Aufmerksamkeit der Historiker.[66]

Zu den Forschungen, die sich mit den im weiten Sinne sozialen und kulturellen Kontexten frühneuzeitlicher Außenpolitik beschäftigen, zählen

[62] *Erich Markel*, Die Entwicklung der diplomatischen Rangstufen. Diss. Erlangen 1951.

[63] Vgl. schon *Armand Baschet*, Histoire du dépôt des archives des affaires étrangères à Paris. Paris 1873.

[64] Vgl. zu diesem Themenkomplex: *Klaus Müller*, Das kaiserliche Gesandtschaftswesen im Jahrhundert nach dem Westfälischen Frieden (1648–1740). (Bonner Historische Forschungen, 46.) Bonn 1976; *Daniela Frigo*, Principe, Ambasciatore e „jus gentium". L'amministrazione della politica estera nel Piemonte del Settecento. (Biblioteca del Cinquecento, 50.) Rom 1991.

[65] Vgl.: *Frédéric Masson*, Le Département des Affaires Etrangères pendant la Revolution 1787–1804. Paris 1877, Ndr. Genf 1977; *Camille-G. Picavet*, La Diplomatie française au temps de Louis XIV 1661–1715. Paris 1930; *Camille Piccioni*, Les Premiers commis des Affaires étrangères au XVIIe et XVIIIe siècle. Paris 1928; *Jean-Pierre Samoyault*, Les Bureaux du secrétariat d'Etat des affaires étrangères sous Louis XV. (Bibliothèque de la Revue d'histoire diplomatique, 3.) Paris 1971; zusammenfassend: *Jean Baillou* (Ed.), Les Affaires Étrangères et le corps diplomatique français. 2 Vols. Paris 1984.

[66] Hierbei konzentrierte sich das Interesse vor allem auf Italien: *Alfred von Reumont*, Italienische Diplomaten und diplomatische Verhältnisse, in: ders., Beiträge zur italienischen Geschichte. Bd. 1. Berlin 1853, 1–270; *Otto Krauske*, Die Entwicklung der ständigen Diplomatie vom 15. Jahrhundert bis zu den Beschlüssen von 1815 und 1818. Leipzig 1885; *René Maulde-La Clavière*, Histoire de Louis XII. Vol. 2: La Diplomatie au temps de Machiavel. 3 Vols. Paris 1892/93; ein Klassiker der Historiographie des 20. Jahrhunderts: *Garrett Mattingly*, Renaissance Diplomacy. London 1955 u.ö.; zuletzt: *Daniela Frigo* (Ed.), Ambasciatori e nunzi. Figure della diplomazia in età moderna. (Cheiron, 30.) Rom 1999; *dies.* (Ed.), Politics and Diplomacy in Early Modern Italy. The Structure of Diplomatic Practice 1450–1800. Cambridge 2000. Neben den päpstlichen Legaten als Ursprung des neuzeitlichen Diplomaten muß auf den Beitrag Venedigs hingewiesen werden, siehe hierzu: *Donald E. Queller*, Early Venetian Legislation on Ambassadors. (Travaux d'Humanisme et Renaissance, 88.) Genf 1966; *ders.*, The Office of Ambassador in the Middle Ages. Princeton 1967; *ders.*, The Development of Ambassadorial „Relazioni", in: John R. Hale (Ed.), Renaissance Venice. London 1973, 174–196. Jüngst wurde auf die Generalprokuratoren des Deutschen Ordens als weiteren Vorläufer des ständigen Gesandten der Frühen Neuzeit hingewiesen: *Jan-Erik Beuttel*, Der Generalprokurator des Deutschen Ordens an der römischen Kurie. (Quellen und Studien zur Geschichte des Deutschen Ordens, 55.) Marburg 1999. Über die englische Diplomatie in der Frühen Neuzeit siehe: *David B. Horn*, The British Diplomatic Service 1689–1789. Oxford 1967; *Jeremy Black*, British Diplomats and Diplomacy, 1688–1800. Exeter 2001.

meines Erachtens jene Arbeiten, die das publizistische Umfeld der Außenpolitik in Europa untersuchen. Die Gestaltung der Außenpolitik wurde zwar als ureigenstes Reservatrecht des Souveräns betrachtet, gleichwohl haben zahlreiche Arbeiten belegen können, daß schon vor dem 18. Jahrhundert eine „politische Öffentlichkeit" existierte[67], in der intensiv, oft gelenkt von den Kabinetten, außenpolitische Themen diskutiert wurden. Es ist eine noch zu klärende Frage, inwieweit die in zahllosen Traktaten und Pamphleten begegnenden Schlüsselbegriffe frühneuzeitlicher Mächtepolitik (*Monarchia universalis*, *Arbiter*, *Balance of Power*) von den Akteuren selbst geprägt bzw. im Laufe der Jahrhunderte rezipiert und gedeutet wurden.[68]

Neue Wege der Erforschung frühneuzeitlicher Außenpolitik weisen die Beiträge zur römischen Mikropolitik des frühen 17. Jahrhunderts, die zuletzt von Wolfgang Reinhard und seinen Schülern zur Erhellung der „Spielregeln des Verhaltens politischer Personen" Italiens vorgelegt wurden.[69] Mikropolitik ist, so die Definition Wolfgang Reinhards, „der mehr oder weniger planmäßige Einsatz eines Netzes informeller persönlicher Beziehungen zu politischen Zwecken, wobei die Besetzung einer Stelle und der Rang ihres Inhabers in der Regel sehr viel wichtiger ist, als das, was diese Person anschließend treibt".[70] Mikropolitische Verfahren zielten ab auf „die Erzeugung und Nutzung von persönlichen Loyalitäten, die durch Verwandtschaft, Freundschaft und klienteläre Beziehungen zustande kommen".[71] Daß

[67] *Andreas Gestrich*, Absolutismus und Öffentlichkeit. Politische Kommunikation in Deutschland zu Beginn des 18. Jahrhunderts. (Kritische Studien zur Geschichtswissenschaft, 103.) Göttingen 1994.

[68] *Franz Bosbach*, Monarchia Universalis. Ein politischer Leitbegriff der Frühen Neuzeit. (Schriftenreihe der Historischen Kommission bei der Bayerischen Akademie der Wissenschaften, 32.) Göttingen 1988; *Christoph Kampmann*, Arbiter und Friedensstiftung. Die Auseinandersetzung um den politischen Schiedsrichter im Europa der Frühen Neuzeit. (Quellen und Forschungen aus dem Gebiet der Geschichte, NF., 21.) Paderborn/München/Wien/Zürich 2001.

[69] *Wolfgang Reinhard* (Hrsg.), Römische Mikropolitik unter Paul V. Borghese (1605–1621) zwischen Spanien, Neapel, Mailand und Genua. (Bibliothek des Deutschen Historischen Instituts in Rom, 107.) Tübingen 2004; *Christian Wieland*, Fürsten, Freunde, Diplomaten. Die römisch-florentinischen Beziehungen unter Paul V. (1605–1621). (Norm und Struktur. Studien zum sozialen Wandel in Mittelalter und Früher Neuzeit, 20.) Köln/Weimar/Wien 2004; siehe auch *ders.*, Diplomaten als Spiegel ihrer Herren? Römische und florentinische Diplomatie zu Beginn des 17. Jahrhunderts, in: ZHF 31, 2004, 359–379; *Tobias Mörschel*, Buona amicitia? Die römisch-savoyischen Beziehungen unter Paul V. (1605–1621). Studien zur frühneuzeitlichen Mikropolitik in Italien. (Veröffentlichungen des Instituts für Europäische Geschichte Mainz, Abt. Universalgeschichte, Bl. 193.) Mainz 2002.

[70] *Wolfgang Reinhard*, Einleitung, in: ders. (Hrsg.), Römische Mikropolitik unter Paul V. (wie Anm. 69), 1–20, 3f.; *ders.*, *Amici e creature*. Politische Mikrogeschichte der römischen Kurie im 17. Jahrhundert, in: QuFiAB 76, 1996, 308–334.

[71] *Reinhard*, Einleitung (wie Anm. 70), 3.

diese Verfahren für die Politikgestaltung in der Frühen Neuzeit von großer Bedeutung waren, ist seit längerem bekannt[72] – die entwickelten Instrumente fanden bislang aber nur selten Anwendung im Kontext der Internationalen Beziehungen. Am Beispiel der italienisch-römischen bzw. römisch-spanischen Beziehungen zur Zeit Pauls V. (1605-1621) konnten nun Reinhard und seine Mitarbeiter die Tragfähigkeit ihres Konzeptes demonstrieren.

Doch das Potential, das in mikropolitischer Analyse steckt, wird meines Erachtens darin nicht völlig ausgeschöpft, wenn, wie in diesen Studien zu beobachten ist, die „große Politik der Kabinette", von wenigen Ausnahmen abgesehen, weitgehend ausgeblendet bleibt.[73] Unter „großer Politik" wird hier der Komplex der Entscheidungsprozeßanalyse verstanden, der, wie oben angedeutet, einer der zentralen Gegenstände politischer Geschichte bleibt.

Es war letztlich doch nicht „unerheblich", was ein dank mikropolitischer Netzwerke zu einem Posten gelangter Akteur tat. Wenn es sich um nachgeordnete Positionen im frühneuzeitlichen Regierungsapparat handelte, dann wurde von ihm verlangt, daß er die von seinem Patron vertretene Linie bzw. dessen Entscheidungen bedingungslos exekutierte. Tat er dies nicht, drohte ihm der Verlust seiner Stellung. Darüber hinaus ist zu bedenken, daß sich die Netzwerke im politischen Feld des frühneuzeitlichen Staates immer um den Souverän konstituierten, d. h. in der Mehrzahl um einen Fürsten. Dieser traf mit der Wahl eines Ministers, Favoriten etc. in der Regel auch eine politische Richtungsentscheidung.

Wer immer in den engeren Kreis eines obersten Ratsgremiums frühneuzeitlicher Staatsführung rückte, konnte bereits auf eine längere mikropolitische „Karriere" und Netzwerkbildung zurückblicken. Diejenigen, die ihren Aufstieg nur der ganz persönlichen Gunst des Königs verdankten, waren in ihrer Stellung weitaus gefährdeter als jene[74], die über ein Netzwerk an die

[72] Vgl. *Roland Mousnier*, Les Institutions de la France sous la monarchie absolue. 2 Vols. 2. Aufl. Paris 1990/92, Vol. 1, 85-93; *Yves Durand* (Ed.), Clientèles et fidélités en Europe à l'époque moderne. Hommage à Roland Mousnier. Paris 1981; dazu ergänzend: *Sharon Kettering*, Patronage in Early Modern France, in: French Historical Studies 17, 1992, 839-862; *dies.*, Friendship and Clientage in Early Modern France, in: French History 6, 1992, 139-158; jetzt auch im Überblick, jedoch mit geringem Frankreichbezug: *Heiko Droste*, Patronage in der Frühen Neuzeit. Institution und Kulturform, in: ZHF 30, 2003, 555-590. Eindrucksvoll belegt wurde die Bedeutung der Netzwerke am Beispiel Richelieus, vgl.: *Orest Ranum*, Richelieu and the Councillors of Louis XIII. Oxford 1963; *Joseph Bergin*, The Rise of Richelieu. New Haven/London 1991.

[73] *Mörschel*, Buona amicitia? (wie Anm. 69), 257-287.

[74] Vgl. z. B. das Schicksal des Earl of Wentworth: *Ronald G. Asch*, Thomas Wentworth, Earl of Strafford (1593-1641): „Frondeur" und Favorit? Eine Karriere zwischen Hof und Provinz, in: Chantal Grell/Klaus Malettke (Hrsg.), Hofgesellschaft und Höflinge an europäischen Fürstenhöfen in der Frühen Neuzeit (15.-18. Jahrhundert). (Forschungen zur Geschichte der Neuzeit. Marburger Beiträge, 1.) Münster 2001, 159-174.

Macht gelangten[75]. Hier berühren sich „Mikropolitik" und die Forschung über die „Favoriten".[76]

Wie eng „Mikro-" und „Makropolitik" in der frühen Neuzeit verbunden waren, zeigt im übrigen das Beispiel des Kardinals Richelieu. Dessen Karriere bis zur zweiten Berufung in den *Conseil d'en haut* 1624 kann geradezu als ein paradigmatisches Exempel für die mikropolitische Netzwerkbildung dienen, insbesondere weil sie nicht geradlinig verlief, sondern mit einem zeitweiligen Exil verbunden war.[77] Richelieu gelang, nicht zuletzt unter Ausnutzung seines Status als Kleriker, und unter Integration in die Klientel der Königinmutter Maria von Medici, die Überwindung des Rückschlages von 1617. Seit seinem erneuten Eintritt in den *Conseil du Roi* 1624 kann man dann beobachten, wie er nach und nach mit einer ihm getreuen Schar von „Kreaturen", die er vorzugsweise aus dem Kreis poitevinischer Amtsträger und Familienklientel rekrutierte (Père Joseph und die Bouthillier), zentrale Schaltstellen am Hof und in der Regierung besetzte. Zugleich begann ein Prozeß der Entfremdung von seiner einstigen Förderin, der in erheblichem Maße im Dissens über politische Sachfragen gründete und der zur Lösung Richelieus aus dem Netzwerk der Königin führte. Dieser Prozeß fand in der berühmten *Journée des Dupes* am 9./10. November 1630 seinen Abschluß. An diesem Tag entschied sich aber auch, das darf nicht vergessen werden, das Schicksal Frankreichs im werdenden europäischen Staatensystem: Richelieu stand für die Fortsetzung der antihabsburgischen Politik eines Heinrich IV. und damit für die Anknüpfung an die Tradition der Valoiskönige Franz I. und Heinrich II.[78] Mikro- und Makropolitik bilden somit zwei Seiten einer Medaille.

Nach 1630 war außerhalb des Richelieuschen Netzwerkes keine Karriere am französischen Hofe mehr möglich. Nach Richelieus Tod zerfiel das Netzwerk seiner Kreaturen, und es setzte sich im Kampf um seine Nachfolge bezeichnenderweise mit Mazarin derjenige durch, dem es gelungen war, seit 1630 ein eigenes, grenzüberschreitendes System persönlicher Verflechtun-

[75] Vgl. die Karriere von Jean-Baptiste Colbert, der als Armeeintendant und später als Mazarins Hausintendant begann: *Jean-Louis Bourgeon*, Les Colbert avant Colbert. Destin d'une famille marchande. 2. Aufl. Paris 1986; *Klaus Malettke*, Colbert. Aufstieg im Dienste des Königs. (Persönlichkeit und Geschichte, 99/100.) Göttingen 1977.

[76] Vgl. hierzu: *Lawrence W. B. Brockliss/John H. Elliott* (Eds.), The World of the Favourite. New Haven/London 1999; *Michael Kaiser/Andreas Pečar* (Hrsg.), Der zweite Mann im Staat. Oberste Amtsträger und Favoriten im Umkreis der Reichsfürsten in der Frühen Neuzeit. (ZHF, Beih. 32.) Berlin 2003.

[77] Grundlegend hierzu: *Bergin*, Rise of Richelieu (wie Anm. 72).

[78] Zu den politischen Hintergründen: *Georges Pagès*, Autour du „grand orage". Richelieu et Marillac. Deux politiques, in: RH 179, 1937, 63–97; *Roland Mousnier*, L'Homme rouge ou la vie du Cardinal de Richelieu (1585–1642). Paris 1992. Den Tag in allen Einzelheiten dokumentiert: *Georges Mongrédien*, La journée des Dupes. 10 Novembre 1630. (Trente jours qui ont fait la France, 14.) Paris 1961.

gen aufzubauen, in das er nicht zuletzt von Richelieu „verstoßene" Kreaturen (Abel Servien) zu integrieren wußte.[79] Dies war die Basis, die es Mazarin ermöglichte, sowohl im Inneren als auch im Äußeren der Linie Richelieus gegen allen Widerstand zu folgen und zumindest kurzfristig Ludwig XIV. als „plus puissant monarque du monde" zu etablieren.[80]

Mit diesem etwas ausführlicheren Beispiel sollte gezeigt werden, daß die Verzahnung der Analyse von Mikropolitik und Entscheidungsprozessen bislang wenig beachteten Erkenntnisgewinn birgt. In dieser Kombination traditioneller Fragestellungen und Themen mit dem methodisch-theoretischen Angebot sowohl der Politikwissenschaft als auch der eher politikfernen Sozial-, Mentalitäts- und Kulturgeschichte wie auch der Historischen Anthropologie liegt der innovative und vielleicht auch „paradigmatische" Charakter der „neuen" Geschichte der frühneuzeitlichen Internationalen Beziehungen begründet. Ein solcher „methodisch-theoretischer Eklektizismus" verhindert die Ausbildung einer dogmatisch nur einem Modell verpflichteten „Schule" und garantiert andererseits auch weiterhin innovative und anregende Forschungen.

IV.

Der stichprobenartige Durchgang durch die neueste Literatur hat gezeigt, daß keine Einigkeit über ein allgemein verbindliches Systemmodell oder eine Theorie der Internationalen Beziehungen besteht. Pragmatische Vorgehensweisen wie der oben konstatierte „methodisch-theoretische Eklektizismus" bestimmen das Bild. Grundsätzlich ist die Offenheit der derzeitigen „Diplomatiegeschichte" für Methoden und Theorien aus den Nachbardisziplinen zu betonen. Ich möchte dies als Zeichen deuten für ein oft nicht ausgesprochenes, gleichwohl aber vorhandenes Problembewußtsein des Forschungszweiges für die methodisch-theoretischen Grundlagen seiner Arbeit. Welche Schlußfolgerungen lassen sich nun aus diesem kursorischen Überblick ziehen?

Was den *Stand* der Forschung betrifft, so ist zu konstatieren, daß, erstens, die Geschichtsschreibung der internationalen Beziehungen sich weit von

[79] Das Netzwerk Mazarins harrt noch einer systematischen Aufarbeitung. Als Ausgangspunkt hierfür dient: *Georges Dethan*, Mazarin et ses amis. Etude sur la jeunesse du cardinal. Paris 1968, und jetzt einen bedeutenden Teilaspekt ausleuchtend: *Anuschka Tischer*, Diplomaten als Patrone und Klienten: Der Einfluß personaler Verflechtungen in der französischen Diplomatie auf dem Westfälischen Friedenskongreß, in: Babel (Hrsg.), Le Diplomate au travail (wie Anm. 46), 173–197. Eine umfassende politische Biographie Abel Serviens fehlt bislang, vgl. zur Einführung: *Sven Externbrink*, Abel Servien, marquis de Sablé: une carrière diplomatique dans l'Europe de la Guerre de Trente Ans, in: Revue historique et archéologique du Maine 151, 2001, 97–112.

[80] So eine berühmte Formulierung Richelieus aus dem Jahre 1629: *Grillon* (Ed.), Les Papiers de Richelieu (wie Anm. 53), Vol. 4, 24.

der einst von Braubach praktizierten und von Wehler beklagten Form entfernt hat. Die hier vorgestellten Synthesen zur Geschichte des internationalen Systems in der Frühen Neuzeit geben einen Eindruck von der methodisch-interpretatorischen Bandbreite der aktuellen Forschung. Allein die seit dem 16. Jahrhundert immer umfangreicher werdenden Berichte der Gesandten stellen ein Reservoir an Quellen dar, das einen einzigartigen Zugang zu der Welt der Frühen Neuzeit ermöglicht. Sie sind noch längst nicht in ihrer Gesamtheit ausgewertet und bieten demjenigen, der mit innovativen Fragestellungen an sie herantritt, immer wieder Neues.[81] Ein Weg zu neuen Erkenntnissen könnte mit der Verbindung von Diplomatiegeschichte und Kulturtransferforschung beschritten werden, indem u. a. nach den Kontexten und Voraussetzungen für das Wirken von Diplomaten als Vermittler, als „Relais" im Kulturtransfer gefragt wird. Eine systematische Untersuchung dieses Komplexes hat noch nicht stattgefunden, erste Annäherungen aber liegen vor, die als Ausgangspunkt dienen könnten.[82]

Darüber hinaus ist, zweitens, einmal mehr auf die Warnung und Ermahnung Michael Hochedlingers hinzuweisen, daß die Standardwerke des 19. und frühen 20. Jahrhunderts nicht immer weiter durch „die interpretatorische Mangel" gedreht werden dürfen, und daß wir neue, quellennahe Studien benötigen.[83] Nur ein Beispiel hierfür: Eine umfassende Darstellung des Siebenjährigen Krieges auf der Basis des aktuellen Forschungsstandes und unter Zugrundelegung eines adäquaten methodisch-theoretischen Rahmens fehlt bis heute. Wir verfügen über zahlreiche Darstellungen aus der Perspektive einzelner Akteure, für eine Gesamtschau sind wir noch immer auf das Torso gebliebene Werk Richard Waddingtons angewiesen, daß zwischen 1899 und 1914 erschien und nur bis 1760 reicht.[84]

[81] Vgl. z. B. hierzu die Bemerkungen von *Heinz Duchhardt*, Frankreichs diplomatische Präsenz am Rhein: Das Beispiel Louis Augustin Blondel, in: Heinke Wunderlich/Jean Mondot (Hrsg.), Deutsch-französische Begegnungen am Rhein 1700–1789. (Beiträge zur Geschichte der Literatur und Kunst des 18. Jahrhunderts, 12.) Heidelberg 1994, 93–101, 100.

[82] Vgl. *Sven Externbrink*, Internationale Beziehungen und Kulturtransfer in der Frühen Neuzeit, in: Thomas Fuchs/Sven Trakulhun (Hrsg.), Das eine Europa und die Vielfalt der Kulturen. Beiträge zur Kulturtransfer- und Kulturvergleichsforschung in Europa 1500–1850. (Aufklärung und Europa, 12.) Berlin 2003, 227–248 (mit Nachweis der Literatur zum Kulturtransfer); neu jetzt: *Wolfgang Schmale* (Hrsg.), Kulturtransfer. Kulturelle Praxis im 16. Jahrhundert. Innsbruck 2003; ein Fallbeispiel: *Thomas Höpel*, Diplomatischer Dienst und Kulturtransfer. Die Wirkungen der Tätigkeit von Bernhard Wilhelm von der Goltz in Berlin und Paris, in: Grenzgänge 2, 1995, 23–44.

[83] Vgl. *Michael Hochedlinger*, Die Frühneuzeitforschung und die „Geschichte der internationalen Beziehungen" – Oder: Was ist aus dem Primat der Außenpolitik geworden?, in: MIÖG 106, 1998, 167–179.

[84] *Richard Waddington*, La Guerre de Sept Ans. Histoire diplomatique et militaire. 5 Vols. Paris 1899–1914. Eine knappe, auf das studentische Publikum abgestimmte Zusammenfassung hat vorgelegt *Daniel Marston*, The Seven Year's War. Oxford 2001.

Was die *Perspektiven* der Forschung zur frühneuzeitlichen Außenpolitik anbelangt, so gilt es festzuhalten, daß auch weiterhin die Rekonstruktion von Entscheidungsprozessen ebenso wie die Biographie sowohl der Entscheidungsträger als auch der in der zweiten und dritten Reihe stehenden Persönlichkeiten von grundlegender Bedeutung sein wird. Dies impliziert auch eine Vertiefung der Frage nach Wahrnehmung und Deutung des Systems durch die Zeitgenossen. Neben die Rekonstruktion des „tatsächlichen" Systems muß die von Harald Kleinschmidt favorisierte Sichtweise des Staatensystems als „Kategorie der Perzeption" treten[85], wobei es mir wichtig erscheint, hierzu stärker als bisher die Äußerungen der Entscheidungsträger, d.h. die Korrespondenzen und internen Denkschriften der Gesandten, Minister und Herrscher, auszuwerten und sich nicht nur auf die Schriften der oft außerhalb der Entscheidungsprozesse stehenden Theoretiker und Publizisten zu beziehen.[86]

Darüber hinaus ist darauf hinzuweisen, daß, obwohl ein umfangreicher Bestand an Forschungsliteratur zur Genese des europäischen Gesandtschaftswesens existiert, es auch hier Bereiche gibt, die noch präziserer Erhellung bedürfen: Dies gilt etwa für die Funktionsweise diplomatischer Kommunikation und Information im 16. Jahrhundert, also noch bevor die Akteure im System auf ein europaweit operierendes und zentral gesteuertes Netzwerk von Gesandten aller Rangstufen verfügten. Besonders zwischen dem Frieden von Cateau-Cambrésis (1559) und dem Beginn des Dreißigjährigen Krieges finden wir zahlreiche, den späthumanistischen Gelehrtenzirkeln angehörige Persönlichkeiten, die Höfe und Kabinette mit Informationen aller Art belieferten und nur in einem losen Abhängigkeitsverhältnis zu den Empfängern ihrer Nachrichten standen.[87]

So ist abschließend zu konstatieren, daß die eingangs zitierte Bemerkung von Jürgen Osterhammel über die Vorreiterrolle der Frühneuzeitforschung in der Erneuerung der Disziplin in der Tat zutrifft. Die Erforschung der Geschichte der internationalen Beziehungen in der Frühen Neuzeit ist nicht

[85] Zur Definition des Staatensystems als Kategorie der Wahrnehmung siehe: *Harald Kleinschmidt*, Geschichte der internationalen Beziehungen. Ein systemgeschichtlicher Abriß. Stuttgart 1998, 10f.

[86] Beispiele für letztere: *Harald Kleinschmidt*, Systeme und Ordnungen in der Geschichte der internationalen Beziehungen, in: AKG 82, 2000, 433–454; *Olaf Asbach*, Die Reichsverfassung als föderativer Staatenbund. Das Alte Reich in der politischen Philosophie des Abbé de Saint-Pierre und Jean-Jacques Rousseaus, in: ders./Externbrink/Malettke (Hrsg.), Altes Reich, Frankreich und Europa (wie Annm. 9), 171–218.

[87] Vgl. z. B. *Kohlndorfer*, Jacques Bongars (wie Anm. 60); *Nicolier-De Weck*, Hubert Languet (wie Anm. 60); *Gerhard Menk*, Landgraf Wilhelm IV. von Hessen-Kassel, Franz Hotman und die hessisch-französischen Beziehungen vor und nach der Bartholomäusnacht, in: Zeitschrift des Vereins für Hessische Geschichte und Landeskunde 88, 1980/81, 55–82.

erst seit gestern im Aufbruch begriffen und belegt somit eindrucksvoll, daß, auch jenseits aller „Konstruktion“ historischer Erkenntnis, das Staatensystem „a reality of history“ (Peter Krüger)[88] darstellt und seine Erforschung weiterhin fester Bestandteil (oder Teildisziplin) der Geschichtsforschung sein sollte.[89]

[88] *Peter Krüger*, General Introduction, in: Krüger/Schroeder/Wüstenbecker (Hrsg.), „The Transformation of European Politics 1763-1848“ (wie Anm. 44), 17.

[89] So auch *Schroeder*, Transformation (wie Anm. 44), VII: „But international politics does belong in history on his own terms, as an equal and autonomous element, inextricably interwoven, naturally, with other parts of the collective human endeavour, but to be understood and approached primarily from the standpoint of its own system and structure, and not as a dependent variable of any other systems or structures in society“.

Jenseits von Männern und Mächten

Geschichte der internationalen Politik als Systemgeschichte

Von

Eckart Conze

I.

Nachdem sie in der deutschen, aber auch in anderen kontinentaleuropäischen Geschichtswissenschaften längere Zeit eine deutlich nachgeordnete Rolle gespielt hatte, ist die Geschichte der internationalen Beziehungen – nicht nur der internationalen Politik – neuerdings wieder ins Zentrum des Interesses der Neuzeithistorie gerückt. Diese Entwicklung hat innerwissenschaftliche und außerwissenschaftliche Gründe, die freilich eng miteinander zusammenhängen. Innerwissenschaftlich läßt sich beispielsweise auf eine verstärkte Rezeption der anglo-amerikanischen Forschung verweisen, die sich auch in jüngerer Zeit ungleich intensiver der Geschichte der internationalen Beziehungen zugewandt hat, als das hierzulande der Fall war. Zu verstehen ist diese Entwicklung aber ferner auch vor dem Hintergrund des in Deutschland seit geraumer Zeit geforderten Abschieds von der Diplomatiegeschichte alten Stils und der Hinwendung zu einer Geschichte der internationalen Beziehungen, der ein breiter gefaßter Begriff des Politischen zugrunde liegt und die in multiperspektivischem Zugriff wirtschaftliche, kulturelle, soziale, konfessionelle, mentale, geopolitische, militärische und viele andere Faktoren in die historische Analyse, Darstellung und Interpretation internationaler Beziehungen integriert.[1] Damit einher geht ein Internationalisierungsprozeß. Internationale Ge-

[1] Programmatisch dazu u. a. *Wilfried Loth/Jürgen Osterhammel* (Hrsg.), Internationale Geschichte. Themen – Ergebnisse – Aussichten. München 2000, oder auch *Eckart Conze/Ulrich Lappenküper/Guido Müller* (Hrsg.), Geschichte der internationalen Beziehungen. Erneuerung und Erweiterung einer historischen Disziplin. Köln/Weimar/Wien 2004. Vgl. auch *Friedrich Kießling*, Der „Dialog der Taubstummen" ist vorbei. Neue Ansätze in der Geschichte der internationalen Beziehungen des 19. und 20. Jahrhunderts, in: HZ 275, 2002, 651–680. Dieses weite Verständnis der Geschichte internationaler Beziehungen liegt aber auch einem neuen, mehrbändig angelegten Handbuch der Geschichte der internationalen Beziehungen zugrunde. Vgl. *Heinz Duchhardt/Franz Knipping*, Vorwort zum Gesamtwerk, in: Heinz Duchhardt, Balance of Power und Pentarchie. Internationale Beziehungen 1700–1785. (Handbuch der Geschichte der internationalen Beziehungen, Bd. 4.) Paderborn u. a. 1997, IX.

schichte[2], so wie sie heute auch in Deutschland eingefordert, verstanden und in immer mehr Studien umgesetzt wird, ist keine Geschichte nationalstaatlicher Außenpolitik mehr und keine Geschichte nationalen Staats- und Regierungshandelns, sondern eine Geschichtsschreibung, die eine internationale Perspektive einnimmt und den nationalstaatlichen Analyserahmen überwindet.[3] Da diese nationale Beschränkung aber nicht nur die Diplomatie- und Außenpolitikgeschichte charakterisiert, sondern vor dem Hintergrund des Aufstiegs des Nationalstaats und fundamentaler sozialer und kultureller Nationalisierungsprozesse seit Mitte des 19. Jahrhunderts die Perspektive der gesamten Geschichtswissenschaft bestimmte – auch die deutsche Gesellschaftsgeschichte war bis vor wenigen Jahren stets Nationalgeschichte –, hat die derzeitige thematische, methodische und theoretische Erneuerung und Erweiterung der Geschichte der internationalen Beziehungen (und damit auch der Geschichte der internationalen Politik[4]) ein innovatives Potential, das über diese historische Teildisziplin selbst weit hinausreicht. Das wird heute auch außerhalb der Geschichte der internationalen Beziehungen so gesehen.[5]

[2] Der Begriff der „Internationalen Geschichte", ein erst seit einigen Jahren gebräuchlicher deutscher Neologismus, lehnt sich an die britische „International History" an und versucht, engere bzw. verengende Benennungen wie Außenpolitikgeschichte oder Diplomatiegeschichte abzulösen. „Internationale Geschichte" ist jedoch kein allumfassender Begriff, der keine Grenzen des von ihm bezeichneten Gegenstands impliziert. So wäre zum Beispiel über das Verhältnis von Internationaler und Transnationaler Geschichte durchaus nachzudenken. Vgl. dazu beispielsweise die Überlegungen von *Johannes Paulmann*, Grenzüberschreitungen und Grenzräume. Überlegungen zur Geschichte transnationaler Beziehungen von der Mitte des 19. Jahrhunderts bis in die Zeitgeschichte, in: Conze u. a. (Hrsg.), Geschichte der internationalen Beziehungen (wie Anm. 1), 169-196. An einem konkreten Gegenstand, der Geschichte des deutschen Kaiserreichs, orientiert: *Sebastian Conrad/Jürgen Osterhammel* (Hrsg.), Das Kaiserreich transnational. Deutschland in der Welt 1871-1914. Göttingen 2004. Es sei allerdings insgesamt für einen eher pragmatischen Umgang mit den Begriffen und Benennungen plädiert, deren Verwendung nicht zur Prinzipienfrage erhoben werden sollte.

[3] Vgl. dazu *Jürgen Osterhammel*, Internationale Geschichte, Globalisierung und die Pluralität der Kulturen, in: Loth/Osterhammel (Hrsg.), Internationale Geschichte (wie Anm. 1), 387-408, oder *Eckart Conze*, Nationale Vergangenheit und globale Zukunft. Deutsche Geschichtswissenschaft und die Herausforderung der Globalisierung, in: Jörg Baberowski u. a., Geschichte ist immer Gegenwart. Thesen zur Zeitgeschichte. Stuttgart/München 2001, 43-65.

[4] Dieser Beitrag versucht, die historische Analyse des internationalen Systems bzw. des Staatensystems der Neuzeit (zu den Begriffen siehe unten) als eine Möglichkeit vorzustellen, Geschichte der internationalen Politik bzw. auch einer politischen Geschichte internationaler Beziehungen zu schreiben. Allgemeiner zur Geschichte der internationalen Politik siehe meinen Beitrag: *Eckart Conze*, Abschied von Staat und Politik? Überlegungen zur Geschichte der internationalen Politik, in: ders. u. a. (Hrsg.), Geschichte der internationalen Beziehungen (wie Anm. 1), 15-43.

[5] Vgl. zum Beispiel jüngst *Lutz Raphael*, Geschichtswissenschaft im Zeitalter der Extreme. Theorien, Methoden, Tendenzen von 1900 bis zur Gegenwart. München 2003,

Das verstärkte Interesse an der historischen Entwicklung internationaler Beziehungen und insbesondere der internationalen Politik hat jedoch darüber hinaus auch Gründe, die mit der aktuellen politischen Entwicklung, mit dem „Impuls der Gegenwart", zusammenhängen. Eine internationale Ordnung, die über viele Jahrzehnte Bestand hatte und feste Strukturen ausgeprägt hatte, hat sich aufgelöst; wir befinden uns in einer Phase der Transformation. Erst allmählich beginnen sich – Stichworte: 11. September, internationaler Terrorismus, „neue Kriege" oder „Hypermacht" USA – die Konturen einer neuen Weltordnung vage abzuzeichnen. Was die relative Stabilität und Dauerhaftigkeit der bipolaren Ordnung des Kalten Krieges hatte in den Hintergrund treten lassen, daß nämlich das internationale System sich in historischen Prozessen permanent verändert, ja daß diese Veränderung immer wieder auch in wahrhaft fundamentaler Weise erfolgen kann, das tritt nun wieder klarer ins Bewußtsein von Öffentlichkeit und Wissenschaft – und die Geschichtswissenschaft war in diesen Prozessen gewiß keine treibende Kraft, sondern sie wurde eher getrieben. Deutlich wird dabei auch, daß sich internationale Geschichte der Neuzeit in internationalen Systemen, darunter nicht zuletzt in Staatensystemen, vollzieht. Das internationale System – in seinen unterschiedlichen Schichten und Subsystemen – wirkt ein auf die Handlungsmuster nationaler und internationaler, staatlicher und nicht-staatlicher Akteure, es bestimmt Wahrnehmungshorizonte sowie Möglichkeiten und Grenzen internationaler Politik. Und umgekehrt verändern diese Akteure durch ihr Handeln Strukturbedingungen des internationalen Systems und tragen so zu dessen stetiger Transformation bei.[6] Am Beispiel der bürgerlich-liberalen Bewegung in Großbritannien und Deutschland im 19. Jahrhundert werde ich das zur Konkretisierung meiner im ersten Abschnitt eher allgemein gehaltenen Überlegungen in einem zweiten Abschnitt zu erläutern versuchen.

Angesichts der zentralen Bedeutung des internationalen Systems und seines Wandels nicht nur für die internationale Politik, sondern durchaus auch für innerstaatliche und innergesellschaftliche Entwicklungen, überrascht es zunächst, daß das neuzeitliche Staatensystem bislang nur in ersten Ansätzen die systematische Aufmerksamkeit der historischen Forschung gefunden hat.[7] Dabei können sich aus einer konsequent eingenommenen Systemper-

bes. 138–155 und 266–271, oder *Hartmut Kaelble*, Transnationalität aus der Sicht eines Sozialhistorikers. Ein Essay, in: Conze u. a. (Hrsg.), Geschichte der internationalen Beziehungen (wie Anm. 1), 277–292.

[6] So die einleuchtende, bislang aber allenfalls in Ansätzen durch systematische und empirische Forschung überprüfte These bei *Anselm Doering-Manteuffel*, Internationale Geschichte als Systemgeschichte. Strukturen und Handlungsmuster im europäischen Staatensystem des 19. und 20. Jahrhunderts, in: Loth/Osterhammel (Hrsg.), Internationale Geschichte (wie Anm. 1), 93–115.

[7] Neben dem knappen Problemaufriß von *Doering-Manteuffel*, Internationale Geschichte (wie Anm. 6), ist hier vor allem auf die Werke von Peter Krüger zu verweisen, die man

spektive für die Analyse internationaler Beziehungen und internationaler Politik weiterführende Ansätze für eine internationale Politikgeschichte ergeben, die sich nicht von allen Traditionssträngen abkappt und souverän alle Vorarbeiten ignoriert, die aber gleichzeitig auch offen ist für die Anstöße und Impulse jüngerer theoretischer und methodischer Entwicklungen unseres Faches, nicht zuletzt aus der sogenannten „neuen Kulturgeschichte", die man kritisch auf ihr Potential für die Analyse internationaler Politik mustern sollte.[8] Das läßt die Geschichte der internationalen Politik nicht in einer ins Internationale oder – besser noch – ins Transnationale gewendeten Kulturgeschichte des Politischen aufgehen, führt aber zu neuen Annäherungen an einen alten Gegenstand. Kultur meint in diesem Sinne zum einen all jene Deutungen, Sinnzuweisungen und Wertzuschreibungen, die Individuen oder bestimmte Gruppen in einer historischen Situation entwickeln und mit deren Hilfe sie mit den Bedingungen ihrer Existenz umgehen bzw. auf diese reagieren und einwirken. Kultur meint aber zum anderen auch all jene Praktiken, in denen solche Überzeugungen, Weltwahrnehmungen und Realitätsverständnisse zum Ausdruck kommen.[9] Beides läßt sich auf politisches Handeln und politische Entwicklungen, gerade auch im internationalen Kontext, beziehen und vermag unser Beschreiben, Verstehen und Erklären von Prozessen historischen Wandels in diesem Feld zu erleichtern und zu bereichern.

Historiographiegeschichtlich ist mit Blick auf die Geschichte der internationalen Politik und die Geschichte des internationalen Systems insbesondere die Tradition der analytischen Konzentration auf das „Mächtesystem", auf die vielzitierten „Großen Mächte" und ihre Machtkonkurrenz

als Basisarbeiten für systematischere und umfassendere systemhistorische Studien bezeichnen darf. Vgl. *Peter Krüger* (Hrsg.), Kontinuität und Wandel in der Staatenordnung der Neuzeit. Beiträge zur Geschichte des internationalen Systems. Marburg 1991; *ders.* (Hrsg.), Das europäische Staatensystem im Wandel. Strukturelle Bedingungen und bewegende Kräfte seit der Frühen Neuzeit. München 1996; sowie *ders./Paul Schroeder* (Hrsg.), The Transformation of European Politics, 1763–1848. Episode or Model in Modern History? Münster 2002. Vgl. aber auch *Jens Siegelberg/Klaus Schlichte* (Hrsg.), Strukturwandel internationaler Beziehungen. Zum Verhältnis von Staat und internationalem System seit dem Westfälischen Frieden. Wiesbaden 2000, mit ihrem Vorschlag, die historische und die politikwissenschaftliche Analyse des internationalen Systems zu verkoppeln. Als Versuch einer Gesamtdarstellung der Geschichte internationaler Beziehungen seit der Antike in Systemperspektive vgl. *Harald Kleinschmidt*, Geschichte der internationalen Beziehungen. Ein systemgeschichtlicher Abriß. Stuttgart 1998. Die Problematik letzterer Darstellung liegt in ihrer zentralen Behauptung eines systemischen und sich kontinuierlich fortentwickelnden Zusammenhangs von Staaten seit dem Untergang des römischen Imperiums.

8 Das tut auch der Band von *Jessica Gienow-Hecht/Frank Schumacher* (Hrsg.), Culture and International History. New York/Oxford 2003.

9 Vgl. *Stuart Hall*, Cultural Studies. Two Paradigms, in: Nicholas B. Dirks u. a. (Eds.), Culture – Power – History. Princeton 1993, 527; vgl. auch allgemeiner *Ute Daniel*, Kompendium Kulturgeschichte. Theorien, Praxis, Schlüsselwörter. Frankfurt am Main 2001.

als Erbe des Historismus und insbesondere als Erbe Rankes zu erwähnen.[10] Die deutsche Geschichtswissenschaft hat freilich gerade Ranke lange Zeit nur sehr selektiv rezipiert und in diesem Sinne nicht sein gesamtes Erbe angenommen. Als besonders wirkungsvoll und langlebig erwies sich dabei die Kategorie der „Macht".[11] Für Ranke war „Macht" zum einen stets die Macht (als Staat) im internationalen Raum, zum anderen aber – und davon nicht zu trennen – Macht als Abstraktum von geradezu religiöser, spiritualisierter Qualität. Von einem solchen, an Hegels politischen Idealismus anschließenden Machtverständnis war es nicht mehr weit zu der bei deutschen Historikern und Politikern noch lange vorherrschenden Vorstellung von der „Sittlichkeit der Machtpolitik", von der „göttlichen Weltordnung" des internationalen Mächtesystems.[12] Das implizierte dann auch die Anerkennung, ja Affirmation einer grundlegenden Konfrontativität der internationalen Politik bzw. der Staatenbeziehungen.[13] Es läßt sich kaum eine weitere Distanz vorstellen als diejenige zwischen diesem Verständnis von Macht – vor allem bei den sogenannten Neo-Rankeanern, den Ranke-Epigonen[14] – und Max Webers präzisem, instrumentell-methodischen Machtbegriff. Weber bietet nicht nur eine klare – uns allen bekannte – Definition von Macht („Macht bedeutet jede Chance, innerhalb einer sozialen Beziehung den eigenen Willen auch gegen Widerstreben durchzusetzen, gleichviel worauf diese Chance beruht"), sondern er verknüpft, beispielsweise durch den von ihm eingeführten Begriff des „Machtprestiges", auch innenpolitische und gesellschaftliche Entwicklungen mit außenpolitischen und zwischenstaatlichen.[15]

[10] S. dazu ausführlicher *Conze*, Abschied (wie Anm. 4), 17-25.

[11] Gerhard Mollin hat jüngst noch einmal herausgearbeitet, welche Bedeutung Rankes Machtbegriff für seine Vorstellung – und in der Folge auch diejenige zahlloser Historiker späterer Generationen – vom internationalen System, von Außenpolitik und internationalen Beziehungen hatte. Siehe *Gerhard Th. Mollin*, Internationale Beziehungen als Gegenstand der deutschen Neuzeit-Historiographie seit dem 18. Jahrhundert. Eine Traditionskritik in Grundzügen und Beispielen, in: Loth/Osterhammel (Hrsg.), Internationale Geschichte (wie Anm. 1), 3-30, bes. 6-13.

[12] Zit. nach ebd. 7. Vgl. dazu im übrigen auch *Hermann Heller*, Hegel und der nationale Machtstaatsgedanke in Deutschland [1919], in: ders., Gesammelte Schriften. Bd. 1. 2. Aufl. Tübingen 1992, 21-240.

[13] In dem Spannungsverhältnis zwischen Macht und Recht in der internationalen Politik schlugen sich deutsche Historiker noch in den Jahren nach 1945 in ihrer großen Mehrheit ganz eindeutig auf die Seite der Macht. Noch in der 1954 aktualisierten Fassung seiner 1936 erstmals erschienen Biographie Friedrichs des Großen betont Gerhard Ritter mit Blick auf den preußischen Angriff auf Österreich 1740: „Ohne Verletzung historischen Rechts und gewaltsame Eroberung von Macht (...) gibt es praktisch keine große Politik." Siehe *Gerhard Ritter*, Friedrich der Große [1954], zit. nach *Mollin*, Internationale Beziehungen (wie Anm. 11), 9.

[14] Dazu noch immer *Hans-Heinz Krill*, Die Rankerenaissance. Max Lenz und Erich Marcks. Ein Beitrag zum historisch-politischen Denken in Deutschland 1880-1935. Berlin 1962.

[15] Zu Webers Machtbegriff und zum Begriff des „Machtprestiges" siehe vor allem *Max Weber*, Wirtschaft und Gesellschaft. Grundriß der verstehenden Soziologie. Tübingen

Doch es reicht nicht aus, bei der Historiographiegeschichte und der Traditionskritik stehenzubleiben, und es geht auch nicht darum, den einen „Säulenheiligen“ durch den anderen zu ersetzen. Wichtiger ist vielmehr die Historisierung zentraler Analysekategorien der Geschichte der internationalen Politik, also insbesondere Staat und Staatensystem, und damit die Annäherung an die Frage, was die Dynamik des historischen Wandels von Staat, Staatlichkeit und Staatensystem für die Geschichte der internationalen Politik bedeutet. Es ist von entscheidender Bedeutung, Schlüsselkategorien bzw. zentrale Analysegegenstände wie eben Staat oder Staatensystem aus ihrer Absolutsetzung zu lösen und sie als dynamische, als wandelbare und sich permanent wandelnde Größen zu betrachten. Das ist eine Herausforderung nicht nur für Historiker. Auch Politikwissenschaftler sehen beispielsweise ihren eigenen Theoriediskurs zunehmend skeptisch. Sie hinterfragen die Adäquanz von Theorien, die vielfach eher statisch konzipiert sind und Akteure wie „den Staat“ oder auch Größen wie „das internationale System“ als gleichsam zeitlose Kategorien betrachten, ohne deren Historizität Rechnung zu tragen.[16] Wenn jüngst ein Politikwissenschaftler fragte, ob denn eine Theorie der Internationalen Beziehungen mehr sein könne als ihre Geschichte, und diese Frage verband mit einem Aufruf zu mehr Hermeneutik und Konstruktivismus (Faktoren wie Geschichtlichkeit oder Erfahrung)[17], dann eröffnet eine solche Frage und der in ihr enthaltene Imperativ einer Historisierung zentraler Analysekategorien[18] weiterführende interdisziplinäre Per-

1985, 28 f., 520 f. sowie 541-545; *ders.*, Politik als Beruf, in: ders., Gesammelte Politische Schriften. Tübingen 1985, 505-560. Zu Webers Ranke-Rezeption ist bislang nur wenig bekannt. Einige Hinweise bietet jetzt: *Edith Hanke/Gangolf Hübinger*, Handschriftliche Bemerkungen Max Webers zu einem Aufsatz über Rankes politische Theorie und Geschichtsauffassung, in: Edith Hanke/Wolfgang J. Mommsen (Hrsg.), Max Webers Herrschaftssoziologie. Studien zu Entstehung und Wirkung. Tübingen 2001, 323-335. Auch hier wird deutlich, wie sehr sich die typisierende Vorgehensweise, für die Weber eintritt, von der historischen Ideenlehre der Rankeaner und Neo-Rankeaner unterscheidet.

[16] Das wird deutlich in dem wichtigen Werk von *Siegelberg/Schlichte* (Hrsg.), Strukturwandel (wie Anm. 7). Trotz einer gewissen Voreingenommenheit gegenüber der Geschichtswissenschaft, die dazu neige, aus Angst vor realitätsfernen Verallgemeinerungen die großen Entwicklungslinien aus dem Auge zu verlieren, bietet dieser Band mit seinem Plädoyer für eine historisch orientierte Wissenschaft der internationalen Beziehungen bedenkenswerte Anstöße für die historische Forschung.

[17] Ebd. 257-259 (Zwischentext ohne Autorenangabe); vgl. auch *Dietrich Jung*, Gewaltkonflikte und Moderne. Historisch-soziologische Methode und die Problemstellungen der Internationalen Beziehungen, in: ebd. 140-166.

[18] Wobei das freilich nicht unbedingt eine omnikompetente Politikwissenschaft ganz allein zu übernehmen braucht, zumal die Geschichtswissenschaft hier schon jetzt einiges zu bieten hat, wenn man beispielsweise an Wolfgang Reinhards Arbeiten über die Staatsgewalt oder an Peter Krügers Studien zum Staatensystem denkt: *Wolfgang Reinhard*, Geschichte der Staatsgewalt. Eine vergleichende Verfassungsgeschichte Europas von den Anfängen bis zur Gegenwart. München 1999; *Krüger* (Hrsg.), Kontinuität (wie Anm. 7); *ders.* (Hrsg.), Staatensystem (wie Anm. 7).

spektiven. Ein kurzer Blick auf die Entwicklung der Theoriebildung und Theoriediskussion im Bereich der Internationalen Beziehungen (International Relations) kann das verdeutlichen: Ganz allgemein bildete sich International Relations als unabhängige Disziplin in den USA während des frühen Kalten Krieges und des amerikanischen Aufstiegs zur Supermacht heraus. Darüber hinaus vollzog sich beispielsweise der Aufstieg der realistischen Schule insbesondere in der amerikanischen Theoriebildung vor dem Hintergrund des Kalten Krieges in den späten 1940er und 1950er Jahren, während die temporär nachlassende Konfrontativität im Ost-West-Verhältnis in den 1960er und 1970er Jahren stärker idealistischen Ansätzen Vorschub leistete, aber auch die Versozialwissenschaftlichung der Theoriebildung begünstigte. In der Metaphorik der Internationalen Beziehungen – die noch eingehender, auch geschichtswissenschaftlicher Untersuchung harrt – war für etwa zwei Jahrzehnte nach 1945 das Bild von Staaten als „Billardkugeln“ dominierend; in den 1960er Jahren gewannen dann Metaphern für das internationale System wie „Spinnweb“, „Gitternetz“ oder „Netzwerk“ an Bedeutung, die nicht zuletzt auch den Bedeutungsgewinn der Kategorie „System“ und systemtheoretischer Ansätze in den Internationalen Beziehungen widerspiegelten. Mit dem sogenannten „Zweiten Kalten Krieg“ der späten 1970er und 1980er Jahre ist wiederum die Hochkonjunktur des Neorealismus eng verbunden.[19]

Das politikwissenschaftliche Eingeständnis, einen oftmals völlig ahistorischen Theoriediskurs geführt zu haben, sollte die Historiker freilich nicht zu selbstzufriedenem Schulterklopfen verleiten. Hat die Historiographie von den internationalen Beziehungen immer ihre leitenden Analysekategorien in ihrer Geschichtlichkeit und damit in ihrem permanenten Wandel wahrgenommen? Sind da nicht auch eigene Defizite zu beklagen? Im Kern geht es doch darum, daß auch Historiker noch stärker als bisher Staat und Politik als historisch-dynamische und nicht als statische Größen betrachten und daß wir in der historischen Analyse internationaler Beziehungen die Dynamik des Wandels dieser Größen und ihre dauernde inhaltliche Neubestimmung noch ernster nehmen sollten. In der Analyse des permanenten Gestaltwandels bzw. der dauernden Transformation von Staat und Staatlichkeit, von Politik oder des Politischen liegt ein enormes Erkenntnispotential.[20]

Eine Möglichkeit, diese allgemeinen Prämissen in der konkreten Forschung umzusetzen, bietet die historische Analyse des internationalen Systems. Zwar ist der enge Zusammenhang der Entwicklung von Staat

[19] Diese theoriegeschichtliche Entwicklung bedarf noch gründlicherer Analyse. Vgl. aber die Hinweise bei *Barry Buzan/Richard Little*, International Systems in World History. Remaking the Study of International Relations. Oxford 2000, 22–30. Siehe allgemein *Reinhard Meyers*, Die Lehre von den Internationalen Beziehungen. Königstein 1990.

[20] Siehe dazu ausführlicher *Conze*, Abschied (wie Anm. 4), v. a. 25–38.

und internationalem System evident; er ist aber noch nicht systematisch und in klarer Gegenstandsorientierung erforscht. Ein Problem vieler bisheriger Untersuchungen zum Thema liegt genau darin, daß der zum personifizierten Akteur erhobene und kollektivsubjektivierte Staat über lange Zeit als eine Art „black box“ behandelt wurde, und die internationale Politik sowie das internationale System bzw., präziser, das Staatensystem als Resultate autonom handelnder staatlicher Akteure. Dabei gilt es bei der Verwendung des Systembegriffs zunächst zu unterscheiden zwischen einem heuristischen Systembegriff einerseits, der ein Untersuchungsinstrumentarium darstellt und die Herausarbeitung von systemischen Zusammenhängen in den internationalen Beziehungen erlaubt, und denjenigen Strukturen internationaler Beziehungen bzw. internationaler Ordnung andererseits, die historisch als (internationales) System verstanden und/oder gestaltet worden sind.

Ganz allgemein läßt sich ein internationales System als ein auf ständige Interaktion der Akteure angelegtes soziales System verstehen, darüber hinaus aber als eine internationale Ordnungsstruktur, die durch folgende aufeinander bezogene Elemente näher bestimmt ist:

1. Einheiten/Teileinheiten (in der Regel prinzipiell souveräne Territorialstaaten) und Ausdehnung des Systems;
2. Subsysteme (z. B. Völkerrecht, Militär, Wirtschaft, Wissenschaft/Technik);
3. Akteure, die im Systemzusammenhang agieren (Regierungen, internationale Organisationen, zivilgesellschaftliche Akteure, Wirtschaftsunternehmen);
4. Legitimitäts-/Akzeptanzgrundlagen (ideologisch, sozial, politisch);
5. Machtstrukturen/Machtbeziehungen (Hegemonie, Gleichgewicht, Polaritäten, Imperienbildung).

Von diesen definierenden Elementen ausgehend, lassen sich Art und Intensität von Systemwandel im historischen Verlauf analysieren, ohne die Systemkontinuität als solche bzw. die Prozeßhaftigkeit des Wandels in Frage zu stellen. Darüber hinaus jedoch bietet ein solcher, heuristisch angelegter Systembegriff die Möglichkeit, den Systemwandel mit einem einheitlichen Analyseinstrumentarium bzw. entsprechenden Analysebegriffen und -kategorien untersuchen zu können. Im Kontext dieser definitorischen Überlegungen scheinen allerdings noch zwei weitere Aspekte wichtig. Der erste bezieht sich auf die Begriffsverwendung, der zweite auf die Frage, ob das internationale System eine eurozentrische Kategorie darstellt – und damit für die Analyse globaler Zusammenhänge nur bedingt geeignet wäre.

Auch im wissenschaftlichen Sprachgebrauch werden die Begriffe „Staatensystem“ und „internationales System“ häufig gleichgesetzt. Das ist jedoch unscharf, denn das Staatensystem, oft auch als Staatenwelt bezeichnet, ist nur eine, wenn auch wichtige, phasenweise sogar die wichtigste Komponente eines mehrfach geschichteten internationalen Systems[21], das mehr und mehr nicht-staatliche Akteure (internationale Organisationen, transnationale Märkte und Wirtschaftsunternehmen, Nichtregierungsorganisationen mit unterschiedlichsten Zielsetzungen) umfaßt. Zwischen den verschiedenen Ebenen des internationalen Systems gibt es mannigfache wechselseitige Beziehungen. Das soll nicht die Bedeutung des Staatensystems schmälern, dessen Geschichtsmächtigkeit kaum zu bestreiten ist. Aber man muß differenzieren, um damit die Historisierung des Gesamtsystems und seiner Subsysteme, ihrer Genese, ihrer Entwicklung und ihrer Transformation zu erleichtern. Auch können auf der Basis dieser Differenzierung die Wechselbeziehungen und gegenseitigen Beeinflussungen zwischen den Regierungen von Staaten und den zivilgesellschaftlichen Akteuren auf der Ebene von sich globalisierender Wirtschaft, Wissensproduktion und Kultur besser erfaßt und untersucht werden. Gerade diese Berührungen, Einflüsse und (Wechsel-) Wirkungen sind wichtige Faktoren von Systemwandel und Systemtransformation. Das reicht bis hin zum Abbau von sektoralen Systemgrenzen (beispielsweise zwischen Staat/Politik und Wirtschaft) und zur Verschmelzung internationaler Systeme, die man als ein Charakteristikum gegenwärtiger Globalisierungsprozesse begreifen kann.[22] Und selbstverständlich wird man im historischen Verlauf immer wieder auf die Kongruenz bzw. Teilkongruenz beispielsweise eines politisch-militärischen internationalen Teil-Systems (als Staatensystem) und eines soziokulturellen internationalen Teil-Systems stoßen. Gerade das europäische bzw. europäisch geprägte Staatensystem verfügte stets über eine ausgeprägte ökonomische und soziokulturelle Dimension, und nicht selten existierte eine dichte, im übrigen auch immer wieder widersprüchliche Interaktion zwischen diesen Systemeinheiten. Systemtheoretisch abstrahierend können wir das internationale System darüber hinaus und allgemeiner verstehen als auf verschiedenen Elementen und Subsystemen beruhend, die untereinander und insgesamt verknüpft sind. Auch fällt dann der Blick sofort auf den wechselseitigen Zusammenhang zwischen Veränderungen in Teilbereichen einerseits und Veränderungen im Gesamtsystem andererseits.[23]

[21] Zur Differenzierung der Begriffe „Internationales System" und „Staatensystem" siehe u. a. *Buzan/Little*, International Systems (wie Anm. 19), 32 f. Vgl. allgemein: *Klaus J. Gantzel* (Hrsg.), Internationale Beziehungen als System. Opladen 1973; *Ole R. Holsti* u. a. (Eds.), Change in the International System. Boulder 1980; *Klaus Knorr/Sydney Verba* (Eds.), The International System. Theoretical Essays. Princeton 1961; *Friedrich Kratochwil*, Of Systems, Boundaries, and Territoriality. An Inquiry into the Formation of the State System, in: World Politics 39, 1986, 27–52; *Ekkehart Krippendorff*, Internationales System als Geschichte. Einführung in die internationalen Beziehungen. 2 Bde. Frankfurt am Main 1975; *Richard N. Rosecrance*, International Relations. Peace or War. New York 1973.

[22] Vgl. *Jürgen Osterhammel/Niels P. Petersson*, Geschichte der Globalisierung. Dimensionen, Prozesse, Epochen. München 2003, bes. 105–113.

[23] Vgl. hierzu *Peter Krüger*, Internationale Systeme als Forschungsaufgabe, in: ders. (Hrsg.), Kontinuität (wie Anm. 7), 9–15.

Ein wichtiges Beispiel für ein solches Subsystem, das die Strukturen des internationalen Systems und insbesondere des Staatensystems stets entscheidend mitbestimmte, das sich aber zum anderen in einem durchaus prekären Dependenzverhältnis zum Gesamtsystem befindet, ist das Völkerrecht. Einerseits gibt das Völkerrecht durchaus Rahmenbedingungen für außenpolitisches Handeln vor und wirkt damit auf das internationale System ein. Es beeinflußt durch Beharrung oder Veränderung die Wandlungsprozesse im internationalen System und ist also nicht eine bloße Funktion der jeweiligen systemischen Machtkonstellation. Andererseits ist das Völkerrecht aber eben auch eine zeitbedingte und abgeleitete Größe, ist es doch Ausdruck der eine Epoche beherrschenden außenpolitischen Prinzipien und internationalen Ordnungsvorstellungen, denen es Dauerhaftigkeit zu verleihen versucht. Das Völkerrecht vermag mithin Einblick in die jeweiligen internationalen Ordnungsvorstellungen in einer vertieften, verallgemeinerten Form zu geben. Ähnliche Interdependenzen existieren auch in anderen Bereichen, etwa zwischen dem Staatensystem und dem Bereich Militär/Militärpolitik/Strategieentwicklung oder dem Bereich der internationalen Wirtschaftsordnung/Wirtschaftspolitik. Doch auch naturwissenschaftliche und technische Entwicklungen wären in ihrer Bedeutung für die Dynamik des internationalen Systems zu betrachten.

Das führt zu dem zweiten Punkt: Können wir nur von *einem* internationalen System sprechen, oder ist dies reduktionistisch und – vor allem – einmal mehr eurozentrisch? Man wird darüber Einigkeit erzielen können, daß sich das im Europa des 16./17. Jahrhunderts entstehende Staatensystem als System souveräner Territorialstaaten – neben seiner europäischen Entwicklung und Ausformung im 19. und 20. Jahrhundert (nicht zuletzt durch Nationalismus, Nations- und Nationalstaatsbildungsprozesse) – seit dem 18. Jahrhundert zunächst transatlantisch, dann auch über den transatlantischen Raum hinaus als global wirksames Modell ausdehnte: eine Entwicklung, die ihren Höhepunkt in einer Welle von postkolonialen Staatsbildungen in der Folge der Auflösung der Kolonialreiche nach 1945 fand. Die Geschichtsmächtigkeit des europäischen Staatensystems, sein globaler „Siegeszug“ und die Tatsache, daß seine Grundstrukturen bis an die Schwelle der Gegenwart die internationale bzw. globale Ordnung und die internationalen Beziehungen in starkem Maße, wenn nicht entscheidend kennzeichnen, begründet die Konzentration der Forschung auf das europäische bzw. europäisch-atlantische System. Das sollte indes gerade nicht die Existenz eines einzigen internationalen Systems postulieren. Der Aufstieg und die Entwicklung des eurozentrischen Staatensystems vollzogen sich vielmehr in permanenter Berührung und in vielfältigen Beziehungen zu anderen (internationalen) Systemen. Diese Beziehungen wirkten immer wieder auf das eurozentrische Staatensystem ein, ja lieferten zum Teil (Stichworte: Imperialismus, Kolonialismus) kräftige Transformationsimpulse.

Über lange Jahre war der Blick der Historiker auf das internationale System des 16. bis 18. Jahrhunderts geprägt von den Realitäten des 19. Jahrhunderts und damit von der mehr oder weniger fest etablierten Existenz eines europäischen Staatensystems mit seinen Mächte- und vor allem Großmächtebeziehungen. Die Strukturen und Mechanismen dieses pentarchischen Systems zwischen Wiener Kongreß und Erstem Weltkrieg wurden rückprojiziert auf die Frühe Neuzeit.[24] Daß dieses Staatensystem erst entstehen mußte, daß sich Staaten, moderne Territorialstaaten, erst herausbilden mußten, um ein Staatensystem formieren zu können, blieb dabei unbedacht. Wo liegt der Zusammenhang, so lautet in diesem Kontext eine zentrale Frage, zwischen den hochkomplexen gesellschafts- und strukturgeschichtlichen Umbrüchen beispielsweise zu Beginn der Frühen Neuzeit und der Funktionsweise und den Strukturen des europäischen Staatensystems? Solche Fragen kann nur ignorieren, wer die Analyse internationaler Politik und von Staatenbeziehungen mit dem methodischen Ansatz des Billardspiels betreibt, also Staaten als geschlossene Kugeln betrachtet, die sich nur an der Außenfläche und nur punktuell berühren. Dabei zeigt freilich bereits ein flüchtiger Blick auf den Extremfall solcher Außenberührung, den Krieg, in welch starkem Maße einerseits kriegerische Auseinandersetzungen auf innenpolitische, gesellschaftliche und ökonomische Entwicklungen einwirkten und wie andererseits innere Entwicklungen die Entstehung von Kriegen beeinflußten. Das internationale System ist kein exterritoriales Gebiet zwischen den Staaten, sondern es konstituiert und rekonstituiert sich durch das Handeln von Akteuren und das Wirken von Institutionen, die auch im innerstaatlichen politischen System Relevanz besitzen. Wurden und werden denn nicht innen- und außenpolitisches Handeln solcher Akteure von den gleichen prinzipiellen Überlegungen und Prämissen geprägt?[25]

Internationale Systeme sind nämlich in diesem Sinne auch „gedachte Ordnungen“ (M. R. Lepsius), sie werden kommunikativ vermittelt und als Kommunikationszusammenhang wahrgenommen, wodurch sie als verhaltensprägende Realitätsbilder politische und soziale Relevanz gewinnen.[26] Wissenssoziologisch lassen sich so internationale Systeme als „Konstruktio-

[24] Das hat die Geschichtsschreibung zu Außenpolitik und internationalen Beziehungen mit der allgemeinen Politik- und Verfassungsgeschichte gemeinsam. Vgl. dazu *Rudolf Schlögl*, Politik- und Verfassungsgeschichte, in: Joachim Eibach/Günther Lottes (Hrsg.), Kompass der Geschichtswissenschaft. Ein Handbuch. Göttingen 2002, 95–111, hier 98.

[25] Ein Beispiel hierfür ist die dreifache Existenz des Gleichgewichtsdenkens im Kontext des politisch-konstitutionellen Systems (Checks and Balances), im ökonomischen Denken (Angebot und Nachfrage) sowie im internationalen Kontext (Balance of Power). Vgl. dazu *Jens Siegelberg*, Staat und internationales System – ein strukturgeschichtlicher Überblick, in: ders./Schlichte (Hrsg.), Strukturwandel (wie Anm. 7), 11–56, hier 37.

[26] Vgl. *M. Rainer Lepsius*, Interessen, Ideen und Institutionen. Opladen 1990, sowie *Peter L. Berger/Thomas Luckmann*, Die gesellschaftliche Konstruktion der Wirklichkeit. Eine Theorie der Wissenssoziologie [1966]. Frankfurt am Main 1997.

nen von Wirklichkeit" fassen. Das ist methodisch vor allem dann bedeutsam, wenn man nicht von einer Autonomie des Staatensystems ausgeht[27], sondern ein internationales System auch als Ergebnis bzw. Ausdruck von soziopolitischen, sozioökonomischen und soziokulturellen Kräftekonstellationen begreift. Damit wird dann auch einmal mehr die artifizielle Grenze zwischen „Innen" und „Außen" überwunden, und man kann der unauflöslichen Verflechtung von innerstaatlichen bzw. innergesellschaftlichen Entwicklungen einerseits und zwischenstaatlichen bzw. internationalen Beziehungen andererseits sachlich wie analytisch gerecht werden.[28]

Das folgende Beispiel soll das Erkenntnispotential eines systembezogenen Ansatzes, wie er bislang eher allgemein und abstrakt entfaltet worden ist, verdeutlichen. Es geht dabei um den Zusammenhang von Liberalismus, politischer Öffentlichkeit und dem Wandel des europäischen Staatensystems zwischen 1815 und 1871.[29]

II.

„Liberale wollten die Welt verändern."[30] Die Welt, das ist sicher, haben sie verändert, mit ihr aber auch das europäische Staatensystem. Das politische und gesellschaftliche Handeln der liberalen Bewegungen im Europa vor allem des 19. Jahrhunderts ist bislang primär mit Blick auf den soziopolitischen Wandel innerhalb einzelner Staaten und Gesellschaften untersucht worden, zum Teil auch durchaus im europäischen Vergleich. Der Zusammenhang von zunehmender politischer Partizipation und ökonomischer Aktivität des Bürgertums, in ihren unterschiedlichen Ausprägungen von Land zu Land einerseits und internationaler Politik andererseits ist indes bisher eher allgemein konstatiert oder allenfalls mit Blick auf die Veränderung der Außenpolitik einzelner Staaten behandelt worden.[31] Darüber hin-

[27] In der Titelformulierung von *Theodor Schieder*, Staatensystem als Vormacht der Welt 1848-1918. Berlin u. a. 1977, kommt das besonders deutlich zum Ausdruck.

[28] Dazu ausführlicher *Eckart Conze*, Zwischen Staatenwelt und Gesellschaftswelt. Die gesellschaftliche Dimension in der Internationalen Geschichte, in: Loth/Osterhammel (Hrsg.), Internationale Geschichte (wie Anm. 1), 117-140.

[29] Die folgenden Ausführungen beziehen sich nicht auf eine bereits abgeschlossene Untersuchung, sondern sie skizzieren den Rahmen, Thesen und erste Ergebnisse eines Forschungsprojekts des Verfassers.

[30] *Dieter Langewiesche*, Deutscher Liberalismus im europäischen Vergleich: Konzeptionen und Ergebnisse, in: ders. (Hrsg.), Liberalismus im 19. Jahrhundert. Deutschland im europäischen Vergleich. Göttingen 1988, 11-19, hier 13.

[31] Insbesondere die britische Außenpolitik nach 1848 ist in den letzten Jahren Gegenstand derartiger Untersuchungen gewesen. Vgl. insbesondere *Anselm Doering-Manteuffel*, Vom Wiener Kongreß zur Pariser Konferenz. England, die deutsche Frage und das Mächtesystem 1815-1856. Göttingen/Zürich 1991; *Gabriele Metzler*, Großbritannien –

aus wissen wir über die Perzeption des europäischen Staatensystems durch die politische Teilhabe fordernden Gesellschaftsschichten für den gesamten Zeitraum zwischen Wiener Kongreß und der deutschen Reichsgründung (verstanden als Eckdaten einer Phase des europäischen Staatensystems) vergleichsweise wenig.[32] Wir haben nur geringe Kenntnisse darüber, welche Vorstellungen von den Grundlagen, Strukturen und Funktionsweisen des europäischen Staatensystems innerhalb der liberalen Bewegung(en) herrschten und ob bzw. wie Liberale Ideen im Hinblick auf dieses Staatensystem entwickelten.[33] Entwarfen Liberale in den einzelnen europäischen Staaten und damit aus ihrem jeweiligen nationalen Kontext heraus Konzeptionen oder Modelle einer internationalen Ordnung, die auf den liberalen Vorstellungen von Staat und Gesellschaft fußte bzw. diese auch im internationalen Bereich umzusetzen suchte?

Das führt weiter zu der Frage nach dem Zusammenhang zwischen jenem säkularen politischen und sozialen Wandel, der grob durch die Begriffe Liberalisierung und Nationsbildung zu kennzeichnen ist, zum einen und dem Strukturwandel des europäischen Staatensystems in den Jahrzehnten nach

Weltmacht in Europa. Handelspolitik im Wandel des europäischen Staatensystems 1856–1871. Berlin 1997, sowie *Klaus Hildebrand*, No Intervention. Die Pax Britannica und Preußen 1865/66–1869/70. Eine Untersuchung zur englischen Weltpolitik im 19. Jahrhundert. München 1997.

[32] Auf diese Forschungslücke verweist *Hans Henning Hahn*, Die Revolutionen von 1848 als Strukturkrise des europäischen Staatensystems, in: Krüger (Hrsg.), Staatensystem (wie Anm. 7), 131-152, hier 132. Hahns Befund bezieht sich lediglich auf die Periode des Vormärz, ist aber zweifellos für den gesamten Zeitraum zwischen 1815 und 1871 gültig. Zu diesem Forschungsdefizit auch, allerdings wiederum bezogen auf die Phase zwischen 1830 und 1848: *Manfred Meyer*, Freiheit und Macht. Studien zum Nationalismus süddeutscher, insbesondere badischer Liberaler 1830–1848. Frankfurt am Main u. a. 1994, 24–26.

[33] Als knappe – in ihrem systematischen Zugriff aber so gut wie allein stehend – auf den deutschen Liberalismus bezogene Darstellung siehe *Lothar Gall*, Liberalismus und auswärtige Politik, in: Klaus Hildebrand/Reiner Pommerin (Hrsg.), Deutsche Frage und europäisches Gleichgewicht. Festschrift Andreas Hillgruber. Köln/Wien 1985, 31–46. Auch mit Blick auf die Außenpolitik und Ansätze europäischer Ordnungsvorstellungen hat Ulrike von Hirschhausen die „Deutsche Zeitung“, verstanden als politisches Programm eines deutschen nationalen Liberalismus, allerdings nur für den Kernzeitraum 1847-1850 untersucht: *Ulrike von Hirschhausen*, Liberalismus und Nation. Die Deutsche Zeitung 1847-1850. Düsseldorf 1998, bes. 249-284. – Aus der Liberalismusforschung der ehemaligen DDR sei hervorgehoben, wiederum konzentriert auf das Umfeld von 1848 und gestützt auf die Artikel der „Deutschen Zeitung“: *Harald Müller*, Zu den außenpolitischen Zielvorstellungen der gemäßigten Liberalen am Vorabend und im Verlauf der bürgerlich-demokratischen Revolution 1848/49 am Beispiel der „Deutschen Zeitung“, in: Helmut Bleiber (Hrsg.), Bourgeoisie und bürgerliche Umwälzung in Deutschland 1789–1871. Berlin (Ost) 1977, 229-265. Siehe jüngst auch die einmal mehr stark ideengeschichtlich ausgerichtete Habilitationsschrift von *Harald Biermann*, Ideologie statt Realpolitik. Die außenpolitische Gedankenwelt der kleindeutsch orientierten Liberalen nach dem Ende der 1848/1849er Revolution bis zur Reichsgründung 1871. Bonn 2003.

1815, vor allem aber nach 1848/49, zum anderen. Es geht dabei um zwischenstaatliche, das Mächtesystem verändernde Rückwirkungen tiefgreifender gesellschaftlicher und ökonomischer Wandlungsprozesse und damit um die Interdependenz zwischen innerstaatlichen und innergesellschaftlichen Entwicklungen einerseits sowie der Gestalt und den Strukturen der internationalen Ordnung andererseits.[34] Es geht also darum, das internationale System und den entstehenden „politischen Massenmarkt" (Hans Rosenberg) zueinander in Beziehung zu setzen. Konkret heißt das, danach zu fragen, wie die Ideen (Bilder, Vorstellungen und Konzeptionen) des Liberalismus, insbesondere in Verbindung mit nationalem Denken, in außenpolitischer Perspektive und im Hinblick auf die internationalen Beziehungen und die internationale Ordnung aussahen. Ideen sind in diesem Sinne, wie bereits oben erwähnt, „gedachte Ordnungen" (Rainer Lepsius), die in einen gesellschaftlichen Kommunikationsprozeß eingespeist werden, in diesem Sozialrelevanz gewinnen (können) und daher auch in einem wissenssoziologischen Sinne an der gesellschaftlichen Konstruktion von Wirklichkeit mitwirken.[35] Wenn man das ernst nimmt, darf man freilich nicht bei der Identifikation derjenigen Elemente stehenbleiben, die sich innerhalb des liberalen Gedankengebäudes dem Bereich Außenpolitik oder internationale Ordnungsvorstellungen zuordnen lassen. Vielmehr muß man fragen, wie liberales Denken direkt oder indirekt das außenpolitische Regierungshandeln in einzelnen Staaten beeinflußte, auf welche Weise es in diesem Sinne politisch wirksam wurde und inwieweit die Außenpolitik einzelner Staaten den soziopolitischen Bedeutungsgewinn des Bürgertums widerspiegelte. Dazu muß man Trägergruppen liberalen Denkens identifizieren, was dann auch Brückenschläge zur Bürgertumsforschung ermöglicht, damit die sozialhistorische Rückbindung des ideengeschichtlichen Ansatzes verstärkt und nicht zuletzt der Tatsache Rechnung trägt, daß die liberale Bewegung im 19. Jahrhundert ganz wesentlich eine bürgerliche und vom Bürgertum getragene Bewegung war.[36]

Weil es sich im Kern darum handelt, den Anteil der liberalen Kräfte an der Transformation des europäischen Staatensystems des Wiener Kongresses nach der Jahrhundertmitte und am Übergang der Staaten zu einer Außenpolitik unter dem Primat des nationalen Interesses zu analysieren, muß man von einer wirkungsbezogenen Vergleichbarkeit nationaler Liberalismen ausgehen. Das meint weder Identität noch völlige Ungleichartig-

[34] Zu diesem Fragehorizont s. beispielsweise *Michael Stürmer*, Die Geburt eines Dilemmas. Nationalstaat und Massendemokratie im Mächtesystem 1848, in: Merkur 36, 1982, 1–12.

[35] Siehe oben Anm. 26.

[36] Vgl. hierzu die zusammenfassenden Beiträge in: *Lothar Gall* (Hrsg.), Bürgertum und bürgerlich-liberale Bewegung in Mitteleuropa seit dem 18. Jahrhundert. München 1997.

keit.[37] In der Behauptung der Ungleichartigkeit, die in der Historiographie verhältnismäßig lange dominierte, wirkte die Tatsache nach, daß Generationen von deutschen Liberalen (in Politik, Publizistik, Wirtschaft und Wissenschaft) den deutschen Liberalismus bzw. deutsche liberale Politik in Auseinandersetzung mit bzw. in Abgrenzung von England entwickelt oder interpretiert haben. In der Sonderwegsthese wirkte dies bis in die 1980er Jahre nach. Wolfgang Mommsen hat indes schon vor einigen Jahren darauf hingewiesen, daß das Gemälde der deutschen Entwicklung als Sonderweg ein hängengebliebenes Gegenstück jenes Bildes sei, welches die längst magazinierte „whig interpretation of history" von England gezeichnet habe. Trotz der nicht zu leugnenden Unterschiede insbesondere der politischen und ökonomischen Rahmenbedingungen sei der Liberalismus in Deutschland und England gleichermaßen als eine politische Reformbewegung zu verstehen, welche die Freisetzung des Individuums von monarchisch-obrigkeitlicher Bevormundung sowie die Hinwendung zu einem marktorientierten Wirtschaftssystem angestrebt habe. Dies erforderte in beiden Ländern die Überwindung der Privilegien der traditionellen Eliten und die Durchsetzung politischer Partizipationsrechte in Staat, Gesellschaft und Wirtschaft für die bürgerlichen Mittelschichten.[38] Der Hauptunterschied zwischen der Entwicklung des Liberalismus in Deutschland und der in England ergibt sich freilich daraus, daß sich im England des 17. und 18. Jahrhunderts ein monarchischer Absolutismus nicht durchsetzen konnte. Das schuf genuin unterschiedliche Ausgangslagen für die jeweiligen liberalen Bewegungen und ist von erheblicher Erklärungskraft für die Unterschiede zwischen den bürgerlich-liberalen Bewegungen in beiden Ländern.[39]

Zweifellos boten sich dem englischen Liberalismus Anfang des 19. Jahrhunderts günstigere Handlungsbedingungen als der liberalen Bewegung in Deutschland. So war dort, erstens, aus den politischen Umbrüchen des 17. Jahrhunderts ein nationaler Staat hervorgegangen, innerhalb dessen dem Parlament entscheidende politische Bedeutung zukam. Die im Parlament versammelten politischen Richtungen entwickelten daher relativ früh Programme und Zielsetzungen mit nationalem Geltungsanspruch. Zweitens:

[37] Zu den Voraussetzungen fruchtbarer vergleichender Untersuchungen jetzt systematisch: *Hartmut Kaelble*, Der historische Vergleich. Eine Einführung zum 19. und 20. Jahrhundert. Frankfurt am Main/New York 1999, bes. 135–138. Vgl. aber auch *Johannes Paulmann*, Internationaler Vergleich und interkultureller Transfer. Zwei Forschungsansätze zur europäischen Geschichte des 18. bis 20. Jahrhunderts, in: HZ 267, 1998, 649–685.

[38] Vgl. *Wolfgang J. Mommsen*, Einführung: Deutscher und britischer Liberalismus. Versuch einer Bilanz, in: Langewiesche (Hrsg.), Liberalismus (wie Anm. 30), 211–222, bes. 211f.

[39] Dazu ausführlich im Überblick: *Rudolf Muhs*, Deutscher und britischer Liberalismus im Vergleich. Trägerschichten, Zielvorstellungen und Rahmenbedingungen (ca. 1830–1870), in: ebd. 223–259.

Während der Tory-Konservatismus religiös in der anglikanischen Staatskirche verankert war, fanden die Liberalen bei den Nonkonformisten, zum Teil auch bei den Katholiken, eine dauerhafte gesellschaftliche Stütze. Drittens schließlich hatten in Großbritannien die grundstürzenden sozioökonomischen Veränderungen im Zuge der Industriellen Revolution früher begonnen als auf dem europäischen Kontinent.[40] Gerade dieser Faktor stärkte in England die Wirtschaftskomponente des Liberalismus vergleichsweise früh. Die *middle classes* wurden in der ersten Hälfte des 19. Jahrhunderts zur stärksten Kraft des englischen Liberalismus und veränderten bzw. ergänzten damit den adelig geprägten Whiggismus substantiell.[41] Nicht zuletzt die Tatsache, daß im Großbritannien des 19. Jahrhunderts der Liberalismus über einen langen Zeitraum „in power" war, wogegen in Deutschland bzw. den deutschen Einzelstaaten der „Liberalismus als regierende Partei" (L. Gall) die Ausnahme darstellte, aber auch die in Deutschland erst spät sich etablierende Parteiförmigkeit des Liberalismus ergibt sich aus diesen unterschiedlichen Ausgangsbedingungen. Denn in Deutschland bzw. den deutschen Einzelstaaten charakterisierten die Forderung nach politischer Teilhabe, nach Konstitutionalisierung und Parlamentarisierung die politische Programmatik der liberalen Bewegung bis mindestens in die 1850er Jahre hinein ganz überwiegend. Erst nach der Jahrhundertmitte stärkte der Durchbruch der Industrialisierung auch in Deutschland die wirtschaftsliberale Komponente. Das veränderte auch gesellschaftliche Vorstellungen. Die Zielutopie der „klassenlosen Bürgergesellschaft" wurde sukzessive abgelöst durch die Realität der „bürgerlichen Klassengesellschaft".[42] Darüber hinaus führte die Revolutionserfahrung von 1848/49 zur „realpolitischen" Wende. Liberale „Realpolitik" war indes keineswegs grundsätzlich prinzipienlos[43], sondern im Blick auf die nationale Frage auf der einen Seite getragen von der Überzeugung, die Einheit werde die Freiheit bringen, auf der anderen bestimmt

[40] Siehe *Dieter Langewiesche*, Liberalismus und Bürgertum in Europa, in: Jürgen Kocka (Hrsg.), Bürgertum im 19. Jahrhundert. Bd. 3. Göttingen 1995, 243–277, hier 245–247; vgl. außerdem *Gottfried Niedhart*, Geschichte Englands im 19. und 20. Jahrhundert. 2. Aufl. München 1996, 39–102, sowie verschiedene Beiträge in: *Karl Rohe* (Hrsg.), Englischer Liberalismus im 19. und frühen 20. Jahrhundert. Bochum 1987.

[41] Gerade wenn man einen vergleichenden Ansatz verfolgt, sind natürlich die Begriffe „Bürgertum" und „middle class" auch semantisch einzuordnen und keinesfalls unreflektiert gleichzusetzen. Vgl. hierzu überaus erhellend: *Reinhart Koselleck* u. a., Drei bürgerliche Welten? Zur vergleichenden Semantik der bürgerlichen Gesellschaft in Deutschland, England und Frankreich, in: Hans-Jürgen-Puhle (Hrsg.), Bürger in der Gesellschaft der Neuzeit. Wirtschaft – Politik – Kultur. Göttingen 1991, 14–58. Hier im übrigen auch bedenkenswerte Überlegungen zur Verwendung des „middle class"-Begriffs: ebd. 30f.

[42] *Lothar Gall*, „Liberalismus und bürgerliche Gesellschaft". Zu Charakter und Entwicklung der liberalen Bewegung in Deutschland, in: HZ 220, 1975, 324–356.

[43] *Dieter Langewiesche*, Liberalismus in Deutschland. Frankfurt am Main 1988, 70.

durch die wirtschaftspolitische Attraktivität und Plausibilität des preußisch-kleindeutschen Weges.[44]

Diese in der Tat höchst unterschiedlichen Handlungsbedingungen, auf die sich die liberalen Kräfte in England und Deutschland flexibel einzustellen hatten, um wirken zu können, erschweren zwar den Vergleich. Sie machen ihn aber keineswegs unmöglich. Je präziser man konkrete Untersuchungsbereiche bestimmt, in unserem Fall also liberale außenpolitische Konzeptionen und insbesondere die Rückwirkung liberalen Denkens und Handelns auf das europäische Staatensystem sowie seine Bedeutung für dessen Strukturwandel, desto besser ist die Aussicht, sich tatsächlich einem inhaltlichen Kern des europäischen Liberalismus des 19. Jahrhunderts anzunähern.[45] Über weite Strecken gilt in der Literatur der deutsche Liberalismus durch seine nationale Orientierung und seine Hinwendung zu Bismarck nach 1866 als kompromittiert. Die vergleichende Perspektive verhilft jedoch zu der Einsicht, daß der Liberalismus keinesfalls nur in Deutschland national-machtstaatlich aufgeladen war, sondern daß der Vorrang des nationalen Interesses und einer machtstaatlichen Politik, dem der vom größten Teil der deutschen Liberalen seit Mitte der 1860er Jahre mitgetragene politische Kurs Bismarcks entsprach, bereits seit dem Ende der 1840er Jahre das englische liberale Profil bestimmend prägte. Palmerston, nicht Cobden oder Bright – und erst im letzten Jahrhundertdrittel Gladstone –, verkörperte diejenige liberale Politik, mit der sich immer weitere Kreise der englischen Bevölkerung identifizierten. Zum mittviktorianischen Verständnis von „freedom" gehörte eine selbstbewußte Außenpolitik, die nicht nur nationale Interessen verfolgte, sondern auch auf Grund seines soziopolitischen und ökonomischen Vorsprungs für Großbritannien die dominierende Position im europäischen Staatensystem einforderte.[46] Dies machte Palmerston zum „Realpolitiker" avant la lettre und den „Palmerstonism" zu einer der frühesten, wenn nicht der frühesten Ausprägung von national-liberaler „Realpolitik" in Europa.[47]

In den gut vier Jahrzehnten zwischen dem Wiener Kongreß und dem Krimkrieg stabilisierte die sogenannte Wiener Ordnung das europäische Staatensystem, sie hielt Regeln und Instrumentarien bereit zur Konfliktvermeidung bzw. Konfliktkontrolle. Nicht zuletzt beruhte ihre Funktionsfähigkeit auf ihrer grundsätzlichen Akzeptanz, ihrer Legitimität bei den fünf eu-

[44] Vgl. *Hellmut Seier*, Liberalismus und Bürgertum in Mitteleuropa 1850–1880. Forschung und Literatur seit 1970, in: Gall (Hrsg.), Bürgertum (wie Anm. 36), 131–229, hier 159.

[45] Vgl. *Langewiesche*, Deutscher Liberalismus (wie Anm. 30), 13.

[46] Siehe hierzu zuletzt *Doering-Manteuffel*, Vom Wiener Kongreß (wie Anm. 30), 95–105.

[47] Dies widerspricht nicht der Interpretation des „Palmerstonism" als einem liberalen Versuch, die Partizipationsansprüche der Gesellschaft, beispielsweise im Zusammenhang mit Forderungen nach weiterer Wahlrechtsreform, außenpolitisch abzulenken. Siehe hierzu beispielsweise *Metzler*, Großbritannien (wie Anm. 31), 216–224.

ropäischen Großmächten England, Frankreich, Preußen, Österreich und Rußland. Das Konzert der Mächte in seiner Wiener Form war allerdings unter den Bedingungen des überall in Europa heraufziehenden Nationalstaats nicht dazu in der Lage, den Mächtebeziehungen und damit dem Staatensystem auf Dauer innere Kohäsion zu verleihen und die zwischenstaatliche Kooperation langfristig zu institutionalisieren.[48] Gerade weil die Wiener Ordnung in ihrem Kern eine konservative und status-quo-orientierte Ordnung war, die in Mitteleuropa auf das engste mit dem „System Metternich“[49] verknüpft war, führte der wachsende liberale und nationale Druck in den einzelnen Staaten Europas konsequenterweise auch zu ihrer Infragestellung und schließlich Auflösung. Die Wiener Ordnung basierte auf dem Ordnungsfaktor des monarchisch-dynastischen Prinzips, nicht auf dem der Nation oder der Volkssouveränität. Sie war das Gegenteil von „liberal“. Aus diesem Grunde delegitimierte der Liberalismus in Verbindung mit nationalen Zielsetzungen zunehmend nicht nur den monarchisch-autoritären Staat (in seinen unterschiedlichen Ausprägungen), sondern auch diejenige internationale Ordnung, deren Zweck nicht zuletzt die Erhaltung solcher Staaten war. Die entscheidenden Veränderungen der politischen Geographie Europas, insbesondere die Bildung des Königreichs Italien und des Deutschen Reiches, waren Resultate der Durchsetzung nicht nur des nationalen Gedankens und des Nationalstaatsprinzips, sondern auch des liberalen Gedankens der Selbstbestimmung, der auf Individuen wie auf Nationen gleichermaßen anwendbar war. Nationalstaatsbildung und die „Nationalisierung“ des europäischen Staatensystems waren nur die Konsequenz bzw. der Ausdruck von innergesellschaftlichen Nationsbildungsprozessen, in welchen sich der immer machtvoller werdende Souveränitäts- und politische Gestaltungsanspruch der jeweiligen nationalen Bürgergesellschaften widerspiegelte.[50] Allerdings verband sich mit der Übertragung des Autonomieanspruchs des Individuums auf den nationalen Staat die Tendenz, auf die Lothar Gall schon vor 30 Jahren hingewiesen hat, den Nationalstaat als nationalen Machtstaat zum höchsten Wert zu erheben, dem alles andere und damit eben auch innere Reformen funktional zu- und untergeordnet wird: „Mit dieser

[48] Dies im Gegensatz zu der Behauptung bei *Wolfram Pyta*, Konzert der Mächte und kollektives Sicherheitssystem: Neue Wege zwischenstaatlicher Friedenswahrung in Europa nach dem Wiener Kongreß 1815, in: Jb. des Historischen Kollegs 1996, 133–173, v. a. 172.

[49] Zum Begriff des „System Metternich“ siehe in erster Linie noch immer die umfassende ideengeschichtliche Analyse in dreißig Punkten („Der Ideengehalt des Systems“) bei *Heinrich Ritter von Srbik*, Metternich. Der Staatsmann und der Mensch. 2 Bde. München 1925, Bd. 1, 350–414, sowie *ders.*, Der Ideengehalt des „Metternichschen Systems, in: HZ 131, 1925, 240–262. Vgl. auch *Wolfgang Hardtwig*, Vormärz. Der monarchische Staat und das Bürgertum. München 1985, 33–35.

[50] Vgl. *Lothar Gall*, Europa auf dem Weg in die Moderne 1850–1890. 2. Aufl. München 1989, 21.

Mittel-Zweck-Relation aber ist die innerste Substanz liberalen Denkens, der Primat des Individuums im Prinzip preisgegeben."[51]

Dieser Zusammenhang zwischen der wachsenden politischen Partizipation des Bürgertums und der Herausbildung von sich als handlungsautonom verstehenden nationalen Machtstaaten trug zur Transformation des europäischen Staatensystems entscheidend bei. Von zentraler Bedeutung ist in diesem Kontext die Entstehung einer nationalen politischen Öffentlichkeit. Weitaus früher als in Deutschland war in England das nationale Parlament von Westminster Zentrum und Referenzpunkt dieser politischen Öffentlichkeit, was durch die Wahlrechtsreform von 1832 noch unterstrichen wurde. Auch in Deutschland, wo vor 1848 ein nationales Parlament fehlte, bildete sich dennoch ab etwa 1830 eine nationale politische Öffentlichkeit heraus, die freilich vor allem durch national-mediale Kommunikation konstituiert wurde. Das gilt dann auch wieder für die 1850er Jahre, bevor sich nicht zuletzt im Deutschen Nationalverein ein politisches Bürgertum institutionelle Artikulationsformen schuf.[52]

Dabei erfordert ein zentrales und auf den ersten Blick in sich widersprüchlich erscheinendes Phänomen unsere Aufmerksamkeit. Entgegen den Hoffnungen und Erwartungen der politischen Philosophie der Aufklärung war das außenpolitische Denken und Handeln der liberalen Bewegungen nicht primär, zumindest jedoch nicht ausschließlich universalistisch-menschheitlich orientiert, sondern in starkem Maße auch etatistisch-national. Selbst der Wirtschaftsliberalismus transzendierte die Staatsgrenzen nur sehr bedingt. Allen Freihandelsimperativen zum Trotze blieb das wirtschaftliche Leben in Europa weitestgehend auf den einzelstaatlichen und/oder den nationalen Bezugsrahmen fixiert. Gerade die Integration ökonomischer Faktoren in die Definition staatlich-nationaler Interessen, so könnte man argumentieren, richtete wirtschaftliche Interessen stärker als je zuvor auf den (National-)Staat hin aus. Elemente des wirtschaftlichen Prestigestrebens und Konkurrenzdenkens verschmolzen mit älteren, sich aber im Zeitalter der Nationalstaaten neu aufladenden Traditionen politisch-militärischer Rivalität.[53]

51 *Ders.*, „Sündenfall" des liberalen Denkens oder Krise der bürgerlich-liberalen Bewegung? Zum Verhältnis von Liberalismus und Imperialismus in Deutschland, in: Karl Holl/Günther List (Hrsg.), Liberalismus und imperialistischer Staat. Der Imperialismus als Problem liberaler Parteien in Deutschland 1890–1914. Göttingen 1975, 148–158, hier 153.

52 Zum Nationalverein vor allem die umfassende Untersuchung von *Andreas Biefang*, Politisches Bürgertum in Deutschland 1857–1868. Nationale Organisationen und Eliten. Düsseldorf 1994.

53 Siehe ebd. 34 f., sowie auch *Gustav Schmidt*, Politischer Liberalismus, „Landed Interests" und Organisierte Arbeiterschaft, 1850–1880, in: Lothar Gall (Hrsg.), Liberalismus. 3. Aufl. Königstein 1985, 232–253, hier 239.

Die Übernahme national-machtstaatlicher Denkmuster durch die liberale Bewegung ist in der älteren Literatur so gut wie einhellig auf die Zeit nach 1848/49 datiert worden. Im deutschen Falle markierte das Epochenjahr 1866 für viele Historiker den Zeitpunkt der Wende.[54] Mit Blick auf die Hinwendung eines wesentlichen Teils der deutschen Liberalen zu Bismarck und seiner Politik mag diese Zäsurensetzung zutreffend sein, die damit implizierte strenge Trennung eines universalistisch-friedensorientierten von einem machtstaatlich-aggressiven Liberalismus ist es indessen mitnichten. Die Forschung sieht heute das Denken der bürgerlich-liberalen Bewegung schon im Vormärz weitaus differenzierter und identifiziert nicht nur positive Traditionslinien und, mit Blick auf die internationalen Beziehungen, humanistische Friedenskonzepte und kosmopolitische Weltstaatsvisionen, Vergleichbares gilt im übrigen – und die Nationalismusforschumg hat sich damit intensiv auseinandergesetzt – für die früher dominierende Sichtweise einer Phasenentwicklung von einem „linken“ zu einem „rechten“ Nationalismus. Zwar lassen sich in der Tat Akzentverschiebungen feststellen. Doch es wurde zu Recht die Frage aufgeworfen, ob es nicht sinnvoller und angemessener wäre, statt vom zeitlichen Nacheinander besser vom gleichzeitigen Nebeneinander „linker“ und „rechter“, partizipatorischer und aggressiver Züge des Nationalismus auszugehen, und dies nicht nur bezogen auf den deutschen Fall.[55] Es wäre unzulässig vergröbert, hat Dieter Langewiesche konstatiert, den Nationalismus vor Entstehung der Nationalstaaten als durchweg demokratisch, egalitär und progressiv zu bezeichnen, um vor dieser hellen Folie scharf eine zweite Phase eines nach innen wie außen aggressiven Nationalismus abzuheben.[56] Angesichts der engen Verknüpfung, ja, der Teilidentität von Nationalismus und Liberalismus, von nationaler und liberaler Bewegung, ist insofern auch – und insbesondere mit Blick auf das Feld der zwischenstaatlichen Beziehungen – ein schlichtes Phasenmodell des Liberalismus zu relativieren bzw. zumindest zu differenzieren. Die Zeit einer „allzu sorglosen Identifikation von bürgerlicher Herrschaft und Frieden“ ist

[54] Besonders prägnant bei *Karl-Georg Faber*, Realpolitik als Ideologie. Die Bedeutung des Jahres 1866 für das politische Denken in Deutschland, in: HZ 203, 1966, 1-45, v. a. 17f. Zum Begriff „Realpolitik“ sei verwiesen auf *Ludwig August von Rochau*, Grundsätze der Realpolitik [1853-1869]. Frankfurt am Main/Berlin/Wien 1972, sowie die Einleitung von Hans-Ulrich Wehler zu dieser Ausgabe.

[55] So auch das überzeugende Plädoyer von *Dieter Langewiesche*, Nationalismus im 19. und 20. Jahrhundert: Zwischen Partizipation und Aggression. Bonn-Bad Godesberg 1994, v. a. 11; vgl. auch *ders.*, Nation, Nationalismus, Nationalstaat: Forschungsstand und Forschungsperspektiven, in: NPL 40, 1995, 190-236, sowie *Barbara Vogel*, Vom linken zum rechten Nationalismus. Bemerkungen zu einer Forschungskontroverse, in: Berndt Jürgen Wendt (Hrsg.), Vom schwierigen Zusammenwachsen der Deutschen. Nationale Identität und Nationalismus im 19 und 20. Jahrhundert. Frankfurt am Main 1992, 97-110.

[56] *Dieter Langewiesche*, Reich, Nation und Staat in der jüngeren deutschen Geschichte, in: HZ 254, 1992, 341-381, hier 370.

vorbei.[57] Wäre nicht vor diesem Hintergrund sogar zu fragen, ob diese inhärente Ambivalenz liberalen Denkens bezogen auf den Machtstaat und die Ordnung der internationalen Beziehungen nicht Teil der Veränderung bürgerlich-liberaler gesellschaftlicher Zielvorstellungen und Erwartungsmodelle nach dem Durchbruch der Industrialisierung war?[58] Das muß gerade in dem hier behandelten internationalen Bereich keineswegs einen kompletten Austausch von Denkmustern meinen, könnte aber doch die frühe Herausbildung jener Ambivalenz erklären helfen.

Aus der Perspektive der Geschichte der internationalen Beziehungen und vom Internationalen herkommend ist in letzter Zeit der fundamentale Strukturwandel des Staatensystems, der sich in den gut zwei Jahrzehnten zwischen 1848/49 und 1870/71 vollzog, herausgearbeitet worden.[59] Nur oberflächlich und bezogen auf äußere Charakteristika läßt sich angesichts dieser Ergebnisse heute noch von einer 100 Jahre dauernden Existenz des Europäischen Konzerts zwischen dem Wiener Kongreß und dem Beginn des Ersten Weltkriegs sprechen.[60] Auch wenn das europäische Mächtesystem nach 1870 Großmachtkriege nicht kannte, ruhte es doch auf ganz anderen Grundlagen als in der ebenfalls von der Absenz von Großmachtkriegen gekennzeichneten Zeit zwischen 1815 und dem Krimkrieg.[61] Die grundstürzenden Veränderungen des Mächtesystems waren nicht zuletzt Ergebnis eines tiefgreifenden Wandels der Auffassungen über Prämissen und Maximen außenpolitischen Handelns und über die Gestaltungsmechanismen und Strukturprinzipien einer internationalen Ordnung. Der Wandel, das läßt sich noch einmal ganz allgemein konstatieren, war eng verbunden mit, ja, resultierte aus den weit-

[57] *Christoph Dipper*, Über die Unfähigkeit zum Frieden, in: Frieden in Geschichte und Gegenwart. Hrsg. vom Historischen Seminar der Universität Düsseldorf. Düsseldorf 1985, 88–110, hier 110.

[58] Diese Argumentation schließt ummittelbar an die Thesen zur Entwicklung bürgerlich-liberalen Denkens von *Gall*, Liberalismus (wie Anm. 42), an.

[59] Siehe insbesondere *Krüger* (Hrsg.), Staatensystem (wie Anm. 7), sowie zusammenfassend auch: *Anselm Doering-Manteuffel*, Die deutsche Frage und das europäische Staatensystem 1815–1871. München 1993. Jüngst auch *Winfried Baumgart*, Europäisches Konzert und nationale Bewegung. Internationale Beziehungen 1830–1878. Paderborn u. a. 1999.

[60] Vgl. beispielsweise *Wolf D. Gruner*, Die deutsche Frage. Ein Problem der europäischen Geschichte seit 1800. München 1985; *ders.*, Gleichgewicht, europäisches Staatensystem und europäische Einigungsidee, in: Krüger (Hrsg.), Staatensystem (wie Anm. 7), 207–212. In der englischen Literatur *Francis R. Bridge/Roger Bullen*, The Great Powers and the European States System 1815–1914. London 1980.

[61] Bezogen auf die Zäsurensetzung sei auf die Ansätze einer Kontroverse hingewiesen, die um die Frage kreist, ob sich das europäische Staatensystem schon zwischen 1850 und 1870 fundamental gewandelt habe oder erst nach 1890 im unmittelbaren Vorfeld des Ersten Weltkriegs. Vgl. zu diesem Streitpunkt *Peter Krüger*, Das Problem der Stabilisierung Europas nach 1871: Die Schwierigkeiten des Friedensschlusses und die Friedensregelung als Kriegsgefahr, in: ders. (Hrsg.), Staatensystem (wie Anm. 7), 171–188, v. a. 185 und Anm. 18.

reichenden technischen, ökonomischen, gesellschaftlichen und politischen Veränderungen, denen die europäischen Staaten, wenn auch zeitlich versetzt und in unterschiedlicher Intensität, im Laufe des 19. Jahrhunderts unterlagen.[62] Er fand auf der Ebene des Staatensystems seinen Ausdruck darin, daß in den rund zwei Dekaden zwischen 1848 und 1870 das multilaterale, netzwerkartig angelegte Vertragsrecht der Jahre 1814/15 als Basis vor allem der Großmachtbeziehungen seine politikbestimmende Bedeutung verlor. In der Transformation des Staatensystems trat an die Stelle der primär monarchisch definierten und auf Legitimitätsprinzipien fundierten Ordnung des frühen 19. Jahrhunderts eine primär staatlich, nationalstaatlich und von einzelstaatlich-nationalen Interessen bestimmte Ordnung. Die stabile und auf das multilaterale Vertragsrecht gegründete Ordnung wich einer prekären Machtbalance ohne systemische Konsolidierung auf europäischer Ebene.[63]

Die europäischen Revolutionen von 1848/49 bedeuteten das Scheitern der auf Revolutionsprophylaxe und damit eben auch innenpolitisch ausgerichteten Funktion der Wiener Ordnung.[64] Großbritannien, wo starke gesellschaftliche und politische Gruppen aus ideologischen wie aus nationalen, politischen und ökonomischen Erwägungen schon seit längerem die Befreiung von den Bindungen dieser Ordnung gefordert hatten, entzog ihr die Unterstützung und verfolgte mehr und mehr einen an nationalen Interessen orientierten außenpolitischen Kurs, der die Zerstörung der durch 1848 ohnehin delegitimierten Wiener Ordnung einleitete. Die britische Politik, die sich seit 1820 dezidiert jedem wie auch immer gearteten Interventionsautomatismus widersetzte, argumentierte ganz prinzipiell und begründete ihren Widerstand mit dem britischen System des Parlamentarismus. Bereits Anfang der 1820er Jahre wurde in Umrissen, doch deutlich identifizierbar, eine Tendenz erkennbar, die knapp drei Jahrzehnte später zum Zerfall der Wiener Ordnung führen sollte. Parlamentarisierung, Liberalisierung und die Entstehung einer immer größer werdenden politischen Öffentlichkeit – durch die Integration der den ökonomischen Aufstieg tragenden *middle classes* in das Wahlsystem (Reform Bill 1832) noch verstärkt – verhinderten die Fortsetzung einer Kabinettsaußenpolitik, die ohne Rücksicht auf „Parlament und

[62] Siehe hierzu *Peter Krüger*, „Von Bismarck zu Hitler"? – Die Agonie des europäischen Staatensystems 1938/39, in: ders. (Hrsg.), Kontinuität (wie Anm. 7), 69–89, hier 83.

[63] Vgl. *Anselm Doering-Manteuffel*, Großbritannien und die Transformation des europäischen Staatensystems 1850–1871, in: Krüger (Hrsg.), Staatensystem (wie Anm. 7), 153–170, hier 155; außerdem auch *Krüger*, Problem (wie Anm. 61), 175, sowie *Eckart Conze*, „Wer von Europa spricht, hat Unrecht." Aufstieg und Verfall des vertragsrechtlichen Multilateralismus im europäischen Staatensystem des 19. Jahrhunderts, in: HJb 121, 2001, 214–241.

[64] Die 1998 erschienenen Sammelbände und Darstellungen zur Revolution von 1848/49 berühren durchgängig deren außenpolitische Wirkung allenfalls am Rande, die Systemebene überhaupt nicht.

Volkes Stimme agieren konnte.[65] Nationale Interessen, die im Parlament und den Medien massiv artikuliert und deren Verfolgung eingefordert wurde, gewannen die Oberhand über europäische Interessen und führten seit 1848/49 zur Zerstörung der Wiener Ordnung. In Deutschland verschob sich die Priorität liberaler Forderungen von der Parlamentarisierung und der gesellschaftlichen Liberalisierung hin zur Nationalstaatsbildung, freilich in der bereits erwähnten Überzeugung, der nationale Staat werde gleichsam automatisch ein liberaler sein bzw. rasch werden. Um den Nationalstaat zu erreichen, akzeptierte das Gros der Liberalen eine kraß interessenorientierte Machtpolitik mit ihren traditionellen Mitteln wie Geheimdiplomatie und Krieg. Umgekehrt fand das nationale Prinzip nun auch auf staatlicher Ebene immer größere Unterstützung – auch wenn es nur instrumentalisiert wurde –, zunächst im Frankreich Napoleons III., dann aber auch im Piemont Cavours und vor allem im Preußen Bismarcks. So nationalisierte sich die Außenpolitik der Einzelstaaten, und die liberalen Bewegungen trugen dies mit. Aber die nationale Politik war in ihrem Kern eine einzelstaatliche Machtpolitik traditionellen Zuschnitts, die allerdings ihre Legitimierung erhielt durch die Verbindung mit den nationalen Kräften und der Dynamik der nationalen Bewegung. Nationalstaat und Machtstaat wurden auf diese Art und Weise deckungsgleich; der Primat des nationalen Interesses, welches auf die Bildung eines Nationalstaats, auf dessen Konsolidierung oder seine Prädominanz zielte, zerstörte das multilaterale Staatensystem und überführte es in ein anarchisch-agonales Nebeneinander autonomer Machtstaaten, deren politische und auch ökonomische Konkurrenz von den entstehenden nationalen Gesellschaften und durch den Druck des „politischen Massenmarkts" noch weiter angeheizt wurde. Gerade weil Großbritannien wirtschaftlich und politisch am fortschrittlichsten war, machte es zuerst Front gegen die Bindungen und die Prinzipien der Wiener Ordnung.

Die über vierzigjährige Phase europäischen Friedens nach 1871, verstanden als Abwesenheit von Großmachtkriegen, darf nicht darüber hinwegtäuschen, daß das Staatensystem mit Blick auf seine strukturelle Stabilität deutlich hinter das 1814/15 in Wien Erreichte zurückfiel. Die Spannungen zwischen sich beschleunigender internationaler Verflechtung, angetrieben vor allem durch die wirtschaftlich-industrielle Dynamik, und den sich verschärfenden Nationalismen waren nicht mehr auszugleichen. Europäische Bindungen oder ein europäischer Rahmen der einzelstaatlichen Außenpolitiken existierten nicht länger.[66] Die brisanten Machtkonstellationen, die das System von Großmächten mit ihrem jeweiligen Anspruch auf nationale Handlungsfreiheit angesichts innen- und außenpolitischer Zwangslagen schuf, wa-

[65] *Andreas Wirsching*, Parlament und Volkes Stimme. Unterhaus und Öffentlichkeit im England des frühen 19. Jahrhunderts. Göttingen/Zürich 1990.
[66] Siehe auch *Krüger*, Problem (wie Anm. 61), v. a. 175–178.

ren im Laufe der Jahre immer schwerer zu entschärfen. Gerade vor dem Hintergrund eines zunehmend aggressiven Nationalismus, der auch innenpolitische Funktionen erfüllte, waren Spannungen und Interessenkonflikte immer schwieriger zu lösen, mehr und mehr operierten die Politiker überall in Europa ganz bewußt mit dem Risiko eines Krieges – ein Kalkül, das schließlich 1914 in die Katastrophe führte.

Wie vorstehende Ausführungen zu zeigen versuchten, impliziert eine systemhistorische, auf das internationale System und seine Entwicklung orientierte Analyse keineswegs eine Einengung der Forschung auf das Staats- und Regierungshandeln als der sogenannten „Großen Politik" im Sinne der traditionellen, stärker als andere historische Teildisziplinen mit dem Historismus des 19. Jahrhunderts verbundenen Diplomatiegeschichte. Das Gegenteil ist der Fall: Gerade das Staatensystem und seine Entwicklung können Referenz- und Orientierungspunkte einer ausgesprochen weitgefaßten historischen Analyse sein. Denn nur wenn man die Entwicklung und Veränderung des Staatensystems einerseits als Teilprozeß umfassenderer Entwicklungen und Veränderungen im internationalen System begreift und sie andererseits auch aus nicht-staatlichen bzw. nicht-staatsbezogenen Bedingungsfaktoren (ökonomisch, sozial, kulturell) zu erklären versucht, ist es möglich, zu schlüssigen Erklärungen von staatensystemischen Transformationsprozessen und Ordnungsmustern zu gelangen. Eine solche Historisierung des Staatensystems oder des internationalen Systems wäre nicht die unwichtigste Aufgabe einer Geschichte der internationalen Politik. Jenseits einer exklusiven Beschäftigung mit „Männern und Mächten" – wenn auch gewiß nicht ohne die Beschäftigung mit der Rolle einzelner Persönlichkeiten in der internationalen Politik oder der Frage nach der Macht von Mächten – bieten systemhistorische Analysen ein reiches Erkenntnispotential, fruchtbare theoretische Ansätze und vielgestaltige methodische Instrumentarien. Und Brückenschläge in andere historische, nicht nur politikhistorische Teilbereiche sind hier nicht nur möglich, sondern zwingend notwendig.

II. Frieden und Konflikt

Krieg und Frieden in der Vormoderne

Von

Axel Gotthard

I.

Wer, nach Krieg oder Frieden fragend, das ausgehende Mittelalter und die ersten beiden neuzeitlichen Jahrhunderte in den Blick nimmt, der merkt rasch, daß er sich auf einige moderne Selbstverständlichkeiten nicht verlassen kann: beispielsweise auf das Postulat derzeitiger Political Correctness, im Frieden unter fast allen Umständen einen Wert an sich zu sehen; oder auf die für uns heutige Europäer banalen Tatsachen, daß Kriege von Staaten geführt werden und die seltene Störung jenes friedlichen Normalzustands darstellen, wie wir ihn schätzen – und wie wir ihn hierzulande seit Jahrzehnten gewohnt sind, wiewohl moderne Staatsoberhäupter, wenn sie einen Krieg ausrufen, vorher ja weder Beichtväter noch theologische Fakultäten konsultieren müssen.

Noch an der Schwelle zur Neuzeit war Krieg eine große Fehde[1], und Fehden führten auch, modern formuliert, Privatleute. Das Gewaltmonopol der öffentlichen Hand etablierte sich erst im Lauf des 16. Jahrhunderts – Gewalt anzuwenden, um Rechtsansprüche durchzusetzen, wurde innerstaatlich erfolgreich kriminalisiert, war nun nur noch als Krieg zwischenstaatlich legitim. Frieden besaß im 16. und 17. Jahrhundert keinesfalls automatisch einen moralischen Bonus vor dem Krieg.[2] Und Kriege gab es dauernd. Europa sah

[1] „Eine Geschichte des Fehderechts ist eine Aufgabe der Zukunft": das liest der darob verblüffte Neuzeithistoriker in einem sehr lesenswerten Aufsatz von *Rolf Sprandel*, Die Legitimation zur Gewaltanwendung und Kriegführung. Strafrecht im Wandel vom Mittelalter zur Neuzeit, in: Heinz Duchhardt/Patrice Veit (Hrsg.), Krieg und Frieden im Übergang vom Mittelalter zur Neuzeit/Guerre et paix du moyen âge aux temps modernes. Mainz 2000, Zitat 53.

[2] Das ist eine pointierte Behauptung, die hier nicht umfassend begründet werden kann. Einige Facetten des interessanten Themas (Spannungsverhältnis zum „bellum iustum", zumal aber zum „bellum necessarium"; Spannungsverhältnis zu adeligen „Ehr-Begriffen") werden noch anklingen. – Von unzähligen Verdammungsurteilen über einen faulen Frieden nenne ich exemplarisch nur je ein einziges mittelalterliches und frühneuzeitliches. *Nicolai de Cusa*, Sermo XVI: Gloria in excelsis Deo, in: ders., Opera omnia. Bd. 16/3. Hrsg. v. Rudolf Haubst u. Martin Bodewig. Hamburg 1977, 268: „Et oportet se custodire: a pace inquinata ... et a pace simulata ... et a pace inordinata ... Talis pax est deterior quam guerra." In [*anonym*], Gespräche und Discursen zweyer Evangelischer Eydtgenossen, von dem gegenwertigen Zustand ... O. O. [1632], behauptet jener „Hans", der durchgehend grundverkehrte Ansichten äußert, daß der Krieg „für sich nichts guts in jhm hat, ... ist warlich ein gefährliches vnd beschwärliches ding, vnd soll man allezeit wol

in der frühen Neuzeit rund 200 kriegerische Konflikte[3], Quincy Wrights klassische „Study of War" konstatiert, daß die größeren europäischen Länder im 16. und 17. Jahrhundert „were formally at war about 65 per cent of the time"[4]. Dabei gab es, im Gegensatz zu heute, eine theoretisch unstrittige Kriegsdoktrin mit strengen moralischen Maßstäben, die Lehre vom Bellum iustum.[5] Erst die *zweite* Hälfte der Frühen Neuzeit wird aus den Glaubenskriegen des Konfessionellen Zeitalters die Lehre ziehen, Pax sukzessive von Iustitia abzukoppeln[6]: Krieg wird zum sittlich neutralen Attribut der Staatssouveränität, Frieden schrumpft ein auf Ruhe und Ordnung.

Dem 16. und alles in allem auch noch dem 17. Jahrhundert war Pax Glied einer untrennbaren Troika Frieden-Recht-Gerechtigkeit.[7] Das konnte uns Heutige befremdende Auswirkungen haben, so galt, wiewohl man durchaus Indizien für eine Höherbewertung des Friedens seit dem 16. Jahrhundert ausmachen kann[8], unbedingte Friedfertigkeit doch keinesfalls als Herrscher-

vnd viel sich bedencken, eh man daran kommt"; doch macht ihm dann der kluge, weise und fromme „Stephan" klar, daß „forchthaffte friedensbegirde" sündhaft, schändlich und schädlich ist (Zitate fol. 7).

[3] So schätzt *Konrad Repgen*, Krieg und Kriegstypen, in: ders., Dreißigjähriger Krieg und Westfälischer Frieden. Studien und Quellen. Paderborn/München/Wien/Zürich 1998, 12.

[4] *Quincy Wright*, A Study of War. 2. Aufl. Chicago/London 1965, 235. Über die Fruchtbarkeit quantifizierender Kriegs(ursachen)forschung wird in den Politikwissenschaften viel diskutiert. So etwas wie eine Ehrenrettung versuchte zuletzt *Andreas Hasenclever*, Sie bewegt sich doch. Neue Erkenntnisse und Trends in der quantitativen Kriegsursachenforschung, in: Zeitschrift für internationale Beziehungen 9, 2002, 331-364.

[5] Rekurse auf sie begegen manchmal elaboriert, häufiger in Anspielungen auf das ohnehin jedem Geläufige. Trivial lautet die Essenz auf „wer kriegtt an notte, den straffet gotte" (Hans Sachs), oder so: Man darf nicht unbedacht Krieg anfangen, „aber aus gedrangter not und zur gegenwehr" (iusta causa), und man „kriegt umb Friedens willen" (intentio recta), „solchs vermag das Natürlich und menschlich kriegsrecht. Wir sehen von einem kleinen würmlein, so man ihm zusetzt, es braucht sein gegenwehr" (Aufzeichnungen Landgraf Wilhelms IV. von Hessen).

[6] Vgl. zu diesem Problemkomplex zuletzt *Axel Gotthard*, Der Augsburger Religionsfrieden. Münster 2004, 510–517. Aber: nächste Anm.!

[7] Jedenfalls in den Gelehrtenstuben! Und in den Ratsstuben, bei den Praktikern des Politikbetriebs? Das ist nicht untersucht und eine wichtige Facette jener noch nicht geschriebenen Mentalitätsgeschichte der vormodernen Entscheider über Krieg und Frieden, für die diese Studie plädiert.

[8] Das gilt für die Chronistik und die „politische Ereignisdichtung": *Martin Linde*, Tilmann Brakel und der Livländische Krieg (1558–1582/83), in: Horst Brunner (Hrsg.), Die Wahrnehmung und Darstellung von Kriegen im Mittelalter und in der Frühen Neuzeit. Wiesbaden 2000, v.a. 248; *Sonja Kerth*, Der Landsfrid ist zerbrochen. Das Bild des Krieges in den politischen Ereignisdichtungen des 13. bis 16. Jahrhunderts. Wiesbaden 1997, v. a. 258; vgl. noch *Horst Brunner* u. a., Dulce bellum inexpertis. Bilder des Krieges in der deutschen Literatur des 15. und 16. Jahrhunderts. Wiesbaden 2002, passim. Alle genannten Autoren kommen zu dem Ergebnis, daß im 16. Jahrhundert häufiger und positiver über den Frieden geschrieben worden sei als zuvor. Waren humanistische Einflüsse hierfür verantwortlich? Andererseits begann mit Machiavelli der entschiedenste Bellizist seit der Antike rezipiert zu werden. Die Einschätzungen von Krieg und Frieden dürften sich

tugend. Wir merken es am galligen Spott, mit dem Europas Diplomaten im ersten Viertel des 17. Jahrhunderts Jakob I. von England überschütteten, der notorisch „anxious for the peace of the world“ sei, „naturally inclined to peace“[9], was sie für ein schlimmes charakterliches Defizit hielten. Entspringen diese politisch unkorrekten Lästereien der Berufsdeformation des Diplomaten? Was hielten Herr Hinz und Frau Kunz vom Frieden, war er ihnen, im Gegensatz zu ihren mittelalterlichen Vorfahren[10], Normalzustand und Norm? Beiläufige Einschätzungen der Literatur pflegen es zu bezweifeln[11],

gegenüber dem ausgehenden Mittelalter stark ausdifferenziert haben. Einen Forschungsstand hierzu gibt es nicht. – Um noch kursorischer den Fortgang anzudeuten: Seit dem späten 16. Jahrhundert steht Friedensliebe wieder viel häufiger unter Generalverdacht, die Unterscheidung zwischen einem wahren „inneren“ und einem faulen (nämlich sich über Konfessionsgrenzen spannenden) „äußeren“ Frieden wird zur verbreiteten publizistischen Erscheinung. Nach 1648 säkularisiert sich der Diskurs deutlich, aber der Frieden wird nicht in dem Maße höher bewertet, wie das einige Historiker beiläufig vermuten. Ich werde das einmal an anderer Stelle ausbreiten und begründen müssen. – Theologen, Juristen, Dichter; Fürsten und Räte; breite Volksschichten: man müßte erst einmal viele Verlaufskurven der Wertschätzung des Friedens zu eruieren, dann zu synchronisieren versuchen, wir sind noch sehr weit davon entfernt, die Einschätzung „des Friedens“ durch „die Vormoderne“ triftig resümieren zu können.

9 Relation der venezianischen Gesandten Piero Contarini und Antonio Donato, 1618, November 23: *Allen B. Hinds* (Ed.), Calendar of State Papers and Manuscripts, Relating to English Affairs, existing in the Archives and Collections of Venice, and in other Libraries of Northern Italy. Vol. 15. London 1909, Nr. 600; Relation des venezianischen Gesandten Girolamo Lando, 1619, Dezember 27: ebd. Vol. 16. London 1910, Nr. 161. Es handelt sich natürlich um Übersetzungen des Herausgebers. Es ließen sich viele ähnliche Zitate, auch aus französischen Relationen, beibringen, schuld war für alle Beobachter die „extreme irresolution“ Jakobs.

10 Pauschal, nicht speziell im Hinblick auf politikferne Kreise, kommen *Sprandel*, Legitimation (wie Anm. 1), 69, und *Reinhard Härtel*, Vom nicht zustandegekommenen, gebrochenen und mißbrauchten Frieden, in: Johannes Fried (Hrsg.), Träger und Instrumentarien des Friedens im hohen und späten Mittelalter. Sigmaringen 1996, 559, übereinstimmend zu dem Schluß, daß nicht Frieden, sondern Krieg „als Normalzustand“ betrachtet worden sei. – Diese Frage für die Frühe Neuzeit ausdiskutierend, müßte man natürlich die verschiedenartigsten Diskurse ins Visier nehmen, bis hin zu philosophischen (Krieg als Naturzustand: Hobbes; Frieden als natürlicher Zustand menschlichen Zusammenlebens: beispielsweise Locke). Für die Völkerrechtsliteratur der zweiten Hälfte der Frühen Neuzeit war Krieg nicht der Normalfall, nicht einmal für (den in seinem naturrechtlichen Ansatz dem Naturzustand von Hobbes nahekommenden) Samuel von Pufendorf.

11 Wortgleich beteuerten zuletzt *Bernd Wegner*, Einführung: Was kann Historische Kriegsursachenforschung leisten?, in: ders. (Hrsg.), Wie Kriege entstehen. Zum historischen Hintergrund von Staatenkonflikten. Paderborn/München/Wien/Zürich 2000, 11, sowie *Edgar Wolfrum*, Krieg und Frieden in der Neuzeit. Vom Westfälischen Frieden bis zum Zweiten Weltkrieg. Darmstadt 2003, 1, Krieg sei früher von den meisten Menschen als „unabänderliches“ und „naturhaftes Verhängnis begriffen“, demgemäß als dritter apokalyptischer Reiter „neben Hunger und Pest“ dargestellt worden. Ein sehr verbreiteter Topos war der vom Krieg als der „Strafe Gottes“, vgl. hierzu jetzt *Matthias Asche/Anton Schindling* (Hrsg.), Das Strafgericht Gottes. Kriegserfahrungen und Religion im Heiligen Römischen Reich Deutscher Nation im Zeitalter des Dreißigjährigen Krieges.

andererseits könnten es erste wahrnehmungsgeschichtliche Sondierungen durchaus nahelegen[12], und übrigens auch die damaligen Kriegsmanifeste sowie die kriegsflankierende legitimierende Publizistik: denn zu den Topoi solcher Elaborate gehört die Betonung der eigenen Friedfertigkeit, man habe alle nichtmilitärischen Mittel ausgeschöpft.[13] Offensichtlich glaubten die Autoren, die Öffentlichkeit erwarte solche Beteuerungen. Auskünfte über maßgebliche Motive für regierungsamtliches Handeln bekommen wir in solchen Druckwerken nicht, und trotz des gewohnheitsmäßigen Vorwurfs an die politische Geschichte, sie lasse nur große Männer paradieren, muß ich auf den Sachverhalt hinweisen, daß über Krieg oder Frieden in der Vormoderne in der Ratsstube entschieden wurde und sonst nirgendwo.[14] Menschen

Münster 2001. Ich stieß sogar noch beim Aufklärer *Johann Michael von Loen*, Von der Gerechtigkeit des Krieges, in: ders., Kleine Staats-Schrifften, welche bey Gelegenheit der Wahl und Krönung Carl des Siebenden und andern Begebenheiten sind aufgesetzt worden. Ndr. Frankfurt am Main 1972, 357, auf den Topos: „Alles Ubel kommt nicht von den Fürsten ... Lasset uns vielmehr den Krieg als eine Strafe GOttes betrachten, womit er die böse Welt heimsuchet".

[12] Liest man die interessante Studie von *Frank Kleinehagenbrock*, Die Grafschaft Hohenlohe im Dreißigjährigen Krieg. Eine erfahrungsgeschichtliche Untersuchung zu Herrschaft und Untertanen. Stuttgart 2003, auf diese Fragestellung hin durch, so merkt man, daß sich alle von ihm untersuchten „Erfahrungsgruppen" (neben der gräflichen Familie sind das Amtleute und Pfarrer) deshalb besonders hart betroffen sahen, weil sie ihr Los nicht mit dem der Unterschichten, sondern ihrem eigenen Vorkriegszustand kontrastierten: er war der Bezugspunkt, der Krieg ein Einbruch in den gewohnten Ordo, mit dem man sich nie abfinden wollte, der insofern nie Normalfall wurde.

[13] Vgl. dazu zuletzt *Peer Schmitt*, Spanische Universalmonarchie oder „teutsche Libertet". Das spanische Imperium in der Propaganda des Dreißigjährigen Krieges. Stuttgart 2001, 210ff.

[14] Warum floß dann bei der Guerre de la plume so viel Tinte? Die Frage scheint heutzutage, da in einer publicityfixierten Zeit eher die Ontologisierung denn die Geringschätzung vormoderner Reklame droht (das merkt man beispielsweise beim Versuch, das Gestrüpp der vormodernen Kriege dadurch in Reih und Glied zu bringen, daß man sich an die offiziellen Legitimationsmuster, insbesondere der Kriegsmanifeste, hält!), nicht gerade nahezuliegen, recht besehen, gehört sie aber auch zu den vielen offenen Fragen, auf die diese Studie hinweisen möchte. Eher Räsonnements als bündige Antworten: *Kerth*, Landsfrid (wie Anm. 8), 265-316, sowie, für die Zeit danach, *Andreas Gestrich*, Krieg und Öffentlichkeit in der zweiten Hälfte des 17. Jahrhunderts, in: Angela Griebmayer/ Helga Schnabel-Schüle (Hrsg.), „Das Wichtigste ist der Mensch". Festschrift für Klaus Gerteis zum 60. Geburtstag. Mainz 2000, 21-36. Ich frage mich manchmal, ob die beiden wichtigsten Antriebe für die von Krieg und Konflikt ausgelösten publizistischen Springfluten in derartigen Untersuchen nicht fehlen: Autoren versuchen ungefragt, ihren Scharfsinn unter Beweis zu stellen und sich zahlungskräftigen Höfen anzudienen; Autoren und Verleger wollen Geld verdienen. Wie häufig liegen überhaupt Beauftragung oder Ermunterung von politischer Seite vor? Welche Rolle spielte es für das katholische Lager, daß sich die Hofburg offenbar besonders ungern (man denke nur an den Schmalkaldischen Krieg oder den böhmischen Aufstand!) in die Niederungen der Pamphletistik begab? Auch außerhalb des in dieser Studie fokussierten Ausschnitts „Mentalität der vormodernen Entscheider" sind im Umkreis von Krieg und Frieden noch zahlreiche ‚große' Fragen durchaus ungeklärt!

außerhalb der Regierungszentralen waren für um „Krieg und Frieden" kreisende Fragen nie so marginal wie in der Frühen Neuzeit, nach der Etablierung des staatlichen Gewaltmonopols und ehe sich die Inhaber dieses neuen Monopols irgendwelchen Wahlen stellen mußten.

Wie dachten die Entscheidungsträger über den Frieden? Pazifistische Positionen wurden in einigen Gelehrtenstuben ausformuliert, aber je in Ratsstuben und an Verhandlungstischen? Frieden, „so etwan durch onzimbliche mittel erlangtt", sei „dennocht dem Krieg wie rechtmessig auch der sej, furzusetzen", findet eine kurpfälzische Instruktion von 1552.[15] „Kriegen wer des satan selbs", „deus noster sit deus pacis ac concordiae et non deus belli ac dissensionis" erklärte ein württembergischer Votant, wahrscheinlich Hieronimus Gerhard, bei den Beratungen zum Augsburger Religionsfrieden.[16] Aber meine Sammlung derartiger Äußerungen ist recht klein. Ein gerechter Krieg schrie nach Teilnahme, wurde gerade im Konfessionellen Zeitalter tendenziell zum notwendigen Krieg, neutrales Abseitsstehen war sündhaft. Gustav Adolf schleuderte einem brandenburgischen Emissär, der ihm die Neutralität seines Kurfürsten erklären wollte, das ins Gesicht: „Hier streitet Gott und der Teufel. Will Seine Liebden es mit Gott halten, wohl, so trete Sie zu mir; will Sie es aber lieber mit dem Teufel halten, so muß Sie fürwahr mit mir fechten, tertium non dabitur".[17] Ein Traktat von 1631 lästert, daß „Gott dergleichen Neutralitet das ist zwischen Gott und dem Teuffel höher hasset und anfeindet, als einen rechten pur lautern Abfall zum Teuffel." Neutrale „spotten des Herrn Christi ins Angesicht, in deme sie ihre thorhaffte Hoffnung zugleich uff dem Antichrist und Christum setzen".[18]

II.

Diese Diktion hätte Diplomaten der zweiten Hälfte des 18. Jahrhunderts zum Lachen gereizt. Offenbar gehört zum longue-durée-Trend der Säkularisierung[19] auch eine Säkularisierung von Krieg und Frieden: und auf dieses

[15] Instruktion Friedrichs II. für Hartmann Hartmanni vom 26. Mai 1552: Bayerisches Hauptstaatsarchiv München, Kasten blau 105/2b (unfol.).

[16] Bericht von Zasius über die Beratungen im Fürstenratsausschuß vom 19. bis zum 25. März 1555 (hier zum 20. März): *August von Druffel/Karl Brandi* (Hrsg.), Briefe und Akten zur Geschichte des sechzehnten Jahrhunderts mit besonderer Rücksicht auf Bayerns Fürstenhaus. Bd. 4. München 1896, Nr. 575.

[17] Zit. nach *Karl Gustav Helbig,* Gustav Adolf und die Kurfürsten von Sachsen und Brandenburg 1630–1632. Leipzig 1854, 14.

[18] [*Anonym,*] Postilion, An alle und jede Evangelische Könige und Potentaten ... von etlichen vertriebenen Badischen, Wirtenbergischen, Pfaltzischen und Augspurgischen Theologis und Politicis spedirt. O. O. („unterm blawen himmel, nicht weit von Straßburg") 1631 (unpag.).

[19] „Was meint das Zauberwort ‚Säkularisierung'?": vgl. hierzu zuletzt, mit Hinweisen auf die überbordende Literatur, *Gotthard*, Religionsfrieden (wie Anm. 6), 501-510.

Thema, eines von vielen spannenden rund um die Bellizität der Frühen Neuzeit, werden meine weiteren Ausführungen kreisen, diese Verengung erwies sich im Rahmen eines Sammelbandes denn doch als notwendig; wir werden das Große und Ganze über dieser unvermeidlichen Zuspitzung aber nicht gänzlich aus den Augen verlieren.

Daß im Verlauf der Frühen Neuzeit eine Säkularisierung der Doktrin, der in Druckwerken ablesbaren Kriegslehre, stattgefunden hat, dürfte feststehen, die Substanz dieses Prozesses ist unschwer auszumachen, das Endziel klar. Wir beobachten eine Ent-Ethisierung (von Gut und Böse zur staatlichen Kosten-Nutzen-Rechnung) und eine Formalisierung (von der moralischen Bewertung der Kriegsgründe zur simplen Frage „wer darf Kriege führen?", vom Warum zum Wer).[20] Der Endpunkt – Fortschritt kann intellektuell dürftig sein – ist dieser: Jeder Souverän darf ohne weiteres Krieg führen, wann und wo immer ihm das ratsam zu sein dünkt. Rechenschaft für diese souveräne Entscheidung ist er niemandem schuldig. So lehrt es das klassische Völkerrecht[21], also das internationale Soft Law vom späten 18. Jahrhundert bis zur Gründung des Völkerbunds.

Aber wie ist die Verlaufskurve dieser Säkularisierung? Die Frage ist auch deshalb schwer zu beantworten, weil nach „Gerechtigkeit" fahndende Suchwortprogramme nicht weiterhelfen, Termini wie „recht" und „billig" begegnen weiterhin, nur, seit wann sind es Floskeln ohne tieferen theologischen Gehalt? Weil ja auch im 18. Jahrhundert kein Kriegsherr offen die „Ungerechtigkeit" seiner Sache verkündet und weil der „iustus hostis" ja gerade eine neue Errungenschaft des sich ent-ethisierenden Völkerrechts ist, sollte man vielleicht präziser als von einem Verblassen der Bellum-iustum-Doktrin von einer Marginalisierung der Iusta causa in diesem (dadurch freilich schon

[20] Ich kann hier weder die ersten Auflösungserscheinungen (wie das Konzept des Bellum iustum ex utraque parte; oder den Leerlauf der immer uferloseren Auflistungen von gerechten Kriegsgründen – *Antje Oschmann*, Der metus iustus in der deutschen Kriegsrechtslehre des 17. Jahrhunderts, in: Franz Bosbach [Hrsg.], Angst und Politik in der europäischen Geschichte. Dettelbach 2000, 111ff. führte zuletzt vor, daß bisweilen sogar der „metus ex crescente potentia vicini" als iusta causa belli erachtet wurde!) noch gar die verschiedenen Ursachen diskutieren und auch nicht umfassend belegen. Von einer „Formalisierung und Säkularisierung des Kriegsrechts" spricht *Wilhelm G. Grewe*, Epochen der Völkerrechtsgeschichte. Baden-Baden 1984, 259; eine durchgreifende „Ent-Theologisierung und Rationalisierung" konstatiert *Carl Schmitt*, Der Nomos der Erde im Völkerrecht des Jus Publicum Europaeum. 4. Aufl. Berlin 1997, 131. Der 1950 niedergeschriebene Text Schmitts ist für die Entwicklung der Kriegs*theorie* noch immer einschlägig, woraus wir etwas über die Forschungsdichte im letzten halben Jahrhundert lernen.

[21] Die „klassische" Epoche des Völkerrechts datiert jeder der wenigen Völkerrechtsgeschichtler wieder anders, darauf gehe ich am Ende dieser Studie noch kurz ein. Ich bin mir sicher, daß sie von Bynkershoek und Vattel bis zu Völkerbund und Briand-Kellogg-Pakt reichen muß, von den Gründen hierfür wird im folgenden noch der eine und andere gestreift werden.

ausgehöhlten) Rahmen sprechen. Seit wann zählen fast nur noch die Souveränität und eine formgerechte Kriegserklärung? Haben wir einen ziemlich linearen Prozeß vor uns, der die ersten beiden neuzeitlichen Jahrhunderte (oder, wie manche Mediävisten beteuern, auch schon den Herbst des Mittelalters[22]) ausfüllt? Müssen wir von einem Schub erst im 18. Jahrhundert ausgehen, erfolgte der Durchbruch schon im 16. Jahrhundert?[23]

Ist die Verlaufskurve der Säkularisierung keinesfalls linear und unumkehrbar? Von James Turner Johnson erfahren wir, leider beiläufig[24], daß sich bei verschiedenen englischen, aber auch französischen Autoren des Konfessionellen Zeitalters eine Akzentverlagerung vom erlaubten, da gerechten zum gottgewollten Krieg beobachten läßt, zur „idea that God commands certain wars". Das ist eine aufschlußreiche Akzentverlagerung, denn die mittelalterlichen Kanonisten, das Decretum Gratianum oder auch Thomas von Aquin waren immer von der Frage ausgegangen, ob Kriegführen unter allen Umständen Sünde oder doch unter bestimmten Voraussetzungen, trotz des Gebots der Nächstenliebe, erlaubt (!) sei. Ob der Gerechte Krieg nicht doch auch beim Aquinaten untergründig dazu tendiert, ein notwendiger zu sein?[25] Krieg ist für Thomas die gewaltsame Durchsetzung eines richterlichen Urteilsspruchs –

[22] Nicht unmittelbar am Krieg, aber am Friedenskonzept ansetzend: *Wolfgang Justus*, Die frühe Entwicklung des säkularen Friedensbegriffs in der mittelalterlichen Chronistik. Köln/Wien 1975. Zustimmend *Dietrich Kurze*, Krieg und Frieden im mittelalterlichen Denken, in: Heinz Duchhardt (Hrsg.), Zwischenstaatliche Friedenswahrung in Mittelalter und Früher Neuzeit. Köln 1991, insbes. 25; abwägend, etwas abschwächend *Klaus Schreiner*, „Gerechtigkeit und Frieden haben sich geküßt" (Ps. 84,11). Friedensstiftung durch symbolisches Handeln, in: Fried (Hrsg.), Träger (wie Anm. 10), insbes. 78f. und 85f.

[23] Es ließen sich zahlreiche zumeist beiläufige, sehr divergierende Einschätzungen anführen, einige wenige Namen müssen genügen: Zum 18. Jahrhundert tendiert Stefan Oeter; eine Zäsur 1648 konstatierte jüngst Ronald G. Asch; auf Ayala legt sich Fritz Dickmann fest, auf Gentili Carl Schmitt, weitere gewichtige Stimmen, die den Durchbruch im 16. und frühen 17. Jahrhundert sehen, sind die Wilhelm G. Grewes und Heinz Duchhardts; ob überhaupt eine durchgreifende Säkularisierung stattgefunden habe, fragen sich zweifelnd Jeremy Black und Antje Oschmann. Diese Zweifel scheinen mir zu weit zu gehen, man lese nur einmal einige Völkerrechtler des 16. Jahrhunderts, dann im Anschluß Vattel (irrlichternde Relikte der Doktrin, beispielsweise an einer wichtigen Stelle zur Neutralität, die sich ins Große und Ganze aber überhaupt nicht mehr einfügen lassen) oder gar Moser durch! Ausgangs- und Zielpunkt scheinen mir festzustehen, die Wegstrecken dazwischen liegen im Dämmerlicht.

[24] Der Autor interessiert sich generell mehr fürs Ius in bello als fürs Ius ad bellum, und hinsichtlich des letzteren führt er hauptsächlich den Nachweis, daß die „maintenance of religion" bei zahlreichen Autoren des Jahrhunderts nach 1560 als Iusta causa firmiere. Das forciert meines Erachtens nur, was der mittelalterlichen Bellum-iustum-Doktrin ohnehin inhärent gewesen ist: Natürlich erachtete Thomas von Aquin die Bedrängnis der Kirche, des wahren Glaubens als gerechten Kriegsgrund. – Vgl. *James Turner Johnson*, Ideology, Reason, and the Limitation of War. Religious and Secular Concepts 1200–1740. Princeton 1975, insbes. 81–131; das gleich folgende Zitat ebd. 104.

[25] *Gerhard Beestermöller*, Thomas von Aquin und der gerechte Krieg. Friedensethik im theologischen Kontext der Summa Theologiae. Köln 1990, thematisiert die von mir

sollte ein einmal gefälltes Urteil dann nicht auch tunlichst vollstreckt werden?[26] Das zu exekutierende Urteil bestraft Sünde, „der heilsorientierte Frieden kann nur verteidigt werden, indem man Sünden verhindert, die anderen ein Ärgernis sind“[27] – muß (!) man ein solches Ärgernis nicht aus Liebe vereiteln?[28] Im Hinblick aufs Konfessionelle Zeitalter ist wichtig, daß für Thomas Häresie natürlich Sünde war![29] Und in diesem Konfessionellen Zeitalter tendierte der Gerechte Krieg denn auch allenthalben (nicht nur im von Johnson fokussierten Westeuropa und nicht nur in gelehrten Traktaten) dazu, mehr zu sein als ‚lediglich‘ erlaubt. Zahlreiche Politiker, die sich aus den Glaubenskriegen dieser Zeit unter Berufung auf ihre „neutralité“ oder „neutralitet“ heraushalten wollten, merkten es an der geringen Akzeptanz, die sie mit dieser – noch nicht zum Rechtstitel geronnenen – Denkfigur fanden: der Gerechte Krieg des Konfessionellen Zeitalters erheischte Parteinahme für die gerechte Sache, für die Wahrheit, „neutrales“ Abseitsstehen war schändlich, ja, womöglich sündhaft. Auf seine „neutralitet“ zu verweisen, verdiente, wie ein geflügeltes Wort dieser Zeit lautete, „despekt“.[30] Vielleicht am schmerzlichsten bekamen das viele Regenten deutscher Mittel- und Kleinterritorien ohne eigene Kriegsziele nach 1618 zu spüren.

Um in Mitteleuropa zu bleiben: Für viele deutsche Autoren der Jahrzehnte um und nach 1600 ließe sich ein dem Johnsonschen Befund vergleichbarer Zug zur Kriegsverherrlichung und zur Fundamentalkritik am Gedanken eines Friedens über Glaubensgrenzen hinweg nachweisen, so zunächst vor allem für die Protagonisten der katholischen Hetzliteratur gegen die Augsburger Ordnung von 1555. In ihren Augen war jeder Versuch, mit Häretikern friedlich zusammenzuleben, „so wenig müglich, als daß sich einer mit Koth schön machen“ könne, außerdem „mit Sünden vermengt vnnd besudelt“. Frieden mit Häretikern konnte so wenig bestehen wie Eintracht „zwischen

aufgeworfene Frage nicht, doch wimmeln die zahlreichen ausgiebigen Thomas-Zitate und -paraphrasen dieser grundgelehrten Arbeit nur so von hierzu aussagekräftigen Passagen.

[26] Ich weise nur auf diese verräterischen Formulierungen hin: „muß ... töten“ (ebd. 134), „Amtspflicht des Fürsten“ (ebd. 138).

[27] Ebd. 89.

[28] Ich nenne, erneut exemplarisch: „ahnden muß“ (ebd. 92), „fordert die Bestrafung“ (ebd. 139), „ist präventiv zu begegnen“ (ebd. 179).

[29] Wiederum exemplarisch: Es gilt, „daß alle Häretiker, ob sie nun für ihr Bekenntnis missionieren oder nicht, wegen der großen Gefahr für das heilsorientierte friedliche Zusammenleben bestraft werden müssen [!]“ (ebd. 190, vgl. ähnlich 229). – Ich will eine Frage anfügen, die der Theologe wohl besser beantworten kann als der Historiker: Gibt es im welthistorischem Maßstab nicht immer wieder Akzentverlagerungen vom erlaubten hin zum gebotenen Krieg, könnte man nicht schon im Alten Testament und noch in der Weihnachtspredigt Kardinal Spellmans über den Vietnamkrieg von 1966 fündig werden?

[30] Ich plane eine Monographie über die spezifischen Probleme neutraler Politik in der Vormoderne; hier streife ich dieses Thema daher nur ganz oberflächlich.

einem Wolff vnd einem Schaff, zwischen Hundt vnd Katzen, zwischen Fewr vnnd Wasser".[31] Diese Autoren drechselten schon vor 1619[32] ihre Deliberationes „de haeresibus extirpandis"[33], riefen zu den Waffen, weil zu streiten jetzt Christenpflicht sei, und gaben schon Jahre vor dem Ausbruch des Dreißigjährigen Krieges ihre Kampfparolen[34] aus. Die evangelische Pamphletistik scheint mir in den frühen 1630er Jahren den Siedepunkt religiöser Emphase erreicht zu haben, nun hieß es auch dort, Protestanten könnten mit Katholiken grundsätzlich nicht friedlich zusammenleben, so wenig, wie sich dem Buch Daniel zufolge „Eisen mit Thon mengen lest".[35] Gustav Adolf war diesen Autoren ein von Gott gesandter Erlöser[36], an seiner Seite zu kämpfen nicht erlaubt, sondern gefordert, „vnsere schuldigkeit, wegen des Bundts, so wir mit Gott haben", unausweichlich „vermöge des Bunds vnd Eydes mit Gott auffgerichtet"[37]; wer sich versagte, „der leugnet vnserem Herren Gott den schuldigen tribut"[38]. Man mußte gegen Papst und Spanien kämpfen, sich gegen jeden faulen Frieden stemmen, „alldieweil allhier der Göttliche Befehl in acht genommen werden muß, daß man Gott mehr als den Menschen zu gehorchen"[39], und: „Gott befihlt vns den Krieg wider das

[31] „*Franciscus Burgkardus*", De Autonomia. Das ist: Von Freystellung mehrerley Religion und Glauben ... 2. Aufl. München 1602, fol. 207ff. Autor der damals vielbeachteten Schrift war der Reichshofrat Andreas Erstenberger.

[32] Also vor der Ausweitung der böhmischen Querelen zum mitteleuropäischen Glaubenskrieg und vor dem Erscheinungsjahr von Kaspar Schoppes „Classicum belli sacri", wo wir das von Johnson für den westeuropäischen Bereich konstatierte Konzept des „Holy War" schon im Titel finden.

[33] Ich spiele auf *Johann Paul Windeck*, Prognosticon fvtvri statvs ecclesiae ... Köln 1603, an. Das mit Abstand größte Kapitel des Buches ist überschrieben mit „deliberatio de haeresibus extirpandis", in diesem Rahmen, also einem Aufruf zur Ausrottung des Protestantismus, wird auch der Religionsfrieden ‚gewürdigt'.

[34] „Convertamus ad Deum, et non deerit": so rief der mainzische Rat Wilhelm Ferdinand von Efferen 1613 zu den Waffen. Das bemerkenswerte Gutachten druckt *Johann Christian Lünig* (Hrsg.), Europäische Staats-Consilia oder curieuse Bedencken ... In Religions-Staats-Kriegs- und andern wichtigen Sachen ... Bd. 1. Leipzig 1715, Nr. 131, ab.

[35] Postilion (wie Anm. 18), Abschnitt 112.

[36] Ich will gar nicht aus den bekannten, immer wieder besprochenen schwedischen Propagandaschriften zitieren. Gott „hat disen Kriegsfürsten", Gustav Adolf, „vmb seines Nammens Ehre willen, zu aller betrangten rettung vnd erlösung, vns wunderbarlicher weise ... zugesendet", „alß eines zu errettung der rechtgläubigen Kyrchen, vnd zu restabilirung der reinen Evangelischen vnd Apostolischen Lehr, von Gott geordnet vnd gesendten werkzeugs": so formuliert: Gespräche und Discurse (wie Anm. 2), fol. 21 bzw. 24.

[37] Ebd. fol. 38 bzw. 20.

[38] Und wird dadurch „ein Mörder an sich selbsten": [*anonym*,] Bedencken eines guten Eydgenossen ... O. O. 1632, fol. 43. Wer jetzt abseits stand, war „Gottvergessenes, trewloses, vnverschambtes Hertzens", „einer Bestien, eines Monstri, vnd keines Menschen" Art, war dem „Teufel" verfallen. „Allein solche Leuth, oder viel mehr vnvernünfftige Thier ..." (ebd.).

[39] [*Anonym*,] Magna Horologii Campana, Tripartita. Das ist, Ein Dreyfache, im gantzen Teutsch-Landt hellauttende Glocke, vnd Auffwecker ... O. O. 1632, 22. Vgl. noch, beispielsweise, 69 oder 74.

Babsthumb gestreng"[40]. Obwohl überall in Europa längst ihren eigenen Sachzwängen gehorchende Politik auf den Begriff gebracht war, zumeist noch auf Latein (als „ratio status": die später in Deutschland so genannte „Staatsräson"), ist im Gros der Elaborate dieser Jahre keinesfalls von Klugheit und Interessen die Rede, sondern von „Abgötterey" und „Teuffel", „dem Anti-Christ" und vom „grimmigen Zorn GOttes, sampt der Ewigen Verdamnus". In den Bestandsaufnahmen solcher Schriften wird nicht der Frieden (oder das Staatsinteresse), sondern „das Blut JEsu Christi mit Füssen getretten".[41]

Markiert demnach die Schlußphase des Dreißigjährigen Krieges die Peripetie, den rapiden Umschlag nach einem Jahrhundert der *Resakralisierung* des Krieges? Hat der Konfessionalismus im Gegenteil von Anfang an die *Säkularisierung* des Krieges forciert, weil theologische Doktrinen zwar vielleicht schon vorher profane Staatenkonflikte kaum zu bändigen vermochten, nun indes auch noch selbst unglaubwürdig geworden sind? Wurde der diskriminatorische Kriegsbegriff des Bellum-iustum-Konzepts im nicht endenwollenden Krieg seit 1618 so ad absurdum geführt wie dreihundert Jahre später, in den Schützengräben des Ersten Weltkriegs, das uneingeschränkte Ius ad bellum des souveränen Einzelstaats?

III.

Oder sollte nie und nirgends eine Säkularisierung des Krieges stattgefunden haben, lediglich eine der Kriegs*lehre*? War Krieg an den Zentren der Macht schon immer nur und ausschließlich ein Produkt kühlen Kalküls, der Abwä-

[40] Marginalie neben Abschnitt Nr. 115 in Postilion (wie Anm. 18). Der ‚Normaltext' daneben führt aus: Gott gibt „vns die Päbstler ... preiß vnd frey. Dieweil dasselbe ohne Schwerdschlag nicht geschehen kan, befihlet vns GOTT solche ernste gestrenge vnd harte Kriege, darin vnd damit wir die Päbstler zweyfach eyfferiger, als sie vns verfolgen sollen." Vgl. beispielsweise noch Nr. 119 (Endzeitszenario, der Jüngste Tag dräut, deshalb muß „Babylon" jetzt „durch das Schwert des Volcks Gottes fallen") oder Nr. 101.

[41] Ich habe hier einfach aneinandergereiht, was auf einer einzigen Seite (7) diese Schrift, erneut aus dem Jahr 1632, bietet: [*anonym*,] Evangelischer Hertz-Klopffer, oder Lutherischen Gewissens-Weckerlin ... O. O. Die nächste Seite beginnt mit dem „Jüngsten Tag", spricht dann erneut vom „Teuffel" ... Der „Hertz-Klopffer" wendet sich an evangelische Söldner, die ihren Dienst in katholischen Heeren, wo ja der „Feld-Herr ein rechter Patronus Babylonis, der Vorfechter der Anti-Christischen Babel" sei, zu quittieren hätten: eigentlich ein Leserkreis, bei dem man eine Ansprache in nüchternem Tone annehmen möchte – doch nicht während des Siegeslaufs Gustav Adolfs! „Die erste Welt hat es zusampt Sodoma vnd Gomorra tausent mal nicht so grob gemacht, vnd ist doch jene mit der allgemeinen Sündflut erschröckenlich erseufft, diese aber mit Himmelischen Fewer grewlich eingeäschert worden, wir würdts dann euch ergehen? ... O deß schröcklichen Vrtheils! ach deß grossen Jammers!"

gung irdischer Interessenlagen?[42] Inwiefern hatten religiöse Anforderungen – beispielsweise die theoretisch unstrittige Amtspflicht eines vormodernen Regenten, für das Seelenheil möglichst vieler „Schäfelein" zu sorgen, oder eben die Kriterien des Bellum iustum – Wahrnehmung und Meinungsbildung der Entscheidungsträger im Griff? Um darauf erste Antworten geben zu können, muß man neben gedruckten Propagandaschriften auch interne Beratungsprotokolle befragen, den öffentlichen Deutungskrieg wie seinen Niederschlag in den Ratsstuben beobachten, und genau an diesen Schnittstellen, zwischen Bibliothek und Archiv, Gelehrten- und Ratsstube, publizistischem Meinungskampf und Meinungsbildung der Entscheidungsträger scheinen mir die für eine historische Friedens- und Konfliktforschung spannendsten Fragen angesiedelt zu sein – womit ich, wie versprochen, von meinem spezielleren Thema her doch wieder beim Großen und Ganzen gelandet bin.

Der Historiker kann dem wieder anwachsenden Bedürfnis nach Auskünften über den Problemkomplex „Krieg und Frieden" in der Vormoderne ja insofern nachkommen, als zahlreiche einzelne Schlachten und Friedensschlüsse längst untersucht worden sind. Doch ist hinsichtlich der damals *handlungsleitenden Denkkategorien, Werte und Normen* noch viel zu tun. Wir müssen, um sie zu eruieren, nicht nur, ganz praktisch, den anstrengenden Spagat zwischen Archiv und Bibliothek ertragen, sollten uns zudem interessanten Spannungsfeldern aussetzen: zwischen Legitimation und Motivation, Wahrnehmung und Wirklichkeit, Ideen und Interessen.[43] Wo dabei Impulse aus den Kulturwissenschaften, der Anthropologie, aus Systemtheorie oder Wissenssoziologie anregend wirken können, sollten wir uns ohne Berührungsängste bedienen, und natürlich werden wir über der Frage, wel-

[42] Darauf meint *Randall Lesaffer* aus einer umfassenden Auswertung von vormodernen völkerrechtlichen Verträgen schließen zu können, deren zentrale Ergebnisse er jüngst konzentriert vorgestellt hat: *ders.*, War, Peace, Interstate Friendship and the Emergence of the ius publicum Europaeum, in: Ronald G. Asch/Wulf Eckart Voß/Martin Wrede (Hrsg.), Frieden und Krieg in der Frühen Neuzeit. Die europäische Staatenordnung und die außereuropäische Welt. München 2001, 87–113. Lesaffer glaubt, die wahren Absichten, „the world of Realpolitik", in Friedensverträgen finden zu können, während Allianzverträge mit ihrem „lip service to the just war doctrine" lediglich „propagandistic legitimisations" seien; außerdem verblaßten diese zusehends nach 1648. Mir scheinen sie auch danach eine Zeitlang durchaus in Übereinstimmung mit der (was Lesaffer übersieht: ja selbst mittlerweile ausgeleierten, überdehnten) Doktrin zu stehen. Die Amnestieklauseln in Friedensverträgen wertet Lesaffer als Eingeständnis, „that there was no effective power [...] strong enough to judge the right of the parties" (aber: hat der Doktrin zufolge nicht schon der Ausgang des Krieges über Recht und Unrecht entschieden, ist zu verzeihen unchristlich?). – „Le soin pris à attribuer aux guerres une cause iuste" sei „un trait essentiel" im 17. Jahrhundert, beobachtet *Claire Gantet*, Guerre, paix et construction des États 1618–1714. Paris 2003, 8.

[43] Natürlich eine Scheinalternative! „Interessen sind ideenbezogen": *M. Rainer Lepsius*, Interessen, Ideen und Institutionen. Opladen 1990, 7.

che mentalen Strukturen entscheidungsprägend wirken können, diese Entscheidungen selbst und ihre oft einschneidenden Auswirkungen nicht aus dem Blick verlieren.[44]

Welchen Wert hatte der Frieden in Relation zu anderen Staatszielen? Welche Rolle spielten Ideale wie Ritterlichkeit, „Ehre", Tapferkeit, „Mut" für den Seelenhaushalt der Akteure? Welche historischen Exempel gaben vermeintlich Wegweisung? Spielten ökonomische Gesichtspunkte vor dem Zeitalter des Merkantilismus je bei außenpolitischen Kursbestimmungen eine ausschlaggebende Rolle, besaßen sie für die mit der Außenpolitik befaßten Männer überhaupt eine eigene Dignität, verstanden sie überhaupt etwas davon? Wurden die Kriterien der Bellum-iustum-Doktrin tatsächlich in Entscheidungssituationen ernstgenommen und diskutiert? Das sind nur einige von vielen vergleichbar spannenden Fragen, die – vielleicht nicht zuletzt deshalb, weil sie weder durch detailverliebte Aktenhuberei noch durch die Lektüre von zeitgenössischen Druckwerken, weder durch die Anhäufung von „Daten und Fakten" noch durch Ideengeschichte *allein* zu beantworten sind – für die Vormoderne viel zu selten gestellt wurden.

Nur für die Vormoderne? Das programmatische Editorial im ersten Band der Zeitschrift für Internationale Beziehungen gab 1994 der Hoffnung Ausdruck, „Normen und kognitive Prozesse aus ihrer Randexistenz herausführen" zu können: „eine konsequente Auseinandersetzung mit der Eigendynamik von Ideen ... beginnt erst".[45] Die damals meines Erachtens richtige Einschätzung steht im Kontext politikwissenschaftlicher Debatten (auch „kommunikatives" versus ausschließlich „strategisches Handeln", „kognitive" und/oder „reflexive" Erweiterungen des Rational-Choice-Ansatzes), die die Frühneuzeitforschung, so weit ich sehe, nicht erreicht haben. Daß sich die deutsche Diplomatiegeschichtsschreibung seit Ranke Betrachtungsweisen verschrieben hatte, die denen (neo-)realistischer Politikwissenschaftler

[44] Ich halte die Sorge, daß bei strikt kulturalistischen Zugängen zum Politikbetrieb die nun einmal nicht wegzudiskutierenden, tatsächlich gefällten politischen Entscheidungen aus dem Blick geraten und daß über findiger Diskursanalyse inhaltlich begründete Konflikte marginalisiert werden, zumal angesichts erster zeitgeschichtlicher Versuche für nicht unbegründet. Auch schwierige Rahmenbedingungen (wie soziales Elend oder große Interessendivergenzen in der Gesellschaft allgemein, zumal aber der Pressure groups – wie wir sie, um nur ein Beispiel zu nennen, in der Weimarer Republik beobachten können) dürfen nicht weichgespült oder an den Rand gedrängt, so verharmlost werden.

[45] *Klaus Dieter Wolf*, Editorial, in: Zeitschrift für Internationale Beziehungen 1, 1994, 5. *John L. Gaddis*, We Now Know. Rethinking Cold War. Oxford 1997, 282, konstatiert, man habe dazu tendiert, „to overlook ideas". Optimistischer konstatierte schon zwei Jahre zuvor *Markus Jachtenfuchs*, Ideen und internationale Beziehungen, in: Zeitschrift für Internationale Beziehungen 2, 1995, 419, eine „Hinwendung zu Ideen als Erklärungsfaktor", verantwortlich hierfür sei „das schlichte Versagen von [sc. Rational-Choice-] Modellen an der Realität".

in manchen Zügen sehr ähneln[46], kann nach einem Dritteljahrhundert angestrengter, längst reflexhafter Ablehnung solcher historiographischer Traditionen nicht mehr entschuldigend ins Feld geführt werden. Für die Politikwissenschaft wäre die zitierte Einschätzung übrigens wohl mittlerweile zu pessimistisch, worüber terminologische Verschiebungen seit den späten 1990er Jahren (seitdem firmieren Werte und Normen zunehmend als wichtige „kulturelle" Faktoren) nicht hinwegtäuschen dürfen.

Überhaupt haben sich die in der Politologie traditionell dominierenden sogenannten „rationalistischen" Erklärungsansätze für internationale Beziehungen schon lange mit transaktionskostenminimierenden kognitiven Filtern, mit „cognitive maps" oder „belief systems" beschäftigt, aber die derart gefilterte Wirklichkeit war wertelos, weil Neorealisten wie Neoinstitutionalisten Werte und Normen für flüchtiges Oberflächengekräusel auf einem machtgesteuerten Geschehen halten. Man könnte auch sagen, daß sie kognitiven Ideen (einfach gesagt: Vorstellungen darüber, wie die Welt ist) ihrer Akteure einen – freilich bescheidenen – Platz im Theoriegebäude einräumen[47], während normative Ideen (Vorstellungen darüber, wie die Welt sein soll) ein blinder Fleck sind. Um in mein Metier zurückzuschlüpfen: Kann es dem Historiker nicht aus dem unbefriedigenden Optionszwang zwischen einer empirieenthobenen Theoriengeschichte und faktenversessener herkömmlicher „Diplomatiegeschichte" heraushelfen, wenn er sein zentrales Augenmerk darauf richtet, wie theoretische Konzepte (mein für diese Studie ge-

[46] Schon für Ranke, erst recht natürlich für die Borussophilen um Droysen und Treitschke, war Geschichte der internationalen Beziehungen eine der Macht – schließlich hatten sich diese Autoren als Zeitgenossen alle der „Realpolitik" verschrieben. Macht war Selbstzweck, ihre Vergrößerung Lebensprinzip nicht degenerierter Staaten, Macht schuf sich selbst ihr Recht. Es wäre geradezu lächerlich, den großen Ranke kleinreden zu wollen, hier muß indes interessieren, daß er für die Rolle des Rechts (gar des Völkerrechts!) und der Moral (Normen und Werte der damaligen Entscheidungsträger?) kein ausgeprägtes Sensorium hatte. Da Friedrich von Preußen zur Eroberung Schlesiens „fähig" war, „wie hätte er nicht die Absicht dazu fassen sollen?": *Leopold von Ranke*, Preußische Geschichte, in: ders., Sämtliche Werke. Bd. 28. Leipzig 1874, 328.

[47] Gute Beispiele aus dem politikwissenschaftlichen und zeitgeschichtlichen Bereich: *Robert Jervis*, The Logic of Images in International Relations. Princeton 1970; *ders.*, Perception and Misperception in International Politics. Princeton 1976; *Richard Little/Steve Smith* (Eds.), Belief Systems and International Relations. Oxford 1988; *Judith Goldstein/Robert O. Keohane* (Eds.), Ideas and Foreign Policy: Beliefs, Institutions and Political Change. Ithaca/London 1993. – Berühmt sind die Wahrnehmungsblockaden der deutschen Entscheidungsträger 1914, insbesondere was die englische Reaktion betrifft; weniger bekannt dieser Versuch: *Ole R. Holsti*, The Belief System and National Images: John Foster Dulles, in: Ralph K. White (Ed.), Psychology and the Prevention of Nuclear War. New York 1986, 322–335. Ob auch der Irak-Krieg von George Bush Jr. einmal als Paradebeispiel für die Abschließung des kollektiven Wahrnehmungshorizonts gegen nicht in Weltbilder und Deutungsschablonen passende Informationen firmieren wird? *Bob Woodward*, Der Angriff. Plan of Attack. München 2004, könnte es nahelegen, doch fehlt noch der klärende zeitliche Abstand.

wähltes Beispiel war die Bellum-iustum-Doktrin) und Werte[48] in Ratsstuben wirkten, inwiefern Politiker in konkreten Entscheidungssituationen auf sie rekurrierten, inwiefern sie demnach das strategische und/oder verständigungsorientierte[49] Handeln der Akteure mitsteuerten?

Diese Wahrnehmungs- und Mentalitätsgeschichte der vormodernen Entscheider über Krieg und Frieden ist noch nicht geschrieben. Das hat verschiedene Gründe. Konrad Repgen klagte 1998, die Erforschung des Krieges sei „in den letzten vierzig Jahren in Deutschland sträflich vernachlässigt worden, soweit sie nicht zeitgeschichtlich orientiert war".[50] Die französische Historiographie hat sich nicht nur des Krieges, sondern der internationalen Beziehungen überhaupt in den letzten Jahrzehnten so gut wie gar nicht angenommen – Claire Gantet konstatierte 2003, „l'histoire des relations internationales" in der Neuzeit sei „un objet relativement neuf en France"![51] Die traditionsreiche angelsächsische Kriegsursachenforschung ist quantitative Makroforschung mit einem Faible für Statistik, einem Hang zur Mathematisierung der Forschungsobjekte; ihre Protagonisten suchen Regierungsnähe, nicht zweckfreie wissenschaftliche Erkenntnis[52], weshalb sie die Vergangenheit nach gerade aktuellen Problemlagen, vermeintlich ‚ähnlichen' Konstellationen absuchen. Das gilt auch für diejenigen Autoren, die sich der weitgehend ahistorischen[53] Friedens- und Konfliktforschung zuordnen. So sie überhaupt einmal, in Exkursen oder Eröffnungskapiteln, etwas weiter zurückblicken, suchen sie Wegweisungen für aktuelle „Friedensarbeit".[54] Orientierungshilfen für künftige Schlach-

[48] Also, um erneut die in dieser Studie angeschnittenen Aspekte zu nennen: Iustitia! Und Pax?

[49] Manche Politikwissenschaftler (ich will von den deutschsprachigen insbesondere Harald Müller nennen), denen die traditionellen „realistischen" Erklärungsmodelle nicht mehr genügen, lehnen sich an das Habermassche Konzept „verständigungsorientierten Handelns" an und vermögen – wiewohl mir dieses Konzept eher eine etwas utopische Handlungsanweisung für gesamtgesellschaftliche Willensbildung denn ein taugliches Analyseinstrument für empirische Forschungen darzustellen scheint – doch zu Einsichten vorzustoßen, die auch den Frühneuzeithistoriker anregen könnten.

[50] *Repgen*, Kriegstypen (wie Anm. 3), 3.

[51] *Gantet*, Guerre (wie Anm. 42), 10.

[52] Ich muß natürlich zuspitzen. – Die geringe historische Tiefenschärfe der allermeisten politologischen oder soziologischen Bemühungen um Krieg und Frieden kann frappieren, man schiebt einige immergleiche Klischees hin und her – so das vom angeblich alles umwälzenden Westfälischen Frieden, was diese Zäsur nicht nur maßlos überzeichnet, sondern auch aller Bemühungen um die finsteren Jahrhunderte davor, in denen der moderne Analytiker und Friedenspädagoge sowieso nichts lernen kann, zu entheben scheint.

[53] Es gibt den relativ schwachen Zweig der Historischen Friedensforschung, doch greift selbst diese kaum in die Vormoderne aus, nicht in den USA, nicht hierzulande. Das wird auch von ihren Vertretern so gesehen, vgl. *Jost Dülffer*, Internationale Geschichte und Historische Friedensforschung, in: Wilfried Loth/Jürgen Osterhammel (Hrsg.), Internationale Geschichte. Themen – Ergebnisse – Aussichten. München 2000, 265.

[54] Es wäre vielleicht nicht nötig darauf hinzuweisen, daß das keinesfalls spöttisch gemeint ist. Es gibt wahrlich weniger achtbare Motive für Bücher und Aufsätze als Sehnsucht nach Frieden. Aber die Antriebe sind doch wesentlich außerwissenschaftliche, und

ten hatte historisches Material hingegen der ziemlich wissenschaftsfremden traditionellen Militärgeschichte zu liefern. Sie ist passé – überhaupt stieg die Militärgeschichte in den letzten beiden Jahrzehnten wieder zur anerkannten Subdisziplin der Geschichtswissenschaft auf, aber der Weg, über den sie Anschluß an die Zunft fand, nämlich – in einer bemerkenswerten Phasenverschiebung – über das außerhalb der Militärgeschichte viel früher dominante und dann wieder verblassende Paradigma der Gesellschaftsgeschichte: dieser Weg führte sie gerade von den hier interessierenden Fragen weg, hin zu einer Sozialgeschichte des kämpfenden Personals.[55] Völkerrechtler und Moraltheologen haben lediglich die Normen im Blick, übrigens ist Völkerrechts*geschichte* als Wissenschaftsdisziplin seit vielen Jahren nicht mehr existent.

Die von mir vorgeschlagene Wahrnehmungs- und Mentalitätsgeschichte der Entscheider wäre keine Neuformulierung der Biographik gekrönter Häupter, sie zielt vor allem auf die von der Politischen Geschichte schon längst entdeckten „Männer im zweiten Glied".[56] Da wir bei der Rekonstruktion von Elitenkalkülen nach kulturellen Kontexten, insbesondere den Orten und Modalitäten der Internalisierung von Normen und Werten fragen müssen, geraten sogar so scheinbar politikferne Bereiche wie Erziehung, Ausbildung oder Lektüregepflogenheiten in den Blick. Manche Postulate postmoderner Theoretiker werden wir freilich nicht einlösen können, so das Monitum, doch endlich die „Staatszentriertheit" herkömmlicher Bemühungen um Krieg und Frieden dadurch zu überwinden, daß wir die „Staatenwelt" durch eine „Gesellschaftswelt" ersetzen.[57] Die neuerdings gern beschworene „Emanzipation der Gesellschaft gegenüber ihrem Politischen System"[58] kann nicht in jene Vormoderne transportiert werden, da der Staat

damit lassen sich auch die bevorzugten Untersuchungsgegenstände erklären. Man beleuchtet historische Problemlagen, bei denen man große strukturelle Ähnlichkeiten mit aktuellen oder prognostizierten vermutet.

[55] Erneut: ich muß hier natürlich zuspitzen, will auch gar nicht leugnen, daß sich seit einigen Jahren eine Öffnung zur Mentalitäts- und Kulturgeschichte abzeichnet, in diesem Rahmen ist jedoch entscheidend, daß sich die „neue Militärgeschichte" (übrigens ein deutsches Spezifikum!) nicht vorrangig für den Zusammenhang von Militär und Politik interessiert.

[56] Vgl. beispielsweise *Axel Gotthard*, Benjamin Bouwinghausen. Wie bekommen wir die „Männer im zweiten Glied" in den Griff?, in: Helmut Altrichter (Hrsg.), Persönlichkeit und Geschichte. Erlangen/Jena 1997, 69-103.

[57] *Klaus Schlichte*, Neues über den Krieg? Einige Anmerkungen zum Stand der Kriegsforschung in den Internationalen Beziehungen, in: Zeitschrift für Internationale Beziehungen 9, 2002, 123. Vgl. aus dem angelsächsischen Sprachraum beispielsweise *Akira Iriye*, Culture and International History, in: Michael J. Hogan/Thomas G. Paterson (Eds.), Explaining the History of American Foreign Relations. Cambridge/New York/Port Chester/Melbourne/Sydney 1991, hier v. a. 220.

[58] *Ernst-Otto Czempiel*, Kluge Macht. Außenpolitik für das 21. Jahrhundert. München 1999, 45. Die „Weltgesellschaft" beschwor jüngst Gilbert Ziebura, das internationale System als „Gesellschaftswelt" Ursula Lemkuhl, ich kann hier nicht alle so und ähnlich lautenden Formulierungen der letzten Jahre auflisten.

alle Anstrengungen darauf richtete, die Köpfe und Herzen seiner Untertanen überhaupt erst zu erreichen. Die Frühe Neuzeit ist die Epoche der Staatsbildung, nicht des postmodernen Staatszerfalls. Konfliktkanalisierende internationale Institutionen haben nicht existiert, Verhaltenserwartungen an Staaten begannen sich erst sehr zögerlich zu völkerrechtlichen Normen zu verdichten.

Es hing demnach tatsächlich sehr viel von den Denkkategorien und Handlungsmustern der nationalen bzw. territorialen politischen Eliten ab, die wir freilich nur adäquat verstehen, wenn wir ihre Lebenswelt, ihre Sozialisation, ihren Lesegeschmack usw. berücksichtigen, womit sich der Forschungsfokus wieder ausweitet. Welche Wahrnehmungsraster, Werte und Normen steuerten das Tun der Steuerleute?

Um einige Probleme zu illustrieren, die sich bei derartigen Fragen auftun, will ich mich auf meinen Ausschnitt, die Säkularisierung des Krieges, zurückziehen und dieses Thema wiederum auf eine Teilfrage zuspitzen: wie ordnet sich der Dreißigjährige Krieg[59] in den longue-durée-Trend ein? Welche Sonden könnten weiterhelfen? Politologen und Zeitgeschichtlern ist die Analyse von Feindbildern geläufig, seit die Friedens- und Konfliktforschung[60] diesen so unscharfen wie ungeheuer erfolgreichen Terminus um 1968 kreiert hat. Wie ist der Befund in den Jahrzehnten vor dem Fenstersturz? Juristen und Theologen Mitteleuropas richteten den andersgläubigen Kollegen in ihren Druckwerken, einer riesigen, praktisch ununtersuchten Kontroverspublizi-

[59] Nicht minder interessant wären für die hier verfolgten Fragestellungen beispielsweise der Fürstenkrieg, der Kölner Krieg, die Hugenottenkriege und der Achtzigjährige Krieg (mit interessanten Vergleichspunkten zum Dreißigjährigen, bis hin zum Feindbild „herrschsüchtiger Spanier" und der großen Rolle des Motivs „fides haereticis servanda" in der flankierenden Publizistik); sogar der überwiegend säkulare Charakter der englisch-holländischen Seekriege der 1650er Jahre, die gern als reine Wirtschaftskriege behandelt wurden, ist jüngst entschieden in Frage gestellt worden. Ich muß hier indes exemplarisch vorgehen.

[60] Es war wohl, konkreter, Dieter Senghaas, und im Visier war eigentlich ein einziges Feindbild, das vom „bösen Russen". Ich halte die Verwendung des Terminus aber für weiterhin sinnvoll. – Ein Traktat von 1644 zeigt instruktiv die Wirkung dessen, was wir heute Feindbild nennen, es geht um das Klischee vom herrschsüchtigen Spanier: „Vns [sc. Bewohner der niederländischen Nordprovinzen] betreffend vertragen wir sehr gerne die in vnserem Land angestelte schatzungen, vnnd achten das elend nit so wir in vnseren Personen vnd haußgesindt tragen müssen, weniger den schaden so wir in vnserem kauffhandel leiden, allein durch den alten vnnd angebornen gegen den König von Hispanien tragenden hasses, vnd wegen des schreckens so wir haben widerumb vnder sein Joch zu gereichen. Wiewoll wir vnder vns nicht allerdings eins seind, vnsere jnwendige spaltungen vnd zwitrachten haben, vnd eine Prouintz die ander zu vberherschen sucht, so bleiben wir gleichwoll vermittelst der von vnserem Erb: vnnd todgeschwornen feind habenden rachgirigkeit einig." Es „macht die widerwertigkeit der Hispanier, ... daß wir alzusamen spannen, vnd wie wol wir zu hauß vneins, dannoch von aussen alle einig seind": [*anonym*,] Trewhertzige Vermahnung, Worinnen viel Denckwürdige vnd Politische Considerationes ... begriffen ... O. O. 1644, fol. 4f.

stik, aus der weiter oben schon einige Zitate geboten wurden, verbal die Scheiterhaufen auf. War der Widerpart überhaupt geschäftsfähig, politikfähig, gehörte er recht besehen der Conditio humana zu? Katholische Autoren bezweifelten zunehmend, daß man 1555, im Religionsfrieden, mit Ketzern hätte paktieren dürfen, und bestritten, daß ein Ketzern gegebenes Wort binden könne. Schreibtischextremisten? Schon, aber manche Kampfparolen solch streitbarer Autoren finden wir eben in den Ratsstuben wieder. Ich nenne exemplarisch, für die evangelische Seite, den Topos vom „blutdurstigen Jesuiter", in dessen Fängen alle katholischen Politiker als bloße Marionetten hingen. Der „blutdurstige Jesuiter": das ist ein Topos, für den ich nicht nur zahllose gedruckte Belege besitze, sondern auch solche aus Tagebüchern einfacher Menschen und eben aus Ratsprotokollen. Jene konfrontative Eskalationsspirale von 1608, die am Ende – mit katastrophalen Rückwirkungen auf das politische System – den Reichstag dieses Jahres sprengen und so die Vorkriegszeit einläuten wird, nahm ihren Ausgang von evangelischer Erbitterung über katholische, insbesondere jesuitische Druckwerke, die anzweifelten, daß Zusagen an Protestanten, also Ketzer, zu irgendetwas verpflichten könnten.[61]

Auch die politischen Eliten auf der katholischen Seite bezweifelten, daß die andersgläubigen Kollegen überhaupt geschäftsfähig seien. In einem internen Gutachten heißt es, die evangelischen Politiker achteten „die Juramenta fidelitatis et obedientiae" nicht mehr, „Rechtmässige Contracten, Verträge, Brieff und Siegel, Reversen und Gelübden" würden von ihnen „per ragion di stato nicht gehalten".[62] Anderswo können wir das nachlesen: Es haben im ketzerischen Lager „ohngehorsamb, ohntrew, betrug und list uber hand genomen, dass sich weder auf tewere wort, vertrösten und versprechen, noch auch brief und sigel, ja den schwur und aid selbsten ichtwas zu verlassen, sonder dass alles nach der verfluchten ler des Machiavelli auf ein jede sich an hant gebende occasion ratione status (wie sie es nennen) bei seit gesetzt und nichts geacht wirt".[63] Wer vom wahren Glauben abgefallen war, Gott verraten hatte, der verleugnete auch skrupellos jeden Eid, verriet seine Mitmenschen. Kann politischer Interessenausgleich ohne Grundvertrauen in die Verläßlichkeit des Verhandlungspartners überhaupt funktionieren? Es ist hier nicht der Ort, zu demonstrieren, daß er nicht mehr funk-

[61] Ich denke, daß ich das jüngst zeigen konnte: *Gotthard*, Religionsfrieden (wie Anm. 6), 464–471.

[62] Gutachten der rheinischen Erzbischöfe für Kaiser Matthias vom 20. September 1613: *Christoph Lehmann* (Hrsg.), De pace religionis acta publica et originalia, Das ist: Reichs Handlungen, Schrifften und Protocollen über die Reichs-Constitution des Religion-Friedens. Bd. 2. Frankfurt am Main 1707, Nr. 90.

[63] Johann Schweikhard von Mainz an Melchior Khlesl, 1612, Dezember 17: *Anton Chroust* (Hrsg.), Briefe und Akten zur Geschichte des Dreißigjährigen Krieges. Bd. 10. München 1906, Nr. 318.

tioniert *hat*, daß sich die politischen Eliten Mitteleuropas schließlich gar nicht mehr an einen Tisch setzen, ihre Feindbilder so dem Realitätstest aussetzen *wollten*, weshalb die konfliktkanalisierende Kraft des politischen Systems erlosch und weshalb es geradezu zwangsläufig anmutet, daß man seine Interessen schließlich militärisch behaupten zu müssen meinte.

Der Dreißigjährige Krieg, Prototyp des Konfessionskriegs? Die soeben angeführten Zitate enthalten einen Terminus, der uns stutzig machen könnte: die Staatsräson. Tatsächlich, um 1600 begann in Mitteleuropa die gedruckte Debatte über diese Politikkategorie, ausgerechnet zur Zeit der zugespitzten konfessionellen Konfrontation wurde ihren eigenen Sachzwängen gehorchende Politik auf den Begriff gebracht, und ich meine beobachten zu können, daß dieser Begriff just im Vorfeld des Dreißigjährigen Krieges auch in Ratsprotokolle einzusickern begann.[64] Übrigens ist er in ihnen – das mag Zeithistoriker vor dem Hintergrund der dort eine Zeitlang ziemlich virulenten Debatte über den Primat der Innen- oder aber der Außenpolitik interessieren – fast immer eine Chiffre für äußere Bestimmungsgrößen der Politik, insbesondere die geostrategische Lage und Bündniskonstellationen. Eine Mentalitätsgeschichte der vormodernen Entscheider über Krieg und Frieden kann sich natürlich nicht mit dem bloßen Vorfinden des Terminus und statistischen Beobachtungen begnügen, sie muß interessieren, wie das vorgebliche Staatsinteresse mit Hilfe welcher kulturellen Identitäten, Auto- und auch Heterostereotype definiert wird und welche seiner vermeintlichen Essentials im äußersten Fall den Krieg erheischen. Der Frühneuzeitler darf nicht dem Kardinalfehler der in den Politikwissenschaften dominierenden „(neo)realistischen" Schule der Erforschung außenpolitischer Prozesse aufsitzen, in jenem „Staatsinteresse", das sie axiomatisch allen Analysen zugrunde legt, etwa eine leicht objektivierbare Kategorie zu sehen, die man, anstatt nach ihren Entstehungsbedingungen zu fragen, einfach voraussetzen könne.[65]

Im hier gewählten Rahmen der Frage nach einer Säkularisierung von Krieg und Frieden ist besonders interessant, daß der neumodische Terminus „ratio status" im frühen 17. Jahrhundert vielen suspekt blieb, in der Literatur[66] wie

[64] Vgl. *Axel Gotthard*, Konfession und Staatsräson. Stuttgart 1992, Sachregister, s. v. Staatsräson. – Die gelehrte, in Druckwerken ablesbare Rezeption der Staatsräson ist neuerdings gar nicht so schlecht erforscht, dank tiefschürfender Untersuchungen insbesondere von Wolfgang E. J. Weber, Michael Stolleis und Herfried Münkler.

[65] Ein methodisch aufgeklärter Neorealist würde widersprechen und erklären, er leite dieses „nationale Interesse" aus seinen systemischen Voraussetzungen ab: nämlich der Struktur der gerade gegebenen Staatenwelt und der Plazierung der betreffenden Nation in ihr. Für alle anderen Wurzeln außenpolitischer Entscheidungen sind seine Analysemethoden blind.

[66] Vgl. zusammenfassend *Michael Stolleis*, Geschichte des öffentlichen Rechts in Deutschland. Bd. 1. München 1988, 210.

in den Akten[67], auch meine beiden Zitate konnotierten ja negativ. Vielen war diese Staatsräson Inbegriff der Hybris einer Politik, die mehr werden wollte als Ancilla theologiae und sich damit überhob. Den meisten Menschen der Jahrzehnte um 1600 war die moderne Segmentierung zwischen Politik, Recht und Theologie undenkbar, ebenso die zwischen „öffentlich relevant" und „privat" - und doch wurde auch die letztere ausgerechnet damals erstmals angedacht, wie ich kürzlich zeigen konnte, in Anknüpfung an eine bestimmte Lesart des Augsburger Religionsfriedens, derzufolge individuelle Heterodoxie erlaubt sei, so sie mit politischem „Gehorsam" einhergehe und sich nicht in den Raum der Öffentlichkeit drängle. Einer kleinen Geisteselite wurde im Zuge dieser Debatte denkbar, was viel später zum Begriff von der „Privatsphäre" gerinnen wird.[68] Den meisten Menschen um 1600 hätten wir dieses Wort indes nur sehr schwer erklären können.

Wir stoßen auf viele Gleichzeitigkeiten des Ungleichzeitigen, wofür ich nur noch ein einziges Beispiel anführen kann. Die damals in Dresden maßgeblichen Politiker definierten den Frieden, jedenfalls nach Ausweis der spärlichen Beratungsprotokolle, ganz avantgardistisch, sie bangten 1618 nicht um die „richtige" Ordnung, sondern um Ruhe und Ordnung überhaupt - daß man deshalb den glaubensverwandten böhmischen Widerständlern nicht beisprang, ließ man indes nach außen hin nicht etwa mit der kursächsischen Staatsräson begründen, sondern durch und durch theologisch, mit vielen Bibelstellen, unter anderem durch den seitenlangen Nachweis, daß der böhmische kein „newer Maccabeer Krieg" sei, wiewohl diese Gleichsetzung, wie die Dresdner Apologie einräumt, derzeit ja „fast für vnwiederleglich gehalten" werde.[69] Die Dresdner legitimierten ihr Tun damals theologisch, ihre Motive wurzelten anderswo, bei unterschiedlichen Mischungsverhältnissen in territorialer Ratio status und in Reichspatriotismus. An den meisten anderen evangelischen Höfen indes war auch der interne Diskurs damals theologisch durchtränkt, weshalb man in Böhmen nicht etwa einen rebellischen Anschlag auf die monarchische Staatsform wahrnahm, sondern den Selbstbehauptungskampf evangelischer Gewissen gegen religiöse Unterdrückung und, natürlich, die „blutgierigen Practicken" der „blutdurstigen Jesuiter".

[67] Recht häufig begegnet der Stoßseufzer, es werde „gewalt dem rechten und ratio Status Christlichen gewissen ... vorgesezt", hier zitiert nach „Kurtze Relation dessen von Effern verrichtunge" in Brüssel („lectum in consilio" am 4. Juni 1616), Haus-, Hof- und Staatsarchiv Wien, MEA Jul 6, fol. 359-365 (orthographisch etwas abweichend die Abschrift in Bayerisches Hauptstaatsarchiv München, Kasten schwarz 10410, fol. 1-5). In MEA WaKr 15, fol. 258f. („Rationes ..." [von 1613]) heißt es beispielsweise, daß „gewalt vor recht, und ratio status vor Christliches gewissen ... praedominiren" - usw., usf.

[68] Vgl. viel ausführlicher *Gotthard*, Religionsfrieden (wie Anm. 6), 551-560.

[69] [*Anonym*,] Deutliche vnd gründliche Außführung dreyer jetzo hochnötiger vnd gantz wichtiger Fragen ... O. O. 1620, zum „Maccabeer Krieg" 17ff. Offenbar sahen manche Zeitgenossen in Antiochus IV. Epiphanes die Präfiguration des Habsburgers Ferdinand II.

Konfession oder Staatsräson, Glaubenskrieg oder Staatsbildungskrieg[70]? Ich konnte den Charakter des Dreißigjährigen Krieges nicht im Vorbeigehen bestimmen, wollte lediglich darauf hinweisen, daß noch vieles offen ist, und andeuten, wie wir meines Erachtens weiterkommen können: durch eine archivalisch gestützte Ideen- und Mentalitätsgeschichte des Krieges.

IV.

Ob die Bellum-iustum-Doktrin nach den großen europäischen Glaubenskriegen ein für allemal diskreditiert war und seitdem für die praktische Politik keine Rolle mehr spielt? Darüber könnte man wohl streiten, jedenfalls in Druckwerken gab es nach den beiden Weltkriegen des 20. Jahrhunderts beachtliche Renaissancen der Idee. Und zuletzt? Die in der Politikwissenschaft vielbeschworenen „neuen Kriege" mit ihren sich verselbständigenden privaten Gewaltapparaten, Warlords und Söldnerbanden (das erste Todesopfer nach der Besetzung des Kovoso im Juni 1999 war ein Söldner, ein nepalesischer Gurkha) ähneln ja in vielem eher dem Dreißigjährigen Krieg als dem Zweiten Weltkrieg, ähneln, wo die staatlichen Strukturen ganz verfallen sind, den spätmittelalterlichen Großfehden vor der Etablierung des staatlichen Gewaltmonopols. Können wir neben diesen kriegspraktischen Rückwendungen auch eine ideologische beobachten? George Bush Sen. deklarierte die Aktion „Desert Storm" 1990 als Kampf für eine gerechte Weltordnung: „Der Golfkrieg war ein gerechter Krieg". Dabei war diese Intervention vom UN-Sicherheitsrat gedeckt. Dem war im einstigen Jugoslawien nicht so, wo moralisches Pathos als Surrogat für den fehlenden Rechtstitel herhalten mußte. „A Just War?": so ist ein großer Abschnitt des ausführlichen Memorandums überschrieben, mit dem uns im Sommer 2002 zahlreiche US-amerikanische Intellektuelle darüber aufklären wollten, um was es in Afghanistan gehe („What We're Fighting For"[71]). Um „a world community based on justice" zu ermöglichen, gelte es jetzt „to stop an unmitigated global evil". Ob diese Renaissance des Bellum iustum lediglich le-

[70] Ich habe an anderer Stelle begründet, warum ich den Dreißigjährigen Krieg nicht so etikettieren möchte (vgl. *Axel Gotthard*, Der deutsche Konfessionskrieg seit 1619 – ein Resultat gestörter politischer Kommunikation, in: HJb 141, 2002, 141-172), aber prinzipiell sind Probleme der „Staatsbildung" natürlich eine häufige, da wenig spezifische Kriegsursache. „Wir gehen [...] davon aus, daß der größte Teil der Kriege seit 1945 direkt oder indirekt um die Monopolisierung und Konsolidierung von Staatsgewalt geführt wird", das grundlegende kriegsgenerierende Problem seit 1945 sei das der „Staatsbildung": *Klaus Jürgen Gantzel*, Kriegsursachen – Tendenzen und Perspektiven, in: Ethik und Sozialwissenschaften 8, 1997, 258 bzw. 264. Solche Einschätzungen haben natürlich die bis vor kurzem sogenannte Dritte Welt im Visier.

[71] Das Manifest wurde im Internet verbreitet, ich las es unter www. propositionsonline.com/html/fighting for.html.

gitimierende Versatzstücke liefern sollte, auch zu irgendetwas motiviert hat, muß der Frühneuzeitler zum Glück nicht entscheiden.

In ihrer Zeit verblaßte die Doktrin zusehends, sie hat für die Formierung des klassischen Völkerrechts im 18. Jahrhundert keine Rolle mehr gespielt. Den hitzigen Glaubenskriegen folgen die kühl kalkulierten Kabinettskriege der Barockzeit. Aus dem Kampf fürs Seelenheil möglichst vieler „Schäfelein“ wird der für Ruhm und Ehre, die dem absolutistischen Herrscher heilige „gloire“ – eine mit dem Homo oeconomicus des sozialwissenschaftlichen Rational-Choice-Ansatzes schwerlich kompatible Größe. Übrigens gilt natürlich auch für die „Ehre“, was diese Studie exemplarisch am Beispiel des Einflusses theologischer Kriegsdoktrinen auf die praktische Politik zu problematisieren suchte: wir können ihre Bedeutung für konkrete politische Entscheidungen schwer veranschlagen. Aggressionstheorien biologischer oder psychoanalytischer Provenienz bringen den Historiker bei der Kriegsursachenforschung wohl nicht weiter, doch inwieweit ist ein spezifisch adeliger, um die Ehre kreisender Wertekanon, eine spezifisch adelige Kriegsmentalität auch in den Jahrhunderten vor der Barockzeit in Rechnung zu stellen?[72] Sind es mehr als Schnörkel und Fußnoten, wenn die hochadeligen Herrschaften, manchmal zum Schrecken ihrer Räte, auf einmal entdeckten, sie hätten dem „heroyschen geblütt“ ihrer Dynastie Tribut zu zollen und seien schließlich mit „courage gesegnet“?[73] Daß Ehre und Ruhm im mentalen Haushalt der adeligen Letztentscheider des späten 17. und des 18. Jahrhunderts eine ganz herausgehobene Stelle einnahmen[74], ist evident, wurde

[72] „Der Habitus aller dieser Leute [...] war militärisch [...] und blieb militärisch [...] So war man erzogen worden, das konnte man am besten“: so faßte der Mediävist *Peter Moraw*, Staat und Krieg im deutschen Spätmittelalter, in: Werner Rösener (Hrsg.), Staat und Krieg. Vom Mittelalter bis zur Moderne. Göttingen 2000, 92f., salopp zusammen.

[73] So begründete es Johann Friedrich von Württemberg, ein nach den Maßstäben der Zeit besonnener Politiker ohne nennenswerte militärische Kenntnisse, zum Entsetzen der Hofräte, warum er sich unverzüglich persönlich ins Feldlager begeben, dem Unionsheer zuziehen müsse. Die Zitate: Resolution Johann Friedrichs vom 31. Juli 1620, Or.: Hauptstaatsarchiv Stuttgart, A90A tom. 29, fol. 170f.

[74] „Gloire und Reputation waren für den Barockfürsten Schlüsselworte seines Selbstverständnisses, und wenn er sie in Frage gestellt glaubte, reagierte er aggressiv“: so faßte jüngst *Heinz Duchhardt*, Europa am Vorabend der Moderne 1650–1800. Stuttgart 2003, 63f., treffend zusammen; *Jürgen Luh*, Kriegskunst in Europa 1650–1800. Köln/Weimar/Wien 2004, 216, resümiert, „Ästhetizismus und Ehre“ hätten „im Heerwesen der Zeit unverkennbar Priorität vor militärischen Zweckmäßigkeitserwägungen“ genossen (unter die zahlreichen illustrierenden Beobachtungen aus dem 18. Jahrhundert sind übrigens solche eingestreut, die sich zum Paradebeispiel für den von Niklas Luhmann behaupteten Übergang von einer stratifikatorischen zu einer funktional ausdifferenzierten Gesellschaft eigneten: Widerstreit zwischen geerbter bzw. außermilitärisch akkumulierter Ehre und berufsspezifischen Befehlswegen!). „O entsetzliche Ehre“!, klagte in der Mitte des 18. Jahrhunderts der Aufklärungsautor Johann Michael von Loen, „dieser falsche Heldengeist“, diese „Heldensucht“: *Loen*, Gerechtigkeit des Krieges (wie Anm. 11), 354 bzw. 363 bzw., auf Ludwig XIV. gemünzt, 365.

auch von manchen damaligen Beobachtern als zeittypisch wahrgenommen. Die Antriebe für Kriege wurden nach unseren Maßstäben nicht vernünftiger, aber doch anders. Kein durchgreifender Rationalisierungsprozeß also – von einem Säkularisierungsvorgang können wir aber wohl sprechen. Der falsche Glauben war kein respektabler Kriegsgrund mehr. Wo einmal Iustitia allem den rechten Platz im Ordo zuweisen sollte, waltet nun das Gleichgewicht als säkularer kriegshegender Zentralwert des europäischen Staatensystems der klassischen Epoche des Völkerrechts.

Das Gleichgewicht als Regulativ des Staatensystems des klassischen Völkerrechts: was für ein banaler Satz! Recht gelesen, bietet er aber fast so viele Fragezeichen wie Wörter, und das andeutend zu zeigen, soll das letzte Anliegen dieses Aufsatzes sein, der ja vor allem auf Desiderate hinweisen will, dem es vor allem darum geht, zu zeigen, wie viel wir im Umkreis von Krieg und Frieden noch genauer wissen und besser verstehen lernen müssen.

Das Gleichgewicht, eine zentrale Kategorie erst der zweiten Hälfte der Frühen Neuzeit? Das wird in der Tat seit hundert Jahren immer wieder behauptet[75], aber noch häufiger hieß es, Europa habe der italienischen Kleinstaatenwelt des 15. Jahrhunderts an der Schwelle zur Neuzeit ihre „bilancia" abgeschaut[76]. Die vorerst letzte intensive Debattenrunde löste Konrad Repgen mit dieser pointierten Behauptung aus: „Das europäische Gleichgewicht als normatives Prinzip der politischen Organisation Europas war eine Folge des Westfälischen Friedens".[77] Die Einschätzung provozierte substantielle Kritik[78] und stieß auf ungeteilte Zustimmung. Der Problemkomplex ist unübersichtlich, bei manchen Wortmeldungen werden verschiedene seiner Segmente – seit wann gibt es die Leitidee; seit wann ist sie für die praktische Politik wichtig; seit wann ist sie realisiert, herrscht also ein Gleichgewicht? – ungut vermischt.[79] Unstrittiges Lehrbuchwissen läßt sich zu diesem Thema nicht formulieren.

Soviel zum Gleichgewicht! Wann sich die gradualistisch gestufte mittelalterliche Christianitas zum modernen Mächteeuropa, einer horizontalen Ord-

[75] Beispielsweise von John B. Wolf, Max Immich, Joachim von Elbe oder Walther Hubatsch. Es ist in diesem Rahmen nicht möglich, auch nur die wichtigeren Buch- und Aufsatztitel zu nennen, genausowenig kann ich meine eigene Position (einer der frühneuzeitlichen longue-durée-Trends, mehr als marginale Bedeutung schon während des Dreißigjährigen Krieges) begründen.

[76] So schon, mit einem Schwerpunkt auf der Ideengeschichte, Ernst Kaeber; stärker politikgeschichtlich beispielsweise Hans Rothfels, Heinrich Otto Meisner oder Martin Wight.

[77] *Konrad Repgen*, Der Westfälische Friede und die Ursprünge des europäischen Gleichgewichts, in: Jahres- und Tagungsbericht der Görres-Gesellschaft 1985. Köln 1986, 50–66.

[78] Sehr fundiert schon 1989 Wolfgang-Uwe Friedrich; zustimmend äußerten sich wiederholt zwei der besten Kenner der frühneuzeitlichen Diplomatiegeschichte, Heinz Duchhardt und Johannes Burkhardt, doch fielen mir bei ersterem zuletzt wieder abwägendere Töne auf.

[79] So auch jüngst wieder bei *Gantet*, Guerre (wie Anm. 42), 202–204.

nung souveräner Völkerrechtssubjekte transformiert hat, vermag die Frühneuzeitforschung derzeit nicht einhellig zu beurteilen. Ausgangspunkt und Ziel scheinen recht klar zu sein: Von Krieg, Frieden und Vertragsverhältnissen zwischen rechtlich Ungleichen, die der hierarchische Ordo verschieden plaziert, die oft in (beispielsweise lehnrechtlich begründeten) Abhängigkeitsverhältnissen zueinander stehen, hin zu Krieg, Frieden und völkerrechtlichen Verträgen zwischen Rechtsgleichen[80], die natürlich unterschiedlich mächtig sind und drohender Übermacht die Gleichgewichtsideologie entgegenstellen. Indes fragen wir uns erneut – wie beim weiter oben zum Zwecke exemplarischer Vertiefung gewählten, viel spezielleren Problem des Verblassens der Bellum-iustum-Doktrin –: wie war denn die Verlaufskurve, wo müssen wir die entscheidenden Schübe verorten, und seit wann übrigens dürfen wir überhaupt von einem „Staaten*system*" sprechen? Auch die Beschäftigung mit dieser Frage krankt manchmal daran, daß nur ein bestimmtes Problemsegment, nicht alle wichtigen Kriterien (wann verblaßt die Einbindung in eine hierarchische Ordnung *über* dem einzelnen demnach nicht souverän agierenden Staat; wann werden konkurrierende Herrschaftsträger *unterhalb* der staatlichen Ebene eliminiert, etabliert sich demnach, modern formuliert, das staatliche Gewaltmonopol; seit wann gibt es regelmäßige Kontakte und Interdependenzen, dann auch ein elementares Regelwerk für den Verkehr *zwischen* den europäischen Staaten?) berücksichtigt werden, gelegentlich krankt sie wohl auch an einer unkritischen Verwendung des Terminus „System".[81] Genügt es manchen Autoren, daß überhaupt einige überregionale politische Einheiten auszumachen sind, die einigermaßen festumrissene eigene Interessen verfechten, fragen andere nach Stetigkeit und Komplexität des diplomatischen Betriebs; setzen die einen am innerstaatlichen Prozeß der Machtkonzentration an, beobachten die anderen lediglich Interaktionen, und manchen von letzteren genügen Teilsysteme, während andere danach fragen, seit wann sich Interdependenzen über den ganzen Kontinent erstrecken.

[80] Da gleichermaßen souveränen; es gibt per definitionem keinen „Obersouverän". Das Ius ad bellum besitzt nur noch der Souverän, dieser aber uneingeschränkt, er muß darüber keiner Instanz Rechenschaft ablegen, während das späte Mittelalter in der Kurie noch eine (theoretisch) unstrittige Letztinstanz zur eindeutigen Verortung der für legitime Gewaltanwendung unabdingbaren Iusta causa besessen hatte.

[81] Die Mindestvoraussetzungen für seine sinnvolle Verwendung scheinen mir diese zu sein: Es gibt eine benennbare Anzahl von Elementen (die Souveränität als für Völkerrechtssubjekte zu überspringender Numerus clausus macht die Sache klar; und vorher?; das spezielle Problem der Einordnung der Reichsstände müssen wir hier einmal außer acht lassen), also selbständigen politischen Einheiten, die regelmäßig interagieren und dabei bestimmte Spielregeln (Bedeutung des viel zu wenig beachteten Völkerrechts!) befolgen. – Wird nicht gelegentlich auch der Begriff „Institution" zu unkritisch verwendet? Sollen wir jede Form außenpolitischer Zusammenarbeit, etwa das „Konzert der Großmächte" im 19., gar schon die Gepflogenheit, sich ab und an zu Kongressen zu treffen, im 18. Jahrhundert dem Institutionenbegriff subsumieren?

Daß wir uns nicht zuletzt deshalb ungefähr seit 1500 in der Neuzeit bewegten, weil just seit dieser Jahrhundertschwelle ein europäisches Staatensystem existiere[82], haben Mediävisten schon seit den 1930er Jahren in Frage gestellt, und recht erfolgreich. Wilhelm Janssen nannte besagte Ansicht 1964 „antiquiert"[83]; bei Wilhelm Grewe konnte man 1983 nachlesen, die Auffassung, „das moderne [!] europäische Staatensystem sei bereits im späten Mittelalter entstanden", habe sich als offensichtlich herrschende „Lehrmeinung" durchgesetzt[84]. Zehn Jahre danach begann Johannes Burkhardt in zahlreichen Veröffentlichungen seine Ansicht zu propagieren, daß der entscheidende Schub hin zu einem horizontalen Mächteeuropa in der zweiten Hälfte des 17. Jahrhunderts stattgefunden habe.[85] Historiker, die vor allem in der Moderne zuhause sind[86], sowie Politologen, Sozialwissenschaftler, auch Völkerrechtler konnte er damit nicht überraschen, denn diese sind traditionell der Ansicht, „1648" sei die universal verwendbare Chiffre für den Beginn von „Neuzeit" oder „Moderne" schlechthin, und für den Beginn des „modernen Staatensystems" sowieso. Neuerdings äußern diese Gegenwartskundler[87], aber beispielsweise auch der vormalige Außenminister der Bundesrepublik Deutschland[88], gern die Ansicht, genau 1648 sei jene Staa-

[82] Was Generationen von Staatsexamenskandidaten auswendiglernten, kann hier durch eine noch so lange Literaturliste gar nicht adäquat belegt werden. So soll der Hinweis auf dieses fulminante Lehrbuch genügen: *Bernhard Schmeidler*, Das spätere Mittelalter von der Mitte des 13. Jahrhunderts bis zur Reformation. Wien 1937, 10.

[83] *Wilhelm Janssen*, Die Anfänge des modernen Völkerrechts und der neuzeitlichen Diplomatie, in: Deutsche Vierteljahrschrift für Literatur und Geistesgeschichte 38, 1964, 39.

[84] *Wilhelm G. Grewe*, Was ist „klassisches", was ist „modernes" Völkerrecht?, in: Alexander Böhm/Klaus Lüderssen/Karl-Heinz Ziegler (Hrsg.), Idee und Realität des Rechts in der Entwicklung internationaler Beziehungen. Festgabe für Wolfgang Preiser. Baden-Baden 1983, 125.

[85] Vgl. beispielsweise diesen griffig formulierten Aufsatz: *Johannes Burkhardt*, Die entgipfelte Pyramide. Kriegsziel und Friedenskompromiß der europäischen Universalmächte, in: Klaus Bußmann/Heinz Schilling (Hrsg.), 1648. Krieg und Frieden in Europa. München 1998, 51–60. *Ronald G. Asch*, Einleitung, in: ders. /Voß/Wrede (Hrsg.), Frieden und Krieg (wie Anm. 42), 14, formulierte 2001 wie selbstverständlich, man habe „im Westfälischen Frieden von jeher die Geburtsstunde des modernen Europäischen Staatensystems gesehen".

[86] Ich zitiere exemplarisch aus einem neuen Studienbuch (*Wolfrum*, Krieg und Frieden [wie Anm. 11]): es brach sich 1648 „das moderne Staatensystem Bahn" (3), entstand damals „das neuzeitliche Staatensystem" (13); der „Friedensschluss der Superlative" (33) markiert in dem an sich recht nützlichen Büchlein die Zäsur auf allen irgend angesprochenen Gebieten, ist die Wasserscheide schlechthin, ich führe nur noch diese Sottise an: „seither [!] war Europa vielgestaltig und uneinheitlich" (38)!

[87] Ich nenne exemplarisch diesen Sammelband: *Gene M. Lyons/Michael Mastanduno* (Eds.), Beyond Westphalia? Baltimore 1995.

[88] Vgl. Frankfurter Allgemeine Zeitung vom 7. Oktober 2004 (42, Artikel „Idealpolitiker") und vom 17. November 2004 (Seite „Geisteswissenschaften", Artikel „Die Nichtbürger").

tenwelt kreiert worden, die 1989 zugrundegegangen sei oder in unseren Tagen zu Ende gehe, wir bewegten uns neuerdings „beyond Westphalia". Der Frühneuzeitler kann über diesen Forschungsmythos[89] nur den Kopf schütteln (oder über den geringen Erfolg seiner Aufklärungsbemühungen verzweifeln oder zu dem Schluß kommen, es müsse eben wieder mehr über vormoderne Außenpolitik gearbeitet werden), aber griffiges Lehrbuchwissen über die Formierung des europäischen Staatensystems vermag er nicht anzubieten.

„Das Gleichgewicht als Regulativ des Staatensystems des klassischen Völkerrechts" – auch die letzte Komponente dieses scheinbar so harmlosen Satzes beginnt bei näherem Hinsehen zu oszillieren, das „klassische Völkerrecht"[90] datiert jeder Autor wieder anders. Manchen reicht es vom 16.[91], anderen vom 17.[92] oder erst vom 18.[93] bis ins frühe 20. Jahrhundert – oder auch

[89] Da es hier darum geht, Desiderate aufzuzeigen, will ich meine eigenen Ansichten nur in chiffrenhafter Verknappung andeuten: Fundamentalprozeß, der vom späten Mittelalter bis in die Mitte des 18. Jahrhunderts reicht; die wichtigsten Schübe im 16. Jahrhundert: Das staatliche Gewaltmonopol, schon im 15. Jahrhundert postuliert, wird nun durchgesetzt; die territoriale Arrondierung wird so weit vorangetrieben, daß wir Staaten um 1600 prinzipiell linear darstellbare Außengrenzen zubilligen können; mit der Souveränität ist um 1600 ein Begriff verbreitet, der als wesentliche ideengeschichtliche Voraussetzung für ein horizontales Staateneuropa zu erachten ist, natürlich seinerseits auf das Voranschreiten frühmoderner Staatlichkeit antwortet; man beginnt intensiv über „Staatsräson" und „Gleichgewicht" nachzudenken; das Scheitern der Kaiserkonzeption Karls V. ist ein aufschlußreiches Indiz, außerdem begünstigt die habsburgische Großmachtbildung die Europäisierung regionaler Konflikte, so sie an irgendeinem habsburgischen Grenzabschnitt spielen, zumal sich auch ein länderübergreifendes Feindbild herausschält, das von der habsburgischen „monarchia universalis"; es verstetigt sich im 16. Jahrhundert der diplomatische Verkehr durch ständige Gesandtschaften und ein durchorganisiertes, kontinuierliches Botenwesen (wobei in dieser Hinsicht vielleicht doch eher das Langfristige der Entwicklung denn der Schub im 16. Jahrhundert auffällt).

[90] Manche sprechen statt dessen vom „modernen" Völkerrecht, was ich für wenig sinnvoll halte, denn wir werden die „Postmoderne" ja wohl nicht 1919 (Gründung des Völkerbundes) beginnen lassen wollen. Es geht nicht um Wortgeklingel, sondern diesen inhaltlichen Kern: wie weit reicht jener Abschnitt der Völkerrechtsgeschichte zurück, der 1919, mit der (jedenfalls deklamatorischen und noch inkonsequenten) Übertragung des einzelstaatlichen Ius ad bellum auf die „Völkerrechtsgemeinschaft", endete? Natürlich macht diese Frage nur Sinn, wenn wir vom Vorhandensein eines „Völkerrechts" seit vielen Jahrhunderten bzw. seit der Antike ausgehen. Auch zur Frage „wie lang gibt es denn überhaupt schon ein Völkerrecht?" existiert kein Forschungskonsens.

[91] Hier ist die gewichtigste Stimme die Wilhelm G. Grewes. Ich halte seine Argumente (zu ihnen gehört die Behauptung, daß nun „dritten Staaten Neutralität zugestanden wird" – am Beginn des 16. Jahrhunderts!) nicht für stichhaltig. Auch Carl Schmitt ließ seine um 1900 endende „interstatale Epoche" des Völkerrechts im 16. Jahrhundert beginnen.

[92] Eine Vielzahl französisch- und englischsprachiger Werke, die das klassische Völkerrecht in der ersten Hälfte des 17. Jahrhunderts beginnen lassen, nennt *Lesaffer*, War (wie Anm. 42), 87 mit Anm. 2. Beispielsweise könnte man diesen deutschsprachigen Titel anfügen: *Ulrike Pieper*, Neutralität von Staaten. Frankfurt am Main 1997, 134.

[93] So jüngst *Emmanuelle Jouannet*, Emer de Vattel et l'émergence doctrinale du droit international classique. Paris 1998, passim (zusammenfassend: 419). Vgl. oben Anm. 21.

weniger weit in die Moderne[94]. Genauso unsicher ist momentan das, was ich einmal versuchsweise die Verlaufskurve der zwischenstaatlichen Erwartungsverläßlichkeit nennen möchte. Um die Dimension des Problems anzudeuten: Für manche Politikwissenschaftler (und Politiker) präsentiert sich ja noch die gegenwärtige Welt als „Staatenanarchie", doch kennen wir eine Völker(rechts)gemeinschaft mit umfangreicher Satzung und unzählige Foren internationalen Austauschs. So, wie moderne Konfliktforscher das „Sicherheitsdilemma" dämpfen, also mehr Erwartungsverläßlichkeit schaffen wollen, nämlich über internationale „Institutionen" und „Regimebildungen", ging es in der Vormoderne natürlich nicht. Oder sind die großen Friedenskongresse der zweiten Hälfte der Frühneuzeit Vorstufen hierzu, und steigerte die Schreibtischarbeit von Völkerrechtlern die Erwartungsverläßlichkeit, indem sie auf dem Papier zwischenstaatliche Rechtssicherheit schuf? Für manche Politikwissenschaftler (und Politiker) wird internationale Politik noch heute als Nullsummenspiel betrieben[95], doch charakterisiert das moderne Wirtschaftsleben neben engster supranationaler Verflechtung der Glaube, daß Wettbewerb weniger „Sieger und Verlierer" denn eine Mehrung des allseitigen Nutzens produziere. Das Merkantilsystem sah im Gewinn des Nachbarn den eigenen Verlust, überhaupt zeichnete wohl fast alle vormoderne Menschen das Denken in Summenkonstanzen[96], nicht Wachstumsglaube aus. Deshalb galt auch, worin „omnes Historici fermè consentiunt", daß nämlich „robur ac potentia Regionis cujusdam, nihil aliud est quam informitas vicinae".[97] Wie konnten unter diesen Umständen im Theatrum Europaeum Vertrauen und Verläßlichkeit hergestellt werden? Wann

[94] Beispielsweise verorteten Fritz Dickmann oder Heinhard Steiger die „klassische" Epoche des Völkerrechts im 16. und 17. Jahrhundert.

[95] „Das Wettbewerbsprinzip wirkt im internationalen Kontext nach wie vor eher so, daß Gewinne der einen Seite als Verlust der anderen begriffen werden": *Eva Senghaas-Knobloch*, Subjektivität in der internationalen Politik. Über das Zusammenspiel persönlicher und institutioneller Faktoren der Konfliktverarbeitung, in: Reiner Steinweg/Christian Wellmann (Red.), Die vergessene Dimension internationaler Konflikte: Subjektivität. Frankfurt am Main 1990, 35.

[96] Es ist bekanntlich einer der zahllosen Ansätze, über die man schon mit dem Ziel nachgedacht hat, die Hexenverfolgungen etwas besser verstehen zu können: die viele Milch des einen muß den Nachbarn abgehen, seine gute Ernte auf ihre Kosten erzielt worden sein – man unterstellt dem Erfolgreichen Unlauterkeit und zauberische Mittel, der wiederum seinen Neidern, sie suchten sich mit solchen Mitteln an ihm schadlos zu halten.

[97] *Johann Christoph Seld*, Disputatio politica de neutralitate. Wittenberg 1638, fol. A4. So oder ähnlich formulierte Einschätzungen fehlen in keiner mir bekannten politologischen oder militärkundlichen Abhandlung des 17. und der ersten Hälfte des 18. Jahrhunderts, nicht selten wird die „infirmitas" des Nachbarn zum der eigenen „potentia" wegen wünschenswertem „interitum" gesteigert. Vgl. aber auch schon *Jean Bodin*, Les Six Livres de la Republique. Vol. 5. Neuausg. [der 10. Aufl. von 1593] O. O. 1986, 179: „La grandeur d'un Prince, a bien parler, n'est autre chose que la ruïne, ou diminution de ses voisins: et sa force n'est rien que la foiblesse [sic] d'autruy".

gelang es wie gut? Können wir einen kontinuierlichen Aufstieg vom ungeregelten Nebeneinanderher hin zu systematischer normengesteuerter Hegung von Krieg und Frieden beobachten? Oder aber den tiefen Fall von der hierarchisch gestuften hochmittelalterlichen Christianitas in eine zwei oder drei Jahrhunderte ausfüllende interstatale Anarchie, ehe sich allmählich wieder Verhaltenserwartungen zu Rechtsverhältnissen zu verdichten begannen[98] und mit dem Gleichgewicht ein neuer Zentralwert bereitstand? „Das Gleichgewicht als Regulativ des Staatensystems des klassischen Völkerrechts": meine Kommentierung dieses scheinbar harmlosen Satzes sollte illustrieren, wieviel im Rahmen der angeblich längst übererforschten politischen Geschichte des frühneuzeitlichen Europa noch genauer bestimmt werden muß.

V. Zusammenfassung

Es ist an der Zeit, die forschungsstrategisch motivierte Kampfparole, alle gewichtigen Probleme rund um den Themenkomplex Krieg und Frieden seien längst gelöst, zu dekonstruieren. Tatsächlich tut sich die Geschichtswissenschaft mit der Beantwortung vieler zentraler Fragen zur angeblich übererforschten politischen Geschichte des frühneuzeitlichen Europa sehr schwer. Wie ist die spätmittelalterliche und frühneuzeitliche Verlaufskurve zwischenstaatlicher Erwartungsverläßlichkeit, wie konnte in der Vormoderne mit ihrem Denken in Summenkonstanzen, ohne internationale „Institutionen" und „Regimebildungen", überhaupt ein Grundvertrauen in die Mitakteure aufgebaut werden? In welchen Schüben wurde aus der gradualistisch gestuften mittelalterlichen Christianitas eine horizontale Ordnung souveräner Staaten, seit wann dürfen wir von einem „Staatensystem" sprechen, seit wann das Gleichgewichtsprinzip als dessen zentrales Regulativ erachten? Wann begann die 1919 endende „klassische" Epoche des Völkerrechts? Unterlag der Umgang mit Krieg und Frieden in vormodernen Ratsstuben einem Säkularisierungsprozeß, oder war Krieg dort schon immer das Produkt puren Machtkalküls, wurden demnach nur die gelehrten Kriegs-

[98] Seit wann und wie ist die Kriegslust mancher absolutistischer Herrscher gegen die theoretischen Fortschritte in der Völkerrechtslehre zu verrechnen? – Noch ein Räsonnement am Rande: Niklas Luhmann beschrieb facettenreich, wie sich vormoderne Gesellschaften von „stratifikatorischen" zu „funktional differenzierten" entwickelt haben (vgl. schon Anm. 74). Läßt sich daraus etwas für das Verblassen des hierarchischen europäischen Ordnungsmodells in der Außenpolitik lernen, oder überwiegen die Unterschiede (innergesellschaftlich immer engere Interdependenzgeflechte, immer stärker differenzierte Rollenerwartungen, zwischenstaatlich noch lange – oder nach Ansicht vieler Politikwissenschaftler: noch immer – eine „Staatenanarchie") fruchtbar zu machende Gemeinsamkeiten?

doktrinen säkularisiert? So gut wir zahlreiche einzelne Kriege und Friedensschlüsse kennen, so wenig wissen wir über manche strukturelle und konzeptionelle Voraussetzungen von Krieg und Frieden in der Vormoderne. Der Beitrag weist auf solche Desiderate hin, insbesondere aber plädiert er dafür, mit künftigen Studien die Schnittstellen zwischen Bibliothek und Archiv, Gelehrten- und Ratsstube, publizistischem Meinungskampf und Meinungsbildung der Entscheidungsträger aufzusuchen: denn dort sind, im Spannungsfeld von Legitimation und Motivation, Wahrnehmung und Wirklichkeit, Ideen und Interessen die für eine historische Friedens- und Konfliktforschung spannendsten Fragen angesiedelt. Wir brauchen eine Mentalitätsgeschichte der vormodernen Entscheider über Krieg und Frieden: Welche Wahrnehmungsraster, Werte und Normen steuerten das Tun der Steuerleute?

Sicherheitspolitik und Sozialkultur

Überlegungen zum Gegenstandsbereich der Geschichtsschreibung des Politischen

Von

Andreas Rödder

I. Sicherheitspolitik und Gesellschaft: Die Kontroverse um den NATO-Doppelbeschluß

Als am 22. Oktober 1983 zum Abschluß der Aktionswoche der Friedensbewegung 300 000 Menschen im Bonner Hofgarten zusammenkamen, Demonstranten eine 108 Kilometer lange Menschenkette zwischen Stuttgart und Neu-Ulm bildeten und sich 350 000 Menschen in Hamburg und 100 000 in Berlin versammelten, um gegen die unmittelbar bevorstehende Stationierung amerikanischer Mittelstreckenraketen in der Bundesrepublik – von 464 Cruise Missiles und 108 Pershing II – zu protestieren[1], hatte eine der schärfsten sicherheitspolitischen Kontroversen in der Geschichte der Bundesrepublik ihren Höhepunkt erreicht.

Sie hatte sich seit 1981 zunehmend aufgebaut, während in Genf amerikanisch-sowjetische Verhandlungen über den Abbau sowjetischer SS-20-Raketen oder anderenfalls die Stationierung amerikanischer Mittelstreckenwaffen in Europa gemäß dem NATO-Doppelbeschluß vom 12. Dezember 1979 geführt wurden. Denn die Gegner der westlichen Stationierung glaubten zu erkennen, wie es Willy Brandt im Bonner Hofgarten formulierte, „daß sie an der Nase herumgeführt worden seien, weil in Genf kein politischer Wille zu einer Einigung deutlich werde. Mächtige Leute hätten sich in den Kopf gesetzt“ – dies zielte eindeutig auf die US-Regierung – „die Aufstellung von Pershing Raketen sei wichtiger als der Abbau der SS-20.“

Das Problem reichte unterdessen weiter zurück.[2] Seine Anfänge lagen in Erwägungen einer Modernisierung der atomaren Mittelstreckenraketen des

[1] Vgl. Archiv der Gegenwart 53, 1983, 27113f., das folgende Zitat von W. Brandt 27113.

[2] Zur Vorgeschichte des NATO-Doppelbeschlusses (und zum Folgenden) vgl. v. a. *Thomas Risse-Kappen*, Null-Lösung. Entscheidungsprozesse zu den Mittelstreckenwaffen 1970–1987. Frankfurt am Main 1988; *ders.*, Die Krise der Sicherheitspolitik. Neuorientierungen und Entscheidungsprozesse im politischen System der Bundesrepublik Deutschland 1977–1984. Mainz 1988; *Helga Haftendorn*, Das doppelte Mißverständnis. Zur Vorgeschichte des NATO-Doppelbeschlusses von 1979, in: VfZ 33, 1985, 244–287, und neben etlichen weiteren Publikationen v. a. ihre Synthese: *dies.*, Deutsche Außenpolitik

westlichen Bündnisses, wie sie Mitte der siebziger Jahre in der US-amerikanischen Verteidigungsbürokratie und in NATO-Gremien angestellt wurden. Dieser militärtechnische Motivstrang war zunächst ebenso unabhängig von der sowjetischen Raketenrüstung wie ein zweites, sicherheitspolitisches Motiv, das nicht zuletzt Helmut Schmidt umtrieb: Die sowjetisch-amerikanischen Verhandlungen über die atomaren Langstreckenraketen, die 1972 bereits zum SALT I-Abkommen und im November 1974 zu einer Grundsatzvereinbarung für ein zweites SALT-Abkommen geführt hatten, liefen nämlich auf eine gegenseitige Neutralisierung der strategischen Atomwaffenarsenale der beiden Supermächte hinaus. Da die USA somit von der atomaren Bedrohung durch die Sowjetunion ausgenommen wurden, stand für die westlichen Verbündeten die Gefahr der „Abkopplung" im Raum: daß die USA, immun gegen atomare Bedrohung, aus kalkuliertem Eigeninteresse die Europäer sich selbst überlassen könnten, die indessen der Sowjetunion militärisch sowohl konventionell als auch atomar heillos unterlegen waren. Daher ging es Schmidt um die „Ankopplung" der USA an die westeuropäische Verteidigung und um die Gewährleistung des Eskalationskontinuums gemäß der NATO-Doktrin der *flexible response*, vom konventionellen Bereich zum atomaren Arsenal von kurzer über die mittlere bis zur langen Reichweite.[3]

Beide an sich autonomen Erwägungen gewannen um die Mitte der siebziger Jahre akute Brisanz durch die – aber erst jetzt hinzutretende – massive sowjetische Aufrüstung im atomaren Mittelstreckenbereich durch die Dislozierung von atomaren SS-20-Raketen mit einer im Vergleich zu den Vorgängermodellen SS-4 und SS-5 mehrfachen Sprengkraft, die nach Einschätzung der westeuropäischen Sicherheitsexperten über eine reine Modernisierungsmaßnahme weit hinausging.

zwischen Selbstbeschränkung und Selbstbehauptung 1949–2000. Stuttgart 2001; *Ivo H. Daalder*, The Nature and Practice of Flexible Response: NATO Strategy and Theater Nuclear Forces since 1967. New York 1991, bes. 200–207 und 224–226; *Susanne Peters*, The Germans and the INF Missiles. Getting Their Way in NATO's Strategy of Flexible Response. Baden-Baden 1990; *Stephan Layritz*, Der NATO-Doppelbeschluß. Westliche Sicherheitspolitik im Spannungsfeld von Innen-, Bündnis- und Außenpolitik. Frankfurt am Main 1992; und *Lothar Rühl*, Mittelstreckenwaffen in Europa. Ihre Bedeutung in Strategie, Rüstungskontrolle und Bündnispolitik. Baden-Baden 1987; vgl. auch *Herbert Dittgen*, Deutsch-amerikanische Sicherheitsbeziehungen in der Ära Helmut Schmidt. Vorgeschichte und Folgen des NATO-Doppelbeschlusses. München 1991; *Raymond Garthoff*, Détente and Confrontation. American-Soviet Relations from Nixon to Reagan. 2. Aufl. Washington 1994; *Georges-Henri Soutou*, La guerre de Cinquante Ans. Les relations Est-Ouest 1943–1990. Paris 2001, 585–607 und 646–661; zur Kontroverse in Deutschland im besonderen *David Gress*, Peace and Survival: West Germany, the Peace Movement, and European Security. Stanford 1985; *Jeffrey Herf*, War by Other Means. Soviet Power, West German Resistance, and the Battle of the Euromissiles. New York 1991.

[3] Vgl. *Dennis L. Bark/David R. Gress*, A History of West Germany. Vol. 2: Democracy and its Discontents 1963–1991. [2. Aufl.] Oxford 1993, 308–310.

Vor diesem Hintergrund hielt Helmut Schmidt am 28. Oktober 1977 eine berühmt gewordene Rede vor dem Londoner International Institute for Strategic Studies, mit der er das Thema auf die politische Agenda des westlichen Bündnisses hob: Die Vergrößerung der „Disparitäten militärischer Kräfte sowohl auf konventionellem als auch taktisch-nuklearem Gebiet" durch die Sowjetunion in den voraufgegangenen Jahren mache Gegenmaßnahmen erforderlich. Im günstigen Falle seien dies Rüstungskontrollvereinbarungen zur Herstellung des europäischen Kräftegleichgewichts. Ansonsten aber und bis dahin müsse die NATO „bereit sein, für die gültige Strategie ausreichende und richtige Mittel bereitzustellen".[4]

Dies wurde in den USA als ein Appell für nukleare Rüstung der NATO verstanden und beförderte die dort bereits in Gang befindlichen Modernisierungsbemühungen.[5] Wirklich politisch brisant wurde die gesamte Angelegenheit unterdessen durch das Desaster der Neutronenbombe. US-Präsident Carter hatte diese Waffe 1977 zur Einführung vorgeschlagen, und die europäischen Bündnispartner, nicht zuletzt die Bundesrepublik, hatten dem unter erheblichen inneren Widerständen[6] zugestimmt. 1978 dann machte Carter eine vollständige Kehrtwendung und nahm von der Neutronenwaffe wieder Abstand. Dies löste eine spürbare Bündniskrise aus, insbesondere im Verhältnis zwischen Schmidt und Carter.

Vor diesem Hintergrund gewann die Frage der atomaren Mittelstreckenraketen in der NATO – und das ist für die weitere Behandlung auf intergouvernementaler Ebene von zentraler Bedeutung – über ihren militärtechnischen und sicherheitspolitischen Aspekt hinaus die Bedeutung einer Grundsatzfrage des Zusammenhalts und der Glaubwürdigkeit innerhalb des Bündnisses. Zugleich rückte sie angesichts der massiven Verschlechterung des Ost-West-Klimas am Ende der siebziger Jahre, insbesondere nach dem sowjetischen Einmarsch in Afghanistan, in den Rang einer Grundsatzfrage der Glaubwürdigkeit atomarer Abschreckung zwischen West und Ost.[7]

[4] Bulletin des Presse- und Informationsamtes der Bundesregierung vom 8. November 1977, 1013–1020, Zitate 1015.

[5] Zur Wirkung der Rede Schmidts im Verhältnis zu ihren Intentionen vgl. *Haftendorn*, Das doppelte Mißverständnis (wie Anm. 2), die in dieser Reaktion auf amerikanischer Seite das erste „Mißverständnis" sieht (vor dem zweiten, daß Schmidt nach 1980 vor allem auf Rüstungskontrollverhandlungen setzte, die US-Regierung hingegen eher auf den Vollzug der Stationierung); den durchaus mit der amerikanischen Rezeption kongruenten Aussagegehalt betonen demgegenüber *Klaus Wiegrefe*, Helmut Schmidts Ringen um die Entspannungspolitik, in: Arnold Sywottek (Hrsg.), Der Kalte Krieg – Vorspiel zum Frieden? (Jahrbuch für historische Friedensforschung, 2.) Münster 1994, 102–127, hier 118; sowie *Layritz*, NATO-Doppelbeschluß (wie Anm. 2), 378f.

[6] Vgl. etwa Egon Bahrs wie ein Fanal wirkende Kritik als „Symbol der Perversion des Denkens" im „Vorwärts" vom 21. Juli 1977, 4.

[7] Zu den Problemen der „Glaubwürdigkeit" im Zeitalter der atomaren Abschreckung und ihrer Logik vgl. nach wie vor die klassische Studie von *Raymond Aron*, Frieden und

Innerhalb der Bundesrepublik eskalierte das Problem unterdessen zu einer Grundsatzfrage über die sicherheitspolitischen Grundlagen der atomaren Abschreckung. In der Kontroverse um die Stationierung atomarer Mittelstreckenraketen in der Bundesrepublik gemäß dem NATO-Doppelbeschluß vom Dezember 1979 trafen dabei politisches Entscheidungshandeln und gesellschaftlicher Protest in außergewöhnlicher Schärfe aufeinander. Die Kontroverse wurde beiderseits als ein Kampf um Krieg und Frieden, buchstäblich um Leben und Tod geführt, wie die zeitgenössischen Parolen „Lieber rot als tot" contra „Lieber tot als rot" indizierten, die mehr waren als ein bloßes Wortspiel. Es handelte sich, etwas abstrakter formuliert, um eine Kontroverse zwischen multilateraler intergouvernementaler Sicherheitspolitik auf der Ebene des westlichen Militärbündnisses einerseits und, auf der anderen Seite, massivem gesellschaftlichen Protest, der, vor allem über Großdemonstrationen, Massen zu mobilisieren, erhebliche massenmediale Präsenz und Verbreitung zu erzielen und Meinungsbildungsprozesse weit in die Gesellschaft hinein zu beeinflussen vermochte.

Die demoskopischen Daten zu diesem Befund fallen im einzelnen recht unterschiedlich aus und sind methodisch und ideologiekritisch zu hinterfragen. Zudem liegt ein Unterschied darin, ob nach der Meinung zum NATO-Doppelbeschluß allgemein gefragt wurde, für den das Institut für Demoskopie in Allensbach durchgehend deutliche Mehrheiten ermittelte, oder zur Umsetzung seines zweiten Teils. Seit 1981 zeichnete sich in den vielfältigen Meinungsumfragen zunehmend eine deutliche Mehrheit gegen die konkrete Stationierung ab.[8]

Somit läßt sich der Protest gegen die Stationierung der atomaren Mittelstreckenraketen durchaus als eine massive Forderung[9] weiter Teile der bundesdeutschen Gesellschaft auffassen. Ihr standen Forderungen der multilateralen Bündnispolitik der NATO an die Bundesrepublik entgegen. In diesem Sinne kann man, verallgemeinernd-abstrahierend, von einem Konflikt zwischen internationalem System und nationaler Gesellschaft sprechen. Dazwischen stand, als verbindende bzw. vermittelnde Instanz, das politische System der Bundesrepublik, konkret: die Bundesregierung mit ihrer Außen- und Sicherheitspolitik.

Krieg. Eine Theorie der Staatenwelt. Frankfurt am Main 1986 [frz. zuerst Paris 1962], bes. 470–513; *Henry A. Kissinger*, Die Vernunft der Nationen. Über das Wesen der Außenpolitik. Berlin 1994, 788–790, 827–830 und 863–869; *Harald Biermann*, John F. Kennedy und der Kalte Krieg. Die Außenpolitik der USA und die Grenzen der Glaubwürdigkeit. Paderborn 1997, 11–13.

[8] Vgl. *Risse-Kappen*, Krise der Sicherheitspolitik (wie Anm. 2), 197–199; Allensbacher Jahrbuch der Demoskopie 8 (1978–1983). München 1983, 632–636 und 638–646.

[9] „Forderung" wird hier anstelle des politikwissenschaftlich üblichen Begriffs „Anforderung" verwendet, der eine Form von extern gesetzter Verbindlichkeit (im Sinne etwa von „Leistungsanforderungen") suggeriert, wie sie dem mit anderen „Forderungen" konkurrierenden Gegenstand nicht wesentlich zu eigen ist.

Zwischen diesen drei Handlungsebenen bestehen fünf bilaterale Interaktionskonstellationen, die im folgenden anhand der Kontroverse um den NATO-Doppelbeschluß einer exemplarischen empirischen Verhältnisbestimmung unterzogen werden. Daß es sich dabei um einen exzeptionell zugespitzten Fall handelt, macht ihn nicht unrepräsentativ, sondern im Gegenteil eher paradigmatisch – ist doch erst der Konflikt der wirkliche Testfall, der ansonsten latente Potentiale aktualisiert und zugleich grundsätzliche historische und historiographische Fragen aufwirft: Inwiefern nämlich wurde die bundesdeutsche Sicherheitspolitik „durch gesellschaftliche Anforderungen und Bedingtheiten mitbestimmt“? Denn daß dies für die „Genese und Implementierung“ von Außenpolitik „im historischen Verlauf immer stärker“ der Fall war, weil sie „zunehmend auch die Befriedigung dieser gesellschaftlichen Anforderungen zu einem Ziel zu machen und soziale Rahmenbedingungen zu berücksichtigen“ hatte, zählt zu den ehernen und oftmals apriorischen Grundannahmen der sich von der traditionellen realistischen Schule absetzenden Auffassungen von Internationalen Beziehungen, wie sie zuletzt etwa für die „Internationale Geschichte“ als eine Disziplin in der vieldiskutierten Erneuerung programmatisch-konzeptionell vorgetragen worden sind.[10] Welche Bedeutung besaßen also, im Falle der Kontroverse um den NATO-Doppelbeschluß, gesellschaftliche Anforderungen und soziale Rahmenbedingungen für die bundesdeutsche Sicherheitspolitik? Welche Bedeutung kam, demgegenüber, den Forderungen des internationalen Systems in Form multilateraler Sicherheitspolitik auf der Ebene der NATO zu? Und in welcher Wechselwirkung standen die gesellschaftlichen Forderungen mit nationaler Sicherheitspolitik und internationalen Systemanforderungen?

1. Gesellschaftliche Forderungen und nationale Sicherheitspolitik

Die Opposition gegen die Umsetzung des NATO-Doppelbeschlusses durch die Stationierung der amerikanischen Mittelstreckenraketen wurde vor allem von zwei Gruppen getragen: zum einen vom rüstungskontrollpolitischen Flügel der SPD, in der frühzeitig (und bereits vor der Formierung der Frie-

[10] Vgl. etwa, in Anlehnung an Ernst-Otto-Czempiel und David Easton, *Eckart Conze*, Zwischen Staatenwelt und Gesellschaftswelt. Die gesellschaftliche Dimension internationaler Geschichte, in: Wilfried Loth/Jürgen Osterhammel (Hrsg.), Internationale Geschichte. Themen – Ergebnisse – Aussichten. München 2000, 117–140, hier 120: „Damit verliert auch die Unterscheidung von Innen- und Außenpolitik an Gewicht. Grundlage der Analyse muß vielmehr ein übergreifendes Politikverständnis bilden, das den Inhalt der Politik festlegt als ‚Wertzuweisungen in den funktionalen Sachbereichen Sicherheit, Wohlfahrt [...] und Herrschaft. Die Sicherheit der physischen Existenz der einzelnen und der Gesellschaft; die materiellen und kulturellen Mittel zur Entfaltung dieser Existenz werden innerhalb der Gesellschaft und durch sie erzeugt und im Rahmen der herrschaftlichen Ordnung [...] verteilt‘.“

densbewegung) Bedenken gegen den NATO-Doppelbeschluß erhoben wurden. Er verband sich innerhalb der SPD schließlich mit dem Abrüstungsflügel, der wiederum stark von der Friedensbewegung beeinflußt war, der zweiten wichtigen Gruppe. In dieser heterogenen Bewegung trafen sich eine religiös-kirchliche und pazifistische, stark protestantisch geprägte Richtung, unabhängige Linke und Grüne, kommunistisch orientierte Gruppen und unabhängige, oft prominente Persönlichkeiten in der Absicht, die Stationierung der atomaren NATO-Raketen zu verhindern.

Sie stellten zu einem guten Teil die innenpolitische Basis der sozial-liberalen Regierung, insbesondere der SPD. Vor diesem Hintergrund sind einzelne sicherheitspolitische Entscheidungen und Aktivitäten der Regierung Schmidt und insbesondere des Bundeskanzlers selbst zu sehen. Ob bzw. inwiefern sie genuine Rücksichtnahmen auf innere Anforderungen darstellten oder Schmidts originären Überzeugungen entsprangen, oder inwiefern sich beide Faktoren mischten und ergänzten, bleibt im einzelnen zu bestimmen. Wesentlich aber sind partielle Kongruenzen zwischen politischem Handeln und gesellschaftlichen Forderungen. Dazu zählt die besondere Bedeutung, die Schmidt der Rüstungskontrolle beimaß und die in Konkurrenz, teilweise gar im Widerspruch zu militärstrategisch-sicherheitspolitischen Erwägungen stand, wie sie Schmidt selbst ursprünglich zugrunde gelegt hatte („transatlantische Ankopplung" oder „Eskalationskontinuum" im Sinne der *flexible response*); dasselbe gilt für Schmidts Forderungen nach politischen Modifikationen bei der Vorbereitung des Doppelbeschlusses, etwa, wenn auch vergeblich, mit der Idee einer Seestationierung, oder für die Durchsetzung der Null-Lösung als westliches Verhandlungsziel für die Genfer Verhandlungen 1982[11] – abermals wider das ursprüngliche militärstrategische Kalkül – und schließlich für seine Vermittlungsbemühungen zwischen West und Ost, mit denen sich Schmidt in den letzten Jahren seiner Amtszeit in Washington den massiven Vorwurf mangelnder Bündnisloyalität zuzog und in die politische Isolation innerhalb des westlichen Bündnisses manövrierte[12].

Festzustellen sind somit, was die gesellschaftlichen Anforderungen betrifft, Rücksichtnahmen und Einflüsse der Regierungspolitik im einzelnen – jedoch nicht im Grundsätzlichen.[13] Denn die prinzipielle Loyalität zum

[11] Vgl. *Risse-Kappen*, Null-Lösung (wie Anm. 2), 99–106.

[12] Vgl. *Klaus Schwabe*, Entspannung und Multipolarität: Die politischen Beziehungen in der zweiten Hälfte des Kalten Krieges 1968–1990, in: Detlef Junker u. a. (Hrsg.), Die USA und Deutschland im Zeitalter des Kalten Krieges 1945–1990. Ein Handbuch. Bd. 2: 1968–1990. Stuttgart 2001, 11–34, hier 19; *Bark/Gress*, West Germany (wie Anm. 3), 303 und 307; *Peter Graf Kielmansegg*, Nach der Katastrophe. Eine Geschichte des geteilten Deutschland. Berlin 2000, 229–232.

[13] *Richard C. Eichenberg*, Dual Track and Double Trouble. The Two-Level Politics of INF, in: Peter B. Evans/Harold K. Jacobson/Robert D. Putnam (Eds.), Double-Edged Diplomacy. International Bargaining and Domestic Politics. Berkeley 1993, 45–76, unterläßt diese wesentliche Differenzierung nach substantiellen und akzidentiellen oder zen-

NATO-Doppelbeschluß gab die Regierung Schmidt nicht auf, womit sie grundsätzlich gegen die zentrale Forderung der Protestbewegung handelte: den Verzicht auf die Stationierung. Die sozial-liberale Regierung verlor darüber zunehmend ihre gesellschaftliche Basis, und die Sicherheitspolitik war – neben wirtschafts- und finanzpolitischen Differenzen innerhalb der Koalition – ein wesentlicher Grund für ihren Sturz. Dessen Ergebnis aber war nicht eine Regierung, die diese gesellschaftlichen Anforderungen erfüllt hätte, sondern im Gegenteil eine Regierung, die sich ihnen noch konsequenter widersetzte. Daß die neue Regierung Kohl eine Außenpolitik demonstrativer Loyalität mit dem westlichen Bündnis und den USA betrieb[14], reflektiert die Bedeutung des Bündniszwangs.

2. Intergouvernementaler Bündniszwang und nationale Sicherheitspolitik

Zwischen West und Ost ebenso wie innerhalb des westlichen Bündnisses wurde die Frage der Stationierung der atomaren Mittelstreckenraketen in Europa – trotz mancher Widersprüchlichkeiten innerhalb des Gesamtkonzepts des NATO-Doppelbeschlusses und nicht unerheblicher dementsprechender Bedenken innerhalb der NATO[15] –, wie bereits erwähnt, *politisch* zur Grundsatzfrage der Glaubwürdigkeit der Abschreckung, der Handlungsfähigkeit des Bündnisses und der Bündnisloyalität seiner Mitglieder stilisiert. Dieser grundsätzliche Charakter der Stationierungsfrage lag also weniger auf der militärtechnischen Sachebene als vielmehr auf der Ebene politischer Kommunikation in einem Spiegelkabinett von Perzeptionen des anderen, Selbstinszenierungen und imaginierten Fremdwahrnehmungen – der entscheidenden Ebene eigentlicher Realität der Sicherheitsbeziehungen insbesondere im nuklearen Zeitalter, solange es nicht zur materiellen Realität, dem atomaren Ernstfall kam, um dessen Verhinderung es der atomaren Abschreckung ja gerade ging.

In dieser Grundsatzfrage stand am Ende der Kontroverse mit der uneingeschränkten Stationierung seit dem November 1983 die vollständige Um-

tralen und peripheren Aspekten ebenso wie empirische Nachweise für seine These von der Dominanz innenpolitischer Faktoren für die außenpolitischen Verhandlungspositionen, die er statt dessen aus einem eindimensionalen, um die Komplexität von Meinungsbildungs- und Verhandlungsprozessen reduzierten Schema von politischen Positionen als fixen Größen und von monokausal erklärbaren Positionsveränderungen heraus erklärt.

[14] Vgl. *Christian Hacke*, Die Außenpolitik der Bundesrepublik Deutschland. Weltmacht wider Willen? Aktual. Ausg. Frankfurt am Main 1997, 284f. und 330; auch *Tim Matthias Weber*, Zwischen Nachrüstung und Abrüstung. Die Nuklearwaffenpolitik der Christlich Demokratischen Union Deutschlands zwischen 1977 und 1989. Baden-Baden 1994, 401 und 408.

[15] Zu den Diskrepanzen zwischen militärtechnischen, sicherheitspolitischen und rüstungskontrollpolitischen Elementen im Zusammenhang des NATO-Doppelbeschlusses vgl. v. a. *Risse-Kappen*, Null-Lösung (wie Anm. 2), 19–30 und 74–77.

setzung des NATO-Doppelbeschlusses durch die Bundesregierung. Der obsiegende Bündniszwang war zwar durch die Beteiligung des Bundeskanzlers sowie des Verteidigungsministeriums an den Vorbereitungen des NATO-Doppelbeschlusses zum Teil durchaus selbst mit herbeigeführt worden. Er hatte sich aber durch die Stilisierung zur Grundsatzfrage verselbständigt und trat der bundesdeutschen Gesellschaft und Politik schließlich in den Jahren zwischen 1981 bis 1983 als ein autonomer Faktor gegenüber. „Wie immer in sicherheitspolitischen Fragen", so folgerte Wolfram Hanrieder pointiert, „zog die Bundesrepublik dabei den kürzeren."[16]

Daß die Regierung Kohl schließlich eine Außenpolitik der demonstrativen Bündnisloyalität als Eigenwert praktizierte, stand wiederum mit dem grundsätzlichen Umstand in Einklang, daß sich der Bundesrepublik im Ost-West-Konflikt immer dann Handlungsspielräume eröffneten und daß sie selbst gestaltend auf die internationale Politik einzuwirken vermochte, wenn sie sich in Übereinstimmung mit ihren engsten Verbündeten befand.[17]

3. Einwirkungsmöglichkeiten bundesdeutscher Außenpolitik auf das Bündnis

Konstellationen solcher Handlungsspielräume und Gestaltungsmöglichkeiten der bundesdeutschen Außenpolitik im Falle grundsätzlicher Übereinstimmung mit den Bündnispartnern, vor allem mit den USA, taten sich in der Zeit des Ost-West-Konflikts mehrfach auf. Insbesondere gilt dies für die sozial-liberale Ostpolitik[18], für die Wiedervereinigung Deutschlands[19] oder bei der Herbeiführung des NATO-Doppelbeschlusses, durch Sicherheitseliten im Verteidigungsministerium oder in NATO-Gremien sowie durch den Bundeskanzler auf politischer Ebene[20], und in solchen Fällen auch im Einfluß auf Meinungsbildung und Verhandlungspositionen innerhalb des Bündnisses, hier etwa bei der Adoption der Null-Option als Verhandlungsposition der USA in Genf 1982[21].

An ebendiesem Punkt aber werden zugleich die Grenzen sichtbar: Denn die Null-Option war ebenso die Position der Rüstungskontrollgegner in Washington: als eine auf das Scheitern der Verhandlungen angelegte Maximalposition – von Verhandlungen, auf die die Bundesregierung auch keinen

[16] *Wolfram F. Hanrieder*, Deutschland, Europa, Amerika. Die Außenpolitik der Bundesrepublik Deutschland 1949–1989. 2. Aufl. Paderborn 1995, 91.

[17] Vgl. *Helga Haftendorn*, Sicherheit und Stabilität. Außenbeziehungen der Bundesrepublik zwischen Ölkrise und NATO-Doppelbeschluß. München 1986, 180.

[18] Vgl. dazu, mit dieser Perspektive, besonders *Werner Link*, Die Entstehung des Moskauer Vertrages im Lichte neuer Archivalien, in: VfZ 49, 2001, 295–315.

[19] Für die internationale Perspektive vgl. v. a., wenn auch mit (pro-)amerikanischem *bias*: *Philipp Zelikow/Condoleezza Rice*, Germany Unified and Europe Transformed. A Study in Statecraft. Cambridge, Mass. 1995.

[20] Vgl. *Layritz*, NATO-Doppelbeschluß (wie Anm. 2), 377–379.

[21] Vgl. Anm. 11.

wesentlichen Einfluß besaß, erst recht als die Verhandlungen einen entscheidenden Punkt erreichten und sich mit dem Genfer Waldspaziergang eine Lösung anzudeuten schien. In diesem Moment wurde die Bundesregierung von Washington einfach übergangen. Schlußendlich scheiterten die Verhandlungen, gegen den Willen der Bundesregierung.

Im Ergebnis bedeutet dies, daß die Bundesrepublik im Konfliktfall – und somit: in der Substanz – im westlichen Bündnis nur über beschränkten Einfluß verfügte. Denn im Falle divergierender Interessen mit den Bündnispartnern schränkten sich die Bonner Handlungsspielräume umgehend massiv ein: im Falle der Verzögerung des Einschwenkens auf Entspannung am Ende der sechziger Jahre, auch im Falle der Ostpolitik, als sie in Washington als über das eigene *design* hinausgehend eingeschätzt wurde, oder eben bei der zögerlichen Anpassung an die Bündnisanforderungen im Übergang zum „zweiten Kalten Krieg", als Schmidts Einfluß innerhalb des Bündnisses auf den Nullpunkt sank.[22]

Aber auch die dezidiert bündnisloyale Regierung Kohl blieb nicht von amerikanischem Unilateralismus ohne Rücksicht auf deutsche Interessen verschont. Denn mit dem im September 1987 geschlossenen amerikanisch-sowjetischen INF-Abkommen zum vollständigen Abbau der beiderseitigen nuklearen Mittelstreckenwaffen mit einer Reichweite zwischen 500 und 5000 km innerhalb von drei Jahren wurde die Bundesrepublik in eine Situation manövriert, die derjenigen nicht unähnlich war, wie sie Helmut Schmidt 1977 beklagt hatte. Wieder war – in einem zwar veränderten, hinsichtlich der künftigen Entwicklung aber schwer einschätzbaren internationalen Umfeld – das Abschreckungskontinuum von konventionellen zu nuklearen Waffen von kurzer, mittlerer und langer Reichweite durchlöchert, so daß abermals die Befürchtung einer „Abkopplung" der selbst nicht bedrohten USA von Westeuropa aufkam, zumal angesichts der Planungen für einen nuklearen Abwehrschild gegen Langstreckenraketen (SDI). Zudem verblieben nur mehr die atomaren Gefechtsfeldwaffen mit einer Reichweite unter 500 km, die allein die beiden deutschen Staaten bedrohten. Statt auch über deren Abschaffung zu verhandeln, drängten die Regierungen in Washington und London allerdings auf ihre Modernisierung, worüber gravierende Differenzen innerhalb des Bündnisses entstanden.[23]

Hier deuteten sich neuerliche Belastungen an, möglicherweise sogar Kontroversen über Grundfragen zur Rolle der Bundesrepublik im westlichen

[22] Vgl. Anm. 12.

[23] Vgl. *Hanrieder*, Außenpolitik (wie Anm. 16), 97–101; *Michael Broer*, Zwischen Konsens und Konflikt: Der NATO-Doppelbeschluß, der INF-Vertrag und die SNF-Kontroverse, in: Junker u. a. (Hrsg.), Die USA und Deutschland (wie Anm. 12), Bd. 2, 234–244, bes. 238–243; *Stefan Fröhlich*, „Auf den Kanzler kommt es an": Helmut Kohl und die deutsche Außenpolitik. Persönliches Regiment und Regierungshandeln vom Amtsantritt bis zur Wiedervereinigung. Paderborn 2001, 170f. und 177–179.

Bündnis, denen schließlich der Zusammenbruch des Ostblocks zuvorkam.[24] Bis dahin aber ist für die Zeit des Ost-West-Konflikts als Bilanz für die bundesdeutsche Sicherheitspolitik und ihre Wechselwirkung mit dem internationalen System (hier in Form des westlichen Militärbündnisses) festzuhalten, daß sie über bedingte akzidentielle Einwirkungsmöglichkeiten verfügte, aber zu substantieller Anpassung gezwungen war.

4. Nationale Gesellschaft und internationales System

Wenn schon die Einwirkungsmöglichkeiten der deutschen Sicherheitspolitik auf Bündnisebene begrenzt waren, vor allem im Konfliktfall, und wenn die gesellschaftlichen Anforderungen der Protestbewegung die Politik der Bundesregierung nur partiell, aber nicht substantiell beeinflußten, während für direkte gesellschaftliche Einwirkungsmöglichkeiten auf internationaler Ebene keine institutionalisierten Formen existierten und auch keine Evidenzen vorliegen, dann folgt daraus logisch der Schluß begrenzter akzidentieller und mittelbarer Einflüsse der Gesellschaft auf internationaler Ebene, aber keiner Einflüsse im Grundsätzlichen. Nicht zufällig steht am Ende der Kontroverse um den NATO-Doppelbeschluß das vollständige Unterliegen der gesellschaftlichen Protestbewegung gegen die Forderungen des Bündnisses.

Demgegenüber stellt sich die Frage, ob eine sehr wohl grundständige Einwirkung der Protestbewegung darin lag, daß die Stationierungskontroverse in der Bundesrepublik den sicherheitspolitischen Konsens aufgezehrt habe, so daß eine Wiederholung dieser Auseinandersetzung nicht mehr möglich gewesen wäre.[25] Dann hätten die gesellschaftlichen Anforderungen die Basis für die Dominanz der internationalen Systemanforderungen unterspült und letztlich doch obsiegt. Zum Testfall darauf kam es nicht mehr. Angesichts der systemischen Konstellation der hier exemplarisch gewählten Kontroverse um den NATO-Doppelbeschluß spricht allerdings mehr dafür, daß unter den Bedingungen des Ost-West-Konflikts auch im Wiederholungsfall einer solchen Kontroverse ein ähnliches Ergebnis herausgekommen wäre: eine widerstrebende, aber unumgängliche Anpassung.

Jedenfalls artikulierte die Friedensbewegung, neben dem Widerstand gegen die Wiederbewaffnung in den fünfziger Jahren, die massivste sicherheitspolitische Forderung aus der Gesellschaft gegen Forderungen des internationalen Systems bzw. intergouvernementaler Bündnispolitik und im Konflikt mit der Regierungspolitik. Beide exzeptionellen Konstellationen offenbaren eine im Normalfall latente Struktur jedenfalls in der Zeit des

[24] Vgl. *Hanrieder*, Außenpolitik (wie Anm. 16), 353, und *Stephan Bierling*, Die Außenpolitik der Bundesrepublik Deutschland. Normen, Akteure, Entscheidungen. München 1999, 250.

[25] So etwa *Kielmansegg*, Nach der Katastrophe (wie Anm. 12), 239.

Ost-West-Konflikts: Denn wenn schon diese massivsten Forderungen ohne Erfolg und Einwirkung gegenüber Bündniszwang und Regierungspolitik blieben, dann gilt dies erst recht für die überragende Mehrzahl der Fälle, in denen gar keine gesellschaftlichen Forderungen artikuliert wurden.

5. Wirkungen des internationalen Systems und der nationalen Sicherheitspolitik auf die Gesellschaft

Während die Friedensbewegung mit ihren Forderungen den internationalen Bündniszwängen und der sich anpassenden nationalen Sicherheitspolitik unterlag, bildete sie auf gesellschaftlicher Ebene einen Kristallisationskern der Neuen Sozialen Bewegungen, aus denen in erheblichem Maße die neue politische Partei der Grünen hervorging. Damit formierte und etablierte sich die gesellschaftliche Bewegung politisch, auf diese Weise integrierte sie sich in das politische System und generierte auf politischer Ebene evolutionäre Transformationsprozesse. Für diese gesellschaftlich-politischen Entwicklungen dienten die Sicherheitspolitik oder das internationale System als ein Katalysator; als wirklich verursachende Faktoren sind sie letztlich aber nicht anzusehen.

Vielmehr lautet der Befund für den Einfluß der Sicherheitspolitik und des internationalen Systems auf die gesellschaftlichen Entwicklungen ähnlich wie für das umgekehrte Wirkungsverhältnis, den Einfluß der Gesellschaft auf Sicherheitspolitik und internationales System: beide Bereiche befanden sich letztlich in einem Zustand weitgehender Autonomie voneinander; zudem war die Kontroverse um den NATO-Doppelbeschluß die letzte große, weite Teile der Gesellschaft einschließende Kontroverse um Außen- und Sicherheitspolitik in der Bundesrepublik. Die gesellschaftlichen Protestbewegungen und ihre Trägergruppen wandten sich von Fragen der Außen- und Sicherheitspolitik ab. Die zentralen gesellschaftlichen und sozialkulturellen und ebenso die ökonomischen Entwicklungsstränge in den achtziger Jahren – die in den neunziger Jahren als „Globalisierung" bezeichnete ökonomische Internationalisierung der Finanz-, Waren- und Arbeitsmärkte, die mikroelektronische Revolution und die Verbreitung neuer Kommunikationsmedien sowie der postmoderne Wertewandel – waren von außen- und sicherheitspolitischen Fragen losgelöst. Ja selbst die Wiedervereinigung Deutschlands, das herausragende politische Ereignis der deutschen Geschichte in der zweiten Hälfte des zwanzigsten Jahrhunderts, lag quer zu diesen Tendenzen, und es gibt guten Grund zu der Annahme, daß ebendiese Tendenzen die für die folgenden Entwicklungen wirkmächtigeren waren.[26]

[26] Vgl. *Andreas Rödder*, Die Bundesrepublik Deutschland 1969–1990. (Oldenbourg Grundriß der Geschichte, Bd. 19a.) München 2004, 106f.

Trennung von Gesellschaft und Sicherheitspolitik bzw. Staatensystem; Autonomie der Gesellschaft, aber auch der Sicherheitspolitik im Verbund mit dem Staatensystem; im Konfliktfall aber Prädominanz der Sicherheitspolitik unter der Dominanz externer Anforderungen aus dem Staatensystem – für den ebenso herausgehobenen wie paradigmatischen Testfall der Kontroverse um den NATO-Doppelbeschluß in der Bundesrepublik und somit für den Bereich ihrer Sicherheitspolitik in der Zeit des Ost-West-Konflikts – nicht also für Außenpolitik in ihrer thematischen oder diachronen Gesamtheit, auch nicht für „internationale Geschichte" in ihrer Breite und alles das, was über den staatlich-politischen Bereich hinausgeht, wohl aber für den einen zentralen Bereich von Außenpolitik, der die äußere Sicherheit und somit, wie Raymond Aron formuliert hat, „das letzte Ziel der Politik der Staaten"[27] zum Gegenstand hat – widersprechen die empirischen Befunde der Theorie bzw. dem apriorischen Postulat von der gesellschaftlichen Bedingtheit von Außenpolitik. Überhaupt bestätigt die historsch-empirische Untersuchung Reinhard Meyers eher resignative politikwissenschaftliche Forschungsbilanz, „daß die Forderung nach einer empirisch gehaltvollen, umfassenden, eindeutigen und ein wissenschaftlich konsensfähiges Bild der internationalen Beziehungen vermittelnden Theorie nur schwerlich zu erfüllen war".[28] Vielmehr stützt sie zentrale Grundannahmen der realistischen Schule, ohne damit zugleich deren weitverbreitetes Verständnis von Staaten als handelnden Subjekten mit autochthonen Interessen zu affirmieren. Als ein innerhalb des Staatensystems „strukturell abhängigs System" war die Bundesrepublik in der Zeit des Ost-West-Konflikts gezwungen, Konflikte zwischen den externen Forderungen aus dem internationalen System einerseits und den Forderungen aus Gesellschaft und Staat im Innern andererseits durch „große Anpassungsleistungen" an die externen Bedingungen zu regulieren – wie die Politikwissenschaftlerin Helga Haftendorn einen empirisch evidenten grundlegenden Befund formuliert.[29]

II. Alte und neue Wege und der Gegenstandsbereich der Geschichte des Politischen

Innerhalb der Geschichtswissenschaft fällt dieser Befund indessen eher aus dem Rahmen des allgemein Konsensfähigen, weil er mit herrschenden theoretischen Grundannahmen nicht kompatibel ist. Statt dessen ginge auf ihn nach wie vor die Polemik der Primatsdebatte und eine, neben manch berech-

[27] *Aron*, Frieden und Krieg (wie Anm. 7), 92.

[28] *Reinhard Meyers*, Theorien der internationalen Beziehungen, in: Wichard Woyke (Hrsg.), Handwörterbuch Internationale Politik. 8. Aufl. Bonn 2000, 416–448, hier 417.

[29] *Haftendorn*, Deutsche Außenpolitik (wie Anm. 2), 13.

tigter Kritik an in der Tat unübersehbaren positivistischen Tendenzen, über weite Strecken verselbständigt habitualisierte Kritik am kritiklos repetierten Popanz einer überlebten „traditionellen" Politikgeschichte nieder.[30]

Wenn aber nicht nur Vorannahmen und Theorien, sondern auch der Konsensrahmen des Faches mit empirischen Befunden und logischen Plausibilitäten nicht übereinstimmen, dann steht Ideologieverdacht im Raum, der sich im wissenschaftssoziologischen Vorgang der Positionierung innerhalb des *mainstream* durch Inszenierung des eigenen ebenso wie durch Diskreditierung des anderen perpetuiert. Konsenszwang durch Stigmatisierung und Unterdrückung des Dissidenten aber hatte schon Jean-François Lyotard als „Mittel für das wahrhafte Ziel, [...] die Macht" decouvriert.[31]

Das klassische, auf die aristotelische „praktische Vernunft" zurückgreifende und durchaus konservative Gegenkonzept zu apriorischer, verabsolutierter Theorie ist „common sense", im angelsächsischen Sinne einer gesamten sozialmoralischen Kategorie des „good sense" (um die das deutsche Pendant des „gesunden Menschenverstandes" in der Aufklärung entleert worden ist).[32] Auf dieses Konzept gründet nicht zuletzt die grundlegende Hermeneutik, die Hans-Georg Gadamer unter starkem Bezug auf die Geschichtswissenschaften entwickelt hat, die dort jedoch nur sehr zurückhaltend rezipiert worden ist.[33] Dabei wird hier die heuristische Produktivität eines reflektierten philologisch-hermeneutischen Verfahrens entfaltet: eine „Sinnbewegung des Verstehens und Auslegens", die durch die vorrangige (Sinnmöglichkeiten erst offenlegende und offenhaltende) Frage geleitet wird und in der keine andere ‚Objektivität' besteht als die spezifisch geisteswissen-

[30] Ich erlaube mir an dieser Stelle auf Einzelbelege für dieses in Einleitungen, Forschungsberichten und Tagungsbeiträgen omnipräsente Phänomen zu verzichten. Vgl. dazu auch, mit etwas freundlicherer Tendenz, *Eckart Conze*, Abschied von Staat und Politik? Überlegungen zur Geschichte der internationalen Politik, in: ders./Ulrich Lappenküper/Guido Müller (Hrsg.), Geschichte der internationalen Beziehungen. Erneuerung und Erweiterung einer historischen Disziplin. Köln 2004, 15–43.

[31] *Jean-François Lyotard*, Das postmoderne Wissen. Ein Bericht. Hrsg. v. Peter Engelmann. Wien 1999, 176.

[32] *Hans-Georg Gadamer*, Wahrheit und Methode. Grundzüge einer philosophischen Hermeneutik. 6. Aufl. Tübingen 1990 (zuerst 1960), 27, 30–32, 35.

[33] Vgl. etwa *Karl-Georg Faber*, Theorie der Geschichtswissenschaft. 5. Aufl. München 1982, 109–146; ebenso *Wolfgang J. Mommsen*, Wandlungen im Bedeutungsgehalt der Kategorie des „Verstehens", in: Christian Meier/Jörn Rüsen (Hrsg.), Historische Methode. (Theorie der Geschichte. Beiträge zur Historik, Bd. 5.) München 1988, 200–226, hier 214–216 und 221–224; zur Diskussion vgl. *Chris Lorenz*, Konstruktion der Vergangenheit. Eine Einführung in die Geschichtstheorie. Köln/Weimar/Wien 1997, 147–153. Vgl. allerdings allgemein *Jean Grondin*, Einführung zu Gadamer. Tübingen 2000, bes. 125–192 (neben seiner umfangreicheren Lebensdarstellung: Hans-Georg Gadamer. Eine Biographie. Tübingen 2000), und bereits seine Einführung in die philosophische Hermeneutik. Darmstadt 1991, bes. 138–159 und 174–178; sowie *Ute Daniel*, Kompendium Kulturgeschichte. Theorien, Praxis, Schlüsselwörter. Frankfurt am Main 2001, 103–114.

schaftliche Erkenntnis- und Wahrheitsform der permanenten konzentrischen Erweiterung verstandenen Sinns durch die vorgreifende Bewegung des Vorverständnisses und seine Bewährung im ergebnisoffenen Zwiegespräch mit den Texten, wodurch in einem schöpferischen Akt Sinn und Bedeutung erst konstruiert werden.[34]

Diese an die „Kunst des Fragens“ gebundene „Kunst des Denkens“[35] geht induktiv vor, und ebenso bildet sie Begriffe und Modelle auf dem Weg vom Besonderen zum Allgemeinen – im Sinne der aristotelisch-thomistischen Position in der ebenso alten wie bis in jüngste methodisch-theoretische Auseinandersetzungen weiterwirkenden epistemologischen und weltanschaulichen Auseinandersetzung: *universalia sunt in re* – nicht *ante rem*, wie es theoriegeleitet-deduktivem Denken oft zugrunde liegt, wenn Modelle und Theorien in der Praxis weniger als Hypothese dienen, deren heuristische Tauglichkeit an den empirischen Evidenzen ergebnisoffen überprüft wird, sondern als Axiom, für das Bestätigung gesucht und gefunden wird, nicht ohne – abermals nicht zuletzt wissenschaftssoziologisch generierte – wahrheitsgewisse Inszenierung als theoretisch und methodisch Neues.

Nicht der Weg ist aber das Ziel der Wissenschaft, sondern der Fortschritt an Erkenntnis. Er hängt wesentlich von der Qualität und Originalität der Frage, von Problembewußtsein und Ergebnisoffenheit ab, und darin liegt, neben manchem anderen, wozu natürlich auch die Originalität von Methoden und Theorien als Erkenntnisinstrumenten zählt, die Grundlage guter Geschichtsschreibung allgemein, unabhängig von der theoretischen, thematischen oder methodischen Richtung. Themen- und Methodenvielfalt ist eine ebenso wohlfeile wie selbstverständliche Forderung, und doch ist es keine Selbstverständlichkeit, die vermeintlich unspektakulären alten Wege zu kultivieren und ihre Ergebnisproduktion in offener Konkurrenz zu neuen Methoden zu diskutieren. Im Falle der Kontroverse um den NATO-Doppelbeschluß jedenfalls führen, wie an einem konkreten Beispiel gezeigt werden sollte, die traditionellen Wege zu einer plausibleren, d.h. den empirischen Evidenzen gegenüber widerspruchsfreieren Erklärung[36] als neue Theorien und Modelle. Daß dies in anderen Fällen anders sein kann, versteht sich von selbst.

Jedenfalls stellen die herkömmlichen Wege philologisch-hermeneutischer Interpretation unter der Voraussetzung fragegeleiteter und problemorientierter Richtungsgebung nach wie vor ein probates Mittel zur Analyse von Entscheidungsprozessen dar – und somit eines wesentlichen Gegenstandes des Politischen und seiner Geschichte, läßt sich Politik doch als „Handeln“

[34] *Gadamer*, Wahrheit und Methode (wie Anm. 32), 272 (Zitat), 296, 298, 302, 304, 370 und 384.

[35] Ebd. 372.

[36] Vgl. Widerspruchsfreiheit im Sinne einer „Einstimmung aller Einzelheiten zum Ganzen“ als Kriterium für die Richtigkeit des Verstehens bei *Gadamer*, Wahrheit und Methode (wie Anm. 32), 296.

auffassen, „das auf die Herstellung und Durchsetzung allgemein verbindlicher Regeln und Entscheidungen" abzielt.[37]

In diesem Sinne wird der Gegestandsbereich der Politik klassischerweise anhand des Dreierschemas von *polity*, *politics* und *policy*[38] strukturiert. Diese Einteilung in Formen bzw. Handlungsrahmen (*polity*), Prozesse (*politics*) und Inhalte (*policy*) umfaßt somit im wesentlichen staatliche Institutionen und Akteure, ihre Entscheidungsprozesse und Inhalte ihres Denkens und Handelns. Zugleich ist Politik bzw. das Politische mehr als dies. Schon Max Weber hat auf die konstitutiven Bedingtheiten von konkret handlungsleitenden Interessen hingewiesen: „Interessen (materielle und ideelle), nicht: Ideen, beherrschen unmittelbar das Handeln der Menschen. Aber: Die ‚Weltbilder', welche durch Ideen geschaffen wurden, haben sehr oft als Weichensteller die Bahnen bestimmt, in denen die Dynamik der Interessen das Handeln fortbewegte".[39] Über die Ideen hinaus hat die Erforschung der politischen Kultur seit den fünfziger Jahren des 20. Jahrhunderts die „‚subjektive Dimension' der gesellschaftlichen Grundlagen politischer Systeme", das „System politisch relevanter Einstellungen und Werte" als die „Gesamtheit aller politisch relevanten Meinungen (‚*beliefs*'), Einstellungen (‚*attitudes*') und Werte (‚*values*') der Mitglieder einer konkret abgrenzbaren sozialen und politischen Einheit" erschlossen.[40]

Wie aber verhält es sich, zum Beispiel, mit der Geburtenentwicklung? Gegenstand von Politikgeschichte ist sie nicht, und doch ein das Gemeinwesen elementar prägender Gegenstand – für das beginnende 21. Jahrhundert nur zum Beispiel von der Erosion der sozialen Sicherungssysteme bis zu den allgemeinen sozialkulturellen Problemen und Verteilungskonflikten einer alternden Gesellschaft – und somit selbst ein Politikum. Im selben Kontext ist die Bedeutung der Transformation der Familienformen für die und in der

[37] *Werner J. Patzelt*, Einführung in die Politikwissenschaft. 5. Aufl. Passau 2003, 22–28, bes. 23; vgl. auch *Manfred Hättich*, Grundbegriffe der Politikwissenschaft. Darmstadt 1969, 25 (Politik als die „Gesamtheit der Entscheidungen und Maßnahmen, welche die von der dominierenden Herrschaft gesetzte Gesellschaftsordnung beeinflussen").

[38] Vgl. z. B. *Ulrich von Alemann*, Politikbegriffe, in: Dieter Nohlen (Hrsg.), Lexikon der Politik. Bd. 2: Politikwissenschaftliche Methoden. München 1994, 297–301, hier 299f.; oder *Hiltrud Naßmacher*, Politikwissenschaft. 4. Aufl. München 2002, 2–4.

[39] *Max Weber*, Die Wirtschaftsethik der Weltreligionen, in: Max Weber-Gesamtausgabe. Abt. 1: Schriften und Reden. Bd. 19: Die Wirtschaftsethik der Weltreligionen. Konfuzianismus und Taoismus. Schriften 1915–1920. Hrsg. v. *Helwig Schmidt-Glintzer* in Zusammenarb. mit *Petra Kolonko*. Tübingen 1989, 101.

[40] *Dirk Berg-Schlosser*, Politische Kultur, in: Wolfgang W. Mickel (Hrsg.), Handlexikon zur Politikwissenschaft. Bonn 1986, 385–388, hier 385; vgl. auch die Definition von *Karl Rohe*, Politische Kultur und ihre Analyse. Probleme und Perspektiven der politischen Kulturforschung, in: HZ 250, 1990, 322–346, 333: „das politisch relevante Weltbild von Gruppen [...], das den jeweiligen sozialen Trägern im Normalzustand in seiner Besonderheit gar nicht bewußt ist, weil die in dem Weltbild enthaltenen Grundannahmen über die Wirklichkeit als ‚natürlich' und ‚selbstverständlich' empfunden werden."

Entwicklung des Gemeinwesens evident, und doch ist sie kaum Gegenstand von politischer Geschichtsschreibung, ebensowenig wie die fundamentalen Veränderungen innerhalb einer der wesentlichen Dimensionen sozialer Strukturierung, „die das gesamte soziale und kulturelle Leben einer Gesellschaft prägt“[41], und das politische nicht weniger: die Entwicklung der Geschlechterverhältnisse. Und auch die Entwicklung der Sexualmoral, ebensowenig ein Gegenstand von politischer Geschichte, ist nicht nur im Hinblick auf Politikerskandale von politischer Bedeutung, sondern Teil einer allgemeinen gesamtgesellschaftlichen Werteentwicklung, die nicht in den Gegenstandsbereich der Politik im engeren Sinne fällt, die aber im Zentrum der Entwicklung des Gemeinwesens liegt und mehr darstellt als nur Rahmenbedingungen des Politischen.

Hinsichtlich der Definition von Politik herrscht unterdessen in der Politikwissenschaft eine heterogene Vielfalt[42] zwischen normativen und deskriptiven, gouvernementalen und emanzipatorischen, konflikt- und konsensorientierten oder wert- und zweckrationalen Ausrichtungen[43]. In der Praxis der Geschichtswissenschaft, die unterdessen kaum eigene Definitions- und Operationalisierungsanstrengungen unternimmt, schlägt sich dies in konkreter Unklarheit über Begriff und Gegenstand des Politischen und einem Mangel an probaten, genügend umfassenden und zugleich präzisen Konzepten nieder, zumal politikwissenschaftliche Ansätze in historischer Perspektive oftmals kaum anwendbar sind oder sich als empirisch unzureichend herausstellen.[44]

Weiterführende Perspektiven erschließt unterdessen ein „zweidimensionaler Politikbegriff“, wie ihn Karl Rohe und Andreas Dörner vorschlagen, der eine „breite, aber nicht uferlose Gegenstandkonstitution“ um das „fundamentale Ordnungs- und Koordinationsproblem in und zwischen sozialen Verbänden“ herum ermöglicht, auch wenn er dann wieder auf das Konzept von *policy* (Inhalte, Leistungen und Güter) und *politics* (der „Prozeß des Politiktreibens selbst“) zurückgreift.[45] Denn mit seinem Blick auf die Ordnung

[41] *Ilona Ostner*, Frauen, in: Bernhard Schäfers/Wolfgang Zapf (Hrsg.), Handwörterbuch zur Gesellschaft Deutschlands. 2. Aufl. Opladen 2000, 216–227, 217

[42] Vgl. *Andreas Dörner/Karl Rohe*, Politikbegriffe, in: Everhard Holtmann (Hrsg.), Politik-Lexikon. 3. Aufl. München 2000, 484–488, hier 485.

[43] Vgl. etwa *von Alemann*, Politikbegriffe (wie Anm. 38), 298f.

[44] Vgl. etwa die Insuffizienz von *David Eastons* Politikdefinition als „authoritative allocation of values for a society“ (A Framework for Political Analysis. Englewood Cliffs, N. J. 1965, 50) in der Adaption von Ernst Otto Czempiel für das konkrete Fallbeispiel der Sicherheitspolitik (wie Anm. 10), oder die aufgrund eines eindimensionalen Modells verzerrten Ergebnisse von *Eichenberg*, Dual Track (Anm. 13).

[45] *Dörner/Rohe*, Politikbegriffe (wie Anm. 42), 487f., Zitate 488. Vgl. in einem solch weitgefaßten Sinne auch die bereits zitierte Definition von *Patzelt*, Einführung (wie Anm. 37), 22–28, die nicht nur *Entscheidungen* von allgemeiner Verbindlichkeit, sondern auch allgemein verbindliche *Regeln* – und somit die Dimension der grundlegenden gesellschaftlichen Ordnung – und nicht nur ihre *Durchsetzung*, sondern auch ihre *Herstellung* umfaßt.

führt er zu einem ganz und gar klassischen Konzept zurück, das unterdessen für die Geschichtswissenschaft die größten Potentiale birgt: die antike Begrifflichkeit von Politik im aristotelischen Sinne – allerdings, und das ist für die wissenschaftliche Verwendung wesentlich, in analytischer und nicht in normativer Verwendung, weshalb auch im folgenden die moralische Dimension ausgeblendet wird –, bezogen auf die griechische *polis* und gerichtet auf das Gemeinwesen, in dem der einzelne als Bürger figuriert.[46]

Hier ist ein zweidimensionaler Politikbegriff längst angelegt: zum einen, im Hinblick auf die Operationalisierbarkeit etwas schematisiert formuliert, *politike téchne* als die Führung und Verwaltung öffentlicher Aufgaben im Interesse der Gemeinschaft, der „Prozeß des Politiktreibens selbst", wie er dem Grundsatz nach, aber spezifisch auf das Element der zweckungebundenen Macht und das vom Gedanken der Staatsräson durchsetzte Regierungshandeln bezogen, in den modernen Politikbegriffen von Machiavelli bis Weber weiterwirkt; und zum anderen, im Mittelpunkt der aristotelischen Lehre, *tà politiká*, der weitere Rahmen der auf die *polis*, auf das Gemeinwesen bezogenen Angelegenheiten, die alle Bürger betreffen und verpflichten.

Die Sicherheitspolitik im Zeichen des NATO-Doppelbeschlusses hat die *politike téchne* exemplifiziert: Politik als sicherheitspolitisches Entscheidungshandeln im engeren Sinne, in diesem Falle gar autonom gegenüber *tà politiká*. Diese Realisierungsoption des Politischen steht in ihrer Zuspitzung am einen Ende einer Skala, die eine große Bandbreite verschiedener Entwicklungen des Gemeinwesens umfaßt. Dazu zählt auch das zweite hier vorzustellende Fallbeispiel: die sozialkulturelle Entwicklung in der Bundesrepublik im Zeichen des Wertewandels. Dies ist nicht Politik im engeren Sinne der *politike téchne*, gehört aber, als fundamentale Entwicklungsströmung des Gemeinwesens, zum Politischen in einem weiteren Sinne, *tà politiká*.

III. Wertewandel: Die sozialkulturelle Entwicklung der siebziger und achtziger Jahre

Der Gesamtzusammenhang des sozialkulturellen Wandels in der Bundesrepublik seit der Mitte der 1960er Jahre setzt sich aus einer Fülle von interdependenten Einzelphänomenen ohne eindeutige Vorgängigkeits- und Kausalitätsverhältnisse zusammen, die sich jedoch weithin auf einen gemeinsamen

[46] Vgl. *Rainer-Olaf Schultze*, Politik/Politikbegriffe, in: Dieter Nohlen/Rainer-Olaf Schultze (Hrsg.), Lexikon der Politikwissenschaft. Theorien, Methoden, Begriffe. Bd. 2. München 2002, 657f., Zitat 657; detailliert: *Volker Sellin*, Art. „Politik", in: Geschichtliche Grundbegriffe. Bd. 4. Stuttgart 1978, 789–874, bes. 789–797, 808–814, 831–838 und 872–874, sowie *Christian Meier*, Art. „Politik" [Antike], in: Historisches Wörterbuch der Philosophie. Hrsg. v. Joachim Ritter u. Karlfried Gründer. Bd. 7. Basel 1989, Sp. 1038–1047 (mit etwas anderer Akzentuierung der *politike téchne*).

Nenner bringen lassen: den Zusammenhang von Individualisierung, radikaler Pluralisierung und Entnormativierung. Im Zentrum dieser Wandlungsprozesse steht dabei der schon von Zeitgenossen so genannte „Wertewandel“.[47]

Die *Bevölkerungsentwicklung* in der Bundesrepublik wurde – neben der in verschiedenen Wellen verlaufenden Zuwanderung, die hier nicht eigens verfolgt wird[48] – seit den sechziger Jahren vom Phänomen der demographischen Alterung geprägt.[49] Mit zunehmender Lebenserwartung stieg das Durchschnittsalter der Bevölkerung an, und die Altersverteilung innerhalb der Gesellschaft verschob sich zuungunsten der jungen Menschen: Der Anteil der unter 18jährigen ging zwischen 1961 und 1988 von 25 auf 19% zurück, während der Anteil der über 65jährigen von 11 auf 15% anstieg. Daß die indigene Bevölkerung zugleich schrumpfte – dieser Effekt wurde ebenso wie die demographische Alterung durch Zuwanderung verdeckt bzw. abgemildert –, resultierte aus den seit 1972 kontinuierlichen Sterbefallüberschüssen. Sie gingen auf den neben der gestiegenen Lebenserwartung zweiten zentralen Umstand zurück: die rückläufigen Geburtenraten.

Um die Mitte der sechziger Jahre brachen die Geburtenzahlen geradezu ein. Die Zahl der Lebendgeborenen pro Jahr ging zwischen 1965 und 1975 von 1,04 Mio. auf 601 000 zurück und bewegte sich während der achtziger Jahre zwischen 584 000 und 677 000; die Zahl der Lebendgeborenen pro 1000 Einwohner sank von ca. 18 in den sechziger Jahren auf ca. 10 in den siebziger und achtziger Jahren. Zwischen 1964 und 1978 „gingen alle Indizes der Fruchtbarkeit auf fast die Hälfte zurück“[50] und verblieben dann im großen und ganzen auf dem erreichten Niveau. Diese Entwicklung bedeutete grundsätzlich eine Normalisierung, eine Rückkehr zum säkularen Trend der industriegesellschaftlichen Moderne, nachdem die Weltkriege und die Weltwirtschaftskrise sowie der „Babyboom“ nach 1945 in Deutschland erhebliche

[47] So zuerst in den siebziger Jahren *Ronald Inglehart*, The Silent Revolution. Changing Values and Political Styles Among Western Publics. Princeton 1977.

[48] Vgl. dazu *Klaus J. Bade*, Ausländer, Aussiedler, Asyl in der Bundesrepublik Deutschland. 3. Aufl. Hannover 1994, 9–74; *Jan Motte/Rainer Ohliger/Anne von Oswald* (Hrsg.), 50 Jahre Bundesrepublik – 50 Jahre Einwanderung. Nachkriegsgeschichte als Migrationsgeschichte. Frankfurt am Main 1999; sowie *Ulrich Herbert*, Geschichte der Ausländerpolitik in Deutschland. Saisonarbeiter, Zwangsarbeiter, Gastarbeiter, Flüchtlinge. München 2001, 191–334.

[49] Die folgenden Zahlen und Befunde nach: Statistisches Jahrbuch für die Bundesrepublik Deutschland 1990. Hrsg. vom Statistischen Bundesamt. Stuttgart 1990, bes. 61; Datenreport 1992. Hrsg. vom Statistischen Bundesamt. Bonn 1992, bes. 38–42 und 45–48; sowie *Rainer Geissler*, Die Sozialstruktur Deutschlands. Zur gesellschaftlichen Entwicklung mit einer Zwischenbilanz zur Vereinigung. 2. Aufl. Opladen 1996, 333–345 (mit *Thomas Meyer*).

[50] *Peter Marschalck*, Bevölkerungsgeschichte Deutschlands im 19. und 20. Jahrhundert. Frankfurt am Main 1984, 99.

Turbulenzen in der Geburtenentwicklung ausgelöst hatten. Schon zwischen den Kohorten der 1860 und der 1904 geborenen Frauen war die Zahl der Kinder pro Frau von 5 auf 2 zurückgegangen[51], wobei letzterer Wert bereits von den erwähnten fertilitätshemmenden Turbulenzen betroffen war. Vor allem aber vollzog sich dieser Abfall der Geburtenraten seit den mittleren sechziger Jahren in der Bundesrepublik mit besonderer Schärfe[52], und dabei sanken die Geburtenraten zugleich weit unter die für den demographischen Bestandserhalt erforderlichen Raten von 2,08 Kindern pro Frau ab: wurden im Jahr 1965 noch 2,5 und im Jahr 1970 noch 2,0 Kinder pro Frau geboren, so bewegte sich diese Zahl seit den mittleren siebziger Jahren um einen Wert von 1,4.

Dieser Entwicklung liegt ein Bündel von Ursachen zugrunde, die weit über die verbesserten technischen Möglichkeiten zur Empfängnisverhütung durch die „Pille“ hinausgehen, zumal der säkulare Trend des Geburtenrückgangs längst vor der Einführung der neuartigen Kontrazeptiva eingesetzt hatte. Allgemein verloren Kinder in modernen Industriegesellschaften an ökonomischer, existenzsichernder Bedeutung für Eltern. Dies gilt zumal unter den Bedingungen des bundesdeutschen Sozialstaates[53], der insbesondere mit der Rentenreform von 1957 die Alterssicherung sozialisiert hatte, während die Kindererziehung privat blieb. Zudem fielen seine materiellen Transfersalden vor allem zugunsten von Alter und Gesundheit aus, sehr viel weniger hingegen zugunsten von Familien und Kindern, was Oswald von Nell-Breuning als „System zur Prämierung von Kinderlosigkeit“ bezeichnete.[54]

Neben diesen sozialökonomischen Faktoren sind für die Erklärung der Geburtenentwicklung vor allem interdependente sozialkulturelle Entwicklungen im Bereich von Geschlechterbeziehungen, Familien, Privatheitsformen und Lebensstilen anzuführen.

[51] *Herwig Birg*, Die demographische Zeitenwende. Der Bevölkerungsrückgang in Deutschland und Europa. München 2001, 51.

[52] *Michel Hubert*, Deutschland im Wandel. Geschichte der deutschen Bevölkerung seit 1815. Stuttgart 1998.

[53] Vgl. dazu allgemein die Beiträge von *Hans Günter Hockerts, Franz-Xaver Kaufmann* und *Hans F. Zacher* in: Geschichte der Sozialpolitik in Deutschland seit 1945. Hrsg. vom Bundesministerium für Arbeit und Sozialordnung und vom Bundesarchiv. Bd. 1: Grundlagen der Sozialpolitik. Baden-Baden 2001; *Hans Günter Hockerts*, Metamorphosen des Wohlfahrtsstaates, in: Martin Broszat (Hrsg.), Zäsuren nach 1945. Essays zur Periodisierung der deutschen Nachkriegsgeschichte. München 1990, 35–45; *Manfred G. Schmidt*, Sozialpolitik in Deutschland. Historische Entwicklung und internationaler Vergleich. 2. Aufl. Opladen 1998; und *Johannes Frerich/Martin Frey* (Hrsg.), Handbuch der Geschichte der Sozialpolitik in Deutschland. Bd. 3: Sozialpolitik in der Bundesrepublik Deutschland bis zur Herstellung der Deutschen Einheit. München 1993.

[54] Zit. nach *Franz-Xaver Kaufmann*, Die soziale Sicherheit in der Bundesrepublik Deutschland, in: Werner Weidenfeld/Hartmut Zimmermann (Hrsg.), Deutschland-Handbuch. Eine doppelte Bilanz 1949–1989. Bonn 1989, 308–325, hier 318f., Zitat 319.

Hinsichtlich der *Geschlechterbeziehungen* war das letzte Drittel des zwanzigsten Jahrhunderts vom Anspruch der Gleichberechtigung bzw. der Emanzipation von Frauen im Sinne der Überwindung sozialer Benachteiligungen geprägt. Politisch vorgebracht zunächst von der „neuen Frauenbewegung" in den siebziger Jahren, wurde sie an Wirksamkeit und Nachhaltigkeit von einer strukturellen, oft subkutanen Verschiebung der politischen Kultur übertroffen, die sich nicht zuletzt in Gesetzgebung und gesellschaftspolitischer Institutionalisierung der ‚Frauenfrage' niederschlug.[55] Wirkmächtigster Katalysator dieser Entwicklung und zentrales Potential der Emanzipation waren steigende Bildungschancen von Frauen und Mädchen und zunehmender Erwerb von Bildung bzw. Bildungstiteln im Zuge der Bildungsreform. Zum Kristallisationspunkt wurde die Berufstätigkeit einer wachsenden Zahl von Frauen, wobei gerade auf dem Gebiet des Arbeitslebens strukturelle Unterschiede und Benachteiligungen von Frauen bestehenblieben. Daß aber die Erwerbstätigkeit anstelle nichterwerbstätiger Familienarbeit zum Leitbild und Indikator weiblicher Emanzipation aufrückte, schloß an die allgemeine Tendenz der modernen Leistungsgesellschaft an, gesellschaftlichen Status qua Berufsposition zuzuweisen.[56]

Diese Entwicklung blieb nicht ohne gravierende Konsequenzen für die Sozialform der *Familie.* Mit der „Entfamiliarisierung der Frau"[57] löste sich die Verbindlichkeit des klassischen Ernährer-Hausfrau-Modells sowie der Ehe überhaupt auf, und die ‚bürgerliche Normalfamilie' von verheirateten Eltern mit eigenen Kindern verlor ihr Monopol als sozialkulturelles Leitbild und – wenn auch in geringerem Maße – als sozialstruktureller Regelfall[58]. Zwar dürfen auch die Familien- und Privatheitsformen bis zu den sechziger Jahren, gerade angesichts krisen- und kriegsbedingter Fragmentierungen, nicht zu homogen und stereotyp gedacht werden. Aber die dann einsetzenden Prozesse reichten insofern tiefer, als sie in eine substantielle „Pluralisierung der Privatheitsformen" in „familien- und kindzentrierte", „partnerschaftszentrierte" und „individualistische" Privatheitstypen eingebettet

[55] Vgl. dazu mit historischer Perspektive *Ute Frevert*, Frauen-Geschichte. Zwischen bürgerlicher Verbesserung und neuer Weiblichkeit. Frankfurt am Main 1986; *Geissler*, Sozialstruktur Deutschlands (wie Anm. 49), 275–305; *Rosemarie Nave-Herz*, Die Geschichte der Frauenbewegung in Deutschland. 5. Aufl. Hannover 1997, bes. 53–85; *Gunilla-Friederike Budde* (Hrsg.), Frauen arbeiten. Weibliche Erwerbstätigkeit in Ost- und Westdeutschland nach 1945. Göttingen 1997, bes. 9; sowie *Kristina Schulz*, Der lange Atem der Provokation. Die Frauenbewegung in der Bundesrepublik und in Frankreich 1968–1976. Frankfurt am Main 2002.

[56] Vgl. *Lothar Gall*, Vom Stand zur Klasse? Zu Entstehung und Struktur der modernen Gesellschaft, in: HZ 261, 1995, 1–21, bes. 6–11.

[57] *Trutz von Trotha*, Zum Wandel der Familie, in: Kölner Zeitschrift für Soziologie und Sozialpsychologie 42, 1990, 452–473, hier 459.

[58] *Thomas Meyer*, Familienformen im Wandel, in: Geissler, Sozialstruktur Deutschlands (wie Anm. 49), 306–332, Zitate 329.

waren. Konkret bedeutete dies, daß die Zahl der Eheschließungen und Mehrkinderfamilien zurückging, während Scheidungsraten und die Zahl von Zweit- und Drittfamilien im häufigen Falle der Wiederverheiratung erheblich anstiegen, und ebenso der Anteil der Unverheirateten und der nichtehelichen Lebensgemeinschaften mit und ohne Kinder, von kinderlosen Ehen, Einpersonenhaushalten, Alleinerziehenden sowie alternativen Wohn- und Haushaltsformen, die als Massenphänomene zum großen Teil historisch neue Lebensformen darstellten.[59]

Diese Entwicklungen waren mit einem tiefgreifenden Normenwandel verbunden. Er manifestierte sich in einer Verschiebung innerhalb der Erziehungswerte von einem autoritären und gehorsamsorientierten zu einem partnerschaftlichen Umgang mit Kindern[60], zugleich in der Entkopplung von Partnerschaft und Elternschaft und der damit verbundenen, als Massenphänomen neuartigen gewollten Kinderlosigkeit, begleitet von einer Entkopplung von Sexualität und Ehe im Zuge eines Wandels der Sexualmoral zugunsten einer größeren Permissivität in Einstellungen und – dort allerdings weniger – im Verhalten[61].

Von erheblicher Bedeutung für die gesellschaftliche Entwicklung war zugleich der ökonomische Strukturwandel im Zeichen der „*Tertiarisierung*".[62] Im internationalen Vergleich war die Beschäftigtenstruktur in Deutschland von einem überproportionalen Anteil des sekundären Sektors (des produzierenden Gewerbes unter Einschluß von Energiewirtschaft, Bergbau und Bauindustrie) geprägt. Anfang der siebziger Jahre wurde er aber auch dort vom tertiären Sektor (Handel, Transport-, Verkehrs- und Kommunikationswesen, Banken und Versicherungen sowie der gesamte Bereich der staatlichen Dienstleistungen) hinsichtlich der Zahl der Beschäftigten überholt. Indem somit der Anteil von Dienstleistungen im Sinne der Produktion immaterieller Güter an der Gesamtwirtschaft zunahm, stand dahinter ein gesamtwirtschaftlicher Strukturwandel.

Er brachte, in erster Linie durch den Abbau einfacher und standardisierter manueller Tätigkeiten und durch zunehmende Nachfrage nach speziali-

[59] Vgl. *Reinhard Sieder*, Sozialgeschichte der Familie. Frankfurt am Main 1987, 271.

[60] Vgl. *Helmut Fend*, Sozialgeschichte des Aufwachsens. Bedingungen des Aufwachsens und Jugendgestalten im 20. Jahrhundert. Frankfurt am Main 1988, 108–115; *von Trotha*, Wandel der Familie (wie Anm. 57), 461.

[61] Vgl. *Oliver König*, Sexualität, in: Schäfers/Zapf (Hrsg.), Handwörterbuch zur Gesellschaft Deutschlands (wie Anm. 41), 573-583; *Ulrich Clement*, Sexualität im sozialen Wandel. Eine empirische Vergleichsstudie an Studenten 1966 und 1981. Stuttgart 1986, bes. 77 und 80.

[62] Vgl. dazu *Toni Pierenkemper*, Gewerbe und Industrie im 19. und 20. Jahrhundert. (Enzyklopädie deutscher Geschichte, Bd. 29.) München 1994, 91-96, und *Gerhard Ambrosius*, Agrarstaat oder Industriestaat – Industriegesellschaft oder Dienstleistungsgesellschaft? Zum sektoralen Strukturwandel im 20. Jahrhundert, in: Reinhard Spree (Hrsg.), Geschichte der deutschen Wirtschaft im 20. Jahrhundert. München 2001, 50–69, bes. 64.

sierten Dienstleistungen, nachhaltige *sozialstrukturelle Auswirkungen* mit sich. Die ‚tertiarisierte Industriegesellschaft' war vor allem durch eine erhebliche Ausweitung der Dienstleistungsmittelschichten gekennzeichnet. Vor diesem Hintergrund ist die bundesdeutsche Gesellschaft der siebziger und achtziger Jahre als aus der Schichtungsgesellschaft hervorgegangene „multidimensional differenzierte, mittelschichtdominante [sic] Wohlstandsgesellschaft mit spezifischen Randgruppenerscheinungen" charakterisiert worden.[63]

In dieser Kennzeichnung wird zugleich die Relativierung, wenn nicht gar die Zurückdrängung der klassischen sozialen Schichtungsmodelle innerhalb der Soziologie in den achtziger Jahren erkennbar. Vor dem Hintergrund von Massenwohlstand und allgemeiner Stabilität sowie der offensichtlichen Auflösung von klar erkennbaren, nach Berufsposition und Qualifikationsniveau, materieller Ausstattung und sozialem Einfluß bestimmten Schichten bzw. Schichtengrenzen wurden alternative gesellschaftliche Distinktionskriterien diskutiert. Die „Sozialstrukturanalyse in einer fortgeschrittenen Gesellschaft" verschob sich, so der programmatische Titel von Stefan Hradil, von „Klassen und Schichten zu Lagen und Milieus".[64] Das Modell der ‚sozialen Lagen' kombinierte 40 Soziallagen, die aus materiellen Kriterien wie Berufsstatus, Alter und Geschlecht gewonnen wurden, als Indikatoren für „objektive Wohlfahrt" mit „subjektiven" Wohlfahrtskriterien der Lebenszufriedenheit.[65] Und der nicht zuletzt für die Marktforschung der prosperierenden und medialisierten Konsumgesellschaft verwendete Ansatz der ‚sozialen Milieus neuen Typs' zielte auf ‚subkulturelle' Einheiten innerhalb der Gesellschaft, die sich nach Wertorientierungen, Lebensauffassung und Lebensstilen unterschieden.[66]

Auch wenn diese kultursoziologischen Ansätze von vornherein nicht unwidersprochen blieben[67] und materielle Schichtungskriterien in den neunzi-

[63] *Stefan Hradil*, Soziale Ungleichheit in der Bundesrepublik Deutschland. 8. Aufl. Opladen 2001, 489, nach der 6. Aufl. von *Karl Martin Bolte* und *Stefan Hradil* (1988), 359.

[64] Vgl. dazu auch den programmatischen Titel von *Stefan Hradil*, Sozialstrukturanalyse in einer fortgeschrittenen Gesellschaft. Von Klassen und Schichten zu Lagen und Milieus. Opladen 1987.

[65] Vgl. *Peter A. Berger/Stefan Hradil* (Hrsg.), Lebenslagen, Lebensläufe, Lebensstile. (Soziale Welt, Sonderbd. 7.) Göttingen 1990; *Wolfgang Glatzer/Wolfgang Zapf* (Hrsg.), Lebensqualität in der Bundesrepublik. Objektive Lebensbedingungen und subjektives Wohlbefinden. Frankfurt am Main 1984; oder *Wolfgang Zapf*, Sozialstruktur und gesellschaftlicher Wandel in der Bundesrepublik Deutschland, in: Weidenfeld/Zimmermann (Hrsg.), Deutschland-Handbuch (wie Anm. 54), 99–124, bes. 113.

[66] Vgl. *Horst Nowak/Ulrich Becker*, Es kommt der „neue" Konsument, in: Form. Zeitschrift für Gestaltung 111, 1985, 14, und allgemein die (marktbezogenen) Lebensweltforschungen des Heidelberger Sinus-Instituts; *Stefan Hradil*, Soziale Ungleichheit in der Bundesrepublik Deutschland. 8. Aufl. Opladen 2001, 425–436; sowie *Michael Vester* u. a., Soziale Milieus im gesellschaftlichen Strukturwandel. Zwischen Integration und Ausgrenzung. Köln 1993, überarb. Neuaufl. Frankfurt am Main 2001.

[67] Vgl. *Geissler*, Sozialstruktur Deutschlands (wie Anm. 49), 78 und 82–87; *K. U. Mayer/ H.-P. Blossfeld*, Die gesellschaftliche Konstruktion sozialer Ungleichheit im Lebensver-

ger Jahren wieder verstärkte gesellschaftswissenschaftliche Berücksichtigung fanden[68], ist ihre Infragestellung für die bundesdeutsche Gesellschaft doch in zweierlei Hinsicht aufschlußreich. Denn zum einen spiegeln diese Beschreibungen, als kulturgeschichtliche Quelle, zeitgenössische Wahrnehmungen. Und zum anderen verweisen sie, als sozialwissenschaftliche Analyse, auf eine sachliche Substanz: das Zurücktreten zumindest der Offensichtlichkeit von materiellen, sozialstrukturellen Distinktionskriterien zugunsten der Bedeutung anderer, sozialkultureller Faktoren.

In diesem Sinne sprach Ulrich Beck von „Individualisierung" als der Auflösung von sozialen Klassen, von Geschlechterrollen, von Ehe und Familie sowie von Arbeitsbeziehungen als sozial verbindlichen Institutionen zugunsten neuer Wahlmöglichkeiten und Diskontinuitäten im Lebensalltag und in den einzelnen Biographien.[69] Und vor diesem Hintergrund ist auch Gerhard Schulzes kultursoziologischer Entwurf der „Erlebnisgesellschaft" historisch zu verorten, der fünf neue, durch Konsum- und Freizeitverhalten, Werthaltungen und Mediennutzung (letzten Endes aber doch wieder nach Bildung und Einkommen) bestimmte soziale Milieus als entscheidenden Modus gesellschaftlichen Zusammenhalts unterschied.[70] In der Tat waren die siebziger und achtziger Jahre von einem Rückgang der durchschnittlichen Arbeitszeit geprägt, während die Freizeit samt ihrer gesellschaftlichen Bedeutung zunahm. Zugleich setzte sich im Zusammenhang der Ausweitung der Dienstleistungsmittelschichten, vor allem durch den sozialen Aufstieg von vormaligen Angehörigen der Arbeiterschaft, eine allgemeine materielle „Umschichtung nach oben"[71] fort.

Dieser Aufstieg steht, wie der gesamte soziale Wandel, in enger Verbindung mit der *Bildungsexpansion*. Zwischen 1970 und 1990 stieg der Anteil der Gymnasiasten unter den 13jährigen von 20 auf 31%; hatten 1970 noch 11,4% eines Jahrgangs die Schule mit Hochschul- oder Fachhochschulreife verlassen, so waren es 1990 mit 33,8 fast dreimal so viele. Im selben Zeitraum nahm die Zahl der Studierenden an Universitäten, Gesamt-, Kunst- und Fachhochschulen von 422 000 auf 1,585 Mio. zu.[72]

lauf, in: Berger/Hradil (Hrsg.), Lebenslagen, Lebensläufe, Lebensstile (wie Anm. 65), 311; *Hans-Ulrich Wehler*, Deutsches Bürgertum nach 1945: Exitus oder Phoenix aus der Asche?, in: GG 27, 2001, 617–634, bes. 633f.

[68] Überblick über die Forschungsentwicklung bei *Stefan Immerfall*, Gesellschaftsmodelle und Gesellschaftsanalyse, in: Schäfers/Zapf (Hrsg.), Handwörterbuch zur Gesellschaft Deutschlands (wie Anm. 41), 259–270, bes. 261f.

[69] *Ulrich Beck*, Die Risikogesellschaft. Auf dem Weg in eine andere Moderne. 5. Aufl. Frankfurt am Main 1988.

[70] *Gerhard Schulze*, Die Erlebnisgesellschaft. Kultursoziologie der Gegenwart. Frankfurt am Main 1992, 54, 277–333 und 541.

[71] *Geissler*, Sozialstruktur Deutschlands (wie Anm. 49), 234.

[72] Vgl. Statistisches Jahrbuch 1990 für die Bundesrepublik Deutschland. Hrsg. vom Statistischen Bundesamt. Stuttgart 1990, 28.

Dabei ging der in den sechziger Jahren herrschende Konsens über eine „Anhebung des gesamten Ausbildungsniveaus", wie sie die Kultusministerkonferenz 1964 beschlossen hatte[73], nach 1969 in einen zuweilen „fanatisch geführte[n] Kulturkampf"[74] über, als zur primär technisch-quantitativen Erweiterung des Bildungssystems dezidiert gesellschaftspolitische und -planerische, emanzipatorisch-egalitäre Zielsetzungen hinzutraten, wie sie sich insbesondere in den konfliktorientierten hessischen „Rahmenrichtlinien" für die Fächer Deutsch und Gesellschaftslehre aus dem Jahr 1972 oder im Projekt der Gesamtschule niederschlugen.

Sozialgeschichtlich bedeutsamer als diese Kontroversen sind unterdessen die langfristigen gesellschaftlichen Folgewirkungen, die allerdings, wie Rainer Geissler konstatiert, „bisher relativ wenig erforscht" sind. Immerhin lassen sich Tendenzen absehen: Erstens führten ein verbreiterter Zugang zu Bildung und zunehmender Erwerb von Bildungstiteln zu einer allgemeinen „Höherqualifizierung der Bevölkerung". Zugleich trug die Ausdehnung mittlerer und höherer bei gleichzeitiger Schrumpfung unterer Bildungsschichten über die Ausweitung vor allem der Dienstleistungsmittelschichten zur sozialen „‚Umschichtung nach oben' in der Berufs- und Einkommensstruktur" bei.[75] Diese erhöhte soziale Mobilität bedeutete zweitens einen Abbau von sozialer Ungleichheit, vor allem in geschlechtsspezifischer, regionaler und konfessioneller Hinsicht, in erster Linie allerdings zugunsten der Dienstleistungsmittelschichten. Die unteren Schichten profitierten zwar von den mittleren, sehr viel weniger hingegen von den höheren Abschlüssen, so daß schichttypische Ungleichheiten zugleich perpetuiert wurden.[76] Drittens stellten Bildung bzw. erweiterte Bildungschancen das zentrale emanzipatorische Potential für die bereits angesprochene weibliche Emanzipation dar. Und viertens beförderte zunehmende Bildung die sozialkulturellen Individualisierungs- und Pluralisierungstendenzen im Bereich von Werten im Zusammenhang mit den ebenfalls bereits angesprochenen Lebens- und Privatheitsformen und Lebensstilen.[77]

[73] Vgl. den Beitrag von *Thomas Ellwein,* Die deutsche Gesellschaft und ihr Bildungswesen: Interessenartikulation und Bildungsdiskussion, in: Christoph Führ/Karl-Ludwig Furck (Hrsg.), Handbuch der deutschen Bildungsgeschichte. Bd. 6: 1945 bis zur Gegenwart. Teilbd. 1: Die Bundesrepublik. München 1998, 87–109, hier 92.

[74] *Wolfgang Jäger*, Die Innenpolitik der sozialliberalen Koalition 1969–1974, in: Karl Dietrich Bracher/Wolfgang Jäger/Werner Link, Republik im Wandel 1969–1974. Die Ära Brandt. (Geschichte der Bundesrepublik Deutschland, Bd. 5/1.) Stuttgart 1986, 137.

[75] *Rainer Geissler*, Die Sozialstruktur Deutschlands. Die gesellschaftliche Entwicklung vor und nach der Vereinigung. 3. Aufl. Wiesbaden 2002, 333–359, die Zitate 341 und 344 (in der 2. Aufl. [wie Anm. 49], 249–270).

[76] Vgl. den Beitrag von *Heinz-Herbert Noll*, in: Wolfgang Glatzer u. a., Recent Social Trends in West Germany 1960–1990. Frankfurt am Main 1992, hier 463; *Geissler*, Sozialstruktur Deutschlands (wie Anm. 75), 345–351 (in der 2. Aufl. [wie Anm. 49], 259–264).

[77] Vgl. auch *Kielmansegg*, Nach der Katastrophe (wie Anm. 12), 412.

Zeitlich etwas anders gelagert, hinsichtlich dieser Auswirkungen aber ähnlich gerichtet war die Entwicklung der *Massenmedien* und ihrer Nutzung, insbesondere im Bereich des Rundfunks. Nach der raschen und weiten Verbreitung des Fernsehers in den sechziger Jahren hatte sich bis zur Mitte der siebziger Jahre eine „Strukturstabilität des deutschen Rundfunksystems“[78] sowie eine Konsolidierung der zeitlichen Ausmaßes der Nutzung eingestellt. Um die Mitte der achtziger Jahre setzte dann eine neuerliche stürmische Entwicklung der Technologie, der Institutionen und der Nutzung audiovisueller Medien ein. Eröffneten CD- und Videotechnik neue Möglichkeiten zur Speicherung und Wiedergabe von Bild und Ton, so stellten neue Übertragungstechniken via Kabel und Satellit die technische Grundlage für die Einführung des dualen Rundfunksystems zur Verfügung, die Erweiterung der öffentlich-rechtlichen um private Anbieter im Jahr 1984. Damit begann ein neuer Nutzungsschub des Rundfunks vor allem im Bereich der Unterhaltung. Neben der Kommerzialisierung auch der Telekommunikation führte er vor allem eine zunehmende Medialisierung des Alltags mit kaum absehbaren[79] lebensweltlichen Auswirkungen mit sich, von der Verbreiterung verfügbaren Wissens bis zu tiefgreifenden Veränderungen vielfältiger Gewohnheiten oder von Wahrnehmungsformen durch einen Wandel der Kategorien Nähe und Ferne, Raum und Zeit: ein „neues audio-visuelles Zeitalter schafft sich seine eigenen Wirklichkeiten, deren Rückwirkungen auf die ‚Realität an sich‘, die wahrnehmenden und reflektierenden Individuen eingeschlossen, immer komplexer werden“.[80]

Um die Mitte der sechziger Jahre setzte ein plötzlicher Schub in einem seitdem kontinuierlich fortschreitenden Prozeß ein, für den sich die Bezeichnung „*Wertewandel*“ etabliert hat: eine allgemeine Verschiebung im Gefüge gesamtgesellschaftlich gültiger Normen hauptsächlich von „Pflicht- und Akzeptanzwerten“ wie Arbeits- und Leistungsbereitschaft, Disziplin, Pünkt-

[78] *Max Kaase*, Medienkommunikation und Massenmedien, in: Schäfers/Zapf (Hrsg.), Handwörterbuch zur Gesellschaft Deutschlands (wie Anm. 41), 460–471, hier 465.

[79] Ist schon die Erforschung der Mediennutzung mit erheblichen – und bislang nicht wirklich überwundenen – Schwierigkeiten verbunden, so gilt dies erst recht für die Medienwirkungen, vgl. dazu *Konrad Dussel*, Amerikanisierung und Postmoderne in der Bundesrepublik. Beiträge der Rundfunkgeschichte zu fächerübergreifenden Diskursen, in: GWU 50, 1999, 221–238, bes. 224; *Marie Luise Kiefer*, Hörfunk- und Fernsehnutzung, in: Jürgen Wilke (Hrsg.), Mediengeschichte der Bundesrepublik Deutschland. Köln 1999, 426–446, bes. 426–428; sowie *Knut Hickethier*, Geschichte des deutschen Fernsehens. Stuttgart 1998, 237–306, zusammengefaßt in: *Walter Klingler/Gunnar Roters/Maria Gerhards* (Hrsg.), Medienrezeption seit 1945. Forschungsbilanz und Forschungsperspektiven. 2. Aufl. Baden-Baden 1999, 129–141; vgl. auch die Langzeitstudie von *Klaus Berg/Marie-Luise Kiefer* (Hrsg.), Massenkommunikation V. Eine Langzeitstudie zur Mediennutzung 1964–1995. Baden-Baden 1996.

[80] *Bernhard Schäfers*, Sozialstruktur und sozialer Wandel in Deutschland. 7. Aufl. Stuttgart 1998/2001, 24 (im Anschluß an Niklas Luhmann).

lichkeit und Sparsamkeit, Gehorsam, Unterordnung und Autorität sowie von bürgerlichen Moralvorstellungen samt der Orientierung an einem den Individuen vorgängigen Gemeinwohl, hin zu „Selbstentfaltungswerten“ wie Selbständigkeit und Mitbestimmung, Kritik, freiem Willen und individueller Autonomie, zu Selbstbestimmung statt festlegender äußerer Verbindlichkeiten.[81] Dabei wurden eher vorhandene Wertsysteme qua Pluralisierung abgebaut, als daß vergleichbar verbindliche und geschlossene neue Systeme an ihre Stelle getreten wären.

Dieser Prozeß des Wertewandels liegt vielfältigen und den bereits benannten Entwicklungen zugrunde und manifestiert sich zugleich in ihnen. Sie reichen vom Verhältnis zwischen den Geschlechtern, der Geschichte von Ehen, Familien und Erziehung – die „Scherenbewegung“ in den Erziehungswerten zwischen der Bedeutung der Gruppen „Gehorsam und Unterordnung“ einerseits und „Selbständigkeit und freier Wille“ andererseits führt Helmut Klages als zentralen Beleg für den Wertewandel an[82] –, über die Entkopplung von Partnerschaft und Elternschaft und den Wandel von Sexualmoral und Privatheitsformen bis hin zur Auflösung der noch verbliebenen Reste der klassischen ‚sozial-moralischen Milieus‘, namentlich des Arbeitermilieus und des katholischen Milieus.

Auch die am stärksten polarisierte politische Kontroverse der siebziger Jahre, die Diskussion um die Straffreiheit von Schwangerschaftsabbrüchen, ist in diesem allgemeinen Kontext zu verorten: Im Kern ging es um die Auseinandersetzung zwischen der christlich-moralischen Position der Unantastbarkeit ungeborenen Lebens hier – und dem Anspruch des Vorrangs individueller Selbstbestimmungs- und Selbstentfaltungsrechte im Zusammenhang der Frage der Geschlechterbeziehungen da, der sich letztlich weitgehend durchsetzte.[83]

Insofern stand die Debatte um die Abtreibung ebenso im Zusammenhang eines allgemeinen Rückgangs an Kirchenbindung wie das bereits angesprochene Phänomen der Freizeit, die im Zuge anspruchsvollerer Lebensstile zunehmend sozial konstitutive Bedeutung in der „Erlebnisgesellschaft“

[81] *Helmut Klages*, Traditionsbruch als Herausforderung. Perspektiven der Wertewandelsgesellschaft. Frankfurt am Main 1993, bes. 9f. und 45.

[82] *Helmut Klages*, Werte und Wertwandel, in: Schäfers/Zapf (Hrsg.), Handwörterbuch zur Gesellschaft Deutschlands (wie Anm. 41), 726–738, hier 730.

[83] Die Polarisierung der Debatte setzt sich bis in die (noch nicht sehr weit fortgeschrittene) historische Forschung fort: Während die einzige empirisch fundierte Darstellung des gesellschaftlich-politischen Meinungs- und Willensbildungsprozesses aus ablehnender Perspektive geschrieben ist (*Michael Gante*, § 218 in der Diskussion. Meinungs- und Willensbildung 1945 bis 1976. Düsseldorf 1991, vgl. auch *ders.*, Das 20. Jahrhundert (II). Rechtspolitik und Rechtswirklichkeit 1927-1976, in: Robert Jütte [Hrsg.], Geschichte der Abtreibung. Von der Antike bis zur Gegenwart. München 1993, 169–207), trägt die geschlechtergeschichtliche Behandlung des Themas weitgehend die Handschrift der Befürworterinnen; vgl. auch *Ute Frevert*, Frauen-Geschichte (wie Anm. 55), 280.

jedenfalls der achtziger Jahre gewann. Verstärkt wurde in der Freizeit gesucht, „was die Religion nicht mehr bietet", konstatiert Heiner Meulemann, der die gesamten Prozesse von Individualisierung und verstärkter Wertschätzung von Selbst- und Mitbestimmung anstelle der vorbehaltlosen Anerkennung von äußeren Normen als eine „Art zweiter Säkularisierung" deutet.[84]

Hauptindikator dieser *Säkularisierung und Entkirchlichung* ist die Kirchgangshäufigkeit, die Mitte der sechziger und Anfang der siebziger Jahre auf protestantischer ebenso wie, von höherem Niveau aus, auf katholischer Seite einen veritablen Einbruch erlebte. Dieser substantielle Rückgang an Kirchenbindung führte, wie sich in Fragen der Abtreibung und der Sexualmoral besonders prominent zeigte, einen Verlust an Normsetzungskompetenz und somit an gesellschaftlichem Einfluß der Kirchen mit sich.[85] Er schlug sich zugleich in den allgemeinen Werthaltungen nieder, insofern kirchlich Gebundene, so die kulturpessimistisch eingefärbten Befunde des Allensbacher Instituts für Demoskopie, in verschiedensten gesellschaftlichen Fragen von Abtreibung und Sterbehilfe bis zu Steuerhinterziehung und Schwarzfahren moralisch anders zu urteilen pflegten als kirchlich nicht Gebundene.[86] Somit stand der Säkularisierungs- und Entkirchlichungsprozeß, verbunden mit Prozessen der Privatisierung von Religion und der Diversifizierung von Religiosität, die allerdings keine vergleichbar verbindlichen neuen Formen hervorbrachten, in unmittelbarer Wechselwirkung mit dem Wertewandel und der allgemeinen sozialkulturellen Entwicklung.[87]

[84] *Heiner Meulemann*, Werte und Wertewandel. Zur Identität einer geteilten und wieder vereinten Nation. Weinheim 1996, bes. 130–134, Zitat 133.

[85] Vgl. *Karl Gabriel*, Christentum zwischen Tradition und Postmoderne. 7. Aufl. Freiburg 2000 (zuerst 1992), bes. 52–68 und 193–196; vgl. auch die Zusammenfassung in Schäfers/Zapf (Hrsg.), Handwörterbuch zur Gesellschaft Deutschlands (wie Anm. 41), 380–391, bes. 384f., sowie ebd. 563–573, bes. 563–565 den Artikel von *Heiner Meulemann* über Säkularisierung, Kirchenbindung und Religiosität; vgl. für die katholische Seite auch den Überblick von *Erwin Gatz* (Hrsg.), Kirche und Katholizismus seit 1945. Bd. 1: Mittel-, West- und Nordeuropa. Paderborn 1998, 114–120.

[86] Vgl. *Renate Köcher*, Religiös in einer säkularisierten Welt, in: Elisabeth Noelle-Neumann/Renate Köcher, Die verletzte Nation. Über den Versuch der Deutschen, ihren Charakter zu ändern. Stuttgart 1987, 164–281 und 298f., bes. 187.

[87] Historisch zu klären bleibt in diesem Zusammenhang der Umstand, daß einer freiwilligen, gesellschaftlich generierten Säkularisierung in der Bundesrepublik eine phänomenologisch ganz ähnliche erzwungene, staatlich implementierte Säkularisierung in der DDR gegenüberstand, im Hinblick auf Gleichheiten und Ungleichheiten der Genese sowie auf den spezifischen und übergeordeneten Charakteristika dieser Prozesse.

IV. Ausblick

Dieser fundamentale gesellschaftlich-kulturelle Transformationsprozeß innerhalb des bundesdeutschen Gemeinwesens[88] ist der politischen Geschichte ebenso zugerechnet worden wie die autonomen Entscheidungen der Bundesregierung in der Sicherheitspolitik, dem elementaren Bereich von Politik, in dem es letztlich um Krieg und Frieden geht. Hier führen die alten Wege zum Ziel, dort gilt es neue Pfade zu erschließen und den Gegenstandsbereich der Politikgeschichte über den staatlichen Bereich und das Set von *polity*, *politics* und *policy* hinaus auszudehnen. Der hier vorgeschlagene, keineswegs neue, sondern ganz an klassisch-antike Vorstellungen bzw. grundlegende antike und moderne Elemente aufgreifende doppelte Politikbegriff sucht Politik im engeren Sinne des staatlichen Entscheidungshandelns (*politike téchne)* und das Politische im weiteren Sinne der auf das Gemeinwesen bezogenen Angelegenheiten (*tà politiká)* – man könnte auch sagen: Machiavelli und Aristoteles – zu einem historiographisch operationsfähigen Konzept zu verbinden. Diese Perspektive des *quod omes tangit* vermag ein integrales Verständnis vergangener Welten zu eröffnen und eine Synthese der – nicht zuletzt für die Geschichte der Bundesrepublik spezifischen – Vielfalt von Themengebieten, Entwicklungssträngen und dementsprechenden Interpretationskategorien zu leisten, ohne daß ein solcher weiter Begriff des Politischen im Ergebnis zu einem konturlosen *multa non multum* verschwämme.

Diese – banal klingende und doch erst zu praktizierende – Kombination von Bewahrung und Erweiterung gilt nicht nur in thematischer, sondern auch in methodischer Hinsicht. Einerseits kann politische Geschichte von Offenheit gegenüber sozial- und kulturgeschichtlichen Zugängen nur profitieren: die politische Kultur bildet ohnehin ein schon klassisches Schnittfeld von Politik- und Kulturgeschichte, sie steht in enger Verbindung mit symbol- oder diskursgeschichtlichen Konzepten (letztere liegen einer philologisch-hermeneutisch arbeitenden Geschichtswissenschaft ohnehin grundsätzlich nahe, und doch haben sie einen Blick für allgemeine Diskurse und ihre konstitutive Bedeutung in vielem erst eröffnet), verstärkte Beachtung der Politikgeschichte gebührt dem für die auf das Gemeinwesen bezogenen Angelegenheiten konstitutiven Phänomen der Öffentlichkeit[89], und auch gendergeschichtliche Ansätze und

[88] Vgl. dazu als Versuch einer allgemeinen historischen Einordnung an das Konzept der Moderne *Andreas Rödder*, Wertewandel und Postmoderne. Gesellschaft und Kultur in der Bundesrepublik Deutschland 1965–1990. (Stiftung-Bundespräsident-Theodor-Heuss-Haus, Kleine Reihe, H. 12) Stuttgart 2004.

[89] Zur Relevanz des Themas, aber auch für den erst im Anfangsstadium befindlichen Forschungsstand vgl. *Bernd Weisbrod* (Hrsg.), Die Politik der Öffentlichkeit – Die Öffentlichkeit der Politik. Politische Medialisierung in der Geschichte der Bundesrepublik. Göttingen 2003.

das (von der politischen Geschichtsschreibung doch erheblich vernachlässigte) Thema der Geschlechterbeziehungen verdienen in der politischen Geschichte vermehrte und konstruktive Aufmerksamkeit.

Das heißt aber nicht, jede gesellschafts- oder kulturtheoretische Melodie nachzupfeifen, nicht zuletzt in den wohlfeilen Absichtserklärungen und Forderungskatalogen in Tagungsbänden oder selbstreferentiellen Perspektivbeiträgen über disziplinäre Erneuerungen und Erweiterungen in jedweder Richtung, sondern Theorien und Modelle kritisch auf ihre historiographischen Erkenntnispotentiale hin abzuwägen. Gerade im Bereich der Zeitgeschichte sind die Berührungen zwischen Historiographie und Gegenwartswissenschaften besonders ausgeprägt, da die Sozial- und Kulturwissenschaften zum einen eine im historischen Vergleich einzigartige Fülle von bereits zeitgenössischem Wissen über Gegenstände bereitgestellt haben, deren sich die Geschichtswissenschaft später annimmt, und da die Gegenwartswissenschaften zum anderen – in unterschiedlichem Maße – auch diachrone Perspektiven anlegen. Und doch unterscheiden sich – jedenfalls der Tendenz nach und der Erfahrung zufolge – sozial- und kulturwissenschaftliche Perspektiven, Erkenntnisinteressen und Methoden (die in sich auch keineswegs einheitlich sind) von spezifisch historiographischen, so daß es mit dem einfachen Schlagwort der „Interdisziplinarität“ nicht getan ist. Theorien, Modelle und Zugänge anderer Disziplinen sind daher für ihre geschichtswissenschaftliche Verwendung kritisch daraufhin abzuwägen, ob sie als konkrete inhaltliche Beschreibungen mit den Quellen vereinbar und diachron anschlußfähig sind, und ob solche aus anderen Disziplinen und wissenschaftlichen Zusammenhängen entnommenen Konzepte auf andere, historische Kontexte übertragbar sind; dies ist nur am jeweiligen Einzelfall zu bestimmen, wobei, nur zum Beispiel, postkoloniale Ansätze für die deutsche Geschichte im allgemeinen eher aufgesetzt wirken.

Zu solcher Offenheit gehört zugleich nicht minder, auch die klassischen und hinsichtlich ihrer Erkenntnispotentiale weder widerlegten noch wirklich übertroffenen philologisch-hermeneutischen, empirisch-induktiven Methoden selbstbewußt anzuwenden (wobei Problemorientierung als Antibiotikum gegen das für die Geschichtsschreibung des Politischen besonders gefährliche Gift des Positivismus zu verabreichen ist). Solcher Pluralismus bedeutet zugleich, daß ein offener Wettstreit um produktive Ergebnisse und über ihre Güte ausgetragen wird[90], für den eine Voraussetzung allerdings unabdingbar ist: die Anerkennung einer Realität bzw. der Existenz von Tatsachen, die zwar ein Konstrukt darstellen – in bezug auf die Geschichte wußte schon Johan Huizinga, daß sie ein geistiges Produkt ist[91], und daß dies für

[90] Vgl. dazu z. B. den Beitrag von Manfred Kittel in diesem Band.

[91] Vgl. seine klassische Definition von Geschichte als „geistige Form, in der sich eine Kultur über ihre Vergangenheit Rechenschaft gibt“, in: *Johan Huizinga*, Über eine Defi-

Erkenntnis allgemein nicht weniger gilt, ist eine Grundlage der Hermeneutik, die viel älter ist als der moderne Konstruktivismus – über die aber dennoch, auf der Ebene des *common sense* in seinem umfassendsten Sinne[92], eine intersubjektiv verbindliche Verständigung über falsch und richtig, jedenfalls plausibel und unplausibel oder adäquat und inadäquat möglich ist.

In einem ebenso offenen wie selbstbewußten Auftreten in der auch hier belebenden Konkurrenz um den allein zählenden Erkenntnisgewinn, ohne Berührungsängste und nicht in der Defensive, in der sich die Disziplin angesichts der Angriffe der Gesellschafts- und später der Kulturgeschichte allzu oft verschanzt hat, liegen die Chancen und Perspektiven der Geschichte des Politischen. Zugleich vermag sie in besonderem Maße mit der Öffentlichkeit zu kommunizieren. Denn es sind in wesentlichem Maße ihre Themen, die mit gesellschaftlichen Fragen korrespondieren: Im ersten Jahrzehnt des 21. Jahrhunderts sind die harten sicherheitspolitischen Fragen von Krieg und Frieden ebenso wie der materiellen Verteilung und Schichtung mit großer Macht und Offensichtlichkeit auf die deutsche Agenda zurückgekehrt (von der sie in globalem Maßstab im übrigen nie abgesetzt waren), verbunden mit elementaren gesellschaftlichen Unsicherheiten über die weiteren Entwicklungen. Gleiches gilt für den Standort der geistig-kulturellen bzw. der Werteentwicklung zwischen einem wahlweise liberalen oder hedonistischen „Anything goes“ des Wohlstandes und harten Zwängen zunehmend drückender Strukturprobleme, die in einer Erfolgsgeschichte der „Liberalisierung“[93] ebensowenig aufgeht wie im Kulturpessimismus eines „Werteverfalls“[94].

Natürlich darf die Geschichtswissenschaft weder, als staatlich suventionierte Institution, zum reinen Zulieferbetrieb für gesellschaftliche Bedürfnisse noch, auf der Suche nach privaten Drittmitteln, zur Produktionsstätte gefälliger vermarktungsfähiger Güter degenerieren. Vielmehr liegen ihre Dignität ebenso wie ihre Legitimität in ihrer interesselosen Autonomie[95] begründet. Doch konfrontieren allein schon neue Erfahrungen und Gegenwartsphänomene die standortgebundene Wissenschaft mit neuen Fragen

nition des Begriffs Geschichte (1929/1935), in: ders., Geschichte und Kultur. Gesammelte Aufsätze. Hrsg. u. eingel. v. Kurt Köster. Stuttgart 1954, 3–15, hier 13.

[92] Siehe oben Kap. II.

[93] Vgl. z. B. *Claus Leggewie*, 1968 – Ein transatlantisches Ereignis und seine Folgen, in: Junker u. a. (Hrsg.), Die USA und Deutschland (wie Anm. 12), Bd. 2, 642; *ders.*, Generationsschichten und Erinnerungskulturen – Zur Historisierung der „alten“ Bundesrepublik, in: Tel Aviver Jahrbuch für deutsche Geschichte 28, 1999, 211–235, bes. 214–224; *Jürgen Habermas*, Der Marsch durch die Institutionen hat auch die CDU erreicht, in: Frankfurter Rundschau vom 11. März 1988; oder *Axel Schildt*, Ankunft im Westen. Ein Essay zur Erfolgsgeschichte der Bundesrepublik. Frankfurt am Main 1999.

[94] Vgl. etwa *Manfred Fuhrmann*, Bildung. Europas kulturelle Identität. Stuttgart 2002, 55–111; oder *Noelle-Neumann/Köcher*, Die verletzte Nation (wie Anm. 86).

[95] Vgl. *Pierre Bourdieu*, Satz und Gegensatz. Über die Verantwortung des Intellektuellen. Frankfurt am Main 1989, 28f.

und Perspektiven, die zugleich gesellschaftlichen Bedarf an historischem Wissen reflektieren. Und letztlich liegt darin ja auch kein Widerspruch: Denn Erkenntnis ist und bleibt autonom zu gewinnen, daß aber die Wissenschaft diese Erkenntnis öffentlich vermittelt, ist eine legitime Anforderung. Und mehr als das: Für eine lebendige und öffentlich wirkende Politikgeschichte eröffnen diese Herausforderungen Chancen für Erkenntnis und ihre Vermittlung, die allemal lohnender sind, als sich in innerfachlichen Positionskämpfen oder realitätsenthobenen Glasperlenspielen zu verlieren.

III. Verfassungs- und Institutionengeschichte

Von der „Kleinstaaterei“ zum „komplementären Reichs-Staat“

Die Reichsverfassungsgeschichtsschreibung seit dem Zweiten Weltkrieg

Von

Matthias Schnettger

Daß sich einer der produktivsten Zweige der deutschen Frühneuzeitforschung seit dem Zweiten Weltkrieg mit der Geschichte des Alten Reichs befaßt, ist mittlerweile über den Kreis der Spezialisten hinaus bekannt. Daß sich die Bewertung dieses offenbar nur schwer zu fassenden Gebildes in der Mitte Europas in den letzten sechzig Jahren grundlegend gewandelt hat, ebenso: Wurde das Reich früher ganz überwiegend negativ gesehen, vielfach sogar mit einiger Verachtung betrachtet, so wird es heute zumeist positiv bewertet, ja, bisweilen scheint es Tendenzen zu seiner Idealisierung zu geben. Im folgenden sollen die Stationen dieses Wandels knapp nachgezeichnet und in Beziehung zu allgemeinen historiographischen Tendenzen wie auch zu den Standorten der Forscher gesetzt werden. Der Beitrag ist in fünf kurze Abschnitte gegliedert: Zunächst werde ich die Ausgangssituation gegen Ende des Zweiten Weltkriegs skizzieren und anschließend einen Blick auf die Anfänge der neuen Reichsgeschichtsschreibung werfen. Im dritten Teil werde ich mich sodann der vollen Entfaltung dieser Forschungsrichtung seit den 1970er Jahren zuwenden und eine knappe Bestandsaufnahme über die wichtigsten Forschungsfelder geben. Im Zentrum des vierten Teils steht die Diskussion um den „komplementären Reichs-Staat“, bevor ich abschließend ein knappes Szenario für mögliche – bzw. aus meiner Perspektive auch wünschenswerte – Entwicklungen der Reichsgeschichtsforschung in den kommenden Jahren entwerfen werde. Gleich zu Anfang sei betont, daß es in diesem Rahmen nicht darum gehen kann, alle Entwicklungen bis in die Einzelheiten auszuleuchten, sondern darum, die großen Linien und allgemeinen Tendenzen zu verfolgen.

I.

Der erste der beiden Begriffe im Titel dieses Aufsatzes stammt aus der „Deutschen Verfassungsgeschichte“ von Fritz Hartung. Dieses Werk erschien zwar erstmals 1914, erlebte jedoch 1959 und 1964 zwei Nachkriegsauflagen, und selbst heute noch kann es zumindest in Teilen für einen knappen Überblick über die verfassungsgeschichtlichen Entwicklungen in Deutschland durchaus als nützlich gelten. Was allerdings die Bewertung des Alten Reichs und seiner Verfassung betrifft, zeigt sich Hartung ganz als Kind seiner Zeit und kann damit als typisch für die vor 1945 – und vielfach auch darüber hinaus – gängige Sichtweise auf das Reich gelten.[1] Kennzeichnend ist seine Schilderung der verfassungsrechtlichen Auswirkungen des Westfälischen Friedens: „Der Westfälische Friede", so schreibt er, „hat das Grundgebrechen der deutschen Reichsverfassung, den Widerspruch zwischen der rechtlichen Bedeutung der territorialen Staatsbildungen und ihrer tatsächlichen Macht, keineswegs beseitigt, im Gegenteil eher verschärft. Das Zeitalter der Reichsreform hatte wenigstens versucht, durch das Mittel der Einung die Territorien in das Gefüge des Reiches fester einzugliedern. Der Westfälische Frieden dagegen zerstörte bloß, indem er die Libertät der Stände, ihre Landeshoheit und ihr Bündnisrecht fast schrankenlos anerkannte, ohne ihre Pflichten gegen Kaiser und Reich irgendwie festzulegen. [...] So ist die Entwicklung der Reichsverfassung mit dem Westfälischen Frieden beendet. Dem Kaisertum war [...] fast jede Handhabe zum Eingreifen im Reich genommen. [...] Aber auch die Sieger in dem Verfassungskampf, die Reichsstände, waren nicht in der Lage, der erstarrenden Reichsverfassung neues Leben einzuhauchen". Auch an dem „Hauptorgan" der Reichsstände, dem sich nach 1663 perpetuierenden Reichstag, läßt Hartung kaum ein gutes Haar: So ist ihm „die ewige Dauer des Reichstags [...] ein Zeichen für seine unfruchtbare Schwerfälligkeit, die zu keinem Entschluß zu gelangen vermochte". Bis auf wenige Leistungen war er „nutzlos und wurde allmählich zum Gespött. In den großen politischen Fragen versagte er ebenso [...], und daß er 1757 den Kampf des Hauses Habsburg gegen Friedrich den Großen in die althergebrachte Form des Verfahrens gegen Landfriedensbruch kleidete, machte ihn vollends lächerlich".[2]

[1] Dabei ist zu betonen, daß Hartung aus eigenen Forschungen ein Kenner des Reichs und seiner Verfassung war, daß ihm dieses als Forschungsgegenstand also durchaus am Herzen lag: *Fritz Hartung*, Geschichte des Fränkischen Kreises. Darstellungen und Akten. Bd. 1: Die Geschichte des fränkischen Kreises von 1521 bis 1559. (Veröffentlichungen der Gesellschaft für Fränkische Geschichte, Rh. 2, 1.) Leipzig 1910 (mehr nicht erschienen), Ndr. Aalen 1973; *ders.*, Karl V. und die deutschen Reichsstände 1546–1555. Halle 1910; *ders.*, Deutsche Geschichte im Zeitalter der Reformation, der Gegenreformation und des 30jährigen Krieges. 3. Aufl. Berlin 1971 (Erstaufl. 1951) – um nur wenige Beispiele aus seinem reichen Oeuvre zu nennen. Zugleich sei darauf hingewiesen, daß es auch vor 1945 vereinzelt differenzierte, teils tendenziell positive Bewertungen des Alten Reichs und seiner Verfassung gab. Vgl. z. B. *Hans Erich Feine*, Zur Verfassungsentwicklung des Heiligen Römischen Reiches seit dem Westfälischen Frieden, in: ZRG GA 52, 1932, 65–133.

[2] *Fritz Hartung*, Deutsche Verfassungsgeschichte vom 15. Jahrhundert bis zur Gegenwart. 7. Aufl. Stuttgart 1959, 150–152. Noch in einem ergänzenden Literaturhinweis zur 7. Auflage beharrte Hartung in Abwehr gegen Heinrich von Srbik und Anton Rauch darauf, daß zu „einer höheren Bewertung des Reichs und des Reichsgedankens [...] kein Anlaß bestehe". Ebd. 150.

Ich habe Hartung hier so ausführlich zitiert, weil bei ihm sehr gut sichtbar wird, was die ältere, borussisch-kleindeutsch orientierte Forschung am Heiligen Römischen Reich kritisierte und warum sie dies tat: Der kaiserlich-ständische Dualismus wurde als ein unaufhebbarer, zerstörerischer Antagonismus verstanden. Diesen Konflikt entschieden die Stände zwar zu ihren Gunsten, produktiv zu nutzen vermochten sie ihren Sieg aber nicht bzw. sie taten dies nur im Interesse der eigenen, territorialen Staatsbildung – ein im Fall Brandenburg(-Preußen) üblicherweise positiv konnotierter Vorgang. Die Reichsverfassung erschien dagegen, gemessen an den sich andernorts auf dem europäischen Kontinent konstituierenden Machtstaaten, ineffizient, nicht zuletzt weil sie das Überdauern zahlreicher Klein- und Kleinstterritorien ermöglichte – der sprichwörtliche „Flickenteppich" – und ihnen darüber hinaus ein beachtliches Gewicht einräumte, das mit ihrer „realen Macht" nicht korrespondierte. Vollends auf den historischen Irrweg geriet das Reich, als es sich dem Aufstieg Brandenburg-Preußens, des Wegbereiters neuer nationaler Größe, die schließlich in der Reichsgründung von 1871 ihre Erfüllung fand, entgegenstellte. Wem als Ideal der nationale Machtstaat des 19. und 20. Jahrhunderts vorschwebte, der konnte mit dem Alten Reich verständlicherweise nicht viel anfangen.[3]

II.

Nach den Erfahrungen von „Drittem Reich" und Zweitem Weltkrieg war im Nachkriegsdeutschland der nationale Machtstaat als Referenzgröße der eigenen Geschichte gründlich diskreditiert. Dies hatte seine Auswirkungen nicht nur auf die Sicht der Zeitgeschichte, sondern auch der Frühen Neuzeit, und hier insbesondere für die Einordnung der Geschichte des Alten Reiches. Die Ansätze zu einer Neubewertung des Reichs gingen zunächst vor allem von zwei Historikern katholisch-großdeutscher Provenienz bzw.

[3] Ein extremes Beispiel für die skizzierte Anschauung bietet bekanntlich Heinrich von Treitschke. Vgl. *Eike Wolgast*, Die Sicht des Alten Reiches bei Treitschke und Erdmannsdörffer, in: Matthias Schnettger (Hrsg.), Imperium Romanum – irregulare corpus – Teutscher Reichs-Staat. Das Alte Reich im Verständnis der Zeitgenossen und der Historiographie (Veröffentlichungen des Instituts für Europäische Geschichte, Abt. für Universalgeschichte, Beih. 57.) Mainz 2002, 169–188; *Michael Kißener*, Monstro simile? Anmerkungen zur Rezeption des frühneuzeitlichen Reiches und seiner Verfassung in der Historiographie des 19. und 20. Jahrhunderts, in: Konrad Amann u. a. (Hrsg.), Bayern und Europa. Festschrift für Peter Claus Hartmann zum 65. Geburtstag. Frankfurt am Main u. a. 2005, 321–337, hier 326–332; sowie *Anton Schindling*, Kaiser, Reich und Reichsverfassung 1648–1806. Das neue Bild vom Alten Reich, in: Olaf Asbach u. a. (Hrsg.), Altes Reich, Frankreich und Europa. Politische, philosophische und historische Aspekte des französischen Deutschlandbildes im 17. und 18. Jahrhundert. (Historische Forschungen, Bd. 70.) Berlin 2001, 25–54, hier 29–32.

ihren Schülern aus[4]: Franz Schnabel in München[5] mit seinen Schülern Heinrich Lutz[6], Karl Otmar von Aretin[7] und Friedrich Hermann Schubert[8] einerseits und Max Braubach[9] in Bonn andererseits, mit seinen Schülern Stephan Skalweit[10], Konrad Repgen[11] und Hermann Weber[12]. Aber auch von der

[4] Zum Folgenden vgl. *Volker Press*, Das römisch-deutsche Reich – ein politisches System in verfassungs- und sozialgeschichtlicher Sicht, in: Grete Klingenstein/Heinrich Lutz (Hrsg.), Spezialforschung und „Gesamtgeschichte". Beispiele und Methodenfragen zur Geschichte der frühen Neuzeit. (Wiener Beiträge zur Geschichte der Neuzeit, Bd. 8.) Wien 1981, 221-242, wiederabgedr. in: ders., Das Alte Reich. Ausgewählte Aufsätze. Hrsg. v. Johannes Kunisch u. a. (Historische Forschungen, Bd. 59.) 2. Aufl. Berlin 2000, 18-41 (im folgenden wird nach dieser Ausgabe zitiert), hier 21. Zur deutschen Geschichtswissenschaft nach dem Zweiten Weltkrieg im allgemeinen vgl. nach wie vor *Winfried Schulze*, Deutsche Geschichtswissenschaft nach 1945. (HZ, Beihefte, NF., Bd. 10.) München 1989.

[5] Dabei stellte die Reichsgeschichte kein eigentliches Hauptarbeitsgebiet des im politischen Katholizismus aktiven Schnabel dar. Zu ihm vgl.: Franz Schnabel. Zu Leben und Werk (1887-1966). Vorträge zur Feier seines 100. Geburtstages. Hrsg. v. der Historischen Kommission bei der Bayerischen Akademie der Wissenschaften. München 1988; *Thomas Hertfelder*, Franz Schnabel und die deutsche Geschichtswissenschaft. Geschichtsschreibung zwischen Historismus und Kulturkritik (1910–1945). (Schriftenreihe der Historischen Kommission bei der Bayerischen Akademie der Wissenschaften, Bd. 60.) Göttingen 1995; sowie neuerdings *Clemens Rehm* (Hrsg.), Franz Schnabel – eine andere Geschichte. Historiker, Demokrat, Pädagoge. Ausstellungskatalog. Freiburg im Breisgau/Basel/Wien 2004.

[6] *Heinrich Lutz*, Christianitas afflicta. Europa, das Reich und die päpstliche Politik im Niedergang der Hegemonie Kaiser Karls V. (1552-1556). Göttingen 1964; *ders.*, Das Ringen um deutsche Einheit und kirchliche Erneuerung. Von Maximilian I. bis zum Westfälischen Frieden, 1490-1648. (Propyläen-Geschichte Deutschlands, Bd. 4.) Berlin 1983; *ders.*, Reformation und Gegenreformation. (Oldenbourg Grundriß der Geschichte, Bd. 10.) München 1979 (inzwischen in 5. Aufl. hrsg. v. Alfred Kohler. München 2002).

[7] Von seinen Veröffentlichungen seien hier genannt: *Karl Otmar Freiherr von Aretin*, Heiliges Römisches Reich 1776-1806. Reichsverfassung und Staatssouveränität. T. 1-2. (Veröffentlichungen des Instituts für Europäische Geschichte Mainz, Abt. für Universalgeschichte, Bd. 38.) Wiesbaden 1967; die Aufsatzsammlung: Das Reich. Friedensordnung und europäisches Gleichgewicht 1648-1806. Stuttgart 1986; und die monumentale Reichsgeschichte: Das Alte Reich 1648-1806. Bd. 1-3 u. Registerbd. Stuttgart 1993-2000.

[8] *Friedrich Hermann Schubert*, Die deutschen Reichstage in der Staatslehre der frühen Neuzeit. (Schriftenreihe der Historischen Kommission bei der Bayerischen Akademie der Wissenschaften, Bd. 7.) Göttingen 1966.

[9] Max Braubach, der einen großen Teil seiner Forschungen der traditionellen Diplomatiegeschichte und der Frühen Neuzeit widmete, erlangte in der deutschen Historikerzunft nicht die Bedeutung Franz Schnabels und hat auch durch die historiographiegeschichtliche Forschung keine vergleichbare Aufmerksamkeit gefunden. Vgl. aber: In memoriam Max Braubach. Reden, gehalten am 27. April 1976 bei der Gedenkfeier der Philosophischen Fakultät der Rheinischen Friedrich-Wilhelms-Universität Bonn. (Alma mater, Bd. 41.) Köln 1977; sowie *Rudolf Morsey*, Max Braubach und die Zeitgeschichte, in: Annalen des Historischen Vereins für den Niederrhein 202, 1999, 63-74.

[10] *Stephan Skalweit*, Reich und Reformation. (Propyläen-Bibliothek der Geschichte.) Berlin 1967.

[11] *Konrad Repgen*, Die römische Kurie und der Westfälische Friede. Idee und Wirklichkeit des Papsttums im 16. und 17. Jahrhundert. Bd. 1/1-2. (Bibliothek des Deutschen Historischen Instituts in Rom, Bd. 24/25.) Tübingen 1965 (mehr nicht erschienen).

Berliner verfassungsgeschichtlichen Schule, der auch Hartung zuzuordnen ist, führt eine Linie zur neuen Reichsgeschichtsforschung, die vor allem mit dem Namen Gerhard Oestreich verknüpft ist.[13]

Das Themenspektrum schon der Anfänge der neuen Reichsgeschichtsschreibung nach dem Zweiten Weltkrieg ist breit. Einige Schwerpunkte sind allerdings bemerkenswert: Zum einen geht es in vielen Arbeiten um die Stellung des Reichs in Europa und seine Einbindung in dessen politische Irrungen und Wirrungen[14] – eine wohl nicht zufällige Kongruenz zu der Suche der jungen Bundesrepublik nach einem Platz in Europa. Mit der ausdrücklichen Absage an jedes Großmachtstreben im Zusammenhang steht die wachsende Beschäftigung mit den mindermächtigen Reichsgliedern, wobei vielfach ältere landesgeschichtliche Traditionen aufgenommen, dabei jedoch verstärkt in einen Reichs- oder auch europäischen Bezugsrahmen gestellt wurden.[15]

Besonders wichtig war die „Wiederentdeckung" der Reichspublizisten. Damit wurde die Sicht der Zeitgenossen auf das Reich zusehends ernstgenommen und sozusagen ein Brückenschlag über die Abgründe der kleindeutsch-borussischen Historiographie des 19. und 20. Jahrhunderts möglich: Die allmählich wachsende Hochachtung vor dem Alten Reich, seiner Verfassung und seinen Leistungen konnte somit in die Tradition eines Johann Jacob Moser, eines Friedrich Karl von Moser oder eines Johann Stephan

[12] *Hermann Weber*, Die Politik des Kurfürsten Karl Theodor von der Pfalz während des Österreichischen Erbfolgekrieges 1742-1748. Bonn 1956; *ders.*, Frankreich, Kurtrier, der Rhein und das Reich. (Pariser Historische Studien, Bd. 9.) Bonn 1969.

[13] Vgl. v. a. seine Aufsatzsammlungen: *Gerhard Oestreich*, Geist und Gestalt des modernen Staates. Ausgewählte Aufsätze. Berlin 1969; *ders.*, Strukturprobleme der frühen Neuzeit. Ausgewählte Aufsätze. Hrsg. v. Brigitta Oestreich. Berlin 1980. Seine borussischen Wurzeln verleugnete Oestreich allerdings niemals; für ihn blieb Brandenburg-Preußen stets ein wichtiges Forschungsfeld.

[14] Z. B. *Lutz*, Christianitas (wie Anm. 6); *Repgen*, Die römische Kurie (wie Anm. 11); *Weber*, Politik (wie Anm. 12); *ders.*, Frankreich (wie Anm. 12).

[15] Vgl. z. B. die Forschungen von *Max Braubach* über Kurköln, etwa: Kurkölnische Miniaturen. Münster 1954; Maria Theresias jüngster Sohn Max Franz: Letzter Kurfürst von Köln und Fürstbischof von Münster. Wien/München 1961; Wilhelm von Fürstenberg (1629-1704) und die französische Politik im Zeitalter Ludwigs XIV. (Bonner Historische Forschungen, Bd. 36.) Bonn 1972; und die bei ihm entstandenen Studien über die Kurpfalz im 18. Jahrhundert: *Weber*, Politik (wie Anm. 12); *Meinhard Olbrich*, Die Politik des Kurfürsten Karl Theodor von der Pfalz zwischen den Kriegen (1748-1756). Bonn 1966. Braubachs Forschungsinteresse gehörte aber immer auch Habsburg-Österreich und den internationalen Beziehungen, wie seine beiden wohl wichtigsten Studien belegen: *Max Braubach*, Versailles und Wien von Ludwig XIV. bis Kaunitz. Die Vorstadien der diplomatischen Revolution im 18. Jahrhundert. (Bonner Historische Forschungen, Bd. 2.) Bonn 1952; *ders.*, Prinz Eugen von Savoyen. Eine Biographie. Bd. 1-5. München 1963-1965. – Zum Themenspektrum der Reichsforschung auch *Schindling*, Kaiser (wie Anm. 3).

Pütter gestellt werden.[16] In diesem Zusammenhang erwähnenswert ist auch der Nachdruck verschiedener zentraler Werke der Reichspublizistik, nicht zuletzt des „Neuen Teutschen Staatsrechts" Johann Jacob Mosers, das bis heute ein unverzichtbares Arbeitsmittel geblieben ist.[17] Vorwärtsgebracht haben die Reichsgeschichtsschreibung aber auch einige wichtige Editionsunternehmen, insbesondere die, wenngleich langsam, fortschreitende Edition der Reichstagsakten[18] und die neue, seit den 1960er Jahren etwas zügiger erscheinende Reihe der zunächst von Max Braubach und dann von Konrad Repgen herausgegebenen „Acta Pacis Westphalicae" (APW).[19] Den APW an die Seite trat die „Schriftenreihe der Vereinigung zur Erforschung der Neueren Geschichte", deren Bände viel zum neuen Bild des Alten Reichs beigetragen haben.

Ein Hindernis für eine grundlegende Neubewertung des Reichs war zunächst noch die verbreitete traditionelle Preußenbegeisterung, die erst seit den 1960er Jahren allmählich schwand. Es dauerte noch geraume Zeit, bis das Brandenburg des Großen Kurfürsten mehr als ein, wenn auch besonders ambitionierter Reichsstand denn als Keimzelle der preußischen Großmacht und des deutschen Nationalstaats beschrieben werden konnte.[20] Sicherlich spielten hier auch die Wechsel auf den Lehrstühlen eine Rolle, auf die zunehmend Historiker gelangten, deren wissenschaftliche Sozialisation nach 1945 stattgefunden hatte.

[16] Z. B. *Schubert*, Reichstage (wie Anm. 8); *Reinhard Rürup*, Johann Jacob Moser. Pietismus und Reform. (Veröffentlichungen des Instituts für Europäische Geschichte, Abt. für Universalgeschichte, Bd. 35.) Wiesbaden 1965. Zu nennen ist in diesem Zusammenhang auch die aus den Reichspublizisten schöpfende Darstellung von *Emilio Bussi*, Il diritto pubblico del sacro Romano Impero alla fine del XVIII secolo. Vol. 1-2. Padua/Mailand 1957/59, übrigens eine der ganz wenigen italienischen Darstellungen zur Reichsverfassungsgeschichte.

[17] *Johann Jacob Moser*, Neues teutsches Staatsrecht. Bd. 1-20. Frankfurt am Main 1766-1782, Ndr. Osnabrück 1967. Weitere wichtige Nachdrucke: *ders.*, Teutsches Staats-Recht. T. 1-50, mit Hauptregister. Leipzig 1737-1754, Ndr. Osnabrück 1968; *Johann Stephan Pütter*, Litteratur des Teutschen Staatsrechts. T. 1-4. Göttingen 1776-1791, Ndr. Frankfurt am Main 1965.

[18] Einschlägig für die Frühe Neuzeit sind von den Deutschen Reichstagsakten die Abteilungen Mittlere Reihe (für die Zeit Maximilians I. 1486-1519), Jüngere Reihe (für die Zeit Karls V. 1519-1556) und Reichsversammlungen 1556-1662. Die Reihe Reichsversammlungen (ohne durchgehende Bandzählung) wurde erst 1988 mit den von Maximilian Lanzinner bearbeiteten Akten des Speyerer Reichstags 1570 eröffnet.

[19] Die APW sind gegliedert in die Serien I: Instruktionen; II: Korrespondenzen; und III: Protokolle, Verhandlungsakten, Diarien, Varia, wobei sich die Serien II und III noch in jeweils vier Abteilungen mit mehreren Einzelbänden gliedern. Der erste Band mit den Instruktionen Frankreichs, Schwedens und des Kaisers (bearb. v. Fritz Dickmann) erschien 1962.

[20] In diesem Zusammenhang ist auch erwähnenswert, daß in der Bewertung des Deutschen Bundes gleichfalls eine allmähliche Trendwende zum Positiven zu beobachten ist. Erhellend ist ebenso der Blick auf die seinerzeitigen Preußenjubiläen. Zugleich ist zu be-

Wie zögerlich die Historiker trotz aller neuen Einsichten Abschied von alten, bislang als axiomatisch eingestuften Bewertungen nahmen, und zwar auch solche, die selbst einen aktiven Beitrag zur Erforschung der Reichsgeschichte leisteten, zeigt das Beispiel Fritz Dickmanns: In dem bis heute gültigen Standardwerk zum Westfälischen Frieden bewertet er 1959 zwar „das Werk von Münster und Osnabrück als eine wirkliche Neuordnung“, bezieht dies jedoch in erster Linie auf den Abschied vom „Universalismus des Mittelalters“ und den Charakter des Friedens „als das Grundgesetz des neuzeitlichen Europa“. Sein Endurteil über die verfassungspolitischen Bestimmungen für das Reich folgt jedoch ganz dem Tenor traditioneller Verdikte: „Der Frieden bedeutete für unser Volk ein nationales Unglück und für das Heilige Römische Reich, in dem es bis dahin seine staatliche Form gefunden hatte, den Anfang einer tödlichen Krankheit, der es schließlich erlag. Das ist in allen unseren Geschichtsbüchern so oft und überzeugend dargetan worden, daß es einer Wiederholung nicht bedarf. Das Jahr 1648 ist eines der großen Katastrophenjahre unserer Geschichte“.[21]

Deutlich abgeschwächt, wenn auch noch nicht völlig verschwunden ist die traditionelle Sicht bei der Einordnung des Westfälischen Friedens durch Gerhard Oestreich im Abschnitt „Verfassungsgeschichte vom Ende des Mittelalters bis zum Ende des alten Reiches“ in Band 4 des „Gebhardt“ von 1970. Er vertritt zwar die Auffassung, daß eine Beschreibung des Reichs mit Pufendorf als „irregulare aliquod corpus et monstro simile“ nur dann berechtigt sei, „wenn man damit nicht von vornherein eine Abwertung verbindet“, würdigt dessen Leistung, daß „es die deutsche Nation staatsrechtlich in einem politischen Körper zusammengeschlossen und die volle Entfremdung der sich auseinanderentwickelnden Teile verhindert“ habe, und hebt dessen Wirkung als *„negative Schutzorganisation“* für die Reichsunmittelbaren sowie den Reichspatriotismus der Landstände und Untertanen, das „Bewußtsein des Schutzes gegen Willkür und Despotismus“, hervor.[22] Allerdings bewertet auch er „[d]ie verfassungsgeschichtliche Wirkung des Westfälischen Friedens für das Reich [...] im ganzen gesehen mehr zerstörend als aufbauend“, und das wiederum vor dem Hintergrund des kaiserlich-ständischen

merken, daß die Reichs-Renaissance in der westdeutschen Historiographie in der DDR keine Entsprechung fand. Hier wurde vielmehr versucht, eine Kontinuität zu einigen Aspekten der preußischen Geschichte zu konstruieren. Vgl. *Hans Alexander Krauß*, Die Rolle Preußens in der DDR-Historiographie. Zur Thematisierung und Interpretation der preußischen Geschichte durch die ostdeutsche Geschichtswissenschaft. (Europäische Hochschulschriften, Rh. 3, Bd. 544.) Frankfurt am Main u. a. 1993.

21 *Fritz Dickmann*, Der Westfälische Frieden. 6. Aufl. Münster 1992 (Erstaufl. Münster 1959), 494.

22 *Gerhard Oestreich*, Verfassungsgeschichte vom Ende des Mittelalters bis zum Ende des alten Reiches, in: Gebhardt, Handbuch der deutschen Geschichte. 9. Aufl., hrsg. v. Herbert Grundmann. Bd. 2: Von der Reformation bis zum Ende des Absolutismus. Stuttgart 1970, § 90–190, zitiert nach der Taschenbuch-Ausgabe. Bd. 11. 6. Aufl. München 1986, 42f.

Dualismus, der als Antagonismus verstanden wird.[23] Staatlichkeit, wenn auch noch keine „unbeschränkte[ ] Staatsgewalt“, ist allein auf der Ebene der Reichsstände zu finden.[24]

In ähnlicher Weise, jedoch mit etwas unterschiedlichem Akzent, äußert sich zum gleichen Thema Max Braubach, ebenfalls im „Gebhardt“. Er betont, daß „der *Reichsgedanke* im Bewußtsein vieler Deutscher noch eine Rolle spielte“ und daß „dem Reich [...] noch immer eine nicht zu unterschätzende politische Bedeutung“ zukam. Aber auch er stellt bedauernd fest, „daß mit dem durch den Westfälischen Frieden sanktionierten Sieg der reichsständischen Libertät [...] das pluralistisch gewordene Reich den Charakter eines Staates nahezu verloren hatte. [...] Stärker als das Reichsbewußtsein bestimmte das eigene Interesse die Politik der verschiedenen Reichsstände“.[25] Bei beiden Autoren läßt sich also immer noch die Reichsgeschichte der Frühen Neuzeit als eine Verfallsgeschichte lesen.

Zugleich lassen sich in den 1960er Jahren aber auch Ansätze erkennen, das Alte Reich ausdrücklich in einem gegenwartslegitimierenden Sinne zu interpretieren, sei es indem man föderalistische und parlamentarische Kontinuitätslinien der deutschen Geschichte zu ziehen und so der Bundesrepublik Deutschland sozusagen einen Stammbaum zu schaffen suchte, der bis in die Frühe Neuzeit zurückreichte – besonders prägnant ist die Sicht Walter Fürnrohrs auf den Regensburger Reichstag als „Parlament des Alten Reichs“.[26] Das Alte Reich wurde nach den Erfahrungen des Nationalsozialismus und des Zweiten Weltkriegs eben gerade deswegen attraktiv, weil es eben *kein* Machtstaat und *kein* Nationalstaat[27] war.

III.

Seit den 1970er Jahren ist die Kenntnis der Norm und insbesondere der Realität der Reichsverfassung durch zahlreiche weitere Einzelstudien vorangeschritten. Nach wie vor waren es besonders der Reichstag und andere reichs-

[23] Ebd. 40f., Zitat 41.

[24] Ebd. 40.

[25] *Max Braubach*, Vom Westfälischen Frieden bis zur Französischen Revolution, in: Gebhardt, Handbuch (wie Anm. 22), Bd. 2, § 62–89, zitiert nach der Taschenbuch-Ausgabe. Bd. 10. 7. Aufl. München 1985, 15.

[26] *Walter Fürnrohr*, Der immerwährende Reichstag zu Regensburg. Das Parlament des Alten Reiches, in: Verhandlungen des Historischen Vereins von Oberpfalz und Regensburg 103, 1963, 165–255. Die Frage nach dem „Föderalismus“ des Alten Reichs hat etwa noch Karl Otmar von Aretin in Bd. 1 seiner Reichs-Trilogie gestellt: *Aretin*, Das Alte Reich (wie Anm. 7), Bd. 1: „Föderalistische oder hierarchische Ordnung (1648–1684)“. Neben den Einzelterritorien kann der „Föderalismus“ des Alten Reiches auch auf die Reichskreise bezogen werden. Vgl. zu letzteren im Überblick *Winfried Dotzauer*, Die deutschen Reichskreise in der Verfassung des Alten Reiches und ihr Eigenleben

ständische Repräsentationsformen, die das Interesse der Forschung fanden.[28] Ebenso wie mit dem Reichstag ist der Wandel in der Bewertung des Alten Reiches mit dem Reichskammergericht verbunden. Nicht zuletzt Bernhard Diestelkamp[29] und die „Quellen und Forschungen zur höchsten Gerichtsbarkeit im Alten Reich"[30] haben sich darum verdient gemacht, die bei allen Defiziten bedeutenden Leistungen dieses obersten Reichsgerichts zu zeigen: Zwar konnten sich Prozesse über Jahrzehnte hinziehen und die Exekution eines einmal gefällten Urteils war, zumal gegen mächtige Reichsstände, keineswegs selbstverständlich, allein die Existenz des Gerichts, die Möglichkeit, in Speyer bzw. Wetzlar Recht zu finden, war jedoch von Bedeu-

(1500–1806). Darmstadt 1989; *ders.*, Die deutschen Reichskreise (1383–1806). Geschichte und Aktenedition. Stuttgart 1998.

[27] Erst in jüngster Zeit haben Forscher wie Georg Schmidt und Wolfgang Burgdorf die Reichsgeschichte in einem nationalstaatlichen Sinne interpretiert. Siehe unten S. 144–148.

[28] *Helmut Neuhaus*, Reichsständische Repräsentationsformen im 16. Jahrhundert. Reichstag – Reichskreistag – Reichsdeputationstag. (Schriften zur Verfassungsgeschichte. Bd. 33.) Berlin 1982; *Anton Schindling*, Die Anfänge des Immerwährenden Reichstags zu Regensburg. Ständevertretung und Staatskunst nach dem Westfälischen Frieden. (Veröffentlichungen des Instituts für Europäische Geschichte, Abt. für Universalgeschichte, Bd. 143; Beiträge zur Sozial- und Verfassungsgeschichte des Alten Reiches, Nr. 11.) Mainz 1991; *Andreas Müller*, Der Regensburger Reichstag von 1653/54. Eine Studie zur Entwicklung des Alten Reiches nach dem Westfälischen Frieden. (Europäische Hochschulschriften, Rh. 3, Bd. 511.) Frankfurt am Main u. a. 1992; *Matthias Schnettger*, Der Reichsdeputationstag 1655–1663. Kaiser und Stände zwischen Westfälischem Frieden und Immerwährendem Reichstag. (Schriftenreihe der Vereinigung zur Erforschung der Neueren Geschichte, Bd. 24.) Münster 1996; *Karl Härter*, Reichstag und Revolution (1789–1806). Die Auseinandersetzung des Immerwährenden Reichstags zu Regensburg mit den Auswirkungen der Französischen Revolution auf das Alte Reich. (Schriftenreihe der Historischen Kommission bei der Bayerischen Akademie der Wissenschaften, Bd. 46.) Göttingen 1992.

[29] *Bernhard Diestelkamp* (Hrsg.), Forschungen aus Akten des Reichskammergerichts. (Quellen und Forschungen zur höchsten Gerichtsbarkeit im Alten Reich, Bd. 14.) Köln/Wien 1984; *ders.* (Hrsg.), Das Reichskammergericht in der deutschen Geschichte. Stand der Forschung, Forschungsperspektiven. (Quellen und Forschungen zur höchsten Gerichtsbarkeit im Alten Reich, Bd. 21.) Köln/Wien 1990; *ders.* (Hrsg.), Die politische Funktion des Reichskammergerichts. (Quellen und Forschungen zur höchsten Gerichtsbarkeit im Alten Reich, Bd. 24.) Köln/Weimar/Wien 1993; *ders.*, Recht und Gericht im Heiligen Römischen Reich. (Studien zur europäischen Rechtsgeschichte, Bd. 122.) Frankfurt am Main 1999. Weitere wichtige Veröffentlichungen zum Reichskammergericht: *Filippo Ranieri*, Recht und Gesellschaft im Zeitalter der Rezeption. Eine rechts- und sozialgeschichtliche Analyse der Tätigkeit des Reichskammergerichts im 16. Jahrhundert. 2 Bde. (Quellen und Forschungen zur höchsten Gerichtsbarkeit im Alten Reich, Bd. 17.) Köln/Wien 1985; *Ingrid Scheurmann* (Hrsg.), Frieden durch Recht. Das Reichskammergericht von 1495 bis 1806. Ausstellungskatalog. Mainz 1994; *Jürgen Weitzel*, Der Kampf um die Appellation ans Reichskammergericht. Zur politischen Geschichte der Rechtsmittel in Deutschland. (Quellen und Forschungen zur höchsten Gerichtsbarkeit im Alten Reich, Bd. 4.) Köln/Wien 1976.

[30] Diese Reihe ist mittlerweile bei Band 48 angelangt.

tung – und das auch für die Untertanen. Wohl nicht zufällig ist im Vergleich zum Reichskammergericht als dem ständischen obersten Reichsgericht der am Kaiserhof residierende und auch vom Kaiser besetzte Reichshofrat von der historischen Forschung lange deutlich vernachlässigt worden.[31] Erst in den letzten Jahren bahnt sich hier eine Trendwende an.[32]

Besonders positiv wirkte sich aus, daß die Reichsgeschichtsschreibung manche Anregungen aus der in diesen Jahren in der Bundesrepublik Deutschland machtvoll nach vorne drängenden sozialgeschichtlichen Forschung aufgriff. Dafür, wie fruchtbar dieses Einflüsse waren, mögen als Beispiel nur die Bände der 1977 ins Leben gerufenen Unterreihe „Beiträge zur Sozial- und Verfassungsgeschichte des Alten Reiches“ der „Veröffentlichungen des Instituts für Europäische Geschichte“ genannt werden.[33] Exemplarisch für diese glückliche Verbindung sei ferner das bislang eindrucksvollste Beispiel dieser Forschungsrichtung angeführt, die seit neuem zum Teil im Druck vorliegende Gießener Habilitationsschrift von Sigrid Jahns über „Das Reichskammergericht und seine Richter“.[34]

[31] Seit den 1960er Jahren war es vor allem der Jurist Wolfgang Sellert, der die Strukturen des Reichshofrats aufgearbeitet hat: *Wolfgang Sellert*, Prozeßgrundsätze und Stilus Curiae am Reichshofrat. (Untersuchungen zur deutschen Staats- und Rechtsgeschichte, NF., Bd. 18.) Aalen 1973; *ders.* (Hrsg.), Die Ordnungen des Reichshofrates 1550–1766. 2 Halbbde. (Quellen und Forschungen zur höchsten Gerichtsbarkeit im Alten Reich, Bd. 8.) Köln/Wien 1980/90; *ders.* (Hrsg.), Reichshofrat und Reichskammergericht. Ein Konkurrenzverhältnis. (Quellen und Forschungen zur höchsten Gerichtsbarkeit im Alten Reich, Bd. 34.) Köln/Weimar/Wien 1999. Über seine praktische Tätigkeit war aber lange vergleichsweise wenig bekannt. Dies gilt noch mehr für seine Rolle als zentrale Institution für das Reichslehenswesen.

[32] Hier sind etwa die Forschungen von *Eva Ortlieb* zu nennen, insbesondere ihre Dissertation: Im Auftrag des Kaisers. Die kaiserlichen Kommissionen des Reichshofrats und die Regelung von Konflikten im Alten Reich (1637–1657). (Quellen und Forschungen zur höchsten Gerichtsbarkeit im Alten Reich, Bd. 38.) Köln/Weimar/Wien 2001. Vgl. ferner *Eva Ortlieb/Gert Polster*, Die Prozessfrequenz am Reichshofrat (1519–1806), in: ZNR 26, 2004, 180–215. Auch die Habilitationsschrift von *Siegrid Westphal*, Kaiserliche Rechtsprechung und herrschaftliche Stabilisierung. Reichsgerichtsbarkeit in den thüringischen Territorialstaaten. (Quellen und Forschungen zur höchsten Gerichtsbarkeit im Alten Reich, Bd. 43.) Köln/Weimar/Wien 2002, widmet dem Reichshofrat gebührende Aufmerksamkeit.

[33] Die Unterreihe ist mittlerweile auf 17 Bände angewachsen.

[34] *Sigrid Jahns*, Das Reichskammergericht und seine Richter. Verfassung und Sozialstruktur eines höchsten Gerichts im Alten Reich. T. 2: Biographien. Bd. 1–2. (Quellen und Forschungen zur höchsten Gerichtsbarkeit im Alten Reich, Bd. 26.) Köln/Weimar/Wien 2003. Außerdem sei auf die Monographien zu den Reichsgrafen hingewiesen, die in den 1980er Jahren erschienen sind: *Ernst Böhme*, Das fränkische Reichsgrafenkollegium im 16. und 17. Jahrhundert. Untersuchungen zu den Möglichkeiten und Grenzen der korporativen Politik mindermächtiger Reichsstände. (Veröffentlichungen des Instituts für Europäische Geschichte, Abt. für Universalgeschichte, Bd. 132; Beiträge zur Sozial- und Verfassungsgeschichte des Alten Reiches, Nr. 8.) Wiesbaden 1989; *Georg Schmidt*, Der Wetterauer Grafenverein. Organisation und Politik einer Reichskorpora-

Eine sich wandelnde Sicht auf das Reich mußte auch das Reichsoberhaupt betreffen – ohne daß hier ein Hauptakzent der Forschung zu verorten wäre. Wichtige Arbeit hat in diesem Bereich seit den 1960er Jahren insbesondere Karl Otmar von Aretin geleistet, nicht nur in seinen beiden Hauptwerken, „Heiliges Römisches Reich 1776-1806“ und „Das Alte Reich 1648-1806“, sondern auch in seinen zahlreichen Aufsätzen.[35] Einen Aspekt der zeitgenössischen Sicht auf das Reichsoberhaupt, die Diskussion über die Möglichkeit eines protestantischen Kaisertums, hat Heinz Duchhardt in seiner Habilitationsschrift behandelt.[36] Nicht zuletzt ist aber auf den großen Aufsatz von Volker Press zur „kaiserlichen Stellung im Reich 1648-1740“ hinzuweisen[37] – die mehrfach angekündigte große Monographie zu diesem Thema ist leider niemals erschienen.

Mit den einzelnen Kaisern hat sich vielfach die österreichische Historiographie beschäftigt. Sie hat diese allerdings weniger in ihrer Funktion als Reichsoberhaupt denn als Herrscher der werdenden österreichischen Großmacht in den Blick genommen, war doch in der Alpenrepublik die vor dem Zweiten Weltkrieg bedeutende großdeutsch – bzw. nach der von Heinrich von Srbik geprägten Begrifflichkeit „gesamtdeutsch“[38] – inspirierte Forschungsrichtung, die die Reichstraditionen gepflegt hatte, durch die Erfahrungen des „Dritten Reichs“ ins Abseits geraten und gingen die Bestrebungen vielmehr dahin, eine eigene, österreichische Nation historisch zu legiti-

tion zwischen Reformation und Westfälischem Frieden. (Veröffentlichungen der Historischen Kommission für Hessen, Bd. 52.) Marburg 1989; *Johannes Arndt*, Das niederrheinisch-westfälische Reichsgrafenkollegium und seine Mitglieder (1653-1806). (Veröffentlichungen des Instituts für Europäische Geschichte, Abt. für Universalgeschichte, Bd. 133; Beiträge zur Sozial- und Verfassungsgeschichte des Alten Reiches, Nr. 9.) Mainz 1991.

[35] Siehe oben Anm. 7.

[36] *Heinz Duchhardt*, Protestantisches Kaisertum und Altes Reich. Die Diskussion über die Konfession des Kaisers in Politik, Publizistik und Staatsrecht. (Veröffentlichungen des Instituts für Europäische Geschichte, Abt. für Universalgeschichte, Bd. 87; Beiträge zur Sozial- und Verfassungsgeschichte des Alten Reiches, Nr. 1.) Wiesbaden 1977.

[37] *Volker Press*, Die kaiserliche Stellung im Reich zwischen 1648 und 1740. Versuch einer Neubewertung, in: Georg Schmidt (Hrsg.), Stände und Gesellschaft im Alten Reich. (Veröffentlichungen des Instituts für Europäische Geschichte, Abt. für Universalgeschichte, Beih. 29.) Stuttgart 1989, 51-80, wiederabgedr. in: ders., Das Alte Reich (wie Anm. 4), 189-222.

[38] *Heinrich von Srbik*, Gesamtdeutsche Geschichtsauffassung. Vortrag gehalten in der allgemeinen Sitzung der 57. Versammlung deutscher Philologen und Schulmänner in Salzburg am 28. September 1929, in: Deutsche Vierteljahrsschrift für Literaturwissenschaft und Geistesgeschichte 8, 1930, 1-12. Zu Srbik und seinen Forschungen vgl. *Michael Derndarsky*, Der Fall der gesamtdeutschen Historie. Heinrich von Srbik im Spannungsfeld von Wissenschaft und Politik, in: Péter Hanak u. a. (Hrsg.), Kultur und Politik in Österreich und Ungarn. Begegnungen an der Donau. Wien/Köln/Weimar 1994, 149-172; *ders.*, Zwischen „Idee“ und „Wirklichkeit“. Das Alte Reich in der Sicht Heinrich von Srbiks, in: Schnettger (Hrsg.), Imperium Romanum (wie Anm. 3), 189-205.

mieren bzw. zu konstruieren.[39] Und so ist zu konstatieren, daß mittlerweile zwar zu allen frühneuzeitlichen römisch-deutschen Kaisern zumindest je eine monographische Biographie vorliegt, daß jedoch bei ihnen zumeist die eigentliche Reichspolitik allerdings im Hintergrund bleibt.[40] Erfreulicherweise sind für die kaiserliche Reichspolitik in den letzten Jahren einige Lükken geschlossen worden.[41] Auch scheinen die österreichischen Berührungsängste mit der Reichsgeschichte allmählich im Schwinden begriffen.[42]

Was für die österreichische Historiographie gesagt worden ist, gilt vielfach auch für die Geschichtsschreibung in den europäischen Nachbarstaaten und in Amerika. So sind von angelsächsischer Seite durchaus Arbeiten zum Alten Reich und zu Aspekten seiner Verfassung entstanden, insgesamt jedoch überwiegt das Interesse an den Einzelstaaten, mit Österreich und Brandenburg-Preußen an der Spitze.[43] In Frankreich fristete die Beschäftigung mit

[39] In den 1930er und 1940er Jahren sind in Wien so grundlegende Werke erschienen wie *Lothar Groß*, Die Geschichte der deutschen Reichshofkanzlei von 1559 bis 1806. (Inventare österreichischer staatlicher Archive, Bd. 5/1.) Wien 1933; *Oswald von Gschließer*, Der Reichshofrat. Bedeutung und Verfassung, Schicksal und Besetzung einer obersten Reichsbehörde von 1559 bis 1806. (Veröffentlichungen der Kommission für Neuere Geschichte des ehemaligen Österreich, Bd. 33.) Wien 1942, Ndr. Nendeln, Liechtenstein 1970. Der Befund einer Abkehr der österreichischen Historiographie von der Reichsgeschichte ist natürlich cum grano salis zu sehen: So wurde die Edition der Reichstagsakten nicht zuletzt auch von österreichischer Seite vorangetrieben.

[40] So etwa bei *Bernd Rill*, Karl VI. Habsburg als barocke Großmacht. Graz/Wien/Köln 1992.

[41] *Maximilian Lanzinner*, Friedenssicherung und politische Einheit des Reiches unter Kaiser Maximilian II. (1564–1576). (Schriftenreihe der Historischen Kommission bei der Bayerischen Akademie der Wissenschaften, Bd. 45.) Göttingen 1993; *Ernst Laubach*, Ferdinand I. als Kaiser. Politik und Herrscherauffassung des Nachfolgers Karls V. Münster 2001.

[42] *Wilhelm Brauneder/Lothar Höbelt* (Hrsg.), Sacrum Imperium. Das Reich und Österreich 996–1806. Wien/München/Berlin 1996; *Heinz Duchhardt/Matthias Schnettger* (Hrsg.), Reichsständische Libertät und habsburgisches Kaisertum. (Veröffentlichungen des Instituts für Europäische Geschichte, Abt. für Universalgeschichte, Beih. 48.) Mainz 1999. Dieser Band dokumentiert das deutsch-österreichische Historikergespräch, das 1997 in Mainz stattfand. Auch der Sammelband von *Harm Klueting/Wolfgang Schmale* (Hrsg.), Das Reich und seine Territorialstaaten im 17. und 18. Jahrhundert. Aspekte des Mit-, Neben- und Gegeneinander. (Historia profana et ecclesiastica, Bd. 10.) Münster 2004, ist aus einer deutsch-österreichischen Tagung hervorgegangen. Im Dezember 2004 fand in Wien ein weiteres deutsch-österreichisches Historikergespräch zum Thema „Kaiser, Hof und Reich in der Frühen Neuzeit" statt, veranstaltet von der Historischen Kommission der Österreichischen Akademie der Wissenschaften in Kooperation mit dem Institut für Europäische Geschichte. Mit dem Erscheinen der Akten ist für 2007 zu rechnen. Sehr wichtige Ergebnisse für die Reichsverfassungsgeschichtsschreibung sind von dem von Werner Ogris geleiteten und vom österreichischen Fonds zur Förderung der wissenschaftlichen Forschung geförderten Projekt „Die Formierung des Reichshofrats (Karl V., Ferdinand I.)" <http://www.univie.ac.at/rechtsgeschichte/reichshofrat/ [letzter Zugriff am 4. Mai 2005]> zu erhoffen.

[43] Auffällig ist, daß die Biographien frühneuzeitlicher Kaiser aus angelsächsischer Feder sich (analog den für die österreichische Historiographie beobachteten Schwerpunktset-

dem *Empire* ein Schattendasein.[44] Nicht nur, daß die französische Historiographie traditionell eher auf die romanischen Nachbarländer konzentriert war und die Politikgeschichte über Jahrzehnte eine nur untergeordnete Rolle spielte. Wenn, auch noch in den letzten Jahren, z. B. der Kaiser als einer der wichtigsten Antagonisten Frankreichs in der Frühen Neuzeit in den Blick genommen wurde, geschah dies in erster Linie in seiner Eigenschaft als Herrscher Österreichs, weniger als Reichsoberhaupt.[45]

Beinahe mehr Aufmerksamkeit als der Kaiser haben die Kaiserwähler, die Kurfürsten, gefunden.[46] Besondere Beachtung ist dem Mainzer Erzbischof als Kurerzkanzler zuteil geworden, der mehrfach als der „Zweite Mann im Reich“ apostrophiert worden ist.[47] Der Mainzer Kurerzkanzler aber war zugleich der vornehmste der geistlichen Fürsten, die, wenngleich in der Regel mindermächtig, unbestritten zu den politischen Führungsschichten des Reichs gehörten. Insgesamt haben sich – *cum grano salis* – um deren Erforschung mehr die (katholischen) Kirchen- und Landes- als die Reichshistoriker im engeren Sinne verdient gemacht.[48] Nicht zuletzt durch die Stu-

zungen) auf die Belange der werdenden Donaumonarchie, weniger die eigentliche Reichsgeschichte zu konzentrieren pflegen. Vgl. *Robert J. W. Evans*, Rudolf II and His World. A Study in Intellectual History. Oxford 1973 (deutsch 1980); *John P. Spielman*, Leopold I of Austria. London 1977 (deutsch 1981); *Charles W. Ingrao*, In Quest and Crisis. Emperor Joseph I and the Habsburg Monarchy. West Lafayette 1979 (deutsch 1983).

[44] Vgl. *Christophe Duhamelle*, Das Alte Reich im toten Winkel der französischen Historiographie, in: Schnettger (Hrsg.), Imperium Romanum (wie Anm. 3), 207–219.

[45] Siehe noch neuerdings *Jean Bérenger*, Léopold Ier. Fondateur de la puissance autrichienne. (Perspectives germaniques.) Paris 2004.

[46] Insbesondere ist hier die monumentale Studie von Axel Gotthard zu nennen: *Axel Gotthard*, Säulen des Reiches. Die Kurfürsten im frühneuzeitlichen Reichsverband. 2 Teilbde. (Historische Studien, Bd. 457.) Husum 1999. Vgl. auch *Winfried Becker*, Der Kurfürstenrat. Grundzüge seiner Entwicklung in der Reichsverfassung und seine Stellung auf dem Westfälischen Friedenskongreß. (Schriftenreihe der Vereinigung zur Erforschung der Neueren Geschichte, Bd. 5.) Münster 1973.

[47] Siehe die aus dem „Arbeitskreis Reichserzkanzler“ hervorgegangenen Sammelbände: *Peter Claus Hartmann* (Hrsg.), Kurmainz, das Reichserzkanzleramt und das Reich am Ende des Mittelalters und im 16. und 17. Jahrhundert. (Geschichtliche Landeskunde, Bd. 47.) Stuttgart 1998; *ders.* (Hrsg.), Reichskirche – Mainzer Kurstaat – Reichserzkanzler. (Mainzer Studien zur Neueren Geschichte, Bd. 6.) Frankfurt am Main u. a. 2001; *ders.* (Hrsg.), Die Mainzer Kurfürsten des Hauses Schönborn als Reichserzkanzler und Landesherren. (Mainzer Studien zur Neueren Geschichte, Bd. 10.) Frankfurt am Main u. a. 2002.

[48] Man denke an die Kirchenhistoriker Heribert Raab und Rudolf Reinhardt und den Kölner Landeshistoriker Günter Christ. Nicht zuletzt ist an die „Beiträge zur Geschichte der Reichskirche in der Neuzeit“ zu erinnern, die seit 1956 in lockerer Folge erscheinen. Der bislang letzte 16. Band ist 1995 erschienen. Vgl. zu diesem Thema auch die Forschungsüberblicke von *Bettina Braun*, Die geistlichen Fürsten im Rahmen der Reichsverfassung 1648–1803 – Zum Stand der Forschung, in: Wolfgang Wüst (Hrsg.), Geistliche Staaten in Oberdeutschland im Rahmen der Reichsverfassung. Kultur – Verfassung – Wirtschaft – Gesellschaft. Ansätze zu einer Neubewertung. (Oberschwaben – Geschich-

dien von Peter Hersche[49] und Stephan Kremer[50] sowie durch das von Erwin Gatz herausgegebene Bischofslexikon[51] sind wichtige Voraussetzungen für eine systematische Aufarbeitung des Phänomens Reichskirche und seiner Bedeutung für die Reichsverfassung geschaffen worden, doch erst kürzlich wurde festgestellt: „über die Reichspolitik der Erzbischöfe und Bischöfe, gar der geistlichen Fürsten insgesamt wissen wir praktisch nichts".[52]

Ganz anders als für die Reichskirche stellt sich der Befund für die Religionsverfassung des Reiches und ihre praktische Umsetzung dar, die nicht zuletzt unter dem Schlagwort „Toleranz" vielfach das Interesse der Historiker, aber auch der Juristen gefunden hat[53]. Große Aufmerksamkeit ist nicht zuletzt der Verfassungsrealität in den paritätischen Reichsstädten – allen voran Augsburg – zuteil geworden.[54]

Auch die Außensicht auf die Reichsverfassung ist immer wieder thematisiert worden. Dabei hat sich eine Konzentration auf Frankreich ergeben, die durch die engen, wiewohl wechselvollen Beziehungen zwischen dem *Roi très chrétien* und dem Reich bzw. dessen Mitgliedern in der Frühen Neuzeit be-

te und Kultur, Bd. 10.) Epfendorf 2002, 25–52; sowie von *Bettina Braun/Frank Göttmann*, Der geistliche Staat der Frühen Neuzeit. Einblicke in Stand und Tendenzen der Forschung, in: Bettina Braun/Frank Göttmann/Michael Ströhmer (Hrsg.), Geistliche Staaten im Nordwesten des Alten Reiches. Forschungen zum Problem frühmoderner Staatlichkeit. (Paderborner Beiträge zur Geschichte, Bd. 13.) Köln 2003, 59–86. Eine Reihe von Neuerscheinungen zur Reichskirche wurde durch das 200jährige Jubiläum des Reichsdeputationshauptschlusses inspiriert.

[49] *Peter Hersche*, Die deutschen Domkapitel im 17. und 18. Jahrhundert. Bd. 1–3. Bern 1984.

[50] *Stephan Kremer*, Herkunft und Werdegang geistlicher Führungsschichten in den Reichsbistümern zwischen Westfälischem Frieden und Säkularisation. Fürstbischöfe – Weihbischöfe – Generalvikare. (Römische Quartalschrift für christliche Altertumskunde und Kirchengeschichte, Supplementh. 47.) Freiburg im Breisgau 1992.

[51] *Erwin Gatz* (Hrsg.), Die Bischöfe des Heiligen Römischen Reiches 1648–1803. Ein biographisches Lexikon. Berlin 1990; *ders.*, Die Bischöfe des Heiligen Römischen Reiches 1448–1648. Berlin 1996.

[52] *Braun/Göttmann*, Der geistliche Staat (wie Anm. 48), 78.

[53] Hier ist nicht zuletzt der Name Martin Heckel zu nennen: *Martin Heckel*, Gesammelte Schriften. Staat, Kirche, Recht, Geschichte. Bd. 1–3. (Jus Ecclesiasticum, Bd. 38, 58, 73.) Tübingen 1989–2004.

[54] Vgl. v. a. *Etienne François*, Die unsichtbare Grenze. Protestanten und Katholiken in Augsburg 1648–1806. (Abhandlungen zur Geschichte der Stadt Augsburg, Bd. 33.) Sigmaringen 1991; *Paul Warmbrunn*, Zwei Konfessionen in einer Stadt. Das Zusammenleben von Protestanten und Katholiken in den paritätischen Reichsstädten Augsburg, Biberach, Ravensburg und Dinkelsbühl von 1548 bis 1648. (Veröffentlichungen des Instituts für Europäische Geschichte Mainz, Abt. für Abendländische Religionsgeschichte, Bd. 111.) Wiesbaden 1983. Einige Aufmerksamkeit hat auch das bikonfessionelle Hochstift Osnabrück gefunden. Vgl. dazu neuerdings *Mark Alexander Steinert*, Die alternative Sukzession im Hochstift Osnabrück. Bischofswechsel und das Herrschaftsrecht des Hauses Braunschweig-Lüneburg in Osnabrück, 1648–1802. (Osnabrücker Geschichtsquellen und Forschungen, Bd. 47.) Osnabrück 2003.

gründet ist, aber auch im Zusammenhang mit der Pflege der deutsch-französischen Beziehungen gesehen werden kann. In besonderer Weise sind diese Forschungen mit dem Namen Klaus Malettke verbunden.[55] Was die andere auswärtige Garantiemacht des Westfälischen Friedens betrifft, so liegt hier der Akzent stärker auf der praktischen Einbindung der 1648 schwedisch gewordenen Territorien in das Reich und ihrer Verfassung.[56] In den vergangenen Jahren sind auch die Beziehungen zu den Vereinigten Niederlanden verstärkt in den Blick genommen worden.[57] Auch die militärischen Aspekte der Reichsverfassung haben jüngst wieder Aufmerksamkeit gefunden[58], und ebenso sind ihre ökonomischen Aspekte zumindest in Ansätzen aufgearbeitet[59]. In diesem Zusammenhang ist darauf hinzuweisen, daß sich eine ganze Reihe neuerer und neuester Einzelstudien mit der Geschichte der einzelnen Reichskreise beschäftigt, von denen einige ja nicht zuletzt in Sicherheits-, Wirtschafts- und Policeyfragen eine beachtliche Aktivität entfalteten.[60]

[55] Hier sei nur seine umfassende neue Monographie angeführt: *Klaus Malettke*, Les relations entre la France et le Saint-Empire au XVIIe siècle. (Bibliothèque d'histoire moderne et contemporaine, Vol. 5.) Paris 2001. Die Forschungsinteressen Malettkes werden von einigen seiner Schüler fortgeführt. Vgl. *Sven Externbrink* u. a. (Hrsg.), Formen internationaler Beziehungen in der Frühen Neuzeit. Frankreich und das Alte Reich im europäischen Staatensystem. Festschrift für Klaus Malettke zum 65. Geburtstag. (Historische Forschungen, Bd. 71.) Berlin 2001.

[56] *Nils Jörn/Bernhard Diestelkamp/Kjell Åke Modéer* (Hrsg.), Integration durch Recht. Das Wismarer Tribunal (1653–1806). (Quellen und Forschungen zur höchsten Gerichtsbarkeit im Alten Reich, Bd. 47.) Köln/Weimar 2003. Vgl. auch *Nils Jörn/Michael North* (Hrsg.), Die Integration des südlichen Ostseeraumes in das Alte Reich. (Quellen und Forschungen zur höchsten Gerichtsbarkeit im Alten Reich, Bd. 35.) Köln/Weimar/Wien 2000.

[57] *Johannes Arndt*, Das Heilige Römische Reich und die Niederlande 1566 bis 1648. Politisch-konfessionelle Verflechtung und Publizistik im Achtzigjährigen Krieg. (Münstersche Historische Forschungen, Bd. 13.) Köln/Weimar/Wien 1998; *Helmut Gabel/Volker Jarren*, Kaufleute und Fürsten. Außenpolitik und politisch-kulturelle Perzeption im Spiegel niederländisch-deutscher Beziehungen 1648–1748. (Niederlande-Studien, Bd. 18.) Münster 1998.

[58] Vgl. etwa *Max Plassmann*, Krieg und Defension am Oberrhein. Die vorderen Reichskreise und Markgraf Ludwig Wilhelm von Baden (1693–1706). (Historische Forschungen, Bd. 66.) Berlin 2000.

[59] Vor allem *Ingomar Bog*, Der Reichsmerkantilismus. Studien zur Wirtschaftspolitik des Heiligen Römischen Reiches im 17. und 18. Jahrhundert. (Forschungen zur Sozial- und Wirtschaftsgeschichte, Bd. 1.) Stuttgart 1959; *Fritz Blaich*, Die Wirtschaftspolitik des Reichstags im Heiligen Römischen Reich. Ein Beitrag zur Problemgeschichte wirtschaftlichen Gestaltens. (Schriften zum Vergleich von Wirtschaftsordnungen, Bd. 16.) Stuttgart 1970; neuerdings auch: *Kristina Winzen*, Handwerk – Städte – Reich. Die städtische Kurie des Immerwährenden Reichstags und die Anfänge der Reichshandwerksordnung. (Vierteljahrschrift für Sozial- und Wirtschaftsgeschichte, Beih. 160.) Stuttgart 2002.

[60] Z. B., um nur einige der einschlägigen Monographien und Sammelbände der letzten zehn Jahre zu nennen, *Udo Gittel*, Die Aktivitäten des Niedersächsischen Reichskreises in den Sektoren „Friedenssicherung" und „Policey" (1555–1682). (Veröffentlichungen der Historischen Kommission für Niedersachsen und Bremen, Bd. 35; Quellen und

Einen weiteren Aufschwung hat die Beschäftigung mit der Reichspublizistik genommen. Von den Neuerscheinungen der letzten Jahre hat vor allem die Studie Wolfgang Burgdorfs Furore gemacht, der gezeigt hat, daß in der Reichspublizistik praktisch bis zum Ende über eine Reform des Reiches diskutiert, dasselbe also für reformwürdig und reformfähig gehalten wurde[61], und jüngst hat Martin Wrede darauf hingewiesen, daß das Alte Reich auch seine Feindbilder kannte und pflegte[62].

Diese vielfältigen Einzelstudien machten immer deutlicher, daß das Reich auch nach 1648 keineswegs so erstarrt war, wie die alten Lehrmeinungen behaupteten, und legten einen Abschied von der Interpretation der Reichsverfassungsgeschichte als Degenerationsgeschichte nahe. Eine notwendige Voraussetzung, um diese Wendung vollziehen zu können, ist darin zu sehen, daß nicht länger der nationale Machtstaat das Ideal war, an dem das Alte Reich

Untersuchungen zur allgemeinen Geschichte Niedersachsens in der Neuzeit, Bd. 14.) Hannover 1996; *Peter Claus Hartmann*, Der Bayerische Reichskreis (1500 bis 1803). Strukturen, Geschichte und Bedeutung im Rahmen der Kreisverfassung und der allgemeinen institutionellen Entwicklung des Heiligen Römischen Reiches. (Schriften zur Verfassungsgeschichte, Bd. 52.) Berlin 1997; *Martin Fimpel*, Reichsjustiz und Territorialstaat. Württemberg als Kommissar von Kaiser und Reich im Schwäbischen Kreis (1648–1806). (Frühneuzeit-Forschungen, Bd. 6.) Tübingen 1999; *Thomas Nicklas*, Macht oder Recht. Frühneuzeitliche Politik im obersächsischen Reichskreis. Stuttgart 2002. Zur Policey in den Reichskreisen vgl. die von Wolfgang Wüst herausgegebene Reihe: „Die „gute“ Policey im Reichskreis. Zur frühmodernen Normensetzungen in den Kernregionen des Alten Reiches“, die seit 2001 erscheint und bereits auf drei Bände angewachsen ist. Zu den Mängeln dieser Reihe vgl. allerdings die Rezension von *Josef Pauser*, in: sehepunkte 4, 2004, Nr. 12 <http://www.sehepunkte.historicum.net/2004/12/7472.html [Zugriff am 31. Mai 2005]>. Allgemein zur Geschichte der Reichskreise die in Anm. 26 genannten Arbeiten von Winfried Dotzauer sowie den Sammelband *Wolfgang Wüst* (Hrsg.), Reichskreis und Territorium: Die Herrschaft über die Herrschaft? Supraterritoriale Tendenzen in Politik, Kultur, Wirtschaft und Gesellschaft. Ein Vergleich süddeutscher Reichskreise. Tagung der Schwäbischen Forschungsgemeinschaft und der Forschungsstelle Augsburg der Kommission für Bayerische Landesgeschichte in Kooperation mit dem Institut für Europäische Kulturgeschichte (Universität Augsburg) und dem Stadtarchiv Augsburg in Irsee vom 5. bis 7. März 1998. (Veröffentlichungen der Schwäbischen Forschungsgemeinschaft bei der Kommission für Bayerische Landesgeschichte, Rh. 7: Augsburger Beiträge zur Landesgeschichte Bayerisch-Schwabens, Bd. 7.) Stuttgart 2000.

[61] *Wolfgang Burgdorf*, Reichskonstitution und Nation. Verfassungsreformprojekte für das Heilige Römische Reich deutscher Nation im politischen Schrifttum von 1648 bis 1806. (Veröffentlichungen des Instituts für Europäische Geschichte, Abt. für Universalgeschichte, Bd. 173; Beiträge zur Sozial- und Verfassungsgeschichte des Alten Reiches, Nr. 13.) Mainz 1998 – wobei natürlich auch die ökonomischen Interessen der Reichspublizisten zu berücksichtigen sind, die auf diese Weise ihren Lebensunterhalt verdienten und ihren Status als Reichselite im Wortsinne festschrieben.

[62] *Martin Wrede*, Das Reich und seine Feinde. Politische Feindbilder in der reichspatriotischen Publizistik zwischen Westfälischem Frieden und Siebenjährigem Krieg. (Veröffentlichungen des Instituts für Europäische Geschichte, Abt. für Universalgeschichte, Bd. 196; Beiträge zur Sozial- und Verfassungsgeschichte des Alten Reiches, Nr. 15.) Mainz 2004.

gemessen wurde. Nun wurde es möglich, das Reich als historische Erscheinung sui generis zu beschreiben und zu würdigen. Wie aber waren – wollte man nicht bloß im Deskriptiven verharren – die neuen Erkenntnisse begrifflich zu fassen?

In dieser Hinsicht hat sich besonders Volker Press, ein Schüler Friedrich Hermann Schuberts, verdient gemacht. Offen für Anregungen aus den Sozialwissenschaften bzw. der Sozialgeschichte, knüpfte er an Überlegungen Otto Brunners, Gerhard Oestreichs und Peter Moraws[63] an und beschrieb das Reich als „politisches System". Er vertrat die Auffassung, „daß die herkömmliche, relativ statische Sicht der Reichsverfassung zu ersetzen ist durch eine dynamischere. [...] Man kann gleichsam von ‚Verfassungsgeschichte als Prozeß' sprechen. Damit wird das herkömmliche Bild vom monolithischen Territorium verlassen – es wird ergänzt durch Beziehungen, Lehens- und Satellitensysteme nach außen, durch differenzierende Analysen innerterritorialer Vorgänge nach innen. [...] Umgekehrt werden viele sozialgeschichtliche Vorgänge [...] erst durch Einbeziehung des verfassungsgeschichtlichen Rahmens, das heißt der Spielregeln des Reichsverbandes, deutlich" – kurz: Press votierte für „die wechselseitige Unterstützung von Verfassungs- und Sozialgeschichte", mahnte aber auch an, „Kirchengeschichte, Rechtsgeschichte, Kulturgeschichte, auch Kunst-, Literatur- und Musikgeschichte" nicht aus dem Auge zu verlieren.[64] Als weiterer Wegbereiter des Begriffs „Reichssystem" ist Bernd Roeck zu nennen, insbesondere mit seiner Arbeit zur „Diskussion über die Staatlichkeit des Reiches in der politischen Publizistik des 17. und 18. Jahrhunderts".[65]

Seit den 1980er Jahren hat die neue Sicht des Alten Reichs zusehends auch den Weg in Überblicksdarstellungen, Hand- und Lehrbücher gefunden. So hat Heinz Duchhardt 1991 die erste deutsche Verfassungsgeschichte der Frühen Neuzeit vorgelegt, die sich ausdrücklich „nicht nur an den großen verfassungsrechtlichen Institutionen, nicht nur an der eher politischen Hartungschen Leitkategorie, der Spannung von Einheitsgedanken und Partikularismus" orientiert, sondern auch „offen für die Nachbardisziplinen, insbesondere de[n] weite[n] Bereich der ‚Sozialverfassung' " ist. Überdies

[63] Peter Moraw hat die Entwicklung des Reichs im Spätmittelalter als Verdichtung beschrieben: *Peter Moraw*, Von offener Verfassung zu gestalteter Verdichtung. Das Reich im späten Mittelalter, 1250–1490. (Propyläen Geschichte Deutschlands, Bd. 3.) Berlin 1985.

[64] *Press*, Das Reich – ein politisches System (wie Anm. 4), 40f. Vgl. auch die übrigen Aufsätze in dem Sammelband *ders.*, Das Alte Reich (wie Anm. 4).

[65] *Bernd Roeck*, Reichssystem und Reichsherkommen. Die Diskussion über die Staatlichkeit des Reiches in der politischen Publizistik des 17. und 18. Jahrhunderts. (Veröffentlichungen des Instituts für Europäische Geschichte Mainz, Abt. für Universalgeschichte, Bd. 112; Beiträge zur Sozial- und Verfassungsgeschichte des Alten Reiches, Nr. 4.) Wiesbaden/Stuttgart 1984.

beschreitet er durch eine partielle „Einbeziehung des verfassungspolitischen europäischen Umfeldes“ Neuland.[66] Seine Bewertung des Westfälischen Friedens liest sich wie folgt: „Der Westfälische Friede war ein ‚Fundamentalgesetz‘ von säkularer Bedeutung insofern, als es das Neben- und Miteinander von König und Ständen abschließend regelte und das für das Reich typische Konfessionsproblem endgültig und mit guten Instrumentarien löste [...]. Mit diesem Reichsrahmen, der dem Kaiser nach wie vor Gestaltungsmöglichkeiten beließ und den Ständen Recht, Sicherheit und politischen Spielraum, die vielzitierte ‚Libertät‘, garantierte, konnten beide Partner leben [...]. Die Existenz des Reiches wurde weder 1648 noch in den folgenden eineinhalb Jahrhunderten jemals in Frage gestellt“.[67]

Wie sehr das Alte Reich mittlerweile auch eine größere Öffentlichkeit zu interessieren vermag, ist beim 350jährigen Jubiläum des Westfälischen Friedens deutlich geworden, das unter anderem mit einer großen Europaratsausstellung in Münster und Osnabrück begangen wurde.[68] Auch der zweihundertste Jahrestag des Reichsdeputationshauptschlusses von 1803 und die folgenden Säkularisierungen wurden zum Anlaß einer ganzen Reihe von Veranstaltungen[69], und die Vorbereitungen für die Jubiläen von 2005 (Augsburger Religionsfriede) und 2006 (Ende des Alten Reichs) sind in vollem Gange[70].

IV.

In den letzten Jahren ist eine Diskussion über das Reich und die Ergebnisse der neuen Reichsgeschichtsforschung entbrannt, die über die Kreise der Spezialisten und zumindest in Ansätzen auch über die Grenzen der Histori-

[66] *Heinz Duchhardt*, Deutsche Verfassungsgeschichte 1495-1806. Stuttgart/Berlin/Köln 1991, 8f.

[67] Ebd. 169f.

[68] Vgl. den Katalog *Klaus Bußmann/Heinz Schilling* (Hrsg.), 1648. Krieg und Frieden in Europa. Bd. 1-3. München 1998. Außerdem fand eine Reihe von Tagungen statt, deren Akten zum Teil publiziert vorliegen. Hier sei nur genannt: *Heinz Duchhardt* (Hrsg.), Der Westfälische Friede. Diplomatie – politische Zäsur – kulturelles Umfeld – Rezeptionsgeschichte. (HZ, Beihefte, NF., Bd. 26.) München 1998.

[69] Auch hier liegen diverse Kataloge bzw. Tagungsakten vor, z. B. *Rolf Decot*, Die Säkularisation der Reichskirche 1803. Aspekte kirchlichen Umbruchs. (Veröffentlichungen des Instituts für Europäische Geschichte, Abt. für Abendländische Religionsgeschichte, Beih. 55.) Mainz 2002; *ders.* (Hrsg.), Kontinuität und Innovation um 1803: Säkularisation als Transformationsprozeß. Kirche, Theologie, Kultur, Staat. (Veröffentlichungen des Instituts für Europäische Geschichte, Abt. für Abendländische Religionsgeschichte, Beih. 65.) Mainz 2005; *Volker Himmelein/Hans Ulrich Rudolf* (Hrsg.), Alte Klöster, neue Herren. Die Säkularisation im deutschen Südwesten. Ausstellungskatalog. 3 Bde. Ostfildern 2003; *Volker Rödel* u. a. (Hrsg.), Säkularisation am Oberrhein. (Oberrheinische Studien, Bd. 23.) Ostfildern 2004; *Alois Schmid* (Hrsg.), Die Säkularisation in Bayern.

kerzunft hinausgegriffen und eine breitere Öffentlichkeit erreicht hat. Auslöser dieser Diskussion waren die Thesen Georg Schmidts, der die Press'sche Sicht vom Reich als System fortgeführt und zugespitzt hat. Selbst Press-Schüler, hat er mit seiner in zahlreichen Publikationen vorgetragenen und verteidigten Sicht des „komplementären Reichs-Staats der deutschen Nation" die traditionellen Bewertungen des Reichs sozusagen auf den Kopf gestellt. Bei ihm ist die Geschichte des Reichs in der Frühen Neuzeit auf weiten Strecken keine Geschichte des Verfalls und der Desintegration, sondern des Zusammenwachsens und der Integration. In begrifflicher Anlehnung an Johann Stephan Pütter versteht er das Reich als „ein Gefüge [...] ‚aus mehreren besonderen, jedoch einer gemeinsamen höhern Gewalt noch untergeordneten Staaten [...]'. [...] Obwohl die Fürstenstaaten den Prinzipien einer tacitistischen, auf Machtakkumulation angelegten Staatsräson nacheiferten, ergänzten sie sich mit allen anderen Formen begrenzter Staatlichkeit zu einer gemeinsamen, auf Deutschland gerichteten Handlungseinheit – zum komplementären Reichs-Staat. Die Erläuterung ‚komplementär' macht deutlich, daß das, was gemeinhin als einheitliche Staatsgewalt gedacht wird, im Reichs-Staat auf unterschiedliche Ebenen verteilt war. [...] Die These liegt daher nahe, daß der gesamtstaatliche Rahmen ein unverzichtbarer Bestandteil territorialer Staatlichkeit war und nicht [...] deren selbständige Entwicklung blockierte"[71] – der „komplementäre Reichs-Staat" also als alternative Form frühneuzeitlicher Staatlichkeit (wobei sich das „alternativ" auf den „absoluten Machtstaat" bezieht).

Auch das Konzept des „komplementären Reichs-Staats" ist ein Kind seiner Zeit und spiegelt die politischen und gesellschaftlichen Verhältnisse der deutschen Bundesrepublik des ausgehenden 20. Jahrhunderts wider. Ausdrücklich sieht Schmidt im Alten Reich „als Staat und Nation der Deutschen ein freiheitliches und erinnerungswürdiges Entwicklungspotential". Er verweist auf „die föderativen Traditionen [...], die aus der deutschen Freiheit

Kulturbruch oder Modernisierung? (Zeitschrift für bayerische Landesgeschichte, Beiheft, Rh. B, Bd. 23.) München 2003; *Thomas Scharf-Wrede* (Hrsg.), Umbruch oder Übergang? Die Säkularisation von 1803 in Norddeutschland. Hildesheim 2004; *Gerhard Ammerer* u. a. (Hrsg.), Die Säkularisation Salzburgs 1803. Voraussetzungen – Ereignisse – Folgen. Protokoll der Salzburger Tagung vom 19.–21. Juni 2003. (Wissenschaft und Religion, Bd. 11.) Frankfurt am Main u. a. 2005.

70 Das Jubiläum von 2005 warf mit einer neuen umfassenden Monographie zum Augsburger Religionsfrieden bereits seine Schatten voraus: *Axel Gotthard*, Der Augsburger Religionsfrieden. (Reformationsgeschichtliche Studien und Texte, Bd. 148.) Münster 2004.

71 *Georg Schmidt*, Geschichte des Alten Reiches. Staat und Nation in der Frühen Neuzeit 1495–1806. München 1999, 44. Siehe auch die Reaktionen Schmidts auf die Kritik an seinem Forschungskonzept: *ders.*, Das frühneuzeitliche Reich – komplementärer Staat und föderative Nation, in: HZ 273, 2001, 371–400; *ders.*, Das frühneuzeitliche Reich – Sonderweg und Modell für Europa oder Staat der deutschen Nation, in: Schnettger (Hrsg.), Imperium Romanum (wie Anm. 3), 247–277.

abgeleiteten und 1648 festgeschriebenen Vorstellungen einer gewissen Rechts- und Eigentumssicherheit sowie eine vergleichsweise große Gewissens- und Pressefreiheit der Untertanen-Bürger".[72]

Noch deutlich zugespitzt hat Johannes Burckhardt die Schmidtsche Sicht auf das Reich: Zwar folgt er ihm nicht in dessen nationaler Konnotation des „Reichs-Staats", die These von der Staatlichkeit des Reichs trägt er jedoch nicht nur mit, sondern führt sie sogar noch weiter: Für ihn ist das Reich nicht nur Staat, sondern seine Form der Staatlichkeit ist den üblicherweise als „moderner" eingestuften Formen frühneuzeitlicher Staatlichkeit, wie sie sich etwa in Frankreich ausbildeten, überlegen: „Solange bewußt oder unbewußt staatlicher Zentralismus statt pluraler Partizipation für überlegen und zukunftsträchtig gehalten wurden, ist das Reich als zurückgeblieben mißverstanden worden und damit das Entwicklungsgefälle zwischen dem in Wahrheit vorangeschrittenen Reich und dem übrigen Europa gerade verkehrt herum gelesen worden. [...] Die deutsche Staatsbildung ist gleich den für heutige Bedürfnisse richtigen Weg gegangen und hat ihn auch über das Reich hinaus fortgesetzt". In dieser Perspektive erscheinen die Deutschen nicht als verspätete, sondern als „verfrühte Nation", nicht als institutioneller Nachzügler, sondern als Vorreiter.[73] Expressis verbis stellt Burkhardt den bundesrepublikanischen Föderalismus und Parlamentarismus in die Tradition des Alten Reichs. Letztlich läuft bei ihm alles auf eine gewollte historische Legitimation der heutigen Bundesrepublik Deutschland hinaus – ähnlich wie das Treitschke und die kleindeutsch-borussische Schule unter anderen Vorzeichen geleistet haben. Und anders als Georg Schmidt bekennt er sich ganz ausdrücklich dazu: „Es sollte endlich Schluß damit sein, daß wir als Historiker älterer Geschichtsepochen den Ast absägen, auf dem wir sitzen, und in den genügsamen und betulichen Objektivismus der Nachkriegszeit [...] zurückfallen und so in Zeiten der Suche nach Einsparmöglichkeiten gesellschaftspolitische Irrelevanz suggerieren". In dieser Hinsicht könne man „von unseren engagierten Vorgängern [der preußisch-nationalen Schule, M. S.], die unser Fach ins Zentrum der gesellschaftspolitischen Debatte und der ganzen Kultur gerückt haben, formal durchaus etwas lernen" – allerdings müßten diese neuen Perspektiven „sich an den Quellen und am Forschungsstand bewähren".[74] Besonders hebt Burkhardt die parlamentarischen Tradi-

[72] *Schmidt*, Das frühneuzeitliche Reich – Sonderweg (wie Anm. 71), 276.

[73] *Johannes Burkhardt*, Europäischer Nachzügler oder institutioneller Vorreiter? Plädoyer für einen neuen Entwicklungsdiskurs zur konstruktiven Doppelstaatlichkeit des frühmodernen Reiches, in: Schnettger (Hrsg.), Imperium Romanum (wie Anm. 3), 297–316, Zitat 313f.

[74] *Johannes Burkhardt*, Über das Recht der Frühen Neuzeit, politisch interessant zu sein. Eine Antwort auf Martin Tabaczek und Paul Münch, in: GWU 50, 1999, 748–756, hier 750. Der Beitrag stellt seinerseits eine Replik auf zwei Kommentare zu einem anderen Beitrag Burkhardts („Das größte Friedenswerk der Neuzeit". Der Westfälische Frieden

tionen des Regensburger Reichstags sowie die im Alten Reich begründeten rechtsstaatlichen und föderalistischen Traditionen hervor.[75]

Der „komplementäre Reichs-Staat“ und verwandte Anschauungen haben einigen Beifall gefunden, sind aber zugleich auf mehr oder minder heftige Ablehnung gestoßen, und zwar auch bei gestandenen Reichshistorikern. So hat Karl Otmar von Aretin in seiner Rezension von Schmidts „Geschichte des Alten Reiches“ unter Anspielung auf den Wormser Reformreichstag von 1495 den „komplementären Reichs-Staat“ als „Wormser Republik“ charakterisiert und die Frage nach der Rolle des Kaisers gestellt.[76]

In der „Historischen Zeitschrift“ hat Heinz Schilling unter expliziter Berufung auf Volker Press und Bernd Roeck dem Schmidtschen „komplementären Reichs-Staat“ sein Verständnis des Reiches als eines „teilmodernisierten Systems“ entgegengesetzt.[77] Unter anderem verweist er darauf, daß die Militärverfassung des Reichs trotz aller Weiterentwicklung aus strukturell-organisatorischen Gründen keine den „staatlich oder semi-staatlich verfaßten Nachbarstaaten“ oder auch den größeren deutschen Territorialstaaten vergleichbare Effizienz erreichte.[78] Einen ähnlichen Rückstand sieht er auch auf den Feldern Außenpolitik und Wirtschaft. Daß der Begründer der Konfessionalisierungsthese ein besonderes Gewicht auf die religiöse Problematik legt, vermag nicht zu überraschen. Er wertet das 1555 bzw. 1648 gefundene Modell der Konfliktlösung als Durchsetzung des territorialstaatlichen Prinzips, wie es „für einen frühmodernen Staat wie Frankreich unakzeptabel“ gewesen wäre, da hier den protestantischen Reichsständen „staatliche oder [...] semi-staatliche Gewalt“ zuerkannt worden sei.[79] Einiges Gewicht besitzt auch sein Hinweis darauf, daß das Konzept des „komplementären Reichs-Staats“ die „sakrale und heilsgeschichtliche Qualität“ des Reiches unberücksichtigt lasse und daß schließlich das Alte Reich Anfang des 19. Jahrhunderts „sang- und klanglos“ untergegangen sei[80], womit die Staatlichkeit auf der Ebene der Einzelstaaten sich voll entfalten konnte.

in neuer Perspektive, in: GWU 49, 1998, 592–612) dar: *Martin Tabaczek*, Wieviel tragen Superlative zum historischen Erkenntnisfortschritt bei? Anmerkungen zum Beitrag von Johannes Burkhardt „Das größte Friedenswerk der Neuzeit“. Der Westfälische Frieden in neuer Perspektive (GWU 10/98), in: GWU 50, 1999, 740–747; *Paul Münch*, 1648. Notwendige Nachfragen, in: ZfG 47, 1999, 329–333.

[75] *Burkhardt*, Über das Recht (wie Anm. 74), 752–755.

[76] *Karl Otmar Freiherr von Aretin*, Die Wormser Republik, in: Frankfurter Allgemeine Zeitung, Nr. 237 vom 12. Oktober 1999, L45.

[77] *Heinz Schilling*, Reichs-Staat und frühneuzeitliche Nation der Deutschen oder teilmodernisiertes Reichssystem, in: HZ 272, 2001, 377–395. Siehe, komprimiert, auch *ders.*, Das Alte Reich – ein teilmodernisiertes System als Ergebnis der partiellen Anpassung an die frühmoderne Staatsbildung in den Territorien und den europäischen Nachbarländern, in: Schnettger (Hrsg.), Imperium Romanum (wie Anm. 3), 279–291.

[78] Ebd. 286.

[79] Ebd. 289f.

[80] Ebd. 290.

Den wohl massivsten Angriff auf den „komplementären Reichs-Staat" hat Wolfgang Reinhard unternommen: Er hat Schmidts Ansatz nicht nur als „in der Sache […] überaus gelegen zur Stiftung eines neuen nationalhistorischen Diskurses" identifiziert[81], sondern kommt auf der Folie eines europäischen Vergleichs zu dem als „eindeutig" qualifizierten Ergebnis: „Die traditionelle Auffassung behält Recht. Mangels starker monarchischer Mitte war das Alte Reich kein Staat, auch kein werdender oder zerfallender Staat, sondern im doppelten Sinn ein politisches Monstrum, nicht nur im Sinne Pufendorfs ein Gebilde, auf das keine der klassischen politischen Kategorien passen wollte, sondern auch aus der Sicht der modernen Forschung ein Gemeinwesen, das außerhalb des europäischen Regelablaufs der Staatsbildung blieb beziehungsweise eines, wo dieser Vorgang auf Territorienebene stattfand".[82]

Auch Barbara Stollberg-Rilinger hat sich gegen die politische Aktualisierung des Alten Reichs gewandt und darauf verwiesen, daß gerade das Fremde am Alten Reich Interesse zu wecken vermöge. Insbesondere hat sie sich für eine Befruchtung der traditionellen Verfassungsgeschichtsschreibung durch den kulturgeschichtlichen Ansatz ausgesprochen und gezeigt, daß „die symbolisch-zeremonielle Inszenierung der Reichsordnung von substantieller Bedeutung für das Funktionieren des Reichsverbands als Handlungsgeflecht und Orientierungssystem" war.[83] Hierfür führt sie zur Begründung die neben den Reichsgrundgesetzen immer wichtige „gewohnheitsrechtliche Praxis", den „hierarchische[n] Charakter" des Reichs an, das Faktum, „daß soziale und politische Ordnung noch nicht voneinander getrennt waren", und schließlich „seine nur lockere und vor allem je nach Gewicht seiner Glieder *unterschiedlich* ausgeprägte politische Integration und de[n] Mangel einer zentralen, von den Einzelgliedern unabhängigen Exekutionsgewalt".[84]

Wenn, wie gezeigt, teils massive Kritik am Konzept des „komplementären Reichs-Staats" geübt wird, bedeutet das nicht, daß ein Rückfall in alte borussisch-kleindeutsche Verdikte gegen das Reich zu erwarten wäre – Stimmen wie die Jürgen Luhs, der mit Blick auf die nach 1648 andauernden konfessionellen Spannungen vom „unheiligen Reich" gesprochen hat[85], sind ganz vereinzelt geblieben. Meist geht es weniger darum, ein negativeres als ein anderes Bild vom Reich zu vermitteln. Schmidts Kritiker stehen in der weitaus überwiegenden Mehrzahl durchaus auf dem Boden der Ergebnisse der

[81] *Wolfgang Reinhard*, Frühmoderner Staat und deutsches Monstrum. Die Entstehung des modernen Staates und das Alte Reich, in: ZHF 29, 2002, 339–357, hier 343.

[82] Ebd. 356.

[83] *Barbara Stollberg-Rilinger*, Die zeremonielle Inszenierung des Reiches, oder: Was leistet der kulturalistische Ansatz für die Reichsverfassungsgeschichte?, in: Schnettger (Hrsg.), Imperium Romanum (wie Anm. 3), 233–246, hier 243.

[84] Ebd. 244f.

[85] *Jürgen Luh*, Unheiliges Römisches Reich. Der konfessionelle Gegensatz 1648 bis 1806. (Quellen und Studien zur Geschichte Brandenburg-Preußens und des Alten Reiches, Bd. 1.) Berlin 1995.

Reichsgeschichtsforschung der letzten Jahrzehnte. Sie bewerten sie jedoch insgesamt differenzierter.

Will man den gegenwärtigen Stand der Debatte um das Konzept des „komplementären Reichs-Staats" resümieren, so gilt es zunächst festzuhalten, daß Georg Schmidt mit seiner These das Verdienst zukommt, eine Diskussion angestoßen zu haben, die über die Kreise der Reichs-Spezialisten hinaus zur Kenntnis genommen worden ist und damit die Ergebnisse der Forschung der vergangenen Jahrzehnte nicht nur innerhalb der Historikerzunft, sondern teilweise auch einer weiteren Öffentlichkeit zu Bewußtsein gebracht hat. Darüber hinaus hat er den Spezialisten zu begrifflicher Klarheit gezwungen, das heißt, sich und seinen Lesern darüber Rechenschaft abzulegen, was genau er meint, wenn er von „Reich" spricht, und damit der Reichsgeschichtsforschung wichtige neue Impulse verliehen. Daß sich der „komplementäre Reichs-Staats" als allgemein anerkannte Lehrmeinung der Reichshistoriker durchsetzen wird, scheint angesichts der massiven Kritik allerdings eher zweifelhaft. Ob und welche Rolle das Schmidtsche Konzept mittel- oder langfristig spielen wird, ob es bestätigt, modifiziert oder verworfen werden wird, wird nicht zuletzt von der Ausrichtung und den Ergebnissen der künftigen Forschung abhängen.

V.

Schließen möchte ich meine Ausführungen mit einigen – gewiß sehr subjektiven – Bemerkungen zu möglichen Entwicklungsperspektiven der Reichs- und Reichsverfassungsgeschichtsschreibung in den kommenden Jahren. Mir erscheint es angemessen und auf lange Sicht auch wissenschaftspolitisch vielversprechend, durch vertiefende oder auch neue Forschungsfelder erschließende Studien zu einer noch weiter differenzierten Sicht des Alten Reichs zu gelangen und diese auch in Synthesen einfließen zu lassen. Allzusehr vereinfachende oder auch zugespitzte Ansätze mögen zwar kurzfristig die wissenschaftliche Diskussion befruchten; dem Forschungsgegenstand Altes Reich können sie meines Erachtens hingegen nur bedingt gerecht werden, zumal dessen Reiz nicht zuletzt in seinen komplexen Strukturen zu sehen ist. Womöglich könnte eine allzu vereinfachte Sicht die Attraktivität des Reichs als Forschungsfeld mittel- oder langfristig gar „beschädigen". Das heißt nicht, daß aktuelle Probleme nicht auch von Historikern älterer Epochen sinnvoll aufgegriffen werden können und sollen. Allerdings halte ich es für gefährlich, wenn sich die Forschung allzusehr von aktuellen politisch-gesellschaftlichen Befindlichkeiten leiten läßt. Daß die Erkenntnisinteressen des Historikers, der bekanntlich nicht im luftleeren Raum arbeitet, von den aktuellen Fragen der eigenen Gegenwart beeinflußt werden, ist ebenso selbstverständlich wie im Grundsatz legitim. Keinesfalls kann und darf es jedoch – was ausdrücklich keinem der genannten Teilnehmer an der Debatte zu unterstellen ist – darum gehen, die Ergebnisse der Forschung durch die Wünsche und Bedürfnisse von Politik und Gesellschaft präfigurieren zu lassen.

Wünschenswert wäre es, wenn einige bislang eher unterbelichtete Reichsinstitutionen, insbesondere der Reichshofrat, stärker ins Blickfeld der Forschung gerieten. Noch mehr als für dessen Stellung als eines der beiden obersten Reichsgerichte gilt dies für seine Rolle als oberster Reichslehnsgerichtshof und überhaupt als zentrale Behörde für das Reichslehnswesen. Dieses als eines der wichtigsten hierarchischen Elemente in der Reichsverfassung harrt insgesamt noch der gründlichen Erforschung – es ist bezeichnend, daß man sich für diesen Bereich – wohl einem der dem 21. Jahrhundert besonders fremden Elemente der Reichsgeschichte – noch immer weitgehend auf die Standardwerke des 18. Jahrhunderts verwiesen sieht![86] Eine verstärkte Aufarbeitung dieser und anderer bislang vernachlässigter Aspekte würde auch neues Licht auf die zentrale Reichsinstitution Kaiser werfen.

Ein anderer zukunftsweisender Ansatz könnte in einer weiteren Internationalisierung der Reichsgeschichte liegen. Dies zum einen in Richtung auf eine Einbindung des Reichs und seiner Stände in das europäische Staatensystem und dessen Hineinwirken in das Reich. Zum zweiten durch vergleichende Studien. Zum dritten durch eine verstärkte Einbeziehung der teilweise nichtdeutschen Randgebiete in die Betrachtung – hier sei nur das Stichwort „Reichsitalien“ genannt.[87] Viertens schließlich wäre es für eine

[86] Z. B. *Johann Wilhelm Itter*, De Feudis Imperii Commentatio Methodica [...]. Frankfurt am Main 1685 (2. Aufl. ebd. 1714, 3. Aufl. ebd. 1730, 4. Aufl. Leipzig 1761); *Johann Jacob Moser*, Neues teutsches Staatsrecht. Bd. 9: Von der Teutschen Lehens-Verfassung. Frankfurt am Main/Leipzig 1774, Ndr. Osnabrück 1967. Als einzige ausführliche neuzeitliche Darstellung ist zu nennen: *Rüdiger Freiherr von Schönberg*, Das Recht der Reichslehen im 18. Jahrhundert. Zugleich ein Beitrag zu den Grundlagen der bundesstaatlichen Ordnung. (Studien und Quellen zur Geschichte des deutschen Verfassungsrechts, Rh. A: Studien, Bd. 10.) Heidelberg/Karlsruhe 1977. Ferner: *Jean-François Noël*, Zur Geschichte der Reichsbelehnungen im 18. Jahrhundert, in: Mitteilungen des Österreichischen Staatsarchivs 21, 1968, 106–122. Zur zeremoniellen Bedeutung der Thronbelehnungen hat sich auf der in Anm. 42 genannten Wiener Tagung Barbara Stollberg-Rilinger unter dem Titel „Verfassungsgeschichte als Symbolgeschichte. Die Investitur der Reichslehen in der Frühen Neuzeit“ geäußert.

[87] Um dessen Erforschung hat sich vor allem *Karl Otmar von Aretin* verdient gemacht. Siehe vor allem: Reichsitalien von Karl V. bis zum Ende des Alten Reiches. Die Lehensordnungen in Italien und ihre Auswirkungen auf die europäische Politik, in: ders., Das Reich (wie Anm. 7), 76–163, und die entsprechenden Abschnitte in *ders.*, Das Alte Reich (wie Anm. 7). Allerdings sind seine Anregungen bislang kaum in größerem Stil aufgegriffen worden. Vgl. jetzt aber die Arbeiten von *Matthias Schnettger*, vor allem: Das Alte Reich und Italien. Ein institutionengeschichtlicher Überblick, in: QuFiAB 79, 1999, 344–420, und *ders.*, „Principe sovrano“ oder „civitas imperialis“? Die Republik Genua und das Alte Reich in der Frühen Neuzeit (1556–1797). (Veröffentlichungen des Instituts für Europäische Geschichte, Abt. für Universalgeschichte, Bd. 209; Beiträge zur Sozial- und Verfassungsgeschichte des Alten Reiches, Nr. 17.) Mainz 2006.

weitere Differenzierung des Blicks auf das Alte Reich wünschenswert, daß man sich auch bei unseren europäischen Nachbarn aus den je eigenen Blickwinkeln verstärkt mit der Geschichte des Reichs beschäftigte – in Italien etwa sind in den letzten Jahren erste Ansätze hierzu faßbar geworden.[88]

Wichtige Impulse für die Reichsgeschichtsschreibung lassen sich auch erwarten, wenn es gelingt, wie von Barbara Stollberg-Rilinger vorgeschlagen, die verschiedenen Ansätze der Neuen Kulturgeschichte fruchtbar zu machen und damit nicht nur die möglicherweise gesellschaftspolitisch „relevanten“ Aspekte, sondern auch das Fremde am Alten Reich zu ergründen.[89] Dies betrifft nicht zuletzt den in letzter Zeit stärker in den Blick der Forschung gerückten weiten Bereich des Zeremonialwesens, aber etwa auch Fragen der Institutionenmentalitäten, denen etwa für den Reichstag, das Reichskammergericht und den Reichshofrat genauer nachzugehen wäre.[90] Dafür, wie die Neue Kulturgeschichte die Politikgeschichte und die Verfassungsgeschichte befruchten könnte und auch, wie eher nicht, hat jüngst Thomas Nicklas einige Hinweise gegeben.[91]

Für die Untersuchung der Beziehungen der Reichsstände zum Kaiser und den anderen Reichsinstitutionen sowie der Stände untereinander könnte es weiterführend sein, in einer Fortentwicklung des Press'schen Ansatzes systematisch das Reinhardsche „Verflechtungs“-Konzept anzuwenden, wie dies Reinhard selbst und seine Schüler für den päpstlichen Hof zur Zeit Pauls V. getan haben.[92] Warum nicht etwa eine Reihe paralleler Studien über die Beziehungen des Kaiserhofs zu verschiedenen Reichsständen in einer bestimm-

[88] Vgl. etwa den Sammelband von *Marcello Verga* (Ed.), Dilatar l'Impero in Italia. Asburgo e Italia nel primo Settecento (Cheiron, 21). Rom 1995. Im Juni 2003 fand in Trient eine deutsch-italienische Tagung zum Thema „L'Impero e l'Italia nella prima età moderna/Das Reich und Italien in der Frühen Neuzeit“ statt, und im Mai 2004 in Albenga, Finale Ligure und Loano ein Kolloquium über „I feudi imperiali in Italia tra CXVI e CXVIII secolo“. Die Akten beider Tagungen werden publiziert.

[89] *Stollberg-Rilinger*, Die zeremonielle Inszenierung (wie Anm. 83).

[90] Es wäre wünschenswert, wenn die Studien zum Reichspersonal auch diesen Aspekt noch stärker in den Blick nähmen. Zum Reichspersonal vgl. aber neuerdings *Anette Baumann* u. a. (Hrsg.), Reichspersonal. Funktionsträger von Kaiser und Reich. (Quellen und Forschungen zur höchsten Gerichtsbarkeit im Alten Reich, Bd. 46.) Köln/Weimar/Wien 2003.

[91] *Thomas Nicklas*, Macht – Politik – Diskurs. Möglichkeiten und Grenzen einer Politischen Kulturgeschichte, in: AKG 86, 2004, 1-25, hier 20-25.

[92] *Wolfgang Reinhard*, Freunde und Kreaturen. „Verflechtung“ als Konzept zur Erforschung historischer Führungsgruppen. Römische Oligarchie um 1600. (Schriften der Philosophischen Fachbereiche der Universität Augsburg, Bd. 14.) München 1979. Vgl. jetzt auch zu Modifikationen des ursprünglichen Forschungskonzepts *Nicole Reinhardt*, Verflechtung – ein Blick zurück nach vorn, in: Peter Burschel u. a (Hrsg.), Historische Anstöße. Festschrift für Wolfgang Reinhard zum 65. Geburtstag am 10. April 2002. Berlin 2002, 235-262.

ten Epoche der Reichsgeschichte anstoßen (und dabei auch die Mindermächtigen, insbesondere die geistlichen Fürsten, nicht vergessen)?[93]

Die künftige Reichsgeschichtsschreibung sollte weder in Selbstgenügsamkeit erstarren noch sich zur Gegenwartslegitimierung instrumentalisieren lassen. Ich sehe Perspektiven in einer weiteren Vertiefung bekannter und in dem Erschließen neuer Arbeitsfelder, verbunden mit einer Offenheit gegenüber neuen methodischen Anregungen, ohne Bewährtes über Bord zu werfen – wie dies seit den 1970er Jahren erfolgreich gegenüber den sozialhistorischen Ansätzen praktiziert worden ist. Und hier dürften gerade die Anstöße aus der Neuen Kulturgeschichte, auch dem Fremden – oder fremd erscheinenden – Aufmerksamkeit zu schenken, neue und weiterführende Perspektiven eröffnen.

[93] Daß von einer systematischen Erforschung der Vernetzung der kaiserlichen Residenz mit den Höfen der Reichsstände und derselben untereinander weiterführende Ergebnisse zu erwarten sind, zeigt das Projekt Patronage und Klientelsysteme am Wiener Hof: <http://www.univie.ac.at/Geschichte/wienerhof/ [letzter Zugriff am 4. Mai 2005]>.

Moderne Institutionengeschichte in kulturhistorischer Erweiterung

Thesen und Beispiele aus der Geschichte der Bundesrepublik Deutschland*

Von

Bernhard Löffler

Institutionengeschichte in kulturhistorischer Erweiterung – das scheint auf den ersten Blick ein etwas sperriges Konzept zu sein. Paßt das zusammen, kann man sich fragen: Die Darstellung institutioneller Zusammenhänge gilt als ausgesprochen trockenes und ziemlich hartleibiges Sujet; man meint den Staub der Akten förmlich noch riechen zu können und denkt unweigerlich an lange Behördengänge, Verwaltungsorganisation, Geschäftsordnungen, bürokratisch geregelte Verfahrensabläufe, die technisch eingespielte Wiederkehr des Immergleichen. Überdies zählen Institutionen, zumal staatliche Institutionen, gleichsam zum festen materiellen Kern einer traditionellen Politikgeschichte.

Wollte man die „alten" Wege einer „klassischen" Institutionengeschichte, ein – wie wir es hier nennen wollen – *verwaltungsgeschichtliches* Institutionenverständnis, plakativ fassen, wären wohl folgende typische Merkmale festzuhalten: Es handelt sich um ein einigermaßen staatsorientiertes, auf die staatliche Ordnung bezogenes Institutionenverständnis. Entsprechende Arbeiten tragen einen stark organisationsgeschichtlichen Zug, oftmals auch einen verwaltungsjuristischen Akzent. Die Vorgehensweise ist über weite Strecken ausgesprochen positivistisch, theoretische oder methodologische Reflexionen kommen kaum oder nur am Rande vor. Der eindeutige inhaltliche Schwerpunkt liegt auf den normativen Regelwerken der Institutionen, auf den gesetzlichen und geschäftsordnungsmäßigen Grundlagen, auf dem organisationstechnischen Aufbau (Abteilungen, Referate etc.), auf den zentralen Kompetenzzuordnungen, insgesamt also auf den *formalen* Bedingungen behördlichen Agierens. Und wo es um die Behörden*politik* geht, werden vornehmlich die *Entscheidungen*, also das Ende der politischen Vorgänge, nicht die Vorgänge selbst und die Verfahrenswege, betrachtet.

* Der Text hat, obwohl an einigen Stellen ergänzt und etwas erweitert, im ganzen den Vortragsstil beibehalten; auch die entsprechenden Pointierungen und Zuspitzungen sind bewußt übernommen worden.

Wem all dies zu einseitig und pointiert klingt, der sehe sich als kondensiertes Beispiel nur das für Deutschland „kanonische", ebenso ambitionierte wie materialreiche und für bestimmte Fragestellungen ohne jeden Zweifel äußerst wert- und verdienstvolle institutionengeschichtliche Handbuch an: die renommierte, Mitte der achtziger Jahre in sechs Bänden erschienene „Deutsche Verwaltungsgeschichte".[1] Obwohl hier beeindruckende Überblicke über Verwaltungsstrukturen und ihre historische Genese vorgelegt werden, obwohl sich Herausgeber bzw. Autoren explizit von einer „isolierten Behördengeschichte" und der „einseitigen Ausrichtung auf die ‚berühmten Männer der Verwaltung' "[2] distanzieren und obwohl in der Einleitung des Gesamtwerkes die Rede davon ist, daß sich Verwaltung und ihre Institutionen „keineswegs nur [im] Vollzug von Rechtsnormen" erschöpften, sondern eigenes Gewicht besäßen, spezifische Verfahrensabläufe entwickelten, spezielle Formen des Dienstbetriebs hervorbrächten, eigene Handlungslogiken, Behördentraditionen und gesellschaftliche Wertvorstellungen repräsentierten[3], so findet man darin doch eben vor allem jene normativen Grundlagen und einige politische Entscheidungslinien. Bezeichnenderweise stammen von den 74 Abschnitten des für unsere Beispielthematik einschlägigen fünften Bandes der Deutschen Verwaltungsgeschichte 46 aus der Feder von Staats- und Verwaltungsjuristen.[4] Ergänzt um wenige, eher kursorisch gehaltene Einführungskapitel zu politischen, gesellschaftlichen und wirtschaftlichen Rahmenbedingungen[5], beschäftigt sich die weit überwiegende Zahl der Beiträge mit der staats- und verwaltungsrechtlichen Einordnung und Aufgabenverteilung der bis in die kleinsten Verästelungen erfaßten Institutionen auf Bundes-, Länder- und Kommunalebene sowie mit der Verwaltungsorganisation, die ebenfalls vornehmlich anhand der entsprechenden Gesetzesgrundlagen und Geschäftsordnungen geschildert wird. Dasselbe gilt für die ohnehin äußerst knapp gehaltenen (nicht einmal 50 von ungefähr 1300 Seiten umfassenden) Bemerkungen zu Binnenstrukturen und Verwaltungsbetrieb, zu Personalapparat, Rekrutierungspraxis und Tradition des

[1] *Kurt G. A. Jeserich/Hans Pohl/Georg-Christoph von Unruh* (Hrsg.), Deutsche Verwaltungsgeschichte. 6 Bde. Stuttgart 1983–1988. Von ungleich einfallsloseren und auf einem ganz anderen analytischen Niveau rangierenden Darstellungen wie z. B. die Bücher der vielbändigen Reihe „Ämter und Organisationen der Bundesrepublik Deutschland" wollen wir hier einmal ganz absehen.

[2] *Rudolf Morsey* (Hrsg.), Verwaltungsgeschichte. Aufgaben, Zielsetzungen, Beispiele. Vorträge und Diskussionsbeiträge der verwaltungsgeschichtlichen Arbeitstagung 1976 der Hochschule für Verwaltungswissenschaften Speyer. Berlin 1977, 12.

[3] *Kurt G. A. Jeserich/Hans Pohl/Georg-Christoph von Unruh*, Grundzüge, Aufbau und Zielsetzung der Verwaltungsgeschichte, in: dies. (Hrsg.), Deutsche Verwaltungsgeschichte (wie Anm. 1), Bd. 1, 3–20, hier 5.

[4] Hier und in der Folge *Jeserich/Pohl/Unruh* (Hrsg.), Deutsche Verwaltungsgeschichte (wie Anm. 1), Bd. 5: Die Bundesrepublik Deutschland.

[5] Ebd. 1–52, 70–122.

öffentlichen Dienstes; auch hier referieren die Autoren in erster Linie die beamten-, dienst-, laufbahn- und besoldungsrechtlichen Vorschriften.[6]

Was sich dagegen weitestgehend *nicht* findet, sind Hinweise auf den *informellen* Verfahrensprozeß *jenseits* der Normen und auf die internen Verständigungsmodalitäten, auf die Modifikationen der normativ-rechtlichen oder verwaltungstechnischen Vorgaben im und durch den bürokratisch-politischen Alltag, auf Wirkungen und Wahrnehmungen dieser Vorgaben, auf die Herausbildung der speziellen Eigenarten und verschiedenen „Organisationskulturen" der Institutionen, auf institutionstypische Mitarbeitermentalitäten und das spezifische Betriebsklima – mit einem absichtlich zugespitzten Wort: auf die institutionelle *Wirklichkeit*! So bekommt man etwa in dem Artikel zum Eisenbahnwesen zwar die Paragraphen der diversen Bundesbahngesetze sowie mehrere kommentierte Organigramme bis hinab zu den 3166 eingegliederten Bahnhöfen geboten, aber kein Wort zur Existenz dessen, was uns als typische „Eisenbahner"-Mentalität ja heute noch auf jeder Zugfahrt mitunter leidvoll begegnet.[7] Das Kapitel zur Deutschen Bundesbank konzentriert sich ausschließlich auf den rechtlichen Aufbau und die juristische Ausgestaltung des Zentralbanksystems; davon, daß die dabei fixierte große währungspolitische Unabhängigkeit der Bank und ihre geldpolitische Stabilitätsverpflichtung einer spezifischen deutschen Inflationserfahrung entspringen, erfahren wir kein Wort.[8] Nur in einem einzigen Kapitel zur „Entwicklung des Verwaltungsbetriebs" werden Fragen der internen Betriebsverfahren und -gepflogenheiten (etwa die Professionalisierungstendenzen oder das Aufkommen moderner Bürotechnik und Datenverarbeitung) knapp gestreift.[9]

Im folgenden wird dafür plädiert, in einer Institutionengeschichte im Rahmen einer modernen Politikgeschichte eben diese vernachlässigten Bereiche des Institutionellen wesentlich stärker zu betonen. Sie können sich nur erschließen, wenn man über den engen verwaltungsgeschichtlichen Tellerrand hinaus auf andere Disziplinen und auf ein erweitertes Methodenspektrum blickt. Und in diesem Zusammenhang erweisen sich nicht zuletzt Instrumentarien der neueren Kulturgeschichte, intelligent und behutsam angewandt, als äußerst nützlich und hilfreich. Der Beitrag entwickelt sich dabei in vier Thesen oder Postulaten und hat insgesamt einen theoretisch-methodischen Schwerpunkt. Die Beispiele, die der Geschichte der Bundesrepublik Deutschland und hier vor allem dem Bereich der institutionellen Ordnung

[6] Vgl. ebd. 1081–1109, 1124–1143.

[7] Ebd. 485–505. Dagegen z. B. *Lothar Gall/Manfred Pohl* (Hrsg.), Die Eisenbahn in Deutschland. Von den Anfängen bis zur Gegenwart. München 1999, mit zahlreichen Hinweisen zu Betriebskultur und internen Verhältnissen (etwa 40–55, 136–154, 184–208).

[8] *Jeserich/Pohl/Unruh* (Hrsg.), Deutsche Verwaltungsgeschichte (wie Anm. 1), Bd. 5, 954–963. Vgl. auch die Bemerkungen unten in diesem Beitrag.

[9] Ebd. 1081–1109.

und Organisation der westdeutschen Wirtschafts- und Währungspolitik entnommen werden, dienen eher als Probe aufs Exempel.

* * *

Das erste Postulat, von dem wir ausgehen wollen, lautet: Die Untersuchung von Institutionen erscheint gerade deshalb als ein besonders aufschlußreiches Forschungsfeld von durchaus grundsätzlicherer methodischer Bedeutung und Aussagekraft, weil sie im Schnittfeld mehrerer Forschungsdisziplinen und Forschungsinteressen liegen. Die Beschäftigung mit Institutionen verweist also von vornherein auf ein *interdisziplinäres* Herangehen. Mehr noch: Institutionen können fast als ein Paradigma für die Erprobung der Möglichkeiten und natürlich auch der Grenzen interdisziplinärer Forschung dienen – nicht als modischer Gag, sondern aus genuinen methodischen und inhaltlichen Gründen.

Dies gilt um so mehr, als seit den 1990er Jahren – vermutlich angeregt durch den aktuellen rasanten institutionellen Wandel der Weltpolitik – in mehreren Nachbarfächern der Geschichtswissenschaft einige besonders elaborierte und theoretisch gut unterfütterte Interpretationsansätze zur Analyse von Institutionen entwickelt wurden. Zwar ist nicht zu verkennen, daß dabei durchaus auf ältere Traditionen zurückgegriffen wurde, denn seit jeher beschäftigen sich zahlreiche Nachbardisziplinen der Geschichtswissenschaft mit (politischen) Institutionen. Zu denken ist etwa an die Forschungen der klassischen politischen Ideen- und Dogmengeschichte[10], an die Studien der historischen Schule der Nationalökonomie[11] oder an die verfassungsgeschichtlichen Arbeiten Otto Hintzes und Ernst Rudolf Hubers. Gerade die letzteren waren auch geprägt von dem Anliegen einer in ihrer Zeit durchaus unkonventionellen Weitung des Verfassungs-, Staats- und Institutionenbegriffs, der das soziale und kulturelle Gefüge dezidiert mit einbeziehen sollte. Hubers „Deutsche Verfassungsgeschichte seit 1789" z.B. ging – ungeachtet des problematischen etatistischen Zugriffs – bereits weit über die verfassungsrechtliche und formale Ordnung hinaus und umgriff nach eigener Aussage „das Gesamtgefüge geistiger Bewegungen, sozialer

[10] Beispielhaft etwa *Frank-Lothar Kroll* (Hrsg.), Neue Wege der Ideengeschichte. Paderborn u. a. 1996; im guten Überblick *Thomas Mergel*, Überlegungen zu einer Kulturgeschichte der Politik, in: GG 28, 2002, 574–606, hier 577 ff.

[11] Vgl. *Knut Wolfgang Nörr/Bertram Schefold/Friedrich Tenbruck* (Hrsg.), Geisteswissenschaften zwischen Kaiserreich und Republik. Zur Entwicklung von Nationalökonomie, Rechtswissenschaft und Sozialwissenschaft. Stuttgart 1994; kritisch *Knut Borchardt*, Anerkennung und Versagen. Ein Jahrhundert wechselnder Einschätzung von Rolle und Leistung der Volkswirtschaftslehre in Deutschland, in: Reinhard Spree (Hrsg.), Geschichte der deutschen Wirtschaft im 20. Jahrhundert. München 2001, 200–222; *Werner Plumpe*, Gustav von Schmoller und der Institutionalismus: Zur Bedeutung der Historischen Schule der Nationalökonomie für die moderne Wirtschaftsgeschichtsschreibung, in: GG 25, 1999, 252–275.

Auseinandersetzungen und politischer Ordnungselemente"; Verfassung galt ihm ausdrücklich als ein „Inbegriff von Ideen, Interessen und Institutionen, die sich im Kampf, im Ausgleich und in wechselseitiger Durchdringung jeweils zum Ganzen der Verfassungswirklichkeit einer Epoche verbinden".[12] Als wichtige Referenzgrößen der neueren Forschungen können überdies dienen: die Anregungen der religions- und verwaltungssoziologischen Analysen von Max Weber und Georg Simmel oder auch die Betrachtungen einer seit den siebziger Jahren intensiv betriebenen „Sozialgeschichte der Politik" und ihrer Institutionen mit den Schwerpunkten etwa auf prosopographisch-kollektivbiographischen Aspekten (Elitengeschichte, Netzwerke) und auf Fragen der Artikulation und Durchsetzung gesellschaftlicher Interessen in der Politik (Verbände- und Parteienforschung).[13] Manches kommt da in jüngerer Zeit in neuem Gewand und mit aufgedonnerter Diktion daher, was so neu auch wieder nicht ist und teilweise zum eingeführten und mittlerweile gängigen Arsenal der Verwaltungs- und Politikgeschichte gehört.

Dennoch haben wir es bei den angesprochenen neueren Untersuchungen zur Institutionengeschichte und Institutionentheorie gerade seitens nicht-historischer Nachbardisziplinen mit Überlegungen zu tun, die nicht einfach nur Altes replizieren, sondern uns in vielen Facetten deutlich weiterführen können. Sie schärfen zum einen den Umgang mit den Begrifflichkeiten und damit den methodischen Zugriff, zum anderen setzen sie auch inhaltlich andere Akzente, verschieben die Perspektiven und können so neue Dimensionen von Institutionalität erschließen. Kurzum: Sie besitzen durchaus einen generelleren Anspruch und sollten deshalb auch von „allgemeinen", „politischen" Institutionenhistorikern angemessen zur Kenntnis genommen und rezipiert werden.

Ohne Anspruch auf Vollständigkeit genügt es hier, nur ganz kursorisch die wichtigsten Forschungsrichtungen zu benennen, die man im Auge behalten müßte: Es sind dies im Bereich der Wirtschaftswissenschaften die Arbeiten

[12] *Ernst Rudolf Huber*, Deutsche Verfassungsgeschichte seit 1789. 8 Bände. Stuttgart 1957-1990, Zitat im Vorwort zu Bd. 2 (1960), VII; daneben beispielhaft etwa *Otto Hintze*, Regierung und Verwaltung. Gesammelte Abhandlungen zur Staats-, Rechts- und Sozialgeschichte Preußens. Hrsg. u. eingel. v. Gerhard Oestreich. 2. Aufl. Göttingen 1967.

[13] Vgl. insgesamt auch die Hinweise bei *Michael Maurer*, Alte Kulturgeschichte – Neue Kulturgeschichte?, in: HZ 280, 2005, 281-304; *Eckart Conze*, „Moderne Politikgeschichte". Aporien einer Kontroverse, in: Guido Müller (Hrsg.), Deutschland und der Westen. Internationale Beziehungen im 20. Jahrhundert. Festschrift für Klaus Schwabe. Stuttgart 1998, 19-30; *Mergel*, Überlegungen (wie Anm. 10), 579-583; zur Bedeutung vor allem Webers und Simmels zusammenfassend und mit weiterführender Literatur *Otto Gerhard Oexle*, Geschichte als Historische Kulturwissenschaft, in: Wolfgang Hardtwig/Hans-Ulrich Wehler (Hrsg.), Kulturgeschichte heute. Göttingen 1996, 14-40, hier bes. 17-30; *Thomas Mergel*, Kulturgeschichte – die neue „große Erzählung"? Wissenssoziologische Bemerkungen zur Konzeptionalisierung sozialer Wirklichkeit in der Geschichtswissenschaft, in: ebd. 41-77, hier 50-57; *Ute Daniel*, Kompendium Kulturgeschichte. Theorien, Praxis, Schlüsselwörter. Frankfurt am Main 2001, 53-62, 77-90.

der sogenannten „Neuen Institutionenökonomik" oder „Neuen Organisationsökonomik" mit ihrem Hauptvertreter, dem amerikanischen Wirtschaftsnobelpreisträger Douglass C. North.[14] Sodann werden Strukturen und Funktionsmechanismen von Institutionen, ebenfalls oftmals im ökonomischen Kontext und mit international vergleichendem Zugriff, schon seit einiger Zeit thematisiert von Schulen der Vergleichenden Politischen Ökonomie, der Wirtschaftssoziologie, der Wirtschafts- und Unternehmensgeschichte, ferner der entscheidungsorientierten Betriebswirtschaftslehre und einer kulturvergleichenden Managementforschung; Namen wie Peter Bernholz, Mancur Olson, Peter L. Berger, David M. Kreps, Francis Fukuyama, Rainer Klump oder der McKinsey-Berater Peters, Waterman, Deal und Kennedy wären da zu nennen.[15] Schließlich arbeiten mehrere Soziologen und Politikwissenschaftler im Rahmen eines DFG-Schwerpunktprogramms an einer „Theorie politischer Institutionen" bzw. an der „Theorie und Analyse institutioneller Mechanismen" (Gerhard Göhler, Karl-Siegbert Rehberg, Brigitta Nedelmann), teilweise in engem Anschluß an die institutionentheoretischen Arbeiten von Niklas Luhmann und M. Rainer Lepsius sowie an das Analysekonzept der „politischen Kultur" (z.B. Karl Rohe).[16]

[14] Im Überblick *Rudolf Richter/Eirik G. Furubotn*, Neue Institutionenökonomik. Eine Einführung und kritische Würdigung. Tübingen 1996, bes. 1-17, 79-285; *Douglass C. North*, Theorie institutionellen Wandels. Eine neue Sicht der Wirtschaftsgeschichte. Tübingen 1988, bes. 3-12, 17-33, 46-66; ferner die Erörterung bei *Matthias Erlei* u. a., Neue Institutionenökonomik. Stuttgart 1999; *Anne Nieberding/Clemens Wischermann*, Unternehmensgeschichte im institutionellen Paradigma, in: ZUG 43, 1998, 35-48; *dies.* (Hrsg.), Die institutionelle Revolution. Ein Einführung in die deutsche Wirtschaftsgeschichte des 19. und frühen 20. Jahrhunderts. Stuttgart 2004.

[15] *Peter Bernholz*, Grundlagen der politischen Ökonomie. 3. Aufl. Tübingen 1993/94; *Mancur Olson*, Umfassende Ökonomie. Tübingen 1991; vgl. zur Politischen Ökonomie auch *Alfred Bürgin/Thomas Maissen*, Zum Begriff der politischen Ökonomie heute, in: GG 25, 1999, 177-200; oder *Stefan Immerfall*, Vergleichende Politische Ökonomie – eine kurze Übersicht über ein neues Forschungsprogramm. Passau 1997; *Peter L. Berger*, The Capitalist Revolution. Fifty Propositions about Prosperity, Equality, and Liberty. Aldershot 1987; *David M. Kreps*, Corporate Culture and Economic Theory, in: James E. Alt/Kenneth A. Shepsle (Eds.), Perspectives on Positive Political Economy. Cambridge 1990, 90-143; *Francis Fukuyama*, Trust. The Social Virtues and the Creation of Prosperity. New York u. a. 1995; *Rainer Klump* (Hrsg.), Wirtschaftskultur, Wirtschaftsstil und Wirtschaftsordnung. Methoden und Ergebnisse der Wirtschaftskulturforschung. Marburg 1996; *Thomas J. Peters/Robert H. Waterman*, In Search of Excellence. Lessons from America's best-run Companies. New York 1982; *Terrence E. Deal/Allan H. Kennedy*, Corporate Cultures. The Rites and Rituals of Corporate Life. Reading, Mass. 1982.

[16] *Gerhard Göhler*, Soziale Institutionen – politische Institutionen. Das Problem der Institutionentheorie in der neueren deutschen Politikwissenschaft, in: Wolfgang Luthardt/Arno Waschkuhn (Hrsg.), Politik und Repräsentation. Beiträge zur Theorie und zum Wandel politischer und sozialer Institutionen. Marburg 1988, 12-28; *Gerhard Göhler* u. a. (Hrsg.), Grundfragen der Theorie politischer Institutionen. Opladen 1987; *ders.* (Hrsg.), Die Eigenart der Institutionen. Zum Profil politischer Institutionentheorie. Ba-

Diese Arbeiten setzen natürlich im einzelnen jeweils eigene, ganz unterschiedliche Schwerpunkte. Auch besitzen sie für unsere Anliegen als Allgemeinhistoriker in manchen Details und Zugangsweisen nur begrenzte Aussagekraft, ja können in vieler Hinsicht auch sachliche Kritik provozieren. So marginalisieren etwa nicht wenige institutionenökonomische Studien mit ihrem modellhaft-mikroökonomischen Herangehen, ihrem Operieren mit ökonomischen Kosten-Nutzen-Relationen, ihrem Fokus auf sogenannten Verfügungsrechten („property rights") und „Transaktionskosten" innerhalb des marktwirtschaftlichen Systems wichtige historisch-politische Fragen, Probleme und Wirkungen, die eben jenseits dieser ökonomischen Kategorien liegen.[17] Dennoch kann man den Untersuchungen *insgesamt* zwei wirklich wichtige Ergebnisse entnehmen, die uns ein gutes Stück voranbringen und die daher in meine beiden nächsten Thesen einfließen sollen.

Zum einen: Der Blick auf Institutionen wird grundsätzlich *geweitet* (und dies in noch anderen Dimensionen und mit anderer Qualität, als dies bei Hintze oder Huber der Fall war). Er wird gelenkt auf *umfassende* institutionelle Ordnungssysteme, die zumeist „institutionelle Arrangements" genannt werden. Darunter versteht man komplexe, formale wie informelle Regelungssysteme und Sanktionsmechanismen, mittels derer bestimmte Leitideen rationalisiert, verankert, durchgesetzt und als verhaltensrelevant vermittelt werden, so daß sie „individuelles Handeln in ganz bestimmte Rich-

den-Baden 1994, darin vor allem der Beitrag von *Karl-Siegbert Rehberg*, Institutionen als symbolische Ordnungen. Leitfragen und Grundkategorien zur Theorie und Analyse institutioneller Mechanismen, 47–84; *Gerhard Göhler* (Hrsg.), Institutionenwandel. (Sonderheft Leviathan, Bd. 16.) Opladen 1997; *ders.* (Hrsg.), Institution – Macht – Repräsentation. Wofür politische Institutionen stehen und wie sie wirken. Baden-Baden 1997; *Brigitta Nedelmann* (Hrsg.), Politische Institutionen im Wandel. Opladen 1995. – Zu den theoretischen Grundlagen: *Niklas Luhmann*, Legitimation durch Verfahren. 2. Aufl. Darmstadt/Neuwied 1975; *ders.*, Politische Planung. Aufsätze zur Soziologie in Politik und Verwaltung. Opladen 1971; *M. Rainer Lepsius*, Interessen, Ideen und Institutionen. Opladen 1990; *ders.*, Institutionenanalyse und Institutionenpolitik, in: Nedelmann (Hrsg.), Politische Institutionen (wie Anm. 16), 392–403; *Karl Rohe*, Politische Kultur und ihre Analyse, in: HZ 250, 1990, 321–346; *ders.*, Politische Kultur: Zum Verständnis eines theoretischen Konzepts, in: Oskar Niedermayer/Klaus von Beyme (Hrsg.), Politische Kultur in Ost- und Westdeutschland. Berlin 1994, 1–21. – Ein Überblick auch bei *Mergel*, Überlegungen (wie Anm. 10), 583–586, und *Carola Lipp*, Politische Kultur oder das Politische und Gesellschaftliche in der Kultur, in: Hardtwig/Wehler (Hrsg.), Kulturgeschichte heute (wie Anm. 13), 78–110, hier 82–90.

[17] Kritische Abwägung z. B. schon bei *Knut Borchardt*, Der „Property-Rights-Ansatz" in der Wirtschaftsgeschichte – Zeichen für eine systematische Neuorientierung des Faches?, in: Jürgen Kocka (Hrsg.), Theorien in der Praxis des Historikers. Forschungsbeispiele und ihre Diskussion. Göttingen 1977, 140–156, bes. 142f., 150–156; *Hartmut Berghoff*, Transaktionskosten: Generalschlüssel zum Verständnis langfristiger Unternehmensentwicklung? Zum Verhältnis von Neuer Institutionenökonomie und moderner Unternehmensgeschichte, in: JbWG 1999/2, 159–176; *Clemens Wischermann*, Der Property-Rights-Ansatz und die „neue" Wirtschaftsgeschichte, in: GG 19, 1993, 239–258.

tungen steuern" können.[18] Die von vielen verwaltungsgeschichtlichen Werken so ausschließlich behandelten staatlichen „Organisationen" mit ihrer normativen Verfaßtheit und ihren Geschäftsordnungsstrukturen sind dabei nur ein kleiner Ausschnitt dieser „institutionellen Arrangements", gewissermaßen deren „technische" Komponente. Um ein Beispiel zu nennen: Das Wirtschaftssystem der Sozialen Marktwirtschaft und die westdeutsche Ordnungspolitik nach 1948 könnte man als größeres nationalspezifisches „institutionelles Arrangement" untersuchen; das Bundeswirtschaftsministerium, die Bundesbank oder einzelne Unternehmen wären darin agierende „Organisationen".[19] Meine zweite These, die ich aus diesen terminologischen Überlegungen ableiten würde, liefe daher auf ein Plädoyer hinaus, Institutionalität in einem umfassenderen Sinn als bisher zu verstehen und dabei vor allem und vermehrt auch den Blick auf nicht-staatliche Institutionen oder Organisationen (etwa auf wirtschaftliche Marktordnungen oder auf Unternehmen) zu riskieren, um so methodische Aufschlüsse oder zumindest Anregungen für die Untersuchung staatlicher Behördensysteme zu bekommen.

Das andere zentrale Ergebnis der Untersuchungen erscheint inhaltlich fast noch wichtiger. Die genannten Arbeiten betonen entschieden und sehr plausibel, daß das Gewicht und die spezifische Bedeutung einer Institution wie einer Organisation nicht zuletzt konstituiert und bestimmt würden durch einen Kranz an „Sitten und Gepflogenheiten": von den tradierten Rechts- und Politikvorstellungen, den ethischen Verhaltensnormen eines Gemeinwesens, von den weltanschaulichen Standpunkten und den „cultural continuities", von den ungeschriebenen Regeln des Zusammenlebens in einem Staat wie des Zusammenarbeitens in einem Betrieb, von sozialen und moralischen „Zustimmungsverfahren", von Kommunikationspraktiken und Ver-

[18] Zu den Begrifflichkeiten *North*, Theorie (wie Anm. 14), 87-91, 207-216; *ders.*, Institutionen, institutioneller Wandel und Wirtschaftsleistung. Tübingen 1992, 4-12, 82ff., 87-97, 156-168. – *Lepsius*, Institutionenanalyse (wie Anm. 16), 394ff., 399f., spricht von Institutionen ähnlich umfassend-generell als einem „fünfdimensionalen Eigenschaftsraum", der bestimmt werde 1. durch die Ausbildung von Rationalisierungskriterien für verhaltensrelevante Leitideen, 2. durch die Ausdifferenzierung von Handlungskontexten, innerhalb derer sie gelten sollen, 3. durch die Entwicklung von Sanktionsmitteln zur Durchsetzung ihrer Geltung gegenüber anderen Leitideen, 4. durch die Verarbeitung von Folgen und Kontingenzen, die durch die Institutionalisierungsprozesse ausgelöst werden, sowie 5. durch die Konfliktaustragung und Vermittlung zwischen verschiedenen und gegensätzlichen institutionalisierten Leitideen.

[19] Vgl. zu diesem Ansatz etwa *Terence W. Hutchinson*, Notes on the Effects of Economic Ideas on Policy: the Example of German Social Market Economy, in: Zeitschrift für die gesamte Staatswissenschaft 135, 1979, 424-441, hier 432-438; *Gerhard Schmidtchen*, German „Ordnungspolitik" as Institutional Choice, in: ebd. 140, 1984, 54-70, hier 62-68; *Rainer Klump*, Wirtschaftsgeschichte der Bundesrepublik Deutschland. Zur Kritik neuerer wirtschaftshistorischer Interpretationen aus ordnungspolitischer Sicht. Stuttgart 1985, 99-103; exemplifiziert bei *Bernhard Löffler*, Soziale Marktwirtschaft und administrative Praxis. Das Bundeswirtschaftsministerium unter Ludwig Erhard. Stuttgart 2002.

trauensvorschüssen, von dem durch politische Codes und Programmsprachen abgesteckten Rahmen der „politischen Kultur" eines Landes, von der Wahrnehmung institutioneller Aktionen und von „kulturell bedingten Denkformen und Deutungsmustern der sozialen Wirklichkeit".[20] Der Wirtschaftssoziologe Peter L. Berger spricht zusammenfassend von einem „context [...] of social and political structures, cultural patterns, and indeed, structures of consciousness (values, ideas, belief systems)".[21] Mit den Bezeichnungen „corporate culture(s)" (David M. Kreps, Terrence E. Deal, Allan A. Kennedy), „Institutions- oder Organisationskultur" (Richter/Furubotn), „Economic Culture" (Peter L. Berger) oder „Wirtschaftskultur" (Rainer Klump) hat man versucht, dieses Gesamtensemble begrifflich zu erfassen.[22]

Exemplarisch eingelöst und damit in ihrer Anwendungsfähigkeit für konkrete historische Themen und Problemstellungen erprobt wurden derartige methodische Überlegungen zunächst im Bereich der Wirtschafts- und Unternehmensgeschichte. So hat etwa der an der Johns-Hopkins-Universität lehrende Politische Ökonom Francis Fukuyama komparatistisch die nationalen sozioökonomischen Systeme vor allem Westdeutschlands, der USA und Japans untersucht und dabei dezidiert die wirtschafts*kulturellen* Faktoren als entscheidende Distinktionskriterien von mehr marktkapitalistischen und mehr korporativen oder „kommunitaristischen" Strukturen herausgearbeitet. Dies bezeichnet auch der treffende originale englische Buchtitel „Trust. The Social Virtues and the Creation of Prosperity". Es geht Fukuyama eben nicht um strenge Verfassungsvorgaben, um harte Geschäftsordnungen oder um betriebswirtschaftliche Kalkulationen, nicht um „explicit rules and regulations, [...] law, contract, and economic rationality", sondern um die Fragen nach kulturell fundierten und historisch gewachsenen Vertrauensmechanismen und die Konstitutionsfaktoren von „a community based on mutual trust", um Fragen nach „sociability" und „social capital"[23], nach gesellschaftlicher Akzeptanz und nationalspezifischen Loyalitäten, nach dem „set of ethical habits and reciprocal moral obligations internalized by each of the

[20] Zitate aus *Oexle*, Geschichte (wie Anm. 13), 15; *North*, Theorie (wie Anm. 14), 207; *ders.*, Economic Performance Through Time. Alfred Nobel Memorial Lecture in Economic Science, in: American Economic Review 84, 1994, 359-368, hier 363.

[21] *Berger*, Revolution (wie Anm. 15), 24.

[22] *Kreps*, Culture (wie Anm. 15), bes. 90-95; *Deal/Kennedy*, Cultures (wie Anm. 15); *Richter/Furubotn*, Institutionenökonomik (wie Anm. 14), 477-508; *Berger*, Revolution (wie Anm. 15), bes. 7 ff., 15-31; *Klump* (Hrsg.), Wirtschaftskultur (wie Anm. 15), bes. 10 ff., 16 ff.; vgl. auch *Terry M. Moe*, The New Economics of Organization, in: American Journal of Political Science 28, 1984, 739-777, hier 758-773.

[23] Vgl. dazu *James S. Coleman*, Social Capital in the Creation of Human Capital, in: American Journal of Sociology 94, 1988, 95-120; *Robert D. Putnam*, The Prosperous Community: Social Capital and Public Life, in: American Prospect 13, 1993, 35-42; ferner das Konzept von *Pierre Bourdieu*, Ökonomisches Kapital, kulturelles Kapital, soziales Kapital, in: Reinhard Kreckel (Hrsg.), Soziale Ungleichheiten. Göttingen 1983, 183-198.

community's members" sowie nach den Techniken zu deren Herstellung. An einer Stelle spricht Fukuyama gar von Formen einer „spiritualization of economic life". Pointiert gesagt und in einem Bild gefaßt: Im Mittelpunkt stehen bei ihm nicht die Karosserie einer Maschine und auch nicht eigentlich ihr Motor, sondern die Benzinzufuhr und die Schmiermittel, die sie zum Laufen bringen und am Laufen halten.[24]

In Deutschland wurde sodann gerade in den letzten Jahren eine wirtschaftshistorische Forschungstradition revitalisiert, die von ganz ähnlichen Grundprämissen ausgeht und durchaus vergleichbare Fragestellungen verfolgt: die Wirtschaftsstilforschung. Unter Rückgriff auf historische Nationalökonomen wie Arthur Spiethoff oder Werner Sombart und von Beginn an inspiriert von Max Weber wird dieser Ansatz heute vor allem von Rainer Klump und Bertram Schefold thematisiert und vertreten. Bemerkenswerterweise können sie sich dabei nicht zuletzt auf einen maßgeblichen wirtschaftspolitischen Akteur und (politischen) Ministerialbeamten der fünfziger und sechziger Jahre berufen. Einer der wichtigsten geistigen „Väter" der Sozialen Marktwirtschaft, der zwischen 1952 und 1963 überdies als Abteilungsleiter bzw. Staatssekretär im Bundeswirtschaftsministerium auch die organisatorisch-verwaltungsmäßige Seite der institutionellen Ordnung von innen erlebte, Alfred Müller-Armack, hat sein wirtschaftstheoretisches Konzept immer dezidiert mit dem Ausdruck „Wirtschafts*stil*" umschrieben. In einer gleichfalls stark von Weber beeinflußten Sichtweise verstand er darunter ein institutionelles oder institutionalisiertes Wirtschaftssystem, das sich nicht allein in ökonomischen Zusammenhängen, wirtschaftspolitischen Vorgaben oder verwaltungs- und verfassungsrechtlichen Normen erschöpfe, sondern durch anthropologische Faktoren und verschiedene kulturelle, gesellschaftliche, religiöse und historische Erfahrungen bedingt sei. Die Soziale Marktwirtschaft galt ihm als ein System, das nur als „ganzheitlicher Lebensstil" und „geistige Formung", als komplexe und sich wandelbare Verbindung von ideellen und realen, historisch gewordenen „Wirkfaktoren", die das gesamte Lebens- und Erfahrungsspektrum umfaßten, zu verstehen sei.[25]

Schließlich wurden die „wirtschaftskulturellen" methodischen Ansätze von Hartmut Berghoff auf einem spezielleren unternehmensgeschichtlichen

[24] „Trust" definiert Fukuyama dabei als „the expectation that arises within a community of regular, honest, and cooperative behavior, based on commonly shared norms, on the part of other members of that community". *Fukuyama*, Trust (wie Anm. 15), bes. 1-12, 23-32, 355-362, Zitate 8-11, 26, 355. Der etwas entstellende deutsche Titel des Werks lautet: Konfuzius und Marktwirtschaft. Der Konflikt der Kulturen. München 1995. In eine ähnliche Richtung wie Fukuyama zielt jüngst auch *Werner Abelshauser*, Kulturkampf. Der deutsche Weg in die Neue Wirtschaft und die amerikanische Herausforderung. Berlin 2003, mit der Unterscheidung nationaler institutioneller Produktionsregimes in korporative und liberale Marktwirtschaften.

[25] Grundsätzlich expliziert wurde das Modell für das 16. bis 18. Jahrhundert vor allem in *Alfred Müller-Armack*, Genealogie der Wirtschaftsstile. Die geistesgeschichtlichen

Untersuchungsfeld angewandt. Der Autor hat sich exemplarisch mit der „Unternehmenskultur" der Mundharmonikafabrik Hohner in der Zeitspanne von 1857 bis 1961 beschäftigt. Herausgekommen ist eine Fallstudie mit durchaus generellerem Anspruch: dem insgesamt gelungenen Versuch nämlich, eine „Unternehmensgeschichte als Gesellschaftsgeschichte", als Spiegel gesellschaftlicher Vorstellungen und eingespielter (wirtschafts-)kultureller Praktiken (etwa der Traditionen des industriellen Paternalismus und ihrer Wandlungen und konkreten Ausformungen), zu schreiben. Davon ausgehend hat Berghoff vor kurzem zusammen mit Jakob Vogel in einem grundsätzlicher angelegten Sammelband die Dimensionen, Untersuchungsfelder und „transdisziplinären Synergiepotentiale", aber auch die Grenzen einer „Wirtschaftsgeschichte als Kulturgeschichte" resümiert.[26]

Damit klingt bereits ein größerer und allgemeinerer Forschungstrend an, der nicht wenigen der skizzierten wirtschafts- und unternehmenshistorischen Arbeiten entscheidende argumentative Kraft und methodische Energie zugeführt hat und der auch in unserem institutionenhistorischen Zusammenhang von einiger Bedeutung ist: die sogenannte „kulturalistische" Debatte oder Wende der Geschichtswissenschaft seit den neunziger Jahren.[27] Sie hat gewissermaßen den Boden dafür bereitet, daß viele der kulturhistorischen Fragestellungen und Interpretationsansätze im Bereich der Institutionenökonomik, der Wirtschaftsgeschichte oder der Unternehmensgeschichte zunehmend auch von Allgemeinhistorikern, Sozialhistorikern, aber auch

Ursprünge der Staats- und Wirtschaftsformen bis zum Ausgang des 18. Jahrhunderts. 3. Aufl. Stuttgart 1944; speziell für die Soziale Marktwirtschaft dann z. B. *ders.*, Stil und Ordnung der Sozialen Marktwirtschaft [1952], in: ders., Wirtschaftsordnung und Wirtschaftspolitik. Studien und Konzepte zur Sozialen Marktwirtschaft und zur europäischen Integration. Freiburg im Breisgau 1966, 231-244. – Erörterung des Forschungsansatzes bei *Löffler*, Soziale Marktwirtschaft (wie Anm. 19), 65f.; *Klump* (Hrsg.), Wirtschaftskultur (wie Anm. 15), bes. 21-37 mit dem Beitrag von *Karl Heinrich Kaufhold*, Zur Entwicklung des Wirtschaftsstildenkens in Deutschland; *Bertram Schefold*, Nationalökonomie und Kulturwissenschaften: Das Konzept des Wirtschaftsstils, in: Nörr/Schefold/Tenbruck (Hrsg.), Geisteswissenschaften (wie Anm. 11), 215-242.

[26] *Hartmut Berghoff*, Zwischen Kleinstadt und Weltmarkt. Hohner und die Harmonika 1857-1961. Unternehmensgeschichte als Gesellschaftsgeschichte. Paderborn u. a. 1997; Erläuterung des Konzepts auch in *ders.*, Unternehmenskultur und Herrschaftstechnik. Industrieller Paternalismus: Hohner von 1857 bis 1918, in: GG 23, 1997, 167-204; *ders./Jakob Vogel* (Hrsg.), Wirtschaftsgeschichte als Kulturgeschichte. Dimensionen eines Perspektivenwechsels. Frankfurt am Main/New York 2004, bes. 9-41; zum Stichwort „Unternehmenskultur" vgl. auch *Herbert Matis*, Unternehmenskultur und Geschichte, in: Wilfried Feldenkirchen u. a. (Hrsg.), Wirtschaft, Gesellschaft, Unternehmen. Festschrift für Hans Pohl. Bd. 2. Stuttgart 1995, 1028-1053; *Nieberding/Wischermann*, Unternehmensgeschichte (wie Anm. 14), 40-47.

[27] Vgl. zum kulturhistorischen Paradigma statt vieler Einzelbelege die Überblicke bei *Oexle*, Geschichte (wie Anm. 13); *Mergel*, Kulturgeschichte (wie Anm. 13); *Daniel*, Kompendium (wie Anm. 13); ferner *Hansjörg Siegenthaler*, Geschichte und Ökonomie nach der kulturalistischen Wende, in: GG 25, 1999, 276-301.

Rechts- oder Politikhistorikern aufgenommen und dabei durchaus gangbare Verbindungsmöglichkeiten zwischen einer politischen/ökonomischen Institutionengeschichte und der neueren Kulturgeschichte gewiesen wurden. So beschäftigt sich etwa eine Bielefelder Forschungsgruppe um Ute Frevert (wie der eben zitierte Fukuyama) mit „Vertrauen" als einer Schlüsselkategorie für die Akzeptanz und Legitimität politischer, parlamentarischer oder wirtschaftlicher Aktionen. Mittels einer diachronen Begriffsgeschichte, über Fragen nach zeit-, raum- und erfahrungsabhängigen Begründungsmustern und institutionellen oder symbolischen Verankerungen von „Vertrauen" (etwa in der Familie, in Vereinen, einer Zentralbank, einem Expertengremium, einer bildlichen Vorstellung von Seriosität etc.) sowie durch die Interpretation von „Vertrauen" als einer zwar riskanten, aber gängigen „Form sozialer Kommunikation" und „Reduktion von Komplexität" können hier Aufschlüsse auch über den inneren Zusammenhalt und die Funktionsmechanismen institutioneller Systeme gewonnen werden.[28] An der Technischen Universität Dresden thematisiert ein von dem Mediävisten Gert Melville geleiteter Sonderforschungsbereich das Verhältnis von „Institutionalität und Geschichtlichkeit". Theoretisch rekurriert er stark auf die oben erwähnten politikwissenschaftlich-soziologischen Thesen Göhlers und Rehbergs und begreift Institutionen als auf Dauer angelegte, werthaft-legitimierende Ordnungsraster sozialen Handelns und verdichteten Ausdruck kollektiver Mentalitäten und kultureller Weltdeutungen, als „Internalisierung verfestigter Verhaltensmuster und Sinnorientierungen mit regulierender sozialer Funktion".[29] Der Frühneuzeithistoriker Wolfgang Reinhard hat in seiner „Ge-

[28] *Ute Frevert* (Hrsg.), Vertrauen. Historische Annäherungen. Göttingen 2003, v. a. die instruktive Einleitung von Frevert 7–66; vgl. darüber hinaus *Martin Fiedler*, Vertrauen ist gut, Kontrolle ist teuer. Vertrauen als Schlüsselkategorie wirtschaftlichen Handelns, in: GG 27, 2001, 576–592; *Rainer Schmalz-Bruns/Reinhard Zintl* (Hrsg.), Politisches Vertrauen. Soziale Grundlagen reflexiver Kooperation. Baden-Baden 2002; *Piotr Sztompka*, Vertrauen: Die fehlende Ressource in der postkommunistischen Gesellschaft, in: Nedelmann (Hrsg.), Institutionen (wie Anm. 16), 254–276. – Der prinzipielle methodische Hintergrund stammt dabei, soweit ich sehe, weniger von Fukuyama, sondern in erster Linie von den soziologischen Forschungen Luhmanns, Lepsius' und Giddens': *Niklas Luhmann*, Vertrauen. Ein Mechanismus der Reduktion sozialer Komplexität. 4. Aufl. Stuttgart 2000; *M. Rainer Lepsius*, Vertrauen zu Institutionen, in: Stefan Hradil (Hrsg.), Differenz und Integration. Die Zukunft moderner Gesellschaften. Verhandlungen des 28. Kongresses der Deutschen Gesellschaft für Soziologie in Dresden 1996. Frankfurt am Main/New York 1997, 283–293; *Anthony Giddens*, Konsequenzen der Moderne. Frankfurt am Main 1995, hier 43–52, 102–117, 143–155. – Zur konkreten Anwendung der Fragestellungen auch *Bernhard Löffler*, Öffentliches Wirken und öffentliche Wirkung Ludwig Erhards, in: Jahrbuch des Historischen Kollegs 2003, 121–161, bes. 143–161.

[29] *Gert Melville* (Hrsg.), Institutionen und Geschichte. Theoretische Aspekte und mittelalterliche Befunde. Köln u. a. 1992, bes. 7–15, 33f.; vgl. auch (aus dem genannten SFB heraus entstanden) *Winfried Müller* (Hrsg.), Das historische Jubiläum. Genese, Ordnungsleistung und Inszenierungsgeschichte eines institutionellen Mechanismus. Münster 2004; das letzte Zitat bei *Göhler*, Soziale Institutionen (wie Anm. 16), 16.

schichte der Staatsgewalt“ so „harte Fakten“ und hochinstitutionalisierte politische Formen wie „Nation“ oder „Staat“ dezidiert als von Symbolen, Ideen und Diskursen getragene politisch-kulturelle Konstruktionen gedeutet. Dabei gilt ihm vor allem die „politische Kultur“ – für Reinhard ein Ensemble aus zeit- und raumabhängigen Denk-, Rede- und Verhaltensmustern – als konstitutive Größe und zentrales Kraftfeld. Auch Reinhard betont in diesem Zusammenhang die Relevanz von unterschiedlichen „Institutionen-*kulturen*“ und verweist hier vornehmlich auf die Bedeutung von Selbstdarstellung und öffentlicher Wirkung: Grundlage und Ausgangspunkt jeder institutionellen Wirklichkeit und v. a. Wirk*fähigkeit* sei es, sich im jeweiligen gesellschaftlich-kulturellen Umfeld als relevanter Einflußfaktor zu inszenieren, ein unverwechselbares Profil zu gewinnen und identitätsstiftende Zeichen nach außen zu setzen, aufeinander abgestimmte Publizitätsstrategien zu entwickeln und öffentlichkeitspolitische Meinungs- und Diskursherrschaft zu erringen. Insgesamt jedenfalls seien Staat, Verfassung und ihre Institutionen „Produkte politischer Kultur“, gründeten auf einem akzeptierten „gemeinsamen kulturellen Nenner“ und brächten dann wiederum „ihrerseits politische Kultur hervor“. Staats- und Verfassungsgeschichte sei daher mehr als bislang üblich als Kulturgeschichte zu schreiben.[30] In eine ähnliche Richtung weisen die analytischen Forderungen einer sich ausbreitenden „Rechtskulturforschung“ („concept of legal culture“)[31] oder auch die Studien des Frankfurter Rechtshistorikers Michael Stolleis, der beispielsweise über politische Metaphern und Wahrnehmungsraster wie das „Auge des Gesetzes“ oder „Vater Staat“ nachdenkt und daraus grundsätzlichere Folgerungen für die Struktur staatlicher Ordnungen ableitet.[32] Thomas Mergel beleuchtete jüngst die Institution Weimarer Reichstag nicht mit dem primären Blick auf die dort getroffenen politischen Entscheidungen oder die parteipolitischen Auseinandersetzungen. Er betrachtete den Reichstag statt dessen allgemein als „Ort von Interaktion und Sozialisation“ der Abgeordneten und stellte so die Formen und Wege der politischen Kommunikation untereinander, die Fragen nach der Verwendung politischer Symbole und Rituale, nach der

[30] *Wolfgang Reinhard*, Geschichte der Staatsgewalt. Eine vergleichende Verfassungsgeschichte Europas von den Anfängen bis zur Gegenwart. München 1999, hier 18–21, 93, 125–140; *ders.*, „Staat machen“. Verfassungsgeschichte als Kulturgeschichte, in: Jahrbuch des Historischen Kollegs 1998, 99–118, Zitate 100, 104.

[31] „Rechtskultur“ wird dabei verstanden als in historisch-kulturellen Entwicklungsprozessen entstandenes „komplexes Gemenge von Rechtsnormen, Rechtsinstitutionen, Rechtsverfahren, Wertvorstellungen und Interaktionsmustern“. Kritisch-abwägend hierzu *Harriet Rudolph*, Rechtskultur in der Frühen Neuzeit. Perspektiven und Erkenntnispotentiale eines modischen Begriffs, in: HZ 278, 2004, 347–374, Zitat 373.

[32] *Michael Stolleis*, Das Auge des Gesetzes. Geschichte einer Metapher. 2. Aufl. München 2004; *ders.*, Das Auge des Gesetzes. Materialien zu einer neuzeitlichen Metapher, in: Jahrbuch des Historischen Kollegs 2001, 15–43; zum „Vater Staat“ auch *Reinhard*, Geschichte (wie Anm. 30), 460–467.

Struktur und Bedeutung der Sprechweisen und der informellen Austauschformen innerhalb des Parlaments sowie nach dessen öffentlicher Wahrnehmung in den Vordergrund.[33] Schließlich hat Johannes Paulmann mit seiner innovativen Kultur-, Symbol- und Vermittlungsgeschichte internationaler Monarchentreffen im 19. Jahrhundert die kulturgeschichtlichen Fragestellungen auf das Feld der politischen Diplomatiegeschichte getragen und durch diesen ungewohnten Perspektivenwechsel, der ebenfalls nicht nach Ereignisketten und Verhandlungsergebnissen, sondern nach Mitteln der Selbstdarstellung, „atmosphärischen" Bedingungen, kommunikativen und zeremoniellen Verständigungswegen der persönlichen Begegnungen fragt, äußerst interessante Ergebnisse zutage gefördert.[34]

Aus all dem soll ein dritte Forderung gefolgert und anschließend an einem eigenen, im engeren Sinn institutionengeschichtlichen Beispiel konkretisiert werden: Man muß als Institutionenhistoriker einigermaßen weit über die Beschreibung *formaler* Organisationsstrukturen, Funktions*regeln* und politischer Entscheidungslinien hinausgehen und viel stärker als bisher die vielfältigen *informellen* Bereiche interner Handlungslogik und diejenigen Verständigungsmodalitäten, Verfahrensgepflogenheiten und Verwaltungsroutinen berücksichtigen, die jenseits der Normen liegen. Das erst bildet den internen Kitt, der das formale institutionelle Gerippe zusammenhält. Und erst mit dem Blick auf diese gleichsam „weichen" Ordnungsfaktoren wird man sich dem eigentlichen Wesen einer Institution nähern können, erst dann werden die wirklichen Funktionsabläufe und -mechanismen, die institutionelle Wirklichkeit und auch die Wirkungen von Institutionen faßbar und erklärbar.

Als Probe aufs Exempel, wie nun konkret eine ganz handfeste politische Organisation mit einem solchen erweiterten, „kulturgeschichtlich" inspirierten Institutionenverständnis analysiert werden könnte, soll an dieser Stelle das Bundeswirtschaftsministerium in den fünfziger und sechziger Jahren dienen. Es handelt sich dabei um eine besonders profilierte Behörde der frühen Bundesrepublik, mit ihren rund 1500 Mitarbeitern äußerst personalstark, mit besonders vielen und wichtigen Kompetenzen ausgestattet (neben der

[33] *Thomas Mergel*, Parlamentarische Kultur in der Weimarer Republik. Politische Kommunikation, symbolische Politik und Öffentlichkeit im Reichstag. Düsseldorf 2002, zum Konzept v. a. 17-26, Zitat 14. Zur Kritik an Mergel siehe unten das Fazit.

[34] *Johannes Paulmann*, Pomp und Politik. Monarchenbegegnungen in Europa zwischen Ancien Régime und Erstem Weltkrieg. Paderborn u. a. 2000, bes. 11-22, 184-194. Zu entsprechenden methodischen und inhaltlichen Weiterungen auf diesem Untersuchungsgebiet siehe auch *Wilfried Loth/Jürgen Osterhammel* (Hrsg.), Internationale Geschichte. Themen – Ergebnisse – Aussichten. München 2000; *Friedrich Kießling*, Der „Dialog der Taubstummen" ist vorbei. Neue Ansätze in der Geschichte der internationalen Beziehungen des 19. und 20. Jahrhunderts, in: HZ 275, 2002, 651-680; *Eckart Conze/Ulrich Lappenküper/Guido Müller* (Hrsg.), Geschichte der internationalen Beziehungen. Erneuerung und Erweiterung einer historischen Disziplin. Köln/Weimar/Wien 2004.

Wirtschaftsordnungspolitik bis Anfang der siebziger Jahre z. B. mit umfänglichen Zuständigkeiten für Währungs- und Europapolitik) und mit einem ausgesprochenen zeitgenössischen Politstar, Ludwig Erhard, an der Spitze. Für das Profil, aber auch für die Funktionslogik dieses Ressorts war es ganz entscheidend, daß sich intern ein sehr spezielles Betriebsklima und ein spezifisches Selbstverständnis der Mitarbeiter entwickelte. Das hat die Arbeitsweise des Ministeriums bestimmt, dadurch hat es sich im innerdeutschen Vergleich von anderen unterschieden. All dies wurde aber nicht geschäftsordnungsmäßig fixiert und hatte auch nicht nur mit den rechtlich festgelegten Kompetenzen zu tun, es lag vielmehr an der selbständigen Interpretation der eigenen Position im politisch-administrativen *Verfahren*. Als Kernelemente des daraus resultierenden *informellen* Selbstverständnisses, der „Organisationskultur" des Hauses, lassen sich hierbei folgende Punkte benennen[35]:

Zunächst einmal: Das Ministerium verstand sich als gestalterisches Generalistenressort zur Durchsetzung und ideellen Verbreitung einer polit-ökonomischen Konzeption, der Sozialen Marktwirtschaft. Das ist keineswegs selbstverständlich, denn an sich gilt es in der Ministerialverwaltungslogik (anders als z. B. das Auswärtige Amt) als „technisches" Fachressort; ressortpolitische Konkurrenten wie Bundesfinanzminister Fritz Schäffer haben es dementsprechend mit Charakterisierungen wie „Ministerium für Gewerbe, Handel und Handwerk"[36] aus eigennützigen Gründen schon in den fünfziger Jahren stets auf dieses eingeschränkte Profil begrenzen wollen. Dagegen erhob das Bundeswirtschaftsministerium unter Erhard jedoch den umfassenden Anspruch, das zentrale „ordnungspolitische Gewissen"[37] der gesamten Regierung zu sein. Da nahezu jeder politische Zuständigkeitsbereich auch ökonomische Facetten aufwies und da man die eigene wirtschaftspolitische Konzeption der Sozialen Marktwirtschaft als Fundament einer generellen Gesellschaftsordnung interpretierte, wurden somit ein kontrollierender Einfluß oder jedenfalls Konsultationsrechte im Grunde auf allen Feldern der Innenpolitik, der Außenwirtschafts- und der Europapolitik gefordert. Die viel enger bemessenen Handlungsspielräume des unmittelbaren institutio-

[35] Für Details und weitere Belege vgl. hier und in der Folge *Löffler*, Soziale Marktwirtschaft (wie Anm. 19), bes. 70-86, 163-216, 243-305.

[36] Fritz Schäffer an den Bankier Robert Pferdmenges, 28.10.1951, zitiert in *Hermann J. Abs*, Entscheidungen 1949-1953. Die Entstehung des Londoner Schuldenabkommens. Mainz/München 1991, 83.

[37] Vgl. etwa aus erster Hand *Otto Schlecht*, Das Bundesministerium für Wirtschaft und die deutsche Ordnungspolitik der Nachkriegszeit, in: Ordo 48, 1997, 99-117, hier 112f.; ähnlich *Alfred Müller-Armack*, Auf dem Weg nach Europa. Erinnerungen und Ausblicke. Tübingen/Stuttgart 1971, 246. Schlecht wie Müller-Armack berichten aus eigenen Erfahrungen als langjährige leitende Beamte (zuletzt Staatssekretäre) im Bundeswirtschaftsministerium.

nellen Vorgängers, des Reichswirtschaftsministeriums, wurden so ganz erheblich ausgeweitet. Nicht zuletzt erwarb sich das Bundeswirtschaftsministerium mit seinem grundsatz- und ordnungspolitischen Selbstverständnis auch im internationalen Vergleich ziemlich unverwechselbare institutionelle Konturen. Kein anderer europäischer Staat besaß ein vergleichbar strukturiertes Wirtschaftsressort. In England beispielsweise gab es mehrere ökonomische Spezialministerien (für Handel und Industrie, für Transportwesen oder für Energie), aber die wirtschaftlichen Leitlinien bestimmte hier weitgehend allein das Schatzministerium, die Treasury; und auch in Frankreich existierte eine solche Art Superfinanzministerium, das „Ministère de l'Économie et des Finances“, das Wirtschaftspolitik unter primär fiskalpolitischen Maßgaben betrieb. Wie sehr hinter solchen institutionellen Ordnungsakzenten nach 1945 etablierte nationalspezifische „Organisations*kulturen*“ standen, erkennt man etwa an den Schwierigkeiten, die Oskar Lafontaine bekam, als er im Herbst 1998 in seiner Hand ein Finanzministerium nach eben jenem englischen Vorbild und Zuschnitt einrichten wollte. Jürgen Jeske begründete seinen strikt ablehnenden Kommentar in der Frankfurter Allgemeinen Zeitung explizit mit unterschiedlichen „politischen Traditionen“. Nur in Deutschland stehe „hinter der praktizierten Marktwirtschaft zugleich eine Ordnungsidee, die in einem Ministerium offiziell verankert“ sei.[38]

Dementsprechend empfand sich ein fester und beachtlicher Kern der Ministerialbeamtenschaft auch nicht als neutrale, administrative Sachwalter mit fachlich eng umschriebenen Aufgaben, sondern nach eigenen Aussagen als „Eliteorden“, der für „seinen Meister durchs Feuer ging“, also auf der Grundlage einer gewissen „unité de doctrine“ für die marktwirtschaftlich-liberalen Ideen Ludwig Erhards stritt und versuchte, diese Maßgaben im politisch-administrativen Alltag wirksam werden zu lassen.[39] Daß dies keineswegs immer gelang, lag nicht zuletzt daran, daß dieses Anliegen in Konkurrenz trat mit zwei anderen, ebenfalls nicht rechtlich-formal fixierten, aber doch virulenten Beamten- und Denktraditionen innerhalb des Ressorts: den Traditionen der alten, planwirtschaftlich denkenden NS-Wirtschaftsverwaltung und den neuen Traditionen eines entstehenden supranational-europäischen Beamtennetzwerkes. Auch diese Wechselwirkungen, Abgrenzungen, Formen von Vermischungen und Modifikationen inkrementaler Verfahrensprozesse gehören natürlich zur Organisationskultur. Sie machen aufmerksam auf die Grundtatsache, daß sich bürokratische Prozesse nach eigenen

[38] Vgl. *Löffler*, Soziale Marktwirtschaft (wie Anm. 19), 20f., 245–252, zu den umfassenden Kompetenzen und Kompetenzansprüchen 349–455.

[39] *Hans-Peter Schwarz*, Die Bedeutung der Persönlichkeit in der Entwicklung der Bundesrepublik, in: Rudolf Hrbek (Hrsg.), Personen und Institutionen in der Entwicklung der Bundesrepublik Deutschland. Kehl 1985, 7–19, hier 13; *Schlecht*, Bundesministerium (wie Anm. 37), 112f.; *Löffler*, Soziale Marktwirtschaft (wie Anm. 19), 246 mit Anm. 4, 298f.

Handlungslogiken, inneradministrativen Eigeninteressen und Strukturbedingungen vollziehen.

Damit im Zusammenhang stehen schließlich zwei weitere interne Spezifika des Ressorts: eine recht früh erkennbare hohe Wertschätzung von wissenschaftlicher Beratung und von Expertenwissen; das wird sehr deutlich, wenn man etwa Position und Einfluß der wissenschaftlichen Beiräte des Bundeswirtschaftsministeriums und des Bundesfinanzministeriums miteinander vergleicht. Zum anderen kann man im Ressort Erhards ein relativ „lockeres", liberales Arbeits- und Betriebsklima erkennen, das einerseits manche Weimarer Ressorttraditionen fortsetzte, andererseits dem liberalen politischen Verständnis des Behördenchefs entsprang. Alles in allem zeitigte das einen für deutsche Amtsstuben ziemlich untypischen Stil: leger, diskursiv, durchaus mit Spielräumen zum Improvisieren und zum Unkonventionellen, mitunter freilich auch unzuverlässig und schlampig, „künstlerisch", wie schon von Zeitgenossen formuliert wurde.

Es sollte insgesamt klar sein, daß es sich bei derartigen Fragen nach der „Mentalität" einer Institution, nach dem „Geist" eines Ministeriums, nach dem „Esprit de corps", nicht um irgendwelche Nebensächlichkeiten und Petitessen handelt. Sie können uns vielmehr zum Kern des Selbstverständnisses von Organisationen führen. Sie selbst sind tragende Säulen der institutionellen Tektonik und bestimmen die Verfahrensmechanismen, weil sie die gegenseitige Verständigung erst sicherstellen. Nicht zuletzt schaffen erst sie ein Vertrauensverhältnis innerhalb von Institutionen oder Organisationen, das Akzeptanz und Motivation garantiert und deshalb für die alltägliche Funktionsfähigkeit einer Institution unabdingbar ist. Nicht umsonst (und dies im wörtlichen wie im übertragenen Sinn) verweisen bürokratietheoretische und betriebssoziologische Studien sowie die schon erwähnten, ganz und gar unromantischen, sondern sehr rational kostenbewußten Arbeiten zu betriebwirtschaftlichen Binnenorganisationen, Entscheidungsfindungen und Managementstrukturen schon seit geraumer Zeit auf die enorme Bedeutung der „atmosphärischen" Organisations- und Führungsfaktoren in Unternehmen oder Behörden. Unabhängig von Geschäftsordnung und der klassischen bürokratischen Sozialisation mit Hierarchie, Regelbildung und dem traditionellen Qualifikationsprinzip, unabhängig von Maßnahmen der Kostenbewirtschaftung, Effizienzplanung und güterwirtschaftlichen Synergien seien ein selbstbestimmtes Arbeitsklima, ein hoher persönlicher Identifizierungsgrad mit dem eigenen Arbeitssystem, die intrinsischen Arbeitsanreize, eine akzeptierte Unternehmenskultur, mit einem Wort: die viel beschriebene „corporate identity" notwendig, um individuelle Einsatz- und Leistungsbereitschaft zu steigern und die „Transaktionskosten" innerhalb eines Systems zu senken.[40]

[40] *Horst Bosetzky*, Bürokratische Sozialisation in Zeiten des Wertewandels, in: Hans-Ulrich Derlien u. a. (Hrsg.), Systemrationalität und Partialinteresse. Festschrift für Renate

Ein letzter wichtiger Punkt, der ganz bezeichnend ist für die Organisationskultur des Bundeswirtschaftsministeriums, muß noch eigens nachgereicht werden, weil er auf ein, wie erwähnt, besonders traktiertes, aber auch besonders sensibles methodisches Gebiet kulturhistorischer Forschung führt: das Themenfeld politischer Kommunikation und Vermittlungsstrategien. Sowohl die etwas älteren politikwissenschaftlichen Studien zur „politischen Kultur" als auch zahlreiche Forschungen der neueren Kulturgeschichte in ihren verschiedenen diskurstheoretischen oder begriffsgeschichtlichen Derivationen kreisen um dergleichen Fragen nach kommunikativen Praktiken und Räumen, nach politischen Symbolen, Metaphern, identitätsstiftenden Sinnproduktionen und Kommunikationsritualen, nach Deutungs- und Diskussionshoheiten, Diskurstechniken und Inszenierungsformen, Programm- und Körpersprachen, politischen Stereotypen und Codes, nach dem Eigenleben von Perzeptions- und Rezeptionswirklichkeiten. Und sie interpretieren in diesem Zusammenhang, wie ebenfalls schon angedeutet, auch staatlich-politische Institutionen und deren konkretes Handeln in ihren „symbolischen Funktionen", in ihren bewußt produzierten Selbst- und den eigengewichtigen Fremddeutungen – nicht im Sinne einer virtuellen „Ersatzpolitik" oder der künstlichen Bildung politischer Parallelwelten mit primär manipulativen Intentionen, sondern als prinzipielle Verständigungsvoraussetzung von Politik überhaupt, als realpolitische Instrumente und integrale, wirklichkeitsprägende Bestandteile des politischen Alltags selbst.[41] Politik

Mayntz. Baden-Baden 1994, 99–122, bes. 107; *Georg Schreyögg*, Unternehmenskultur. Zur Unternehmenskulturdiskussion in der Betriebswirtschaftslehre und einigen Querverbindungen zur Unternehmensgeschichtsschreibung, in: JbWG 1993/2, 21–35; *Edmund Heinen*, Entscheidungsorientierte Betriebswirtschaftslehre und Unternehmenskultur, in: Zeitschrift für Betriebswirtschaft 55, 1985, 980–991; *Berghoff*, Unternehmenskultur (wie Anm. 26), 172–177; *Peters/Waterman*, Search (wie Anm. 15); *Deal/Kennedy*, Cultures (wie Anm. 15).

[41] Zur politologischen Forschungstradition vgl. z. B. *Rohe*, Politische Kultur und ihre Analyse (wie Anm. 16), 333–342; *Lowell Dittmer*, Political Culture and Political Symbolism: Toward a Theoretical Synthesis, in: World Politics 29, 1977, 552–583; *Ulrich Sarcinelli*, Symbolische Politik und politische Kultur. Das Kommunikationsritual als politische Wirklichkeit, in: Politische Vierteljahresschrift 30, 1989, 292–309; *ders.*, Symbolische Politik. Zur Bedeutung symbolischen Handelns in der Wahlkampfkommunikation der Bundesrepublik Deutschland. Opladen 1987, bes. 44–90, 229–244; *ders.* (Hrsg.), Politikvermittlung. Beiträge zur politischen Kommunikationskultur. Stuttgart 1987, 9–45; vor allem den manipulativen Charakter betonend: *Murray Edelman*, Politik als Ritual. Die symbolische Funktion staatlicher Institutionen und politischen Handelns. Frankfurt am Main 1976, bes. 1–17, 146–188; *ders.*, Die symbolische Seite der Politik, in: Wolf-Dieter Narr/Claus Offe (Hrsg.), Wohlfahrtsstaat und Massenloyalität. Köln 1975, 307–322; grundsätzlicher dagegen: *Francesca Rigotti*, Die Macht und ihre Metaphern. Über sprachliche Bilder der Politik. Frankfurt am Main/New York 1994, 15–47; und *David I. Kertzer*, Ritual, Politics, and Power. New Haven/London 1988; zu den neueren kulturhistorischen Spielarten ein Überblick bei *Daniel*, Kompendium (wie Anm. 13), 102–194, 345–360, 430–443; *Philipp Sarasin*, Subjekte, Diskurse, Körper. Überlegungen zu einer

erscheint „nach diesem Denkmuster immer [als] soziales und kommunikatives Handeln“, politische Institutionen, ihre internen Netzwerke und Verständigungsformen werden „geradezu als kommunikative Verdichtungen“ interpretiert.[42]

Auch die Position Erhards und der von ihm geleiteten Behörde war nachhaltig mitbestimmt durch das öffentliche Wirken und die Wahrnehmung in der Öffentlichkeit. Man denke nur an die Bedeutung der Wirtschaftspolitik in den ersten westdeutschen Wahlkämpfen oder an Erhards persönliche Wirkung und Vermarktung als „Wahlkampflokomotive“. Erhard und seine Mitarbeiter haben eine gezielte öffentliche Inszenierung, eine aktive „öffentliche Meinungspflege“, wie das in der Zeit hieß, stets als immanenten, wesensmäßigen Bestandteil und zentrales Beeinflussungsmittel einer marktkonformen Wirtschaftspolitik angesehen und entsprechend methodisch reflektiert. Auch in dieser Hinsicht unterschied sich das Ressort zumindest in der Intensität und der Personalisierung der Öffentlichkeitspolitik übrigens von den anderen Ministerien. In den Blick zu nehmen sind nun in diesem Zusammenhang aber wieder nicht nur die organisatorischen Voraussetzungen und Aktionen des „harten Politmarketings“, sondern mehr noch die Wege der „weichen“ Identifikationsangebote und die Vorgänge der symbolischen Vermittlung, die Kommunikationswege und -formen mittels Sprache und mittels der Körperlichkeit des Auftretens, die Art und Weise der Selbstdarstellung und der Etablierung von sich fortpflanzenden, ja ins kollektive Gedächtnis der Nation sich eingrabenden Wahrnehmungsbildern von Erhard und seiner Institution. Zu denken wäre etwa an die politischen Metaphern vom „Vater der harten DM“ oder „Vater des Wirtschaftswunders“, überhaupt an das Operieren mit der beruhigenden Vaterfigur; zu denken wäre an das bei Erhards Leibesfülle und barockem Erscheinungsbild, seinem Gestus wie Sprachduktus fast körperlich greifbare Sinnbild des „Wohlstands für alle“; zu denken wäre an das Vertrauen einflößende überparteiisch-professorale Auftreten des „Weltökonomen“; und über all dem (bis

diskursanalytischen Kulturgeschichte, in: Hardtwig/Wehler (Hrsg.), Kulturgeschichte heute (wie Anm. 13), 131-164; *Lipp*, Kultur (wie Anm. 16), 82f., 86-90; *Mergel*, Überlegungen (wie Anm. 10), 583-601; *ders.*, Kultur (wie Anm. 33), 17-26, 231-311, 411-471; bei Daniel, Sarasin und Mergel auch die einschlägigen Verweise und weiterführenden Literaturangaben zu den diskurstheoretischen oder begriffsgeschichtlichen Konzepten von „Klassikern“ wie Michel Foucault oder auch Reinhart Koselleck (vgl. hier beispielhaft den Artikel „Politik“ in: *Otto Brunner/Werner Conze/Reinhart Koselleck* [Hrsg.], Geschichtliche Grundbegriffe. Historisches Lexikon zur politisch-sozialen Sprache in Deutschland. Bd. 4. Stuttgart 1978, 789-874). – Bezeichnend auch ein Bielefelder Sonderforschungsbereich zum Thema „Das Politische als Kommunikationsraum in der Geschichte“ (vgl. die Homepage des SFB http://www.uni-bielefeld.de/geschichte/sfb584/index.html).

42 *Mergel*, Überlegungen (wie Anm. 10), 593, 597, angeregt vor allem durch *Niklas Luhmann*, Politische Theorie im Wohlfahrtsstaat. München 1981; *ders.*, Soziale Systeme. Frankfurt am Main 1984; *ders.*, Die Politik der Gesellschaft. Frankfurt am Main 2000.

heute) schwebend wäre zu denken an die Art und Weise, wie die „Soziale Marktwirtschaft" als kaum mehr hinterfragtes Schlagwort im politischen Unterbewußtsein verankert wurde. Hier zeigten sich Perzeptionsmuster, die nicht einfach die politische Wirklichkeit verdoppelten oder spiegelten, sondern die eigenständig abliefen, die aber um nichts weniger realpolitisch wirksam waren, weil sie lange Zeit enorme Zustimmung und legitimierendes politisches Vertrauenskapital sicherstellen konnten. Und garantiert wurde dies, weil mit den Schlagworten und vermittelten Bildern tatsächlich politische Komplexität reduziert und mental tief verwurzelte politische und soziale Denkfiguren, eingängige Images und Fremdbilder aktiviert werden konnten, weil auf bekannte Stereotype und Erfahrungen Bezug genommen wurde, die jedem vor Augen standen: auf den Gestus der professoralen Überparteilichkeit, den Appell an die Inflationsfurcht, die positiven Vatervorstellungen, das mit Erhard verwobene Bild der plötzlich überquellenden Schaufenster, die Systemkonkurrenz mit dem wohlstandsarmen Osten etc. Reale politische Ereignisse, politische Protagonisten und politische Institutionen wurden so zu metaphorischen „Chiffren" alltäglicher Verständigung.[43]

Um Mißverständnisse zu vermeiden: Die Werbebotschaft funktionierte nicht als Symbol oder Diskurs an sich, sondern aufgrund des „harten" politischen und institutionell abgesicherten Faktums des Wirtschaftsaufschwungs. Erhard, sein Ministerium und deren Botschaft von der Sozialen Marktwirtschaft waren auch keine Medienkonstruktionen allein. Aber es ist kennzeichnend für Struktur und Profil des „institutionellen Arrangements" „Bundeswirtschaftsministerium – Erhard – Soziale Marktwirtschaft", daß es einerseits „faktische" wirtschaftspolitische Aktionen umschrieb und andererseits symbol-, kommunikations- und darstellungspolitisch zu fassen ist; daß Ressort und Ressortchef politische Akteure und aktive Medien*konstrukteure* waren und daß sich *gleichzeitig* die Wahrnehmungen, die daraus entstehenden „Realitätsbilder"[44], die Images verselbständigten, daß sich *eigen*dynamische Perzeptionsvorgänge entwickelten und deren kommunikative Wirkung dann wieder auf das institutionelle Profil zurückschlug. Beides zusammen, nicht eines allein, bestimmen institutionelle Eigenart und Wirkung.

An diese Überlegungen anknüpfend eine letzte und vierte These; sie setzt gewissermaßen die politischen Institutionen selbst wieder in ihr Recht und auch die Politikgeschichte: Politische Institutionen und darunter staatlich-administrative Organisationen sollten weiterhin ein zentraler Ausgangs-

[43] Vgl. zu den Zusammenhängen insgesamt und mit weiteren Literaturbelegen *Löffler*, Soziale Marktwirtschaft (wie Anm. 19), 252–295; *ders.*, Wirken (wie Anm. 28); zur medialen Vermittlungsleistung auch *Mergel*, Überlegungen (wie Anm. 10), 594 ff.

[44] *Eckart Conze*, Zwischen Staatenwelt und Gesellschaftswelt. Die gesellschaftliche Dimension in der Internationalen Geschichte, in: Loth/Osterhammel (Hrsg.), Internationale Geschichte (wie Anm. 34), 117–140, hier 132.

punkt und ein entscheidendes Bezugsfeld von Politikgeschichte bleiben, auch einer modernen Politikgeschichte in kulturhistorischer Erweiterung. Und sie sollten dabei nicht mutieren zu einem bloßen Anhängsel kulturalistisch-diskurstheoretischer Erörterungen.

Dies sei nicht zuletzt wieder aus einer ganz grundsätzlichen Erwägung heraus gesagt. Gerade oder *nur* wenn man die handfesten Organisationsformen politischer Institutionen gebührend ernst nimmt und die Eigenwertigkeit und Bedeutungshaftigkeit ihrer politischen Existenz anerkennt, kann man zu den wesentlichen Bestandteilen der Organisationskultur vordringen. Und erst dann ist es auch möglich, Institutionen paradigmatisch als Verweissysteme auf bestimmte allgemeinere Ideen, Werthaltungen, kulturell vermittelte und historisch gewachsene Leitideen und ideologisch bestimmte, „gedachte Ordnungen"[45] zu interpretieren. Denn es ist ja nicht so, daß Institutionen nur durch bestimmte kulturgeschichtlich zu umschreibende informelle Parameter und Vorstellungen gewissermaßen von „außen" geprägt werden. Es ist ebenfalls schon angeklungen, daß man genauso zu fragen hat, inwieweit die Institutionen oder Organisationen *selbst* mit zur „Internalisierung verfestigter Verhaltensmuster" beitragen, in welcher Form und mit welchen Mechanismen sie *selbst* als „Vermittlungsinstanzen kultureller Sinnproduktion" (Rehberg) fungieren, nicht zuletzt welche Fähigkeit zur Integration und Stabilisierung einer Gesellschaft durch Schaffung und kommunikative Vermittlung akzeptierter oder verbindlicher „Ordnungsarrangements" sie ausbilden. Institutionen, so wäre die generelle, vor allem an M. Rainer Lepsius und Niklas Luhmann anschließende These, verleihen den Wertbezügen erst die entscheidende Dauerhaftigkeit, Durchschlagskraft und organisatorische wie soziale Struktur; erst durch sie werden Ideen oder Konzeptionen oder Vorstellungen gleichsam materialisiert; erst durch Vertrauen zu etablierten Institutionen und ihren eingespielten „technischen" Verfahrensordnungen entsteht Vertrauen zu Ideen. Damit bilden Institutionen ein Scharnier „zwischen Ideen und Verhaltensstrukturierung", bieten den unverzichtbaren Rahmen, Identitäten zu stiften und Vertrauen in politische oder administrative Maßnahmen zu schaffen, und tragen, immer im Kontext ihrer Zeitumstände (also in zeittypischer und wandelbarer Weise), bei zur Stabilisierung von Erwartungshaltungen. Kurzum: Institutionen und institutionelles Handeln werden nicht nur durch Ideen und kulturelle Vorstellungen, Haltungen, Handlungsmuster etc. geprägt und legitimiert. Andersherum geschieht die Legitimierung und Vermittlung von Ideen immer auch durch deren Institutionalisierung.[46]

[45] *Conze*, Staatenwelt (wie Anm. 44), 132f.

[46] Vgl. *M. Rainer Lepsius*, Institutional Structures and Political Culture, in: Herbert Döring/Gordon Smith (Eds.), Party Government and Political Culture in Western Germany. London 1984, 116–129; *ders.*, Interessen (wie Anm. 16), bes. 7f., 53–84; *ders.*, Institutionenanalyse (wie Anm. 16), hier 394 ff.; *ders.*, Vertrauen zu Institutionen (wie Anm. 28), 284ff.;

Auch dazu noch einmal ein konkretes Beispiel aus unserem Themenfeld der westdeutschen Wirtschaftsgeschichte: Man kann die strikt auf Geldwert- und Währungsstabilität zielende Politik der Deutschen Bundesbank und ihre von der Regierung unabhängige organisatorische Struktur nicht angemessen analysieren, ohne sie als Institutionalisierung der spezifisch deutschen Inflationserfahrungen im 20. Jahrhundert zu verstehen. Meinungsforscher und Finanzpsychologen haben belegt, daß in keinem Land der Erde Fragen der Währungsstabilität eine derartige politische Symbolkraft beigemessen wird wie in Deutschland. Nirgendwo besitzt das Vertrauen in den Wert des Geldes oder die Furcht vor dessen Entwertung eine derart unmittelbare Einwirkung auf die politische Loyalität der Bürger zu ihrem Staat und dessen Institutionen. Noch 1963 bezeichneten 23 Prozent der befragten Deutschen die Inflation als das denkbar schrecklichste Ereignis; der Weltuntergang rangierte mit 19 Prozent dahinter![47] Als Sinnbild des Aufschwungs und Teil des westdeutschen Gründungsmythos fand die „D-Mark" deshalb auch Aufnahme in den Kanon „deutscher Erinnerungsorte".[48] Was das institutionelle System „Bundesbank" im internationalen Vergleich charakterisiert und profiliert, sind also auch hier wieder nicht ihre geschäftsmäßige Binnenorganisation und Behördenstruktur, und es sind nicht oder nicht allein die politischen Erwägungen um ein „technisches" Zahlungsmittel. Es ist das besonders ausgeprägte kollektive Inflationsgedächtnis, das der Institution anhaftet. Es ist ein realen politischen Vorgängen – den beiden großen Inflationsphasen des 20. Jahrhunderts (1914–1924, 1938–1948) – entsprungenes Bewußtsein, das zu einem „kulturellen", im nationalen Gedächtnisschatz verankerten „Währungssymbol" geronnen ist. Dieses Symbol und das dahinterstehende Kollektivgedächtnis aber entfalten nicht zuletzt deshalb eine so unmittelbar diskussions- und handlungsleitende politische Kraft, weil sie ihre feste institutionelle Verkörperung, ihre Institutionalisierung in der deutschen Zentralbank und der durch sie geschützten Währung gefunden haben.

Schlaglichtartig kam dies zum Ausdruck in den Diskussionen und v.a. in der *Art und Weise* der Diskussionen um die Einführung der europäischen Gemeinschaftswährung Euro Ende der neunziger Jahre. Sie fanden bezeichnenderweise nicht nur im Wirtschafts- und Politikteil der Zeitungen, sondern in den Feuilletons statt! Es wurde hier um die Währung und deren insti-

Niklas Luhmann, Funktionen und Folgen formaler Organisation. Berlin 1964, hier 26; *ders.*, Legitimation (wie Anm. 16); ferner *Rehberg*, Institutionen (wie Anm. 16), Zitat 57.

[47] Vgl. *Elisabeth Noelle-Neumann*, Geldwert und öffentliche Meinung. Anmerkungen zur „Psychologie der Inflation", in: Clemens-August Andreae u. a. (Hrsg.), Geldtheorie und Geldpolitik. Günter Schmölders zum 65. Geburtstag. Berlin 1968, 35–46; *Toni Pierenkemper*, Die Angst der Deutschen vor der Inflation oder: Kann man aus der Geschichte lernen?, in: JbWG 1998/1, 59–84.

[48] *Harold James*, Die D-Mark, in: Etienne François/Hagen Schulze (Hrsg.), Deutsche Erinnerungsorte. Bd. 3. München 2001, 434–449.

tutionellen Schutz als „Kulturgut" gestritten. Spröde Pragmatiker wie der damalige Bundesbankpräsident Hans Tietmeyer oder der Chefvolkswirt der Bank Otmar Issing sprachen von der deutschen „Stabilitätskultur", die es zu wahren gelte. Und in der linksliberalen „Libération" wetterte Pierre Bourdieu – nicht allein gegen die Organisation Bundesbank, sondern „contre la ‚pensée Tietmeyer'", weil er durch die restriktive währungspolitische Haltung der deutschen Zentralbank den „Welfare State européen" gefährdet sah und die Fusion von Mark und Franc als eine Usurpation seitens eines hemmungslosen, rein ökonomistischen D-Mark-Kapitalismus betrachtete. In der neoliberalen Frankfurter Allgemeinen Zeitung wurden diese Stellungnahmen aus der deutschen, bundesbankfreundlichen Perspektive unter Überschriften wie „Zwei Währungskulturen", „Die deutsche Sphinx" Inflationsangst und „Münzen und Monstranzen. Eine Art Religionskrieg" kommentiert. Es wäre in diesem Zusammenhang sicher ein sehr lohnendes Feld der Forschung, vergleichend und in größerem Rahmen die institutionellen Zuständigkeiten für Währungspolitik und die nationalen währungspolitischen Handlungsmuster in Europa vor der Folie dieser kulturell-mentalitätsgeschichtlichen Fragen zu untersuchen: im Sinne einer komparatistischen Studie zu institutionalisierten nationalen „Erinnerungsorten".[49]

* * *

Am Ende ein kurzes Fazit: Ich würde aus institutionengeschichtlicher Perspektive nicht so weit gehen wie etwa Thomas Mergel und für eine *Ersetzung* der Politikgeschichte durch eine „Kulturgeschichte der Politik"[50] plädieren. Es erscheint mir auch unangemessen, Politik/Institutionengeschichte

[49] Eine erste Untersuchung dazu (mit weiteren Ausführungen und genaueren Belegen zu den vorhergehenden Aussagen): *Bernhard Löffler*, Währungsrecht, Bundesbank und deutsche „Stabilitätskultur" nach 1945. Überlegungen zu mentalitätsgeschichtlichen Dimensionen normativ-institutioneller Regelungen, in: Winfried Helm/Manfred Seifert (Hrsg.), Recht und Religion im Alltagsleben. Perspektiven historischer Kulturforschung. Passau 2005, 61–82. – Daneben könnte man z. B. auch an Analysen denken, die die Bedeutung institutionell-administrativer Strukturen für die Ausformung eines bestimmten supranationalen europäischen „Geistes" genauer ins Auge fassen. Auch hierfür gilt wohl, daß nicht nur eine europäische „Idee" entsprechende Institutionen schafft, sondern daß auch andersherum die (administrativen) Institutionalisierungsvorgänge und die Konsolidierung einer eingespielten „technischen" Institutionenordnung zur Verfestigung und Verankerung bestimmter Vorstellungen von und über Europa beitragen. Vgl. dazu etwa die These Maurizio Bachs, durch Prozesse der Institutionenbildung auf supranationaler Ebene und durch Etablierung eines diese tragenden Beamtennetzwerkes würden irreversible Vorgänge einer „bürokratischen Integration", eine „leise Revolution durch Verwaltungsverfahren" in Gang gesetzt. *Maurizio Bach*, Eine leise Revolution durch Verwaltungsverfahren. Bürokratische Integrationsprozesse in der Europäischen Gemeinschaft, in: Zeitschrift für Soziologie 21, 1992, 16–30; *ders.*, Ist die europäische Einigung irreversibel? Integrationspolitik als Institutionenbildung in der Europäischen Union, in: Nedelmann (Hrsg.), Institutionen (wie Anm. 16), 368–391.

[50] *Mergel*, Überlegungen (wie Anm. 10), 587.

als eine bloße Teildisziplin von Gesellschafts- oder Kulturgeschichte zu verstehen.[51] Ebensowenig ist sie einzufangen durch einen, wie das Mergel eigentümlich unverbindlich formuliert, „ethnologisch und diskurstheoretisch informierten Blick auf alles Politische".[52] Ich würde davor warnen, alles einfach „kulturalistisch" oder ethnologisch aufzulösen. Politische und andere Institutionen oder Organisationen erschöpfen sich nicht in ihrer Wahrnehmung, gehen nicht auf in Texten und Diskussionen über sie. Ein Ministerium ist kein Text und kein fiktionaler Diskurs, sondern eine organisatorische Realität, und die Politik, die es gestaltet oder mitgestaltet, ist zunächst einmal auch keine „kommunikative Konstruktion" und kein „kommunikativer Modus"[53], sondern ein in politischen Ereignissen faßbares Faktum.[54] Und nicht zuletzt: Bei aller Begeisterung über neue kulturhistorische Funde und ungewöhnliche, durch Veränderung der Perspektiven ermöglichte Erkenntnisse gilt es doch auch weiterhin, in einer Gesamtbewertung unterschiedliche institutionelle oder politische Bedeutungs- und Relevanzgrade im Auge zu behalten. Die Bestuhlung eines Plenarsaals oder das Essen in einer Parlamentskantine mögen ja interessant sein, ob sie wirklich so besonders viel über Wesen und Kern der politischen Institution z. B. des Weimarer Reichstags aussagen, ist aber doch die Frage.[55]

Das hauptsächliche Anliegen dieses Beitrags ist es demgegenüber, die Möglichkeiten für eine methodische *Erweiterung* und inhaltliche *Neuausrichtung* der Institutionengeschichte auszuloten, ohne ihren eigengewichtigen Stellenwert zu leugnen. Es geht um eine unvoreingenommene Kombination mehrerer Disziplinen, vor allem um eine Kombination von Politik-, Gesellschafts- und Kulturgeschichte, und dies – das ist ein zentraler Punkt – *ohne* jeweilige Primatsansprüche und in Anerkenntnis der je unterschiedlichen Aussagemöglichkeiten und Aussagegrenzen.[56] Das bedeutet: Institu-

[51] Vgl. auch *Conze*, Politikgeschichte (wie Anm. 13), 22.

[52] *Mergel*, Überlegungen (wie Anm. 10), 574f.

[53] Ebd. 590, 597.

[54] Dies auch in Anlehnung an *Richard J. Evans*, Fakten und Fiktionen. Über die Grundlagen historischer Erkenntnis. Frankfurt am Main/New York 1998, hier 79–126, mit einer wohltuend offen und wütend formulierten Relativierung des postmodernen Dekonstruktivismus und modischer selbstverliebter Diskurstheorie sowie mit dem plakativen Diktum: „Auschwitz war kein Diskurs. Massenmord als Text anzusehen, bedeutet, ihn zu verharmlosen. Die Gaskammern waren kein rhetorische Figur. [...] Wenn dies für Auschwitz gilt, dann muß es aber auch für andere Aspekte der Vergangenheit gelten, für andere Ereignisse, Institutionen und Menschen, jedenfalls in einem gewissen Grade" (123).

[55] Bei allen zutreffenden Hinweisen und durchaus anregenden Fragestellungen schießt hier *Mergel*, Kultur (wie Anm. 33), z. B. 83–97, meines Erachtens oftmals über das Ziel hinaus. Politisch wirklich zentrale Bestimmungsfaktoren und Bewertungskategorien der Parlamentsarbeit in der Weimarer Republik, etwa die enorme parteipolitische Zerklüftung, bleiben da nicht selten unterbelichtet. Sehr kritisch dazu auch der Beitrag von Manfred Kittel in diesem Band.

[56] Vgl. auch *Conze*, Politikgeschichte (wie Anm. 13), 26; *ders.*, Staatenwelt (wie Anm. 44), 126f., 138; *Paulmann*, Pomp (wie Anm. 34), 25.

tionen werden nicht durch symbolisches Handeln, Diskurse und Vorstellungen *ersetzt*, aber sie werden durch – historisch einzuordnendes – symbolisches Handeln, Diskurse und Vorstellungen *mit*bestimmt, genauso wie sie selbst Produzenten dieser Diskurse und Vorstellungen sind. Um dies besser herauszuarbeiten, wird allerdings in der Tat für eine tendenzielle Verlagerung der Perspektiven plädiert: weg von den Fragen nach Normen und Gesetzen und Geschäftsordnungen und Entscheidungen, hin zur stärkeren Untersuchung informeller Verständigungsmechanismen und des „Wie" der institutionellen Verfahrensabläufe, von Wirkungen und von Wahrnehmungen.

Die Institutionengeschichte wie die Politikgeschichte insgesamt verlieren dadurch keineswegs an Bedeutung, im Gegenteil: Sie gewinnen eher, weil sie als Interpretament für umfassendere Fragen zu Politikstilen, politischer Kultur, gesellschaftlichen Handlungs- und kollektiven Denkmustern dienen können. Und es werden dadurch auch nicht die Leistungen der bisherigen klassischen Verwaltungsgeschichte in Abrede gestellt. Deren Erkenntnisse zu Ämterordnung und Personalkarrieren sind die unabdingbare empirische Basis, von der ausgehend man Institutionengeschichte erst sinnvoll erweitern und mit neuen kulturhistorischen Fragestellungen konfrontieren kann. Desgleichen kommt eine moderne kulturgeschichtliche Institutionengeschichte keineswegs diskursiv-freischwebend daher, vielmehr bleibt auch die Erforschung von Institutionenmentalitäten an die Empirie archivalischen Schriftguts gebunden, in mancherlei Hinsicht sogar mehr als eine Verwaltungsgeschichte der Gesetze und Geschäftsordnungen.[57]

Entscheidend ist aufs Ganze gesehen also nicht die sterile und langweilige Herausstellung der Vorzüge oder vorrangigen Bedeutung dieser oder jener Richtung. Ins Zentrum sollte statt dessen die Frage nach den Wechselwirkungen und Interdependenzen der verschiedenen Felder und Perspektiven rücken, nach ihren gegenseitigen Mischungsverhältnissen und Scharnierstellen, und zwar jeweils in ihrer eigenen und eigengewichtigen Handlungslogik, ihrer Eigendynamik und ihrer eigenen Relevanz.[58] Und die Prämissen können demnach nicht lauten, daß man einfach zwischen „harten" Fakten und „weichen", atmosphärischen Arbeitsbedingungen unterscheiden könne, daß

[57] Insgesamt sind derartige Zusammenhänge der Institutionenmentalität ja viel schwieriger zu erforschen als Formales und Normatives. Wenn man sich mit den realen Verfahrenspraktiken und dem von informellen Gepflogenheiten bestimmten institutionellen Alltag beschäftigen will, genügt es nämlich nicht, die relativ leicht greifbaren Gesetze, Geschäftsordnungen, Organigramme oder Programme auszuwerten. Man muß sich einigermaßen tief in die nichtveröffentlichten Akten vergraben. Falls es also zum Gütezeichen eines traditionellen Politik- und zum besonderen Rüstzeug des Verwaltungshistorikers gehört, Archivalien zu wälzen: Hier ist ganz handfeste Archivarbeit erforderlich.

[58] Vgl. auch *Conze*, Staatenwelt (wie Anm. 44), 122, 125; *ders.*, Politikgeschichte (wie Anm. 13), 26ff.

die „harten" politischen Institutionen um einige „weiche" Faktoren nur *ergänzt* würden oder daß die „atmosphärischen" Dinge *wichtiger* wären als die politischen Normen und Entscheidungen. Im Hintergrund steht vielmehr die Grundanschauung, daß beides zusammengehört, sich bedingt und wechselweise beeinflußt, daß beides für Institutionen und Politik konstitutiv ist und daß reale institutionelle und politische Vorgänge, die institutionelle Wirklichkeit, ohne diese Zusammenschau nicht verständlich werden. Erst damit ist die „Eigenart von Institutionen", so die treffende Formulierung Gerhard Göhlers[59], in den Griff zu bekommen. Was auch bedeutet: Die institutionelle Eigenart umschließt Kulturgeschichtliches, aber es bleibt doch eine *Eigenart*, und wird nicht zu einer bloßen gesellschafts- oder mentalitätsgeschichtlichen Variable.

[59] *Göhler* (Hrsg.), Eigenart (wie Anm. 16).

IV. Geschichte des Parlamentarismus

Politik zwischen Agon und Konsens

Monarchische Macht, ständische Gegenmacht und der Wille zum Zusammenleben im frühneuzeitlichen Europa

Von

Thomas Nicklas

Mit der leidenschaftlichen Urteilskraft, die den jungen Philosophiedozenten an der Universität Algier auszeichnete, stellte Pierre Mesnard 1936 fest[1], daß nach dem Verschwinden der *grands courants inspirateurs* die Geschichte hart und dunkel wird, um schließlich nur noch ein blutiges Schauspiel vom Zusammenstoß der Interessen und von bösartigen Kämpfen um Macht und Brot zu bieten. Dem kann ein Historiker der Politik kaum widersprechen, auch wenn ihm die ästhetischen und moralischen Kategorien des jungen Philosophen bei seiner täglichen Arbeit eher fremd bleiben müssen. Mesnard als Verfasser eines noch heute unentbehrlichen Standardwerkes über das politische Denken im 16. Jahrhundert rühmte jedoch jenes Licht im Dunklen, nämlich den *grand élan de pensée*, mit dem die aufklärende Vernunft der Humanisten die hieratischen Machttatsachen zu analysieren begann. Es war also ein Akt der Befreiung, als am Beginn der Neuzeit das Gebäude der politischen Philosophie errichtete wurde, in dem wir heute noch leben.[2] Die Erklärung der Verhältnisse mag dabei helfen, sich nicht von ihnen überwältigen zu lassen. Mit dem Humanismus etablierten sich auch, immer noch nach Mesnard, die beiden aus der Antike importierten Schemata zur Wahrnehmung des Politischen, die der Betrachtung von Macht ihre Struktur verleihen, der platonische und der aristotelische Weg, Utopie oder Empirie.

Realismus und Idealismus hatten jeweils ihren Platz im 16. Jahrhundert. Für unerbittliche Analytiker der Politik wie Niccolò Machiavelli oder Jean Bodin ging es um die Praxis, um Wirkungen und Gegenwirkungen konkreter Kräfte, deren Gleichgewicht in einer Welt geschaffenen werden mußte, die sich nicht ändern ließ und die es als Gegebenes hinzunehmen galt. Daneben hat der christliche Humanismus der Frühen Neuzeit aber stets auch den idealistischen Blick auf das Gemeinwesen gepflegt, im Namen der Heiligen

[1] Pierre Mesnard (1900–1969), Gymnasialprofessor in Poitiers 1930–1937, nach Promotion 1936 Dozent an der Universität Algier, seit 1938 dort Professor für Philosophie. 1956 Rückkehr an die Universität Poitiers, Begründer des Zentrums für Renaissancestudien an der Universität Tours.

[2] *Pierre Mesnard*, L'essor de la philosophie politique au XVIe siècle. Paris 1951 [1. Aufl. 1936], 674–677.

Schrift, im Namen Ciceros und Platos. Denker dieser Richtung suchten nach dem Sinn in der Geschichte, sie leiteten aus ihrem Verlauf moralische Normen ab oder fügten diese nachträglich in das Geschehen ein. Eher voluntaristisch als pragmatisch, wünschten sie eine Veränderung der Gesellschaft und arbeiteten an der Humanisierung des Menschen, wobei ihnen die Geschichte als Werkzeug dienen sollte. Zwischen beiden Wegen hatten die Historiker zu wählen. Beide sind gleichermaßen alt wie neu. Sie erlaubten beide beachtliche Erkenntnisfortschritte, wenn sie jedenfalls mit methodischer Sicherheit, intellektueller Schärfe und forscherlicher Energie zu Ende gegangen wurden.

Die folgenden Ausführungen wollen einige Reflexionen zu diesem Mesnardschen Grundthema der Politikgeschichte bieten. Sie wollen als Plädoyer für den Lebensbezug von Theorien und für die Vielfalt methodischer Zugangswege zur Vergangenheit verstanden werden. Diese Überlegungen werden an einer Grundkonstellation frühneuzeitlicher Politik in Europa befestigt, nämlich der Dualität von Monarchie und Ständeparlamentarismus.

I. Das Tableau der Kräfte: Bodin oder Althusius

In „Land und Herrschaft“ stellte Otto Brunner fest, daß die frühneuzeitlichen Staatswesen zu einem bestimmten Zeitpunkt zwischen Bodin und Althusius zu wählen hatten.[3] Was bedeutet das? Politik in frühneuzeitlichen europäischen Staatswesen bewegte sich zwischen den Polen fürstlicher Herrschaft und ständischer Partizipation, von Machtkonzentration und Machtbalance. Ständeparlamentarische Versammlungsformen hat es im gesamten Europa der Frühen Neuzeit gegeben. Es war dasselbe Prinzip der Repräsentation, das sich in den Cortes, den Etats-Généraux, den Staten Generaal, dem Reichstag, den Houses of Parliament, dem Sejm oder der Duma ausdrückte. Man kann von einem Charakteristikum politischer Organisation im vorrevolutionären Europa sprechen, das auf die mäßigende Einhegung und die umfassende Kontrolle von Macht abzielte.[4]

Ständeparlamentarische Versammlungen mußten deshalb jeweils in analoger Weise entstehen, weil die fürstlichen Machtträger stets gezwungen waren, sich mit denjenigen abzustimmen, die ihrem Handeln den wirkungs-

[3] *Otto Brunner*, Land und Herrschaft. Grundfragen der territorialen Verfassungsgeschichte Österreichs im Mittelalter. Darmstadt 1970, 439.

[4] Dazu eine sehr eindrucksvolle Quellensammlung: *Gordon Griffiths*, Representative Government in Western Europe in the Sixteenth Century. Commentary and Documents for the Study of Comparative Constitutional History. Oxford 1968. Einen reichen Fundus an Untersuchungen zum europäischen Ständeparlamentarismus bietet die Übersicht: Etudes présentées à la Commission internationale pour l'histoire des assemblées d'états 1937–2001, in: Parliaments, Estates & Representation 22, 2002, 251–279.

vollsten Widerstand entgegensetzen konnten, nämlich den Inhabern ständischer Macht, dem Adel, dem Klerus, aber auch den Städten als den wirtschaftlichen Zentren des Landes. Es war aus der Sicht des Fürsten gefährlich, diese ständische Gegenmacht bei der Entscheidungsfindung zu übersehen. Adlige und Kleriker waren wie er Eigentümer des Landes.[5]

So trugen die Ständeversammlungen den Macht- und Besitzverhältnissen Rechnung, wie sie in Europa zwischen 1100 und 1800 bestanden. In ihnen fanden sich die bevorrechteten und bevollmächtigten Sprecher der großen sozialen und rechtlichen Gemeinschaften innerhalb des Landes wieder. Ihre Zusammenkünfte waren die institutionelle Umsetzung eines Willens zu wechselseitiger Kontrolle. Die Stände überwachten die Herrschaftsausübung des Monarchen, sie suchten Machtmißbräuchen und Regelverletzungen durch fürstliche Beamte vorzubeugen und ihre Privilegien zu sichern. Der Herrscher begehrte „Rat und Hilfe" der Stände nicht allein um ihrer selbst willen, sondern auch um den manchmal unvermeidlichen Widerstand der Mächtigen im Lande in sichere Bahnen zu lenken und ihm dadurch die Spitze zu nehmen, daß ein geeignetes Forum zum Austrag der Gegensätze zur Verfügung stand.

Aber es ging nicht nur um abstrakte Verfahrensweisen des Austrages von Konflikten und der Machtkontrolle. In den ständischen Gremien verteidigten die Rechteinhaber ihre erworbenen Privilegien, während der Herrscher um finanzielle Unterstützung zur Bewältigung anstehender Aufgaben bat. Da die fürstlichen Verwaltungsapparate zumindest bis ins 18. Jahrhundert noch sehr rudimentär ausgebildet waren, blieben die Landesherren bei der Aufteilung und Einbringung der Steuern aus logistischen Gründen auf die Mitarbeit der Landstände angewiesen. Diese war freilich ohne eine Befugnis zur Mitbestimmung und Mitentscheidung nicht zu haben. So läßt sich ständeparlamentarisches Politikgeschehen oft genug auf ein sehr einfaches Funktionsprinzip reduzieren: Der Fürst sucht um die Bewilligung von Steuern nach, dafür muß er im Gegenzug Privilegien bestätigen, neue Rechte gewähren und Zugeständnisse in Sachfragen machen.

Verfassungspolitischer Konservatismus kennzeichnet die Ständeparlamente. Sie verteidigten Gebrauch und Herkommen, zügelten den Willen und begrenzten die Willkür der Fürsten, sie bekämpften die Mißbräuche und die Korruption landesherrlicher Beamter, sie traten für die sparsame Ver-

[5] Vgl. besonders *Raingard Eßer*, Landstände und Landesherrschaft. Zwischen „status provincialis" und „superioritas territorialis": Landständisches Selbstverständnis in deutschen Territorien des 17. Jahrhunderts, in: ZNR 23, 2001, 177–194; zur Ausbildung des Ständewesens eine informative Zusammenschau für die Südlichen Niederlande: *Jan Dhondt*, Les assemblées d'Etats en Belgique avant 1795, in: ders., Estates or Powers. Essays in the Parliamentary History of the Southern Netherlands from the XIIth to the XVIIIth Century. Re-ed. by Willem Blockmans. Kortrijk-Heule 1977, 179–248.

wendung öffentlicher Mittel ein. Eine Dynamisierung monarchischer Politik ist folglich nur bei Zurückdrängung des Ständewesens möglich. Unter energischen Herrscherpersönlichkeiten des 16. und 17. Jahrhunderts in Frankreich oder in den Ländern der Hohenzollern griffen daher absolutistische Zielsetzungen um sich, die sich in Maximen wie „L'Etat c'est moi" oder „Necessitas facit legem" ausdrückten, und deren Praxis solchen Redeweisen ganz entsprach.[6] Die oft genug zeitraubenden ständeparlamentarischen Verfahrensweisen sollten durch übersichtliche Formen monarchischer Herrschaftsausübung ersetzt werden. Um das Überleben des Staates in der Konkurrenz mit anderen Mächten zu sichern, wurde eine Straffung der Entscheidungsstrukturen als unvermeidlich bezeichnet. Während die Stände nur Teilinteressen verträten, sei der Monarch Repräsentant des gesamten Staates.[7] Dergleichen Argumente für den Absolutismus verfehlten ihre Wirkung nicht und führten in der Historiographie zu einer lange nachwirkenden Diskreditierung des Ständewesens, deren Wirkung erst in den letzten Jahrzehnten nachgelassen hat.[8]

Zweifellos war die Hypertrophie ständischer Macht dem Gemeinwesen schädlich und führte zu verfassungspolitischer Instabilität. Als Beispiel wird häufig die polnische Adelsrepublik und ihr langer Untergang im 18. Jahrhundert genannt. Gleiches gilt aber auch für das unkontrollierte Wuchern

[6] Zuletzt vor allem *Horst Dreitzel*, Absolutismus und ständische Verfassung in Deutschland. Ein Beitrag zur Kontinuität und Diskontinuität der politischen Theorie in der frühen Neuzeit. Mainz 1992; *Wolfgang Reinhard*, Geschichte der Staatsgewalt. Eine vergleichende Verfassungsgeschichte Europas von den Anfängen bis zur Gegenwart. München 1999, 216–235; zur *Necessitas* in der absolutistischen Staatsräson Friedrichs II. von Preußen zuletzt *Rudolf Vierhaus*, Staatsverständnis und Staatspraxis Friedrichs II. von Preußen, in: Johannes Kunisch (Hrsg.), Analecta Friedriciana. Berlin 1987, 75–90.

[7] *Peter Nitschke*, Staatsräson kontra Utopie? Von Thomas Müntzer bis zu Friedrich II. von Preußen. Stuttgart 1995, 267–270.

[8] Stellvertretend für vieles *Wolfgang Neugebauer*, Standschaft als Verfassungsproblem. Die historischen Grundlagen ständischer Partizipation in ostmitteleuropäischen Regionen. Goldbach 1995; *Hugo Weczerka* (Hrsg.), Stände und Landesherrschaft in Ostmitteleuropa in der frühen Neuzeit. Marburg 1995; für die Zeit nach 1648 *Barbara Stollberg-Rilinger*, Vormünder des Volkes? Konzepte landständischer Repräsentation in der Spätphase des Alten Reiches. Berlin 1999; *Joachim Bahlcke* u. a., Ständefreiheit und Staatsgestaltung in Ostmitteleuropa. Übernationale Gemeinsamkeiten in der politischen Kultur vom 16.–18. Jahrhundert. Leipzig 1996; *Neithard Bulst*, Representative Institutions and their Members as Power Elites: Rivals or Partners?, in: Wolfgang Reinhard (Hrsg.), Power Elites and State Building. Oxford 1996, 41–58; *Helmut G. Koenigsberger*, Dominium Regale or Dominium Politicum et Regale: Monarchies and Parliaments in Early Modern Europe, in: ders., Politicians and Virtuosi: Essays in Early Modern History. London 1986, 1–25; *ders.*, Monarchies, States Generals and Parliaments: The Netherlands in the Fifteenth and Sixteenth Centuries. Cambridge 2001. Als Einführung für Studenten von einem neuseeländischen Verfassungshistoriker konzipiert *Michael A. R. Graves*, The Parliaments of Early Modern Europe. Harlow 2001. Besonders wichtig die komparativen Ansätze, u. a.: *Helmut G. Koenigsberger*, „Riksdag", „Parliament" und Generalstaaten im 16. und 17. Jahrhundert, in: ZHF 17, 1990, 305–325.

monarchischer Herrschaft, das zum Einsatz aller Machtmittel für einseitig definierte Ziele und Interessen diente. Das bellizistische Königtum eines Ludwig XIV. von Frankreich oder eines Friedrich II. von Preußen kann hier zum Beispiel dienen. Machtbalance und die aus ihr folgende Stabilität ist eben auch für die Frühe Neuzeit der letzte Schluß verfassungspolitischer Weisheit.

Wenn wir nun die Frage nach der Politikgeschichte und ihrer Zukunft stellen, so drängen sich im Blick auf monarchisch-ständisches Zusammenspiel und Widerspiel Alternativen auf, die klar benannt werden sollen, um das Problem zu konturieren und zu einer lebhaften Diskussion beizutragen.

II. Der aristotelische Weg: Empirie der Macht

Auch in Utopia wurde interessengeleitete Machtpolitik betrieben. Der spätere Lordkanzler Englands Thomas Morus hat mit seiner 1516 erschienenen Schrift „De optimo rei publicae statu deque nova insula Utopia" zwar den Entwurf einer Welt ohne Not und Ungerechtigkeit vorzulegen versucht, doch fallen die Schatten erbarmungslosen Machtstrebens auch auf seinen Idealstaat. Zwar setzen die Utopier im Inneren auf einen harmonischen Ausgleich gesellschaftlicher Gegensätze, nach außen jedoch erstreben sie unverhohlen die Hegemonie. Ihr Staat wirbt Söldner an und führt Krieg gegen Nachbarinseln, mit denen er um Ressourcen und Macht konkurriert. Morus berichtet von der Soldatenwerbung Utopias bei dem zivilisatorisch unterlegenen und gerade daher kriegerischen Volk der Zapoleten, deren Söldner für Utopia so tapfer fechten, daß viele in den Schlachten ums Leben kommen. Darüber freuen sich die Utopier insgeheim, weil sie auf diese Weise aus der nützlichen Schwächung eines möglichen Rivalen noch Gewinn ziehen.[9] In Anlehnung an Friedrich Nietzsches bekannten Ausspruch „Auch die moralische Erde ist rund" ließe sich sagen: auch die utopische Erde ist rund, und ihre Spiele sind ganz von dieser Welt.

So spiegeln sich in der „Utopia" von 1516 die Maximen des frühneuzeitlichen Fürstenstaates, der im Inneren auf Befriedung und Harmonie innerhalb der weiterhin ständisch verfaßten Gesellschaft setzte, um nach außen seine Kräfte im Wettbewerb mit anderen Staaten um so besser entfalten zu können, wobei das Staatsinteresse, die *Raison d'état*, als Richtschnur zu dienen hatte. Dabei kam es zur gleichgewichtigen Interdependenz zwischen innen und außen. Der Krieg wurde den monarchischen Staatswesen des Ancien Régime zum herrschaftsstabilisierenden Faktor, weil er den Tatendrang des Adels absorbierte und den latenten Bürgerkrieg somit

[9] *Thomas Morus*, Utopia. Übers. v. Gerhard Ritter. Stuttgart 2003, 121f.

gleichsam nach außen verlagerte.[10] Der Krieg war gewissermaßen der Gravitationspunkt der absoluten Monarchie, wobei das Phänomen des Krieges in unterschiedlichen Aggregatzuständen begegnete, denen Jean-Baptiste Colbert das Konzept des internationalen *Commerciums* als Handelskrieg hinzufügte.[11] Es galt, gegen den Feind handelspolitische Eroberungen zu machen und ihn als ökonomischen Konkurrenten zu Land und Meer zu vernichten. „Krieg, Handel und Piraterie – dreieinig sind sie, nicht zu trennen", heißt es daher in Goethes „Faust". Werner Sombart sprach präziser aus der Warte des Nationalökonomen von der „Raubökonomie" der Frühen Neuzeit.[12]

Dem frühneuzeitlichen Fürstenstaat war auch die Politik eine Fortsetzung des Krieges mit anderen Mitteln. Die Händel der Diplomaten präludierten und epilogisierten die Handgemenge der Soldaten. Im Inneren des Staates kam wie auf Utopia die Politik im Zeichen eines fürstlichen Gewalt- und Machtmonopols zum Stillstand. Sie wurde, wie bereits Carl Schmitt festgestellt hat, in die Randbereiche der Hofintrigen und der Ordnung stiftenden *Policey* des Staates abgedrängt.[13] Beim Fürsten lag das Monopol des Politischen, das er eifersüchtig behauptete. Im Staatsinneren galten feste Normen, die eine verschärfte obrigkeitliche Sittenzucht mit erzieherischer Härte durchsetzte. Seit Gerhard Oestreichs bahnbrechender Antrittsvorlesung von 1962 haben sich die Historiker daran gewöhnt, mit ihm von „Sozialdisziplinierung" zu sprechen.[14] Im gut polizierten Fürstenstaat galten feste Normen, in der Außenpolitik hatte hingegen das Faktum seinen Raum. Hier entfalteten sich Bewegung und Dynamik, hier waren Taten am Platz, gesetzt von Militärs und Diplomaten. Die Polizierung Europas ist heute erst im Gang, im 18. Jahrhundert war sie noch eine kühne Vision.

Alle diese Veränderungen wurden durchgesetzt unter Berufung auf das Staatsinteresse, das somit als zentraler Begriff des frühneuzeitlichen Dis-

[10] Besonders wichtig die Überlegungen bei *Johannes Kunisch*, Absolutismus. Göttingen 1986, 157–171; *Johannes Burkhardt*, Die Friedlosigkeit der frühen Neuzeit. Grundlegung einer Theorie der Bellizität Europas, in: ZHF 24, 1997, 509–574; *Victor G. Kiernan*, Why was Early Modern Europe always at War?, in: Stephen T. Christensen (Ed.), Violence and the Absolutist State. Kopenhagen 1990, 17–43; *Heinz Duchhardt/Patrice Veit* (Hrsg.), Krieg und Frieden im Übergang vom Mittelalter zur Neuzeit. Theorie – Praxis – Bilder. Mainz 2000. Außerdem *Philippe Contamine* (Ed.), War and Competition between States. Oxford 2000.

[11] Heute wächst wieder das Interesse an Colbert und an der frühen Nationalökonomie: *Aimé Richardt*, Colbert et le Colbertisme. Paris 1997; *Michel Vergé-Franceschi*, Colbert. La politique du bon sens. Paris 2003.

[12] Vgl. dazu das ungemein lesenswerte Kapitel in *Werner Sombart*, Der moderne Kapitalismus. Bd. 1/2: Die vorkapitalistische Wirtschaft. München/Leipzig 1928, 668–679.

[13] *Carl Schmitt*, Der Begriff des Politischen. München/Leipzig 1932, 11.

[14] *Winfried Schulze*, Gerhard Oestreichs Begriff „Sozialdisziplinierung in der Frühen Neuzeit", in: ZHF 14, 1987, 265–302.

kurses über das Politische erscheint.[15] Die neuzeitliche Politiktheorie hatte sich von der im späteren Mittelalter vorherrschenden Lehre vom Allgemeininteresse befreit und begann unverwandt nach den Partikularinteressen der Individuen und der Staaten zu fragen, die den Lauf der Welt in Gang hielten. In das verwirrende Handlungs- und Strukturgeflecht konnte mit scharfer Interessenanalyse ein wenig Ordnung gebracht werden. An diesem Punkt setzten die Denker im 16. und 17. Jahrhundert an, indem sie einen systematischen Interessenbegriff zu entwickeln und auf die Politik anzuwenden suchten. Wenn es schon zu den Eigenschaften der Menschen gehörte, instinktiv ihren Interessen folgen zu müssen, so traf dies doch wegen der Höhe des Einsatzes in besonderem Maße für die Fürsten zu. Ihnen konnte man allerdings auf die Schliche kommen, indem man die Erforschung der Interessen als machtvollen Demystifikator zur Anwendung brachte, wie dies der Römer Traiano Boccalini (1556–1613) versuchte, dessen „Bilancia Politica" erst lange nach seinem Tod im Jahre 1678 erscheinen konnte. Als langjähriger Mitarbeiter der vatikanischen Kanzleien, der dann nach Venedig geflohen war, glaubte er die Fürsten zu kennen: „Das Interesse bewegt ihre Zunge und nicht die Gerechtigkeit oder die Liebe zum Gemeinwohl. Wenigen gelingt es, sie zu durchschauen, weil sie in einer Geheimsprache reden (...). Aber derjenige, der an der Geistesbeschaffenheit und am Interesse der Fürsten Maß nimmt, wird es nicht schwer finden, ihre Absichten zu erraten, obwohl sie diese in wohlklingendsten Worten verkleiden."[16]

[15] Hier sind vielleicht einige Bemerkungen zur Relativität des neueren Theorieangebotes für die frühneuzeitliche Geschichte angebracht. So analysiert beispielsweise die Systemtheorie, auf welche Weise moderne Verfahren (Gericht, Gesetzgebung, Verwaltung) durch sich selbst jene Legitimität ihrer Ergebnisse hervorbringen, die ihnen kein Konsens über die inhaltliche Richtigkeit der Beschlüsse mehr verschaffen kann. Niklas Luhmann fragte, von einem antidezisionistischen Ansatz ausgehend, gerade nicht danach, wie Entscheidungen zustande kamen, sondern wie Legitimation produziert wurde (*Niklas Luhmann*, Legitimation durch Verfahren. Neuwied/Berlin 1969). Er ging, für seine Zeit völlig zu Recht, von einer kritischen und informierten Öffentlichkeit als Widerlager der Entscheidungsträger in Staat und Wirtschaft aus. Die Publizität der Maßnahmen erfordert Sinnstiftung durch das Verfahren, wenn schon der Sinn der Maßnahme selbst nicht recht ersichtlich ist. Da Verfahrensöffentlichkeit erst am Ende des 18. Jahrhunderts zu entstehen beginnt und in der Vormoderne das Monopol des Politischen zumeist beim Fürsten lag, ist dieser Ansatz nur schwer übertragbar. Er wird aber funktionstüchtig gemacht, sobald man ihn auf die begrenzte Öffentlichkeit eines geschlossenen politischen Systems wie den frühneuzeitlichen Reichstag anwendet: *Michael Sikora*, Formen des Politischen. Der frühmoderne deutsche Reichstag in systemtheoretischer Perspektive, in: Frank Becker (Hrsg.), Geschichte und Systemtheorie. Exemplarische Fallstudien. Frankfurt am Main/New York 2004, 157–184. Es bleibt aber weiterhin zu fragen, ob der Schlüsselbegriff politischen Denkens und Handelns im 16. und 17. Jahrhundert wirklich „Legitimität" lautet und nicht etwa „Interesse".

[16] *Traiano Boccalini*, La Bilancia politica di tutte le opere di Traiano Boccalini. Parte prima dove si tratta delle osservazioni politiche sopra i sei libri degli Annali di C. Tacito. Castellana 1678, zitiert nach *Lorenzo Ornaghi*, Il concetto di „interesse". (Arcana Imperii, 9.) Mailand 1984, 142–146, 143f.

Der politische Interessenbegriff wird gemeinhin mit Machiavelli in Verbindung gebracht, dessen „Principe" von 1513 den Kritikern seit Jahrhunderten als Hexenküche der Staatsräson erscheint.[17] Das Konzept geht jedoch auf Machiavellis Florentiner Zeitgenossen Francesco Guicciardini (1483-1540) zurück.[18] Dieser entlehnte den Begriff aus der aufblühenden Welt des Handels der italienischen Stadtstaaten der Renaissance. Als Interesse pflegten die Kaufleute von Florenz den Gewinn zu bezeichnen, den sie aus einer Transaktion zogen. Es geht somit um Profit und individuellen Vorteil, das Motiv aller Händler. Guicciardini hat das entsprechende Kalkül aus der ökonomischen Sphäre in die politische übertragen.[19] Auf ihn geht auch der Theoriebegriff der Staatsräson zurück, der in der Frühen Neuzeit so heftig diskutiert worden ist, gerade wegen seines impliziten Widerspruchs zur christlichen Moral. Die Amoralität des Staatsräsonkonzeptes findet sich bereits sehr deutlich in Guicciardinis „Dialogo del Reggimento di Firenze", wenn dieser einen der Sprecher in dem Dialog kaltblütig davon reden läßt, daß es besser sei, die Pisaner Kriegsgefangenen im Florentiner Lager verhungern zu lassen, als sie nach Pisa zurückzuschicken. Dies sei, fügt Bernardo hinzu, nicht christlich gesprochen, doch nach der Vernunft und dem Gebrauch der Staaten (*ragione ed uso degli stati*).[20] Vollends in aller Munde war die Staatsräson nach dem Erscheinen von Giovanni Boteros gegenreformatorisch inspirierten „Della Ragion di Stato Libri Dieci" im Jahre 1598, die einem der deutschen Reichsfürsten, dem Fürsterzbischof von Salzburg, gewidmet waren.[21] Botero definierte den fürstlichen Staat als „starke Herrschaft über die Völker". Staatsräson war für ihn „die Kenntnis der Mittel, die geeignet sind, eine solche Herrschaft zu begründen, zu erhalten und zu vermehren."[22]

Es kann hier nicht darum gehen, die ausufernde Diskussion zu verfolgen, die seit dem Ende des 16. Jahrhunderts über die Themen der Staatsräson

[17] *Friedrich Meinecke*, Die Idee der Staatsräson in der neueren Geschichte. Hrsg. v. Walther Hofer. München 1976, 29-56. Zum Interessenbegriff: *Jörg Fisch/Reinhart Koselleck/Ernst Wolfgang Orth*, Art. „Interesse", in: Geschichtliche Grundbegriffe. Historisches Lexikon zur politisch-sozialen Sprache in Deutschland. Hrsg. v. Otto Brunner, Werner Conze, Reinhart Koselleck, Bd. 3. Stuttgart 1982, 305-365.

[18] Zuletzt *Volker Reinhardt*, Francesco Guicciardini (1483-1540). Die Entdeckung des Widerspruchs. Göttingen 2004.

[19] *Lionel Mc Kenzie*, Le droit naturel et l'émergence de l'idée d'intérêt dans la pensée politique au début de l'époque moderne: François Guichardin et Jean de Silhon, in: Christian Lazzeri/Dominique Reynié (Eds.), Politiques de l'intérêt. Besançon 1998, 119-144.

[20] *Francesco Guicciardini*, Dialogo del Reggimento di Firenze. Bari 1932, L II., 162; *Christian Lazzeri/Dominique Reynié* (Eds.), Le pouvoir de la raison d'Etat et la raison d'état: politique et rationalité. Paris 1992.

[21] *Artemio Enzo Baldini*, Botero e la ‚Ragion di stato'. Atti del Convegno in Memoria di Luigi Firpo (Torino 8-10 marzo 1990). Florenz 1992.

[22] *Giovanni Botero*, Della Ragion di Stato Libri Dieci. Con tre Libri delle cause della Grandezza e Magnificenza delle Città. Venedig 1598, fol. 2r.

und des fürstenstaatlichen Interesses geführt wurde.[23] Es ist aber festzuhalten, daß es sich bei diesen Denkfiguren um ein Angebot zur Rationalisierung des Politischen handelt, das bei Staatsmännern und Diplomaten dankbare Aufnahme fand. Nicht nur scharfsichtige Autoren wie Boccalini und Botero erkannten in dem Interessenbegriff ein Werkzeug zum Verständnis und zur Entschlüsselung politischen Handelns oder menschlichen Verhaltens insgemein, unabhängig von den Worten, die jeweils das Tun begleiteten. Auch die entstehende Diplomatie sah im 16. Jahrhundert in dem Konzept ein unverzichtbares Hilfsmittel bei der Analyse staatlicher Interaktion. Marco Foscari, Botschafter Venedigs bei der Republik Florenz, berichtete 1527 an seine Heimatstadt von den Kämpfen der Parteigruppen innerhalb der Florentiner Stadtmauern, wobei diese Faktionen seiner Einschätzung nach nur an den je eigenen Vorteil, nicht aber an das allgemeine Interesse ihres Gemeinwesens (*interesse universale della città*) dachten.[24] Diplomaten wie Foscari operierten fortan häufig mit dem Interessenbegriff, der somit vom Individuum als Träger auf den Staat überging. Es war nun von Staatsinteressen die Rede, ohne daß dabei der Bezug auf bestimmte Individuen ganz verloren ging. Das Interesse wurde so in der Wahrnehmung entpersonalisiert, der Staat aber individualisiert. Das Konzept fand seine Anwendung auf die Staatenbeziehungen, die auf diese Weise rationaler Analyse erschlossen wurden.

Unter dem Kardinalminister Richelieu war es für angehende Diplomaten sogar vorgeschrieben, eine systematische Analyse der Interessen aller Herrscher und Staaten Europas vorzulegen.[25] Das Muster dieses Genres politischer Interessenanalysen war die Abhandlung „De l'intérêt des princes et des Etats de la chrétienté", die der Hugenottenführer Henri de Rohan im Jahre 1634 dem Kardinal überreicht hatte und die 1638 im Druck erschien.[26]

[23] Verfolgt bei *Herfried Münkler*, Im Namen des Staates. Die Begründung der Staatsraison in der Frühen Neuzeit. Frankfurt am Main 1987, 165-207; ferner *Peter Nitschke*, Staatsräson kontra Utopie (wie Anm. 7).

[24] Relazioni degli ambasciatori veneti al senato. Vol. 1/2,1: Le relazioni d'Italia. Ed. *Eugenio Alberi*. Turin 1839, 109.

[25] Ein solches Gesellenstück findet sich in der Pariser Bibliothèque Mazarine (ms 1814): „Les Interests des Papes, Empereurs, roys, Princes & Estats de l'Europe et de l'Asie". Der anonyme junge Autor setzte sich zum Ziel, die entweder auf dem Recht oder auf der politischen Vernunft begründeten Rechte der Monarchen festzustellen („nous remarquerons les droits fondez en Justice et raison politique"). Die Ansprüche des Königs von Spanien gründeten für ihn freilich nicht auf dem Recht, sondern auf der politischen Räson des Madrider Hofes. Vgl. auch die klassische Darstellung bei *Friedrich Meinecke*, Die Lehre von den Interessen der Staaten im Frankreich Richelieus, in: HZ 123, 1921, 14-80.

[26] *Henri de Rohan*, De l'intérêt des princes et des Etats de la chrétienté. Edition établie, introduite et annotée par Christian Lazzeri. Paris 1995; *Solange Deyon/Pierre Deyon*, Henri de Rohan. Huguenot de plume et d'épée 1579-1638. Paris 2000, 139-155; *Etienne Thuau*, Raison d'Etat et pensée politique à l'époque de Richelieu. Paris 2000.

Rohan suchte den Interessenbegriff von den moralischen Eintrübungen zu befreien, die ihn mit Profitgier und Selbstsucht verbanden. Die Interessen gewannen ihren Wert gerade als rationales Gegengewicht gegen blinde Leidenschaft. Der kluge Fürst hatte die Ziele zu verfolgen, die ihm das objektive Erfordernis der Erhaltung seines Staates und der Bewahrung des europäischen Machtgleichgewichtes eingaben. Leidenschaftslose Analyse bot gerade die Möglichkeit zum harmonischen Abgleich der Mächteinteressen. In einer wandelbaren und unbeständigen Welt waren vielleicht sogar die Interessen das einzig Beständige, auf das man sich verlassen konnte.

Dieser Ansicht war in der Nachfolge Rohans auch Marchamont Nedham (1620–1678), der heute gerne als „erster Journalist englischer Sprache" oder als „Oliver Cromwells Presseagent" bezeichnet wird.[27] Er war Hauptautor und Herausgeber für die seit 1643 erscheinende Zeitung „Mercurius Britannicus", die nach dem Sturz der Monarchie ab 1650 als „Mercurius Politicus" fortgesetzt wurde und die jedenfalls zu Anfang dem Ziel diente, die Öffentlichkeit nicht nur über die Vorgänge im Parlament, sondern über das gesamte Geschehen hinter den Kulissen der Politik zu informieren. Für Nedham war wie für andere Beobachter englischer Politik in der Umbruchszeit in der Mitte des 17. Jahrhunderts das Interesse von Individuen und Gruppen der einzig kalkulierbare Faktor in einer unberechenbaren Situation.[28] Es galt, diesen so unzugänglichen Komplex der menschlichen Absichten und Bestrebungen analytisch aufzubrechen und zu ergründen. Nedhams am Ende der englischen Revolutionszeit 1659 erschienene Schrift „Interest will not Lie. Or, a View of England's True Interest" diente dem Versuch, den von Rohan gemäß diplomatischem Gebrauch auf Herrscher und Mächte angewandten Interessenbegriff auf die Akteure insularer Innenpolitik zu übertragen, um Ordnung im Chaos der verschlungenen Handlungsstränge zu stiften.[29] Nedham behauptete, daß man die Verhaltensweisen der Menschen vorhersehen konnte, sobald man sich über die Interessen, die sie zu ihrem Tun antrieben, Klarheit verschafft hatte.[30] Hier lag freilich die Schwierigkeit, die auch

[27] Vgl. besonders *Joseph Frank*, Cromwell's Press Agent. A Critical Biography of Marchamont Nedham, 1620–1678. Lanham, Md. 1980.

[28] *Felix Raab*, The English Face of Machiavelli. London 1964, 157 und 246–253.

[29] *John A. W. Gunn*, Politics and the Public Interest in the Seventeenth Century. London/Toronto 1969; *ders.*, L'intérêt ne ment jamais. Une maxime politique du XVIIe siècle, in : Lazzeri/Reynié (Eds.), Politiques de l'intérêt (wie Anm. 19), 193–207. Die Schrift selbst (Interest will not Lie. Or, A View of England's True Interest. London 1659) stellt gewissermaßen die republikanische Antwort auf eine royalistische Publikation dar, die kurz zuvor unter dem Titel „The Interest of England stated; or a faithful and just Account of the Aims of all Parties now pretending. London 1658" herausgekommen war.

[30] „That if you can apprehend wherein a man's Interest in any particular Game on foot doth consist, you may surely know, if the man be prudent, whereabout to have him, that is, how to judge of his designe": Interest will not lie (wie Anm. 29), 3.

Nedham nicht befriedigend lösen konnte. Die Anwendung des interessenanalytischen Modells auf das Geschehen der englischen Innenpolitik wäre außerdem keine bedeutsame intellektuelle Leistung gewesen, wenn nicht die Akteure immer wieder ihre altruistischen Motive beschworen hätten. Nun mußte aber auch ein scharfer Denker wie Nedham einräumen, daß sich politische Interessen viel schwerer fassen und untersuchen lassen als ökonomische. In der Welt der Handelsmänner war alles auf Profit und Reichtum angelegt. Während Wohlstand an seinen Insignien kenntlich ist, läßt sich Machtgewinn als Ziel von Machtstreben eben nur schwer taxieren. So sind bisher alle Experimente recht unbefriedigend verlaufen, die darauf abzielten, sichere Indikatoren für den Faktor Macht in den Internationalen Beziehungen zu ermitteln.[31] Gleichwohl blühte die politische Interessenanalytik in der zweiten Hälfte des 17. Jahrhunderts in denjenigen Ländern auf, die wie England und Holland dafür die notwendige Freiheit des Denkens und des Publizierens boten. Dabei war es nicht zuletzt ein Anliegen der Verfasser, die langfristig angelegten Interessen der Gesellschaft den kurzsichtigen Ambitionen der jeweils Regierenden gegenüberzustellen.

Beispielhaft läßt sich dazu auf Pieter de la Court (1618-1685) und sein Werk „Interest van Holland ofte Gronden van Hollands Welvaren" verweisen, mit dem sich der Autor 1662 ähnlich wie Nedham in England an der Diskussion über die Verfassungsfrage beteiligte. Was frommt dem Volke eher, die Monarchie oder die Republik?[32] De la Court war als Tuchfabrikant in Leiden zu Wohlstand gelangt und verfügte damit über die erste Voraussetzung für intellektuelle Unabhängigkeit.[33] Ihm erschien es selbstverständlich, daß Wohlstand und Sicherheit für alle eher in Republiken als in Monarchien verbürgt war. Das Hauptinteresse von Alleinherrschern zielte darauf ab, die Untertanen möglichst ohnmächtig zu halten, damit sie Steuern und Gehorsam nicht verweigern konnten.[34] Nur in einer freien Gesellschaft können demnach Handel und Wandel blühen, daher plädierte De la Court für Religionsfreiheit, Gewerbe- und Niederlassungsfreiheit, geringe Steuerlast, Sicherheit der Meere, Vermeidung von Kriegen und politische Selbstbestimmung im Staat. Das größte Anliegen des Volkes war die Erhaltung

[31] *Harm Klueting*, Die Lehre von der Macht der Staaten. Das außenpolitische Machtproblem in der „politischen Wissenschaft" und in der praktischen Politik im 18. Jahrhundert. Berlin 1986; *Wim Blockmans*, Geschichte der Macht in Europa. Völker, Staaten, Märkte. Frankfurt am Main 1998.

[32] Mehrere Ausgaben folgten der Amsterdamer Erstveröffentlichung von 1662. Die am weitesten verbreitete ist wohl die englische (Übersetzung von 1702): The True Interest and Political Maxims of the Republic of Holland. London 1746.

[33] *Hans W. Blom*, Pieter de la Court in zijn tijd: aspecten van een veelzijdig publicist (1618-1685). Amsterdam 1986; *Ivo W. Wildenberg*, Johan en Pieter de la Court (1622-1660 en 1618-1685). Bibliografie en receptiegeschiedenis. Amsterdam 1986.

[34] Interest van Holland (1662) (wie Anm. 32), A 3 (Voor-Reden van Hollands Interest).

des Friedens. Damit kollidierten die Interessen der Alleinherrscher, die oft den Krieg wünschten, um sich vor anderen auszuzeichnen und sich einen Platz in der Geschichte zu sichern.[35] De la Court gratulierte den Holländern zu ihrer republikanischen Staatsform und dazu, daß bei ihnen „Leben, Gut und Ehre nicht von einem einzigen Menschen abhängt oder von einem, der das Ohr dieses Mächtigen besitzt."[36] Sein Eintreten für eine offene und tolerante Gesellschaft als Voraussetzung wirtschaftlicher Dynamik hat das politische Denken in den Niederlanden und in England erheblich beeinflußt.

Darüber hinaus lieferten Autoren wie Nedham oder De la Court wertvolle Hinweise auf Hintergründe und Hintergedanken in der Politik ihrer Zeit, doch blieben sie die Formulierung eines systematischen und synthesefähigen Analysemodells für die Innenpolitik schuldig. Dennoch erscheint dieser Weg für die Geschichtswissenschaft weiterhin gangbar. Warum sollte die politikhistorische Forschung zur Frühen Neuzeit nicht den von zeitgenössischen Denkern in das Zentrum der Reflexion gerückten Interessenbegriff nutzen? Es handelt sich um einen unverzichtbaren Katalysator, um aus der Fülle an Bedingtheiten, Akteuren und Motiven ein Maximum an Rationalität herauszuarbeiten. Gegen den seit dem 19. Jahrhundert anschwellenden Chor der Skeptiker bleibt an der Rationalisierbarkeit politischen Geschehens festzuhalten. Oder sollte man dem jungen Karl Marx Beifall spenden, für den das Interesse „blinder, maßloser, einseitiger, mit einem Wort gesetzloser Naturinstinkt" war.[37] Das Geschäft der Geschichtswissenschaft bringt sich um Erkenntnisgewinn und um die Perspektive der Rationalität, wenn Historiker den Interessenbegriff als „mystisch" abtun.[38] Kapitulieren die Humanwissenschaften vor ihrem Gegenstand, dem Menschen, und vor der Komplexität der Welt? Schwer wiegt freilich der Vorwurf an die „traditionelle Politikgeschichte", daß es ihr nur „um die Inhalte von Entscheidungen [ging], die nach quasi naturgesetzlichen Mechanismen von Machtgewinn und Machterhalt zu erklären waren."[39] Tatsächlich wird man von einem Manko an Deutlichkeit, Klarheit und Präzision bei der Beschreibung von Machttatsachen sprechen müssen. Auf diesem Feld wird die Politikgeschichte aber ihre Zukunft finden. Weiterhin gilt es, in bester aufklärerischer Tradition das Phänomen der Macht zu entzaubern, schon um ihm nicht zu erliegen. Die Verteidigung des Menschen ist auch Sache der Historiker.

[35] „Dat haere deught meest in den Oorlogh uytsteeckt, so verwarren sy ghedurigh de gheheele werelt": Interest van Holland (wie Anm. 32), 33.

[36] Ebd. 92.

[37] Marx-Engels-Werke. Bd. 1. Berlin 1956, 126.

[38] So *Thomas Mergel*, Überlegungen zu einer Kulturgeschichte der Politik, in: GG 28, 2002, 574–606, 604.

[39] *Barbara Stollberg-Rilinger*, Einleitung, in: dies. (Hrsg.), Vormoderne politische Verfahren. (ZHF, Beih. 25.) Berlin 2001, 9–24, 13.

Die Analyse der Machtstrukturen, aus denen sich Handlungsbedingungen ergeben und in die alle Akteure eingespannt sind, kann auf den unterschiedlichen Ebenen menschlichen Zusammenlebens ansetzen: an Klientelverbänden[40], an Kommunen[41] oder Institutionen[42]. Es muß dabei nicht immer um Internationale Beziehungen gehen. Die Phänomene der Macht sind, wir wissen es spätestens seit Foucault, allgegenwärtig und sie lauern an jeder Straßenecke.

III. Der platonische Weg: Vom Willen zum Zusammenleben

Es gibt eine Politikgeschichte, deren Achse die Macht ist und die nach den Interessen fragt. Es hat sie seit Thukydides gegeben und sie bleibt weiterhin unentbehrlich. Sie erzieht zur Skepsis und nötigt dazu, ohne Zeitverlust die wesentlichen Fragen zu stellen. Aber sie beschreibt nicht erschöpfend die Möglichkeiten des Menschen. Wozu dienen Staat und Politik? Das Denken der Frühen Neuzeit hat auf diese Frage gegensätzliche Antworten formuliert, die sich mit erfreulicher Klarheit bei Thomas Hobbes (1588–1679) und bei Johannes Althusius (1563–1638) wiederfinden.

Für Hobbes, den Zeitgenossen des englischen Bürgerkrieges, hatte der von ihm in das Bild vom Riesen Leviathan gekleidete Staat feststehende Aufgaben: Schutz der Bürger vor Angriffen aus dem Ausland und vor den Schäden, die sie sich gegenseitig zufügen können. Der Staat soll ihnen ermöglichen, sich von den Früchten ihrer Arbeit zu ernähren und so zufrieden oder so wenig unzufrieden zu leben, wie sie es vermögen: „deshalb vertrauen sie ihre ganze Macht und ihre ganze Kraft einem Manne oder einer Versammlung an, die ihre Willen nach der Regel der Mehrheit zu einem Willen vereinigen können (...). Dies ist mehr als Übereinstimmung und Eintracht. Es handelt sich um die wirkliche Einheit aller in einer und derselben Person,

[40] *Antoni Mączak* (Hrsg.), Klientelsysteme im Europa der Frühen Neuzeit. München 1988; eine exemplarische Untersuchung: *Mark Greengrass*, Noble Affinities in Early Modern France: The Case of Henry I of Montmorency, Constable of France, in: European History Quarterly 16, 1986, 275–311.

[41] Gleichfalls als Vorbild dienen kann die Untersuchung der Machtverhältnisse in einer kleinen Stadt im Aveyron: *Sylvie Mouysset*, Le pouvoir dans la bonne ville: les consuls de Rodez sous l'Ancien Régime. Rodez 2000.

[42] Dazu in Anwendung des Reinhardschen Ansatzes der *Mikropolitik*: *Nicole Reinhardt*, Macht und Ohnmacht der Verflechtung: Rom und Bologna unter Paul V. Studien zur frühneuzeitlichen Mikropolitik im Kirchenstaat. Tübingen 2000; *Julia Zunckel*, Römische Mikropolitik unter Papst Paul V. Borghese (1605–1621) zwischen Spanien, Neapel, Mailand und Genua. Tübingen 2004. Nach den Machttatsachen in einem der Reichskreise fragt: *Thomas Nicklas*, Macht oder Recht. Frühneuzeitliche Politik im Obersächsischen Reichskreis. Stuttgart 2002.

eine Einheit erzielt durch die Übereinkunft aller untereinander."[43] Damit ist das unitarische und zentralistische Politikmodell des monarchisch-absolutistischen Staates beschrieben, wobei für Hobbes nach den Erfahrungen der englischen Revolution und der Hinrichtung König Karls I. 1649 eben auch eine gewählte Versammlung an die Stelle des gekrönten Herrschers treten konnte. Im Riesen Leviathan verkörpert sich die Theorie des fürstenstaatlichen Machtmonopols, wobei diesem Ungeheuer[44] bestimmte Ziele vorgeschrieben sind, die sich aus der Summe der Einzelwillen und der Einzelinteressen seiner Glieder ergeben. Für Hobbes spielt das Ständewesen als politische Organisationsform des Landes und als institutionalisierte Gegenmacht gegen die monarchische Herrschaft keine Rolle mehr. Leviathan ist eine unteilbare Einheit, die sich immer wieder verjüngt. Der Zweck des Staates erschöpft sich darin, die Menschen vor ihren eigenen schlechten Eigenschaften zu beschützen.

Anders bei Johannes Althusius. Der Westfale aus der Grafschaft Sayn-Wittgenstein-Berleburg, reformierter Konfession, hat dem Ständeparlamentarismus ein Fundament in der Theorie geliefert und eine andere Realität des Politischen beschrieben. Als Professor an der Hohen Schule in Herborn schuf er sein umfängliches Hauptwerk der „Politica methodice digesta", das 1603 im Druck erschien. Seit dem Jahre 1604 Syndikus der friesischen Stadt Emden, die am Anfang des 17. Jahrhunderts als das Genf des Nordens galt, konnte er sich auch in der Praxis kommunaler und genossenschaftlicher Politik bewähren, wie er sie zuvor bereits theoretisch behandelt hatte.[45] Das Wesen der Politik glaubte Althusius mit einer schönen Formel aus dem gräko-lateinischen Idiom der Humanisten erfassen zu können: *consociatio symbiotica*. Menschen schließen sich zu Gemeinwesen zusammen, um in Gemeinschaft zu leben, nicht nur um zeitweiliger konvergenter Interessen willen. Die vornehmste Aufgabe der *consociatio* ist nach Althusius' Auffassung die Kommunikation in den drei Bereichen der Güter (Handel), der Arbeit (Kooperation) und des Rechtes (Staat). Die Gesellschaft bildete für ihn eine ununterbrochene Kette föderativer Einheiten, die sich fortwährend erweitern, beginnend bei den basalen Einheiten der Familien, Gilden und Genossenschaften über die Kommunen bis hin zu Provinz und Staat, wobei für Althusius als Emdener Nachbar der Republik der Vereinigten Niederlande

[43] Übersetzt nach der französischen Ausgabe: *Thomas Hobbes*, Leviathan. Paris 1971, 177; vgl. *Herfried Münkler*, Thomas Hobbes. Frankfurt am Main 1993, 121–137.

[44] Nach Hiob, 41: „where God having set forth the great power of Leviathan... There is nothing on earth to be compared to him".

[45] Biographische Abrisse zu Althusius finden sich jeweils in den Einleitungen zu den Ausgaben seiner *Politica*, zuletzt: *Johannes Althusius*, Politik. Übers. v. Heinrich Janssen. In Auswahl hrsg., überarb. u. eingel. v. Dieter Wyduckel. Berlin 2003, VIII–XV. Eine kritische Perspektive auf das Denken Althusius', der neueren niederländischen Forschung verpflichtet, bei *Nitschke*, Staatsräson kontra Utopie (wie Anm. 7), 153–177.

der Staat zuvörderst eine Föderation gleichberechtigter Provinzen darstellte. Auf allen diesen Ebenen ereignet sich Politik, sie ist die „Kunst, die Menschen zusammenzuschließen, damit sie untereinander ein gesellschaftliches Leben begründen, pflegen und erhalten".[46] „Das Ziel des symbiotischen politischen Zusammenlebens der Menschen ist eine fromme, gerechte, angemessene und glückliche Lebensgemeinschaft (*consociatio*), der es an nichts Notwendigem oder Nützlichem mangelt".[47]

Hobbes' Konzept vom Staat als riesenhafter, mächtiger und wirkungsvoller Einheit kennzeichnet den einen Pol frühneuzeitlichen Politikverständnisses, die Vorstellung des Althusius von den miteinander verbundenen und aus einander hervorgehenden föderativen Einheiten, die dem guten und rechten Leben aller dienen, den anderen. Dazwischen liegt das weite Spannungsfeld politischen Denkens und Handelns in den ersten Jahrhunderten der Neuzeit. In plakativer Weise ließe sich auch von den Typen monarchischer und ständischer Politik sprechen. Dem absolutistischen Herrscher, der sich als Verkörperung des Staates sah, stand das organisierte Land gegenüber, das von drei großen sozialrechtlichen Verbänden des Klerus, des Adels und der Städte vertreten wurde. Während Fürst und Dynastie dem so oft unerbittlichen biologischen Zufall unterworfen waren, versinnbildlichten die Stände die Kontinuität des Landes über die Wechselfälle des menschlichen Daseins hinaus.

Die Konkurrenz um den politischen Primat innerhalb der Verfassungsordnung zwischen Krone und Ständen entzündete sich immer wieder an der Frage, ob das „Land" das Recht habe, über einen Fürsten zu Gericht zu sitzen und ihn im Falle von Verfehlungen gegen das Gemeinwesen abzusetzen. Mit wünschenswerter Klarheit wird dieser Anspruch in den Schriften des politischen Juristen und hugenottischen Aktivisten François Hotman (1524–1590) formuliert, besonders in der 1573 erschienenen „Franco-Gallia", die als aktuelle Stellungnahme zu den Wirren in Frankreich nach der Bartholomäusnacht verstanden wurde.[48] Als engagierter Vertreter der reformierten Partei in der Zeit der französischen Religionskriege befaßte sich Hotman mit Fragen des Widerstandsrechtes, mit der Kritik monarchischer *Tyrannis* und dem Recht der Stände als der Repräsentation des Landes gegen die Krone, die von ihren rechts- und friedewahrenden Pflichten abwich. Die *Etats Généraux* spielten für Hotman die Rolle des von der Geschichte und dem Willen des Volkes legitimierten Korrektivs innerhalb der politischen Ordnung. Sie waren das konstitutionelle Gegengewicht gegen die Willkür

[46] *Althusius*, Politik (wie Anm. 45), 24.
[47] Ebd.
[48] *Donald R. Kelley*, François Hotman. A Revolutionary's Ordeal. Princeton 1973, 238–249; *Ralph E. Giesey/John H. M. Salmon*, Francogallia by François Hotman. Cambridge 1972, 67f.; *Georges Weill*, Les Théories sur le pouvoir royal en France pendant les guerres de religion. Paris 1891, Ndr. Genf 1971, 99–109.

der Valois. Das souveräne Volk, verkörpert in seinen Repräsentanten, erhebt die Könige und setzt sie gegebenenfalls ab. Nicht nur die Gewalttätigkeit und Grausamkeit der Herrschenden bedarf des Zügels, auch ihre Dummheit. Selbst Salomon, der weiseste der Könige, hat sich noch im Alter auf der Jagd nach jungen Mädchen wie ein Narr benommen. Wie gut, daß es bei solcher Beschaffenheit der Monarchen noch die Stände als Summe der Weisheit und Erfahrung einer Gesellschaft, als Kopf des Staates gibt.[49]

Die Befugnisse, die Hotman dem Rat der Stände gesichert wissen wollte, sind sehr weitgehend: Wahl und Absetzung der Herrscher, Kriegserklärung und Friedensschluß, Kontrolle der Verwaltung, Vergabe von Ämtern.[50] Die denkerischen Alternativen zu monarchischer Macht- und Interessenpolitik waren in der Frühen Neuzeit sehr deutlich formuliert worden, doch schlug die Praxis in der Regel andere Wege ein. In der Person Hotmans selbst gewann der Politiker die Oberhand über den Verteidiger ständischer Rechte. Als mit Heinrich von Navarra nach 1584 ein protestantischer Anwärter in die Nähe des französischen Thrones rückte, wandelte sich der Anwalt der Stände zum Advokaten der königlichen Prärogative.

Gleichwohl gilt es festzuhalten, daß die großen Friedensregelungen in den konfessionspolitischen Konflikten des 16. Jahrhunderts von ständischen Politiksystemen ausgingen und von ihnen getragen wurden: Augsburg 1555[51], Union von Nîmes 1575[52], Pazifikation von Gent 1576[53]. Wir wissen bis heute nicht, wie die Machtverhältnisse in den ständischen Versammlungen Europas wirklich beschaffen waren. Wir wissen aber auch noch nicht, welche Rolle die Stände in der Geschichte unseres Kontinents wirklich spielten. In Nîmes kamen 1575 die protestantischen und die gemäßigt katholischen Stände aus dem Süden Frankreichs zusammen, um gemeinsam eine politische Ordnung

[49] *Giesey/Salmon*, Francogallia (wie Anm. 48), 372-389 (XVII).

[50] Zur Einfügung Hotmans in seinen „monarchomachischen" Kontext vor allem: *John W. Allen*, A History of Political Thought in the Sixteenth Century. London 1977 [1. Aufl. 1928], 302-331; *William F. Church*, Constitutional Thought in Sixteenth-Century France. A Study in the Evolution of Ideas. New York 1979 [1. Aufl. 1941], 87-120. Allgemeiner: *Arlette Jouanna*, Histoire et Dictionnaire des guerres de religion. Paris 1998, 215-228; *Robert J. Knecht*, The Rise and Fall of Renaissance France 1483-1610. Oxford 2001, 390-396. Zuletzt auch *Stefan Bildheim*, Calvinistische Staatstheorien. Historische Fallstudien zur Präsenz monarchomachischer Denkstrukturen im Mitteleuropa der Frühen Neuzeit. Frankfurt am Main 2001.

[51] *Axel Gotthard*, Der Augsburger Religionsfrieden. Münster 2004.

[52] *Philippe Wolff*, Histoire du Languedoc. Toulouse 1988, 331; der Text des Unionsvertrages bei: *Claude Devic/Jean Vaissète*, Histoire Générale de Languedoc. Vol. 12. Toulouse 1889, 1112-1138.

[53] *Michel Baelde/Paul van Peteghem*, De Pacificatie van Gent (1576), in: Opstand en Pacificatie in de Lage Landen. Bijdrage tot de Studie van de Pacificatie van Gent. Gent 1976, 1-62; *Juliaan Woltjer*, Political Moderates and Religious Moderates in the Revolt of the Netherlands, in: Philip Benedict u. a. (Eds.), Reformation, Revolt and Civil War in France and the Netherlands 1555-1585. Amsterdam 1999, 185-200, 192-194.

zu errichten, die eine Alternative zum Bürgerkrieg und zur monarchischen *Tyrannis* zugleich sein sollte. In Gent fanden sich 1576 Vertreter der Städte und der Provinzen der Niederlande ein, um angesichts der Bedrohung durch die außer Kontrolle geratene spanische Soldateska einen gemeinsamen Weg aus der Krise zu finden. Am Ende stand jenes Friedensmodell für alle siebzehn Provinzen, in dem die Einheit der alten Niederlande zwischen Ardennen und Nordsee nochmals auflebte. Bereits 1930 hat der niederländische Historiker Enno van Gelder dazu aufgerufen, die beiden ständischen Pazifikationen im Süden Frankreichs und im Burgundischen Reichskreis einem Vergleich zu unterziehen.[54] Geschehen ist bisher nichts![55] Dabei wäre gerade eine komparative Geschichte ständischer Politik so sehr zu wünschen, um jenen Willen zum Zusammenleben am Werk zu sehen, der Europa mehr zusammengehalten hat als alle Gewalt und alle Anmaßungen der Mächtigen.

So bieten sich der frühneuzeitlichen Politikgeschichte zwei Wege an, die sie beide mit großem Gewinn begehen kann, wenn es nur mit der nötigen Konsequenz geschieht. Auf dem aristotelischen Weg wird sie zu einer verschärften Analyse der Strukturen und der Strategien von Macht gelangen. Wissen wir wirklich, wie die Macht in den Städten, Staaten und Institutionen der Frühen Neuzeit funktionierte?[56] Wir sind davon denkbar weit entfernt. Neben einer Machtgeschichte muß es freilich auch immer eine Geschichte des Konstitutionalismus geben, die den Willen zum Zusammenleben untersucht, jenseits des großen Areals, das die Macht besetzt, wobei freilich beide Gebiete sehr eng verbunden bleiben. Konstitutionalismus sei hier in jenem weiten Sinne verstanden, den der Harvardhistoriker Charles McIlwain dem Begriff beilegte: „constitutionalism has one essential quality; it is a legal limi-

[54] „Met deze ‚politieken' nu verbinden zich de Calvinistiese rebellenstaten na 1572 op dezelfde wijze bij ons als in Frankrijk. Men denke slechts aan de Pacificatie van Gent, die Holland en Zeeland met de andere gewesten sloten, en vergelijke die met de unie door de Staten van Languedoc, Guyenne en Dauphiné gesloten met de politieken": *H. A. Enno van Gelder*, Een historiese vergelijking: de Nederlandse opstand en de Franse godsdienstoorlogen, in: Verslagen van de algemene vergadering der leden van het Historisch Genootschap. Utrecht 1930, 21-42, 33.

[55] Dennoch einige Ansätze bei *Helmut G. Koenigsberger*, The Organization of Revolutionary Parties in France and the Netherlands during the Sixteenth Century, in: JModH 27, 1955, 335-351; *Philip Benedict*, Introduction, in: ders. u. a. (Eds.), Reformation (wie Anm. 53), 1-21; *Henk van Nierop*, Similar Problems, Different Outcomes: the Revolt of the Netherlands and the Wars of Religion in France, in: Karel Davids/Jan Lucassen (Eds.), A Miracle Mirrored. The Dutch Republic in European Perspective. Cambridge 1995, 26-56.

[56] Für eine Machtgeschichte des frühneuzeitlichen Europa plädierte bereits 1970 Geoffrey Elton. Politische Geschichte sollte sich seiner Einschätzung nach von der normativen Verfassungsgeschichte (*constitutional history*) zur empirischen Regierungsgeschichte (*history of government*) entwickeln. Wie war Herrschaft organisiert, wie funktionierte sie, wer arbeitete auf welche Weise mit ihr, inwiefern veränderte sie sich, wann und wie?: *Geoffrey R. Elton*, Political History. Principles and Practice. London 1970, 37f.

tation on government".[57] Wir dürfen nicht nur gebannt den Mechanismus der Macht betrachten, dieses unermüdlich um seine Achse kreisende Perpetuum mobile, sondern wir müssen uns auch dafür interessieren, wie die Macht kontrolliert, beschränkt und eingehegt wurde. Viel, allzu viel bleibt noch zu tun. Niemand darf behaupten, dabei gehe es nur um müßige Dinge.

Bereits der kursorische Blick auf theoretische Zugänge zur Politik in der Frühen Neuzeit und differierende politische Praktiken bezeugt eine Vielzahl von Zugangsweisen, Wegen und Zielen. Warum sollte es heute anders sein? Für die Zukunft politikhistorischer Forschung ist jedenfalls zu plädieren für einen fröhlichen Pluralismus und Multiperspektivismus.

[57] *Charles H. McIlwain*, Constitutionalism: Ancient and Modern. Ithaca, N. Y. 1947, 21. Dazu *Carla M. Zoethout*, Constitutionalisme. Een vergelijkend onderzoek naar het beperken van overheidsmacht door het recht. Arnheim 1995, 15-34; eine umfassende Anwendung des konstitutionalistischen Schemas zuletzt bei *Scott Gordon*, Controlling the State. Constitutionalism from Ancien Athens to Today. Cambridge, Mass. 2002.

„Steigbügelhalter“ Hitlers oder „stille Republikaner“?

Die Deutschnationalen in neuerer politikgeschichtlicher und kulturalistischer Perspektive

Von

Manfred Kittel

I.

An mehr oder weniger überzeugenden theoretischen Entwürfen zu einer neuen Kulturgeschichte besteht seit längerem kein Mangel mehr.[1] Woran es dagegen fehlt, sind Versuche, die Tragfähigkeit ihrer Theorien in der Praxis an konkreten Untersuchungsgegenständen zu überprüfen, mit denen sich auch weniger dezidierte Verfechter des Kulturalismus oder Anhänger anderer, erprobter methodischer Ansätze beschäftigt haben. Denn die Bedenken gegen den *cultural turn* wiegen nicht leicht: „Die schroffe Härte vielfältig rekonstruierbarer sozialer Ungleichheit, ökonomischer Konstellationen und politischer Macht- und Herrschaftsverhältnisse“, so haben es Wolfgang Hardtwig und Hans-Ulrich Wehler formuliert, „droht nicht mehr in aller Nüchternheit ernst genommen zu werden, wenn die sprachlich-kulturelle Durchformung dieser Phänomene, ihre Perzeption und immer einseitige Wahrnehmung, ihre symbolische Seite ausschließlich in den Vordergrund gerückt werden.“[2] Man muß nicht von der historischen Sozialwissenschaft herkommen, um manches an dieser Kritik der neuen Kulturgeschichte für begründet zu halten.

Dies soll im folgenden exemplarisch an einigen neueren Arbeiten aufgezeigt werden, die sich mit kulturalistischen oder politikhistorischen Methoden der lange so vernachlässigten Geschichte der Deutschnationalen Volkspartei zugewandt haben.[3] Dabei gehen wir von der umstrittenen „kul-

[1] Zur kulturalistischen Wende in der Geschichtswissenschaft vgl. *Wolfgang Hardtwig/Hans-Ulrich Wehler* (Hrsg.), Kulturgeschichte heute. (GG, Sonderh. 16.) Göttingen 1996; *Thomas Mergel/ThomasWelskopp* (Hrsg.), Geschichte zwischen Kultur und Gesellschaft. Beiträge zur Theoriedebatte. München 1997; *Ute Daniel*, Kompendium Kulturgeschichte. Theorien, Praxis, Schlüsselwörter. Frankfurt am Main 2001.

[2] *Wolfgang Hardtwig/Hans-Ulrich Wehler*, Einleitung, in: dies. (Hrsg.), Kulturgeschichte heute (wie Anm. 1), 7–13, hier 13.

[3] Eine monographische Gesamtdarstellung der Partei auf der Höhe der Forschung ist nach wie vor ein Desideratum. Einen Überblick bietet *Friedrich Freiherr Hiller von*

turgeschichtlichen" Neubewertung der DNVP durch Thomas Mergel aus[4], kontrastieren dessen Thesen mit deutlich abweichenden Befunden eigener Forschungen zum protestantisch-konservativen Milieu im bayerischen Franken, um dann beide Positionen im Lichte weiterer neuerer Arbeiten zur Deutschnationalen Volkspartei[5] vor allem im ostelbischen Preußen und in Württemberg zu gewichten[6]. Die inhaltlichen Fragen, die im Mittelpunkt des vorliegenden, thematisch spezifizierten Forschungsüberblicks stehen, sind das Verhältnis der DNVP zur Weimarer Republik auf der einen, zur völkischen Bewegung und zur NSDAP auf der anderen Seite, die trotz ihrer eminenten Bedeutung merkwürdigerweise bis heute nicht Gegenstand einer größeren Abhandlung geworden sind.

Gaertringen, Die Deutschnationale Volkspartei in der Weimarer Republik, in: Historische Mitteilungen 9, 1996, 169–188; als ältere Basisliteratur zur DNVP nach wie vor unverzichtbar: *Werner Liebe*, Die Deutschnationale Volkspartei 1918–1924. (Beiträge zur Geschichte des Parlamentarismus und der politischen Parteien, Bd. 8.) Düsseldorf 1956; *Manfred Dörr*, Die Deutschnationale Volkspartei 1925–1928. Marburg 1964; *Friedrich Freiherr Hiller von Gaertringen*, Die Deutschnationale Volkspartei, in: Erich Matthias/Rudolf Morsey (Hrsg.), Das Ende der Parteien 1933. Düsseldorf 1960, 541–652; *Lewis Hertzmann*, DNVP. Right-Wing Opposition in the Weimar Republic. Lincoln 1963.

[4] *Thomas Mergel*, Parlamentarische Kultur in der Weimarer Republik. Politische Kommunikation, symbolische Politik und Öffentlichkeit im Reichstag. (Beiträge zur Geschichte des Parlamentarismus und der politischen Parteien, Bd. 130.) Düsseldorf 2002. Die DNVP-Deutung des Buches hält z. B. Weimar-Experte *Eberhard Kolb* für „völlig verfehlt". Vgl. dessen Rezension in: Der Staat 43, 2004, 340f.

[5] Darunter werden hier auch nicht parteiengeschichtlich orientierte Studien gefaßt, die aber zumindest einen partiellen DNVP-Bezug aufweisen: *Frank Bösch*, Das konservative Milieu. Vereinskultur und lokale Sammlungspolitik in ost- und westdeutschen Regionen (1900–1960). Unt. Mitarb. v. Helge Matthiesen. Göttingen 2002; *Helge Matthiesen*, Greifswald in Vorpommern. Konservatives Milieu im Kaiserreich, in Demokratie und Diktatur 1900–1990. (Beiträge zur Geschichte des Parlamentarismus und der politischen Parteien, Bd. 122.) Düsseldorf 2000; *Wolfram Pyta*, Dorfgemeinschaft und Parteipolitik 1918–1933. Die Verschränkung von Milieu und Parteien in den protestantischen Landgebieten Deutschlands in der Weimarer Republik. (Beiträge zur Geschichte des Parlamentarismus und der politischen Parteien, Bd. 106.) Düsseldorf 1996; *Reinhold Weber*, Bürgerpartei und Bauernbund in Württemberg. Konservative Parteien im Kaiserreich und in Weimar (1895–1933). (Beiträge zur Geschichte des Parlamentarismus und der politischen Parteien, Bd. 141.) Düsseldorf 2004; *Stephan Malinowski*, Vom König zum Führer. Sozialer Niedergang und politische Radikalisierung im deutschen Adel zwischen Kaiserreich und NS-Staat. Berlin 2003; *Christian F. Trippe*, Konservative Verfassungspolitik 1918–1923. Die DNVP als Opposition in Reich und Ländern. (Beiträge zur Geschichte des Parlamentarismus und der politischen Parteien, Bd. 105.) Düsseldorf 1995.

[6] Viel zu selten wird ja nach wie vor dem Umstand Rechnung getragen, daß gerade deutsche Geschichte nicht von einer Zentrale her, sondern nur in ihren föderalen Bezügen verständlich ist.

II.

Nach dem von der älteren Weimar-Forschung gezeichneten Bild der DNVP[7] handelte es sich bei dieser Partei um ein Sammelbecken antirepublikanischer Kräfte, die sich in der Endphase des Weimarer Staates mit innerer Logik nur noch weiter radikalisierten und unter dem Vorsitz des reaktionären Pressezaren Alfred Hugenberg schließlich den Pakt mit dem nationalsozialistischen Teufel schlossen. Die dabei gezogene Linie reicht von der Ablehnung der Weimarer Reichsverfassung durch die Deutschnationalen in der Nationalversammlung über ihre Verstrickung in den Kapp-Lüttwitz-Putsch bis zu dem maßgeblich von Hugenberg betriebenen und zur Entstigmatisierung Hitlers beitragenden Volksbegehren gegen den Young-Plan und vor allem dann zu den Steigbügelhalterdiensten[8] für Hitler durch Beteiligung der DNVP an dessen „Kabinett der nationalen Erneuerung“ 1933. Dieser Sichtweise tritt seit einiger Zeit Thomas Mergel, einer der Wortführer der Jung-Kulturalisten, mit Verve entgegen. Die „tiefgreifenden Wandlungsprozesse, denen die Partei während der zwanziger Jahre unterlag“, würden von der älteren Forschung verkannt; insbesondere würden „die Chancen der DNVP unterschätzt, einen systemintegrierten Konservatismus“ auszubilden, den man nach englischem Vorbild als „Tory-Konservatismus“ bezeichnen könnte.[9] Allerspätestens nach der Ruhr- und Inflationskrise 1923 hätte die DNVP begonnen, „sich zu einer systemimmanenten Alternative zur SPD zu entwickeln“ und die „Rolle des Schwergewichts auf der rechten Seite des politischen Spektrums in der Mitte der Jahrzehnts auch einige Zeit“ ausgefüllt: „Bekämpfung des politischen Gegners im Rahmen des politischen Diskurses, nicht Zerstörung der mit dem System gegebenen Kommunikationsmöglichkeiten“, so hätte in diesen Jahren die Option des tonangebenden Teils der DNVP gelautet.[10]

Erstmals entwickelt worden ist die in einem HZ-Aufsatz vertiefte Argumentation Mergels in ihren wesentlichen Zügen im Rahmen einer Bochumer

[7] *Annelise Thimme*, Flucht in den Mythos. Die Deutschnationale Volkspartei und die Niederlage von 1918. Göttingen 1969; *Geoff Eley*, Konservative und radikale Nationalisten in Deutschland. Die Schaffung faschistischer Potentiale 1912–1928, in: ders., Wilhelminismus, Nationalismus, Faschismus. Zur historischen Kontinuität in Deutschland. Münster 1991, 209-247; *Jens Flemming*, Konservatismus als „nationalrevolutionäre Bewegung“. Konservative Kritik an der Deutschnationalen Volkspartei 1918–1933, in: Dirk Stegmann/Bernd-Jürgen Wendt/Peter-Christian Witt (Hrsg.), Deutscher Konservatismus im 19. und 20. Jahrhundert. Bonn 1983, 295–345.

[8] So etwa *Hagen Schulze*, Weimar. Deutschland 1917-1933. (Die Deutschen und ihre Nation, Bd. 4.) Berlin 1982, 82.

[9] *Thomas Mergel*, Das Scheitern des deutschen Tory-Konservatismus. Die Umformung der DNVP zu einer rechtsradikalen Partei 1928–1932, in: HZ 276, 2003, 323–368, hier 323.

[10] Ebd. 324.

Habilitationsschrift zur „Parlamentarischen Kultur" in der Weimarer Republik. Das mit kulturrevolutionärem Gestus geschriebene Buch möchte den vom Scheitern der ersten deutschen Demokratie her denkenden „großen Erzählungen" endlich eine, wie es heißt, „Normalgeschichte" der Weimarer Republik entgegenstellen. Mergel nimmt Anstoß daran, daß sich die Weimar-Forschung „immer noch"[11] in den von Karl Dietrich Bracher vorgegebenen Kategorien bewege und daß sie die parlamentarischen Funktionsdefizite (Verfassungsmängel, mangelnde Kompromißbereitschaft der Parteien etc.) in den Mittelpunkt der Betrachtung rücke. Statt dessen fragt Mergel, wie sich vor dem Hintergrund der fragmentierten Weimarer Gesellschaft die parlamentarische Kommunikation in der Institution des Reichstages gestaltete, d.h. dort, wo sich die Abgeordneten dem Verkehr mit dem anderen politischen Lager nicht entziehen konnten. Im Zeichen seiner „Kulturgeschichte der Politik" geht es Mergel also „nicht so sehr um den Reichstag als Entscheidungszentrum, denn vielmehr als Ort der Interaktion und Sozialisation".[12]

Mergels Zugriff ist „mikrosoziologisch" und konstruiert Gesellschaft als ein Ergebnis von kommunikativen Handlungen. Die im Symbolischen Interaktionismus und in der Ethnomethodologie entwickelten Konzepte, derer sich Mergel bedient, sind vor allem die Beschreibung der Symbolwelt – nicht zuletzt der Rituale – und der Sprache mittels Sprechakttheorie und Diskursanalyse. Während die Sprechakttheorie sprachliche Kommunikation als Beziehungshandeln konzipiert und Sprechen als eine Form von Handeln begreift, fragt die Diskursanalyse nach der Produktion gesellschaftlicher – überindividuell geltender – Wirklichkeiten durch Sprechweisen, nach vor allem mentalen Strukturen, die durch das Sprechen generiert werden.[13] Mergels Arbeit ist indes erklärtermaßen keine soziologische oder kommunikationswissenschaftliche Studie; sie erhebt vielmehr den Anspruch darzutun, in welchem Zusammenhang die kommunikative Ordnung des Parlaments „mit dem Kollaps der politischen Kultur am Ende der vierzehn [Weimarer] Jahre" stehe.[14] Sie möchte also mit kulturalistischen Mitteln alte Schlüsselfragen der Politikgeschichte – vor allem auch die Rolle der DNVP – neu beantworten. An diesem selbst erhobenen Anspruch muß sie sich messen lassen. Aber wird sie ihm auch gerecht?

Der Eindruck, den die Lektüre des Buches macht, läßt sich zugespitzt in dem Wort zusammenfassen: „Weimar im Weichspülgang"[15] – und für das von der DNVP gezeichnete Bild gilt dies im besonderen. Es gelingt Mergel

[11] *Mergel*, Parlamentarische Kultur (wie Anm. 4), 15.
[12] Ebd. 13.
[13] Vgl. ebd. 17-26.
[14] Ebd.
[15] Siehe meine Besprechung des Buches im Internet-Rezensionsforum sehepunkte 3, 2003, 12.

zwar, viele interessante Neuigkeiten aus dem Alltagsleben des Reichstages zutage zu fördern, aber er zeichnet dabei ein seltsam verfremdetes, geradezu romantisches Bild von der rauhen Wirklichkeit der Weimarer Politik. Daß zur Erklärung politischer Geschichte Sprechakttheorie und Diskursanalyse unter Umständen in die Irre führen, zeigt sich bereits im „Prolog" der Arbeit. Hier wird die Weimarer Nationalversammlung 1919/20 als „Schule der Politiker" dargestellt: In der Abgeschiedenheit der thüringischen Provinz hätten die Mitglieder der Konstituante, bewegt von der Geschichtsträchtigkeit des Augenblicks, eine richtungweisende Kultur der Kooperation entwickelt. Bei Sachfragen wie etwa der Diskussion des Kohleförderungsgesetzes sei schon im Sprachstil der Wille zur Zusammenarbeit erkennbar geworden, ja die Abgeordneten von links bis rechts, also bis zur DNVP, hätten sich – zum Zwecke des Kohleförderungsgesetzes (!) – nachgerade zu einer „Volksgemeinschaft"[16] verschworen. Heftig gestritten worden sei demgegenüber vor allem über Symbole wie die Reichsflagge; doch Mergel sieht darin lediglich „beunruhigende Begleitmusik zu dem sonst beobachtbaren Kooperationsgeist".[17] In dieser Überzeugung fechten ihn auch andere Vorgänge nicht an, die er selbst schildert, wie etwa die berühmte Rede Matthias Erzbergers vom 25. Juli 1919. Erzberger warf darin den deutschnationalen Politikern bekanntlich ihre ablehnende Haltung gegen Friedensbemühungen während des Krieges vor, was von drei Vierteln des Hauses mit „Mörder, Mörder"-Rufen an die Rechte begleitet wurde.[18] Nach Volksgemeinschaft, so möchte man Mergel zurufen, klang das nicht gerade.

Ebenfalls problematisch ist Mergels These vom Vertrauensvorschuß, den die Rechte mit ihrem kooperativen Verhalten dem neuen System gewährt habe, sieht sie doch ganz darüber hinweg, daß die Nationalliberalen und vor allem die Deutschnationalen nach der Niederlage im Weltkrieg, dem Untergang der Monarchie, der als schmählich empfundenen Flucht des Kaisers und der noch nicht absehbaren Wucht der bolschewistischen Bedrohung – kurzzeitig! – mit dem Rücken zur Wand standen. Die Rechte konnte auch angesichts des Ergebnisses der Januarwahlen 1919 kaum anders, als eher kleinlaut zu agieren; doch dies hat die DNVP dann bekanntlich nicht daran gehindert, unter dem Druck der Parteibasis das Weimarer Verfassungswerk bald geschlossen abzulehnen und auch wieder ganz offen mit einer Monarchie zu liebäugeln.[19]

Hinzu kommt, daß Mergel die Bedeutung der persönlichen Querverbindungen im Reichstag, die sich aus dem von der Geschäftsordnung bedingten parlamentarischen Miteinander auch zwischen Angehörigen der DNVP und

[16] *Mergel*, Parlamentarische Kultur (wie Anm. 4), 59.
[17] Ebd. 64.
[18] Ebd. 57.
[19] Vgl. auch *Trippe*, Konservative Verfassungspolitik (wie Anm. 5).

anderer Fraktionen ergaben, stark überschätzt. Gewiß, die Abgeordneten waren nicht nur politische Menschen, sie hatten eine bestimmte regionale Herkunft, ein Geschlecht, einen Beruf und eine spezifische Biographie, mithin Prägungen, die von Mandatsträgern unterschiedlicher Fraktionszugehörigkeit geteilt wurden. Und so wuchsen auch einmal persönliche Freundschaften etwa zwischen dem deutschnationalen Steuerfachmann Günther Gereke und dem Sozialdemokraten Rudolf Hilferding. Nur: Wie viele Gerekes und Hilferdings gab es eigentlich im Reichstag? Wie repräsentativ waren diese Fälle? Oder war es nicht charakteristischer für die parlamentarische Kultur Weimars, daß Gereke eine Einladung an Hilferding zu einem Fest aus Anlaß des DNVP-Regierungseintritts wieder zurückziehen mußte, nachdem DNVP-Fraktionskollegen Gerekes gedroht hatten, ansonsten ihrerseits fernzubleiben?[20]

Zu fragen ist auch, welche Bedeutung es hatte, wenn die politische Kommunikation im Hohen Hause durch formelle und informelle Regeln parlamentarischer Rhetorik, durch Reden im „Zwar-Aber"-Muster und Höflichkeitsformen zwecks Ermöglichung späterer Zusammenarbeit geprägt war, und wenn von der SPD bis zur DNVP die staatsmännische Sprache der Exekutive vorherrschte, d. h. lediglich Kommunisten und Völkische sich eines ausschließenden, existentiellen Sprachstils bedienten. Problematischerweise neigt Mergel dazu, zentrale politische Konflikte inhaltlich dadurch zu marginalisieren, daß er die „inklusive Rhetorik" der Abgeordneten *im* Parlament, die in kulturalistischem Jargon so genannte „Anschlußfähigkeit" ihrer Aussagen – d. h. die taktische Vorsicht der Abgeordneten, möglichst keine andere Fraktion so scharf zu attackieren, daß dies eine spätere Zusammenarbeit über Gebühr erschweren würde – als entscheidende Realität postuliert. Ob die Redner wirklich ehrlich meinten, was sie sagten, sei demgegenüber ganz gleichgültig gewesen, denn sie hätten, das sei entscheidender, doch jedenfalls später jederzeit auf die ausgesprochenen Positionen festgelegt werden können. Daß sich die gleichen Abgeordneten bei ihren Auftritten im Wahlkreis an der Basis aber tatsächlich keineswegs festgelegt fühlten und unter Umständen völlig andere Akzente setzten als im Reichstag, daß sie trotz gemeinsamer staatsmännischer Sprache in den wenigen Sitzungswochen des Parlaments den Rest des Jahres über vor allem daheim verbrachten, wo sie Teil der unterschiedlichsten Milieus blieben, in die Weimars Gesellschaft fragmentiert war, das alles wird in der Studie nicht hinreichend ernst genommen.

Und das gilt auch für eine essentielle Frage, die sich doch geradezu aufdrängen müßte, wenn man von einer Kultur der Kooperation im Reichstag ausgeht: Weshalb die so vorzüglich kommunizierenden Abgeordneten von der SPD bis zur DNVP sich so schwer damit taten, Regierungen zu bilden; und weshalb sie diese Aufgabe bei Bedarf an „unabhängige Fachleute" dele-

[20] *Mergel*, Parlamentarische Kultur (wie Anm. 4), 129.

gierten? Nur: Mergel kommt die Frage schon deshalb nicht in den Sinn, weil er für die politischen Funktionsdefizite des Parlaments, einschließlich der so zentralen regierungstragenden Funktion, keine rechte Antenne hat. Um die mangelnde Fähigkeit bzw. Bereitschaft zur Bildung und zum Tragen der Regierung zu erklären, hätte man wohl tiefer in der – politischen – Geschichte des deutschen Parlamentarismus und des „konservativen Milieus" seit dem Kaiserreich graben müssen, als Mergel dieses unternimmt.

So aber gelangt er zu einer ganzen Reihe ziemlich fragwürdiger Urteile: Der Prozeß „stiller Republikanisierung", dem die Deutschnationalen nach Mergel unterlagen, sei eigentlich am meisten von ihren politischen Gegnern, vor allem von den Sozialdemokraten, gebremst worden, die etwa den Dissens in der DNVP-Fraktion zwischen Fundamentaloppositionellen und Gouvernementalisten bei der Entscheidung über den Dawesplan 1924 noch Jahre später genüßlich mit der Metapher des süßsaueren Berliner Kräuterschnapses belegt hätten: „Mampe halb und halb"[21]. Die Sozialdemokraten hätten den pragmatischen Republikanismus der DNVP auch deshalb nicht durch Teilhabe an der Macht honorieren wollen, „weil sie dadurch eine konservative Wende des Volksstaates befürchteten"[22]. Nach dieser Argumentation wäre die „stille Republikanisierung" also nicht von den radikalen, mit der völkischen Bewegung sympathisierenden Systemgegnern in den Reihen der DNVP selbst am meisten gebremst worden. Antisemitismus, so belehrt die Studie in diesem Begründungszusammenhang, habe in den Reihen der DNVP-Reichstagsfraktion ohnehin „keinen programmatischen und praktischen Platz mehr" gehabt.[23] Hugenbergs Machtergreifung innerhalb der DNVP schließlich erklärt sich für Mergel nicht vor allem politisch-inhaltlich, sondern daraus, daß „seine Finanzmittel für die DNVP unverzichtbar waren"[24], sowie aus der „Verengung der Verteilungsspielräume mit der Weltwirtschaftskrise"[25]. Ist letzteres Argument einfach schief, weil die Wahl des Pressezaren zum DNVP-Vorsitzenden bereits im Oktober 1928, ein ganzes Jahr vor dem Schwarzen Freitag in New York erfolgte, so muß die Kritik der anderen Argumentationsansätze prinzipieller ausfallen.

III.

Die Entschiedenheit meiner Zweifel an den Mergelschen Thesen resultiert vor allem daraus, daß im Blick auf konservatives Milieu und DNVP in Bayern ein

[21] Ebd. 327, 479.
[22] Ebd. 426.
[23] Ebd. 325.
[24] *Mergel,* Das Scheitern (wie Anm. 9), 345.
[25] „Ziemlich parallel" dazu sei das „Ausscheren" der DNVP erfolgt. *Mergel*, Parlamentarische Kultur (wie Anm. 4), 483.

ganz anderes Bild von den Deutschnationalen zu gewinnen ist[26] – ein Bild freilich, das für Mergel nicht der Rede wert ist. Nun war Bayern aber nicht irgendeine, x-beliebige Region des Deutschen Reiches, sondern für die DNVP in zweifacher Hinsicht von exzeptioneller Bedeutung: Zum einen hatte ihr wichtigster und gefährlichster parteipolitischer Konkurrent, die NSDAP, hier ihr Stammland; zum anderen spielte die Bayern-DNVP bei der verhängnisvollen Wahl Hugenbergs zum Vorsitzenden die Rolle eines Züngleins an der Waage und gab mit den Ausschlag bei der äußerst knappen Personalentscheidung.[27]

Im Blick auf die bayerischen Deutschnationalen, die vor allem in der protestantischen Agrarprovinz Frankens während der 1920er Jahre die mit weitem Abstand führende politische Kraft darstellten, wird einem schnell deutlich, daß die Partei nach der Ruhr- und Inflationskrise 1923 eben nicht einfach damit begann, „sich zu einer systemimmanenten Alternative zur SPD zu entwickeln“.[28] Zwar war die Bayerische Mittelpartei (BMP), wie sich die Deutschnationalen im Freistaat in föderalistischem Selbstbewußtsein bis 1924 noch nannten, bereits infolge der Landtagswahlen vom Juni 1920 in eine Regierungskoalition unter Führung des Zentrumsablegers BVP eingetreten, in der sie – mit nur kurzer Unterbrechung – bis zum Frühjahr 1932 ausharren sollte, doch schlossen sich gouvernementale Taktik und völkischer Fundamentalismus eben nicht einfach aus.[29] An den antirepublikanischen Überzeugungen, die im März 1920 zu deutschnationalen Sympathiebekundungen für die Kapp-Putschisten geführt hatten[30], änderte sich in den folgenden Jahren kaum etwas. „Kaiserlich und königlich gesinnt, an der schwarz-weiß-roten Fahne festhaltend [...] und autoritär“ kämpfte die BMP z.B. 1923/24 an der Seite der BVP vergebens um eine bayerische Verfassungsreform, wobei der deutschnationale Partei- und Fraktionschef Hans Hilpert im Landtag keinen Hehl daraus machte, daß das zu schaffende Amt eines Staatspräsidenten nur eine Art Ersatzlösung für die eigentlich bevorzugte monarchische Spitze darstelle, weil die Republik eben nicht das „höchste und letzte Ideal“ deutschnationaler Staatsauffassung sei.[31]

[26] *Manfred Kittel*, Provinz zwischen Reich und Republik. Politische Mentalitäten in Deutschland und Frankreich 1918–1933/36. (Quellen und Darstellungen zur Zeitgeschichte, Bd. 47.) München 2000; *ders.* „Weimar“ im evangelischen Bayern. Politische Mentalität und Parteiwesen 1918–1933. München 2001; *ders.*, Zwischen völkischem Fundamentalismus und gouvernementaler Taktik. DNVP-Vorsitzender Hans Hilpert und die bayerischen Deutschnationalen 1918–1933, in: Zeitschrift für bayerische Landesgeschichte 59, 1996, 849–901; *ders.*, Kulturkampf und „Große Depression“. Zum Aufbruch der bayerischen Nationalkonservativen in der antiliberalen Strömung der 1870er Jahre, in: HJb 118, 1998, 131–200.

[27] *Kittel*, Zwischen völkischem Fundamentalismus (wie Anm. 26), 884.

[28] *Mergel*, Das Scheitern (wie Anm. 9), 324.

[29] Vgl. *Kittel*, Zwischen völkischem Fundamentalismus (wie Anm. 26), v. a. 900.

[30] Ebd. 869.

[31] Ebd. 858, 877.

Hilpert profilierte seine Deutschnationalen als eine „kämpferische Partei", die „auf der Plattform des parlamentarischen Systems und mit den Mitteln des Parlamentarismus gegen das System zu kämpfen" entschlossen war.[32] So entsprang der Entschluß zum Wiedereintritt in die Landesregierung 1922 der Absicht, dem in Berlin nach dem Rathenaumord beschlossenen Republikschutzgesetz „die schlimmsten Giftzähne auszubrechen und seine für Bayern schädlichen Bestimmungen möglichst unwirksam zu machen". In einer nicht unbegründeten Erfolgsbilanz rühmte sich die DNVP später, vor allem auch mittels Übernahme des Justizministeriums dafür gesorgt zu haben, daß im Freistaat keine „Schnüffeleien" gegen Waffenlager der Rechten erfolgten, „keine hochnotpeinlichen Prozesse ‚wegen Untergrabung der Staatsform'" stattfanden und es auch zu „keinerlei Verfolgungen der Wehrverbände und der Nationalsozialistischen Partei" kam, „die sich im Gegenteil gerade in dieser Zeit unter unserem Schutz völlig ungehindert ausbreiten konnte".[33]

In den Jahren nach der Sezession des extrem-völkischen DNVP-Flügels Ende 1922 und dem Hitlerputsch 1923 änderte sich wenig an der antirepublikanischen Zielsetzung der Deutschnationalen. Hatte die Partei vorher sogar die Frage einer Doppelmitgliedschaft mit der NSDAP bewußt offengelassen und etwa auch bei Deutschen Tagen der „Vereinigten Kampfverbände" (Reichsflagge, Bund Oberland und SA) im Herbst 1923 keine Berührungsängste gegenüber dem Nationalsozialismus gezeigt, so erklärte sie 1924, den Völkischen Block, die im Sog des Hitler-Prozesses in den Landtag gespülte NS-Auffangorganisation, für prinzipiell koalitionsfähig. Den zahlreichen Wählern am rechten Rand der BMP/DNVP sollte dadurch demonstriert werden, daß sich die Deutschnationalen auch als Regierungspartei keineswegs von den großen nationalen Zielen entfernt hätten; denn der Einbruch der „Parteivölkischen" in das BMP/DNVP-Stimmenreservoir bei den Wahlen vom Frühjahr 1924 „war Warnung genug" gewesen.[34] In großen Teilen des konservativen Wählermilieus war die Kritik der Parteiführung an der „Narretei" des Hitlerputsches – trotz ihrer überwiegend bloß taktischen Begründung – ausgesprochen schlecht angekommen, bemühte man sich doch statt dessen an der fränkischen BMP-Basis um Verständnis für die „tragischen Verwicklungen", die zum 9. November geführt hätten, und sprach von der Existenz „dunkler Machenschaften" jüdischer, französischer oder sozialistischer Art, mittels welcher ein Keil zwischen die nationalen Verbände getrieben werden solle.[35]

Auch nach dem Hitlerputsch blieben die Deutschnationalen, was sie in parteipolitischer Programmatik und Strategie von Anfang an gewesen wa-

[32] Ebd. 874.
[33] Ebd. 873.
[34] Ebd. 873, 880
[35] Ebd. 875, 881.

ren: eine von ihrem Selbstverständnis her völkische Partei. Auf dem Parteitag von 1921 hatte etwa der Erlanger Professor Friedrich Brunstäd in einem Grundsatzreferat die deutschnationale Parteibildung „als eine notwendige Funktion innerhalb der völkisch-nationalen Erneuerung" bezeichnet und das „Ergriffensein" von der Idee der „nationalen Volksgemeinschaft" als Gründungsimpuls der aus ganz verschiedenen Lagern kommenden Partei herausgestellt.[36] Angesichts der völkischen Stimmung in den mittelfränkischen Hochburgen ebenso wie in der Münchner DNVP legten die deutschnationalen Funktionäre größten Wert darauf, den völkischen Gedanken angenommen zu haben, „schon bevor er zum Schlagwort wurde".[37] Den Anspruch, gegenüber der NSDAP das völkische Original darzustellen, konnte die DNVP aber nach dem Ausscheiden ihrer extremvölkischen Teile 1922[38] und dem Hitlerputsch 1923 immer weniger plausibel machen. Statt dessen geriet sie ins Lavieren, kritisierte zwar Hitlers „Mittel und Wege", an der Kooperation „aller national und völkisch Denkender" indes hielt sie auch nach dem Putsch fest, um das gemeinsame „hohe Ziel" zu erreichen.[39]

Diese Strategie war wohl nicht zuletzt deshalb fast unvermeidlich, weil auch im Landbund, dem mit Abstand wichtigsten politischen Bündnispartner und Stimmenlieferanten der Deutschnationalen, die Überzeugung herrschte: „Bauernpolitik ist völkische Politik, darum muß völkische Politik in erster Linie Bauernpolitik sein".[40] Besonders dem aktivistischen Junglandbund lag der völkische Gedanke am Herzen, wobei die „Bekämpfung des jüdisch-marxistischen Geistes" zu den Kernzielen zählte.[41] Aber auch in der Mutterorganisation des Landbundes, d.h. der bayerischen Abteilung des Bundes der Landwirte (BdL), galt faktisch ein Arierparagraph, der sich in den Augen der Bündler auch in den wirtschaftlich anhaltend schwierigen mittleren 1920er Jahren als berechtigt erwies. Immer wieder boten jedenfalls die bäuerlichen Geschäftsbeziehungen mit jüdischen Vieh- und Getreidehändlern Anlaß zu auch öffentlich ausgetragenen Konflikten[42], und immer mehr wuchs damals die Aversion im Landbund gegen „jüdische Zinswucherer"[43]. Auch der aus den Reihen des fränkischen Landbundes kommende langjährige deutschnationale Reichstagsabgeordnete Rudolf Bachmann,

[36] *Friedrich Brunstäd*, Völkisch-nationale Erneuerung. (Deutschnationale Flugschrift, Nr. 119.) Berlin 1921, 2f.

[37] Fränkische Zeitung, 12. 12. 1923.

[38] Vgl. *Jan Striesow*, Die Deutschnationale Volkspartei und die Völkischen Radikalen 1918–1922. 2 Bde. Frankfurt am Main 1981, 451–471.

[39] Vgl. den Bericht über die Ansbacher BMP-Versammlung in: Fränkische Zeitung, 17. 11. 1923.

[40] Der Bund der Landwirte in Bayern, 17. 2. 1924.

[41] *Kittel*, Provinz (wie Anm. 26), 246.

[42] Vgl. den Streit des Landbundvorsitzenden Hetzel mit den jüdischen Gebrüdern Mann aus Rothenburg; Fränkischer Anzeiger, 19. 2. und 24. 2. 1927.

[43] Fränkischer Anzeiger, 16. 3. 1926.

dessen Vater in den 1880er Jahren zusammen mit dem lutherischen Bauernpfarrrer Gustav Baist unter der Parole „Der Jud' muß raus“ die erste Raiffeisenkasse in der Region gegründet hatte, war von antisemitischen Überzeugungen geprägt. Obschon er in Berlin zu diesem Thema keine großen Reden schwang, machte er etwa seiner Frau schwere Vorwürfe, wenn sie nur einem fahrenden jüdischen Textilhändler etwas abgekauft hatte[44]; und selbstverständlich sah er sich auch nicht veranlaßt einzuschreiten, als die Führung des Landbundes kategorisch erklärte, mit keiner Partei ein Wahlbündnis schließen zu wollen, „die Juden als Parteimitglieder hat“[45]. Wo statt dessen bei vielen Bündlern die Sympathien lagen, zeigte sich, wenn ein Heimattag des Landbundes abgesagt werden mußte, weil eine Hitler-Versammlung in der Nachbarschaft alle Aufmerksamkeit auf sich zog.[46]

Die völkische Orientierung der bäuerlichen DNVP-Vorfeldorganisation ist insofern besonders aufschlußreich, als ihre Funktionäre – mit oder ohne DNVP-Mandat im Land- oder Reichstag – gleichzeitig auch jene Kräfte waren, die am stärksten auf eine Beteiligung ihrer Partei an der Regierung drängten; vor allem, als im Januar 1925 die Meistbegünstigung im Handel für die Signatarmächte des Versailler Vertrages auslief und eine Neuregelung der Handelspolitik anstand.[47] So stieß die Forderung, „daß die Reichstagsfraktion alles versucht, um unter entsprechenden Voraussetzungen in die Regierung zu kommen“[48], im bayerischen Landbund im Herbst 1924 auf große Zustimmung. Sein Präsident, der Landtagsabgeordnete Karl Prieger, erinnerte immer wieder an die letzten Worte, die der legendäre Reichslandbund-Führer Gustav Roesicke einst an ihn gerichtet hatte: „Kinder, macht was ihr wollt, aber seid immer darauf bedacht, an der Regierung beteiligt zu werden, denn sonst kann man leicht schimpfen, aber nie etwas erreichen.“[49] Die gouvernementale Orientierung wurde dabei nicht als Widerspruch zur eigenen Parlamentarismuskritik empfunden, zu sehr waren anscheinend auch die deutschnationalen Bauernpolitiker im bayerischen Franken von traditionellem preußischen bzw. konservativen Staatsdenken beeinflußt, wie es wichtige Teile der DNVP-Reichstagsfraktion prägte – sie aber damit eben noch nicht zu Weimarer Republikanern machte.

Selbst während der relativ ruhigen Mittelphase der Republik 1924 bis 1928, als die DNVP in Berlin zweimal staatstragend an einer Bürgerblockregierung beteiligt war, hinderte sie dieser Umstand keineswegs daran, im kommunalen Bereich landauf landab mit den erklärten Republikfeinden „parteivölkischen“ bzw. bald wieder auch nationalsozialistischen Schlags ge-

[44] *Kittel*, Weimar (wie Anm. 26), 120f.
[45] *Kittel*, Provinz (wie Anm. 26), 428.
[46] *Kittel*, Zwischen völkischem Fundamentalismus (wie Anm. 26), 863.
[47] Zum Folgenden vgl. *Kittel*, Provinz (wie Anm. 26), 501.
[48] Ebd.
[49] Ebd.

meinsame Sache zu machen. So kam es bei den Kommunalwahlen Ende 1924 in fränkischen Städten wie Hersbruck oder Rothenburg, Naila oder Bayreuth zu Listen („Nationaler Bürgerblock", „Wirtschaftliche Arbeitsgemeinschaft Schwarz-Weiß-Rot" etc.), deren politisches Spektrum von Liberalen und Deutschnationalen bis zum „Völkischen Block (Hitler-Anhänger)" reichte. Auch im Kreistag von Mittelfranken schlossen sich nach den Wahlen von 1928 Deutschnationale und Nationalsozialisten (zusammen mit der Reichspartei des Deutschen Mittelstandes und dem Christlichen Volksdienst) zu einer „Nationalen Fraktion" zusammen, um die Wahl eines Sozialdemokraten zum Vorsitzenden zu verhindern.[50]

Die reichspolitische Dimension des rechten Konsensus zeigte sich besonders beim zweiten Wahlgang der Präsidentenwahlen 1925, als die bürgerlichen Kräfte – diesmal ohne DDP und DVP, aber wieder mit der NSDAP sowie verstärkt durch vaterländische Verbände wie Bayerischer Kriegerbund, Frontkriegerbund, Reichsflagge, Stahlhelm und Wikingbund – z. B. am mittelfränkischen Verwaltungssitz in Ansbach gemeinsam zur Wahl Hindenburgs, des „größten Deutschen unserer Tage", aufriefen.[51] Zusätzlich übte die DNVP auf Landesebene Druck auf ihren Koalitionspartner BVP aus: Würde dieser sich für den Kandidaten der Weimarer Koalition, den als Linksabweichler bezichtigten Zentrumspolitiker Wilhelm Marx aussprechen, „so hätte das unbedingt eine Regierungskrise in Bayern zur Folge".[52]

Die „tiefgreifenden Wandlungsprozesse", von denen Mergel für die DNVP in den 1920er Jahren zu pauschal spricht, gingen an ihrem bayerischen Landesverband weitgehend vorüber – und offensichtlich nicht nur dort, wie die Wahl Hugenbergs zum Reichsvorsitzenden 1928 demonstrierte. Das Votum wäre vermutlich sogar noch deutlicher ausgefallen, wenn es sich bei dem rechtsradikalen Pressezaren auch nur im entferntesten um einen charismatischen Politiker gehandelt hätte und nicht um einen rhetorisch nur schwach begabten Strippenzieher, den selbst Sympathisanten mangelnder Ausstrahlung auf die Jugend und vor allem die Frontgeneration ziehen.[53] Was also waren die inhaltlichen Gründe, die eine Mehrheit der Landesverbände hinter Hugenberg brachte? Der Streit um die – nach den verlorenen Reichstagswahlen vom Mai 1928 formulierte – Kritik des deutschnationalen Angestelltenfunktionärs Walther Lambach am monarchistischen Profil der DNVP, mit dem die Partei die Jugend nicht mehr erreiche, und sein daraus gezogener Schluß, die DNVP auch für nationale Republikaner zu öffen, war

[50] Maßgeblichen Einfluß übten dabei die „gouvernementalen" Deutschnationalen vom Landbund aus; *Kittel*, Zwischen völkischem Fundamentalismus (wie Anm. 26), 863.
[51] *Kittel*, Weimar (wie Anm. 26), 134.
[52] *Kittel*, Zwischen völkischem Fundamentalismus (wie Anm. 26), 879.
[53] *Kittel*, Weimar (wie Anm. 26), 144.

im Sommer 1928 nur die Spitze des Eisbergs.[54] Daß Hugenbergs im Rahmen seines radikal antirepublikanischen Programms gegen Lambach gerichtete Äußerung: „Was wir brauchen ist nicht ein Brei, sondern ein Block“[55], auf so viel Zustimmung stieß, hatte vielmehr Gründe, die auf das Profil der DNVP auch während der ruhigeren Jahre 1924 bis 1928 zurückverwiesen.

Denn der spürbare Verlust an Wählerstimmen bei den Reichstagswahlen 1928 wurde nicht nur – und zu Recht – allgemein als Preis für die zweimalige Regierungsbeteiligung der DNVP (1925 und 1927) in der abgelaufenen Legislaturperiode gedeutet, sondern speziell auch auf Versäumnisse des amtierenden Partei- und Fraktionsvorsitzenden Kuno Graf von Westarp zurückgeführt. Dieser habe es beim Wiedereintritt in die Vierte Regierung Marx 1927 nicht geschafft, gleichzeitig eine Mitwirkung der Deutschnationalen an der preußischen Staatsregierung durchzusetzen; zudem sei auch noch die Kröte Stresemann als Außenminister geschluckt worden, obwohl die DNVP doch eben wegen dessen Locarno-Politik 1925 aus dem Kabinett ausgeschieden war.[56] Dem darin mitschwingenden außenpolitischen Vorwurf der hartgesottenen Antirepublikaner an die „Westarp-Gruppe“, den Verzicht auf Elsaß-Lothringen und Eupen-Malmedy in vaterlandsloser Manier nachträglich sanktioniert zu haben, korrespondierte ihre innenpolitische Kritik an der Mehrheit der Reichstagsfraktion, „das parlamentarische System“ zu akzeptieren und „zur Mitte abgeglitten“ zu sein. Deshalb empfand etwa ein Hilpert den Kurs Hugenbergs als Rückkehr der Partei zu ihren eigentlichen Grundsätzen.[57] Die Wahl des persönlich wenig gewinnenden Medienmoguls gründete aber vor allem in der schockartigen Wirkung des Wahlausgangs 1928, die für den politischen Standort einer nach wie vor überwiegenden Mehrheit der Deutschnationalen ungemein aufschlußreich war: Denn die große Bestürzung über die Stimmengewinne von SPD und KPD und vor allem über die Ernennung einer „marxistisch“ (d.h. sozialdemokratisch) geführten Reichsregierung durch den bisherigen reaktionären Hoffnungsträger Hindenburg – wo doch schon Otto Brauns anhaltend stabile Weimarer Koalition in Preußen als unerträglich empfunden wurde –, warf ein helles Licht auf den Umstand, daß der deutschnationale Abfindungsprozeß mit der Republik nicht zuletzt von der Erwartung eines stillen Verfassungswandels unter dem nationalkonservativen Reichspräsidenten getragen und – angesichts eines SPD-Reichskanzlers Müller – nun schmählich enttäuscht worden war.

Eben weil eine „stille Republikanisierung“ in der Partei mehrheitlich nicht Platz gegriffen hatte, konnte es zu einer derart alarmistischen Reaktion

[54] *Walther Lambach*, „Monarchismus“, in: Politische Wochenschrift 4, Nr. 24 v. 14. Juni 1928; vgl. auch *Kittel*, Provinz (wie Anm. 26), 568.

[55] Berliner Lokalanzeiger, 26. und 28. August 1928.

[56] *Kittel*, Zwischen völkischem Fundamentalismus (wie Anm. 26), 882f.

[57] Ebd. 900.

auf die Große Koalition – und damit zur Wahl Hugenbergs – kommen. Gerade auch gouvernemental orientierte Agrarkonservative kamen jetzt nämlich ins Grübeln, ob der in den zurückliegenden Jahren verfolgte Kompromißkurs richtig gewesen sei und sprachen sich angesichts einer vermeintlich dräuenden „Linksdiktatur" für eine rechte Diktatur des „nationalen völkischen Selbstbehauptungswillens" aus; ihre Wähler, die deutschnationalen Bauern in Franken, waren jedenfalls angesichts in den Keller gesunkener Schweinepreise und wachsender Verbitterung über den – wie man meinte, zu sehr auf die Industriearbeiter fixierten – Weimarer Sozialstaat von dieser Perspektive „ganz fasziniert".[58] Deshalb hielt es der schwergewichtige Landwirtschaftsflügel – anders als die christlich-soziale und jungkonservative Richtung um Treviranus, Lambach und von Lindeiner-Wildau – noch eine ganze Weile bis 1930 in der radikalisierten Hugenberg-DNVP aus. Auch wenn bei der Gruppe um den deutschnationalen RLB-Präsidenten Martin Schiele die Hoffnung mitschwingen mochte, Hugenberg wieder zurückzudrängen und die DNVP für die Ziele der Agrarier zu instrumentalisieren[59], und der pommersche Bauernführer Hans Schlange-Schöningen schon im April 1929 den Landesvorsitz der pommerschen DNVP aus Protest gegen die „Chaostheorien" Hugenbergs niederlegte[60], ist doch zu sehen, daß viele Hugenberg-Gegner dessen Fundamentalkritik etwa am Artikel 54 der Reichsverfassung teilten, der die Regierung vom Vertrauen des Parlamentes abhängig machte[61]. Damit befanden sie sich übrigens in mehr oder weniger guter Gesellschaft auch von Politikern eindeutig systemtragender Parteien wie der DVP. Nicht Hugenbergs antiparlamentarische und antirepublikanische Haltung wurde für den Agrarflügel der DNVP mehrheitlich zum Problem, sondern dessen irrsinniges politisches Taktieren, das ihn nach dem Sturz der Großen Koalition 1930 dazu veranlaßte, auch die vom konservativen Reichskanzler Brüning geführte erste Präsidialregierung zu bekämpfen und sogar das von deren deutschnationalem Minister Schiele im April vorgelegte Sanierungsprogramm für die Landwirtschaft im Reichstag abzulehnen.

Jetzt erst begann der für die DNVP fast tödliche Aderlaß, weil in der Folge des von Hugenberg erzwungenen Votums gegen Brüning/Schiele bis zu den Septemberwahlen 1930 auch noch die bis dato wichtigsten Stimmenbringer der Partei, die Landbünde, zu erheblichen Teilen an die Christlich-Nationale Bauern- und Landvolkpartei (CNBL) verlorengingen. Dabei sollte allerdings nicht aus dem Blick geraten, daß es auch bei dem Experiment der Regierung Brüning bereits nicht mehr um den Versuch einer systemimma-

[58] *Kittel*, Provinz (wie Anm. 26), 567.

[59] *Markus Müller*, Die Christlich-Nationale Bauern- und Landvolkpartei 1928–1933. (Beiträge zur Geschichte des Parlamentarismus und der politischen Parteien, Bd. 129.) Düsseldorf 2001, 139.

[60] *Mergel*, Das Scheitern (wie Anm. 9), 349.

[61] *Kittel*, Zwischen völkischem Fundamentalismus (wie Anm. 26), 883.

nenten Krisensteuerung innerhalb der parlamentarischen Republik ging, sondern um deren Rückbau zu einem autoritären Präsidialregime. Und wer diesem Vorhaben angesichts einer großen Wirtschafts- und Staatskrisis zustimmte, wie die große Masse der „sezessionistischen“ Deutschnationalen – nicht nur vom Agrarflügel, sondern auch von jenem Flügel, der in der Konservativen Volkspartei und im Christlich-Sozialen Volksdienst eine neue politische Heimat fand –, bei dem mußte es sich schon um einen sehr, sehr stillen Republikaner gehandelt haben, ja man wird wohl sagen müssen: um einen veritablen Schönwetter-Republikaner.

IV.

Die anhand der DNVP im evangelischen Franken zu gewinnenden Einsichten ähneln in wesentlichen Punkten dem Bild, das die Partei im zwischenzeitlich gut erforschten, nur geographisch ganz weit entfernten protestantischen Vorpommern bot, wo die DNVP zeitweilig ebenfalls eine absolute Mehrheit der Bevölkerung für sich gewann. Wie groß die Parallelen zwischen den politischen Mentalitäten der Deutschnationalen im süddeutschen Bayern und im Preußen diesseits und jenseits der Elbe waren, läßt sich gleich an zwei gelungenen Studien aufzeigen, die im Rahmen von Projekten der politikwissenschaftlichen Parteienforschung an der Universität Göttingen entstanden sind. Helge Matthiesen hat sich in einer großen Längsschnittanalyse dem konservativen Milieu Greifswalds vom späten Kaiserreich bis zum Ende der DDR gewidmet; Frank Bösch hat in einer knapperen Darstellung „Vereinskultur und lokale Sammlungspolitik“ in dieser nordostdeutschen Region zwischen 1900 und 1960 untersucht und dabei – mit dem niedersächsischen Stadt- und Landkreis Celle – eine weitere politische Landschaft vergleichend in den Blick genommen.

Weshalb die Distanz zur Republik in den konservativen Milieus Preußens teilweise sogar noch größer war als im evangelischen Bayern, kann Matthiesen am Beispiel Greifswalds eindrucksvoll herausarbeiten. Denn daß Preußen nicht wie Bayern die meiste Zeit über von einer Koalition aus politischem Katholizismus und DNVP regiert wurde, die das Republikschutzgesetz unterlief, sondern von einer Mitte-links-Regierung der Weimarer Parteien SPD, DDP und Zentrum, schlug sich bei den Greifswalder Deutschnationalen in massiven „Ausgrenzungserfahrungen“ durch eine Republik nieder, die etwa auch vor der Hausdurchsuchung bei einem verbeamteten deutschnationalen Stahlhelm-Vorstandsmitglied nicht zurückscheute, wenn dies aus Sicherheitsgründen geboten schien.[62] Die Konfrontation zwischen

[62] *Matthiesen*, Greifswald (wie Anm. 5), 122. Der Vorfall datiert vom Oktober des Krisenjahres 1923.

dem konservativ-nationalen Milieu der Stadt und der sozialdemokratisch-republikanischen preußischen Staatsmacht erreichte am sogenannten Franzosenmontag, dem 4. August 1924, ihren Höhepunkt, als die Gewerkschaften eine Veranstaltung mit dem französischen Pazifisten Henri Barbusse durchführten. Das von DNVP und DVP bei der Stadt durchgesetzte Versammlungsverbot hatte der linksliberale Regierungspräsident wieder aufgehoben. Die Gegendemonstration, unter der sich nicht nur nationalsozialistische Studenten und Jungstahlhelm befanden, sondern „viele ganz normale konservativ-nationale Männer“[63], wurde von der Polizei gewaltsam aufgelöst, was einen spürbaren Solidarisierungsschub zwischen radikal-völkischen und deutschnationalen Kreisen auslöste.

Die Formierung einer mit der DNVP eng verflochtenen „nationalen Gegengesellschaft“[64], die in der evangelischen Kirche, im Landbund, in den Krieger-, Schützen-, Sport- und Gesangvereinen für die Werteordnung des Kaiserreichs eintrat, vermochte die republikanische Staatsmacht in Preußen nicht zu verhindern – weder in der Region Greifswald (wo die Universität diese Gegenwelt zusätzlich verstärkte) noch in Celle[65]. Der offiziell eingeforderten Schwarz-Rot-Gold-Beflaggung am Weimarer Verfassungstag kam die Bevölkerung in beiden Regionen nicht nach, während die Vereine andererseits dafür sorgten, daß ihre Heimat anläßlich der Sternstunden des Kaiserreichs – an Reichsgründungs- und Sedantagen, an Kaiser- und Hindenburg-Geburtstagen – weiterhin ein schwarz-weiß-rotes Fahnenmeer bildeten.[66] Beim Tod der Kaiserin Auguste Victoria, am 11. April 1921, wehten nicht nur die alten Flaggen mit Flor, sondern kleideten sich die Frauen in Schwarz und geriet angesichts des Ausbleibens einer staatlichen Feier ein Trauergottesdienst im Greifswalder Dom zu einer allgemeinen Gedenkdemonstration für die „heimgegangene Kaiserin“.[67] Auch noch am Ende der 1920er Jahre bildeten der „Monarchismus und die Idee vom obrigkeitlich geführten starken Staat“ „unausgesprochen einen wesentlichen Rückhalt des Milieus“[68]: Die Konservativ-Nationalen lebten, wie es Matthiesen formuliert, „kaum in der Gegenwart. Selbst wenn sie von der Zukunft sprachen, meinten sie in der Regel die Vergangenheit“; diese blieb der Maßstab, an dem aktuelle Politikentwürfe sich messen lassen mußten. Dabei ging es aber nicht mehr unbedingt um die Restauration des Kaiserreiches selbst, sondern gab es mehr und mehr Offenheit auch für irgendetwas Neues, sofern dieses nur zum eigentlichen Kernziel einer „Renaissance deutscher Macht“[69] zu

[63] Ebd. 135.
[64] Ebd. 109.
[65] *Bösch*, Das konservative Milieu (wie Anm. 5), 67.
[66] Ebd. 74f.
[67] *Matthiesen*, Greifswald (wie Anm. 5), 125.
[68] Ebd. 176
[69] Ebd. 177.

führen versprach. Daraus erklärt sich auch die voll im Zeitgeist liegende, im konservativen Milieu aber besonders weit verbreitete und nicht widerspruchsfreie Mischung aus emotionaler Bindung an die Monarchie und Begeisterung für die Idee der Volksgemeinschaft.[70]

Aus der grundsätzlichen Übereinstimmung in den „völkischen" und antidemokratischen Zielen ergaben sich auch in Pommern und im Hannoverschen Möglichkeiten der Zusammenarbeit zwischen der DNVP und den Völkischen.[71] Offensichtlich deuteten viele Deutschnationale die NS-Bewegung als generationsspezifisch jüngeren Teil des eigenen Milieus und verziehen ihm so manche vermeintliche „Jugendsünde".[72] So war es kein Wunder, daß DNVP und NSDAP nicht anders als in Franken zum Zwecke der kommunalpolitischen Frontenbildung gegen die SPD häufig kooperierten, auch wenn die lokalen DNVP-Eliten zur Abgrenzung von dem Konkurrenten um nationalprotestantische Wählerstimmen bei Bedarf immer wieder bestimmte Abwehrmechanismen bemühten und vor allem die Eigentumsfeindlichkeit der eben doch „sozialistischen" NSDAP stark herausstellten.[73] Unbeschadet dessen saß man aber nicht nur im kommunalen Bürgerblock Seite an Seite, sondern manchmal auch am selben Stammtisch und schimpfte dort gemeinsam auf die „marxistischen" Politiker in Berlin.[74]

Zum verbindenden Feindbild gehörten nicht zuletzt die anscheinend besonders eng mit der „November-Republik" verbundenen Juden. In Celle wie in Greifswald durchzog „latenter Antisemitismus" das „ganze konservative Milieu".[75] Dessen politische Instrumentalisierung brauchten die Nationalsozialisten also keineswegs erst zu erfinden. Auch die Greifswalder DNVP scheute z. B. nicht davor zurück, einen Theaterskandal um die Aufführung der Dreigroschenoper des „Juden Bert Brecht"[76] zu inszenieren. Mochten die deutschnationalen Abgeordneten im Plenum des Reichstages auf antisemitische Reden verzichten, ihrer Basis hatten sie die Judenfeindschaft keineswegs ausgetrieben. Größere Anstrengungen von DNVP-Spitzenpolitikern, politische Führung zu zeigen und dem tief in die deutsche Gesellschaft und vor allem in die eigene Partei eingefressenen Antisemitismus aus republikanischer Überzeugung mit sachlichen Argumenten entgegenzutreten, waren von Franken bis Pommern Fehlanzeige.

Politische Führung im republikanischen Sinne haben die deutschnationalen Reichstagsabgeordneten noch in einem anderen Bereich vermissen las-

[70] Vgl. ebd. 180.
[71] Ebd. 289, 137, 157.
[72] So auch die Deutung von *Bösch*, Das konservative Milieu (wie Anm. 5), 115.
[73] Ebd. 122f.
[74] Vgl. *Matthiesen*, Greifswald (wie Anm. 5), 157; *Bösch*, Das konservative Milieu (wie Anm. 5), 53.
[75] *Bösch*, Das konservative Milieu (wie Anm. 5), 124; vgl. auch ebd. 47.
[76] *Matthiesen*, Greifswald (wie Anm. 5), 204.

sen: Beim Gedenken an die Toten des Ersten Weltkriegs. Vielmehr zeigte sich hier mit beklemmender Eindringlichkeit immer wieder, daß der auch im Reichstag mehrfach aufflammende Flaggenstreit eben nicht nur „beunruhigende Begleitmusik“ war, sondern an die politische Substanz der Republik ging. Vom parlamentarischen Kooperationsgeist wie beim Kohleförderungsgesetz oder beim gemeinsamen Bierabend im Reichstag war überhaupt nichts zu spüren, wenn die Bemühungen von nationalen Kriegerverbänden und republikanischen Vereinen, wenigstens am Totensonntag und Volkstrauertag gemeinsame Veranstaltungen durchzuführen, an der Frage der schwarz-weiß-roten bzw. schwarz-rot-goldenen Fahnen und Kranzschleifen scheiterten. Selbst 1927, nach mehreren Jahren scheinbarer politischer Stabilisierung, hatte der Landrat von Celle über einen gescheiterten Kompromiß zu berichten, als das Reichsbanner statt der ursprünglich vorgesehenen Kränze mit weißen Schleifen schließlich doch schwarz-rot-goldene vorbereitete, die gemeinsame Feier daraufhin wieder abgeblasen wurde und die bei der republikanischen Veranstaltung verwendete schwarz-rot-goldene Schleife nach der Kranzniederlegung einem Diebstahl zum Opfer fiel.[77]

Auch in der pommerschen Provinz reichte der Arm der Republik während der gesamten 1920er Jahre „nicht besonders weit“, schlug die Unterstützung des liberalen „Bauernbundes“ durch Bezirks- und Provinzialregierungen fehl und lag die Macht beim „eindeutig gegen die Republik“ eingestellten Landbund. Aufgrund dessen war Pommern nach Einschätzung eines Landrates im Kreis Franzburg-Barth „eine überwiegend von Staatsfeinden bewohnte Provinz, die aus welchen Gründen auch immer den Konflikt mit der Republik nicht offen austrugen“.[78] Als nach der Mißernte im Herbst 1927 die Situation in der Landwirtschaft prekärer denn je wurde und die Zwangsversteigerungen spürbar zunahmen, ließen Landbund und DNVP sogar Vertreter der radikalen schleswig-holsteinischen Landvolkbewegung bei ihren Veranstaltungen auftreten, die unter stürmischem Beifall dem nur noch als „Verwaltungsapparat“ bezeichneten Staat die Schuld an der Misere gaben und das republikanische System als „unmoralisch und unsittlich“ geißelten.[79] Lambachs nach der deutschnationalen Wahlniederlage 1928 geforderte Öffnung zu den Republikanern war demnach „aus Greifswalder Perspektive kaum nachvollziehbar“. Vielmehr trugen die hiesigen Deutschnationalen Hugenbergs Kurs zunächst überwiegend mit.[80]

[77] *Bösch*, Das konservative Milieu (wie Anm. 5), 75.
[78] *Matthiesen*, Greifswald (wie Anm. 5), 207.
[79] Ebd. 211.
[80] Ebd. 199.

V.

Weshalb dies nicht nur in Vorpommern, sondern im ostelbischen Preußen generell so war, erhellt die Pionierstudie Wolfram Pytas über die „Verschränkung von Milieu und Parteien in den protestantischen Landgebieten Deutschlands in der Weimarer Republik“.[81] Pyta arbeitet heraus, wie die intransigenten Monarchisten unter den ostelbischen Landadeligen im Zuge der auf einer breiten sozialen Basis, unter Einschluß von Landarbeiterverbänden erfolgenden DNVP-Gründung 1918/19 ins zweite Glied zurücktreten mußten. Am Hauptverein der Deutschkonservativen als einer sehr besonderen Art deutschnationaler Arbeitsgemeinschaft festhaltend, schmiedeten sie dort zwar „Pläne für die Wiedererrichtung der Monarchie und die Beseitigung der Republik“.[82] Doch Versuche wie der des Grafen Dietlof Arnim-Boitzenburg, des letzten Präsidenten des Preußischen Herrenhauses, im Frühjahr 1926, den konservativen Flügel zu sammeln und zu stärken, blieben in der Mittelphase der Republik noch ohne Erfolg.

Daß statt dessen ein gouvernemental ausgerichteteter Agrarkonservativismus ab 1924 für mehr als ein Jahrfünft das Erscheinungsbild des landwirtschaftlichen Flügels der DNVP prägen konnte[83], war aber „nicht einem Gesinnungswechsel der meisten Großgrundbesitzer zu verdanken, sondern ihrem Rückzug aus dem politischen Tagesgeschäft“, womit sie den pragmatischen Landbundführern „das Terrain überließen“. Während sich die kleine Schar der altkonservativen Fundamentaloppositionellen mit ihren monarchistischen Restaurationsplänen selbst isolierte, entdeckte die Mehrheit der undogmatischen Rittergutsbesitzer zwar nicht ihr Herz für die Republik, wohl aber, „daß man in diesem Staat ungestört seinen privaten Vergnügungen nachgehen konnte“ – vorausgesetzt, man ignorierte die wirtschaftlichen Warnsignale. Tatsächlich konnte „das weiterhin existierende antiparlamentarische Potential im Großgrundbesitz“ nur unter der Voraussetzung einer gewissen ökonomischen Beruhigung „zumindest vorläufig domestiziert werden“.[84] Eine Agrarkrise dagegen mußte angesichts der „fast unüberwindlich erscheinenden Distanz“ der Junker „zu den Grundpfeilern des Weimarer Staates“ zu einer politischen Radikalisierung führen, die Arnim-Boitzenburg in einem Brief an Hugenberg in die Worte

[81] *Pyta*, Dorfgemeinschaft (wie Anm. 5), zum Folgenden v. a. 297, 294.
[82] Ebd. 294; dazu auch die ältere Untersuchung von *Jens Flemming*, Konservatismus als „nationalrevolutionäre Bewegung“. Konservative Kritik an der Deutschnationalen Volkspartei 1918–1933, in: Stegmann/Wendt/Witt (Hrsg.), Deutscher Konservatismus (wie Anm. 7), 295–331, v. a. 304–309.
[83] Als Beispiel für diesen Typus sei genannt der schlesische Landbundführer und DNVP-Reichstagsabgeordnete Praetorius von Richthofen-Boguslawitz. Vgl. *Pyta*, Dorfgemeinschaft (wie Anm. 5), 298.
[84] Ebd. 299.

faßte: „Es wird höchste Zeit, daß diesem System das Genick gebrochen wird“.[85]

Die Frage, warum „eine bis 1928 in den Hintergrund gedrängte großagrarische Fronde in so kurzer Zeit die DNVP auf einen unversöhnlich antirepublikanischen Kurs bringen“[86] konnte, beantwortet Pyta vor allem unter Hinweis auf das Instrument der Parteifinanzierung: Die DNVP litt wegen chaotischer organisatorischer Zustände unter chronischem Geldmangel. Die überwältigende Mehrzahl der 1928 ca. 700 000 Mitglieder zahlte keinen Pfennig Beitrag in die Parteikasse; republikfeindliche Großagrarier und Industrielle dagegen spendeten reichlich und vermochten dadurch einen weit über ihre zahlenmäßige Repräsentanz hinausgehenden Einfluß zu gewinnen. Rittergutsbesitzer wie Arnim-Boitzenburg oder Oldenburg-Januschau, die teils nach Jahren innerer Emigration unter Hugenberg wieder ihr „deutschnationales Herz“[87] entdeckten, sorgten auch dafür, daß die ostelbischen Landbünde nicht – wie westlich und nördlich der Elbe – von der Fahne gingen; so konnte sich die zur „Deutsch-Konservativen Partei mit einem alldeutschen Zusatz“[88] zurückverwandelte DNVP in den pommerschen, ostpreußischen oder brandenburgischen Kerngebieten des Gutsbesitzes 1930 relativ gut behaupten. Der dennoch auch dort nicht zu stoppende Siegeszug der NSDAP hatte, wie ein Schüler Pytas jüngst noch einmal unterstrich, indes wesentlich nicht nur mit der Finanzierungsfrage zu tun, sondern auch damit, daß DNVP, völkische Gruppen und NSDAP im selben Milieu zu Hause waren, ja daß im ländlichen Raum Pommerns und Ostpreußens bereits in der Frühzeit der Weimarer Republik nachgerade ein „deutschnational-nationalsozialistisches Kontaminat“ existierte.[89]

Eine wertvolle Ergänzung vor allem zu den „ostelbischen“ Ergebnissen Pytas liefert Stefan Malinowskis Studie „Vom König zum Führer“. Der von ihm untersuchte Adel war seit dem 18. Jahrhundert bekanntlich der wichtigste Träger des politischen Konservativismus. Wie die preisgekrönte Dissertation indes deutlich macht, hatte bereits mit der Radikalisierung des deutschen Adels im Kaiserreich die Aushöhlung des Konservativismus und die Verzahnung seiner „ideologischen Reste mit dem Gedankengut der Neuen Rechten“ begonnen: „Nach 1918 fielen Adel und Konservativismus als potentiell moderierende Kräfte weitgehend aus“. Mehr noch läßt sich nach Malinowski „keine zweite soziale Formation benennen“, „die sich in solcher Geschlossenheit, in solcher Schroffheit und in solcher Aggressivität gegen Republik und Demokratie gestellt hätte wie der Adel.“ Einen kompromißfähigen „,Tory-

[85] Ebd. 232.
[86] Ebd. 305.
[87] Ebd. 308.
[88] Ebd. 307.
[89] *Daniel Hildebrand*, Landbevölkerung und Wahlverhalten. Die DNVP im ländlichen Raum Pommerns und Ostpreußens 1918–1924. Hamburg 2004, 278.

Konservativismus' ", so resümiert die Studie, der ein von relevanten Adelsgruppen kollektiv getragenes Gegenmodell zum Nationalsozialismus repräsentiert hätte, „hat der Adel [...] weder entwickelt noch unterstützt".[90]

Zu den wesentlichen Gründen der völkischen Anfälligkeit vor allem – aber keineswegs nur – des depravierten protestantischen Kleinadels in Nord- und Ostdeutschland zählte es, daß sein Monarchismus zu jener „Traditionsformel ohne realen Gehalt" verkam, als die ihn Ernst Rudolf Huber mit Blick auf die DNVP charakterisiert hat.[91] Die Schwäche speziell des preußischen Monarchismus nach 1918 resultierte aus der weit verbreiteten Negativ-Deutung der „Abreise" Kaiser Wilhelms am 9. November 1918 nach Holland. Hatte Wilhelm II., statt an der Front den Soldatentod zu suchen oder sich an der Spitze konterrevolutionärer Truppen Richtung Berlin in Marsch zu setzen, „die Armee quasi als Fahnenflüchtiger verlassen", so galt auch sein Sohn, Wilhelm Kronprinz von Preußen, vielen als „Waschlappen" und „Schwächling", jedenfalls nicht als der „Titane", dem es einzig gelingen könne, das deutsche Vaterland noch zu retten. Angesichts derart geschwundener Hoffnungen auf das Haus Hohenzollern verwandelten sich die monarchistischen Träume deutschnationaler Adeliger wie Friedrich Graf von der Schulenburg oder Arnim-Boitzenburg mehr und mehr in einen „zunächst diffusen Führermythos".[92]

Wenn selbst im Hauptverein der Konservativen „mehr über die Juden als vom König gesprochen wurde"[93], so verweist dies auf eine weitere zentrale Komponente der völkischen Umdeutung konservativer Traditionen. Adlige aus den renommiertesten Familien hatten etwa im Januar 1919 jubiliert, als „die freche Jüdin Rosa Luxemburg gelyncht" worden war.[94] Als ein Jahr später auf dem Adelstag der Deutschen Adelsgenossenschaft (DAG) über eine von völkischen Kräften beantragte Statutenänderung entschieden wurde, regte sich gegen die Einführung eines Arierparagraphen kein grundsätzlicher Einspruch. Zweifelsohne also erfüllte der Antisemitismus die Funktion eines „kulturellen Codes" (S. Volkov), lieferte Feindbilder und Leitbegriffe, über die sich gerade auch Deutschnationale von Adel mit der NS-Bewegung zu verständigen vermochten. Was Marcel Proust während der Dreyfus-Affäre in Frankreich beobachtet hatte, galt für Deutschland nicht minder: Der Antisemitismus brachte „den Herzog seinem Kutscher näher".[95] Die regionalen Differenzierungen, die Malinowski bezüglich der

[90] *Malinowski*, Vom König zum Führer (wie Anm. 5), 605f.
[91] Ebd. 257.
[92] Ebd. 244f.
[93] Ebd. 245.
[94] Den Tagebucheintrag Andreas von Bernstorffs zitiert *Malinowski* (ebd. 224) nach dem Buch von *Eckart Conze*, Von deutschem Adel. Die Grafen von Bernstorff im zwanzigsten Jahrhundert. Stuttgart/München 2000, 156.
[95] *Malinowski*, Vom König zum Führer (wie Anm. 5), 336f., 483.

nationalsozialistischen Virulenz im Adel vornimmt, stimmen nicht zufällig mit dem allgemeinen Grad der politischen Radikalisierung in unterschiedlichen konservativen Milieus deutscher Länder überein: Von den 21 Landesabteilungen der DAG vertraten einzelne norddeutsche, besonders Hinterpommern, Pommern, Mecklenburg und Hamburg „einen äußerst aggressiven antirepublikanischen Kampfkurs", im fränkischen Adel standen vor allem die protestantischen Familien den preußischen Orientierungen näher als den gemäßigteren altbayerischen, welche sich wiederum auch in Baden und in Württemberg erkennen lassen.[96] Zwischen dem süddeutschen und dem nordostdeutschen Pfad bewegte sich der katholische, aber seit 1815 auch preußische Adel Westfalens. Die DAG insgesamt entfernte sich schließlich von allen Strömungen des gouvernementalen Konservativismus, die es bis 1928 in der DNVP gegeben hatte, und wurde von ihrer Leitung „mit großer Konsequenz" in die Harzburger Front, ja 1932 sogar in die NS-Bewegung geführt.[97]

VI.

Selbst bei der deutschnationalen „Bürgerpartei" im liberal geprägten Württemberg, über die wir seit jüngstem durch die gründliche Studie von Reinhold Weber gut informiert sind[98], setzten sich die Hugenberg-Anhänger durch. Bemerkenswert ist dies vor allem insofern, als in Württemberg die politischen Uhren seit der Gründungsphase der Weimarer Republik eigentlich ganz anders gegangen waren als in Preußen, aber auch als in Bayern. Waren München und Berlin 1918/19 von blutigen Revolutionen erschüttert worden, die in ihren politisch-kulturellen Spätfolgen – vor allem in Form eines glühenden Antibolschewismus – tendenziell auf die konservativen Milieus im ganzen Land ausstrahlten, so blieb Stuttgart nicht nur von bürgerkriegsähnlichen Unruhen, sondern auch von einer kulturkämpferischen SPD/USPD-Revolutionsregierung verschont. Obendrein wies die regionale deutschnationale Gründungsgeschichte wesentliche Spezifika auf: Zum einen sammelten sich in der „Bürgerpartei" nicht nur die alten Deutschkonservativen, sondern mehr noch viele vormals Parteilose sowie ein „nicht zu vernachlässigender Teil"[99] der ehemals Nationalliberalen, was der Neugründung einen merklich moderateren Ton gab als dem Reichsverband der DNVP (ihm trat die Bürgerpartei erst im November 1920 offiziell bei[100]); zum anderen schloß sich der Württembergische Bauernbund als landesspezifischer Ableger des Bundes der Landwirte den Deutschnationalen nicht

[96] Ebd. 325 (Zitat) u. 378.
[97] Ebd. 354.
[98] *Weber*, Bürgerpartei und Bauernbund (wie Anm. 5).
[99] Ebd. 125.
[100] Ebd. 16.

faktisch an – wie das die regionalen BdL-Verbände in Preußen oder Bayern taten –, sondern blieb unter dem erweiterten Namen „Württembergischer Bauern- und Weingärtnerbund“ parteipolitisch selbständig[101]. Wie günstig sich diese Entscheidung für die Stabilität des ländlich-protestantischen Elektorats und des sich darauf stützenden Bauernbundes auswirkte, sollten die Entwicklungen Ende der 1920er Jahre erweisen, als die ländliche Interessenpartei von den Kontroversen um den Hugenberg-Kurs in der DNVP nur indirekt tangiert wurde.

Unmittelbar davon erfaßt wurde dagegen die Bürgerpartei – und zwar obwohl sie von allen Deutschnationalen mit am weitesten in die Republik hineingewachsen war; obwohl sie zudem 1919 auf monarchistische Bekenntnisse verzichtet und das „Mitwirken in jeder Staatsform“[102] betont hatte; obwohl sie ihren gewählten Reichstagsabgeordneten sogar freigestellt hatte, sich im Reichstag der DNVP oder der DVP-Fraktion anzuschließen[103]; und obwohl sie von 1924 bis 1928 (im Rahmen einer Koalition aus Bürgerpartei, Bauernbund und Zentrum) mit dem vom Naumann-Kreis herkommenden Wilhelm Bazille den ersten deutschnationalen Regierungschef in einem größeren Land der Weimarer Republik stellte[104]. Zwar wurde der Zwiespalt zwischen „systemoppositioneller Partei und gouvernementaler Fraktion“ in Württemberg „nicht in der Härte empfunden wie im Reich“[105], andererseits begann der Prozeß, „der die Partei schrittweise auf Hugenberg-Kurs brachte“, hier schon nach den Landtagswahlen Ende Mai 1924, als Anhänger des radikal-nationalistischen Pressezaren den relativ liberalen und politisch gemäßigten Theologen Gustav Beißwänger als Vorsitzenden entmachteten und den Rechtsanwalt Ernst Schott – einen früheren Deutschkonservativen und Vorstand des Reichsverbandes gegen die Sozialdemokratie – sowie den Chemieindustriellen Fritz Wider – Hauptmann der Reserve, „ausgesprochener Vertreter des völkischen Gedankens“ und Verbindungsmann der Vaterländischen Verbände – an die Spitze der Partei rückten.[106]

[101] Auch in Thüringen, Baden oder Hessen gab es schon in den 1920er Jahren parteipolitisch selbständige Landbundlisten; *Pyta*, Dorfgemeinschaft (wie Anm. 5), 297.

[102] *Weber*, Bürgerpartei (wie Anm. 5), 128.

[103] Ebd. 129.

[104] Den ersten deutschnationalen Regierungschef auf Länderebene gab es nicht in Württemberg, sondern im Freistaat Mecklenburg-Strelitz, wo Karl Schwabe seit August 1923 das Staatsministerium leitete. Vgl. auch *Trippe*, Konservative Verfassungspolitik (wie Anm. 5), 203.

[105] *Weber*, Bürgerpartei und Bauernbund (wie Anm. 5), 138.

[106] Vgl. ebd. 126, 128, 130, 140f., 419 (Zitat), 258. Beißwänger war vor dem Krieg Mitglied bei den Nationalsozialen Naumanns gewesen, ohne dort aber besonders hervorgetreten zu sein. Der autokratisch rüde, aber durchsetzungsstarke Wider, der seit 1919 unangefochten die wichtigste Ortsgruppe der Bürgerpartei in Stuttgart führte, blieb auch unter dem 1927 bis 1933 amtierenden Parteivorsitzenden Walter Hirzel, einem eher blassen Kommunalpolitiker, „der heimliche Vorsitzende“ der württembergischen Deutschnationalen (ebd. 141).

Wider wurde auch zur treibenden Kraft einer Fronde gegen den Staatspräsidenten Bazille, die ein deutschnationaler Landtagsabgeordneter und Vorstandsmitglied der Vaterländischen Verbände aus Ulm im Herbst 1926 mit dem Vorwurf eröffnete, die nationalen Verbände, dem die Bürgerpartei ihre „Kampfkraft" (und den Wahlsieg von 1924) verdankte, hätten ausgerechnet im Württemberg Bazilles „die schlechteste Stellung im Reich".[107] Auch die mangelnde Bindung an den Reichsverband der DNVP wurde moniert, firmierte man doch nach wie vor als „Württembergische Bürgerpartei" mit der lediglich hinzugefügten Ergänzung „Deutschnationale Volkspartei Württembergs". Nachdem sich 1928 die Hugenbergianer schon mit der Umbenennung in „Landesverband Württemberg der Deutschnationalen Volkspartei (Württembergische Bürgerpartei)" durchgesetzt hatten[108], gelang es Wider im Sommer 1930 schließlich, Bazille auch sein Reichstagsmandat zu entreißen und ihn als Kandidaten für die vorgezogenen Neuwahlen zu verhindern; allerdings hatte Bazille kurz zuvor bei den Abstimmungen über die Brüningschen Notverordnungen ohnedies ganz mit Hugenberg gebrochen und sich zusammen mit den Abgeordneten des Württembergischen Bauern- und Weingärtnerbundes der Westarp-Gruppe angeschlossen.[109]

Die Durchsetzung der Hugenberglinie selbst in Württemberg wirft die Frage auf, wie es die vergleichsweise moderate Bürgerpartei eigentlich vorher mit der extremen Rechten gehalten hatte? Zunächst fällt ins Auge, daß diesem Problem im „Ländle" kein ähnlich großes Gewicht zukam wie in Bayern oder Pommern; und zwar einfach deshalb nicht, weil die vaterländischen Verbände in Württemberg, schwach und zersplittert wie sie wohl auch infolge einer regional besonders ausgeprägten „konservative(n) Organisationsunwilligkeit" waren, „als Basis einer milieuhaften Verdichtung versagten"[110] und für die NSDAP nur einen mageren Nährboden abgaben. Dennoch galt auch für die württembergische DNVP, „daß sie sich von völkisch-antisemitischen Gruppierungen und Verbänden nie wirklich distanzierte"[111] und damit langfristig die von Hugenberg verfolgte NSDAP-Option für Teile der Partei plausibler machte.[112]

[107] Ebd. 140.
[108] Ebd. 16.
[109] Ebd. 142.
[110] Ebd. 276, 277 (Zitate) sowie 139.
[111] Ebd. 402.
[112] Ad illustrandi causa sei nur die Karriere des promovierten Philosophen und Publizisten Bodo Kaltenboeck erwähnt, der zeitweilig die Geschäfte der NSDAP geführt, diese aber nach persönlichen Querelen verlassen hatte und im Frühjahr 1924 zum Generalsekretär der Bürgerpartei avancieren konnte. Wider hielt ihm nämlich zugute, „für sein mutiges Auftreten in der völkischen Sache" bekannt zu sein, indes wegen seines „besonnenen Standpunktes" den Bruch mit den radikaleren Völkisch-Sozialen habe vollziehen müssen. Erst als Kaltenboeck in der Folgezeit die deutschnationale Bismarckjugend in Stuttgart doch „zu stark an die völkischen Verbände herangeführt hatte", wurde ihm zum Juni 1927 gekündigt. Ebd. 149f.

Als wesentlichen inhaltlichen Berührungspunkt zwischen Konservativen und völkischer Bewegung hatte eine Artikelserie des Bauernbundes im Frühjahr 1923 „die gemeinsame Abneigung gegen das Judentum“[113] genannt. Aber nicht nur der Bauernbund polemisierte nach 1918 verstärkt gegen das „moderne jüdische Wesen“ in Großkapital und Großhandel und identifizierte es in abgrenzender Absicht mit Liberalen und Sozialdemokraten[114]; auch die im städtischen Milieu agierende Bürgerpartei wurde zwischen 1918 und 1924 geradezu zum „antisemitischen Monopolisten im Parteiensystem des Landes“[115]. Zwar bekamen die Deutschnationalen mit dem Aufstieg der völkischen Bewegung dann Konkurrenz bei der Besetzung dieses Themas, doch blieb der Antisemitismus, auch nachdem er 1924 seinen vorläufigen Höhepunkt überschritten hatte, zweifelsohne virulent und „revitalisierbar“[116]. Symptomatisch war etwa die Berichterstattung in der „Schwäbischen Landjugend“ über eine Versammlung des Jungbauernbundes, für den der Antisemitismus ohnehin „fast Selbstverständlichkeit“ blieb, im Herbst 1927: „Der Saal war stubenrein, Juden waren nicht anwesend, denn es gab ja nichts zu verdienen“.[117]

Trotz der breiten völkischen Berührungsflächen zur NSDAP begingen die Agrarkonservativen in Württemberg aber nicht den Fehler, der etwa dem Bayerischen Landbund unterlief, indem er sich nicht immer entschieden genug unter Verweis auf andere Dissenspunkte von den „Parteivölkischen“ distanzierte. Der Bauern- und Weingärtnerbund erklärte dagegen im März 1924 klipp und klar, daß er und seine Mitarbeiter „in einem entschiedenen Gegensatz zur derzeitigen nationalsozialistischen Bewegung in Württemberg und ihren Führern stehen“.[118] Und in den letzten Jahren der Weimarer Republik machte der Bauernbund seinen vergleichsweise gemäßigten Standpunkt zudem dadurch deutlich, daß er auf seinem „Ticket“ den volkskonservativen Hugenberg-Gegner Bazille bis 1933 als Kultusminister in die Landesregierung entsandte. Erleichtert wurde diese agrarkonservative Abgrenzungsstrategie gegen die extreme Rechte gewiß noch dadurch, daß die Spitze der evangelischen Kirche, die für die bäuerliche Wählerklientel neben dem Bauernbund wichtigste Autorität, sich vehement gegen die NSDAP und den NS-Pfarrerbund wandte[119] (während in Bayern Landesbischof Meiser, anders als der württembergische Kirchenpräsident Wurm, in dieser Frage stärker taktierte).

[113] Ebd. 420.
[114] Ebd. 400f.
[115] Ebd. 401f.
[116] Ebd. 429.
[117] Ebd. 180.
[118] Ebd. 268.
[119] Ebd. 239.

Vor dem Hintergrund der sehr spezifischen württembergischen Verhältnisse kommt Reinhold Weber – mit ausdrücklichem Bezug auf Mergels Thesen vom deutschnationalen Tory-Konservativismus – zu dem Schluß, „Systemfeindschaft, Rechtsradikalität und Lernunfähigkeit der geschrumpften Hugenberg-DNVP" hätten „die vorhergehenden Jahre verdeckt, in denen die Partei mit pragmatischer Kooperation als systemintegrierter Konservatismus aufgetreten war".[120] Zwischen „antirepublikanisch-reaktionär und reformkonservativ-etatistisch" oszillierend, seien die beiden konservativen Parteien in Württemberg – so wie die Reichs-DNVP – keineswegs „generell auf Fundamentalopposition gepolt" gewesen.[121] Daß die Haltung der württembergischen Konservativen zur Republik ab 1924 durch ihre – anders als in Bayern sogar führende – Beteiligung an der Landesregierung „geprägt" wurde, die der „fundamentaloppositionellen Kritik den Wind aus den Segeln"[122] nahm, ist sicher kein falscher Befund. Natürlich galt für die Deutschnationalen im Südwesten, daß sie „in der Koalition mit dem Zentrum selbst das ‚System' waren"[123], gegen das man nun einmal nicht so massiv agitieren konnte, wie das vor allem unter den preußischen Verhältnissen möglich war; und richtig ist sicher auch, daß ein Tory-Konservativismus der Bürgerpartei und dem Bauernbund tendenziell etwas leichter fiel, weil die SPD in Württemberg „weniger ‚links'", das Zentrum dagegen konservativer als im Reich auftrat.[124] Dennoch gibt es einen gewissen Widerspruch zwischen der These eines pragmatisch-republikanischen Schubs ab 1924 und dem Befund, bereits damals hätte die Erosion der Bürgerpartei „durch das Aufbrechen interner [...] Gegensätze" begonnen.[125] Beides zusammen genommen spricht nicht gerade dafür, daß die Bürgerpartei in den 1920er Jahren tatsächlich so „fundamentale Wandlungsprozesse"[126] durchlief, wie argumentiert wird, sondern eher dafür, in der „Uneinheitlichkeit" heterogener Zielvorstellungen das – dauerhafte – „Charakteristikum"[127] auch der württembergischen Konservativen zu sehen. Dabei ist evident, daß selbst in der am stärksten gouvernementalen Phase Mitte der 1920er Jahre völkische Elemente stark genug blieben, um die Partei einer ständigen Spannung auszusetzen und sie im Falle einer neuerlichen schweren Krisis für antirepublikanische Lösungsversuche zu disponieren.

[120] Ebd. 28
[121] Ebd. 365.
[122] Ebd. 367.
[123] Ebd. 514.
[124] Ebd. 428
[125] Ebd. 276.
[126] Ebd. 28.
[127] Ebd. 365.

VII.

Außerhalb Württembergs waren diese Potentiale, das hat der Blick auf die Entwicklung der Deutschnationalen in Preußen und Bayern gezeigt, noch deutlicher zu spüren. Schon in der Gründung der Deutschnationalen aus ganz unterschiedlichen Strömungen heraus war das Dilemma zwischen den „grundsatztreuen“ Gegnern der Republik und den Gouvernementalisten angelegt, die „in dem bestehenden, im Grunde abgelehnten Staat zur Erreichung eigener Ziele“[128] mitarbeiteten und diesen Staat dadurch zumindest in den Jahren 1925 bis 1927 auch stützten. Komplizierter wurde die Lage noch dadurch, daß die beiden großen Lager innerhalb der DNVP keineswegs ganz homogen waren. Vielmehr standen zwischen 1918 und 1930 hinsichtlich der Frage einer Mitarbeit in der Republik genau besehen zwei ablehnende und zwei zustimmende Richtungen nebeneinander. Die alten Deutschkonservativen, die am liebsten an dieser Partei festgehalten hätten, waren aus prinzipiellen, oft legitimistischen Gründen nicht zur Mitarbeit und d. h. auch nicht zum Kompromiß in unpopulären Sachfragen (Dawes-Plan, Verlängerung des Republikschutzgesetzes) bereit. Bei den Alldeutschen, die aus dem nationalliberalen Lager, zum Teil auch von früheren Konservativen Unterstützung erfuhren, reichte die Ablehnung der Republik bis hin zu Staatsstreichplanungen. Seit 1928 aber trafen sich beide negativistische Gruppen in der Bereitschaft, mit Hugenberg und seit 1929/30 auch an der Seite der NSDAP eine „radikale Obstruktionspolitik“ gegen das „System“ zu betreiben. Bei der gouvernementalen Richtung ist zu unterscheiden zwischen einer jüngeren, erst nach Bismarcks Sturz sozialisierten und meist erst durch die Wahlen von 1924 ins Mandat gelangten Generation, die „zum eigentlichen Träger der deutschnationalen Regierungsbeteiligung“ wurde (Hoetzsch, Lindeiner, Keudell, Schlange-Schöningen, Treviranus, Lambach), und einer älteren Gruppe (Westarp, Hergt, Schiele, Schultz/Bromberg), die „nicht nur praktische, sondern auch grundsätzliche Bedenken zu überwinden“ hatten, aber dann „zu zuverlässigen Trägern dieser kompromißbereiten Politik wurden“.[129] Es war ein großer Teil der jüngeren kooperationsbereiten Kohorte, der sich Ende 1929 infolge des erbitterten Konflikts um den Young-Plan von der DNVP trennte, während Westarp einstweilen nur den Fraktionsvorsitz niederlegte, aber so wie andere Gouvernementale der älteren Generation noch in der Partei blieb.

Natürlich ist die Frage erklärungsbedürftig, weshalb ausgerechnet die Reichstagsfraktion mehrheitlich Hugenberg die Gefolgschaft verweigerte.

[128] Konservative Politik im Übergang vom Kaiserreich zur Weimarer Republik. Kuno Graf von Westarp. Bearb. v. *Friedrich Freiherr Hiller von Gaertringen* unt. Mitw. v. *Karl J. Mayer* u. *Reinhold Weber*. (Quellen zur Geschichte des Parlamentarismus und der politischen Parteien, Rh. 3: Die Weimarer Republik, Bd. 10.) Bonn 2001, Einführung, 17*.
[129] Ebd. 18*.

Zweifelsohne hing dies auch damit zusammen – hier haben die Ergebnisse Mergels Erklärungskraft –, daß das tagtägliche Mitwirken in den parlamentarischen Gremien der Republik und vielleicht auch die schöne Option auf das Portefeuille eines Ministers unter Umständen selbst bei jenen eine gewisse gouvernementale Eigendynamik entfaltete, die ideologisch aus einer ganz anderen, antirepublikanischen Welt kamen. Diese Entwicklung war menschlich, allzu menschlich. Obendrein trieb die unmittelbare Konfrontation mit den Schattenseiten der Hugenbergschen Persönlichkeit und deren Führungsstil auch manchen, der ihm inhaltlich tendenziell zustimmte, in das Lager seiner innerfraktionellen Gegner.[130] Dabei darf aber nicht aus dem Blick geraten, daß auch in der gemäßigten Richtung der Deutschnationalen, sowohl der jüngeren wie der älteren Generation, keineswegs alles schwarz-rot-gold war, was da so gouvernemental glänzte.

Der von Mergel so herausgestellte Schlange-Schöningen etwa, der im Januar 1930 die DNVP verließ, hatte im pommerschen Wahlkampf 1928 die zeitweilige Regierungsbeteiligung „als rein taktische Manöver" bagatellisiert, „die nichts an den weltanschaulichen Gegensätzen und Grundsätzen änderten"; auch Schlange-Schöningens im Hinblick auf die deutschnationale Rezeption des Wahlausgangs sehr aufschlußreiche Bemerkungen zur deutschen Sozialdemokratie sprachen nicht gerade für seine Akzeptanz des parlamentarischen Spiels und des Weimarer Parteiensystems. Die Nation, so Schlange-Schöningen, werde nicht nur vom Ausland her bedroht, sondern auch von innen her durch eine SPD, die „wirtschaftszersetzend, sittlich zersetzend und staatszersetzend" sei.[131] Der provinzialsächsische Gutsbesitzer und DNVP-Fraktionsvorsitzende Tilo von Wilmowsky, ebenfalls Repräsentant eines gemäßigt-pragmatischen Kurses, ließ sich gleichwohl zum stellvertretenden Vorsitzenden des 1928 gegründeten Bundes zur Erneuerung des Reiches wählen, der „bereits Handlungsanweisungen für die späteren Präsidialkabinette entwickelte".[132] Wenn „Gouvernementalismus" nach einer zeitgenössischen Definition von Sigmund Neumann den „Einsatz für legale Ordnung" meinte, dann zeigt auch das Beispiel Wilmowskys, daß sich die gemäßigten Konservativen des durch die Weimarer Republik gesetzten Rahmens „nur unter Vorbehalt" bedienten: „Außerhalb des republikanischen Konsenses stehend konnte die gemäßigte Rechte deshalb keine auf der bestehenden Ordnung fußende, überzeugende politische Alternative ent-

130 *Kittel*, Provinz (wie Anm. 5), 577; vgl. auch *Hermann Weiß/Paul Hoser* (Hrsg.), Die Deutschnationalen und die Zerstörung der Weimarer Republik. Aus dem Tagebuch von Reinhold Quaatz 1928–1933. München 1989.

131 *Matthiesen*, Greifswald (wie Anm. 5), 193; vgl. auch ebd. 199.

132 *Wolfgang Zollitsch*, Das Scheitern der „gouvernementalen" Rechten. Tilo von Wilmowsky und die organisierten Interessen in der Staatskrise von Weimar, in: Wolther von Kieseritzky/Klaus-Peter Sick (Hrsg.), Demokratie in Deutschland. Chancen und Gefährdungen im 19. und 20. Jahrhundert. München 1999, 254–273, hier 260.

wickeln. Es gelang ihr aber auch nicht, auf die radikaleren antirepublikanischen Kräfte auf der Rechten mäßigend einzuwirken.“[133]

Der von den Altkonservativen zu den Gemäßigten „konvertierte“ Westarp hatte noch vor seinem Sturz durch Hugenberg 1928 in einer Publikation unter der bezeichnenden Überschrift „Zehn Jahre republikanische Unfreiheit“ Vorschläge zu einer Verfassungsreform gemacht, „die auf den alten antiparlamentarischen Stereotypen aufbauten“. Er plädierte u.a. dafür, dem Reichspräsidenten mehr Machtbefugnisse zu geben und den ungeliebten Artikel 54 der Weimarer Reichsverfassung aufzugeben.[134] In einem aufschlußreichen Briefwechsel mit Schiele vom Sommer 1928 wies Westarp dessen Formulierung: „Der Weg zu einem deutschen Kaisertum führt durch die nationale Republik hindurch“, dezidiert zurück, weil die Erwähnung der „Republikaner“ gerade die „Preisgabe des monarchischen Gedankens als eines der wesentlichen Kernpunkte unseres Programms“ bedeuten würde.[135] Schließlich benutzte auch Westarp den Begriff „Drittes Reich“, um seine Verfassungsvorstellung von der republikanischen Realität abzuheben.[136] Selbst Lambach, jene Symbolfigur der Hugenberg-Gegner, plädierte 1928 eben nicht nur für den Abschied vom Monarchismus, sondern verband „seine demonstrative Abwendung vom König mit einer Orientierung am faschistischen Vorbild Italien“.[137]

In der Suche nach einem „neuen Staat“ jenseits der Weimarer Republik bestand also prinzipiell Übereinstimmung zwischen deutschnationalen Gouvernementalisten und Hugenberg-Anhängern vom Typus eines Hilpert oder Arnim-Boitzenburg, auch wenn sie über den Weg dorthin höchst unterschiedlicher Auffassung sein mochten. Von einer „brüsken Wendung“ erst der Hugenberg-DNVP „gegen Parlamentarismus und Parteienstaat“ kann jedenfalls – anders als Mergel argumentiert[138] – überhaupt nicht die Rede sein. Zu gewinnen ist dieser Befund freilich nur, wenn man von den kulturalistischen Höhen in die Niederungen der inhaltlichen Probleme herabsteigt, die es dem nationalprotestantischen konservativen Deutschland nach 1918 unendlich erschwerten, ja kurzfristig wohl sogar unmöglich machten, die parlamentarische Demokratie Weimars zu akzeptieren.

Vor dem Hintergrund einer selbst Mitte der 1920er Jahre instabil bleibenden wirtschaftlichen Situation waren es vor allem zwei Komplexe, die zur

133 Ebd. 270f.

134 *Trippe*, Konservative Verfassungspolitik (wie Anm. 5), 205.

135 *Karl Dietrich Bracher*, Die Auflösung der Weimarer Republik. Düsseldorf 1984 (zuerst 1955), 281.

136 *Trippe*, Konservative Verfassungspolitik (wie Anm. 5), 206.

137 *Malinowski*, Vom König zum Führer (wie Anm. 5), 258. Allerdings ist die Aussage Lambachs wohl auch im Lichte eines zeitgenössisch recht diffusen Faschismusbegriffes zu verstehen.

138 *Mergel*, Das Scheitern (wie Anm. 9), 367.

Erklärung dieser antirepublikanischen Haltungen zu berücksichtigen sind: Zum einen der heute manchmal zu unkritisch, weil zu sehr in seinem außenpolitischen Kompromißcharakter und zu wenig in seiner mentalitätsgeschichtlichen Bedeutung als „psychologische propagandafähige Potenz" wahrgenommene Vertrag von Versailles. Daß „das harte Versailler ‚Diktat' [...] vor allem im nationalgesinnten deutschen Bürgertum nicht akzeptabel war" (M. Broszat), hat die antirepublikanische Position der DNVP – man denke nur an ihre Haltung gegenüber den Locarno-Verträgen und deren Architekten Gustav Stresemann, aber auch an das Volksbegehren gegen den Young-Plan – ganz maßgeblich bestimmt.[139] Zum anderen konnte der Schock von Versailles sich vor allem deshalb so ungehemmt entfalten, weil er sich mit dem Trauma des deutschen Nationalprotestantismus verband: Das Ende des von den Hohenzollern begründeten „Heiligen Evangelischen Reiches Deutscher Nation" (A. Stoecker), mit dem sich viele Protestanten überidentifiziert hatten, war trotz der Enttäuschung über die Flucht des Kaisers offensichtlich schwer zu verkraften. Am ehesten hätte wohl eine parlamentarische Monarchie englischen Typs – angesichts der Affizierung des Hauses Hohenzollern mit „seinem feudal-militärischen Ambiente"[140] durch ein süddeutsches Herrschergeschlecht repräsentiert – die Möglichkeit einer allmählichen Gewöhnung an die Spielregeln parlamentarisch-demokratischen Konfliktaustrags bei Wahrung äußerer historischer Kontinuität und symbolischer nationaler Würde eröffnet.[141] Es ist ja kein Zufall, daß die als vorbildlich geltenden englischen Tory-Konservativen gar keine „stillen Republikaner" zu werden brauchten, sondern Monarchisten bleiben und sich doch gleichzeitig mehr und mehr an parlamentarische Gebräuche gewöhnen konnten. Daß es 1918 in Deutschland anders kam, daß der Zauber der dynastischen Legitimität zerbrach, hat dem deutschnationalen Monarchismus der Weimarer Zeit fast von Anfang an ein eigenartig zwiespältiges Gepräge gegeben. Stark war er nur in der Negation der Republik, schwach aber blieb er in der Konkretion einer möglichen monarchischen Restauration.[142] Die Hoffnung nicht nur des deutschnationalen Grafen von der Schulenburg, das Haus Hohenzollern werde „uns den Prätendenten [...] stellen und dann be-

[139] Vgl. *Manfred Kittel*, Zwischenkriegszeit und Weimarer Republik, in: Horst Möller/Udo Wengst (Hrsg.), Einführung in die Zeitgeschichte. München 2003, 52–99, hier 65.

[140] *Heinrich August Winkler*, Die Sozialdemokratie und die Revolution von 1918/19. Ein Rückblick nach sechzig Jahren. Berlin/Bonn 1979, 72.

[141] Zur anhaltenden Kaisertreue im deutschen Protestantismus nach 1918 vgl. auch *Karl-Wilhelm Dahm*, Pfarrer und Politik. Soziale Position und politische Mentalität des deutschen evangelischen Pfarrerstandes zwischen 1918 und 1933. (Dortmunder Schriften zur Sozialforschung, 29.) Köln/Opladen 1965, 168ff.; die meisten deutschen Pfarrer hätten von den Schwächen Wilhelms II. nichts wissen wollen und bis 1933 in der sonntäglichen Fürbitte des Kaisers gedacht.

[142] So auch *Matthiesen*, Greifswald (wie Anm. 5), 294.

schere uns der Himmel den Mann, der im gegebenen Augenblick den Machtfaktor in unserem Sinn einsetzt“[143], hatte sich bis 1928 weitestgehend erschöpft. Allerdings wuchs die Akzeptanz der Republik keineswegs in gleichem Maße wie der monarchische Gedanke verblaßte, sondern es entstand ein geistiges Vakuum, das für autoritäre Staatskonzepte auch „völkischer“ Art offen war.

Trifft demnach also doch das Wort von den deutschnationalen Steigbügelhaltern Hitlers zu? Das gängige Bild ist nicht gerade glücklich gewählt, weil es suggeriert, das Ziel des apokalyptischen nationalsozialistischen Reiters sei auch dem deutschnationalen Pferdeknecht bewußt gewesen oder gar wünschenswert erschienen. Das trifft aber weder in außen- noch innenpolitischer Hinsicht zu. Zwischen einer Präsidial- oder Militärdiktatur, von der im Lager der DNVP geträumt wurde, und dem totalitären Staat Hitlers bestand ein ebenso großer Unterschied wie zwischen dem zeittypischen, auf die Revision von Versailles gerichteten nationalen Großmachtdenken der DNVP und dem rassenideologischen Lebensraumwahn der NSDAP, auch wenn der diffuse Begriff des Völkischen die Unterschiede zwischen konservativen und nationalsozialistischen Zielen viel zu lange verwischte.[144] Darüber hinaus hat eben nur ein relativ kleiner Teil der alten Deutschnationalen zwischen 1929/30 und 1933 tatsächlich Dienste als Steigbügelhalter Hitlers geleistet; während dies auf die nach Hugenbergs Wahl ausgetretenen Volkskonservativen, die christlich-sozialen Volksdienstler oder die Angehörigen der Christlich-Nationalen Landvolkbewegung entweder gar nicht oder zumindest sehr viel weniger zutrifft.

Das historisch eigentlich Bemerkenswerte an den – mehr oder weniger taktisch geleiteten – deutschnationalen Gouvernementalisten und Hugenberg-Gegnern ist ihre weitere Biographie. Denn aus diesem Kreise rekrutierte sich ein erheblicher Teil der insgesamt eher kleinen, schon vor 1933 politisch aktiv gewesenen nationalprotestantischen Gruppe, die nach 1945 beim demokratischen Neuaufbau der bürgerlichen Parteien CDU, CSU und FDP mitwirkte. Jetzt bewiesen diese Politiker – oftmals nach Erfahrungen im Kirchenkampf der 1930er Jahre, in der inneren Emigration oder in der „Resistenz“ gegen den Nationalsozialismus – jene demokratische Lernfähigkeit, die sie in jüngeren Jahren zu Weimarer Zeiten noch hatten vermissen lassen. Jetzt erst wurden aus mehr oder weniger antirepublikanischen Weimarer Gouvernementalisten wirkliche (Bundes-)Republikaner.[145]

Die glückliche Entwicklung der Bundesrepublik nach 1945 zeigt überdeutlich, daß das konservative Deutschland keineswegs prinzipiell unfähig

143 *Malinowski*, Vom König zum Führer (wie Anm. 5), 244.

144 Hierzu auch instruktiv *Matthiesen*, Greifswald (wie Anm. 5), 276ff.

145 Vgl. *Manfred Kittel*, Erbschuld aus Weimar? Deutschnationale und Nationalliberale in den bürgerlichen Parteien nach 1945, in: Die politische Meinung, Nr. 395, Oktober 2002, 73–77.

war zur Demokratie. Auch schon die Weimarer Rechte hätte – wie etwa die französische im Laufe der Dritten Republik seit den 1870er Jahren – mittel- und langfristig in das parlamentarische System integriert werden können, und die Demokratie hätte nicht scheitern müssen, wenn die Weltwirtschaftskrise in Deutschland nicht dieses Ausmaß angenommen hätte und wenn die tiefen antirepublikanischen Affekte der Deutschnationalen mehr Zeit gehabt hätten, sich an ökonomischen und außenpolitischen Stabilisierungserfolgen des Weimarer Staates abzuschleifen. Insofern ist Mergels Plädoyer für die prinzipielle Offenheit der deutschen Geschichte in den Jahren zwischen 1918 und 1930/33 natürlich zuzustimmen; nur rennt er damit offene Türen ein, weil die von ihm unterstellte, seit Brachers „Auflösung der Weimarer Republik“ anhaltende Blendung der Politikgeschichte durch einen „gewissen Finalismus“[146] so nie stattgefunden hat[147]. Daß die Republik nach 1929 tatsächlich zusammenbrach – ein Faktum, an dem man nun einmal nicht vorbeikommt –, lag zum einen an den inneren Strukturschwächen des parlamentarischen Systems, zum anderen lag es an der Überlast unbewältigter Probleme seit 1918, an der Explosion des völkischen Denkens infolge von Versailles[148] und an einem nach dem Abdanken der Hohenzollern wuchernden Pseudo-Monarchismus, dem die „konstruktiv“-reaktionäre Kraft zwar fehlte, der aber doch den Boden für die Revolution des Dritten Reiches mit bereitete.[149]

Mergels axiomatische Setzung, es seien „nicht die materiellen Entscheidungen [...], welche die Eigenart und Legitimität eines politischen Systems ausmachen, sondern die Art, wie mit ihnen umgegangen wird“[150], erweist sich in dieser – pardon: politikgeschichtlichen – Sicht der Dinge schlicht und einfach als falsch. Ganz offensichtlich wird die Legitimation eines Staatssystems eben nicht nur „durch Verfahren“ (im Sinne von Niklas Luhmann) und Kommunikation, sondern „auch durch Inhalte hergestellt“.[151] Politik-, verfassungs-, wirtschafts- und sozialhistorische Ansätze bleiben also weiterhin unverzichtbar zur Erklärung jener unverändert fundamentalen Frage an die deutsche Geschichte, auf die Mergel so gut wie jede Antwort schuldig

[146] *Mergel*, Parlamentarische Kultur (wie Anm. 4), 14.

[147] Vor Mergel hat sich vor allem Peter Fritzsche in provokativer Weise dagegen gewandt, das Scheitern der Republik zum Maßstab der Weimar-Deutung zu machen. *Peter Fritzsche*, „Did Weimar Fail?“, in: JModH 68, 1996, 629–656. Tatsächlich aber kann von einer „Offenheit der Optionen“ (*Mergel*, Parlamentarische Kultur [wie Anm. 4], 17) auch ausgehen, wer sich vor allem für das Scheitern der Republik interessiert.

[148] *Kittel*, Provinz (wie Anm. 26), 238ff.

[149] Zum revolutionären Charakter der NS-Machtergreifung vgl. *Horst Möller*, Die nationalsozialistische Machtergreifung. Revolution oder Konterrevolution?, in: VfZ 31, 1983, 25–51.

[150] *Mergel*, Parlamentarische Kultur (wie Anm. 4), 26.

[151] So zu Recht *Patrick Horst* in seiner Besprechung der Studie Mergels in: Zeitschrift für Parlamentsfragen 2004, H. 1, 176–180, hier 180.

bleibt: Weshalb es dem Nationalsozialismus unter den Bedingungen der parlamentarischen Republik gelingen konnte, zur Massenbewegung zu werden und 1933 die Macht zu übernehmen?

Wenn Mergels rein kulturalistischer Ansatz das Verständnis für das Scheitern der Deutschnationalen und das Ende Weimars also eher erschwert, so heißt das nicht, daß damit ein Generalbeweis für die Untauglichkeit kulturhistorischer Methoden in der Politikgeschichte erbracht wäre. Keine der hier vorgestellten, von Mergels Hauptthesen substantiell abweichenden Arbeiten mit DNVP-Bezug bewegt sich in den alten Bahnen einer auf Organisation, Programm und Eliten fixierten Parteiengeschichte. Bösch, Matthiesen und Pyta gehen von dem von Lepsius geprägten Milieuansatz aus und fokussieren nicht auf die konservativen Parteien selbst, sondern „auf die mit ihnen verbundenen Organisationsnetze, die das gemeinsame Weltbild vor Ort prägten, Außengrenzen schufen und Weltbilder langfristig übermittelten“.[152] Malinowskis Dissertation verdankt sich wohl der kulturalistischen Erweiterung der Sozialgeschichte, die ein neues Bewußtsein für die politischen Überlebensstrategien des deutschen Adels weckte, versteht es aber geschickt, die kultur- und sozialgeschichtlichen Entwicklungsfäden mit den politischen zusammenzuhalten. Die erwähnten Studien über die bayerischen Deutschnationalen sind im Zusammenhang eines international vergleichenden, deutsch-französischen Projekts entstanden, das von dem in der Annales-Tradition entwickelten mentalitätsgeschichtlichen Ansatz der „langen Dauer“ ausgeht, von einer Methode mithin, die Mergel selbst der Kulturgeschichte zurechnet. Webers Buch über Bürgerpartei und Bauernbund in Württemberg schließlich nimmt „nach der kulturalistischen Wende in der Geschichtswissenschaft die Kulturkategorie“ sogar ganz explizit „ernst“ und ist bemüht, „die konzeptionelle Trennung von organisatorischer und programmatischer Parteigeschichte einerseits sowie sozialstrukturell-statistischer Wahlforschung andererseits“[153] aufzuheben.

Die Gemeinsamkeit all dieser Arbeiten besteht darin, daß sie sich von kulturhistorischen Perspektiven je nach Fragestellung zwar mehr oder weniger stark anregen lassen, das kulturalistische Pferd aber nicht so wild reiten, bis es völlig entkräftet unter dem Reiter zusammenbricht. Sie nehmen die Zeichen nicht wichtiger als die Interessen, die Diskurse über Entscheidungen nicht wichtiger als die Entscheidung selbst und tappen nicht in die Falle, von der inhaltlichen Dimension politischer Geschichte zu sehr zu abstrahieren. Dies trifft im übrigen auch auf die jüngst erschienene Habilitationsschrift Thomas Raithels zu, die thematisch am engsten mit der Studie Mer-

[152] *Bösch*, Das konservative Milieu (wie Anm. 5), 11; vgl. auch *Matthiesen*, Greifswald (wie Anm. 5), 15ff. Matthiesen (ebd. 300) kommt dabei zu dem Schluß, dem Doppelbegriff des „konservativen Milieus“ fehle es an Konsistenz.
[153] *Weber*, Bürgerpartei und Bauernbund (wie Anm. 5), 20.

gels verwandt ist. Raithels Vergleich des Weimarer Reichstages mit der französischen Abgeordnetenkammer unter dem Gesichtspunkt systemischer Stabilität bezieht kultur- und mentalitätsgeschichtliche Fragestellungen ein, bleibt aber argumentativ stets auf dem Boden der politischen Tatsachen.[154] Bemerkenswert ist das vor allem auch insofern, als Raithel vom Forschungsgegenstand des Weimarer Parlamentarismus aus zu ganz ähnlichen Fragen kommt wie Mergel: Hätte man die Deutschnationalen nicht besser in das parlamentarische Spiel einbeziehen müssen, um das System stabiler zu machen? Hätte ein früherer Versuch der Einbindung schon in den Jahren 1922/23 erfolgen können, was angesichts der guten Beziehungen zwischen dem deutschnationalen Finanzexperten Karl Helfferich und Reichskanzler Wilhelm Cuno ohnehin nahelag; und hätte dies dem Prozeß der Sezession der radikal Völkischen aus der DNVP weitere Dynamik gegeben? Bedenkenswert ist die Frage nach einem solchen frühen „window of opportunity" schon deshalb, weil man tatsächlich ins Grübeln kommen kann, ob der abermalige Wachstumsschub des völkischen Gedankens im Ruhrkampf ebenso verheerend gewesen wäre, wenn die DNVP damals bereits Regierungsverantwortung mitgetragen hätte. Und am Management der Inflationskrise war die DNVP mit den Konzepten Helfferichs ja schließlich ohnehin führend beteiligt.

Solche Überlegungen sind sehr anregend, vermögen sie doch den manchmal etwas fixierten Blick auf die Weimarer Parteienprüderie, auf den vermeintlichen Mangel an politischer Kompromißfähigkeit sowie auf das Scheitern jener – von bundesdeutschen Historikern vielgeliebten – Großen Koalition 1930 zu lösen, die indes besser vielleicht gar nicht erst zustande gekommen wäre.[155] Dennoch bleibt die Frage hypothetisch, wie die deutschnationale Basis auf eine frühe Regierungsbeteiligung – ob in direkter oder indirekter Form – reagiert hätte. Die Annahme einer „stillen Republi-

[154] Dies ist vermutlich auch dadurch zu erklären, daß bei Raithel die Inflationskrise im Mittelpunkt der Untersuchung steht, die Mergel bezeichnenderweise weitgehend ausblendet. *Thomas Raithel*, Das schwierige Spiel des Parlamentarismus. Deutscher Reichstag und französische Chambre des Députés in den Inflationskrisen der 1920er Jahre. München 2005.

[155] Zur grundsätzlichen Problematik Großer Koalitionen in der Weimar Republik vgl. v. a. auch *Thomas Raithel*, Funktionsstörungen des Weimarer Parlamentarismus, in: Moritz Föllmer/Rüdiger Graf (Hrsg.), Die „Krise" der Weimarer Republik. Zur Kritik eines Deutungsmusters. Frankfurt am Main 2005, 256f. In eine ähnliche Richtung argumentiert Andreas Wirsching: Die Große Koalition sei zwar das „Lieblingskind [...] der historischen Forschung", aber „eigentlich eine systemwidrige Idee", weil sich die DVP, wenn sie mit der SPD zusammenging, „gemessen an der historischen Logik des deutschen Parteiensystems, in der falschen Koalition" befunden habe. *Andreas Wirsching*, Koalition, Opposition, Interessenpolitik. Probleme des Weimarer Parteienparlamentarismus, in: Marie-Luise Recker (Hrsg.), Parlamentarismus in Europa. Deutschland, England und Frankreich im Vergleich. München 2004, 41-64, hier 51.

kanisierung" der DNVP geht jedenfalls auch nach Ansicht Raithels zu weit.[156]

Bei aller Problematik wird man ein Verdienst der Studie Mergels forschungsgeschichtlich vielleicht einmal darin sehen, daß sie gerade durch den plakativen Charakter ihrer Deutungen zu einer neuen, gründlicheren Betrachtung der Geschichte der DNVP angeregt hat. Denn die Deutschnationalen standen ja – trotz ihrer fatalen Bedeutung für die Geschichte Weimars – lange genug im Schatten des Interesses einer Fachöffentlichkeit, die sich generell stärker auf die Arbeiterbewegung oder vielleicht noch den Zentrums-Katholizismus konzentriert hat. Nicht das schlechteste Zeichen für die Wissenschaftskultur hierzulande ist es wohl auch, daß das Urteil über den Weimarer Konservativismus – ähnlich wie etwa beim Streit um den Reichstagsbrand – offensichtlich nicht von gegenwartsbezogenen politischen Positionen beeinflußt wird. Andererseits bedarf es nur geringer Phantasie, um sich vorzustellen, wie betroffen Teile der Zunft und des deutschen Feuilletons reagiert hätten, wenn die Thesen zur „stillen Republikanisierung" der DNVP an einem anderen Ort als im Bielefelder Milieu entstanden wären.

[156] *Raithel*, Funktionsstörungen (wie Anm. 155), 256.

V. Militärgeschichte als politische Geschichte

Bürokratisierung, Zentralisierung, Sozialdisziplinierung, Konfessionalisierung, Militarisierung

Politische Geschichte der Frühen Neuzeit als „Machtstaatsgeschichte“

Von

Michael Hochedlinger

Lucien Febvre (1878–1956), Gründervater der „Annales“ und nicht gerade zimperlicher Intimfeind traditioneller politischer Geschichte, hatte zweifellos recht: Es gibt nur eine Geschichte – „l'histoire tout court“. In Wahrheit aber muß sich der Historiker heute, da keine gleichgerichtete historische Forschung unter dem einst kanalisierenden (und verengenden) „Primat der Politikgeschichte“ mehr existiert, damit trösten, daß man in der Alltagspraxis ohne scharfe, für die Synopsis am Ende natürlich gefährliche Arbeitsteilung schlicht und einfach nicht mehr das Auslangen findet. Eine Zusammenschau ist angesichts von Zugangs- und Methodenvielfalt, Hyperspezialisierung und sogar institutionell zementiertem Neben- und auch Gegeneinander der Subdisziplinen nicht mehr möglich. Von der reklamierten „histoire totale“, die letztlich in der Ausweitung des Historikerinteresses steckengeblieben ist, scheint gerade die Frühneuzeitforschung weiter entfernt denn je. Vielmehr tritt das allzu selbstbewußte Bekenntnis zum Ausschnitthaften dem Wunsch nach Vollständigkeit und weitestgehender Materialbeherrschung oft genug in den Weg. Selbst Weltanschauungen und politisches Lagerdenken haben in der Postmoderne ihren Einfluß und ihre einstige Zwingmacht zugunsten von in Wahrheit freilich nicht weniger tyrannischen, dabei aber noch viel beliebigeren Modeströmungen verloren.[1]

Es bedarf, wenn sich auch die „politische Geschichte“ der Frühen Neuzeit eine Nische sichern will, eines ganzheitlicheren Interpretationszusammenhangs, der forschungsanregend und in Maßen forschungsleitend wirksam werden kann. Eben daran scheint es der verschüchterten „Politikgeschichte“ der Frühen Neuzeit in ihrer „realgeschichtlichen Einlösung“ oft zu mangeln. Im folgenden soll skizzenhaft und sehr zugespitzt ein möglicher integrativer Zugang in Erinnerung gerufen werden, der bewußt den Staat und sein Aus-

[1] Man staunt, der Militärhistoriker freut sich wohl, in Hans-Ulrich Wehlers Besprechung von Johannes Kunischs „Friedrich dem Großen“ die „Beharrlichkeit“ lobend erwähnt zu finden, „mit der er [Kunisch] die modische Abstinenz gegenüber der Kriegsgeschichte souverän ignoriert“: *Hans-Ulrich Wehler*, Der große Unbeugsame, in: Die Zeit Nr. 37, 2. 9. 2004, 46f.

greifen nach innen und außen, den frühneuzeitlichen Machtstaat insgesamt, in den Mittelpunkt stellt: „Machtstaatsgeschichte".[2]

I. Was ist „politische Geschichte"?

Die Frage, was denn „politische Geschichte" oder „Politikgeschichte" eigentlich sei, ist in unseren Tagen nicht eben leicht zu beantworten; allein die terminologische Unsicherheit muß nachdenklich stimmen. Mit dem Sprachgebrauch des 18. Jahrhunderts unter „la politique" hauptsächlich die außenpolitische Praxis zu verstehen greift selbstredend zu kurz, auch wenn ab und an im Dickicht des Terminologiedschungels, meist von Kritikern, „Politikgeschichte" mit „Außenpolitikgeschichte" gleichgesetzt wird.

Bleiben wir auf Lehrbuchniveau, so ist Politik ein das Gemeinwesen regulierendes und sicherndes Handeln, seit der Neuzeit vorwiegend dem Staat und seinen Organen zugeordnet. Mittlerweile ist der Begriff mit fortschreitender Entstaatlichung vieler Lebensbereiche verschwommener geworden („Entstaatlichung der Politik"). Wir verwenden „Politik", wie es den aktuellen Entwicklungen zu entsprechen scheint, viel allgemeiner, durchaus auch fernab des Staatlichen, ganz so wie „Strategie" aus dem militärischen Eck längst in den allgemeinen Sprachgebrauch diffundiert ist.

Die „politische Geschichte" aber blieb lange Zeit, gemessen an der breit gewordenen Definition von Politik, doch ein wenig zurück und in einem traditionelleren Verständnis gemeinhin auf Staat und Machtausübung, auf Staats- oder noch besser: Regierungshandeln bezogen. Klassische „Politikgeschichte" handelte eben von Staaten und ihren Institutionen, ihrem Wirksamwerden nach außen in Diplomatie und Krieg (Geschichte der internationalen Beziehungen und Militärgeschichte), ihrer Verfaßtheit, Organisation und Tätigkeit nach innen (Verfassungs-, Verwaltungs- und Behördengeschichte) und natürlich den „großen Männern" (teilweise auch Frauen), „die Geschichte machten", oder von den Machtzirkeln, denen sie entstammten bzw. derer sie sich bedienten (Biographik, High Politics oder „Elitenforschung"). Dieses Verständnis liegt der entwaffnenden Gleichsetzung von Geschichte mit „politischer Geschichte" durch den von Otto Hintze (1861-1940)

[2] *Leon Jespersen*, The Machtstaat in Seventeenth-Century Denmark, in: Scandinavian Journal of History 10, 1985, 271-304, verwendet den Begriff „Machtstaat" in (distanzierter) Anlehnung an Otto Hintze, der den Staat überhaupt als Kriegsführungsorganisation betrachtete, und versteht ihn gegen die oft übliche Zusammenhanglosigkeit finanz- und militärgeschichtlicher Annäherung als Hybride aus Militärstaat und Steuerstaat „with increased expenditure on defence, administration, the court and diplomacy, a state which had also been strengthened partly for reasons of prestige" (272). *Jan Lindegren*, The Swedish Military State 1560-1720, in: Scandinavian Journal of History 10, 1985, 305-336, bedient sich des Begriffs Militärstaat nach Gerhard Oestreich.

geschätzten Regius-Professor für Geschichte in Cambridge John Seeley (1834–1895) zugrunde, der Geschichte als „past politics" und Politik als „present history" definierte.[3]

„Politische Geschichte" war traditionell die „Geschichte aller Lebensäußerungen des Staates", die „Biographie von Staaten" (oder doch staatsähnlicher bzw. alternativer Konstruktionen eines organisierten politischen Gemeinwesens). Kann dies, so möchte man fragen, gerade in der Frühen Neuzeit, einer Epoche, die eben durch die Tendenz zu massiver „Verstaatlichung" bzw. Monopolisierung von Macht und gestaltendem politischen Handeln gekennzeichnet ist, überhaupt anders sein?

Winfried Schulze schreibt nach und neben vielen anderen: „Der Zeitraum der Frühen Neuzeit ist die Epoche der Entwicklung des modernen Staates mit seinen charakteristischen Merkmalen wie zentrale Verwaltung, Beamtenapparat, Gewaltmonopol, einheitliches Rechtssystem, kontinuierliche Besteuerung. [...] In der Gesamtheit seiner Erscheinungsformen ist er zunächst Reaktion auf den Wettbewerb der europäischen Staatenwelt."[4]

Ein naiver Beobachter würde aus der zitierten Feststellung für die Geschichtsforschung auf dem Gebiet der Frühen Neuzeit folgerichtig den Auftrag zu intensiver Beschäftigung mit dem Staat, seinen Organen, seinen (konkreten) Forderungen an die Rechtsunterworfenen und der Bewährung nach außen ableiten. „The State is back in", hieß es schon vor geraumer Zeit, und einflußreiche Arbeiten wie jene von Wolfgang Reinhard zur Geschichte der Staatsgewalt[5] scheinen diese Tendenz auch für die letzten Jahre zu belegen. Bei näherem Hinsehen aber, so gewinnt man den Eindruck, beschränkt sich das Wissen um die Wichtigkeit des Staates und seine Darstellung gleichsam auf die Metaebene der Überblicksdarstellung. Dies hat natürlich auch mit der Wissenschaftspraxis zu tun, die – Ausnahmen bestätigen die Regel – in bedauerlicher Arbeitsteilung dem als Dissertanten, Habilitanden oder Projektanten aufstrebenden Junghistoriker die Kärrnerarbeit aus den Archiven, dem etablierten Kollegen aber die Synthese (oder Problematisierung) bereits geleisteter Forschung für den Studienbetrieb, in jüngerer

[3] Zitiert nach *Richard J. Evans*, In Defense of History. New York/London 1999, 139.

[4] *Winfried Schulze*, „Von den großen Anfängen des neuen Welttheaters". Entwicklung, neuere Ansätze und Aufgaben der Frühneuzeitforschung, in: GWU 44, 1993, 3-18, hier 11. *Gerhard Oestreich*, Strukturprobleme des europäischen Absolutismus, in: ders., Geist und Gestalt des frühmodernen Staates. Ausgewählte Aufsätze. Berlin 1969, 179-197, hier 185, sprach vom „großen Verstaatlichungsprozeß der frühen Neuzeit" und entwickelte davon ausgehend das Konzept der „Sozialdisziplinierung". „Bürokratismus, Militarismus und Merkantilismus, ziviler, militärischer und ökonomischer Staatsdienst, bildeten gleichsam Erscheinungsformen der Sozialdisziplinierung auf den Gebieten der Verwaltung, des Heerwesens und der Wirtschaft" (ebd. 191).

[5] *Wolfgang Reinhard*, Geschichte der Staatsgewalt. Eine vergleichende Verfassungsgeschichte Europas von den Anfängen bis zur Gegenwart. München 1999. Vgl. im Anschluß daran gleichsam angewandt *ders.*, Probleme deutscher Geschichte 1495-1806. (Gebhardt Handbuch der deutschen Geschichte, 10. Aufl., Bd. 9.) Stuttgart 2001, 31-107.

Zeit vermehrt auch zum Besten einer breiteren, nicht-universitären Leserschaft zuweist. Daß dies nicht die vielfach reichlich selbstgerecht für abgehakt erklärte Grundlagenforschung, sondern den Trend zur mitunter doch recht luftigen Denkarbeit aufwertet, versteht sich.

Der Staat in seinen konkreten Ausprägungen und Tathandlungen, das weiß der Fachhistoriker nur zu gut, zählt in Wahrheit nicht unbedingt zu den Liebkindern „innovativer" und „moderner" Frühneuzeitforschung. „Etatismus" ist und bleibt hier vielmehr ein gefährlicher Vorwurf an die Adresse unsensibler staatsfrommer Historiker, die nicht so recht zur Kenntnis nehmen wollen, daß sich die Disziplin, angewidert von der „Dämonie der Macht" und der „Idealisierung von Machtpolitik", nach 1945 bewußt aus ihrer sinistren Rolle als Politikberaterin und Traditions- und Identitätsstifterin zurückgezogen und möglichste Staatsferne zu suchen begonnen hat, und zwar auch forscherisch. Gerade Außenpolitik als gelebte konfrontativ-skrupellose Macht- und Realpolitik wurde insofern zu einem in vielfacher Hinsicht akut belasteten Forschungsfeld. Zugleich ist wiederholt darauf hingewiesen worden, daß „Außenpolitikgeschichte" dort nicht zu blühen vermag, wo fehlender Großmachtstatus oder politisch-moralische Krisen (wie der Vietnam-Krieg in den USA) auch das Interesse an Außen- und Machtpolitik merklich reduzieren.

Die „Politikgeschichte" alten Typs interessierte sich – gewiß zu teleologisch und undifferenziert – für den angeblich konsequenten Weg vom regional bestimmten „Ständestaat" zum zentralisierten Einheitsstaat und seinen Behauptungskampf gegen die Rivalen im Mächtesystem. Nach der Katastrophe der NS-Zeit und des Zweiten Weltkriegs rückte dann auf dem Gebiet der „Politikgeschichte" der Frühen Neuzeit, nicht weniger vom Gegenwartsinteresse angespornt, anderes in das Blickfeld: das Regionale und Partikularistische, das „Nicht-Absolutistische im Absolutismus". Die Stände, bisher als lästige Hemmschuhe auf dem Weg zum Macht- und Zentralstaat verschrien, wuchsen jetzt zu frühparlamentarischen Widerstandszellen gegen den unsympathischen Absolutismus, der gar zu sehr an zeitlich näher liegende Diktatur und Tyrannei erinnerte und heute sogar als Begriff, Konzept und Epochenbezeichnung zum alten Eisen geworfen werden soll. Vielleicht auch deshalb, weil der „Absolutismus" nicht zuletzt ein macht- und außenpolitisches Phänomen gewesen ist, selbst Funktion der Außenpolitik, die umgekehrt wieder hauptsächliche Bewährungsprobe für den absoluten Herrscher war?[6]

[6] *Ulrike Müller-Weil*, Absolutismus und Außenpolitik in Preußen. Ein Beitrag zur Strukturgeschichte des preußischen Absolutismus. (Frankfurter Historische Abhandlungen, Bd. 34.) Stuttgart 1992. Siehe auch *Stephan Skalweit*, Das Zeitalter des Absolutismus als Forschungsproblem, in: Deutsche Vierteljahrsschrift für Literaturwissenschaft und Geistesgeschichte 35, 1961, 298–315, hier 309f.; *Ernst Hinrichs*, Abschied vom Absolutismus? Eine Antwort auf Nicholas Henshall, in: Ronald G. Asch/Heinz Duchhardt (Hrsg.), Der Absolutismus – ein Mythos? Strukturwandel monarchischer Herrschaft in West- und Mitteleuropa. (Münstersche Historische Forschungen, Bd. 9.) Köln/Weimar/ Wien 1996, 353–371.

Kurzum: Es klafft eine merkwürdige Lücke zwischen den Einsichten, die wir immer wieder aus der Vogelperspektive der Lehrbücher aufgetischt bekommen, und dem, was der ungesteuerte Bienenfleiß der Frühneuzeithistoriker zu erforschen sich bemüßigt fühlt.

II. Die neue „politische Geschichte"

Die „politische Geschichte" der Frühen Neuzeit ist ein besonders eindrucksvolles Beispiel dafür, wie stark der Gegenschlag gegen die politische Instrumentalisierung der Disziplin vor 1945 und die in etwa zeitgleiche historiographische Revolution im Zeichen von „Annales" und „nouvelle histoire" in unseren Breiten die konkrete Forschungspraxis umgepolt haben. „Politische Geschichte" war lange Zeit gleichsam in antiker und mittelalterlicher Tradition eine „Chronik" des Berichtenswerten, Exzeptionellen: militärische Großereignisse, diplomatische Verhandlungen, Friedensschlüsse, innere Ereignisse nur dann, wenn von außergewöhnlichem Format (wie revolutionäre Reformen, Hofintrigen, Bürgerkriege, Unruhen, Aufstände usw.). „Politische Geschichte", die sich nicht den Vorgängen im Inneren eines Landes widmete, konnte damit eigentlich nur außenpolitische Geschichte sein: Diplomatiegeschichte als Geschichte der „Hohen Politik", der „Politik der Kabinette", oder aber Kriegsgeschichte, die ruhmredig-wortreiche Darstellung von Schlachten und Kriegszügen, beides rasch vom nationalen, ja nationalistischen Blickwinkel vereinnahmt, beides im wesentlichen „erzählende Ereignisgeschichte", im besten Falle ergänzt um Institutionen-, Behörden- und Organisationsgeschichte. Die positivistische Ausbreitung des in mühsamer Quellenarbeit Aufgefundenen stand in der Pionierphase nach der Öffnung der staatlichen Archive im Vordergrund. Wissenschaftliche Kontroversen waren dementsprechend primär quellen-, nicht konzeptorientiert. Selbst der Lamprecht-Streit störte die Selbstgewißheit des Historiker-Establishments nicht nachhaltig.[7]

Erst nach 1945 mit dem wirklichen Greifen des Einflusses der „Annales"-Historiographie außerhalb Frankreichs wurde gerade die narrative Form der „politischen Geschichte" allenthalben das Feindbild eines gewandelten Geschichtsverständnisses. Auch im deutschen Sprachraum geriet die klassische „politische Geschichte" mit einer gewissen Verzögerung zu einer Art Anti-

[7] In diesem Zusammenhang auch historiographiegeschichtlich interessant: *Gerhard Oestreich*, Die Fachhistorie und die Anfänge der sozialhistorischen Forschung in Deutschland, in: HZ 208, 1969, 320–363. Heute, so scheint es, wird der Umgang mit ungedruckten Quellen kaum noch als besonders spannend empfunden, wenn dann dort, wo der sonst ganz selbstverständliche Zugang zu Archivmaterial durch gesetzliche Regelungen (Schutzfristen) oder andere Hürden blockiert wird.

podin der „neuen, modernen Geschichte".[8] Otto Brunner (1898–1982) sah die „politische Geschichte" noch 1954 letztlich als (immerhin komplementäres) Gegenstück zur Strukturgeschichte (Sozialgeschichte), letztere beschäftige sich mit dem inneren Bau, den Strukturen „der menschlichen Verbände", erstere aber mit dem politischen Handeln.[9]

Im Jahre 1971 stellte Jacques Le Goff als führender Vertreter der „nouvelle histoire" die (rhetorische) Frage, ob die Politik immer noch das Rückgrat der Geschichtswissenschaft sei, und beantwortete sie auch gleich in Fortführung der anatomischen Metapher: Für ihn war die „politische Geschichte" als „histoire événementielle" – „histoire à peu de frais, histoire de la surface" – bestenfalls das Steißbein („croupion") und durfte nur nach grundlegender Erneuerung durch soziologische und anthropologische Fragestellungen im Stile der Arbeiten von Marc Bloch (1886–1944) und Ernst Kantorowicz (1895–1963) wieder hoffähig werden.[10]

Wie so oft bei der Entthronung von historiographischen Moden und Leitbildern ist auch die „nouvelle histoire" in der Euphorie des Angriffs etwas zu weit gegangen. Obwohl niemand Geringerer als Fernand Braudel (1902–1982) verkündet hatte, daß die „politische Geschichte" nicht notwendigerweise Ereignisgeschichte sein müsse, und ihr in seinem vielberufenen Buch „La Méditerranée et le monde méditerranéen à l'époque de Philippe II" (1949) auch einigen Raum gab, wurde sich die Schule der „nouvelle histoire" insgesamt erst in den späten 1970er Jahren wirklich bewußt, daß man teilweise das Kind mit dem Bade ausgeschüttet hatte. Die „politische Geschichte" kehrte allmählich zurück, allerdings in teilweise neuem Gewand, wie Le Goff gefordert hatte. Selbst führende Vertreter der „nouvelle histoire" schrieben Biographien von Herrschern und Staatsmännern, sogar explizite Ereignisgeschichte („histoire-récit") war in vorsichtigen Dosen wieder er-

[8] *Werner Conze*, Die deutsche Geschichtswissenschaft seit 1945. Bedingungen und Ergebnisse, in: HZ 225, 1977, 1–28. Kritisch *Konrad Repgen*, Methoden- oder Richtungskämpfe in der deutschen Geschichtswissenschaft seit 1945?, in: GWU 10, 1979, 591–610. Vgl. insgesamt *Winfried Schulze*, Deutsche Geschichtswissenschaft nach 1945. Taschenbuchausgabe. München 1993. Zum kritischen Blick der „Gesellschaftsgeschichte" auf die „politische Geschichte": *Hans-Ulrich Wehler*, Was ist Gesellschaftsgeschichte?, in: ders., Aus der Geschichte lernen? Essays. München 1988, 115–129.

[9] *Otto Brunner*, Das Problem einer europäischen Sozialgeschichte, in: HZ 177, 1954, 469–494, hier 471. Brunner feiert hier übrigens Otto Hintze und seine „Synthese der Wirtschafts- und Sozialgeschichte im engern Sinn mit der Rechts- und Verfassungsgeschichte und der politischen Geschichte zu einer umfassenden Sozialgeschichte im vollsten Sinn des Wortes" (ebd. 479).

[10] *Jacques Le Goff*, Is Politics still the Backbone of History?, in: Daedalus 100, 1971, 1–19, besser in französischer Sprache in: *Jacques Le Goff*, L'imaginaire médiéval. Essais. Paris 1995, 333–349. „Croupion" kann im übrigen auch „Hinterteil" heißen. Vgl. auch *Ludwig Hüttl*, Das Verhältnis von Ereignis-, Gesellschafts- und Strukturgeschichte dargestellt am Modell der französischen Historiographie der Annales, in: ZBLG 41, 1978, 1039–1096.

laubt, zumal wenn sie aus unverdächtiger Feder, z. B. jener Georges Dubys (1919-1996), floß. „Raconter" und „expliquer", die Struktur aus der „longue durée" und das Ereignis als ihr Symptom, bilden eben doch kein unversöhnliches Gegensatzpaar.[11]

Heute haben wir es mit einer „Politikgeschichte" zu tun, die sich besser in die kräftig umgepflügte historiographische Landschaft schmiegt. Nach der Definition Otto Brunners wäre es eigentlich keine „politische Geschichte" mehr, denn um gestalterisches politisches Agieren[12] im konventionellen Sinn ging und geht es dieser „neuen politischen Geschichte" kaum noch, egal, ob sie sich dem Innenleben oder dem konkreten Außenverhalten eines Staates oder Machtgebildes zuwendet. Man spricht daher konsequenterweise immer weniger von „Politik", sondern verwendet den viel weiteren Begriff des „Politischen". Unter dem Einfluß von Soziologie, Anthropologie und jüngst im Zeichen des „cultural turn" interessieren, man darf es wohl so drastisch ausdrücken, im Grunde nur mehr die Voraussetzungen, Bedingungen und Spielräume politischen Handelns, mehr aber noch Begriffe und Prozesse: politische Kultur, politischer Diskurs, Symbolik, Darstellung und Wahrnehmung von Herrschaft und Macht, Propaganda. „Politische Geschichte" in moderner Sicht ist hauptsächlich Ideen-, Sprach- oder Diskursgeschichte, auch Kunstgeschichte.[13]

[11] *Jacques Le Goffs* Vorwort zur Neuauflage von Jacques Le Goff (Ed.), La nouvelle histoire. 2. Aufl. Paris 1988, 9-22. Vgl. auch *Ilja Mieck*, Die Frühe Neuzeit. Definitionsprobleme, Methodendiskussion, Forschungstendenzen, in: Nada Boškovska Leimgruber (Hrsg.), Die Frühe Neuzeit in der Geschichtswissenschaft. Forschungstendenzen und Forschungserträge. Paderborn 1997, 17-38.

[12] An der Frage „gestalterisches Handeln" und „Moment der freien Entscheindung" versus „Systemzwang" entzündete sich auch die „Hillgruber-Hildebrand-Wehler-Debatte" der 1970er Jahre, an der sich Frühneuzeithistoriker gar nicht beteiligten. Die Literatur zusammengestellt bei *Michael Hochedlinger*, Die Frühneuzeitforschung und die „Geschichte der internationalen Beziehungen". Oder: Was ist aus dem „Primat der Außenpolitik" geworden?, in: MIÖG 106, 1998, 167-179, hier 171f. Siehe auch *Andreas Wirsching*, Internationale Beziehungen, in: Joachim Eibach/Günter Lottes (Hrsg.), Kompass der Geschichtswissenschaft. Ein Handbuch. Göttingen 2002, 112-125. Zur Überwindung der alten Grabenkämpfe nunmehr *Friedrich Kießling*, Der „Dialog der Taubstummen" ist vorbei. Neue Ansätze in der Geschichte der internationalen Beziehungen des 19. und 20. Jahrhunderts, in: HZ 275, 2002, 651-680. Für Andreas Hillgruber (1925-1989), einen scharfen Gegner jedes sozioökonomischen „Reduktionismus", war „politische Geschichte" die „Geschichte der praktizierten Politik, und zwar eine auf die Staaten und ihre Beziehungen untereinander gerichtete Forschung": *Andreas Hillgruber*, Politische Geschichte in moderner Sicht, in: HZ 216, 1973, 529-552. Bedenkenswert *Rudolf Vierhaus*, Handlungsspielräume. Zur Rekonstruktion historischer Prozesse, in: HZ 237, 1983, 289-309.

[13] Siehe auch die Beiträge von *Jacques Julliard*, *Peter Clarke* und *Jacques Revel* zum Abschnitt „Political History in the 1980s", in: Journal of Interdisciplinary History 12, 1981, 29-50, das Kapitel „What is Political History?", in: Juliet Gardiner (Ed.), What is History Today ... ? Basingstoke/London 1988, 18-30. Aus den vielen deutschsprachigen Einführungen seien die zuletzt erschienenen Beiträge von *Rudolf Schlögl*, Politik- und Verfas-

Die zwangsläufig auch narrative „Realgeschichte“, die nicht nach Gesetzmäßigkeiten sucht, blieb im harten Verdrängungswettbewerb oft genug auf der Strecke, auch wenn heute nicht mehr so wütend auf die „Ereignisgeschichte“ eingeschlagen wird wie früher. Aber wer will schon jener kleingeistige, ja geistlose „Geschichtshandwerker“ sein, den die „nouvelle histoire“ so heftig und mit so großem Erfolg gegeißelt hat? Es dominiert mit der gerade aus dem Blickwinkel des Archivars als Geschichtspraktikers überaus bedenklichen „Enthandwerklichung“ unserer Zunft[14], der nicht zuletzt auch dadurch erzwungenen Abwendung vom Konkreten, vom Gegenstand an sich, die Schöpfung, Problematisierung und anschließende Demontage von Konzepten, Leitbegriffen, Periodisierungsversuchen und Epochenbezeichnungen, die ganze Wissenschaftsnetzwerke und universitäre Klientelsysteme in Schlachtordnung gegeneinander antreten lassen. David Cannadine sprach gar von einem Hang moderner Historiker, unlösbare Probleme und Streitfragen regelrecht zu erfinden.[15] Insgesamt stehen wir heute vor einer „Vergeistigung der Staats- und Politikgeschichte“ (Wolfgang Weber), die nicht nur Bereicherung, sondern durchaus auch Verkürzung bedeutet, weil unsere Finanz- und Humanressourcen nun einmal endlich sind.[16]

Es ist hier wohlgemerkt von der Frühen Neuzeit die Rede, dem bevorzugten Experimentierfeld von geschichtswissenschaftlichen Modetrends, denn die Geschichte des 19. und frühen 20. Jahrhunderts und vollends die Zeitgeschichte, die als einzige historische Teildisziplin in unseren Breiten noch eine wichtige politische und hygienische Funktion erfüllt, haben, weil vom Annales-Paradigma nur wenig oder weniger berührt, eine Krise der klassischen

sungsgeschichte, in: Eibach/Lottes (Hrsg.), Kompass (wie Anm. 12), 95–111, bes. 106ff., und *Ute Frevert*, Neue Politikgeschichte, in: ebd. 152–164, angeführt. *Gordon A Craig*, Political History, in: Daedalus 100, 1971, 323–338, ist in Wahrheit ein Plädoyer für (kluge) Diplomatiegeschichte. Vgl. auch *ders.*, On the Pleasure of Reading Diplomatic Correspondence, in: JContH 26, 1991, 369–384, und *ders.*, The Historian and the Study of International Relations, in: AHR 88, 1983, 1–11.

[14] *Michael Hochedlinger*, Das Ende der empirischen Geschichte? Quellenarbeit, Editionen und die „Krise der Frühneuzeitforschung“. Eine Polemik, in: Grete Klingenstein/Fritz Fellner/Hans-Peter Hye (Hrsg.), Umgang mit Quellen heute. Zur Problematik neuzeitlicher Quelleneditionen vom 16. Jahrhundert bis zur Gegenwart. (Fontes Rerum Austriacarum, II/92.) Wien 2003, 91–104; *ders.*, „Wenn wer was von Geschichte hört ...“. Archive, Quellen und Geschichtsforschung. Aphorismen zum Zustand unserer Disziplin, in: Scrinium. Zeitschrift des Verbandes Österreichischer Archivarinnen und Archivare 58, 2004, 88–94.

[15] *David Cannadine*, G. M. Trevelyan. A Life in History. Taschenbuchausgabe London 1997, 220.

[16] Für *Wolfgang Weber*, Voraussetzungen und Erscheinungsformen des Staates in der deutschen Historiographie des 19. und 20. Jahrhunderts, in: Wim Blockmans/Jean-Philippe Genet (Eds.), Visions sur le développement des états européens. Théories et historiographies de l'état moderne. (Collections de l'Ecole française de Rome, Vol. 171.) Rom 1993, 169–202, hier 186, setzt sie bereits mit Friedrich Meinecke (1862–1954) ein.

politischen Geschichte in diesem Ausmaß nicht erlebt. Es bildeten sich hier vielmehr, wie Eckart Conze zutreffend feststellt, zwei unverbunden nebeneinander stehende „historiographische Kulturen“ aus, hier „staatsorientiert-traditionelle Politikhistoriker“, dort „progressive Gesellschaftshistoriker“.[17] Am selbstbewußtesten vermochten sich wohl in der Zeitgeschichte konventionelle Zugänge und das, was in der Frühneuzeitforschung als lähmende positivistische Faktenhuberei abgetan würde, ihren Platz zu bewahren.

Auf dem Feld der Frühneuzeitforschung haben sich dagegen, bezogen auf akademisch geförderte und sanktionierte Bereiche, nur wenige Ruhepole traditioneller „Politikgeschichte“ halten können. In irgendeiner Form, so scheint es, sind all diese „Inseln der Seligen“ auf die seit den 1960er Jahren gegen die letzten Ausläufer des „politisch-moralisch gezähmten Historismus“ erstarkende „Reichsgeschichte“ verwiesen, die im letzten wohl eine spezifisch deutsche Form der Flucht vor der unangenehmen „Machtstaatsgeschichte“ ist und gelegentlich, wie für Außenstehende sehr merkwürdige Parallelisierungsversuche zwischen Altem Reich und Bundesrepublik zeigen, durchaus politische Identitätsstiftung versucht – die späte Rache, wenn man so will, an der Verhöhnung des Alten Reichs durch die preußisch-deutsche Geschichtsschreibung. „Reichsgeschichte“ möchte eben auch auf die liberalen und föderalen Traditionen in der deutschen Geschichte als Gegenentwurf zum lange bildfüllenden preußischen Macht- und Kriegsstaat aufmerksam machen. Sie ist wie die Ständegeschichte der Territorien eine Form der „Ahnensuche nach demokratisch-parlamentarischen Vorformen“ in der deutschen Geschichte (G. Oestreich)[18] und der „Revision des deutschen Geschichtsbildes“ als nationalpädagogischer Aufgabe nach 1945, die in ihren radikaleren Ausformungen eine „Betrachtung der Geschichte unter primär machtpolitischen Gesichtspunkten“ für „tief inhuman“ erklärte[19], sichtlich am ehesten angemessen. Auch die durch die 350-Jahr-Feiern wieder in Gang gekommene Stilisierung des auf der Klärung der „deutschen Frage“ aufsetzenden „Friedenssystems“ von 1648 gehört vor dem Hintergrund des europäischen Einigungsprozesses unserer Tage wohl ein wenig in den Bereich historiographischer Identitätsstiftung.

Auf dem Gebiet der frühneuzeitlichen „Reichsgeschichte“, sofern sie nicht überhaupt Rechts-, Landes- oder gar Lokalgeschichte bleibt, ist vieles erlaubt, was anderswo als zu konventionell verpönt ist: Diplomatiegeschichte klassischen Typs, Institutionengeschichte, Quelleneditionen fürwahr ge-

[17] *Eckart Conze*, Abschied von Staat und Politik? Überlegungen zur Geschichte der internationalen Politik, in: ders./Ulrich Lappenküper/Guido Müller (Hrsg.), Geschichte der internationalen Beziehungen. Erneuerung und Erweiterung einer historischen Disziplin. Köln/Weimar/Wien 2004, 17–43.
[18] *Gerhard Oestreich*, Ständetum und Staatsbildung in Deutschland [1967], in: ders., Geist und Gestalt (wie Anm. 4), 277–289, hier 277.
[19] Zitiert bei *Schulze*, Geschichtswissenschaft (wie Anm. 8), 218.

waltigen Ausmaßes, die auf anderen Feldern keine Förderung erhalten würden.[20] So werden also die letzten Ausläufer einer im deutschen Sprachraum versiegenden empirischen „(außen-)politischen Geschichte“ weitgehend, man ist versucht zu sagen: zu weitgehend von der „Reichsgeschichte“ absorbiert.[21]

Damit soll nicht behauptet werden, daß die „Reichsgeschichte“ ein Holzweg ist, wohl aber war das Alte Reich selbst ein „Sonderweg“ abseits des Disziplinierungsprozesses des 17. und 18. Jahrhunderts.[22] Daß die uns heute im EU-Europa zukunftsweisend erscheinende Rechts- und Friedensordnung des Reichs innerhalb des kompetitiven europäischen „Staatensystems“ als etwas Singuläres und Atypisches anzusprechen ist und von der „reinen Macht- und Interessenpolitik“ schließlich auch systematisch und mit tödlichem Ausgang unterminiert wurde, darf eben nicht vergessen werden, die dominante Ebene der Mächtepolitik des Ancien Régime, das frühneuzeitliche „bellum omnium contra omnes“, nicht zu sehr aus dem Gesichtskreis des Historikers verschwinden.

III. Was ist „Machtstaatsgeschichte“?

Die Kritik an einer Geschichtsbetrachtung, die über „Kriegs- und Soldatengeschichte“ nicht hinausgelangte, ist alt und auch im deutschen Sprachraum schon bei Justus Möser (1720–1794), Johann Gottfried Herder (1744–1803) und August Ludwig Schlözer (1735–1809) zu finden, übrigens in ebenfalls recht deutlichen Worten. Die borussische Verfassungs- und Verwaltungsgeschichte, wie sie sich aus der Zusammenarbeit von Staatswissenschaftlern, historischen Nationalökonomen und Historikern an den „Acta Borussica“ (1887ff.) entwickelte, war auf dem Feld der „politischen Geschichte“, indem sie, weiterhin überzeugt von der Zentralität äußerer Machtfaktoren für die innere Entwicklung von Staaten, der Ereignisebene die nötigen Tiefenstrukturen an die Seite stellte, die in ihrer Zeit durchaus moderne Antwort auf

[20] *Konrad Repgen*, Akteneditionen zur deutschen Geschichte des späteren 16. und des 17. Jahrhunderts. Leistungen und Aufgaben, in: Lothar Gall/Rudolf Schieffer (Hrsg.), Quelleneditionen und kein Ende. (HZ, Beihefte, NF., Bd. 28.) München 1999, 37–79.

[21] Kritik von *Harm Klueting*, Das Reich und Österreich 1648–1740, in: Wilhelm Brauneder/Lothar Höbelt (Hrsg.), Sacrum Imperium. Das Reich und Österreich 996–1806. Wien/München/Berlin 1996, 162–287, hier 165–171; *Michael Hochedlinger*, Krise und Wiederherstellung. Österreichische Großmachtpolitik zwischen Türkenkrieg und „Zweiter Diplomatischer Revolution“ (1787–1791). (Historische Forschungen, Bd. 65.) Berlin 2000, und besonders deutlich *Wolfgang Reinhard*, Frühmoderner Staat und deutsches Monstrum. Die Entstehung des modernen Staates und das Alte Reich, in: ZHF 29, 2002, 339–357.

[22] *Gerhard Oestreich*, Reichsverfassung und europäisches Staatensystem 1648–1789, in: ders., Geist und Gestalt (wie Anm. 4), 235–252, hier 237.

eine blanke „Geschichte der Haupt- und Staatsaktionen". Gustav Schmoller (1838-1917) und vor allem Otto Hintze haben für diese Erweiterung zu einer „Strukturgeschichte des Machtstaates" Bedeutendes geleistet und über Schülerfiliationen – Fritz Hartung (1883-1967) und Gerhard Oestreich (1910-1978) müssen hier speziell genannt werden – massiv bis heute nachgewirkt.[23]

Hier ist anzuknüpfen. „Machtstaatsgeschichte" widmet sich dem geschichtlichen Niederschlag des frühneuzeitlichen Mächtesystems in allen seinen Facetten. Sie betrachtet das frühneuzeitliche Staatshandeln unter dem „Primat der Machtpolitik", setzt Innen- und Außenverhalten, Innen- und Außenpolitik mitsamt ihren Instrumenten in Beziehung, leuchtet diese in empirischer Forschung am konkreten Beispiel aus. Unter der Trias „Machtstaat-Kriegsstaat-Steuerstaat", von der Wolfgang Reinhard gesprochen hat[24], stellt sie die Einheit von Innen- und Außenpolitik in der Machtpolitik her.

Die vorliegenden Betrachtungen, inspiriert durch die Leistungen der älteren Preußenforschung, gehen vom Beispiel der frühneuzeitlichen Habsburgermonarchie aus, das einer solchen forschenden Zugangsweise als Korrektiv zu Klischeewucherungen heute in speziellem Maße bedarf[25], und postulieren eine Übertragbarkeit auf andere frühneuzeitliche (insbesondere absolutistische) Fürstenstaaten Europas. Ob dort ein ähnlich dringender Nachholbedarf an „Machtstaatsgeschichte" besteht wie in Österreich, bliebe dabei von Fall zu Fall zu klären. Duodezfürsten, Handelsstaaten, Staatenbünde oder Stadtstaaten unterliegen natürlich in ihrem Innen- und Außenverhalten einer teilweise abweichenden Systemrationalität und erfordern gewiß ein je spezifisches Herangehen.

Eine ausgewogene „Machtstaatsgeschichte" muß letztlich eine weitgehende Auflösung der sichthemmenden Barrieren zwischen den einzelnen Sub-

[23] *Fritz Hartung*, Zur Entwicklung der Verfassungsgeschichtsschreibung in Deutschland [1956], in: ders., Staatsbildende Kräfte der Neuzeit. Gesammelte Aufsätze. Berlin 1961, 431-469. Weiters *Fritz Hartung*, Gustav von Schmoller und die preußische Geschichtsschreibung, in: Schmollers Jahrbuch 62, 1938, 277-302; *ders.*, Otto Hintze, in: FBPG 52, 1941, 199-233; *Heinrich Otto Meisner*, Otto Hintzes Lebenswerk, in: HZ 164, 1941, 66-90; *Gerhard Oestreich*, Otto Hintze und die Verwaltungsgeschichte, in: Otto Hintze, Gesammelte Abhandlungen. Bd. 3: Regierung und Verwaltung. Gesammelte Abhandlungen zur Staats-, Rechts- und Sozialgeschichte Preußens. Hrsg. v. Gerhard Oestreich. 2. Aufl. Göttingen 1967, 7*-31*; *ders.*, Fritz Hartung als Verfassungshistoriker, in: Der Staat 7, 1968, 447-469; *Wolfgang Neugebauer*, Otto Hintze und seine Konzeption der „Allgemeinen Verfassungsgeschichte der neueren Staaten", in: ZHF 20, 1993, 65-96. Zusammenfassend *Joachim Eibach*, Verfassungsgeschichte als Verwaltungsgeschichte, in: Eibach/Lottes (Hrsg.), Kompass (wie Anm. 12), 142-151.

[24] *Wolfgang Reinhard*, Kriegsstaat – Steuerstaat – Machtstaat, in: Asch/Duchhardt (Hrsg.), Der Absolutismus – ein Mythos (wie Anm. 6), 277-310.

[25] Vgl. schon *Michael Hochedlinger*, Abschied vom Klischee. Für eine Neubewertung der Habsburgermonarchie in der Frühen Neuzeit, in: Wiener Zeitschrift zur Geschichte der Neuzeit 1, 2001, 9-24.

disziplinen anstreben, die sich mit den verschiedenen Ausprägungen des frühneuzeitlichen Machtstaates beschäftigen. Außenpolitische Geschichte, reine Militärgeschichte im eigentlichen Sinn, auch nicht das breite Verständnis von Militärgeschichte, das sich im deutschen Sprachraum seit den 1960er Jahren durchzusetzen begonnen hat, oder die „neue deutsche Militärgeschichte", wie sie sich seit Mitte der 1990er Jahre überwiegend als „Sozialgeschichte von unten" etabliert, greifen in jedem Fall zu kurz, auch wenn die bewaffnete Macht und insbesondere die stehenden Heere als Verkörperung des Gewaltmonopols des Landesfürsten ab der zweiten Hälfte des 17. Jahrhunderts im Rahmen einer „Machtstaatsgeschichte" einen ganz zentralen Platz einnehmen müssen.

Die Katalysatorwirkung der Militärapparate und ihrer Bedürfnisse für den Staatsbildungs- bzw. Staatsverdichtungsprozeß, für Zentralisierung und Bürokratisierung, Ausformung des Steuerwesens usw. ist allgemein bekannt: die frühneuzeitliche Verwaltungsmaschinerie arbeitete zu einem wesentlichen Teil für Aufbau und Unterhalt der bewaffneten Macht. Die Kriegsverwaltung war, wie uns Winfried Schulze schon in seiner Dissertation ins Stammbuch geschrieben hat, ein „entscheidender Faktor im Prozeß der Staatsbildung".[26]

Das von Otto Hintze in geduldigem Quellenstudium und nicht am grünen Tisch des Geschichtstheoretikers gewonnene Schlagwort von der bewaffneten Macht (Preußens) als „Schwungrad an der Staatsmaschine" drängt sich hier ebenso auf wie die unter anderem von Johannes Kunisch thematisierte Affinität des frühmodernen Fürstenstaates zum Krieg oder die von Johannes Burkhardt betonte „Bellizität" oder „Friedlosigkeit" der Frühen Neuzeit, die im Krieg eben ein reguläres Mittel des Streitaustrags sah, mit Bellonas Zähmung zwischen dem Ende des Dreißigjährigen Krieges und den Revolutionskriegen mehr denn je. Der frühneuzeitliche Machtstaat war auch und gerade „Kriegsstaat".[27]

„Machtstaatsgeschichte" steht unter dem „Primat der Machtpolitik", ein Terminus, der, weil ganzheitlicher, besser geeignet scheint als das oft als zu eng mißverstandene Diktum vom „Primat der Außenpolitik".[28] Im Kern

[26] *Winfried Schulze*, Landesdefension und Staatsbildung. Studien zum Kriegswesen des innerösterreichischen Territorialstaates 1564–1619. (Veröffentlichungen der Kommission für Neuere Geschichte Österreichs, Bd. 60.) Wien/Köln/Graz 1973, 15.

[27] *Johannes Kunisch*, La guerre c'est moi! Zum Problem der Staatenkonflikte im Zeitalter des Absolutismus, in: ZHF 14, 1987, 407–438; *ders.*, Fürst – Gesellschaft – Krieg. Studien zur bellizistischen Disposition des absoluten Fürstenstaates. Köln/Weimar/Wien 1992; *Johannes Burkhardt*, Die Friedlosigkeit der Frühen Neuzeit. Grundlegung einer Theorie der Bellizität Europas, in: ZHF 24, 1997, 509–574.

[28] Von der tagespolitisch-herrschaftslegitimierenden Komponente des „Primats der Außenpolitik" im wilhelminischen Deutschland wird hier abstrahiert. Vgl. zeitgleich und ähnlich *Hochedlinger*, Frühneuzeitforschung (wie Anm. 12), und *Brendan Simms*, The Impact of Napoleon. Prussian High Politics, Foreign Policy and the Crisis of the Execu-

aber haben „Primat der Machtpolitik" und „Primat der Außenpolitik" dasselbe im Blick. Ranke sprach davon, daß sich alle inneren Verhältnisse eines Staates der Behauptung nach außen im Mächtesystem (oder auch dem Streben nach Machtausdehnung) unterordnen. Eine Beobachtung, die sich bei der Betrachtung des frühneuzeitlichen Fürstenstaates in der Tat aufdrängt und damit einen durchaus adäquaten Zugang zur „politischen Geschichte" der Frühen Neuzeit auftut. Heute würden wir vielleicht, wie es gerne geschieht, eine hochgestochenere Begrifflichkeit wählen und etwa von der „außenpolitischen Funktionalisierung von Innenpolitik" sprechen. Wie auch immer: „Primat der Außenpolitik" bleibt ein wichtiges „heuristisches Prinzip für die Erforschung der Zusammenhänge zwischen auswärtiger Politik und innerer Verfassungsentwicklung" (Fritz Hartung), das Otto Hintze im speziellen seinen Arbeiten zugrunde gelegt hat. Hintze las daher, wiewohl eigentlich Lehrstuhlinhaber für Verfassungs-, Verwaltungs- und Wirtschaftsgeschichte, auch zur Geschichte des europäischen Staatensystems, also, wie sein Schüler Fritz Hartung später zutreffend schrieb, zur machtpolitischen Ergänzung der Verfassungsgeschichte.

Der Außendruck, aufgezwungen oder durch kriegerisch-expansives Auftreten selbst geschaffen oder verstärkt, wirkt, wenig überraschend, nach innen fort. Er fördert die Staatsverdichtung in Gestalt von Zentralisierung und Bürokratisierung, produziert den „fiscal-military state", den organisationsstarken „Steuer- und Kriegsstaat" mit eindeutigem Gewaltmonopol.[29] Der Außendruck begünstigt die Zurückdrängung mitspracheberechtigter Gewalten, erzwingt oder ermöglicht den Ausbau einer immer weiter nach unten ausgreifenden landesfürstlichen Verwaltung zur Optimierung der Ressourcenabschöpfung, vergrößert den Steuerdruck und die zunehmende Indienstnahme und Disziplinierung der Untertanen auf allen Ebenen (z. B. in Gestalt von Rekrutierung und Einquartierung), er fördert die konsequente Ausfüllung und Kontrolle bisher „staatsfreier oder staatsferner Räume".[30] Die schrittweise Aufsaugung der verbliebenen privatwirtschaftlichen Residuen in der Heeresorganisation, die Verstaatlichung (bzw. „Monarchisierung"), die Permanenz und schließlich die zahlenmäßige Explosion der Militärapparate potenzieren diese Entwicklungen weiter.

tive 1797-1806. Cambridge 1997, bes. 2-18; *ders.*, The Return of the Primacy of Foreign Policy, in: German History 21, 2003, 275-291. Vgl. auch *Madeleine Herren*, Caution, objects are closer than they appear. Historische Forschung und internationale Beziehungen, in: Geschichte und Gegenwart 17, 1998, 67-76.

[29] *Jan Glete*, War and the State in Early Modern Europe. Spain, the Dutch Republic and Sweden as Fiscal-Military States 1500-1660. London/New York 2002.

[30] Eine weniger rigide Interpretation, die – wohl mitbeeinflußt durch die „Absolutismusdebatte" – das Element der Kooperation zwischen Ständen und Zentralgewalt betont, vertritt *Wolfgang Neugebauer*, Staat – Krieg – Kooperation. Zur Genese politischer Strukturen im 17. und 18. Jahrhundert, in: HJb 123, 2003, 197-237 (dankenswerterweise unter Mitbehandlung der Habsburgermonarchie).

Die Verstaatlichung des Militärs kann à la longue zu einer „Militarisierung" des Staates, zum Ausgreifen der militärischen Macht in nicht-militärische Bereiche und zur Hinordnung der Staatstätigkeit auf die Bedürfnisse der Militärmaschinerie, qualitativ und quantitativ (meßbar in Heeresstärke und Militärausgaben), führen. Die These Otto Büschs von der sozialen Militarisierung Preußens durch ein straffes Rekrutierungssystem, das konsequent auf die eigene Bevölkerung zugreift[31], ist mittlerweile durch eine teilweise wohl übers Ziel schießende revisionistische Diskussion ins Gerede geraten. Für die Habsburgermonarchie der maria-theresianisch-josephinischen Ära (1740–1790), die Zeit des „Aufgeklärten Absolutismus" also, läßt sich jedenfalls sehr wohl von einer von oben gewollten „Militarisierung" von Staat und Gesellschaft sprechen; die Kaiserfamilie selbst signalisierte dies durch zunehmenden Gebrauch der Uniform als bevorzugter „Arbeitskleidung". Der Wille zur Revanche gegen Preußen führte zu einer Art „Prussifizierung" der Habsburgermonarchie und unter anderem sogar zur Übernahme des preußischen Rekrutierungssystems (1770), dessen weitreichende soziale Folgewirkungen und Prägekraft mit bisher unerhört tiefen Eingriffen in das Leben des einzelnen Untertanen und in die Autonomie der Grundherrschaften durch Meldewesen, Volkszählung, Häusernumerierung und viele andere Begleitmaßnahmen lange Zeit hindurch ebensowenig Beachtung fanden wie ihre revolutionär modernisierende Wirkung. Otto Hintze hat die Einführung des Konskriptions- und Werbbezirkssystems in Österreich unter den Maßnahmen zur „Erhöhung der Staatsmacht" richtigerweise an die Spitze gesetzt. Mit der „Militarisierung" als Modernisierungsmaßnahme in politisch-sozial rückständigen, agrarisch dominierten Staaten Mittel- und Osteuropas ist nach „Sozialdisziplinierung" und „Konfessionalisierung" sozusagen die Endausbaustufe an Staats- und Herrschaftsverdichtung vor dem Zusammenbruch Alteuropas in den Revolutions- und napoleonischen Kriegen erreicht.[32]

[31] *Otto Büsch*, Militärsystem und Sozialleben im alten Preußen 1713–1807. Die Anfänge der sozialen Militarisierung der preußisch-deutschen Gesellschaft. (Veröffentlichungen der Berliner Historischen Kommission beim Friedrich Meinecke-Institut der Freien Universität Berlin, Bd. 7.) Berlin 1962.

[32] *Michael Hochedlinger*, Rekrutierung – Militarisierung – Modernisierung. Militär und ländliche Gesellschaft in der Habsburgermonarchie im Zeitalter des Aufgeklärten Absolutismus, in: Stefan Kroll/Kersten Krüger (Hrsg.), Militär und ländliche Gesellschaft in der frühen Neuzeit. (Herrschaft und soziale Systeme in der Frühen Neuzeit, Bd. 1.) Hamburg 2000, 327–375; *ders.*, Militarisierung und Staatsverdichtung. Das Beispiel der Habsburgermonarchie in der Frühen Neuzeit, in: Thomas Kolnberger/Ilja Steffelbauer/Gerald Weigl (Hrsg.), Krieg und Akkulturation. (Expansion – Interaktion – Akkulturation. Historische Skizzen zur Europäisierung Europas und der Welt, Bd. 5.) Wien 2004, 107, 129; *ders.*, „Verbesserung" und „Nutzbarmachung"? Zur Einführung der Militärdienstpflicht für Juden in der Habsburgermonarchie 1788–1789, in: Michael Kaiser/Stefan Kroll (Hrsg.), Militär und Religiosität in der Frühen Neuzeit. (Herrschaft und soziale Systeme in der Frühen Neuzeit, Bd. 4.) Münster 2004, 97–120; *Anton Tantner*, Ordnung

Dem „Aufgeklärten Absolutismus", der radikalsten Ausprägung von Absolutismus und Zentralisierung überhaupt, ging es mit seinem Reform- und Modernisierungswerk letztlich, und hier ist Paul Schroeder (nach Hintze) gegen die exzessiv geistesgeschichtliche Ausrichtung der jüngeren Forschung unbedingt zuzustimmen, nicht um die Glückseligkeit des Individuums oder der Gesellschaft, sondern in allererster Linie um eine Erhöhung des „war-making potential", um die Verbesserung der Leistungskraft für die Behauptung nach außen.[33] „Der Machtstaat hat zum Ziel, möglichst viel Staatsmacht zu akkumulieren, zunächst um zu verhindern, daß auf seine Leitung Macht [...] ausgeübt werden kann, dann um ihr selbst die Ausübung solcher Macht zu ermöglichen, und zwar nach innen wie nach außen."[34]

Aufgeklärt-absolutistische Herrscher wie nicht zuletzt Joseph II. waren wohl auch deswegen „more warlike" und „expansionist" als viele ihrer Vorgänger, weil sie über ungleich effizientere Mittel („infrastructural power") zur rigorosen Ausschöpfung latenter Ressourcen verfügten und der traditionelle Zwang zur Aushandlung von Kompromissen mit den Eliten wie auch zum Konsens mit den übrigen Mächten scheinbar verschwand bzw. deutlich reduziert werden konnte. Die idealerweise unbedingt loyale Armee war in aufgeklärt-absolutistischen Monarchien eines der wichtigsten Instrumente des Machtstaates bei seiner modernisierenden Aufholjagd gegenüber westeuropäischen Staaten, tritt also nicht nur als Schutzschild und Aggressionsmittel nach außen in Erscheinung, sondern auch gleichsam „kommissarisch" als Träger von Modernisierungs- und Verwaltungsmaßnahmen nach innen, die ihrerseits die zentralstaatliche Kontrolle verbessern und so wieder der bewaffneten Macht zugute kommen sollten. In der Habsburgermonarchie der zweiten Hälfte des 18. Jahrhunderts etwa, wo die Zusammenarbeit der

der Häuser, Beschreibung der Seelen. Hausnummerierung und Seelenkonskription in der Habsburgermonarchie. Diss. phil. Wien 2004; *Michael Hochedlinger/Anton Tantner* (Hrsg.), „ ... der größte Teil der Untertanen lebt elend und mühselig". Die Berichte des Hofkriegsrates zur sozialen und wirtschaftlichen Lage der Habsburgermonarchie 1770–1771. (Mitteilungen des Österreichischen Staatsarchivs, Erg.-Bd. 8.) Innsbruck 2005. Hintzes Bemerkung in: *Otto Hintze*, Der österreichische und der preußische Beamtenstaat im 17. und 18. Jahrhundert. Eine vergleichende Betrachtung [1901], wiederabgedruckt in: ders., Gesammelte Abhandlungen. Bd. 1: Staat und Verfassung. Gesammelte Abhandlungen zur allgemeinen Verfassungsgeschichte. Hrsg. v. Gerhard Oestreich. Göttingen 2. Aufl. 1962, 321-358, hier 353.

33 *Paul W. Schroeder*, The Transformation of European Politics 1763–1848. Oxford 1994. Schroeder knüpft hier an Wilhelm Dilthey an, der die inneren Reformen Friedrichs II. von Preußen etwa ganz unter dem Gesichtspunkt der Ressourcenmobilisierung „für den Kampf nach außen" sah. Vgl. *Wilhelm Dilthey*, Friedrich der Große und die deutsche Aufklärung, in: ders., Gesammelte Werke. Bd. 3: Studien zur Geschichte des deutschen Geistes. Göttingen 1959, 176–205, hier 179 und 181. Deutsche Geschichte unter dem „Primat der Außenpolitik" auch bei *Brendan Simms*, The Struggle for Mastery in Germany 1779–1850. New York 1998.

34 *Reinhard*, Kriegsstaat (wie Anm. 24), 279.

reformwütigen Zentralgewalt mit den traditionellen Eliten schwierig und brüchig geworden war, übernahm nicht von ungefähr die Armee die Federführung bei der kartographischen Aufnahme der Monarchie, der Häusernumerierung oder der militärisch motivierten Volkszählung.

„Primat der Machtpolitik“ und „Machtstaatsgeschichte“ schließen eine Beschränkung auf die außenpolitische Ebene aus, sie verlangen vielmehr nach einer Zusammenschau und damit nach einer Verbindung von außenpolitischer Geschichte, High Politics und Sozialgeschichte der Eliten, Verwaltungs- und Finanzgeschichte und moderner Militärgeschichte, um nur die wesentlichsten zu nennen. Es geht nicht um die Darlegung des außenpolitischen Agierens und Verhandelns einerseits und eine „innerstaatliche Geschichte“ andererseits, beides ohne Beziehung zueinander, sondern eben um die Interaktion der beiden Ebenen, wie sie beispielsweise im Dialog zwischen außenpolitisch-militärischen Niederlagen und inneren Reformschüben immer wieder besonders deutlich greifbar wird.

Am preußischen Beispiel ist zum Verhältnis von Außendruck und innerer Verfaßtheit anders als etwa für die Geschichte der Habsburgermonarchie schon von Otto Hintze und anderen unter dem Schlagwort „Staatsverfassung-Heeresverfassung“ strukturanalytisch und quellennah sehr viel geleistet worden.[35] Eckart Kehr (1902–1933), der postume Pionier des „Primats der Innenpolitik“, hielt diese die „Staatenbildung“ im Zeitalter des Absolutismus als „lebendige Totalität“ herausarbeitende Beschäftigung mit dem Zusammenhang zwischen Außenpolitik und Heeresverfassung, Innenpolitik und Merkantilismus als Zentralproblem der damals noch nicht so weit entwickelten deutschen Geschichtsforschung zum 19. und frühen 20. Jahrhunderts nachgerade als beispielhaft vor.[36] Bis heute hat so die unleugbare Scharnierfunktion des Militärs im Spannungsfeld von Innen- und Außenpolitik ihren Platz in der wissenschaftlichen Diskussion.

Der dramatische Aufstieg des Hohenzollernstaates, in dem nicht ein Staat eine Armee, sondern eine Armee einen Staat hatte, erzwang förmlich den Blick auf die inneren Machtgrundlagen, den dominierenden Militärapparat,

[35] *Otto Hintze*, Staatsverfassung und Heeresverfassung [1906], wiederabgedruckt in: ders., Gesammelte Abhandlungen, Bd. 1 (wie Anm. 32), 52–83; *Fritz Hartung*, Staatsverfassung und Heeresverfassung, in: ders., Volk und Staat in der deutschen Geschichte. Gesammelte Abhandlungen. Leipzig 1940, 28–40; *Hans Herzfeld*, Staats-, Gesellschafts- und Heeresverfassung, in: Schicksalsfragen der Gegenwart. Bd. 3: Über das Verhältnis der zivilen und militärischen Gewalt. Tübingen 1958, 9–26; *Johannes Kunisch* (Hrsg.), Staatsverfassung und Heeresverfassung in der europäischen Geschichte der frühen Neuzeit. (Historische Forschungen, Bd. 28.) Berlin 1986, und zuletzt wieder *Wolfgang Neugebauer*, Staatsverfassung und Heeresverfassung in Preußen während des 18. Jahrhunderts, in: FBPG NF. 13, 2003, 83–102. Lob für den Ansatz „Staatsverfassung-Heeresverfassung“ spendet auch *Winfried Schulze*, Einführung in die Neuere Geschichte. 3. Aufl. Stuttgart 1996, 199–218.

[36] In Erinnerung gerufen bei *Schulze*, Einführung (wie Anm. 35), 198f.

verhinderte die Monopolisierung der Beschäftigung von Krieg und Militär durch die bewaffnete Macht selbst und mündete so schon vergleichsweise früh in eine erstaunlich perspektivenreiche Geschichte des preußischen Machtstaates. Auf ihr konnte dann nach 1945 unter Einfügung kritischer Vorzeichen aufgebaut werden. Amerikanische Sozialwissenschaftler wie insbesondere Charles Tilly oder jüngst wieder Brian Downing haben sie in ihren auch für den Fachhistoriker insgesamt recht stimulierenden Arbeiten zum Zusammenhang zwischen „war" und „state formation", „Kriegsverdichtung" und „Staatsverdichtung" aufgenommen.[37] Gemeinsam mit Teilaspekten der in der angelsächsischen Welt heftig geführten Debatte um die „Military Revolution" wäre so ein fruchtbarer Boden für die Beschäftigung mit dem gesamtgesellschaftlichen Impakt großer Militärapparate in der Frühen Neuzeit bereitet.[38]

Preußen ist im 17. und 18. Jahrhundert natürlich keinen vergleichslosen Sonderweg gegangen, sondern vielmehr wirklich, um mit Hintze und jüngst wieder Wolfgang Reinhard zu sprechen, „Paradigma" gewesen, auch und gerade in seiner Macht- und Kriegsstaatlichkeit; besonders kantig ausgeprägt, gewiß, durch seine ursprünglich sehr fragile Machtgrundlage. Die jüngere Preußen-Forschung ist dabei, Preußen zu „entpreußen", also weniger preußisch-rigide und militarisiert erscheinen zu lassen. Die Geschichte anderer „Machtstaaten" wird aber wohl zeigen, daß diese dem „klassischen" Preußen ähnlicher waren, als man bisher angenommen hat. Dies gilt insbesondere für die Habsburgermonarchie des 17. und 18. Jahrhunderts.[39]

Das Konzept der „Sozialdisziplinierung" als eines staatlich-gesamtgesellschaftlichen Prozesses, das das politikorientierte Absolutismuskonzept zuerst an den Rand gedrängt hat, war im Grunde schon bei Otto Hintze und Werner Sombart (1863–1941) angelegt, Gerhard Oestreich hat diese Ansätze weiter konkretisiert.[40] Die heute modische Verengung der Sozialdisziplinierungsforschung auf einzelne Teilaspekte wie Kirchenzucht, Rechtswesen und Policey, soziale und medizinische Fürsorge oder das Schulwesen und die recht konsequente Ausblendung des im Grunde unlösbaren Zusammenhan-

[37] *Charles Tilly*, Coercion, Capital and European States AD 990–1992. Malden/Oxford 1992; *Brian Downing*, The Military Revolution and Political Change. Origins of Democracy and Autocracy in Early Modern Europe. Princeton 1993.

[38] Neben vielen anderen *Geoffrey Parker*, The Military Revolution. Military Innovation and the Rise of the West 1500–1800. 2. Aufl. Cambridge 1996, und der Sammelband von *Clifford Rogers* (Ed.), The Military Revolution Debate. Readings on the Military Transformation of Early Modern Europe. Boulder, Col. 1995.

[39] Vgl. schon treffend *Heinz Schilling*, Höfe und Allianzen, Deutschland 1648–1763. 2. Aufl. Berlin 1998, 324. Für England/Großbritannien konnte es *John Brewer*, The Sinews of Power. War, Money and the English State 1688–1783. New York 1989, recht eindrucksvoll demonstrieren.

[40] *Winfried Schulze*, Gerhard Oestreichs Begriff „Sozialdisziplinierung in der Frühen Neuzeit", in: ZHF 14, 1987, 265–302.

ges mit den äußeren und inneren Zwängen der frühneuzeitlichen Mächtepolitik wird alleine schon der Genese des Konzepts nicht gerecht. Ähnliches gilt auch von der aus der „Sozialdisziplinierungsdebatte" erwachsenen Diskussion um „Konfessionalisierung" und Gegenreformation, deren herrschaftsverdichtendes „Modernisierungspotential" in Diensten des frühmodernen Staates[41] vielleicht nicht immer gebührend mitgedacht wird, weil sich solche Interpretationsschienen tendenziell gerne verselbständigen.

„Politische Geschichte" als „Machtstaatsgeschichte" interessiert sich, es ist schon gesagt worden, zwangsläufig für die gesamte Staatstätigkeit und läßt die Grenzen zwischen den Teildisziplinen verschwimmen, auch wenn forschungspraktisch Arbeitsteilung unumgänglich scheint. „Machtstaatsgeschichte" ist natürlich keine eigenwertige Subdisziplin, sondern ein möglicher Zugang zur Geschichte frühneuzeitlicher Staatlichkeit, ein Interpretationsangebot für historische Teildisziplinen, die sich in verschiedener Weise mit dem Staat beschäftigen. Sie kann daher auch als solche nicht geschrieben, bestenfalls in einer Ausbaustufe aus der Summe von Einzeluntersuchungen, strukturgeschichtlichen wie personen- und ereignisbezogenen, zu Überblicksdarstellungen zusammengesetzt werden. Man muß sich zunächst aus praktischen Gründen wohl auch nolens volens, was die konkreten Studienobjekte betrifft, in einer ersten Stufe mit *einem* „Staat" beschäftigen. Erst in der Erweiterung werden Zusammenschau und Vergleich möglich und sinnvoll sein, will man sich nicht schon a priori mit kruden Überblicken zufriedengeben.

IV. Hindernisse

Die Voraussetzungen sind nicht die besten. Die Ungnade, in die der Macht- und Obrigkeitsstaat bei den Historikern gefallen ist, und die historiographische Trendwende gegen Ereignisse und „große Männer (und Frauen)" haben dazu geführt, daß mit diesen Forschungsgegenständen auch die ihnen zugeordneten einstigen „Königsdisziplinen" der Geschichtswissenschaft in die Krise geraten mußten, aus dem Kanon der betreibenswerten Forschungsrichtungen ausgeschieden sind, dauerhaft oder nur vorübergehend dem populären Büchermarkt überlassen blieben. So traf der Bannfluch

[41] Besonders herausgestellt etwa von *Wolfgang Reinhard*, der die Konfessionalisierung als erste Phase im Sozialdisziplinierungsprozeß wertet. Siehe z. B.: Zwang zur Konfessionalisierung? Prolegomena zu einer Theorie des konfessionellen Zeitalters, in: ZHF 10, 1983, 257–277, und *ders.*, Sozialdisziplinierung – Konfessionalisierung – Modernisierung. Ein historiographischer Diskurs, in: Boškovska Leimgruber (Hrsg.), Die Frühe Neuzeit in der Geschichtswissenschaft (wie Anm. 11), 39–55. Vgl. auch *Heinz Schilling*, Die Konfessionalisierung im Reich. Religiöser und gesellschaftlicher Wandel in Deutschland zwischen 1555 und 1620, in: HZ 246, 1988, 1–45.

natürlich gerade die wesentlichen „Hilfswissenschaften“ einer „Machtstaatsgeschichte“:

1. die „außenpolitische Geschichte“, die wir aber brauchen, um die Gründe für den Außendruck, den gesamteuropäischen Hintergrund und die Anforderungen nach innen zu fixieren, in gewissem Sinne die Ereignisgeschichte des Machtstaates. Auf die Gratwanderung zwischen vermeintlich biederer „Diplomatiegeschichte“ und in Methodik und Anspruch verfeinerter „Geschichte der internationalen Beziehungen“ bzw. „internationaler Geschichte“, die möglichst viele Ebenen zwischenstaatlicher Kontakte integrieren will, soll im weiteren noch kurz eingegangen werden.
2. die Verfassungs- und Verwaltungsgeschichte (Institutionen- und Behördengeschichte), die aller Kritik zum Trotz wichtig bleibt, um über jene Institutionen Bescheid zu wissen, die zwischen innen und außen zu vermitteln und die Ressourcen für die „hohe Politik“ zu mobilisieren hatten, Finanzgeschichte vor allem, um die Machtmittel und Ressourcen eines Staates zu erfassen.
3. die Militärgeschichte, auf die wir angewiesen sind, um das vielleicht wichtigste Instrument des „Machtstaates“, das Stehende Heer, in seinem Funktionieren und seinen gesellschaftlichen und organisatorischen Verflechtungen und Folgewirkungen besser auszuleuchten.

Die Defizite auf dem Weg zu einer ausgewogenen „Machtstaatsgeschichte“ liegen dabei heute in aller Regel nicht mehr in der mangelnden Selbstreflexion von „Politikgeschichte“ oder gar in der ungenügenden Auseinandersetzung mit Begriffen und den theoretischen Voraussetzungen der Mächtepolitik. Ganz im Gegenteil: Es sind durchaus „banale“ Wissenslücken im Faktischen, egal ob ereignis- oder stukturgeschichtlich. Ihre Schließung ist angesichts der derzeitigen Entwicklung unserer immer weniger an simpler „Tatsachenfeststellung“ interessierten Disziplin unglücklicherweise nicht oder nicht so bald zu erwarten. Eine oft genug im Selbstzweckhaften gefangene Methodenreflexion und Selbstbespiegelung kann sich aber nur eine erlahmende Wissenschaft leisten, die in den Augen vieler ohnedies schon zu einem merkwürdigen Zwitterwesen aus Orchideenfach und Feuilletonfüllsel geworden ist.

Niemand wird einer dümmlichen Quisquiliensammlung oder Klios Verhilfswissenschaftlichung das Wort reden wollen, aber ein ausgewogeneres Verhältnis von „Realgeschichte“ und „Konzept- oder Thesengeschichte“, ein Mehr an „Rekonstruktion“ und ein Weniger „Dekonstruktion“ wären doch wohl anzustreben. Zu den gefährlichsten Mißverständnissen, vielleicht speziell im Bereich der Frühneuzeitforschung, zählt nämlich die auch von prominenten Vertretern des Faches gerne geäußerte Ansicht, daß Neues schwerlich zu ermitteln sei und die Hauptaufgabe der Historie heute im „Neulesen“ bekannter Quellen bestehen müsse. Dies beflügelt in allen Teilbereichen unseres Faches nicht nur die Aneignung von Methoden und Zugängen aus den Sozialwissenschaften, sondern auch die wellenartige Verbreitung gerade modischer „Ansätze“, die die Spezifika der Geschichtswissenschaft und ihrer Subdisziplinen, insbesondere die empirische Forschung, zu ersticken drohen. Das saftige „Fruchtfleisch der Interpretation“ kommt heute auch ohne den „festen Kern der Fakten“ aus, um eine alte Metapher aufzunehmen.[42] Man vergißt freilich, daß der Kern kein sinnloses Hindernis für ungetrübten Eßgenuß ist, sondern Träger des Kernobstsamens und daher überlebenswichtig. Das Fundament, an dem die Historiker mit der Verwissenschaftlichung ihrer Profession im 19. Jahrhundert so emsig zu zimmern begonnen hatten, war noch ganz und gar unfertig, als die harsche Kritik am Positivismus viele auch schon auf die schwankenden Hochbaugerüste der Geistesgeschichte trieb und die Arbeit an den Grundmauern verwaisen ließ.

Ein Panorama der Forschungslücken und -desiderate fällt auf vielen Gebieten entsprechend dramatisch aus. Nehmen wir konkret das Beispiel der frühneuzeitlichen Habsburgermonarchie und beschränken wir uns fürs erste auf scheinbar ganz Banales, so irritiert schon *prima vista* das peinliche Fehlen von ernstzunehmenden modernen Biographien einer ganzen Reihe von zentralen Herrscherpersönlichkeiten, die das Quellenmaterial einigermaßen ausschöpfen. Nennen wir – nur beispielsweise – Ferdinand II. (1619–1637), Ferdinand III. (1637–1657), Leopold I. (1657–1705), Karl VI. (1711–1740), Maria Theresia (1740–1780) oder Franz II./I. (1792/1804–1806/1835). Von den ohne brauchbare biographische Bearbeitung gebliebenen Staatsmännern der Habsburgermonarchie sonder Zahl (oder gar von führenden Militärs) wollen wir vor diesem Hintergrund verschämt schweigen, dürfen uns dafür aber wohl wundern, daß auch in Zeiten der Strukturgeschichte die Notwendigkeit einer modernen Verwaltungsgeschichte nicht gesehen wurde und die Finanzgeschichte des Riesenreichs bisher französischen und britischen Forschern überlassen blieb, denen die Schätze des Wiener Hofkammerarchivs wie der anderen Abteilungen des Österreichischen Staatsarchivs nicht so zu Füßen lagen wie ihren österreichischen Kollegen.[43] Daß man – mit ganz wenigen schneisenartigen Ausnahmen – auch in prosopographisch-sozialgeschichtlicher Perspektive über die obersten Machtzirkel und Be-

[42] *Edward Hallett Carr*, Was ist Geschichte? [1961]. 5. Aufl. Stuttgart 1977, 10.

[43] Nach einheimischen „Klassikern“ in neuerer Zeit nur mehr *Jean Bérenger*, Finances et absolutisme autrichien dans la seconde moitié du XVIIe siècle. Paris 1975, und *P. G. M. Dickson*, Finance and Government under Maria Theresia 1740–1780. 2 Vols. Oxford 1987. Eine moderne Finanzgeschichte der Habsburgermonarchie 1526–1918 bereitet nun Thomas Winkelbauer vor. Vgl. auch *Friedrich Edelmayer/Maximilian Lanzinner/Peter Rauscher* (Hrsg.), Finanzen und Herrschaft. Materielle Grundlagen fürstlicher Politik in den habsburgischen Ländern und im Heiligen Römischen Reich im 16. Jahrhundert. (Veröffentlichungen des Instituts für Österreichische Geschichtsforschung, Bd. 38.) Wien 2003.

ratungsgremien[44], den diplomatischen Dienst[45] und das Offizierskorps nicht allzuviel weiß, macht die Bilanz noch trister. Selbst zu den Ständen in den einzelnen Ländern der Monarchie wurde nach einem ersten soliden Forschungsüberblick von Herbert Hassinger (1910-1992) aus dem Jahre 1964 empirisch sehr wenig gearbeitet.[46]

Wir stehen hier nicht zuletzt auch vor den traurigen Folgewirkungen mehrfach abgerissener Traditionsstränge (1918 und schließlich die sehr weitgehende, der Zusammenarbeit zwischen den „Erben" der Habsburgermonarchie nicht eben zuträgliche Abschottung der kommunistisch gewordenen Nachfolgestaaten sind besonders hervorzuheben), die den Blick in die Vergangenheit chronologisch auf gegenwartsrelevante Zeitabschnitte eingeengt oder überhaupt sehr stark verfremdet haben. Zur Rückverlängerung der Zeitgeschichtsforschung wurde die im Österreich der Zweiten Republik immer stärker werdende, auch mit etwas Nostalgie überzogene Beschäftigung mit der sterbenden Donaumonarchie zwischen 1848 und 1918 als „Gegenwartsvorgeschichte Mitteleuropas".[47]

[44] *Stefan Sienell*, Die Geheime Konferenz unter Kaiser Leopold I. Personelle Strukturen und Methoden zur politischen Entscheidungsfindung am Wiener Hof. Frankfurt am Main 2001.

[45] Immerhin *Klaus Müller*, Das kaiserliche Gesandtschaftswesen im Jahrhundert nach dem Westfälischen Frieden 1648-1740. (Bonner Historische Forschungen, Bd. 42.) Bonn 1976. Für die Zeit danach ersatzweise *Erwin Matsch*, Der auswärtige Dienst von Österreich(-Ungarn) 1720-1920. Wien/Köln 1986. Für „einen sozial- und elitengeschichtlichen Ansatz in der Geschichte der Diplomatie" tritt ein *Holger Th. Gräf*, Funktionsweisen und Träger internationaler Politik in der Frühen Neuzeit, in: Jens Siegelberg/Klaus Schlichte (Hrsg.), Strukturwandel internationaler Beziehungen. Zum Verhältnis von Staat und internationalem System seit dem Westfälischen Frieden. Wiesbaden 2000, 105-123. Für eine „Sozialgeschichte der Diplomatie in der frühen Neuzeit" plädiert auch *Sven Externbrink*, Von Versailles nach Wien. Zum Deutschlandbild bei Louis-Augustin Blondel 1696-1791, in: Thomas Höpel (Hrsg.), Deutschlandbilder – Frankreichbilder 1700-1850. Rezeption und Abgrenzung zweier Kulturen. Leipzig 2001, 75-92.

[46] *Herbert Hassinger*, Die Landstände der österreichischen Länder. Zusammensetzung, Organisation und Leistung im 16.-18. Jahrhundert, in: Jahrbuch für Landeskunde von Niederösterreich NF. 36, 1964, 989-1035. Ansonsten liegen überwiegend ungedruckte Dissertationen vor, die nie zu einer Synthese verarbeitet wurden und sich dazu wohl auch nicht wirklich eigneten. *Gerhard Putschögl*, Die landständische Behördenorganisation in Österreich ob der Enns vom Anfang des 16. bis zur Mitte des 18. Jahrhunderts. Ein Beitrag zur österreichischen Rechtsgeschichte. (Forschungen zur Geschichte Oberösterreichs, Bd. 14.) Linz 1978, freilich eine rechtshistorische Arbeit, ist die große Ausnahme.

[47] Auch die großen wissenschaftlichen Forschungsschwerpunkte waren in dieser Zeitspanne angesiedelt: Die seit 1970 herausgegebenen „Protokolle des österreichischen Ministerrates 1848-1867" und die „Protokolle des gemeinsamen Ministerrates der Österreichisch-Ungarischen Monarchie 1867-1918". Vgl. *Stefan Malfèr*, Die Ministerratsprotokolle Österreichs und der österreichisch-ungarischen Monarchie 1848-1918, in: Klingenstein/Fellner/Hye (Hrsg.), Umgang mit Quellen heute (wie Anm. 14), 123-132. Zu nennen ist auch die große Publikationsreihe der Österreichischen Akademie der Wissenschaften (Kommission für die Geschichte der Österreichisch-Ungarischen Monarchie 1848-1918) „Die Habsburgermonarchie 1848-1918" (1973ff.).

Was die Frühe Neuzeit betrifft, so hat es nach 1945 nicht an recht merkwürdigen Versuchen gefehlt, die eigentliche Großmachtzeit der Habsburgermonarchie ab 1526 als „Zwischenspiel" abzutun und etwa durch eine konsequente Einengung auf das Österreich des Spätmittelalters auszublenden. Das universitäre Lehrfach „Österreichische Geschichte" stürzte so mit zunehmender „Verlandesgeschichtlichung" nicht selten wirklich in provinzielle Enge ab, und ein Gutteil der Alltags- und Kriminalitätsgeschichte reduziert mit einem mikrohistorischen Ansatz den Blickwinkel heute noch weiter. Wer sich doch mit der angeblichen „Zwischenzeit" ab 1526 befaßte, tendierte entweder, wenn er sich für das 16. Jahrundert interessierte, zur „Reichsgeschichte" im Prisma habsburgischer Politik und sah sich in den bundesdeutschen Institutionenrahmen gestellt, oder verschrieb sich der ganz überwiegend geistesgeschichtlich ausgerichteten Aufklärungsforschung.

Mit dem Wegfall des Eisernen Vorhangs sind endlich auch die Barrieren gegen eine intensivere Zusammenarbeit mit den übrigen Nachfolgestaaten im Bereich der Frühneuzeitforschung definitiv beseitigt, vor allem für jene nicht eben zahlreichen Vertreter des Fachs, denen durch die entsprechende Sprachbeherrschung die historiographischen Traditionen der Nachbarländer und damit eine wirkliche Zusammenschau offenstehen. Beispiele sind der Oxforder Historiker Robert Evans[48] und unter den österreichischen Frühneuzeithistorikern Thomas Winkelbauer. Wie umfassend – sowohl geographisch als auch thematisch – ein adäquater Zugang zur Geschichte der frühneuzeitlichen Habsburgermonarchie sein muß, demonstriert Winkelbauer eindrucksvoll mit seinem monumentalen, Einseitigkeiten vermeidenden zweibändigen Beitrag zu der von Herwig Wolfram herausgegebenen Reihe Österreichische Geschichte – „politische Geschichte" im umfassendsten Wortsinne.[49]

[48] *Robert J. W. Evans*, The Making of the Habsburg Monarchy. Oxford 1979, in dem er Außenpolitik und Krieg weitgehend ausklammert. Die deutsche Ausgabe (Wien/Köln 1989) erhielt den Untertitel „Gesellschaft, Kultur, Institutionen". Später plädierte Evans, selbst eher geistes- und kulturgeschichtlich arbeitend, wiederholt, wenn auch bisher leider einigermaßen vergeblich, für eine verstärkte Beschäftigung mit den Instrumenten habsburgischer Machtstaatlichkeit, dem stehenden Heer und den Staatsfinanzen: *Robert J. W. Evans*, Historians and the State in the Habsburg Lands, in: Blockmans/Genet (Eds.), Visions sur le développement des état européens (wie Anm. 16), 203–218, speziell 213; *ders.*, State and Society in Early Modern Austria, in: Charles Ingrao (Ed.), State and Society in Early Modern Austria. West Lafayette, Ind. 1994, 1–23.

[49] *Thomas Winkelbauer*, Österreichische Geschichte 1522–1699. Ständefreiheit und Fürstenmacht. Länder und Untertanen des Hauses Habsburg im konfessionellen Zeitalter. 2 Bde. Wien 2003.

V. Alter Wein in alten Schläuchen?

Viel, allzu viel bleibt zu tun. Im folgenden wollen wir nur kurz auf die drei klassischen „Hilfswissenschaften" einer „Machtstaatsgeschichte" zurückkommen und ihre Aufgaben und Entwicklungschancen, möglichst am konkreten österreichischen Beispiel, diskutieren.

Die im Frankreich des späten 19. und frühen 20. Jahrhunderts nicht zuletzt als Lehrstück für Diplomaten speziell gepflegte „Diplomatiegeschichte" war das Lieblingsfeindbild der „nouvelle histoire"; sie repräsentierte recht eigentlich jene „histoire politique traditionnelle" als elitäre „Geschichte von oben", die Jacques Le Goff noch 1971 als Kadaver bezeichnete, den man wieder und wieder töten müsse.[50] Auf vielen Forschungsfeldern, darunter auch solchen, die ohne eingehende Würdigung ihrer außenpolitischen Dimension gar nicht wirklich erfaßt werden können, wurde diese Parole denn doch zu wörtlich genommen. Selbst die Beschäftigung mit einem internationalen Phänomen par excellence wie der Französischen Revolution beschränkte sich vor diesem Hintergrund die längste Zeit auf die innerfranzösische Entwicklung und die geistesgeschichtliche Ausstrahlung der Ereignisse in Frankreich.[51]

Auch das nicht zuletzt durch die Belebung der Weltpolitik nach dem Ende des Kommunismus deutlich angestiegene Interesse deutscher Historiker an der Mächtepolitik, zunehmend sogar der frühneuzeitlichen, findet ohne emphatische Distanzierung von der alten, den Botschafterberichten entlangschreibenden „Diplomatiegeschichte" nicht das Auslangen.[52] Dabei blieb hierzulande, besieht man die historiographischen Entwicklungen näher, die methodische „Erneuerung" der Diplomatiegeschichte zur „Geschichte der internationalen Beziehungen" lange Zeit eher Anspruch[53], vor allem wenn

[50] *Jacques Le Goff*, Politics (wie Anm. 10), 12; *Jean-Pierre Aguet*, Un combat pour l'histoire: Lucien Febvre et l'histoire diplomatique, in: Saul Friedländer u. a. (Eds.), L'historien et les relations internationales. Recueil d'études en hommage à Jacques Freymond. Genf 1981, 3-24.

[51] Vgl. die Diskussion des Forschungsstandes bei *Michael Hochedlinger* (Hrsg.), Der Weg in den Krieg. Die Berichte des Franz Paul Zigeuner von Blumendorf, k.k. Geschäftsträger in Paris 1790–1792. (Fontes Rerum Austriacarum, II/90.) Wien 1999, XV-XXXI.

[52] Das gerne zitierte Urteil, wonach ein Gutteil der Diplomatiegeschichte nicht mehr sei „than the record of what one clerk said to another clerk", stammt von *G. M. Young*, Victorian England. Portrait of an Age. 2. Aufl. Garden City, N.Y. 1954, 155.

[53] Jüngst aber *Wilfried Loth/Jürgen Osterhammel* (Hrsg.), Internationale Geschichte. Themen – Ergebnisse – Aussichten. München 2000; *Siegelberg/Schlichte* (Hrsg.), Strukturwandel internationaler Beziehungen (wie Anm. 45); *Conze/Lappenküper/Müller* (Hrsg.), Geschichte der internationalen Beziehungen (wie Anm. 17). In den USA bleibt „diplomatic history" trotz kritischer Diskussion ein eingeführter, keineswegs abschätziger Begriff für eine durchaus moderne Geschichte der Staatenbeziehungen (überwiegend des späten 19. und 20. Jahrhunderts). Die pragmatische Verwendung des Begriffs

man damit die frühen methodisch-theoretischen Grundsatzüberlegungen von Pierre Renouvin (1883–1974) und Jean-Baptiste Duroselle (1919–1994) in Frankreich vergleicht, die erst die Ablösung der „Geschichte der internationalen Beziehungen" von der klassischen „Diplomatiegeschichte" herbeiführten, allerdings mit eindeutigem Schwerpunkt auf dem 19. und 20. Jahrhundert.

Raffung und Straffung alleine, bemühte Garnierung mit mentalitäts- und wirtschaftsgeschichtlichen Versatzstücken und die verkrampfte Unterdrükkung der ereignisgeschichtlichen Ebene machen aus der früher nicht selten fürwahr ermüdend detaillierten „Diplomatiegeschichte" beileibe noch keine „Geschichte der internationalen Beziehungen", die natürlich – nimmt man den Terminus ernst – mehr sein muß als eine „Geschichte der internationalen Politik" oder „Außenpolitikgeschichte".[54] Produkte, die unter der Flagge der „Geschichte der internationalen Beziehungen" segeln, entpuppen sich, was das realgeschichtliche Fundament anlangt, bisweilen als ungenierte Kondensate aus älterer Forschungsarbeit; mit einem sehr gravierenden Nachteil allerdings: der oft als einzige Eigenleistung beigesteuerte Interpretationsüberbau macht, je nach Aufdringlichkeit, den Beitrag nicht selten selbst zum Materiallieferanten untauglich. Insofern haben sogar Studien, die die wortreiche Theorielastigkeit ihrer rechtfertigenden Einleitungen im

„Diplomatiegeschichte" in der deutschsprachigen Literatur wirkt allerdings, wenn anderes gemeint ist, störend: *Ursula Lehmkuhl*, Diplomatiegeschichte als internationale Kulturgeschichte: Theoretische Ansätze und empirische Forschung zwischen Historischer Kulturwissenschaft und Soziologischem Institutionalismus, in: GG 27, 2001, 394–423, bes. 97 Anm. 16. Bekanntester Repräsentant einer pragmatischen „Geschichte der internationalen Beziehungen", die sich auch lebhaft für die Erkenntnisse der politologischen „international relations"-Forschung interessiert, ist Paul W. Schroeder. Sein Buch „The Transformation of European Politics" (wie Anm. 33) ist eine gelungene, keineswegs unsensibel verkürzende Synthese der Literatur und, seiner etwas moralistischen Grundthese entkleidet, im Grunde hervorragend synthetisierte „Diplomatiegeschichte". Die harsche Kritik von *Harald Kleinschmidt*, Vom „Gleichgewicht" zum „Äquilibrium". Paul W. Schroeders „Transformation of European Politics – eine Systemgeschichte der internationalen Beziehungen?, in: ZfG 45, 1997, 520–528, scheint überzogen. Von Kleinschmidt stammt eine „systemgeschichtliche" Geschichte der internationalen Beziehungen. Ein systemgeschichtlicher Abriß. Stuttgart 1998.

[54] Aus der Reihe „Handbuch der Geschichte der internationalen Beziehungen" erschienen bisher für die Frühe Neuzeit Bd. 4: *Heinz Duchhardt*, Balance of Power und Pentarchie. Internationale Beziehungen 1700–1785. Paderborn 1997, und Bd. 5: *Michael Erbe*, Revolutionäre Erschütterung und erneuertes Gleichgewicht. Internationale Beziehungen 1785–1830. Paderborn 2004. Der Abstand der Reihe zur „alten" Diplomatiegeschichte sticht bei einem Vergleich mit dem letzten deutschsprachigen Vorgängerunternehmen, der Abteilung II des „Handbuchs der mittelalterlichen und neueren Geschichte" mit den Bänden von *Max Immich* (1905), *Adalbert Wahl* (1912), *Eduard Fueter* (1919) und *Walter Platzhoff* (1928), besonders ins Auge. Michael Erbes Beitrag etwa kann kaum noch mit dem Etikett „Geschichte der internationalen Beziehungen" versehen werden und hätte durchaus auch als Handbuch allgemeiner europäischer Geschichte erscheinen können.

Hauptteil mit diplomatiegeschichtlichen Ereignisberichten Lügen strafen, eine längere Halbwertszeit.

Nur allzu oft wird man freilich auf die zu Unrecht vielgeschmähten Produkte aus der Ära des Positivismus zurückgreifen müssen, deren Quellennähe der Wiederverwertung auch unter anderen Gesichtspunkten weniger Widerstand entgegensetzt. Die britische Tradition frühneuzeitlicher „Außenpolitikgeschichte“ findet – mit charakteristischem Pragmatismus und Traditionalismus, aber auch unterstützt durch die deutscher Wortbombastik nicht zugängliche Natur der englischen Sprache – immer wieder einen gang- und auch lesbaren Mittelweg zwischen Ereignisbericht und strukturellen Rahmenbedingungen.[55]

Etikettenschwindel und Substanzlosigkeit werden durch den auch in unseren Breiten zunehmenden Drall des Publikationswesens in Richtung von Überblicksdarstellungen für den Lern- und Lehrbetrieb gefördert, in denen bisweilen die kühne Breite des Zugangs den mangelnden Tiefgang kaschieren muß. Entsprechender Verdacht wird auch auf jede übertriebene Forcierung komparatistischer Ansätze fallen müssen. Denn solange in einem gegebenen Staatensystem die einzelnen Akteure in ihren inneren Machtgrundlagen und Handlungsbedingungen (Ebene 1) und in ihrem Außenverhalten (Ebene 2) nicht wirklich befriedigend erforscht sind, wird die multilaterale Zusammenschau (Ebene 3), fraglos das eigentliche (Fern-)Ziel einer echten „Geschichte der internationalen Beziehungen“, äußerstenfalls auf *text book*-Niveau möglich sein und selbst das bilaterale Standardprogramm herkömmlicher zwischenstaatlicher Außenpolitikgeschichte im Stile von: „Die Frankreichpolitik Großbritanniens 1797-1801“ im letzten auf ganz wackeligen Beinen stehen. Dieser Zugang ist freilich in den letzten Jahrzehnten ohnedies in wachsendem Maße von kulturgeschichtlich inspirierten Arbeiten zur Wahrnehmung „des anderen“ (nach dem Muster „Das deutsche Frankreichbild des 18. Jahrhunderts“) in den Hintergrund gespielt worden, die vielfach in der Tat eine sehr nützliche Vertiefung bringen.

Unter den Positiva, die der Sturmlauf gegen die alte „Diplomatiegeschichte“ als außengewandter Nationalgeschichte hervorgebracht hat, ist im deutschen Sprachraum insbesondere eine ganze Reihe wichtiger Untersuchungen hervorzuheben, die sich der „Strukturgeschichte des Mächtesystems“ widmen und den Brückenschlag zur Beschäftigung mit der inneren Verfaßtheit der frühneuzeitlichen (Fürsten-)Staaten versuchen.[56]

[55] Vgl. auch den Abschnitt „Diplomatic History“ bei *Gardiner*, History Today (wie Anm. 13), 131-142.

[56] *Heinz Duchhardt*, Gleichgewicht der Kräfte, Convenance, europäisches Konzert, Friedenskongresse und Friedensschlüsse vom Zeitalter Ludwigs XIV. bis zum Wiener Kongreß. (Erträge der Forschung, Bd. 56.) Darmstadt 1976; *Johannes Kunisch*, Staatsverfassung und Mächtepolitik. Zur Genese von Staatenkonflikten im Zeitalter des Absolutismus. (Historische Forschungen, Bd. 15.) Berlin 1979; *ders.*, Der Nordische Krieg von

Praktiker einer quellennahen und gerne Neuland betretenden „außenpolitischen Geschichte" werden bei alledem der Ansicht beizupflichten geneigt sein, daß angesichts der schwer bestreitbaren Wirkmächtigkeit des Kurzfristigen, Willkürlichen, Zufälligen und Irrationalen in der Staatenpolitik „Diplomatiegeschichte" als Ereignisgeschichte eine keineswegs zu vernachlässigende „Hilfswissenschaft" auch jeder modernen „Geschichte der internationalen Beziehungen" sein wird. Botschafterberichte und die Weisungen der Zentrale sind in einer Zeit, da zwischenstaatliche Kontakte nun einmal hauptsächlich durch den diplomatischen Dienst vermittelt und gestaltet wurden, fürwahr keine marginalen Quellen.

Die Erforschung von Kriegsausbrüchen und vergleichbaren, ex post so gerne überfrachteten Zäsurdaten bietet in diesem Zusammenhang ein besonders lehrreiches Betätigungsfeld.[57] Das Wechselspiel von Handlungsfreiheit, strukturellen Rahmenbedingungen und „Zwängen" verschiedenster Art kann nur am konkreten Beispiel geprüft werden, und die biedere Chronologie der Ereignisabfolge erklärt manches, was sonst nur, freilich meist falsch, durch kühne Überinterpretation und Hypothesenbildung ausgefüllt werden könnte. Dabei wird stets zu bedenken sein, daß sich das Gewicht handlungsleitender oder -beeinflussender Faktoren in der internationalen Politik wie Prestigedenken, ökonomische oder strategische Erwägungen, konfessionelle, nationale und später ideologische Aspekte im Laufe der Zeit immer wieder deutlich verschob und von jeher zwischen „kontinentalen

1665 bis 1660 als Parabel frühneuzeitlicher Staatenkonflikte, in: Heinz Duchhardt (Hrsg.), Rahmenbedingungen und Handlungsspielräume europäischer Außenpolitik im Zeitalter Ludwigs XIV. (ZHF, Beih. 11.) Berlin 1991, 9–42; *Harm Klueting*, Die Lehre von der Macht der Staaten. Das außenpolitische Machtproblem in der „politischen Wissenschaft" und in der praktischen Politik im 18. Jahrhundert. (Historische Forschungen, Bd. 29.) Berlin 1986; *Franz Bosbach*, „Monarchia Universalis". Ein politischer Leitbegriff der Frühen Neuzeit. (Schriftenreihe der Historischen Kommission bei der Bayerischen Akademie der Wissenschaften, Bd. 32.) Göttingen 1988; *ders.* (Hrsg.), Feindbilder. Die Darstellung des Gegners in der politischen Publizistik des Mittelalters und der Neuzeit. (Bayreuther Historische Kolloquien, Bd. 6.) Köln/Weimar/Wien 1992. Sammelbände bleiben oft in unverbundenen Fallbeispielen stecken: *Peter Krüger* (Hrsg.), Das europäische Staatensystem im Wandel. Strukturelle Bedingungen und bewegende Kräfte seit der Frühen Neuzeit. (Schriften des Historischen Kollegs, Bd. 35.) München 1996; *Peter Krüger/Paul W. Schroeder* (Hrsg.), „The Transformation of European Politics 1763–1848": Episode or Model in Modern History? (Marburger Beiträge, Bd. 5.) Münster 2002. – *Heinz Schilling*, Formung und Gestalt des internationalen Systems in der werdenden Neuzeit. Phasen und bewegende Kräfte, in: Peter Krüger (Hrsg.), Kontinuität und Wandel in der Staatenordnung der Neuzeit. (Marburger Studien zur Neueren Geschichte, Bd. 1.) Marburg 1991, 19–46, betont stark das konfessionelle Element in der Außenpolitik des 16. und 17. Jahrhunderts. Sein Schüler *Holger Gräf* hat die „konfessionalisierte Außenpolitik" am Beispiel Hessen-Kassels exemplifiziert: Konfession und internationales System. Die Außenpolitik Hessen-Kassels im konfessionellen Zeitalter. (Quellen und Forschungen zur hessischen Geschichte, Bd. 94.) Darmstadt/Marburg 1993.

[57] *Bernd Wegner* (Hrsg.), Wie Kriege entstehen. Zum historischen Hintergrund von Staatskonflikten. (Krieg in der Geschichte, Bd. 4.) 2. Aufl. Paderborn 2003.

Machtstaaten" und „maritimen Handelsstaaten" mehr oder minder deutlich differierte. Vielleicht haben sich Frühneuzeitler und Vertreter der „Geschichte der internationalen Beziehungen" des 19. und 20. Jahrhunderts auch aus diesem Grund nicht allzuviel zu sagen.

Die Unlust an der ereignisorientierten „Diplomatiegeschichte" hat natürlich nicht nur mit methodisch-geschichtstheoretischen Bedenken, sondern auch mit dem fortschreitenden, durch den innerdisziplinären Paradigmenwechsel beschleunigten „Verlust historischer Darstellungskunst" (W. Conze) zu tun. Über Erfolg und Mißerfolg von „Diplomatiegeschichte" entscheidet ähnlich wie im Genre der Biographie nicht zuletzt das darstellerisch-erzählerische Können des Autors, ein Talent, das das Publikum von einem breitenwirksamen Historiker immer noch erwartet und das in anderen historiographischen Traditionen weiterhin eine viel zentralere Rolle spielt als in der deutschen. Wenn hierzulande die alte Diskussion über den Grenzgang der Geschichte zwischen Wissenschaft und Kunst wiederaufflammen sollte, dann gewiß nicht – wie zu Zeiten Rankes und Droysens – in bezug auf das Spannungsverhältnis zwischen Faktenermittlung und schriftstellerischer „Wiederhervorbringung", sondern eher weil der immer raschere Wechsel der historiographischen Stilrichtungen Ähnlichkeiten evoziert.

Empirische Außenpolitikgeschichte der Frühen Neuzeit ist zur Verwunderung britischer und amerikanischer Fachgenossen, die gerne die „außenpolitische Natur" der Habsburgermonarchie betonen[58], in der österreichischen Forschung jenseits der reichsgeschichtlichen Frage nach dem Verhältnis „Kaiser und Reich" schwach ausgeprägt bis inexistent.[59] Das Trauma des

[58] *Charles Ingrao*, Einleitung zum Abschnitt „Foreign Policy", in: ders. (Ed.), State and Society in Early Modern Austria (wie Anm. 48), 275–285; *Paul W. Schroeder*, The Luck of the House of Habsburg. Military Defeat and Political Survival, in: AHY 32, 2001, 215–224. Vgl. auch *Derek Beales*, Joseph II. 1: In the Shadow of Maria Theresa 1741–1780. Cambridge 1987, 15.

[59] *Charles Ingraos* Review Article: From the Reconquest to the Revolutionary Wars: Recent Trends in Austrian Diplomatic History 1683–1800, in: AHY 24, 1993, 201–218, bringt die Tristesse autochthoner außenpolitischer Geschichte in Österreich deutlich ans Licht. Vgl. zu einzelnen Editionsunternehmungen etwa *Hans Kramer*, Die Erforschung und Herausgabe der Nuntiaturberichte, in: Mitteilungen des Österreichischen Staatsarchivs 1, 1948, 492–514; *Arno Strohmeyer* (Bearb.), Die Korrespondenz der Kaiser mit ihren Gesandten in Spanien 1: Der Briefwechsel Ferdinands I. und Maximilians II. mit Adam von Dietrichstein 1563–1565. Wien/München 1997; *Friedrich Edelmayer* (Hrsg.), Hispania-Austria. Die Epoche Philipps II. 1556–1598. Wien/München 1999; *Friedrich Edelmayer*, Gesandtschaftsberichte in der Frühen Neuzeit, in: Josef Pauser/Martin Scheutz/Thomas Winkelbauer (Hrsg.), Quellenkunde der Habsburgermonarchie (16.–18. Jahrhundert). Ein exemplarisches Handbuch. (Mitteilungen des Instituts für Österreichische Geschichtsforschung, Bd. 44.) Wien/München 2004, 849–859. Für das 18. Jahrhundert fast anachronistisch monumental *Hans Juretschke/Hans-Otto Kleinmann* (Hrsg.), Berichte der diplomatischen Vertreter des Wiener Hofes aus Spanien in der Regierungszeit Karls III. 14 Bde. Madrid 1970–1988, und *dies.* (Hrsg.), Berichte der diplomatischen Vertreter des Wiener Hofes aus Spanien in der Regierungszeit Karls IV. 1789–1808. 6 Bde. Madrid 1990–1999.

Zusammenbruchs von 1918 mit der anschließenden Fixierung eines hohen Prozentsatzes der Forschung auf die Geschichte und Vorgeschichte der Katastrophe und schließlich die historiographische Kehrtwende haben hier vielversprechende, freilich etwas einseitige Ansätze verschüttet. Denn die österreichisch-ungarische Historiographie und ihre Trägerorganisationen investierten während der Glanzzeit der alten Politikgeschichte alles in allem mehr Energie in die Ermittlung, Sammlung und Edition von Quellen (mit Schwerpunkt Herrscherkorrespondenzen)[60] als in die Synthese[61]. Aber selbst die Quellenveröffentlichungen, weniger systematisch betrieben als etwa in Frankreich und Großbritannien, blieben 1918 oft genug als Torsi zurück. Sogar ein handliches Kompendium der die Habsburgermonarchie involvierenden großen Staatsverträge der Frühen Neuzeit sucht man bis heute vergeblich.[62]

Eine Verwaltungs- und Behördengeschichte der Habsburgermonarchie entwickelte sich erst relativ spät. Sie litt von Beginn an an einem bedenklichen Geburtsfehler: an der meist getrennten Betrachtung von Zentralverwaltung, Länderverwaltung und Lokalverwaltung, um die sich arbeitsteilig, mit jeweils spezifischem Blickwinkel und Sympathien unterschiedlich „sozialisierte" Historiker, vielfach Archivare der einzelnen Gebietskörperschaften, kümmerten. Anders als die borussische Verfassungs- und Verwaltungsgeschichte in den übergroßen Fußstapfen eines Otto Hintze bis hin zu den Enkelschülern wie etwa Gerhard Oestreich fand die anfänglich das Faktographische stark betonende österreichische Verwaltungsgeschichte kaum zu jener Thesenbildung und Zuspitzung, die in Zeiten fortschreitender „Ver-

[60] *Fritz Fellner*, „Ein wahrhaft patriotisches Werk." Die Kommission für Neuere Geschichte Österreichs 1897–2000. (Veröffentlichungen der Kommission für Neuere Geschichte Österreichs, Bd. 91.) Wien/Köln/Weimar 2001. Zur habsburgischen Familienkorrespondenz des 16. Jahrhunderts, die nach bald neunzig Bearbeitungsjahren erst im Jahre 1534 angelangt ist, vgl. *Christopher F. Laferl*, Sprache – Inhalt – Hierarchie unter Brüdern. Karl V. und Ferdinand I. in der Familienkorrespondenz Ferdinands I. 1533–1534, in: Alfred Kohler/Barbara Haider/Christine Ottner (Hrsg.), Karl V. 1500–1558. Neue Perspektiven seiner Herrschaft in Europa und Übersee. Wien 2002, 359–371; *ders.*, Die Familienkorrespondenz Ferdinands I., in: Pauser/Scheutz/Winkelbauer (Hrsg.), Quellenkunde (wie Anm. 59), 828–836. Eine erste Übersicht über politikgeschichtlich relevante Quellenwerke bieten die Beiträge von *Gernot Heiß*, *Anna Hedwig Benna* und *Hans Wagner* in: Erich Zöllner (Hrsg.), Die Quellen der Geschichte Österreichs. (Schriften des Instituts für Österreichkunde, Bd. 40.) Wien 1982.

[61] Souverän aber *Oswald Redlich*, Österreichs Großmachtbildung unter Kaiser Leopold I. Gotha 1921; *ders.*, Das Werden einer Großmacht. Österreich von 1700 bis 1740. Baden/Leipzig 1938.

[62] *Edith Kotasek*, Die Herausgabe der „Österreichischen Staatsverträge" durch die Kommission für neuere Geschichte Österreichs, in: Mitteilungen des Österreichischen Staatsarchivs 1, 1948, 248–254. Immerhin liegt eine eingehende Bestandsaufnahme von *Ludwig Bittner* vor: Chronologisches Verzeichnis der österreichischen Staatsverträge. 3 Bde. u. 1 Reg.-Bd. Wien 1903–1917.

geistesgeschichtlichung" die Diskussion erst beflügelt und schließlich am Leben erhält.[63] Die „Österreichische Reichsgeschichte" als nicht unpolitische Staatsbildungs- und Gesamtstaatsgeschichte der Habsburgermonarchie, als „Geschichte des inneren politischen Staatslebens", wurde Ende des 19. Jahrhunderts als Pflichtfach in den Lehrplänen der Juristen und Historiker festgeschrieben, hat bis 1918 mehrere bemerkenswerte Lehrbücher hervorgebracht, auch die Detailforschung, nicht zuletzt die Landesgeschichte, entscheidend befruchtet. Aber die Zeitspanne bis zum Zusammenbruch der Donaumonarchie war insgesamt denn doch zu kurz, zumal gemessen an der Komplexität der Strukturen im Vielvölkerstaat.[64] Die böhmischen Länder und mehr noch Ungarn hatten zum Teil eigene Traditionen. Als „Verfassungs- und Verwaltungsgeschichte" lebte die „Österreichische Reichsgeschichte" auch in republikanischer Zeit fort, spielte aber anders als bei den Juristen bei den Historikern, ja selbst am Institut für Österreichische Geschichtsforschung eine zunehmend bescheidene Rolle, so daß auch die entsprechenden Handbücher für den Lernbetrieb mehrheitlich von Rechtshistorikern stammen und nicht immer den Stand der historischen Forschung reflektieren. Immerhin konnte der auch für Verfassungs- und Verwaltungsgeschichte habilitierte ehemalige Archivar Friedrich Walter (1896–1968) bis zu seinem Tod das große, 1903 begonnene Projekt der „Österreichischen Zentralverwaltung" mit insgesamt sechs Darstellungs- und acht Aktenbänden zu Ende führen.[65] Nach einem überraschend schmalen und blassen Bändchen über die Reformdekade Josephs II. verließ das Projekt 1950 die Frühe Neuzeit und wandte sich dem 19. Jahrhundert zu, so daß sich die Schwerpunktverlagerung der Forschung zur Geschichte der Habsburgermonarchie in Richtung Dekadenz und Endphase der Donaumonarchie auch von dieser Seite unterstrichen fand. Die Defizite für die Frühe Neuzeit versucht nun eine auf drei stattliche Bände konzipierte „Verwaltungsgeschichte der Habsburgermonarchie in der Frühen Neuzeit" zu beheben, die die ein-

[63] Wichtig und Hintze und Oestreich durchaus vergleichbar die sehr anregenden Studien von Hans Sturmberger (1914–1999), die aber sichtlich keine Fortsetzung gefunden haben. Vgl. etwa: *Hans Sturmberger*, Kaiser Ferdinand II. und das Problem des Absolutismus [1957]; *ders.*, Vom Weißen Berg zur Pragmatischen Sanktion. Der Staat Österreich von 1620 bis 1740 [1961]; *ders.*, Dualistischer Ständestaat und werdender Absolutismus; *ders.*, Der absolutistische Staat und die Länder in Österreich [1963]; *ders.*, Türkengefahr und österreichische Staatlichkeit [1967], allesamt nochmals abgedruckt in: Hans Sturmberger, Land ob der Enns und Österreich. Aufsätze und Vorträge. (Ergänzungsbd. zu den Mitteilungen des Oberösterreichischen Landesarchivs, Bd. 3.) Linz 1979, 154–187, 211–328. Anregend auch *Charles Ingrao*, Conflict or Consensus? Habsburg Absolutism and Foreign Policy 1700–1748, in: AHY 19/20, 1983/84, 33–41.

[64] *Hans von Voltelini*, Die österreichische Reichsgeschichte, ihre Aufgaben und Ziele, in: Deutsche Geschichtsblätter 2, 1901, 97–108; *Alphons Lhotsky*, Österreichische Historiographie. Wien 1962, 197–215.

[65] Die Österreichische Zentralverwaltung. Wien 1907–1971.

zelnen Teile der Monarchie durch möglichst weitgefaßte internationale Kooperation gleichmäßig berücksichtigen und dabei auch tunlichst alle Verwaltungsebenen integrieren will.[66]

Militärgeschichte, heute alles andere als „Kriegsgeschichte", will nach ihrer „Resozialisierung" jetzt auch aus dem Ghetto einer historischen Spezialwissenschaft ausbrechen, in der Gesamtdisziplin aufgehen und plädiert daher durchaus logisch und berechtigt für eine adäquate Berücksichtigung des Faktors Militär in unserer gesamtgeschichtlichen Betrachtung. Die frühneuzeitliche Militärgeschichte hat sich, indem sie sich fernab alter Traditionen unter dem der angloamerikanischen und französischen Forschung entlehnten Schlachtruf „Militär und Gesellschaft" überwiegend sozialhistorisch definiert, besser von den Folgen politischer Diskreditierung und innerwissenschaftlicher Marginalisierung erholt als die „außenpolitische Geschichte".[67] Nicht allerdings in Österreich, wo nie eine wirklich zivile Tradition der Militärgeschichte Fuß zu fassen vermochte und struktur- oder organisationsgeschichtliche Arbeiten, die die Basis für weiterführende Arbeiten, aber auch für die Rezeption in Lehrbüchern hätten sein können, nur in relativ bescheidenem Ausmaß entstanden. In ganz merkwürdigem Gegensatz zum reichen Quellenmaterial in den Archiven dauert hier das Desinteresse an der Geschichte der bewaffneten Macht mit ganz wenigen Ausnahmen an[68], und der

[66] *Michael Hochedlinger/Thomas Winkelbauer* (Hrsg.), Verwaltungsgeschichte der Habsburgermonarchie in der Frühen Neuzeit [in Arbeit]. Bd. 1: Hof und Zentralbehörden. Bd. 2: Die Länder. Bd. 3: Kirchen und Konfessionen. Grundherrschaft und ländliche Gemeinde. Bildungswesen. Das Publikationsunternehmen ist institutionell bei der Historischen Kommission der Akademie der Wissenschaften (Wien) sowie am Institut für Österreichische Geschichtsforschung (Wien) verankert.

[67] Vgl. u. a. *Bernhard R. Kroener*, „Das Schwungrad an der Staatsmaschine"? Die Bedeutung der bewaffneten Macht in der europäischen Geschichte der Frühen Neuzeit, in: Bernhard R. Kroener/Ralf Pröve (Hrsg.), Krieg und Frieden. Militär und Gesellschaft in der Frühen Neuzeit. Paderborn 1996, 1-23;. *Thomas Kühne/Benjamin Ziemann* (Hrsg.), Was ist Militärgeschichte? (Krieg in der Geschichte, Bd. 6.) Paderborn 2000; *Ralf Pröve*, Vom Schmuddelkind zur anerkannten Subdisziplin? Die „neue Militärgeschichte" der Frühen Neuzeit. Perspektiven, Entwicklungen, Probleme, in: GWU 51, 2000, 597-612; *Jutta Nowosadtko*, Krieg, Gewalt und Ordnung. Einführung in die Militärgeschichte. (Historische Einführungen, Bd. 6.) Tübingen 2002.

[68] *Michael Hochedlinger*, Austria's Wars of Emergence 1683-1797. War, State and Society in the Habsburg Monarchy. London/New York 2003; *Martin P. Schennach*, Tiroler Landesverteidigung 1600-1650. Landmiliz und Söldnertum. (Schlern-Schriften, Bd. 323.) Innsbruck 2003. Zum Schicksal der Disziplin, den historischen Wurzeln der gegenwärtigen Situation und den Forschungslücken *Michael Hochedlinger*, Kriegsgeschichte – Heereskunde – Militärgeschichte? Zur Krise militärhistorischer Forschung in Österreich, in: Arbeitskreis Militärgeschichte e. V. Newsletter Nr. 7/1998, 44-47, Nr. 8/1998, 38-41, nochmals (geringfügig überarbeitet) in: Zeitschrift für Heereskunde 63, 1999, 41-45; *ders.*, „Bella gerant alii...?" On the State of Early Modern Military History in Austria, in: AHY 30, 1999, 237-277; *ders.*, The Early Modern Cindarella, in: AHY 32, 2001, 207-213; *ders.*, Quellen zum kaiserlichen bzw. k. k. Kriegswesen, in: Pauser/Scheutz/Winkelbauer

wichtige Gegenstand selbst bleibt leider jenen überlassen, die sich eigentlich nur für die Paraphernalien von Krieg und Militär, für Orden, Waffen oder Uniformen, erwärmen können, noch dazu mit einem deutlichen Schwerpunkt auf dem späteren 19. und dem 20. Jahrhundert. Das Sujet sieht sich so mit ganz und gar unverdienter Operettenhaftigkeit überzogen, nahezu alle wichtigen Fragen einer modernen frühneuzeitlichen Militärgeschichte (gerade nach Militär und Zivilbevölkerung verschränkenden Sektoren wie Rekrutierung, Verpflegung, Einquartierung usw.) bleiben trotz Winfried Schulzes frühen Anregungen unbeantwortet, ja schlimmer noch: ungestellt.

Wenn Wien Magnet für Archivreisen deutscher Forscher und Studenten ist, dann für die Praktiker der „Reichsgeschichte“, die in der entsprechenden Bestandsgruppe des Haus-, Hof- und Staatsarchivs ihr wesentlichstes Quellenmaterial finden. Daß das Wiener Kriegsarchiv mit der archivalischen Überlieferung einer der bedeutendsten Militärmächte der Frühen Neuzeit nach der Vernichtung der Potsdamer Schätze 1945 mit Abstand das größte Militärarchiv des deutschen Sprachraums, ja Mitteleuropas ist, scheint der „neuen deutschen Militärgeschichte“ demgegenüber bisher nicht wirklich bewußt geworden zu sein, wohl auch deshalb, weil ganz abgesehen von forschungspraktischen Gründen zwischen der engagierten Revision des Preußenbildes und der verstärkten Beschäftigung mit den deutschen Klein- und Mittelstaaten[69] – verständlicherweise – zu wenig Arbeitsenergie für die Habsburgermonarchie verbleibt.

(Hrsg.), Quellenkunde (wie Anm. 59), 162–181, und *Günter Kronenbitter*, Ein weites Feld. Anmerkungen zur (österreichischen) Militärgeschichtsschreibung, in: Zeitgeschichte 30, 2003, 185–191. Ein frühes, kaum je beachtetes Plädoyer für Militärgeschichte als „Heeresgeschichte“, also Organisations- und Institutionengeschichte der bewaffneten Macht, ist *Wilhelm Erben*, Heeresgeschichte, in: Deutsche Geschichtsblätter 5, 1903, 33–47.

[69] Z. B. *Ralf Pröve*, Stehendes Heer und städtische Gesellschaft im 18. Jahrhundert. Göttingen und seine Militärbevölkerung 1713–1756. (Beiträge zur Militärgeschichte, Bd. 47.) München 1995; *Jutta Nowosadtko*, Das stehende Heer im Ständestaat. Bedingungen und Praxis des Zusammenlebens von Militär- und Zivilbevölkerung am Beispiel des Fürstbistums Münster 1650–1803. Habilitationsschrift Universität Gesamthochschule Essen 2003; *Stefan Kroll*, Kursächsische Soldaten im 18. Jahrhundert zwischen Friedensalltag und Kriegserfahrung. Lebenswelt und „Kultur“ von Unteroffizieren und „Gemeinen“ 1728–1796. Habilitationsschrift Universität Rostock 2003.

Militär und Politik – Anmerkungen zur Militärgeschichte zwischen Französischer Revolution und Erstem Weltkrieg

Von

Günther Kronenbitter

Militärgeschichte hat Konjunktur, zumindest auf den ersten Blick: War die Beschäftigung mit Krieg und mit den Streitkräften im Frieden in der Bundesrepublik Deutschland lange Zeit ein Thema, das die Geschichtswissenschaft gerne den historisch interessierten Militärs und den „Heereskundlern“, den Spezialisten für Orden, Uniformen, Waffen und anderem Kriegsgerät überließ, so hat sich das im Zuge der Etablierung einer „Neuen Militärgeschichte“ grundlegend geändert. Die Scheu vor der wissenschaftlichen Beschäftigung mit dem Thema „Krieg“ ist einer intensiven Auseinandersetzung mit den Formen und Folgen von Kriegsgeschehen gewichen.[1] Der Zeitraum, in dem sich dieses Umdenken vollzog, legt es nahe, in den Kriegen auf dem Balkan und dem Dilemma, vor das diese die politischen Eliten Westeuropas stellten, einen wissenschaftsexternen Impuls für das gesteigerte Interesse an historischen Analysen des Phänomens „Krieg“ zu vermuten. Ganz offensichtlich wirkte sich aber ein wissenschaftsinterner Vorgang aus, nämlich die Entfaltung neuer Fragestellungen und Methoden unter mentalitäts-, gender- und kulturhistorischen Vorzeichen. Mit diesen Ansätzen ließen sich Themenfelder wie „Streitkräfte“ und „Krieg“ neu erschließen.

Das umfangreiche Quellenmaterial und die jahrzehntelange Vernachlässigung dieser Themenfelder boten gute Voraussetzungen für Erkenntnisgewinn, nicht zuletzt für akademische Qualifikationsarbeiten. In der Einrichtung eines Sonderforschungsbereichs der Deutschen Forschungsgemeinschaft „Kriegserfahrungen – Krieg und Gesellschaft in der Neuzeit“ an der Eberhard-Karls-Universität Tübingen kam zum Ausdruck, daß die Beschäftigung mit Krieg und Militär nun als legitime Forschungsorientierung gesehen wurde. Die berechtigten Vorbehalte gegen Heereskunde und Operationsgeschichte im Stil der Generalstabsausbildung des späten 19. und frühen 20. Jahrhunderts stehen seither einer wissenschaftlichen Auseinanderset-

[1] Zu Geschichte und gegenwärtigem Stand der deutschen Militärhistoriographie vgl.: *Jutta Nowosadtko*, Krieg, Gewalt und Ordnung. Einführung in die Militärgeschichte. (Historische Einführungen, Bd. 6.) Tübingen 2002; *Thomas Kühne/Benjamin Ziemann* (Hrsg.), Was ist Militärgeschichte? (Krieg in der Geschichte, Bd. 6.) Paderborn/München/Wien/Zürich 2000.

zung mit Militärgeschichte nicht mehr im Weg. Welche Auswirkungen das auf Karrierechancen haben wird, entzieht sich noch einer Beurteilung. Schwer einzuschätzen ist auch die weitere Entwicklung der „Neuen Militärgeschichte", nicht nur wegen des ausgeprägten Methodenpluralismus. Es bleibt vor allem abzuwarten, ob die Nachwuchswissenschaftler, die sich in Magisterarbeit, Dissertation oder Habilitationsschrift mit militärgeschichtlichen Themen beschäftigen, auf längere Sicht in diesem Forschungsfeld engagiert bleiben.

Die breiteste Plattform für den Informationsaustausch zur Militär- und Kriegsgeschichte bietet der 1995 gegründete Arbeitskreis Militärgeschichte, während der Arbeitskreis Militär und Gesellschaft in der Frühen Neuzeit und der Arbeitskreis Historische Friedensforschung dezidiert Schwerpunkte bei Fragestellung oder Epoche setzen. Die drei Arbeitskreise bündeln die wissenschaftliche Kommunikation. Das traditionelle Flaggschiff der militärgeschichtlichen Fachperiodika – um eine dem Thema entsprechende Metapher zu bemühen –, die „Militärgeschichtliche Zeitschrift" bleibt jedoch weiterhin als Publikationsforum von zentraler Bedeutung. Der Herausgeber, das Militärgeschichtliche Forschungsamt in Potsdam, nimmt in der militärhistorischen Forschung in Deutschland eine Sonderstellung ein. Hatte die Kriegsgeschichtsschreibung in den Streitkräften seit dem 19. Jahrhundert bis zum Zweiten Weltkrieg dezidiert militärfachlichen Zwecken gedient, so vollzog das Militärgeschichtliche Forschungsamt der Bundeswehr, bis zur Wiedervereinigung in Freiburg beheimatet, gezielt eine Angleichung der Fragestellung und Methoden an die akademische Historiographie. Die Suche und Aufbereitung von Exempla für die Einübung in Führungspraxis ist seither nicht mehr die wesentliche Aufgabe der von den Streitkräften getragenen Forschung. In den Worten von Jacob Burkhardt ließe sich daher sagen: Nicht mehr um „klug (für ein andermal)" zu werden, betreibt das Militär Geschichtswissenschaft, sondern – wie alle anderen Historiker auch – um „weise (für immer)" zu werden.[2] Forschungsprojekte, Arbeitskreise, Publikationsreihen und eine neu ausgerichtete militärischgeschichtliche Forschung der Streitkräfte rechtfertigen momentan eine optimistische Sicht der Situation der Militärhistoriographie in Deutschland, können aber nicht darüber hinwegtäuschen, daß es fast keine institutionelle Verankerung der Militärgeschichte an deutschen Universitäten gibt. Vom Militärgeschichtlichen Forschungsamt abgesehen, fehlen auch einschlägige außeruniversitäre Forschungsinstitute. In Zeiten knapper Etats bedeutet dies, daß die Militärgeschichte auch sehr rasch wieder zur Randerscheinung des Lehr- und Forschungsbetriebs werden könnte.

[2] *Jacob Burckhardt*, Über das Studium der Geschichte. Der Text der ‚Weltgeschichtlichen Betrachtungen' auf Grund der Vorarbeiten von Ernst Ziegler nach den Handschriften hrsg. v. Peter Ganz. München 1982, 230.

Für die Geschichte des Zweiten Weltkriegs wird das allerdings in absehbarer Zeit kaum der Fall sein, obwohl die Debatte um die Rolle der Wehrmacht im Holocaust heute weniger heftig geführt wird als noch vor kurzem. Auch der in Deutschland geschichtspolitisch weit weniger brisante Erste Weltkrieg, ein Hauptforschungsfeld der „Neuen Militärgeschichte", wird wohl weiter intensiv bearbeitet werden. Anders steht es jedoch um die Militärgeschichte des 19. Jahrhunderts, selbst wenn es, Eric Hobsbawm folgend, als „langes 19. Jahrhundert" noch die Französische Revolution und das Vorfeld des Ersten Weltkriegs einschließt. Das 19. Jahrhundert ist den meisten Zeitgenossen fern gerückt. Es versinkt in der Vor- und Frühgeschichte der Moderne, zumindest in der öffentlichen Wahrnehmung von Geschichte. Zwar mag es sein, daß in nicht allzu ferner Zukunft auch das 19. Jahrhundert den Reiz des Exotischen auf ein breiteres Publikum ausübt, den jetzt schon Mittelalter und Frühe Neuzeit entfalten. Tröstlich ist diese Perspektive jedoch kaum, denn für die wissenschaftliche Auseinandersetzung mit dem 19. Jahrhundert fehlen zugkräftige Leitfragen, wie sie früher beispielsweise die Modernisierungstheorie aufgeworfen hat.

Der Verzicht auf großflächige Generalinterpretationen und der darin angelegte Gewinn an Differenzierung sind erfreulich, fordern aber ihren Tribut: Da zugleich der Abstand zu den politisch-ideologisch Deutungsangeboten des 19. Jahrhunderts wächst, fällt es schwerer, über den Kreis der Spezialisten hinaus Interesse für die Jahrzehnte zwischen Französischer Revolution und Erstem Weltkrieg zu wecken. Ein besonders weit angelegtes Interpretationsmodell zur deutschen Geschichte des 19. und 20. Jahrhunderts basierte auf der These vom deutschen Sonderweg in die Moderne. Vor allem die Erforschung der Geschichte des Kaiserreichs hat dadurch wesentliche Impulse erhalten. Seine Überzeugungskraft verlor dieser Ansatz allerdings schon in den achtziger Jahren des vorigen Jahrhunderts, ohne daß sich eine andere These mit vergleichbarem Deutungsanspruch durchgesetzt hätte.

Der Erste Weltkrieg als „Urkatastrophe" des 20. Jahrhunderts, wie George F. Kennan es formuliert hat, erscheint als um so tieferer Graben zwischen zwei Epochen, je stärker die Dimensionen des Erfahrungsbruchs herausgearbeitet werden, der mit dem Krieg einherging. Einen Ansatz, den Ersten Weltkrieg mit einem übergreifenden Interpretationsmuster dennoch in längerfristige Entwicklungen einzuordnen, verfolgte die vom Deutschen Historischen Institut Washington getragene Konferenzreihe „Total War", bei der gezielt gerade im „langen" 19. Jahrhundert nach den Indizien einer Totalisierung der Kriegführung gefragt wurde.[3] Dabei dienten für die Zeit nach 1815

[3] Zur Totalisierung als narrativem Muster der Militär- und Kriegsgeschichte seit der Französischen Revolution: *Roger Chickering/Stig Förster*, World War II and the Theory of Total War, in: dies./Bernd Greiner (Eds.), A World at Total War. Global Conflict and the Politics of Destruction, 1937-1945. Cambridge 2005, 1-16, 3-9.

vor allem der Amerikanische Sezessionskrieg, die Einigungskriege sowie die Kolonialkriege der USA und Deutschlands als konkrete Fallbeispiele. Die Einbeziehung außereuropäischer Kriegsschauplätze erschließt wichtige Erfahrungsebenen der europäischen Militärexperten des späten 19. und frühen 20. Jahrhunderts, die sonst leicht übersehen werden könnten. So relativiert sich auch ein Grundmuster der europäischen Militärgeschichte zwischen Wiener Kongreß und Erstem Weltkrieg, das Nebeneinander von immer umfangreicheren und systematischeren Vorbereitungen auf einen künftigen Krieg und der überschaubaren Zahl militärischer Konflikte.

Darin liegt ein Mittel gegen eine wenig hilfreiche Spaltung der militärgeschichtlichen Forschung, wie sie sich zumindest in Deutschland abzeichnet: Der Konzentration auf das Phänomen „Krieg" in einer „Geschichte organisierter Tötungsgewalt"[4], die für weite Teile der „Neuen Militärgeschichte" typisch ist, steht eine Geschichte des Militärs im Frieden gegenüber, bei der das Militär „als dauerhafte gesellschaftliche Veranstaltung in den Blick genommen" wird.[5] Gerade für eine Historiographie des Militärs im 19. Jahrhundert ist die genaue Betrachtung der Friedenszeiten unerläßlich, schließlich wurde nach 1815 bis zum Sommer 1914 in Europa nur lokal und zeitlich begrenzt Krieg geführt. Die Ordnungsfunktion nach innen, die Integrationsleistungen und ihre Grenzen, die Verbindung von Militär und politischer Repräsentation sind zweifellos der Aufmerksamkeit wert. Vergessen werden sollte darüber jedoch nicht, daß die Vorbereitung auf den Kriegsfall auch in den Jahrzehnten ohne große kriegerische Auseinandersetzungen in Europa der Militärverfassung und -organisation sowie dem Selbstverständnis und der Außenwahrnehmung des Militärs ihren Stempel aufdrückte. Die Vorbereitung und das Führen von Kriegen – in der politischen Ordnung Europas im 19. Jahrhundert bedeutete das vor allem: von zwischenstaatlichen Kriegen – stellte die Hauptaufgabe von Streitkräften dar.

Das Nebeneinander von Kriegsgeschichte und Geschichte des Militärs in Friedenszeiten, die Ausdifferenzierung der Methoden im Rahmen der „Neuen Militärgeschichte", das geringe Interesse an der Verknüpfung von neuen und bereits länger etablierten Fragestellungen, die mangelnde Rückbindung an epochenübergreifende Interpretationsmuster sorgen für Vielfalt, beeinträchtigen aber die wissenschaftliche Kommunikation. Dies bleibt nicht ohne Folgen für die Präsentation der Militärgeschichte des 19. Jahrhunderts nach außen: Was die deutsche Geschichtswissenschaft bislang nicht zu leisten vermocht hat, ist Zusammenfassung und Einbettung von Einzel-

[4] *Michael Geyer*, Eine Kriegsgeschichte, die vom Tod spricht, in: Thomas Lindenberger/Alf Lüdtke (Hrsg.), Physische Gewalt. Studien zur Geschichte der Neuzeit. Frankfurt am Main 1995, 136–161, hier 136.

[5] *Ute Frevert*, Gesellschaft und Militär im 19. und 20. Jahrhundert: Sozial-, kultur- und geschlechtergeschichtliche Annäherungen, in: dies. (Hrsg.), Militär in Staat und Gesellschaft im 19. und 20. Jahrhundert. (Industrielle Welt, Bd. 58.) Stuttgart 1997, 7–14, 10.

studien in Überblicksdarstellungen. Abgesehen von zwei Publikationen, die im Umfeld des Militärgeschichtlichen Forschungsamts entstanden sind und sich auf die deutsche Militärgeschichte beschränken, fehlen die großen Synthesen.[6] Einen besonderen Anreiz zur Zusammenschau von Forschungsergebnissen und Basiswissen gibt es nicht, denn es besteht im deutschen Universitätsbetrieb – bislang jedenfalls – kaum Bedarf an „Textbooks". Im englischsprachigen Raum ist das anders. Das Interesse der Studierenden und des Lesepublikums außerhalb der Universitäten veranlaßt in Großbritannien und den USA auch anerkannte Experten der Militärhistoriographie dazu, Synthesen zur Geschichte einzelner Kriege oder größerer Abschnitte der modernen Militärgeschichte auf den Markt zu bringen. Die Zusammenschau von verschiedenen Forschungsfeldern, die dieses Genre erzwingt, wirkt nicht nur als Gegengewicht zur fortschreitenden Auffächerung der wissenschaftlichen Arbeit in Sonderdiskurse, sondern erschließt manchmal auch neue Perspektiven, gerade auf die Wechselbeziehungen zwischen technischer und operativer Entwicklung einerseits, politischen und soziokulturellen Bedingungen andererseits.[7]

In Deutschland kommt es auch nur selten zu einem Meinungsaustausch zwischen dem politikwissenschaftlich geprägten Forschungsfeld der „Internationalen Beziehungen" und der Geschichtswissenschaft, zumindest für die Untersuchung der Zeit vor 1945. Besonders trifft das für sicherheitspolitische Fragestellungen zu. Die gewiß oftmals mühsame Kommunikation und Kooperation über die Grenzen der Disziplinen hinweg kann der historischen Forschung jedoch durchaus Impulse geben. Ein Beispiel dafür bieten die Vereinigten Staaten, wo zudem die öffentliche Diskussion militärpolitischer Fragen Anstöße für die Wissenschaft bereithält. So verwundert es nicht, daß Stichworte aus der sicherheitspolitischen Debatte auch ihren Niederschlag in

[6] Umfassend zur deutschen Militärgeschichte bis zum Ausbruch des Zweiten Weltkriegs, aber auf dem Forschungsstand der 1960er Jahre: Handbuch zur deutschen Militärgeschichte 1648–1939. Hrsg. v. Militärgeschichtlichen Forschungsamt. 10 Abt. 6 Bde. Studienausgabe München 1983. Sehr knapp der Überblick in einem Darstellungs- und einem Quellenband: *Volker Neugebauer* (Hrsg.), Grundzüge der deutschen Militärgeschichte. 2 Bde. Freiburg im Breisgau 1993. Obwohl nicht in allen Teilen auf dem jüngsten Forschungsstand, erweisen sich im Hinblick auf Heeresorganisation, Waffen, Taktik und Strategie hilfreich: *Georg Ortenburg* (Hrsg.), Heerwesen der Neuzeit. 5 Abt. 10 Bde. Koblenz/Bonn 1984–1993.

[7] Beinahe besorgniserregend umfangreich ist die Liste der Überblicksdarstellungen von Jeremy Black. Als Beispiele seien genannt: *Jeremy Black*, Western Warfare, 1775-1882. Bloomington 2001; *ders.*, Warfare in the Western World, 1882-1975. Bloomington 2002. Sehr deutlich als „textbook" konzipiert ist: *Peter Browning*, The Changing Nature of Warfare: the Development of Land Warfare from 1792 to 1945. Cambridge 2002. Aufschlußreicher sind dagegen: *Geoffrey Best*, War and Society in Revolutionary Europe, 1770–1870. New York 1982; *Geoffrey Wawro*, Warfare and Society in Europe, 1792-1914. (Warfare in History.) London 2000; *David Gates*, Warfare in the Nineteenth Century. Basingstoke 2001.

der amerikanischen Militärgeschichtsforschung finden. Ein Leitbegriff, der in jüngerer Zeit von der Historiographie aufgegriffen wurde, ist die „Revolution in Military Affairs“. Im Kern geht dabei um die Frage, welche Rolle technische Innovationen und Fortschritte bei der Herstellung von kriegswichtigen Gütern in der Militärgeschichte spielen. In Kombination mit veränderten Führungsgrundsätzen, einer passenden Reform der Taktik und einer gewandelten Logistik bedingen, so die Annahme, waffen- und rüstungstechnische Entwicklungen neue Grundlagen militärischer Macht, zunächst oft als Vorteil für die Streitkräfte eines Herrschaftsgebiets, dann aber bei den meisten rivalisierenden Machtzentren.[8]

Das Konzept einer „Revolution in Military Affairs“ kann insofern nur einen relativ eng begrenzten Erklärungsgehalt beanspruchen. Zudem suggeriert die Bezeichnung „Revolution“ einen schlagartigen und grundstürzenden Wandel, wo doch eher von beschleunigter Adaption der Militärapparate und der Einsatzformen die Rede sein sollte. Für die Untersuchung von Veränderungsprozessen in der Kriegsvorbereitung und der Kriegführung in Europa, Nordamerika und Ostasien seit Mitte des 19. Jahrhunderts ist es dennoch unverzichtbar, das Zusammenspiel von technischer Innovation, ökonomischen Veränderungen und Anpassungsleistungen der Streitkräfte zu berücksichtigen. Dazu bedarf es zumindest eines Grundwissens über die Wahrnehmungsmuster und Argumentationswege der militärischen Experten und der Militärführungen, die für die Reformprozesse verantwortlich waren. Was als methodische Selbstverständlichkeit und damit als kaum der Rede wert erscheinen könnte, erweist sich in der Forschungspraxis gelegentlich als Barriere und Kommunikationshemmnis. Dabei stehen eigentlich mit „Wissenskulturen“, „Erfahrung“ und „Lernprozessen“ genügend methodische Ansatzpunkte zur Verfügung, um sich mit der innermilitärischen Diskussion analytisch auseinanderzusetzen, ohne den Erkenntnisgewinn der jüngeren militärhistorischen Forschung einer Rückkehr zur Operationsgeschichte im Stil der Generalstäbe um 1900 zu opfern.

In Carl von Clausewitz verfügt die moderne Militärhistoriographie über einen Klassiker, der die Reduktion der Teildisziplin auf Sandkastenspiele mit historisch bemalten Zinnfiguren ohnehin ausschließt. Geradezu als Motto der Kriegsgeschichtsschreibung eignet sich sein Postulat, „daß der Krieg nicht bloß ein politischer Akt, sondern ein wahres politisches Instrument ist, eine Fortsetzung des politischen Verkehrs, ein Durchführen desselben mit anderen Mitteln“.[9] Die Formen der kollektiven und organisierten Gewaltanwendung, die nach dem Ende des Kalten Krieges im Mittelpunkt des Interesses stehen, haben zwar eine Debatte darüber ausgelöst, ob der von

[8] *Macgregor Knox/Williamson Murray* (Eds.), The Dynamics of Military Revolution, 1300–2050. Cambridge 2001.

[9] *Carl von Clausewitz*, Vom Kriege. Ungekürzter Text. München 2000, 44.

Clausewitz geforderte Analyserahmen nicht obsolet geworden sei. Mit John Keegan und Martin van Creveld hat die Relativierung des Clausewitz-Ansatzes auch prominente Fürsprecher gefunden, Mehrheitsmeinung ist das jedoch nicht.[10] Im deutschsprachigen Raum zumindest bleibt Clausewitz der Leitstern der Militärgeschichte. Zwischen Französischer Revolution und Erstem Weltkrieg kann sogar weitgehend die für Clausewitz' Zeitgenossen selbstverständliche staatszentrierte Sicht von Politik beibehalten werden. Für die Zeit bis zum Ende des Dreißigjährigen Krieges und für bewaffnete Konflikte der jüngsten Vergangenheit sind nichtstaatliche Akteure aus der Kriegsgeschichte nicht wegzudenken. Vom 18. Jahrhundert bis zu den Weltkriegen des 20. Jahrhunderts reicht jedoch die Blütezeit des staatlichen Gewaltmonopols – zumindest in weiten Teilen der Welt. Für das 19. Jahrhundert hat die Rückbindung der Kriegsgeschichte an die Politikgeschichte so viel Plausibilität für sich, daß die Clausewitz-Perspektive vermutlich auch in Zukunft die Historiographie bestimmen wird.

Die eigentliche Frage ist für weite Teile der Militärgeschichte des „langen" 19. Jahrhunderts nicht, ob Politik eine zentrale Rolle in den Erklärungsversuchen haben soll, sondern eher, wie die einzelnen Erscheinungsformen des Politischen zu gewichten sind. Wichtige Beiträge zur „Neuen Militärgeschichte" setzen sich mit Veränderungen gesellschaftlicher Diskurse auseinander, nicht mit Entscheidungshandeln. Hier soll hingegen genau dieses Entscheidungshandeln als zentrales Element von Politikgeschichte aufgefaßt werden, als Bezugspunkt für Interessenlagen, Mentalitätsmuster und Diskurse. Eng ist demgemäß der Zusammenhang von Politik- und Militärgeschichte im 19. Jahrhundert vor allem auf vier Feldern: Erstens bei der Frage nach den Rekrutierungsmechanismen, die von militärischen und machtpolitischen Notwendigkeiten wie von staatsrechtlichen Normen und weltanschaulichen Prinzipien geprägt waren. Zweitens auf dem Feld der Rüstungspolitik, die im Kontext der verfassungspolitischen Strukturen und der sozioökonomischen Interessen analysiert werden muß. Drittens bei der Untersuchung der Streitkräfte als Element der inneren Ordnung, von der Symbolebene bis hin zum Gewalteinsatz. Schließlich ist, viertens, die Rolle des Militärs und die Bedeutung militärischer Fragen in der internationalen Politik ein Forschungsgegenstand, der sich nur bei Berücksichtigung der militär- und politikgeschichtlichen Aspekte angemessen bearbeiten läßt. Ohne jedes Interesse an Vollständigkeit oder den Anspruch auf Ausgewogenheit sollen einige Beispiele die Verschränkung von Politik- und Militärgeschichte veranschaulichen.

[10] *John Keegan*, A History of Warfare. London 1993; *Martin van Creveld*, The Transformation of War. New York 1991. Zur Auseinandersetzung mit der Clausewitz-Kritik von Keegan und van Creveld: *Andreas Herberg-Rothe*, Das Rätsel Clausewitz. Politische Theorie des Krieges im Widerstreit. München 2001, 7-16, 201-223.

Ausgangspunkt der Militärgeschichte des 19. Jahrhunderts ist die Französische Revolution. Den Revolutionskriegen kommt in fast allen Darstellungen der Kriegs- und Militärgeschichte der Charakter einer Epochenwende zu. Die revolutionäre Umgestaltung des französischen Staates nach den Prinzipien der Volkssouveränität unter den Schlagworten „Freiheit“ und „Gleichheit“ wirkte sich auf die Heeresverfassung aus. Im Krieg gegen die erste Koalition setzten die Revolutionäre zunächst auf Freiwillige als Ergänzung der alten Armee und der Nationalgarde. Die Proklamation der „levée en masse“ 1793 markierte dann den Bruch mit den Vorstellungen vom Verhältnis zwischen bürgerlicher Gesellschaft, politischer Ordnung und Militär, die im 17. und 18. Jahrhundert in Europa vorgeherrscht hatten. Der wenig prestigeträchtige Sonderstatus der geworbenen oder ausgehobenen Soldaten des Ancien Régime wich der Gleichsetzung von Bürger und Vaterlandsverteidiger. Die Teilhabe an der politischen Gemeinschaft der Nation wurde programmatisch an die Mitwirkung bei der Landesverteidigung geknüpft. Wie „soldat“ und „citoyen“ in den Debatten der Revolutionäre aufeinander bezogen wurden, hat unlängst Wolfgang Kruse herausgearbeitet.[11] Die Verschmelzung der verschiedenen Teile der Streitkräfte, „l'amalgam“, wurde zum organisatorischen Fundament des französischen Revolutionsheeres, die Massenmobilisierung der ersten Kriegsjahre zum Grundstock der Armeen Frankreichs bis in die späten 1790er Jahre. Das Konskriptionssystem der Napoleon-Zeit erscheint zwar als partielle Zurücknahme der revolutionären Rekrutierungskonzeption, aber der Grundgedanke einer Gleichsetzung von Streitkräften und Nation blieb gültig.

So ergibt sich für die Analyse des militärischen Wandels im späten 18. Jahrhundert eine angenehme Parallelität zur politischen Entwicklung. Andererseits besteht jedoch kein Zweifel daran, daß der Umbruch der Revolutionszeit in mancher Hinsicht radikal gedacht war, in der Praxis aber die Traditionen des alteuropäischen Militärwesens nachwirkten. So spielte für die Freiwilligenwerbung Geld nach wie vor eine zentrale Rolle, und die Soldaten der Italienarmeen Bonapartes entwickelten sich zu einer Truppe aus kriegserfahrenen Profis mit enger Bindung an die Person des Kommandanten, nicht an die politischen Prinzipien des revolutionären Frankreich. Die Kriegsanstrengung sollte, den Vorstellungen der Nationalversammlung nach, total sein, aber der Mobilisierungseffekt blieb begrenzt, und auch die Einhegung des Krieges nach den Gebräuchen des frühneuzeitlichen Europa verlor nur stellenweise an Bedeutung. Als bloße Idee war die Einbeziehung der ganzen Bevölkerung und das Aufbieten aller kampftauglichen Männer zur Vaterlandsverteidigung aber ohnehin nichts Neues. Der Milizgedanke

[11] *Wolfgang Kruse*, Die Erfindung des modernen Militarismus. Krieg, Militär und bürgerliche Gesellschaft im politischen Diskurs der Französischen Revolution 1789-1799. München 2003.

hatte auch in der Frühen Neuzeit, als stehende Heere aufgebaut wurden, seine Attraktivität nicht verloren. Zum einen lebte das Milizwesen in weiten Teilen Europas weiter fort, wenn auch meist nur als Ergänzung einer stehenden Streitmacht. Zum andern verstummte die Kritik an den vermeintlichen Mängeln stehender Heere nicht. War die Idee nicht neu und die Umsetzung nicht ohne Einschränkungen und Widersprüche, so markiert der Aufruf zur „levée en masse" dennoch eine Zäsur, weil erstmals eine europäische Großmacht daranging, ein grundsätzlich neues Verständnis von Vaterlandsverteidigung in die Praxis umzusetzen.

Die beabsichtigte Gleichsetzung von Bürger und Vaterlandsverteidiger wurde in anderen Staaten Europas nicht direkt übernommen, und auch in Frankreich war unter der Herrschaft Napoleons für die partizipatorischen Aspekte der neuen Wehrverfassung kein Bedarf mehr, aber die Steigerung der militärischen Schlagkraft durch Massenmobilisierung und neue Formen der Motivationen für die Soldaten setzte Standards. Deutlich wird das am preußischen Beispiel. Der Übergang vom überlieferten System der Rekrutenerfassung und -aushebung auf der Ebene von Kantonen über das Krümper-System zur allgemeinen Wehrpflicht kann als graduelle Anpassung an das französische Vorbild betrachtet werden. Aus dieser Sicht handelte es sich bei dieser Umgestaltung eher um die Ausweitung und Vervollkommnung tradierter Aushebungsmuster, garniert mit der Neuorganisation einer Miliz im Rahmen der Landwehr. Kein grundsätzlicher Bruch, sondern forcierter Aus- und Umbau bestehender Strukturen unter dem Eindruck der Notwendigkeiten der Kriegsanstrengung wäre dann das Signum der vielgerühmten preußischen Heeresreform. Der skeptische Blick auf vorgeblich so radikale Wandlungen ist verlockend, verliert aber nur allzu leicht die Zeichen dauerhaften und relevanten Wandels aus den Augen. Mit der allgemeinen Wehrpflicht, die schließlich auch für die Friedenszeit ausdrücklich per Gesetz festgeschrieben wurde, ging der Bruch mit den sozial und geographisch differenzierten Rekrutierungspraktiken des Ancien Régime einher. Anders als in Konskriptionssystemen mit der Möglichkeit zur Stellung von Ersatzmännern, wie sie sich im Frankreich Napoleons und in weiten Teilen Kontinentaleuropas im frühen 19. Jahrhundert durchsetzten, schloß das preußische Modell grundsätzlich die Türe für den Freikauf von der Dienstpflicht. Die Praxis der langen Friedensjahre nach 1815 sah unter dem Eindruck drückender Staatsschulden durchaus anders aus, wie beispielsweise Ute Frevert gezeigt hat.[12]

Mit der Wehrgerechtigkeit, wie das in der gegenwärtigen Diskussion um die Beibehaltung der Wehrpflicht genannt wird, war es um die Mitte des 19. Jahrhunderts in Preußen nicht mehr weit her. Dennoch – das Prinzip blieb in

[12] *Ute Frevert*, Die kasernierte Nation. Militärdienst und Zivilgesellschaft in Deutschland. München 2001.

Geltung, und die faktische Kraft des Normativen zeigte sich, als der politisch bedingte Bedarf an einer größeren und schlagkräftigeren Armee erkennbar wurde. Dierk Walter hat unlängst herausgestellt, daß die Überhöhung der „Roonschen Reformen" zur scharfen Zäsur in der preußischen Militärgeschichte durch Zeitgenossen und Historiker dem Ruhm Wilhelms I. diente, aber die historische Entwicklung verzerrte. Die Reformen stellen sich bei genauerer Betrachtung eher als kontinuierlicher Prozeß schrittweisen Wandels dar, der sich über Jahrzehnte hinzog und in dem die mit Roons Namen verknüpften Änderungen sich wenig dramatisch ausnehmen. Der Umbruch in der Napoleonzeit kann hingegen weit eher den Charakter einer Zäsur für sich in Anspruch nehmen.[13]

Das preußische Vorbild fand seit 1866 auf dem europäischen Kontinent viele Nachahmer. Die Umsetzung der allgemeinen Wehrpflicht blieb zwar, von Frankreich abgesehen, bis 1914 bei allen Großmächten fragmentarisch, dennoch schuf dieses Wehrsystem die Voraussetzung für die Millionenheere des Ersten Weltkriegs. Der Wehrdienst geriet zudem immer mehr zu einem wichtigen Faktor des sozialen Lebens und förderte die Hochschätzung des Militärischen in weiten Teilen der Gesellschaft. In einer vergleichenden Studie über die Entwicklung in Frankreich und in Deutschland nach 1871 hat Jakob Vogel gezeigt, welche Ähnlichkeiten der „Folkloremilitarismus" in beiden Staaten aufwies, trotz der Unterschiede in der Instrumentalisierung von Kriegserinnerung und Militär im Rahmen der jeweiligen politischen Kultur.[14] Der vergleichende Blick auf die Rolle der Streitkräfte in den europäischen Staaten, auf ihren Stellenwert in Gesellschaft und Politik, wird leider nur selten versucht, am ehesten noch in Sammelbänden, die zwar Expertenwissen zu einzelnen Beispielen bündeln, meistens aber nicht streng genug vorstrukturiert sein können.[15]

Unter den Entscheidungsprozessen, die militärgeschichtlich besondere Aufmerksamkeit verdienen, nehmen Rüstungsfragen einen herausgehobenen Platz ein. Das Wettrüsten vor dem Ersten Weltkrieg hat die Forschung immer wieder beschäftigt, vor dem Hintergrund der Sonderwegsdebatte gerade auch in Deutschland. Schließlich gehören „Krupp-Kanonen" und „Tirpitzplan" zur Geschichtserzählung, wie sie im Schulbuch steht. Die Vorstellung, gerade die deutsche Rüstungspolitik der Landstreitkräfte sei von sozi-

[13] *Dierk Walter*, Preußische Heeresreformen 1807-1870. Militärische Innovation und der Mythos der „Roonschen Reform". (Krieg in der Geschichte, Bd. 16.) Paderborn/München/Wien/Zürich 2003.

[14] *Jakob Vogel*, Nationen im Gleichschritt. Der Kult der „Nation in Waffen" in Deutschland und Frankreich, 1871-1914. (Kritische Studien zur Geschichtswissenschaft, Bd. 118.) Göttingen 1997.

[15] Vgl. dazu beispielsweise den Tagungsband: *Michael Epkenhans/Gerhard P. Groß* (Hrsg.), Das Militär und der Aufbruch in die Moderne 1860 bis 1890. Armeen, Marinen und der Wandel von Politik, Gesellschaft und Wirtschaft in Europa, den USA sowie Japan. (Beiträge zur Militärgeschichte, Bd. 60.) München 2003.

alkonservativ motivierten Innovationsverweigerern in der militärischen und politischen Elite dominiert worden, ist inzwischen obsolet. Die Gemengelage aus Befürwortern und Gegnern einer umfassenden Personalrüstung war wesentlich komplizierter und weit stärker von professionellen Argumenten beeinflußt.[16] Vor allem aber erfordert die Analyse der Rüstungsanstrengungen der Großmächte des späten 19. und frühen 20. Jahrhunderts neben der Berücksichtigung innenpolitischer und wirtschaftlicher Zusammenhänge immer auch die Einbeziehung der internationalen Politik. Das gilt für die Rüstungswettläufe zur See wie für die Landrüstung.[17] Die Studien von David Herrmann und David Stevenson belegen eindrucksvoll, wie sich die Geschichte militärischer Rüstung als internationale Geschichte schreiben läßt.[18]

Auch auf der Ebene von Einzelstaaten erweist sich die Verbindung der Untersuchung von rüstungs- und außenpolitischen Entscheidungsprozessen als fruchtbar. Gestaltungsspielräume der Akteure, seien es Einzelpersonen oder Elitengruppen, lassen sich dabei herausarbeiten. Für die Zeit Bismarcks scheint sich die Frage nach dem politischen Einfluß des Militärs allerdings kaum zu stellen, zumindest in den Friedensjahren seit der Reichsgründung. In der Doppelkrise der 1880er Jahre versuchte der Generalstab, einen Krieg gegen Rußland heraufzubeschwören, scheiterte aber am Reichskanzler. Wie spannungsvoll das Verhältnis von militärischer und politischer Führung in den ersten Jahrzehnten nach der Reichsgründung war, hat Michael Schmid in seiner Studie zur deutschen Rüstungspolitik zwischen 1871 und 1890 analysiert. Schmid betreibt Militärgeschichte als Geschichte politischen Entscheidungshandelns. So gelingt es ihm, die Motive und Optionen Bismarcks und der Militärführung zu den strukturellen Rahmenbedingungen des politischen wie des militärischen Systems im Kaiserreich in Beziehung zu setzen. Zentral bleibt immer der Handlungshorizont der Akteure, der möglichst quellennah untersucht wird. Dabei wird das Agieren der militärischen Spitze zwar letztlich sehr kritisch bewertet, aber doch zunächst einmal unter Einbeziehung der Intentionen sorgfältig erschlossen.[19]

[16] *Stig Förster*, Der doppelte Militarismus. Die deutsche Heeresrüstungspolitik zwischen Status-quo-Sicherung und Aggression, 1890–1913. Stuttgart 1985; *Dieter Storz*, Kriegsbild und Rüstung vor 1914. Europäische Landstreitkräfte vor dem Ersten Weltkrieg. (Militärgeschichte und Wehrwissenschaften, Bd. 1.) Herford/Berlin/Bonn 1992.

[17] Vgl. *Rolf Hobson*, Maritimer Imperialismus. Seemachtideologie, seestrategisches Denken und der Tirpitzplan 1875 bis 1914. (Beiträge zur Militärgeschichte, Bd. 61.) München 2004. Als Überblick über die Marinerüstungs- und Seekriegsgeschichte des 19. Jahrhunderts: *Lawrence Sondhaus*, Naval Warfare, 1815–1914. (Warfare and History.) London/New York 2000.

[18] *David G. Herrmann*, The Arming of Europe and the Making of the First World War. Princeton 1996; *David Stevenson*, Armaments and the Coming of War: Europe, 1904–1914. Oxford 1996.

[19] *Michael Schmid*, Der „Eiserne Kanzler" und die Generäle. Deutsche Rüstungspolitik in der Ära Bismarck (1871–1890). (Otto-von-Bismarck-Stiftung, Wissenschaftliche Reihe, Bd. 4.) Paderborn/München/Wien/Zürich 2003.

Die Militäreliten des „langen“ 19. Jahrhunderts waren in hohem Maß von gemeinsamen Traditionen ihres Berufsstands, einschließlich der engen Anlehnung an Verhaltenslehren der alteuropäischen Aristokratie geprägt, aber auch von der intensiven Beobachtung und Kommunikation über Staatsgrenzen hinweg, denn schließlich galt es als zentrales Anliegen der Kriegsvorbereitung, potentielle Gegner zu kennen. Die Fachpresse bot sich als Forum der Debatte ebenso an wie als Quelle der Information. Wo solche „offenen Quellen“ nicht weiterhalfen, mußte die geheime Nachrichtenbeschaffung einsetzen. Nicht selten gerieten Militärspionage und die offizielle Mission von Militärdiplomaten in Konflikt. Der Ausbau des Militärattachéwesens und die Entsendung von offiziellen Beobachtern auf die Kriegsschauplätze in Südafrika und Ostasien war ein Charakteristikum der Militärgeschichte der zweiten Hälfte des 19. Jahrhunderts und des frühen 20. Jahrhunderts. Sie entsprachen dem Wunsch nach möglichst genauen Kenntnissen über die militärischen und machtpolitischen Entwicklungen in Europa und in Übersee. Es genügt daher nicht, die Absichten und Einflußversuche der Militärführungen auf dem Feld der Außenpolitik nur unter innenpolitischen oder gesellschaftlichen Gesichtspunkten zu analysieren.

Die Beurteilung der militärischen Stärkeverhältnisse und die Einschätzung der internationalen Beziehungen stellten insbesondere für die Planungsexperten der europäischen Armeen in den Generalstäben zentrale Bezugspunkte ihres Entscheidungshandelns dar. Wenn die Aneignung neuer Waffentechnik und das Bild des zukünftigen Krieges, an dem sich Rüstung, Ausbildung und Planung orientierten, häufig von geringer Innovationsfreude eher gebremst als beflügelt schienen, so hatte das wenigstens *auch* mit den Kriegsvorbereitungen der potentiellen Gegner zu tun. Angesichts stets knapper Kassen stellte das Verharren in bekannten Szenarien und Ausbildungskonzepten eine angemessene Entscheidung dar, wenn nicht anderswo radikale Neuerungen versucht wurden. Der Rückgriff auf Mentalitäten als Erklärungsansatz wird dadurch nicht delegitimiert, aber die Argumentationsmuster der Militärs erlauben oft genug zunächst einmal sachlogische Erklärungen. Das forschungspraktische Problem ist dabei jedoch, daß dafür eine Beschäftigung mit dem zeitgenössischen Wissenshorizont der Militärs notwendig ist. Dazu bedarf es einer angemessenen Auseinandersetzung mit dem Militär als hierarchischer und bürokratischer Organisation, mit den Normen und Praktiken der militärischen Sozialisation, mit Grundzügen der Elementartaktik oder des Versorgungswesens. Zweifellos variiert der Zuschnitt dieses Basiswissens je nach Fragestellung, aber hilfreich ist es allemal, nicht zuletzt beim so prosaischen und doch besonders wichtigen Arbeitsschritt der Quellenkritik.

Durch die Berücksichtigung dieser Aspekte eröffnet die Militärgeschichte Einblicke in Aspekte der politischen Entscheidungsfindung, die sonst unerklärlich erscheinen. Die Absicht, bei der Beschäftigung mit den historischen Akteuren herauszufinden, „what made them tick“, ist unerreichbares Ziel, aber auch unverzichtbare regulative Idee der Geschichte von Entscheidungshandeln. Die Vorgeschichte des Ersten Weltkriegs profitiert immer noch von den Nachwirkungen der heftigen Kriegsschulddebatten der Zwischenkriegszeit und von der Fischer-Ritter-Kontroverse. Die Julikrise bleibt ein steter Anstoß zu Fragen nach Entscheidungsprozessen und Verantwortlichkeiten. Kein Wunder, daß gerade dieser Zeitabschnitt der Militärgeschichte des Jahrhunderts nach dem Wiener Kongreß mit politikgeschichtlichen Instrumenten untersucht wird. Als Forschungsgegenstände haben Einzelpersonen dabei nichts von ihrer Bedeutung eingebüßt. An den Biographien Falkenhayns von Holger Afflerbach und des jüngeren Moltke von Annika Mombauer zeigt sich, daß der biographische Zugriff auch für eine Politikgeschichte des Militärs tragfähig ist.[20] Die Erweiterung der Fragestellung auf Führungsgruppen innerhalb des Militärs, insbesondere auf die Generalstäbe, birgt den Vorteil, sozial- und mentalitätsgeschichtliche Voraussetzungen von Entscheidungshandeln systematisch einzubeziehen.[21]

Damit trägt Militärgeschichte zur Erklärung internationaler Politik bei. Für die Geschichte der zwischenstaatlichen Beziehungen im Vorfeld des Ersten Weltkriegs, als die Einschränkung des Sicherheitsbegriffs auf die militärische Komponente unter Politikern und Diplomaten immer deutlicher wurde, kommt diesen Aspekten zwischenstaatlicher Beziehungen zentrale Bedeutung zu. Eine Reihe von internationalen Tagungen, auf denen im Jahr 2004 aus Anlaß des 90. Jahrestages des Kriegsausbruchs 1914 über die Ursachen des Ersten Weltkriegs diskutiert wurde, hat unter Beweis gestellt, daß die Rolle der Militärs in den politischen Entscheidungsprozessen und der Stellenwert militärischer Kategorien in den Argumentationsmustern der zivilen Entscheidungsträger in den europäischen Großmächten auch Jahrzehnte nach den öffentlichen Kontroversen der Zeit von Gerhard Ritter und Fritz Fischer weiter umstritten ist. Ausgehend von Überlegungen zur Situation im Deutschen Reich hat Gerhard Mollin bereits vor längerer Zeit hervorgehoben, es sei „vor allem die wechselseitige Definition von Bedrohungsvorstellungen und Zwangslagen, mittels derer militärische Akteure die internationale Politik beeinflussen".[22] Eine tatsächlich international angelegte Untersuchung dieser Wechselbeziehung steht bis heute aus.

[20] *Holger Afflerbach*, Falkenhayn. Politisches Denken und Handeln im Kaiserreich. (Beiträge zur Militärgeschichte, Bd. 42.) München 1994; *Annika Mombauer*, Helmuth von Moltke and the Origins of the First World War. Cambridge 2001.

[21] *Günther Kronenbitter*, „Krieg im Frieden". Die Führung der k. u. k. Armee und die Großmachtpolitik Österreich-Ungarns 1906-1914. (Studien zur Internationalen Geschichte, Bd. 13.) München 2003.

[22] *Gerhard Th. Mollin*, Das deutsche Militär und die europäische Politik vor 1914: Vorrang der Außenpolitik oder Primat des internationalen Systems?, in: Wilfried Loth/Jürgen Osterhammel (Hrsg.), Internationale Geschichte. Themen – Ergebnisse – Aussichten. (Studien zur Internationalen Geschichte, Bd. 10.) München 2000, 209-245, hier 244.

Dennoch ist der Zusammenhang von Militär und internationaler Politik für keine andere Epoche des „langen" 19. Jahrhunderts so intensiv erforscht wie für die Vorgeschichte des Ersten Weltkriegs. Die fortgeschrittene Ausdifferenzierung und Professionalisierung von Militär, Diplomatie und Verwaltung erleichtert – etwa im Vergleich zur Zeit Napoleons – eine solche Fragestellung. Generell wird die Verschränkung von Militär- und Politikgeschichte von der deutschen Historiographie eher für die Zeit *nach* der Reichsgründung versucht, von den internationalen Beziehungen über Rüstungsfragen bis hin zur politischen Kultur.[23] Jürgen Angelows Untersuchung der Sicherheitspolitik des Deutschen Bundes und Winfried Baumgarts Darstellung des Krimkriegs zählen zu den seltenen Beispielen für die Verknüpfung von Militär- und Diplomatiegeschichte für die Jahrzehnte zwischen 1815 und 1871.[24] Es gibt kein deutschsprachiges Pendant zur Überblicksdarstellung der Einigungskriege von Dennis Showalter, einem der besten Kenner der deutschen Militärgeschichte, die politische und militärische Aspekte geschickt verbindet.[25]

So bleibt der Beitrag der Militärgeschichte in Deutschland zur internationalen Geschichte des 19. Jahrhunderts recht begrenzt. Es ist schwer abzuschätzen, ob das gewachsene Interesse an der Geschichte internationaler Beziehungen auch ihren Niederschlag in der militärhistorischen Forschung finden wird. Die Chance dazu besteht durchaus. Interpretationsangebote, wie sie sich mit den Begriffen „Militarismus" oder „Totaler Krieg" verbinden, können durch politikgeschichtlich angelegte Untersuchungen fruchtbar gemacht werden. Bei der Frage nach den Argumentationsmustern und Konzeptionen in politischen Entscheidungsprozessen berühren sich die politik- und die kulturgeschichtlichen Ansätze, die in der Militärgeschichte momentan oft eher als unvereinbar erscheinen. Jedes Forschungsprojekt und jede historische Darstellung braucht einen klaren Ausgangspunkt. Das Entscheidungshandeln in militärisch-politischen Fragen ins Zentrum zu rücken, schließt aber keineswegs aus, auch andere Methoden als die klassisch-politikgeschichtlichen zu nutzen, wo sie zusätzlichen Erklärungsgehalt versprechen.

Aber, so läßt sich passend zur methodischen Vorannahme politikgeschichtlicher Forschung postulieren, *eine* leitende Fragestellung muß die Struktur der Analyse prägen – und dafür bedarf es einer Entscheidung.

[23] Beispiele sind: *Frank Becker*, Bilder von Krieg und Nation. Die Einigungskriege in der bürgerlichen Öffentlichkeit Deutschlands 1864–1913. München 2001; *Thomas Rohkrämer*, Der Militarismus der „kleinen Leute". Die Kriegervereine im Deutschen Reich 1871-1914. München 1990.

[24] *Jürgen Angelow*, Von Wien nach Königgrätz. Die Sicherheitspolitik des Deutschen Bundes im europäischen Gleichgewicht 1815-1866. (Beiträge zur Militärgeschichte, Bd. 52.) München 1996; *Winfried Baumgart*, The Crimean War. London 1999.

[25] *Dennis Showalter*, The Wars of German Unification. London 2004.

Wäre die Zuteilung von Attributen wie „alt" und „neu" an bestimmte Forschungsrichtungen in Zeiten begrenzter Ressourcen nicht waffenscheinpflichtig, bliebe das Nebeneinander von „Alter" und „Neuer Militärgeschichte" unproblematisch. Methodenbewußter und durch einen kontrollierten Eklektizismus flexibler, bietet eine politikgeschichtlich arbeitende Militärhistoriographie heute die Chance, dem gesellschaftlichen und zunehmend auch wissenschaftsinternen Bedürfnis nach einer umfassenden Aufarbeitung von Entscheidungsprozessen, Macht und Gewalt Rechnung zu tragen. Historische Tiefe und damit die notwendige Distanz zum kurzatmigen Geschichtsgebrauch im öffentlichen Raum gewinnt die Militärhistoriographie nur, wenn nicht ganze Epochen vernachlässigt werden. Eine politikgeschichtlich arbeitende Militärhistoriographie des „langen" 19. Jahrhunderts zwischen Französischer Revolution und Erstem Weltkrieg trägt dazu bei, daß Militärgeschichte auch in Zukunft im Fach und in der Gesellschaft ihren Platz behaupten kann.

Militärgeschichte ohne Krieg?

Eine Standortbestimmung der deutschen Militärgeschichtsschreibung über das Zeitalter der Weltkriege

Von

Sönke Neitzel

I. Der Weg zur „zivilen" Militärgeschichtsschreibung

Die Militärgeschichte in Deutschland hat einen weiten Weg zurückgelegt. Die wissenschaftliche Beschäftigung mit Militär und Krieg war während des 19. und über weite Strecken des 20. Jahrhunderts eine unangefochtene Domäne der Generalität.[1] Hohe Offiziere schrieben in offiziellem Auftrag die Geschichte etwa der Einigungskriege oder des Ersten Weltkrieges. Der Erkenntnisgewinn dieser Arbeiten war begrenzt, weil sie von vornherein keinen kritisch-analytischen, sondern einen applikatorischen Ansatz verfolgten und um eine möglichst positive Eigendarstellung bemüht waren.[2] Zivilisten, die sich an dem Gegenstand versuchten, man denke nur an Theodor Fontane

[1] Einen konzisen Überblick der Geschichte der Militärgeschichtsschreibung bietet *Jutta Nowosadtko*, Krieg, Gewalt und Ordnung. Einführung in die Militärgeschichte. Tübingen 2002, 20–130; *Gerd Krumeich*, Militärgeschichte für eine zivile Gesellschaft, in: Christoph Cornelißen (Hrsg.), Geschichtswissenschaften. Eine Einführung. Frankfurt am Main 2000, 178–193; Militärgeschichte in Deutschland und Österreich vom 18. Jahrhundert bis in die Gegenwart. Hrsg. v. Militärgeschichtlichen Forschungsamt. Herford/Bonn 1985; *Ursula von Gersdorff* (Hrsg.), Geschichte und Militärgeschichte. Wege der Forschung. Frankfurt am Main 1974. – Zur theoretisch-methodischen Positionsbestimmung der Militärgeschichte vgl. vor allem den Sammelband *Thomas Kühne/Benjamin Ziemann* (Hrsg.), Was ist Militärgeschichte? Paderborn/München/Wien/Zürich 2000; *Bernhard Chiari*, Militärgeschichte: Erkenntnisgewinn und Praxis, in: Benjamin Ziemann (Hrsg.), Perspektiven der Historischen Friedensforschung. Essen 2002, 286–300; Militärgeschichte als Zeitgeschichte, in: Zeithistorische Forschungen, Online-Ausgabe, 2, 2005, H. 1, hierin insbes. *Jutta Nowosadtko*, „Gewalt – Gesellschaft – Kultur": Ein Ersatz für „Krieg – Staat – Politik"? – An älteren Darstellungen siehe *Bernd Ulrich*, „Militärgeschichte von unten". Anmerkungen zu ihren Ursprüngen, Quellen und Perspektiven im 20. Jahrhundert, in: GG 22, 1996, 473–503; *Rainer Wohlfeil*, Militärgeschichte. Zu Geschichte und Problemen einer Disziplin der Geschichtswissenschaft (1952–1967), in: MGM 52, 1993 2, 323–344; *Manfred Messerschmidt* (Hrsg.), Militärgeschichte. Probleme – Thesen – Wege. Stuttgart 1982, 15–78.

[2] Einen Überblick mit weiteren Literaturhinweisen bietet u. a. *Nowosadtko*, Krieg, Gewalt und Ordnung (wie Anm. 1), 20–70. Vgl. auch *Markus Pöhlmann*, Kriegsgeschichte und Kriegspolitik: der Erste Weltkrieg. Die amtliche deutsche Militärgeschichtsschreibung 1914–1956. Paderborn/München/Wien/Zürich 2002.

und seine Schilderung der Einigungskriege[3], wurde die Urteilsfähigkeit in militärischen Fragen abgesprochen. Der einzige Historiker, der den Alleinvertretungsanspruch der Militärs im Kaiserreich erfolgreich in Frage stellte, war Hans Delbrück, der den deutsch-französischen Krieg als Leutnant miterlebt hatte und die Geschichte der bewaffneten Macht als zu wichtig ansah, um sie der Generalität zu überlassen.

Delbrück schaffte es allerdings nicht, die Militärgeschichte dauerhaft an den Universitäten zu verankern. Mit seiner Emeritierung 1921 fand auch die universitäre Militärgeschichte ihr vorläufiges Ende. Erst seit Ende der fünfziger Jahre war sie an den Hochschulen wieder vertreten. Gerhard Ritter, Percy Ernst Schramm, Hans-Adolf Jacobsen, Walther Hubatsch und Andreas Hillgruber, um hier nur die Bekanntesten zu nennen, haben sich auch mit militärhistorischen Aspekten auseinandergesetzt, vor allem mit politischen, strategischen und teilweise auch operativen Fragestellungen. Zudem darf nicht vergessen werden, daß der Clausewitz-Spezialist Werner Hahlweg von 1969 bis 1982 an der Universität Münster eine Professur für Wehrwissenschaften und Militärgeschichte innehatte. Wenngleich insbesondere Andreas Hillgruber eine ganze Reihe von militärhistorischen Dissertationen angeregt hat[4], blieb die Strahlkraft auf die allgemeine historische Wissenschaft insgesamt begrenzt.

Von grundlegender Bedeutung für die Disziplin war die Gründung des Militärgeschichtlichen Forschungsamts (MGFA) im Jahre 1957. Die Bundeswehr schuf ein Institut, das sich der kritischen Geschichtsschreibung verpflichtet fühlte und in dem nunmehr auch zivile Historiker tätig waren. Das Zentrum der militärhistorischen Forschungsarbeit war in den folgenden Jahrzehnten zweifelsohne das MGFA. Dessen solide Studien sind von der Zunft zwar dankbar angenommen worden, vermochten jedoch kaum weiterführendes Interesse zu wecken. Die Militärgeschichte blieb ein Nischenfach, betrieben vom MGFA und einigen wenigen Professoren, die in Forschung und Lehre diesen Bereich mehr oder minder mitbedachten.

Erst spät, dann aber um so wirkungsmächtiger entwickelte sich in den 1990er Jahren die sogenannte „neue" Militärgeschichte: Eine meist jüngere Historikergeneration nahm sich des Untersuchungsgegenstandes „Militär" an, erweiterte die Disziplin um die Methoden der Gesellschafts-, Alltags-, Kultur- und Geschlechtergeschichte. Der Perspektive „von oben", die sich mit politisch-militärischen Eliten und deren Entscheidungen oder mit sozialgeschichtlichen Strukturen auseinandersetzte, wurde eine Perspektive „von unten" hinzugefügt. Die gesellschaftliche Basis des Krieges bzw. seine Aus-

[3] *Theodor Fontane*, Der Schleswig-Holsteinische Krieg im Jahre 1864. Berlin 1866; *ders.*, Der Deutsche Krieg von 1866. 2 Bde. Berlin 1870; *ders.*, Der Krieg gegen Frankreich. 4 Bde. Berlin 1873–1876.

[4] Vgl. die Liste der bei Andreas Hillgruber angefertigten 55 Dissertationen in: *Jost Dülffer/Bernd Martin/Günter Wollstein* (Hrsg.), Deutschland in Europa. Kontinuität und Bruch. Gedenkschrift für Andreas Hillgruber. Frankfurt am Main/Berlin 1990, 416–424.

wirkungen auf die Gesellschaft sind dabei in vielfältiger Form untersucht worden. In Folge der Goldhagen-Debatte und der Kontroverse um die Wehrmachtausstellung[5] erlebte die Holocaust-Forschung einen Boom, in dessen Folge die Verstrickung der Wehrmacht in den Vernichtungskrieg so detailliert wie nie zuvor untersucht wurde. So hat man sich seit Mitte der neunziger Jahre intensiv mit den deutschen Verbrechen an der Ostfront 1941/42 befaßt und dabei vor allem in Regionalstudien die Täterperspektive unter die Lupe genommen.[6]

Mit der methodischen Erweiterung fand die Beschäftigung mit Militär und Krieg vermehrt Einzug in die deutschen Universitäten. Über den Wirkungskreis des 1996 eingerichteten Potsdamer Lehrstuhls für Militärgeschichte hinaus entstanden und entstehen an zahlreichen Historischen Seminaren Magister- und Doktorarbeiten zu diesem Thema, ist das Verhältnis von Militär und Gesellschaft ein fester Bestandteil der universitären Lehre. Eine exemplarische Auswertung aller Vorlesungsverzeichnisse deutscher Universitäten ergab, daß im Sommersemester 2005 an 33 Universitäten 73 Veranstaltungen zu militärhistorischen Themen der Neueren und Neuesten Geschichte durchgeführt worden sind. Die wissenschaftliche Beschäftigung mit diesem Bereich ist offenbar nicht nur einer möglicherweise wieder abebbenden kulturhistorischen Mode geschuldet. Die Militärgeschichte[7], die weniger eine abgeschlossene Sparte der historischen Wissenschaft darstellt, als vielmehr einen Untersuchungsgegenstand ganz unterschiedlicher Methoden,

[5] Vgl. z. B. *Johannes Hürter/Christian Hartmann/Ulrike Jureit* (Hrsg.), Verbrechen der Wehrmacht. Bilanz einer Debatte. München 2005; *Michael Klundt*, Geschichtspolitik: die Kontroversen um Goldhagen, die Wehrmachtsausstellung und das „Schwarzbuch des Kommunismus". Köln 2000; *Michael Schneider*, Die „Goldhagen-Debatte". Ein Historikerstreit in der Mediengesellschaft, in: AfS 37, 1997, 460–481; *Sabine Manke*, Die Bilderwelt der Goldhagen-Debatte: kulturwissenschaftliche Perspektiven auf eine Kontroverse um Geschichte. Marburg 2004.

[6] Vgl. z. B.: *Dieter Pohl,* Nationalsozialistische Judenverfolgung in Ostgalizien 1941–1944. Organisation und Durchführung eines staatlichen Massenverbrechens. München 1996; *Thomas Sandkühler,* „Endlösung" in Galizien. Der Judenmord in Ostpolen und die Rettungsinitiativen von Berthold Beitz 1941–1944. Bonn 1996; *Christian Gerlach,* Kalkulierte Morde. Die deutsche Wirtschafts- und Vernichtungspolitik in Weißrußland 1941–1944. Hamburg 1999; *Andrej Angrick,* Besatzungspolitik und Massenmord. Die Einsatzgruppe D in der südlichen Sowjetunion 1941-1943. Hamburg 2003; *Manfred Oldenburg,* Ideologie und militärisches Kalkül. Die Besatzungspolitik der Wehrmacht in der Sowjetunion 1942. Köln 2004; *Norbert Kunz,* Die Krim unter deutscher Herrschaft (1941-1944). Germanisierungsutopie und Besatzungsrealität. Darmstadt 2005.

[7] Zu den unterschiedlichen Definitionen von Militärgeschichte vgl. u. a. *Chiari*, Militärgeschichte, Erkenntnisgewinn und Praxis (wie Anm. 1), 290 („Moderne Militärgeschichte untersucht Militär als konkretes Beziehungsgefüge, das abhängig von seinen sozialen und kulturellen Hintergründen funktioniert"); *Thomas Kühne/Benjamin Ziemann*, Militärgeschichte in der Erweiterung, in: dies. (Hrsg.), Was ist Militärgeschichte (wie Anm. 1), 39 (Militärgeschichte ist die historische Soziologie der organisierten Gewalt); *Stig Förster*, „Vom Kriege". Überlegungen zu einer modernen Militärgeschichte, in: Kühne/Ziemann (Hrsg.), Was ist Militärgeschichte (wie Anm. 1), 266 („Der Krieg und die

scheint sich dauerhaft und mit einer Vielzahl von Fragestellungen und Herangehensweisen an Universitäten verankert zu haben. So lief von 1993 bis 1997 an den Universitäten Freiburg, Tübingen und Stuttgart das Forschungsprojekt „Mentalitäts- und Sozialgeschichte Erster Weltkrieg". 1999 ist dann an der Universität Tübingen der Sonderforschungsbereich „Kriegserfahrungen" eingerichtet worden, der mittlerweile die dritte Förderphase erreicht hat. Ein weiterer deutlicher Hinweis auf das große wissenschaftliche Interesse an „Militär" und „Krieg" war die Gründung von drei militärhistorischen Arbeitskreisen Mitte der neunziger Jahre. Der Arbeitskreis für Militär und Gesellschaft in der Frühen Neuzeit, der Arbeitskreis Militärgeschichte und der Arbeitskreis Historische Friedensforschung umfassen heute zusammen weit über 600 Mitglieder, die meist an den Universitäten verortet sind. Daneben trägt die Beschäftigung mit dem Thema auch in den außeruniversitären Forschungsinstituten Früchte. Neben dem MGFA, dem noch immer größten historischen Forschungsinstitut der Bundesrepublik, liefern auch das Institut für Zeitgeschichte, unter anderem mit dem Projekt „Die Wehrmacht in der nationalsozialistischen Diktatur", und das Hamburger Institut für Sozialforschung mit dem Arbeitsbereich „Theorie und Geschichte der Gewalt" immer wieder wichtige militärhistorische Beiträge.

Vergleicht man also die Lage der heutigen Militärgeschichte hinsichtlich ihrer methodischen Vielfalt, ihrer Verortung an den Universitäten und der Quantität der von ihr hervorgebrachten Studien mit der Situation der siebziger und achtziger Jahre, dann sind die durchaus beachtlichen Fortschritte nicht zu übersehen.

II. Ein Plädoyer für die Rückkehr des Krieges in die Militärgeschichte

Dennoch gibt es spürbare Defizite, die die zukünftige Forschung beheben sollte. Die Belebung der Militärgeschichte in den 1990er Jahren war primär nicht das Ergebnis einer methodischen oder inhaltlichen Neuausrichtung derjenigen Personen und Institutionen, die sich schon länger mit diesem Thema befaßt haben. Vielmehr ist die Welle der Kulturgeschichte, die weite Teile der Historikerzunft erfaßte, in den Bereich der Militärgeschichte „hinübergeschwappt". Dies betrifft vor allem den Bereich des Ersten Weltkrieges.[8] Im Zuge der Neuorientierung haben somit Wissenschaftler, die sich zuvor nicht mit dem Gegenstand des Militärs befaßten, den Untersuchungs-

Kriegsvorbereitung sind [...] das zentrale Thema der Militärgeschichte"); *Rainer Wohlfeil*, Wehr-, Kriegs- oder Militärgeschichte?, in: MGM 1, 1967, 28f. („Geschichte der bewaffneten Macht eines Staates in der Breite ihrer historischen Erscheinung").

[8] Vgl. *Gerhard Hirschfeld*, Der Erste Weltkrieg in der deutschen und in der internationalen Geschichtsschreibung, in: Aus Politik und Zeitgeschichte B 29-30/2004, 3-12.

gegenstand in großer Zahl für sich entdeckt. Kurz gesagt: Die Akzente sind von außen gesetzt worden.

Nach wie vor wird die Militärgeschichtsschreibung in Deutschland von den beiden großen Wellen der Kulturgeschichte und der Holocaustforschung getragen. Erstere hat zahlreiche weiterführende Arbeiten hervorgebracht und auch neue Quellen wie Feldpostbriefe[9] erschlossen. Kulturhistorische Studien haben in den letzten zehn Jahren das Wissen um die „Urkatastrophe" des 20. Jahrhunderts erheblich erweitert. An dieser Stelle seien nur die Arbeiten über das Augusterlebnis 1914[10], das Kriegserlebnis der Soldaten[11] oder die Deserteure[12] erwähnt. Nicht zuletzt dokumentiert die 2003 von Gerhard Hirschfeld, Gerd Krumeich und Irina Renz herausgegebene „Enzyklopädie Erster Weltkrieg" die Fülle von kulturgeschichtlichen Forschungen über den Ersten Weltkrieg.

Diese Horizonterweiterung war längst überfällig, und die deutsche Forschung hat damit an die internationale Forschung Anschluß gefunden. Die kulturhistorische „Welle" hat den Zweiten Weltkrieg mit einiger Verzögerung erreicht. Der unlängst erschienene Band 9[13] des vom MGFA herausgegebenen Reihenwerkes „Das Deutsche Reich und der Zweite Weltkrieg" zeigt, wie facettenreich die kulturhistorische Forschung auch über diese Zeit mittlerweile ist.

Es bleibt zu hoffen, daß dieser ertragreiche Weg weiter verfolgt wird. Freilich wäre es wünschenswert, ihn regional, zeitlich und thematisch auszudehnen. So wären weitere Regionalstudien notwendig, um beispielsweise die so heterogenen Kriegserlebnisse im Zeitalter der Weltkriege genauer erfassen zu können. Studien zum Augusterlebnis 1914 sind hier ebenso vorstellbar wie

[9] Für den Ersten Weltkrieg vgl. vor allem *Aribert Reimann*, Der große Krieg der Sprachen. Untersuchungen zur historischen Semantik in Deutschland und England. Essen 2000. Für den Zweiten Weltkrieg insbesondere *Klaus Latzel*, Deutsche Soldaten – nationalsozialistischer Krieg. Kriegserlebnis – Kriegserfahrung 1939–1945. Paderborn/München/Wien/Zürich 1998.

[10] Neben *Jeffrey Verhey*, The Spirit of 1914. Militarism, Myth, and Mobilisation in Germany. Cambridge 2000, sind vor allem *Michael Stöcker*, Augusterlebnis in Darmstadt. Legende und Wirklichkeit. Darmstadt 1994; *Thomas Raithel*, Das „Wunder" der inneren Einheit. Studien zur deutschen und französischen Öffentlichkeit bei Beginn des Ersten Weltkrieges. Bonn 1996, *Christian Geinitz*, Kriegsfurcht und Kampfbereitschaft. Das Augusterlebnis in Freiburg. Eine Studie zum Kriegsbeginn 1914. Essen 1998, zu nennen.

[11] Vgl. z. B. *Gerhard Hirschfeld* u. a. (Hrsg.), Kriegserfahrungen. Studien zur Sozial- und Mentalitätsgeschichte des Ersten Weltkrieges. Essen 1997; *Benjamin Ziemann*, Front und Heimat. Ländliche Kriegserfahrungen im südlichen Bayern 1914–1923. Essen 1997; *Anne Lipp*, Meinungslenkung im Krieg. Kriegserfahrung deutscher Soldaten und ihre Deutung 1914–1918. Göttingen 2003.

[12] *Christoph Jahr*, Gewöhnliche Soldaten. Desertion und Deserteure im deutschen und im britischen Heer 1914–1918. Göttingen 1998.

[13] *Jörg Echternkamp* (Hrsg.), Die deutsche Kriegsgesellschaft 1939 bis 1945. 2 Bde. München 2004/05.

zum Kriegserlebnis an den verschiedenen Gebieten von Front und Heimat. Zudem gilt es, die zahlreichen fruchtbaren Fragestellungen noch intensiver als bisher auf den Zweiten Weltkrieg zu übertragen und damit die Möglichkeiten zu einem Vergleich der beiden Weltkriege[14] auf eine breitere Basis zu stellen.

Außerdem sollte sich die Kulturgeschichte den von ihr bislang stark vernachlässigten Themen zuwenden. Dabei handelt es sich um Bereiche, deren politische, strategische und operative Gesichtspunkte bereits untersucht sind, bei denen eine kulturgeschichtliche Ergänzung aber noch aussteht. So gibt es zahlreiche Aufsätze, Bücher und Editionen, die sich mit der Geschichte der Luftwaffe und der Kriegsmarine befassen. Das Kriegserlebnis von Angehörigen dieser Teilstreitkräfte ist bislang jedoch nicht aufgearbeitet.[15] So hat man kaum gesicherte Erkenntnisse über Motivation, Moral und Alltag von Matrosen, Piloten oder Bodenpersonal. Wo sich die kulturhistorische Forschung dem Luftkrieg zugewendet hat, befaßte sie sich in erster Linie mit der Zivilbevölkerung.[16] Der Kampf an der Front bleibt unter kulturhistorischer Perspektive weiterhin ein Desiderat. Außerdem wäre es sehr wünschenswert, kulturhistorische Fragestellungen auf die nichtdeutschen Soldaten in der Wehrmacht auszuweiten, um so ein Vergleichselement für Feindbilder, Wahrnehmung des Krieges und Erinnerungsmuster zu haben. Die Ostfront bietet sich hierfür im besonderen Maße an. Aber auch der Mikrokosmos einer Division bietet ertragreiche Untersuchungsmöglichkeiten: man denke nur an die Waffen-SS-Division „Das Reich“, in der im Sommer 1944 Männer aus 15 Nationen dienten.[17] Für die Geschichte der Waffen-SS

[14] Der 2002 publizierte Sammelband des MGFA hat für einen breiten Vergleich der beiden Weltkriege bereits einen Rahmen vorgegeben und zahlreiche Anregungen für zukünftige Forschungen gegeben: *Bruno Thoß/Hans-Erich Volkmann* (Hrsg.), Erster Weltkrieg – Zweiter Weltkrieg. Paderborn/München/Wien/Zürich 2002.

[15] Erste Ansätze ergeben sich möglicherweise aus der Bonner Dissertation von *Ernst Stilla*, Die Luftwaffe im Kampf um die Luftherrschaft. Entscheidende Einflußgrößen bei der Niederlage der Luftwaffe im Abwehrkampf im Westen und über Deutschland im Zweiten Weltkrieg unter besonderer Berücksichtigung der Faktoren ‚Luftrüstung‘, ‚Forschung und Entwicklung‘ und ‚Human Ressources‘. *Katrin Orth* arbeitet an der Universität Potsdam an einer Dissertation über das Thema „Status und Selbstverständnis der Angehörigen der Deutschen Kriegsmarine im Zweiten Weltkrieg 1939–1945 – ein Oral-History Projekt“. Es wird sich zeigen müssen, inwieweit sich aus Zeitzeugenbefragungen valide Erkenntnisse über die Moral von Marinesoldaten gewinnen lassen. Vgl. *Kathrin Orth*, Kampfmoral und Einsatzbereitschaft in der Kriegsmarine 1945, in: Jörg Hillmann/John Zimmermann (Hrsg.), Kriegsende 1945 in Deutschland. München 2002, 137–155.

[16] Vgl. die Sammelrezension von *Dietmar Süß*, „Heimatfront“ und „People's War“: Neue Literatur zur Geschichte des Luftkrieges, in: sehepunkte 4, 2004, Nr. 7/8 (http://www.sehepunkte.historicum.net/2004/07/6714.html).

[17] *Otto Weidinger*, Division Das Reich. Der Weg der 2. SS-Panzerdivision Das Reich. Bd. 5. Osnabrück 1982, 130. Vgl. auch den Bericht eines Elsässers der 17. SS-Division „Götz von Berlichingen“, S.R.M. 1015 v. 12.11.1944, The National Archives, WO 208/4139.

wäre diese Erweiterung ohnehin von besonderer Bedeutung, weil bei Kriegsende 60% ihrer Angehörigen keine Reichsdeutschen waren.[18]

Freilich erschöpfen sich die Anforderungen an die zukünftige Militärgeschichte nicht in der zeitlichen, regionalen und thematischen Ausdehnung des kulturgeschichtlichen Ansatzes. Ein gravierendes Problem besteht nämlich darin, daß es eindeutige Präferenzen bei der Themenwahl gibt, die zu einer bedauernswerten Schieflage führen. Man beschäftigt sich in der Regel lieber mit dem Kriegserlebnis in der Heimat oder den Propagandamythen als mit dem, was man den „Kern des Krieges" nennen könnte. Der Kampf und die militärische Operation finden in der Forschung kaum Berücksichtigung und zwar auf allen Betrachtungsebenen: Der untersten, also der individuellen Erfahrung vom Töten und Sterben im Gefecht ebenso, wie auf den nächst höheren Ebenen, also der Geschichte von Planung und Durchführung von Schlachten, Feldzügen oder Kriegen. Zur Aufarbeitung dieser „Praxis" erscheint die Kombination verschiedener historisch-kritischer Ansätze dringend notwendig zu sein. Dabei wäre neben der Kulturgeschichte auch die Politik-, Operations- und Technikgeschichte prominent zu berücksichtigen. Je nach Fragestellung und zu untersuchendem Zeitfenster wird man sich dabei mehr der einen oder der anderen Methode bedienen müssen, ohne einer von vornherein eine Sonderstellung einzuräumen.

Michael Geyer hat 1995 angeregt, eine Kriegsgeschichte zu schreiben, die vom Tod spricht.[19] Bereits 1976 hat John Keegan mit seinem Buch „The Face of Battle" eine solche Perspektive mit berücksichtigt. Er hat seitdem in Deutschland nur sehr wenige Nachahmer gefunden.[20] Das Töten und Sterben an der Front, somit zentrale Elemente des Krieges, harren noch weitgehend der wissenschaftlichen Aufarbeitung. Dieser Bereich wird sich aber nur zufriedenstellend untersuchen lassen, wenn man, wie Keegan, die kultur- und die operationsgeschichtliche Perspektive miteinander verbindet. Das individuelle Erlebnis wird nämlich nur dann verständlich, wenn der entsprechende Kontext bekannt ist. Hierzu gehören neben Aspekten der militärischen Sozialisation auch die konkreten Kampfbedingungen, die unter ande-

[18] *Bernd Wegner*, Anmerkungen zur Geschichte der Waffen-SS aus organisations- und funktionsgeschichtlicher Sicht, in: Rolf-Dieter Müller/Hans-Erich Volkmann (Hrsg.), Die Wehrmacht. Mythos und Realität. München 1999, 415.

[19] *Michael Geyer*, Eine Kriegsgeschichte, die vom Tod spricht, in: Thomas Lindenberger/Alf Lüdtke (Hrsg.), Physische Gewalt. Studien zur Geschichte der Neuzeit. Frankfurt am Main 1995, 136–161.

[20] In deutscher Sprache erschienen unter dem Titel: *John Keegan*, Das Antlitz des Krieges. Die Schlachten von Azincourt 1415, Waterloo 1815 und an der Somme 1916. Frankfurt 1991. – *Stefan Felleckner*, Kampf. Ein vernachlässigter Bereich der Militärgeschichte. Berlin 2004, publizierte eine Reihe von Augenzeugenberichten aus dem Siebenjährigen Krieg und dem Ersten Weltkrieg, in denen das individuelle Kampferlebnis deutlich wird und gewisse Verhaltenstendenzen im Kampf abzulesen sind.

rem durch die Geographie, die Versorgung von Soldaten, die Truppenführung und Waffentechnik bestimmt werden. Erst eine solche Folie macht die jeweilige individuelle Kriegserfahrung verständlich.

Wird die Militärgeschichte hingegen nur als Kulturgeschichte des Kriegserlebnisses betrieben, besteht nicht nur die Gefahr, die Ebene des Kampfes und des Tötens aus ihrem Zusammenhang zu reißen, sondern auch Perzeptions- und Erinnerungsmuster von ihrem Hintergrund zu trennen. Wie will man die Brutalisierung des Krieges und die Gewaltexzesse im Jugoslawien des Zweiten Weltkrieges fundiert bewerten, wenn man nicht hinreichend darüber informiert ist, was sich dort eigentlich abgespielt hat? So ist es überaus begrüßenswert, daß Klaus Schmider in seiner Dissertation „Partisanenkrieg in Jugoslawien 1941–1944"[21] wesentliche politische, strategische, operative und wirtschaftliche Grundlagenkenntnisse über den Krieg in dieser Region vermittelt. Sie ist eine der wenigen Forschungsarbeiten der letzten Jahre, die sich „klassischer" Methoden bedient und so weiterführenden kulturgeschichtlichen Arbeiten eine Folie bietet. Darauf aufbauend gilt es nun die kollektiven und individuellen Perzeptionen des Balkankrieges auf deutscher, italienischer, kroatischer und serbischer Seite durch die Bevölkerung und die Soldaten näher zu untersuchen. Damit könnte sehr wahrscheinlich auch das Phänomen der wellenartig wiederkehrenden Gewalteskalation[22] besser erklärt werden.

Wir können somit festhalten: Man sollte sich davor hüten, die so kritisierte methodische Verengung der sechziger und siebziger Jahre lediglich durch eine andere zu ersetzen und eben dies mit dem Durchbruch zur „wahren" Militärgeschichte gleichzusetzen. Dem Untersuchungsgegenstand und dem wissenschaftlichen Erkenntnisinteresse wird man nur mit einem Methodenpluralismus gerecht werden, der alle Fragestellungen und Ansätze gleichermaßen berücksichtigt. Natürlich kann nicht jede Studie, schon aus arbeitsökonomischen Gründen, jede Methode und jede Perspektive berücksichtigen. Es wird immer Untersuchungen geben, die im wesentlichen nur einem Ansatz verpflichtet sind und dennoch wichtige Erkenntnisse zutage fördern. Dennoch muß für die Militärgeschichte insgesamt gelten, daß sie Diskurs und Praxis gleichermaßen zu berücksichtigen hat. Wenn man beispielsweise mit kulturhistorischen Methoden Feindbildkonstruktionen und Legitimierungsstrategien herausarbeitet, sollten im nächsten Schritt auch die Folgen für das konkrete Handeln im Krieg benannt werden. Man wird insbesondere an der bislang vollkommen vernachlässigten Operationsgeschichte nicht vorbeikommen, wenn man den Krieg in allen seinen Erscheinungsformen zum Gegenstand der wissenschaftlichen Forschung machen und die

[21] *Klaus Schmider*, Partisanenkrieg in Jugoslawien 1941–1944. Hamburg 2002.

[22] Hierzu *ders.*, Auf Umwegen zum Vernichtungskrieg? Der Partisanenkrieg in Jugoslawien 1941–1944, in: Müller/ Volkmann (Hrsg.), Die Wehrmacht (wie Anm. 18), 901–922.

Geschehnisse auf dem Schlachtfeld und in den Stäben nicht dauerhaft ausblenden will.[23]

Um der Militärgeschichte zu einem vermehrten Erkenntnisgewinn zu verhelfen, brauchen wir somit keine neuen Theorien, sondern Fragestellungen, die auch auf den bislang vernachlässigten Bereich der Kampfhandlungen abzielen. Welchen Einfluß hatte die NS-Ideologie auf das Kampfverhalten der Soldaten? Was waren die bestimmenden Faktoren für die Gefechtsleistungen militärischer Einheiten von der Schützengruppe bis zur Division? Welchen Einfluß hat die konkrete Kampfsituation auf Kriegsverbrechen? Was sind die entscheidenden Faktoren zur Aufrechterhaltung der Moral einer Truppe? Solche Fragestellungen sind an sich natürlich nicht neu. Sie sind aber meist nur in Überblicksdarstellungen ohne hinreichende empirische Grundlage angewandt worden, nicht jedoch auf einzelne Divisionen, Regimenter oder Kompanien. Von dem einzelnen Soldaten einmal ganz zu schweigen. Auch für spezifische Einheiten der bewaffneten Macht, etwa die Waffen-SS, fehlen entsprechende Untersuchungen. So hat man kaum gesicherte Erkenntnisse darüber, was die Waffen-SS beim Fronteinsatz eigentlich von Heereseineinheiten unterschieden hat. Über ihren Charakter als Kampftruppe gibt es somit mehr Legenden und Mythen als gesicherte Erkenntnisse.[24]

Die Feststellung, daß man nicht eine neue Theorie, sondern neue Fragestellungen braucht, wird all jene befremden, für die die Beschäftigung mit Theorien die Königsdisziplin der Geschichtswissenschaft ist. Getreu dem Motto: Je mehr Theorie desto besser, und: Wo es keine Theoriedebatte gibt,

[23] Überblickt man die deutschsprachige Literatur, in der die Kampfhandlungen eine zentrale Rolle spielen, stößt man vor allem auf Werke, die für ein breites nichtwissenschaftliches Publikum geschrieben wurden. Bei der überwiegenden Masse handelt es sich um apologetische Bücher. Daneben gibt es Mischformen, die zwar wissenschaftliche Ansätze enthalten, aufgrund ihrer Methode aber nicht als vollwertige wissenschaftliche Arbeiten gewertet werden können. So etwa *Franz Uhle-Wettler*, Höhe- und Wendepunkte deutscher Militärgeschichte 2. Aufl. Hamburg/Berlin/Bonn 2000, der zur einer kritisch-abwägenden Bewertung der Kampfleistungen deutscher Soldaten nicht in der Lage ist. Die Überbetonung der Kampfleistungen der eigenen Soldaten ist auch in der englischsprachigen Literatur überaus häufig zu finden. Tendenzen zeigen sich sogar in wissenschaftlichen Werken, z. B. *Williamson Murray/John Millet*, A War to be Won. Fighting the Second World War. Cambridge 2000. – Für ein größeres Publikum verfaßte wissenschaftliche Studien zu operativen Aspekten der Militärgeschichte sind z. B. *Stig Förster/Markus Pöhlmann/Dierk Walter* (Hrsg.), Schlachten der Weltgeschichte. Von Salamis bis Sinai. München 2001, und *Saul David*, Die größten Fehlschläge der Militärgeschichte. Von der Schlacht im Teutoburger Wald bis zur Operation Desert Storm. 5. Aufl. München 2003. Diese gelungenen „Lesebücher" fassen den Forschungsstand auf hohem sprachlichen Niveau prägnant zusammen. – Eigenständige wissenschaftliche Untersuchungen über strategische und operative Fragestellungen sind in Deutschland sehr selten. Einschlägig ist z. B. *Karl-Heinz Frieser*, Blitzkrieglegende. München 1995.

[24] Vgl. *Sönke Neitzel*, Des Forschens noch wert? Anmerkungen zur Operationsgeschichte der Waffen-SS, in: Militärgeschichtliche Zeitschrift 61, 2002, 403–429.

gibt es auch keinen Fortschritt. Natürlich können Theorien für viele militärhistorische Fragestellungen hilfreiche Interpretationsmuster liefern. Man denke nur an die theoretischen Überlegungen zur Erfahrungsgeschichte.[25] Aber braucht man bei jedem Themenfeld als conditio sine qua non eine Theoriedebatte? Im Band „Was ist Militärgeschichte" wird mehrfach die Theoriearmut der Operationsgeschichte beklagt.[26] In der Tat gibt es keine Theorie der Operationsgeschichte, doch ist dies wirklich ein bedauernswerter Mißstand? Anders gewendet: Welche Erkenntnis ist uns bislang verwehrt geblieben, weil wir nicht über ein ausreichendes operationsgeschichtliches Theoriegerüst verfügen? Welche Interpretationsdefizite lassen sich in operationsgeschichtlichen Arbeiten feststellen, weil sie nicht hinreichend mit theoretischen Ansätzen vertraut sind? Wie sollte eine Theorie der Operationsgeschichte wohl aussehen? Welche übergeordnete Fragestellungen sollte sie beantworten? Die Autoren, die die Theorieferne beklagen, haben hierauf leider keine Antwort gegeben. Eine Theorieforderung, die nur ihrer selbst willen erhoben wird, kann nicht weiterhelfen.

Zurück zu den wirklichen Desideraten der militärhistorischen Forschung: Wie sehr der Bereich der Kampfhandlungen bislang vernachlässigt wurde, kann leicht an einigen Themen aufzeigt werden. Die Auswahl ließe sich beliebig erweitern. Der militärische Widerstand gegen Hitler ist in allen Bereichen seines Denkens und Handelns ausführlich untersucht worden. Lediglich die „ursprüngliche" Aufgabe der Widerstandskämpfer, das militärische Agieren als Soldat, ist bislang weitgehend ausgespart worden.[27] Selbst bei einem Mann wie Claus Graf Schenk von Stauffenberg weiß man über das Wirken im engeren militärischen Sinne trotz der überaus breiten und materialgesättigten Studie von Hoffmann[28] wenig. Noch gravierender ist dieser Umstand bei Generaloberst Erich Hoepner[29] oder der Widerstandsgruppe in der Heeresgruppe Mitte. Das militärische Handeln Henning von Tresckows, Gero von Gersdorffs und ihrer Vertrauten blieb bislang praktisch unbekannt. Die von Gerlach und Heinemann vorgelegten kurzen Beiträge zur Verstrickung in die Partisanenbekämpfung beschrieben einen kleinen Teilaspekt, vermochten aber das militärische Wirken der beiden Widerstandskämpfer keineswegs umfas-

[25] Vgl. z. B. *Nikolaus Buschmann*, Die Erfahrung des Krieges: Erfahrungsgeschichtliche Perspektiven von der Französischen Revolution bis zum Zweiten Weltkrieg. Paderborn/München/Wien/Zürich 2001.

[26] *Kühne/Ziemann* (Hrsg.), Was ist Militärgeschichte (wie Anm. 1), 35, 108.

[27] Es gibt selbstverständlich prominente Ausnahmen von dieser Regel. So unlängst die Studie von *Bernhard Kroener*, „Der starke Mann im Heimatkriegsgebiet". Generaloberst Friedrich Fromm. Paderborn/München/Wien/Zürich 2004, die erschöpfend das politische und das militärische Handeln Fromms aufarbeitet.

[28] *Peter Hoffmann*, Claus Schenk Graf von Stauffenberg und seine Brüder. Stuttgart 1992.

[29] Zu Hoepner vgl. *Johannes Hürter*, Hitlers Heerführer. Die deutschen Oberbefehlshaber im Krieg gegen die Sowjetunion 1941/42. München 2006. Die Studie zeichnet sich auch dadurch aus, daß das operative Handeln dieser Spitzenmilitärs ausführlich behandelt wird.

send aufzuklären.[30] Damit wird ein Bereich ausgeblendet, der den Alltag der Widerstandskämpfer bestimmt hat: das Führen eines Krieges.[31]

Von der Widerstandgruppe bei der Heeresgruppe Mitte läßt sich der Bogen leicht zum Partisanenkrieg in Rußland schlagen. Die Ausblendung der militärisch-operativen Komponente führt vielfach zu nur begrenzt tragfähigen Schlußfolgerungen. Oft ist der Partisanenkrieg wie eine „black box" behandelt worden: Man betrachtet den ideologischen Input und anschließend mit der Ermordung Zehntausender Menschen den Output. Wie und warum dieses Ergebnis konkret zustande kam, wird vielfach nicht thematisiert. So hat etwa Peter Longerich den Partisanenkrieg schon früh als eine der Säulen der deutschen Vernichtungspolitik beschrieben.[32] Dies ist vom Ergebnis der Opferzahlen her vollkommen zutreffend, führte aber dazu, daß in den folgenden Jahren die Intentionen hinter den deutschen Verbrechen nicht hinreichend genug differenziert wurden. Wenngleich es in vielen Fällen insbesondere am Anfang des Rußlandkrieges die Gleichsetzung von Partisanenbekämpfung und Judenvernichtung gab, wie etwa die Mordaktionen der 707. Infanteriedivision zeigen[33], und sich Hitler sowie Himmler erfreut zeigten, den Partisanenkrieg für ihre Vernichtungspläne nutzen zu können[34],

[30] *Christian Gerlach*, Männer des 20. Juli und der Krieg gegen die Sowjetunion, in: Hannes Heer/Klaus Naumann (Hrsg), Vernichtungskrieg. Verbrechen der Wehrmacht 1941-1944. Hamburg 1995, 427-446; *Winfried Heinemann*, Der Widerstand gegen das NS-Regime und der Krieg an der Ostfront, in: Militärgeschichte NF. 8, 1998, 49-55. Siehe auch die Ausführungen *Winfried Heinemanns* in: Das Deutsche Reich und der Zweite Weltkrieg. Hrsg. v. Militärgeschichtlichen Forschungsamt. Bd. 9/1: Die deutsche Kriegsgesellschaft 1939 bis 1945. Politisierung, Vernichtung, Überleben. München 2004, 785-789.

[31] Johannes Hürter hat gezeigt, daß Tresckow und Gersdorff als Offiziere wahrgenommen werden müssen, deren Wirken im Sommer 1941 zunächst darauf ausgerichtet war, den bevorstehenden Ostfeldzug siegreich zu beenden; *Johannes Hürter*, Auf dem Weg zur Militäropposition. Tresckow, Gersdorff, der Vernichtungskrieg und der Judenmord, in: VfZ 52, 2004, 527-562. Hürters Schlußfolgerungen ist von *Gerhard Ringshausen*, Erwiderung auf Johannes Hürter: Auf dem Weg zur Militäropposition, in: VfZ 53, 2005, 141-148, und von *Michael Kißener*, Das Dritte Reich. Darmstadt 2005, 94f., widersprochen worden. *Felix Römer*, Das Heeresgruppenkommando Mitte und der Vernichtungskrieg, in: VfZ 53, 2005, 451-460 vermochte durch neue Aktenfunde indes die Schlußfolgerungen Hürters überzeugend zu stützen. Vgl. ferner *Hermannn Graml*, Massenmord und Militäropposition. Zur jüngsten Diskussion über den Widerstand im Stab der Heeresgruppe Mitte, in: VfZ 654, 2006, 1-24; *Johannes Hirter/Felix Römer*, Alte und neue Geschichtsbilder von Widerstand und Ostkrieg, in: VfZ 54, 2006, 301-322.

[32] *Peter Longerich*, Der Rußlandfeldzug als rassistischer Vernichtungsfeldzug, in: Hans-Heinrich Nolte, „Der Mensch gegen den Menschen". Überlegungen und Forschungen zum deutschen Überfall auf die Sowjetunion 1941. Hannover 1992, 78-94.

[33] Für die 707. Infanteriedivision bestand der Zusammenhang zwischen Judenvernichtung und Partisanenbekämpfung. Vgl. Das Deutsche Reich und der Zweite Weltkrieg. Hrsg. v. Militärgeschichtlichen Forschungsamt. Bd. 4: Der Angriff auf die Sowjetunion. Stuttgart 1983, 1055f.

[34] Vielfach zitiert ist Hitlers Bemerkung vom 16. Juli 1941, daß der Partisanenkrieg hinter der Front die Möglichkeit biete, „auszurotten, was sich gegen uns stellt" und „jeden, der

läßt sich daraus nicht zwangsläufig schließen, daß es bei den Operationen gegen Partisanen eigentlich gar nicht um die Partisanenbekämpfung, sondern um die Umsetzung einer Vernichtungspolitik gegenüber der einheimischen Bevölkerung gegangen sei. Bei Gerlach schwingt eine solche Interpretation immer mit.[35] Am deutlichsten hat sie Hannes Heer vertreten: „Gegner waren nicht Partisanenverbände plus Sympathisanten, sondern eine kriminelle Bevölkerung abzüglich der Kollaborateure".[36] Studien, die auch mit operationsgeschichtlichen Fragestellungen arbeiten, zeigen hingegen, daß in der Regel eine wie auch immer geartete militärische Bedrohung für die Besatzungsmacht der Partisanenbekämpfung der Wehrmacht vorausging. Diese fand, wenn auch nicht in allen, so doch in den allermeisten Fällen nicht irgendwo statt, sondern dort, wo die Guerilla agierte. Hierauf hat die Wehrmacht dann mit unglaublicher Brutalität reagiert. Diesen Zusammenhang, der oftmals zu einer wellenförmig auf- und abflauenden Eskalation der Gewalt führte, hat Klaus Schmider 1999 bereits für den Fall Jugoslawien aufgezeigt.[37] Er wird indes nicht erkannt, wenn man die militärische Perspektive des Partisanenkrieges ausblendet. Er kann auch nicht in jedem Fall aus den deutschen Akten gewonnen werden, weshalb die Auswertung von Dokumenten der Partisanen eigentlich selbstverständlich sein sollte. Neuere Studien, die dies leisten, unterstreichen den Befund, daß die deutsche Partisanenbekämpfung in erster Linie ein militärisches Phänomen gewesen ist, dem keine originären Vernichtungsabsichten zugrunde lagen. Dort, wo es keine Partisanen gab, gab es in aller Regel auch keine Partisanenbekämpfung und damit keine Massenerschießungen nichtjüdischer Landeseinwohner.[38] Anders gewendet: Ohne sowjetische Partisanen hätte es die für die Zivilbevöl-

nur schief schaue", totzuschießen. Sie ist z. B. zitiert in *Jürgen Förster*, Die Befriedung des eroberten Gebietes, in: Das Deutsche Reich und der Zweite Weltkrieg, Bd. 4 (wie Anm. 33), 1037. – Himmler notierte am 18. Dezember 1941 nach einer Besprechung bei Hitler: „Judenfrage. Als Partisanen auszurotten"; vgl. Der Dienstkalender Heinrich Himmlers 1941/42. Bearb., komm. u. eingel. v. *Peter Witte/Michael Wildt/Martina Voigt/Dieter Pohl/Peter Klein/Christian Gerlach/Christoph Dieckmann/Andrej Angrick*. Hamburg 1999, 294. Beide Äußerungen sind geneigt, den Partisanenkrieg aus seinem militärischen Kontext zu lösen.

[35] Diese Quintessenz läßt sich trotz teilweise widersprüchlicher Bewertungen aus seiner Studie ziehen. Vgl. z. B. *Gerlach*, Kalkulierte Morde (wie Anm. 6), 876f., 882f.

[36] *Hannes Heer*, Die Logik des Vernichtungskrieges. Wehrmacht und Partisanenkampf, in: Heer/Naumann (Hrsg.), Vernichtungskrieg (wie Anm. 30), 130.

[37] *Schmider*, Auf Umwegen zum Vernichtungskrieg (wie Anm. 22). Für die Ostfront: *Ben Shepherd*, War in the Wild East. The German Army and Soviet Partisans. Cambridge 2004.

[38] *Alexander Hill*, The War behind the Eastern Front. The Soviet Partisan Movement in North-West Russia 1941-44. London/New York 2005, sowie demnächst *Alexander Brakel*, Baranowice. Eine ostpolnische Region unter deutscher und sowjetischer Besatzung 1939-1944. Diss. phil. Mainz. – Diese Studien zeigen im übrigen auch, daß bei den Partisanenverbänden ein enormer Waffenmangel herrschte. Aus den geringen deutschen Verlusten und der überschaubaren Beute an Waffen bei der Partisanenbekämpfung

kerung so verheerenden deutschen Versuche nicht gegeben, eine Aufstandsbewegung im Hinterland zu unterdrücken. Diese Feststellung gilt natürlich nicht für die Judenvernichtung durch Einsatzgruppen und Teile der Wehrmacht, die auch dann stattgefunden hätte, wenn im deutsch besetzten Hinterland niemals auch nur ein Schuß auf einen deutschen Soldaten abgefeuert worden wäre.

Man kann somit zusammenfassen, daß sich die komplexe Realität des Krieges im Hinterland der russischen Front nicht näher fassen läßt, wenn man sich – überspitzt formuliert – damit begnügt, die Rassenideologie zu umreißen und die Toten zu zählen. Der Partisanenkrieg kann bei weitgehender Ausblendung seiner militärisch-operativen Aspekte kaum hinreichend beschrieben werden. So wird es für die Gewinnung eines Gesamtbildes auch unverzichtbar sein, sich mit der Operationsgeschichte der Partisanenbekämpfung zu befassen und herauszuarbeiten, welche militärische Bedrohung überhaupt von den Guerillakämpfern ausging. Die vorliegenden Regionalstudien ergeben hierüber noch kein vollständiges Gesamtbild. So bleibt bislang auch offen, welchen Einfluß etwa der „Schienenkrieg" auf die Versorgung der Wehrmacht im Osten hatte. Erst vor dem Hintergrund dieses Bedrohungsszenarios werden sich dann auch die zeitlich und regional zu unterscheidenden Reaktionen von Wehrmacht und SS auf die Partisanenbewegung hinreichend differenziert bewerten lassen. An der Tatsache, daß die Wehrmacht einen verbrecherischen und grausamen Krieg führte, wird damit natürlich nicht gerüttelt werden. Unterhalb dieser Feststellung wird aber das komplizierte Geflecht von Ideologie, Rassismus, Pragmatismus, militärischen Zwängen, Volkstumskämpfen usw. besser zu durchschauen sein.

Der Befund, daß die Vernachlässigung der Kampfhandlungen zu einer Schieflage bei der Behandlung des Rußlandkrieges führt, muß mehr noch als für den Krieg im Hinterland für das Frontgeschehen gelten. Über dieses ist bislang mit hinreichender wissenschaftlicher Gründlichkeit meist nur aus übergeordneter allgemeiner und dann vor allem aus deutscher Perspektive geschrieben worden.[39] Wie will man aber weiterführende Schlüsse

kann somit nicht zwangsläufig geschlossen werden, daß die Opfer fast ausschließlich unbeteiligte Zivilisten gewesen sein müssen. Nur die Heranziehung von Dokumenten der Partisanen kann Aufschluß darüber geben, wieviele zivile Opfer unter den Toten der deutschen „Säuberungsaktionen" gewesen sind. *Bogdan Musial* hat mit seiner Edition: Sowjetische Partisanen in Weißrußland. Innenansichten aus dem Gebiet Baranovichi 1941-1944. München 2004, interessante Dokumente sowjetischer Provenienz vorgelegt, die die Partisanenbewegung aus einer wenig bekannten Perspektive beleuchten.

[39] Aus deutscher Feder ist vor allem das Reihenwerk: Das Deutsche Reich und der Zweite Weltkrieg, Bd. 4 (wie Anm. 33), Bd. 6: Der globale Krieg. Die Ausweitung zum Weltkrieg und der Wechsel der Initiative 1941-1943. Stuttgart 1990, Bd. 8: Das Deutsche Reich in der Defensive. Stuttgart 2004, zu nennen.

über den Einfluß von Mentalitäten und Ideologien, über Radikalisierungs- und Totalisierungstendenzen ziehen, wenn man nur ein recht einseitiges Bild des Krieges kennt? Hier wäre die osteuropäische Geschichte noch stärker gefragt, Desiderata über die Kriegführung der Roten Armee zu schließen[40], damit wir mehr über Ausbildung, Motivation und Selbstbild der Rotarmisten, Deserteure und Kriegsverbrecher erfahren und so wichtige Beiträge zum Gesamtverständnis eines Krieges geliefert bekommen, der wie kein zweiter zu gravierenden Umwälzungen in Osteuropa geführt hat.

Ein weiteres gleichsam klassisches Beispiel dafür, zu welch verzerrten Ergebnissen man kommen kann, wenn die Praxis zugunsten des Diskurses vernachlässigt wird, lieferte Armin Nolzen auf einer Tagung im Jahre 2002[41]: Er blieb in seinem Vortrag über das Thema „‚Verbrannte Erde'. Der Rückzug der Wehrmacht aus den eroberten Gebieten, 1943–1945" im wesentlichen an den Zerstörungsbefehlen haften und vermochte nicht aufzuzeigen, inwieweit diese Befehle in den unterschiedlichen Besatzungsgebieten der Wehrmacht auch konkret umgesetzt wurden. Zumindest in Frankreich entlarvt ein genauer Blick auf das Geschehen vor Ort viele deutsche Anordnungen als Wortspielerei von Truppenführung und Oberkommando.[42] Hier hat sich die Kriegspraxis, wenn auch nicht die Befehlslage, meist signifikant von jener im Osten unterschieden.[43] Insbesondere versäumte Nolzen eine sorgfältige Analyse dessen, was allgemeiner Kriegsbrauch im Zerstören von vermeintlich militärisch wichtigen Anlagen war – ein Vergleich mit dem deutschen Rückzug in die Siegfriedstellung im Februar und März 1917 drängt sich zudem geradezu auf –, und was im Zuge der NS-Vernichtungspolitik weit darüber hinausging. Ohne diese Gegenüberstellung wird man die Radikalität deutscher Maßnahmen kaum beurteilen können. An der Ostfront hat die Politik der „Verbrannten Erde" nach bisherigem Kenntnisstand ihren traurigen Höhepunkt erreicht. Dennoch muß auch hier genau

[40] *Jörg Ganzenmüller*, Das belagerte Leningrad 1941–1944. Die Stadt in den Strategien von Verteidigern und Angreifern. Paderborn/München/Wien/Zürich 2005, hat in seiner Studie auch in erheblichem Maße auf sowjetisches Aktenmaterial zurückgegriffen, vermag freilich diese Forschungslücke nicht zu schließen. Die britische Osteuropaforschung ist hier zweifellos weiter fortgeschritten. Vgl. *Hill*, War behind the Eastern Front (wie Anm. 38); *Evan Mawdsley*, Thunder in the East. London 2005. Interessantes Material bietet *Catherine Merridale*, Ivan's War. The Red Army 1939–1945. London 2005.

[41] *Günter Kronenbitter/Markus Pöhlmann/Dierk Walter* (Hrsg.), Besatzung. Funktion und Gestalt militärischer Fremdherrschaft. Paderborn/München/Wien/Zürich 2006, 161–176.

[42] Vgl. hierzu auch *Sönke Neitzel*, Der Kampf um die deutschen Atlantik- und Kanalfestungen und sein Einfluß auf den alliierten Nachschub während der Befreiung Frankreichs 1944/45, in: MGM 55, 1996, 381–430.

[43] Hierzu demnächst auch *Peter Lieb*, Das deutsche Westheer und die Eskalation der Gewalt. Kriegführung und Besatzungspolitik in Frankreich 1943/44. Diss. phil. München 2004 (im Druck).

geprüft werden, wo welche Zerstörungen umgesetzt worden sind und vor allem welche militärische Relevanz diese Verwüstungen gehabt haben. General Heinrich Eberbach konnte sich im Dezember 1943 das schnelle Vorrücken der Roten Armee am Südflügel der Ostfront nur damit erklären, daß bei dem deutschen Rückzug zu wenig zerstört wurde.[44] Nur die Auswertung von Akten sowjetischer Provenienz kann darüber Aufschluß geben, inwieweit die russischen Armeen durch die deutschen Vernichtungsaktionen behindert worden sind.

Der Umstand, daß bei der Untersuchung der Interdependenz von Theorie und Kriegsgeschehen politisch-strategische, technische und operative Zusammenhänge vielfach nicht hinreichend berücksichtigt werden, ist natürlich nicht auf den Zweiten Weltkrieg beschränkt, sondern läßt sich auf andere Kriege des 19. und 20. Jahrhunderts übertragen. So ist in den deutschsprachigen Arbeiten über den Ersten Weltkrieg die Praxis des Krieges meist denkbar schwach oder überhaupt nicht ausgeprägt.[45] Die 46. Internationale Tagung Militärgeschichte des MGFA „Die vergessene Front – der Osten 1914/15" im Mai 2004 hat deutlich gezeigt, wie wenig gesicherte Erkenntnisse über die Ostfront während des Ersten Weltkrieges vorliegen und daß es dringend notwendig erscheint, auch grundlegende Darstellungen des Kampfgeschehens zu verfassen, die als Folie für weiterführende Studien etwa über Kriegsverbrechen und das Kriegserlebnis dienen können.

So reichhaltig die kulturhistorische Forschung über den Ersten Weltkrieg ist, so sehr sind doch vermeintlich „klassische" Themenfelder vernachlässigt worden.[46] Dies betrifft nicht nur das Geschehen an der Front. Auch eine ausführliche Studie über ein so grundlegendes Thema wie die Rüstungswirtschaft liegt bis heute nicht vor. Da die lebhafte Forschung über den Ersten Weltkrieg fast ausschließlich an alltags- und kulturgeschichtlichen Fragen interessiert ist, sind in absehbarer Zeit keine Grundlagenwerke zu erwarten, wie sie zu diesem Thema etwa das MGFA für den Zweiten Weltkrieg vorgelegt hat.[47]

[44] Erfahrungsbericht Ost, 7. 12. 1943, in: Bundesarchiv/Militärarchiv, RH 10/55.

[45] Eine der wenigen Ausnahmen ist die Arbeit von *Martin Müller*, Vernichtungsgedanke und Koalitionskriegführung. Das Deutsche Reich und Österreich-Ungarn in der Offensive 1917/1918. Graz 2003, in der freilich die politischen und mentalitätsgeschichtlichen Aspekte des Themas nicht hinreichend berücksichtigt sind.

[46] Es ist daher sehr zu begrüßen, daß bei Rolf-Dieter Müller zwei Dissertationen entstehen, die sich schwerpunktmäßig dem Frontgeschehen zuwenden: *Christian Stachelbeck*, Faktoren militärischer Effektivität im Ersten Weltkrieg am Beispiel der 11. bayerischen Infanteriedivision (Diss. phil. HU Berlin); *Alexander Fasse*, Tankabwehr. Das deutsche Heer an der Westfront im Kampf gegen Tanks 1916–1918 (Diss. phil. HU Berlin).

[47] Das Deutsche Reich und der Zweite Weltkrieg. Hrsg. v. Militärgeschichtlichen Forschungsamt. Bd. 5/1 u. 2: Organisation und Mobilisierung des deutschen Machtbereiches. Stuttgart 1988/99.

III. Über Berührungsängste im Umgang mit Militär und Krieg

Ein wesentlicher Grund für die Verengung der Militärgeschichte auf die Kulturgeschichte und die Holocaustforschung ist bereits genannt worden: Es waren diese beiden Zweige, die den „Boom" in den letzten Jahren angestoßen haben. Erfolgreich vermochten ihre Vertreter die Meinungsführerschaft und die Deutungshoheit in der Militärgeschichte zu übernehmen. Das Kriegsgeschehen an den Fronten hatten diese Forschungsrichtungen nur sehr eingeschränkt im Blick.

Der methodische Zugang ist indes nur eine Erklärung für diesen Befund. Unverkennbar sind die besonders hohen Hürden, die zivilen Historikern den Zugang etwa zur Operationsgeschichte verstellen. Die einschlägigen Quellen wie Kriegstagebücher militärischer Einheiten sind vielfach nicht ohne profunde Kenntnisse militärischer Organisationsstrukturen, Dienstgrade oder waffentechnischer Zusammenhänge zu verstehen.[48] Entsprechende Fachkenntnisse sind natürlich für jede historische Quelle und Disziplin unerläßlich. Allerdings erscheint die Welt, die sich dem zivilen Betrachter in Aufmarschplänen, Dislozierungen oder Gefechtsberichten eröffnet, ungleich fremder als die Protokolle des Reichskabinetts oder der Spielplan eines Fronttheaters. Zudem gilt es teilweise immer noch als moralisch anstößig, sich der militärischen Fachsprache zu bedienen und von „blutigen Verlusten" oder der „Vernichtung" feindlicher Einheiten zu sprechen. Selbst der „Erfolg" ist im Kontext von Schlachten und Feldzügen für manchen kein brauchbarer Begriff. Wenn Jutta Nowosadtko in ihrer Einführung in die Militärgeschichte festhält, daß es bis heute kein historisch angemessenes Vokabular gebe, in welches operative Fachbegriffe übersetzt werden könnten, stellt sich die Frage, ob es dies überhaupt geben kann.[49] In jeder Disziplin, wie etwa der Rechts-, Verwaltungs- oder auch Wirtschaftsgeschichte bedient man sich entsprechender Fachtermini, und niemand käme hier auf die Idee, eine neue Begrifflichkeit entwickeln zu wollen. Das Problem mit der militärischen Terminologie ist vor allem das des reichlich voreingenommenen Betrachters, der eine große innere Distanz zum Militär empfindet. Eine derartige Ablehnung ist in der Zunft keine Seltenheit, und es wird zuweilen offen zugegeben, daß das Militär die gesellschaftliche Gruppe sei, die man am meisten verachte. Daß unter diesen Bedingungen der Bezug von Diskursanalysen zur Frontrealität auf der Strecke bleibt, liegt auf der Hand.

Die Ablehnung des Militärischen kann dazu führen, daß der übergeordnete Sinn der Beschäftigung mit Militärgeschichte nicht in einem wissenschaftlichen Erkenntnisinteresse, sondern in dem politisch-ideologischen Ziel ge-

[48] Vgl. auch *Nowosadtko*, Krieg, Gewalt und Ordnung (wie Anm. 1), 18.
[49] Ebd. 140.

sehen wird, einen Beitrag zum Frieden zu leisten und zu verhindern, daß sich die schrecklichen Kriege des 20. Jahrhunderts wiederholen.[50] Dies ist gewiß ein hehres Ziel, gleichwohl aber auch ein reichlich naives. Gerd Krumeich hat diesen Ansatz bereits sehr zutreffend als verfehlt kritisiert, weil eine solche Militärgeschichte genauso zweckgebunden sei wie jene der vielkritisierten Militärs, die aus der Kriegsgeschichte lernen wollten, wie sie es das nächste Mal besser machen könnten.[51]

Die unüberbrückbare Distanz, die viele Historiker zu Krieg und Militär empfinden, muß in einen größeren gesellschaftlichen Zusammenhang eingeordnet werden. So kann man die Hypothese aufstellen, daß der gesellschaftliche Stellenwert des Militärischen letztlich auch den Stand der Militärgeschichte in der historischen Wissenschaft bestimmt. Diese Überlegung vermag die Entwicklung seit 1945 vom Nischendasein bis hin zur Neubelebung in den neunziger Jahren zu erklären, als sich in der Republik infolge der Wiedervereinigung und des Auslandseinsatzes deutscher Soldaten ein neues Verhältnis zur eigenen bewaffneten Macht einstellte. Die Ereignisse des Zweiten Weltkrieges mit seinen unfaßbaren Verbrechen haben zweifellos schon früh zu einer tiefgreifenden Ächtung des deutschen Militärs geführt. Nicht umsonst gab es in der Bundesrepublik – trotz der durchaus realen militärischen Bedrohung durch die Sowjetunion – eine heftige Debatte um die Wiederbewaffnung. In den Vereinigten Staaten und Großbritannien ist das Verhältnis zum Militär aufgrund des hier nicht vorhandenen gesellschaftlichen Bruches nach 1945 ein vollkommen anderes: Hier gibt es keine Berührungsängste mit dem „Kern des Krieges“, und die angesehensten Verlage wie Harvard University Press oder Oxford University Press publizieren Studien, in denen Operationsgeschichte eine wesentliche Rolle spielt.[52] An etlichen britischen Universitäten (z. B. Glasgow) kann man einen Master in „War Studies“ erwerben, und es gibt eine enge Verknüpfung der Universitäten mit der Armee. So arbeitet das Londoner King's College im Bereich der historisch-politischen Bildung eng mit dem Staff College der britischen Armee zusammen, und es gibt neuerdings Bestrebungen, den historisch-wissenschaftlichen Zweig der britischen Offiziersausbildung, wie er in Sandhurst und Dartmouth betrieben wird, auch dem King's College zuzuschlagen. Und Sir Michael Howard hat bewiesen, daß den Militärhistorikern in Großbritannien auch die Berufung auf die angesehensten Lehrstühle im Land offensteht.[53]

50 Vgl. z. B. Einleitung von *Kühne/Ziemann* (Hrsg.), Was ist Militärgeschichte? (wie Anm. 1), 13, 46.

51 *Gerd Krumeich*, Sine ira et studio?, in: Kühne/Ziemann (Hrsg.), Was ist Militärgeschichte? (wie Anm. 1), 98.

52 So etwa *Michael S. Neiberg*, Fighting the Great War. Cambridge 2005, und die von *Hew Strachan* herausgegebene Reihe „Modern Wars“.

53 Freilich darf nicht verschwiegen werden, daß es in den angelsächsischen Ländern eine stark ausgeprägte populäre Kultur kriegsverherrlichender Schriften gibt. Selbst die uni-

In Deutschland haben das Ende des Kalten Krieges, die neue Verortung der Bundesrepublik und ihrer Armee in der internationalen Staatenwelt, schließlich die beginnende Historisierung des Zweiten Weltkrieges zweifellos zu einem unproblematischeren Verhältnis zum Militär geführt. Eine hinreichende wissenschaftliche Untersuchung über diesen Wertewandel fehlt bislang allerdings, so daß er noch nicht präzise beschrieben werden kann. Diese Entwicklung hat aber das große gesellschaftliche Befremden im Umgang mit dem Militär im allgemeinen und der deutschen Militärgeschichte im besonderen allenfalls abschwächen, jedoch nicht beseitigen können. Ob es hilfreich ist, die Ablehnung des Militärs als gesellschaftlicher Gruppe und die moralische Empörung über die Geschehnisse insbesondere während des Zweiten Weltkrieges bei der wissenschaftlichen Arbeit ständig mitschwingen zu lassen, darf indes bezweifelt werden. Der Historiker sollte zumindest den ernsthaften Versuch unternehmen, objektiv und neutral zu arbeiten, wobei dies nie ganz gelingen kann. In der wissenschaftlichen Praxis wirken Emotionalisierung und Politisierung in die eine oder andere Richtung viel zu oft wie ein Filter, der zu einseitigen Darstellungen führt. Ein gutes Beispiel für diese Schieflage ist erneut die Darstellung des Partisanenkrieges. So hat Franz W. Seidler sich stets darum bemüht, die Wehrmacht in einem möglichst positiven Licht erscheinen zu lassen und den verbrecherischen Charakter der Partisanenbekämpfung in wenig überzeugender Weise abzuschwächen.[54]

Auf der anderen Seite führt es auch nicht weiter, sich damit zu begnügen, mehr oder minder fassungslos darzustellen, wie grausam Wehrmacht und SS Zehntausende von Zivilisten in Europa dahingemetzelt haben. Gerade diese Grausamkeiten bedürfen der differenzierten Erklärung, der sorgfältigen Interpretation und des Vergleichs – und natürlich der Einordnung in den militärischen Kontext. So wird das Bild des Partisanenkrieges in Italien bisher ganz wesentlich von den Arbeiten Gerhard Schreibers bestimmt.[55] An der Seriosität und der stupenden Quellenkenntnis Schreibers ist überhaupt nicht zu zweifeln. Er blendet freilich die Perspektive der italienischen Partisanen in seinen Darstellungen meist aus und ordnet die deutschen Mordaktionen damit nicht hinreichend in ihren Gesamtzusammenhang ein. Nur mit der Betrachtung beider Seiten läßt sich ein differenziertes Bild der deutschen Verbrechen in Italien zeichnen. Somit bleibt bei Schreiber etwa die Frage unbeantwortet, welche militärische Bedrohung eigentlich von den Partisanen aus-

versitäre Forschung ist nicht davor gefeit, sich an der retrospektiven Umdeutung des Zweiten Weltkrieges zum „good war" zu beteiligen und sich mit Hollywood-Produktionen wie Steven Spielbergs Film „Saving Private Ryan" auf eine Stufe zu stellen. So etwa *Murray/Millet*, A War to be Won (wie Anm. 23).

[54] *Franz W. Seidler*, Die Wehrmacht im Partisanenkrieg: Militärische und völkerrechtliche Darlegungen zur Kriegführung im Osten. Selent 1999.

[55] Vgl. z. B. *Gerhard Schreiber*, Deutsche Kriegsverbrechen in Italien. Täter, Opfer, Strafverfolgung. München 1996.

ging. Dies zu erarbeiten wäre von besonderer Relevanz, um zu beurteilen, ob nur eingebildete oder vorgeschobene Gefahren zu den Verbrechen führten oder auch eine greifbare militärische Bedrohung. Bei Schreiber verschwimmt der Partisanenkrieg vielfach zu einer Mordorgie der deutschen Soldateska, in der auch die Unterschiede im Handeln, in der Motivation und der Ideologisierung zwischen Heer, Fallschirmjägern und Waffen-SS nicht mehr erkennbar sind. Legt man Schreibers Bücher aus der Hand, hat man zuweilen das Bild des „edlen" Italieners vor Augen, der von den Deutschen im Zweiten Weltkrieg erst instrumentalisiert und ab 1943 dann ausgeplündert und brutal drangsaliert wurde.[56] Daß dies vielfach so gewesen ist, kann natürlich nicht bezweifelt werden. Offensichtlich handelt es sich aber nur um eine Seite der Medaille. Eine jüngere Historikergeneration hat begonnen, den italienischen Opfermythos zunehmend in Frage zu stellen.[57] Dies ist auch auf einer im April 2005 veranstalteten Tagung des Deutschen Historischen Instituts in Rom deutlich geworden. Hier waren die Referenten erfreulicherweise darum bemüht, jenseits individueller politischer Einstellungen die Grautöne im Bild des italienischen Krieges sichtbar zu machen.[58]

IV. Schlußbetrachtung

Überblickt man die militärhistorische Forschung in Deutschland, so läßt sich feststellen, daß die Defizite immer größer werden, je mehr man sich dem eigentlichen Kampfgeschehen zuwendet. Bernd Wegner hat im Jahr 2000 geschrieben, daß die Ausblendung der Operationsgeschichte aus dem Themenspektrum kritischer Geschichtswissenschaft eine gefährliche Verkürzung der historischen Analyse von Kriegen bedeute und ein gravierender Mißstand sei.[59] Mittlerweile gibt es zaghafte Ansätze, dieses Desiderat wenn

[56] Die Tendenz zu einseitigen Interpretationen läßt sich auch in Schreibers ansonsten sehr gelungener Kurzdarstellung über den Zweiten Weltkrieg, München 2002 feststellen. Vgl. hierzu die Rezension von *Sönke Neitzel* in: HZ 276, 2002, 244f.

[57] Hier ist u. a. *Carlo Gentile* zu nennen, dessen Gesamtdarstellung über den Partisanenkrieg in Italien kurz vor dem Abschluß steht.

[58] Vgl. den Tagungsbericht: Die „Achse" im Krieg. Politik, Ideologie und Kriegführung 1939–1945 von *Malte König*, in: (http://hsozkult.geschichte.hu-berlin.de/tagungsberichte/id=822) HSozKult 6. 7. 2005. Eine Neubewertung der italienischen Kriegführung an der Ostfront hat Thomas Schlemmer mit seinen Arbeiten angeregt. Vgl. *Thomas Schlemmer*, Das königlich-italienische Heer im Vernichtungskrieg gegen die Sowjetunion. Kriegführung und Besatzungspraxis einer vergessenen Armee, 1941–1943 in: Sven Reichardt/Arnim Nolzen (Hrsg.), Faschismus in Italien und Deutschland. Studien zu Transfer und Vergleich. Göttingen 2005, 148–175, sowie *ders.* (Hrsg.), Die Italiener an der Ostfront 1942/43. Dokumente zu Mussolinis Krieg gegen die Sowjetunion. München 2005.

[59] *Bernd Wegner*, Wozu Operationsgeschichte, in: Kühne/Ziemann (Hrsg.), Was ist Militärgeschichte? (wie Anm. 1), 113.

auch nicht zu schließen, aber zumindest nicht vollkommen unbearbeitet zu lassen. 2001 gab es in Potsdam eine Tagung über Operationsgeschichte, ein Jahr später widmete die Militärgeschichtliche Zeitung dem Thema ein Schwerpunktheft.[60] Es ist auch überaus erfreulich, daß im Gebhardtschen Handbuch der deutschen Geschichte ein Band über den Zweiten Weltkrieg[61] aufgenommen wurde, der – anders als der Band über den Ersten Weltkrieg – gleichsam eine „Rückkehr des Krieges in die Kriegsgeschichte" vollzieht.[62] Dennoch erscheinen Zweifel berechtigt, ob die deutsche Weltkriegsforschung „nach der Woge mentalitäts- und kulturgeschichtlicher Themen [...] vor einer möglichen Wiederentdeckung der militärischen Geschichte sowie der ‚alten Themen' von Politik und Strategie" steht, wie Rolf-Dieter Müller schreibt.[63] Die Zurückhaltung gegenüber dem „Kern des Krieges" scheinen in der Zunft nach wie vor groß zu sein. Bernd Wegner hatte im Jahr 2000 ebenfalls formuliert, „daß zivile Forschungseinrichtungen und Universitäten die berufenen Instanzen zur Entwicklung einer integrierten ‚neuen' Operationsgeschichte"[64] sind. Doch dieser Anstoß ist bislang von niemandem aufgenommen worden. Angesichts der Vorbehalte, die es gegenüber der Beschäftigung mit Schlachten und Feldzügen noch gibt, kann dies auch nicht verwundern. Die themenimmanenten Hürden scheinen so groß zu sein, daß eine Wiederbelebung etwa der Operationsgeschichte, so wünschenswert sie auch wäre, in absehbarer Zeit nicht zu erwarten ist. Daraus folgt: Entscheidende Impulse zur „Rückkehr des Krieges" werden aufgrund der derzeitigen Lage in der Wissenschaftslandschaft kaum von der Universitäten ausgehen. Es sind eher externe Forschungsinstitute, die hier Akzente setzen können. In dem vielversprechenden IfZ-Projekt „Die Wehrmacht im NS-Unrechtsstaat 1941/42" ist das Geschehen an der Front prominent berücksichtigt worden. Daneben ist vor allem das MGFA berufen, das aufgezeigte Desiderat zu schließen. Gewiß kann man anführen, daß sich im Vorzimmer des Papstes schlecht Kirchengeschichte schreiben läßt. Doch es ist ungerechtfertigt, dem MGFA die Fähigkeit zur Entwicklung neuer historisch-kritischer Methoden abzusprechen. Früher mag zu befürchten gewesen sein, daß seine Forschungen letztlich nur dem Zweck der Offiziersausbildung hätten dienen können. Doch diese Befürchtungen haben sich als unberechtigt erwiesen, und die methodisch-inhaltliche Qualität der von MGFA-Autoren vorgelegten Wer-

[60] Operationsgeschichte heute, in: Militärgeschichtliche Zeitschrift 61, 2002, H. 2.

[61] *Rolf-Dieter Müller*, Der Zweite Weltkrieg. (Gebhardt. Handbuch der deutschen Geschichte, 10. Aufl., Bd. 21.) Stuttgart 2004.

[62] *Dieter Pohl* in: (http://www.sehepunkte.de/2005/04/8302.html) sehepunkte 5, 2005, Nr. 4 zu *Müller*, Der Zweite Weltkrieg. – Weiterhin ist auf den Band von *Förster/Pöhlmann/Walter* (Hrsg.), Schlachten der Weltgeschichte (wie Anm. 23), hinzuweisen, der zwar keine wissenschaftlich neuen Erkenntnisse vermittelt, aber einen auf hohem Niveau geschriebenen Überblick liefert.

[63] *Müller*, Der Zweite Weltkrieg (wie Anm. 61), 51.

[64] *Wegner*, Wozu Operationsgeschichte? (wie Anm. 59), 113.

ke steht denjenigen der Universitätslandschaft in nichts nach. Es ist somit nicht erkennbar, daß die Tatsache, daß das Amt vom Bundesministerium für Verteidigung finanziert wird, per se die Forschungsleistung beeinträchtigt. Die Mitarbeiter des Hauses haben freilich den Vorteil, daß bei ihnen keine Hemmschwellen in der Beschäftigung mit dem Gegenstand Militär vorhanden sind. Nun mag man einwenden, daß es gegenüber der Militärgeschichte unvoreingenommene Wissenschaftler auch an zivilen Universitäten gibt. Dem ist gewiß so, doch kommt es schon fast einem akademischen Selbstmord gleich, sich in Promotions- oder gar Habilitationsarbeiten mit dem Ureigendsten des Krieges – der Schlacht, der Operation oder des Feldzuges – zu befassen. Wie soll man daher von jungen Nachwuchswissenschaftlern erwarten, daß sie sich ausgerechnet dieses Forschungsbereiches annehmen? Die Schlüsselrolle des MGFA zur Aufarbeitung dieses Themenfeldes resultiert somit nicht aus einem intellektuellen Defizit ziviler Wissenschaftler, sondern aus der allgemeinen Situation in der gegenwärtigen deutschen Wissenschaftslandschaft. Im MGFA können zivile und militärische Wissenschaftler langfristig und weitgehend unabhängig von individuellen Karriereplanungen und wissenschaftlichen Moden arbeiten und sich auch unpopulärer Themen annehmen. Es ist daher sehr zu hoffen, daß die diversen Forschungsbereiche des Amtes auch operationsgeschichtliche Fragestellungen berücksichtigen und mit kultur- und mentalitätsgeschichtlichen Überlegungen zusammenführen. Für die Zeit nach 1945 bieten hier etwa die großen Manöver von NATO und Warschauer Pakt reichlich Stoff. Wenn das MGFA, zumindest im Forschungsbereich „Zeitalter der Weltkriege", die Schlacht, den Feldzug und den Krieg zu einem Schwerpunkt machen würde, könnte es innerhalb der deutschen Wissenschaftslandschaft sein Profil erheblich schärfen und dazu beitragen, daß in diesem Punkt die deutsche historische Forschung den Anschluß an Großbritannien und die USA erreicht.

Die Ergebnisse dieser Skizze lassen sich in sechs Punkten zusammenfassen:

1. Bei der „neuen" Militärgeschichte handelt es sich in erster Linie um eine kulturgeschichtliche Erweiterung der traditionellen Militärgeschichte. Sie hat die Kenntnisse über mentalitäts- und alltagsgeschichtliche Aspekte von Krieg und Militär erheblich ausgedehnt. Daneben hat die Holocaustforschung das Wissen um die Verstrickung der Wehrmacht in Unrecht und Verbrechen erweitert.
2. Es ist zu hoffen, daß das Interesse der Kulturgeschichte und der Holocaustforschung an militärhistorischen Themen auch zukünftig erhalten bleibt und durch neue Arbeiten, etwa zu regionalgeschichtlichen Themen, unsere Kenntnisse weiter vertieft werden. Ferner ist es notwendig, den fruchtbaren kulturgeschichtlichen Forschungsansatz vermehrt auch auf den Zweiten Weltkrieg zu übertragen und beide Weltkriege noch stärker als bisher als eine Einheit zu betrachten.

3. Die Vertreter der „neuen“ Militärgeschichte haben den „Kern des Krieges“, das Sterben und Töten, den Kampf, die Schlacht oder den Feldzug bislang weitgehend ignoriert. Die Militärgeschichte kann in Zukunft nur überzeugen, wenn sie die politik- und operationsgeschichtliche Methodenverengung der sechziger und siebziger Jahre nicht durch eine kulturhistorische ersetzt. Diskurs und Praxis müssen gleichermaßen Gegenstand der Forschung sein.
4. Um eine Rückkehr des Krieges in die Militärgeschichte zu erreichen, ist die Kombination verschiedener Methoden unerläßlich. Dies erfordert auch eine stärkere Berücksichtigung der Operationsgeschichte, die je nach Fragestellung mit anderen Methoden, insbesondere der Kultur- und Mentalitätsgeschichte kombiniert werden sollte.
5. Die Berührungsängste, die viele Historiker gegenüber originär militärischen Themen offensichtlich empfinden, lassen es gegenwärtig unwahrscheinlich erscheinen, daß der „Kern des Krieges“ in der universitären Forschung stärker berücksichtigt werden könnte.
6. Daher sind vor allem außeruniversitäre Forschungsinstitute gefragt. So ist zu hoffen, daß das IfZ das ertragreiche Projekt „Die Wehrmacht im NS-Unrechtsstaat 1941/42“ zeitlich bis 1945 fortführt. Daneben wäre es wünschenswert, daß sich das MGFA dieses Desiderates annimmt. Dessen entscheidender Vorteil ist, daß seine Wissenschaftler weitgehend unabhängig von wissenschaftlichen Moden arbeiten und sich zwangloser mit Theorie und Praxis der Schlacht, von Operationen und Feldzügen in ihren Forschungen befassen können.

VI. Politische Biographik

Geschichte als Lebensgeschichte

Gegenwart und Zukunft der politischen Biographie

Von

Hans-Christof Kraus

I.

In den Geisteswissenschaften der Gegenwart, besonders aber in der Geschichtswissenschaft, gibt es bestimmte Tendenzen, die – man möchte sagen: wieder einmal – den Anspruch auf eine vermeintlich grundlegende methodische Wende innerhalb dieser Disziplinen erheben. Der neue Weg soll wegführen von den „großen Themen“ der Vergangenheit, und das heißt vor allem: weg von bestimmten Betrachtungsweisen einer „traditionellen“ politischen Geschichte, aber auch weg von hergebrachten Ansätzen und Methoden, die im allgemeinen als überholt und vorgestrig angesehen werden – unabhängig davon, ob sie sich nun in der wissenschaftlichen Praxis bewährt haben oder nicht. Bestenfalls kann man sich dazu durchringen, die Idee einer „neuen Politikgeschichte“ zu postulieren, die als eine Art erweiterter Kommunikationsgeschichte auftritt[1], oder die sich als eine „Kulturgeschichte des Politischen“ präsentiert, deren Ziel zuerst in der Rekonstruktion historischer Diskurse und Praktiken besteht[2].

Bezogen auf die Gattung der *politischen Biographie* läßt sich sagen, daß sich diese im Rahmen neuer theoretischer Debatten, und zwar nicht erst seit gestern, vor allem zwei unterschiedlichen Hauptvorwürfen ausgesetzt sieht: *Erstens* dem Vorwurf einer übermäßigen, nicht zu rechtfertigenden „Personalisierung“ der Vergangenheit, überhaupt einer Überschätzung des persönlichen Faktors in der Geschichte in der Form eines übertriebenen „Biographismus“, der einerseits die Handlungsfreiheit des Menschen innerhalb des historischen Geschehens überschätze, andererseits dagegen die Macht der großen überpersonalen Strukturen, vor allem in den Bereichen des Sozialen und Ökonomischen, vernachlässige. Und *zweitens* dem Vorwurf, daß eine Biographie auch in formaler Hinsicht bereits eine überaus bedenkliche, streng theoretisch gesehen sogar defizitäre Darstellungsform sei, da sie ihrerseits – als eine nachträglich und nurmehr künstlich konstruierte Lebens-

[1] Vgl. *Ute Frevert/Heinz-Gerhard Haupt* (Hrsg.), Neue Politikgeschichte. Perspektiven einer historischen Politikforschung. Frankfurt am Main/New York 2005.

[2] *Barbara Stollberg-Rilinger* (Hrsg.), Was heißt Kulturgeschichte des Politischen? Berlin 2005.

geschichte – unhinterfragten sozialen Zwängen und Leitbildern unterliege und auf diese Weise den kapitalen Fehler begehe, eine im Kern sinnlose Faktenanhäufung in einen vermeintlich sinnvollen Zusammenhang bringen zu wollen – also diese Lebensgeschichte gewissermaßen mit nachgeschobener Sinngebung auszustatten und auf diese Weise letztlich zu verfälschen.

Diesem Vorwurf steht nun die sehr eigenartige Tatsache gegenüber, daß sich die Gattung der politischen Biographie gegenwärtig, faktisch gesehen, glänzend und unangefochten behauptet. Das zeigen nicht nur jüngste Neupublikationen[3], sondern es ist ebenfalls bekannt, daß sich derzeit einige weitere Lebensdarstellungen, von denen viel zu erwarten ist, in Arbeit befinden und der baldigen Vollendung entgegengehen[4]. Daraus ergibt sich ein etwas merkwürdiger Widerspruch: Auf der einen Seite steht die Gattung der wissenschaftlich anspruchsvollen politischen Biographie in bedeutender Blüte, doch methodisch und wissenschaftstheoretisch wird diese Gattung derzeit so gut wie gar nicht reflektiert und auch in den neueren einführenden Sammeldarstellungen wird sie als solche ausdrücklich nicht mehr thematisiert[5], und zwar durchaus im Gegensatz zu dem, was früher selbstverständlich gewesen war[6]. Ja mehr noch: Manche Nachwuchshistoriker, die tatsächlich (was ohnehin eher selten vorkommt) für eine ihrer Qualifikationsschriften einen biographischen Ansatz wählen, neigen dazu, sich nachträglich von dieser Form historiographischer Darstellung zu distanzieren, so z. B. der Verfasser der Biographie eines Politikers aus altpreußischem Adel, der im Nachwort seiner Arbeit ausdrücklich meinte feststellen zu müssen, die „Biographik" werde auch nach seinem Buch „ein eher halbseidenes Geschäft bleiben, ein im Geruch der Unseriosität stehender Zweig der Geschichtswissenschaft".[7]

Wie ist nun auf diese Lage zu reagieren? Drei Möglichkeiten bieten sich an: Man könnte *erstens* die Angriffe auf die Biographie als historiographische Form einfach ignorieren, wie dies nicht wenige Verfasser neuerer Le-

[3] Erinnert sei an dieser Stelle – pars pro toto – nur an: *Johannes Kunisch*, Friedrich der der Große – Der König und seine Zeit. München 2004; *Lothar Gall*, Der Bankier – Hermann Josef Abs. Eine Biographie. München 2004.

[4] Gestattet sei hier nur der knappe Hinweis auf die im Entstehen begriffenen Biographien über Paul von Hindenburg (Wolfram Pyta), Theodor Heuss (Guido Müller) und Max Weber (Dirk Käsler).

[5] Etwa in *Christoph Cornelissen* (Hrsg.), Geschichtswissenschaften. Eine Einführung. Frankfurt am Main 2000; *Joachim Eibach/Günther Lottes* (Hrsg.), Kompass der Geschichtswissenschaft. Ein Handbuch. Göttingen 2002.

[6] Vgl. etwa *Wilhelm Bauer*, Einführung in das Studium der Geschichte. 2. Aufl. Tübingen 1928, 128–133. – Der von Ulrich Raulff vertretenen These einer vermeintlich geschichtlich aufweisbaren fundamentalen „Zwietracht" zwischen Historikern und Biographen vermag ich nicht zu folgen; vgl. *Ulrich Raulff*, Das Leben – buchstäblich. Über neuere Biographik und Geschichtswissenschaft, in: Christian Klein (Hrsg.), Grundlagen der Biographik. Theorie und Praxis des biographischen Schreibens, Stuttgart/Weimar 2002, 55–68, hier 55.

[7] *Ewald Frie*, Friedrich August Ludwig von der Marwitz 1777-1837. Biographie eines Preußen. Paderborn/München/Wien Zürich 2001, 343; siehe dazu auch meine Rezension, in: JbGMOD 48, 2002, 351-353.

bensdarstellungen auch tun; man könnte *zweitens*, wie der bedeutende englische Historiker und Biograph Derek Beales vor einigen Jahren bemerkte, auf die Verachtung der Biographie seitens bestimmter Historiker und Geschichtstheoretiker mit einer entschiedenen und selbstbewußten *Gegenreaktion* antworten[8], oder man könnte *drittens* die offensive Auseinandersetzung mit bestimmten Auffassungen und Ideen suchen, die auf eine Desavouierung der Tätigkeit eines Biographen abzielen. Diesen dritten Weg möchte ich im folgenden beschreiten und, nach einem kurzen Rückblick auf einige wesentliche Aspekte der Geschichte der neueren politischen Biographie, meine Aufmerksamkeit auf einige Thesen der sozialwissenschaftlichen Biographiekritik seit den späten 1960er Jahren richten. Abschließend möchte ich einen knappen Beitrag zur Beantwortung der Frage leisten: Warum und auf der Grundlage welcher Fragestellungen ist die politische Biographie als historiographische Gattung auch weiterhin möglich und sinnvoll?

II.

Lebensgeschichtliche Darstellungen, und besonders auch die im engeren Sinne politischen Biographien, gehören gewissermaßen zum „Urbestand" der Geschichtsschreibung überhaupt; man braucht nur an die Viten des Plutarch, die Kaiserbiographien des Sueton und, um auch ein prominentes Beispiel aus dem Mittelalter zu nennen, an Einhards „Vita Caroli Magni" zu erinnern. Die Tendenz zu einer Art der Herrscherbiographie, die teilweise hagiographische Züge annimmt, setzt sich noch bis weit in die Neuzeit hinein fort; sie ist sogar im frühen 20. Jahrhundert noch zu finden.[9] Wann und mit welchen Darstellungen beginnt nun, so ist zu fragen, die *moderne politische*

[8] *Derek Beales*, History and Biography: An Inaugural Lecture (1980), in: Timothy C. W. Blanning (Ed.), History and Biography. Essays in Honour of Derek Beales. Cambridge 1996, 266–283, hier 282: „What I have tried to show is that biography has been too much disparaged. When a great historian can mistake a person for a trend, when it is thought more important to analyse social background than opinions, then the time has come for a reaction."

[9] Eine umfassende Geschichte der Biographie existiert bis heute nicht; nützliche Hinweise finden sich jedoch in einer Reihe älterer Studien; an dieser Stelle sei lediglich verwiesen auf *Jan Romein*, Die Biographie. Einführung in ihre Geschichte und ihre Problematik. Bern 1948, 14ff. u. passim; *Grete Klingenstein/Heinrich Lutz/Gerald Stourzh* (Hrsg.), Biographie und Geschichtswissenschaft. Aufsätze zur Theorie und Praxis biographischer Arbeit. (Wiener Beiträge zur Geschichte der Neuzeit, Bd. 6.) Wien 1979, darin vor allem die Aufsätze von *Helmut Scheuer*, Kunst und Wissenschaft. Die moderne literarische Biographie, 81-110, und *Friedrich Engel-Janosi*, Von der Biographie im 19. und 20. Jahrhundert, 208–241. Aus spezifisch literaturwissenschaftlicher Perspektive liegt vor: *Helmut Scheuer*, Biographie. Studien zur Funktion und zum Wandel einer literarischen Gattung vom 18. Jahrhundert bis zur Gegenwart. Stuttgart 1979. Eher theoretisch als historiographisch orientiert sind die Beiträge des Sammelbandes von *Klein* (Hrsg.), Grundlagen der Biographik (wie Anm. 6).

Biographie, also eine Lebensdarstellung, die zum einen nicht mehr nur *herrscherzentriert* ist und die sich zum anderen, wenigstens ansatzweise, der neueren historisch-quellenkritischen Methode verpflichtet zeigt?

Ein allererster, sehr knapper Überblick zeigt, daß der Beginn allem Anschein nach in der ersten Hälfte des 19. Jahrhunderts anzusetzen ist. „Politische Biographie" bedeutet hier, daß sie nicht nur einen „Politiker" bzw. eine im weiteren Sinne „politisch bedeutungsvolle" Persönlichkeit zum Gegenstand hat, sondern daß sie auch, als Publikation, nicht selten genuin *politische Zwecke* verfolgt. Hierbei lassen sich im allgemeinen zwei Haupttypen unterscheiden, die im folgenden anhand einiger Beispiele aus der deutschen und der englischen Historiographie erläutert werden sollen.

Der *erste Typus* der politischen Biographie beabsichtigt die Vergegenwärtigung des Lebens und des in der Regel als vorbildlich und wegweisend angesehenen Handelns bedeutender Staatsmänner, Feldherrn und Monarchen in Gestalt der quellengesättigten, mit einer Fülle von Briefen und Dokumenten durchsetzten „Life and Letters"-Darstellungen. Bekannte Arbeiten dieses Typus waren in Deutschland etwa Pertz' Biographie des Freiherrn vom Stein[10], Preuss' Darstellung Friedrichs des Großen[11], sodann die bekannten Lebensgeschichten der Feldherren und Heeresreformer der Befreiungskriege: von Droysens „Yorck"[12] über Lehmanns „Scharnhorst"[13] und Pertz/Delbrücks „Gneisenau"[14] bis hin zu Meineckes „Boyen"[15]; als Beispiel aus der katholisch-großdeutschen Historiographie dieser Zeit sei hingewiesen auf Hurters „Geschichte Kaiser Ferdinands II."[16]. In Großbritannien repräsentierten Carlyles „Oliver Cromwells Letters and Speeches"[17] diesen Typus, gefolgt etwa von Theodore Martins Lebensbeschreibung des britischen Prinzgemahls Albert[18] bis hin zu Monypenny-Buckles „Life of Disraeli"[19].

[10] *Georg Heinrich Pertz*, Das Leben des Ministers Freiherrn vom Stein. Bd. 1-6/2. Berlin 1850-1855.

[11] *Johann David Erdmann Preuss*, Friedrich der Große. Eine Lebensgeschichte. Bd. 1-5. Berlin 1832-1834.

[12] *Johann Gustav Droysen*, Das Leben des Feldmarschalls Grafen Yorck von Wartenburg. Bd. 1-3. Berlin 1851-1852.

[13] *Max Lehmann*, Scharnhorst. Bd. 1-2. Leipzig 1886-1887.

[14] *Georg Heinrich Pertz*, Das Leben des Feldmarschalls Grafen Neithardt von Gneisenau. Bd. 1-3. Berlin 1864-1869; *Hans Delbrück*, Das Leben des Feldmarschalls Grafen Neithardt von Gneisenau, Fortsetzung des gleichnamigen Werkes von G. H. Pertz. Bd. 4-5. Berlin 1880.

[15] *Friedrich Meinecke*, Das Leben des Generalfeldmarschalls Hermann von Boyen. Bd. 1-2. Stuttgart 1896-1899.

[16] *Friedrich Hurter*, Geschichte Kaiser Ferdinands II. und seiner Eltern. Bd. 1-11. Schaffhausen 1850-1864.

[17] *Thomas Carlyle*, Letters and Speeches of Oliver Cromwell. Vol. 1-2. London 1845.

[18] *Theodore Martin*, Life of His Royal Highness The Prince Consort. Vol. 1-5. London 1875-1880.

[19] *William Flavelle Monypenny/George Earle Buckle*, The Life of Benjamin Disraeli, Earl of Beaconsfield. Vol. 1-6. London 1910-1920.

Vom Darstellungstypus dieser Art, dessen erstes Anliegen ein dokumentarisches ist und dem in der Regel, wenn überhaupt, allenfalls eine *mittelbare* politische Wirkungsabsicht unterstellt werden kann, unterscheidet sich der *zweite Typus* der politischen Biographie recht deutlich – und zwar nicht nur im Umfang. Denn eben dieser Typus ist sozusagen genuin „politisch", keinesfalls nur in der Wahl seines Gegenstandes, sondern auch in der *unmittelbaren* Zielsetzung. Es handelt sich nämlich um die im Verlauf des 19. Jahrhunderts immer häufiger auftauchenden Lebensdarstellungen, die von politischen Publizisten – oder sogar von literarisch begabten Politikern selbst – über Gleichgesinnte, Weggefährten und Parteifreunde verfaßt wurden. Als Beispiel aus der englischen Geschichte der Zeit sei noch einmal auf Disraeli hingewiesen, dieses Mal auf die von ihm veröffentlichte Darstellung seines früh verstorbenen Partei- und Fraktionsgenossen Lord George Bentinck[20], aber auch auf zeitgenössische deutsche Biographien dieses Typus, so auf Rudolf Hayms „Max Duncker"[21], auf Gustav Freytags „Karl Mathy"[22], ebenfalls auf die erste Lebensdarstellung Bismarcks durch den „Kreuzzeitungs"-Redakteur und Schriftsteller George Hesekiel[23] sowie auf die erste große Marx-Biographie von Franz Mehring[24].

Aus diesen *beiden* großen Zweigen entwickelte sich seit dem ausgehenden 19. Jahrhundert nun die moderne politische Biographie mit explizit wissenschaftlicher Ambition, für die es seitdem zahllose Beispiele gibt. Ihr Anspruch, einen gewichtigen Beitrag zur historiographischen Arbeit zu leisten, ist über viele Jahrzehnte hinweg nicht bestritten worden. Im Gegenteil: In den 1920er Jahre haben gerade die deutschen Historiker großen Wert darauf gelegt, die wissenschaftlich anspruchsvolle politische Biographie streng abzugrenzen gegen die Produkte einer seinerzeit florierenden, beim großen Publikum – übrigens bis heute – sehr beliebten, inhaltlich jedoch seichten und oberflächlichen „historischen Belletristik".[25]

III.

Die politische Biographie, die spätestens seit dem ausgehenden 19. Jahrhundert zu den anerkannten Darstellungsformen der modernen Geschichtswissenschaft gehörte, geriet erst gegen Ende der 1960er Jahre in ein gewisses

[20] *Benjamin Disraeli*, Lord George Bentinck. A Political Biography. London 1852.
[21] *Rudolf Haym*, Das Leben Max Dunckers. Berlin 1891.
[22] *Gustav Freytag*, Karl Mathy. Geschichte seines Lebens. Leipzig 1870.
[23] *George Hesekiel*, Das Buch vom Grafen Bismarck. Bielefeld 1869.
[24] *Franz Mehring*, Karl Marx. Geschichte seines Lebens. Leipzig 1918.
[25] Vgl. dazu *Eberhard Kolb*, „Die Historiker sind ernstlich böse". Der Streit um die „Historische Belletristik" in Weimar-Deutschland, in: ders., Umbrüche deutscher Geschichte 1866/71-1918/19-1929/33. Ausgewählte Aufsätze. Hrsg. v. Dieter Langewiesche u. Klaus Schönhoven. München 1993, 311-329.

Zwielicht, denn in dieser Zeit schien sich insgesamt, und zwar nicht nur in Deutschland, ein weitgehender Abschied von der politischen Geschichte anzukündigen. Die Soziologie galt damals allgemein als neue „Leitwissenschaft“ (ähnlich wie im 19. Jahrhundert erst die Philosophie und etwas später die Geschichte), und diese Tatsache hinterließ ihre unübersehbaren Spuren auch innerhalb der Entwicklung der Geschichtswissenschaft. In der Tat begann um 1970 die „große Zeit“ der Sozial- und Strukturgeschichte, die sich schließlich als thematisch umfassende „Gesellschaftsgeschichte“ begreifen sollte.[26]

Seitdem war und ist immer wieder von einem „Paradigmenwechsel“ in den historischen Wissenschaften die Rede, und auf diesen heute fast inflatorisch verwendeten wissenschaftstheoretischen Spezialbegriff muß an dieser Stelle kurz eingegangen werden. Geprägt wurde er Anfang der 1960er Jahre von dem amerikanischen Physiker und Wissenschaftstheoretiker Thomas S. Kuhn, der seinerzeit ein vielbeachtetes Werk über die „Struktur wissenschaftlicher Revolutionen“ publiziert hatte. These und Begriff des „Paradigmenwechsels“ gewann er aus einer historischen Analyse der Entwicklung der modernen Physik und Chemie: Bezeichnet wird hiermit der in aller Regel krisenhafte Übergang von einem älteren umfassenden wissenschaftlichen Erklärungsmodell zu einem neuen Modell, das es wiederum ermöglicht, aktuelle Forschungsergebnisse besser zu erklären und damit in ein neues umfassendes Gesamtmodell einzuordnen.[27]

Dieser Begriff des Paradigmenwechsels wurde als wissenschaftsgeschichtlicher Spezialbegriff, der auf bestimmte Aspekte der Geschichte der *Natur*wissenschaften berechnet war, nun auf einmal auf die *Geistes*wissenschaften, vor allem auf die Geschichtswissenschaft, übertragen. Besonders einflußreich in dieser Hinsicht war Hans-Ulrich Wehler, der Anfang der 1970er Jahre – natürlich mit Blick auf seine eigenen Forschungsansätze – feststellte, es lasse sich beobachten, „wie die klassischen Paradigmata vom ‚Primat der Außenpolitik‘ und der Staatspolitik überhaupt [...] durch neue Paradigmata, z.B. der sozialökonomischen Analyse, ersetzt bzw. verdrängt werden“.[28] Diese Feststellung ließ sich nun sehr gut auch mit der – ebenfalls von Wehler vertretenen – These einer „Krise der Biographie“ verbinden, die er im Sinne

[26] Vgl. dazu etwa den Sammelband von *Manfred Hettling/Claudia Huerkamp/Paul Nolte/Hans-Walter Schmuhl* (Hrsg.), Was ist Gesellschaftsgeschichte? München 1991, sowie zur Kritik an diesem Konzept vor allem *Klaus Hildebrand*, Geschichte oder „Gesellschaftsgeschichte“? Die Notwendigkeit einer politischen Geschichtsschreibung von den Internationalen Beziehungen, in: HZ 223, 1976, 328–357; *Lothar Gall*, „Deutsche Gesellschaftsgeschichte“, in: HZ 248, 1989, 365–375; *ders.*, Deutsche Gesellschaftsgeschichte im 20. Jahrhundert, in: HZ 279, 2004, 399–416.

[27] *Thomas S. Kuhn*, Die Struktur wissenschaftlicher Revolutionen. 2., rev. Aufl. Frankfurt am Main 1979 (zuerst: The Structure of Scientific Revolutions. Chicago 1962).

[28] *Hans-Ulrich Wehler*, Geschichte und Soziologie, in: ders., Geschichte als Historische Sozialwissenschaft. Frankfurt am Main 1973, 26.

seines sozialwissenschaftlichen Anliegens damit begründete, es komme für die historische Forschung darauf an, ihr Interesse vorrangig „auf die gesellschaftlichen, überindividuellen Motive und Einflüsse, nicht jedoch auf die sog. individuellen Motive“[29] zu richten. Aus diesen Gründen wurde die Biographie von den damals aufsteigenden Sozialhistorikern sehr rasch als überholte Darstellungsform abgetan – und nur relativ wenige angesehene Historiker wagten es seinerzeit, sich gegen diese ebenso forsche wie vorschnelle Reduktion zu wehren und, wie etwa Wilhelm Berges, jene vorschnell verkündete „Todeserklärung des Individuums“ wenigstens in Zweifel zu ziehen und in diesem Zusammenhang auch „das Phänomen des Individualitätsabbaus“ in der Geschichtswissenschaft entschieden zu kritisieren.[30]

Obwohl die Möglichkeit einer Anwendung der Theorie vom Paradigmenwechsel auf die Geschichtswissenschaft bereits sehr früh bestritten worden ist, in zutreffender und auch heute noch überzeugender Weise etwa von Konrad Repgen[31], ist die These vom paradigmatischen Wandel innerhalb der historischen Wissenschaften von der Politik- zur Sozialgeschichte vielfach akzeptiert worden. Dieser Vorgang hat ebenfalls dazu geführt, daß konsequenterweise auch die Biographie im allgemeinen und die politische Biographie im besonderen als Form anspruchsvoller wissenschaftlicher Historie wenigstens für einige Zeit in Mißkredit geriet. Daher ist es kein Zufall, daß eine der wenigen in den 1970er Jahren erschienenen Persönlichkeitsdarstellungen seinerzeit ein so großes Aufsehen erregte, und zwar nicht nur wegen ihres Gegenstandes: Gemeint ist die 1973 erschienene Hitler-Biographie von Joachim Fest, der dazu noch kein akademisch tätiger Historiker gewesen, sondern als Journalist und Publizist bis zu seinem Tode ein Außenseiter der Zunft geblieben ist.[32]

[29] Beide Zitate: *Hans-Ulrich Wehler*, Zum Verhältnis von Geschichtswissenschaft und Psychoanalyse, in: ders. (Hrsg.), Geschichte und Psychoanalyse. Frankfurt am Main/Berlin/Wien 1971, 9, 22.

[30] *Wilhelm Berges*, Biographie und Autobiographie heute, in: Dietrich Kurze (Hrsg.), Aus Theorie und Praxis der Geschichtswissenschaft. Festschrift für Hans Herzfeld zum 80. Geburtstag. (Veröffentlichungen der Historischen Kommission zu Berlin, 37.) Berlin/New York 1972, 27–48, hier 29. – Auch andere bedeutende Repräsentanten der älteren Generation deutscher Geschichtswissenschaft haben sich in ihrer Wertschätzung und ausführlichen Praktizierung des biographischen Ansatzes nicht abschrecken lassen; hingewiesen sei in diesem Zusammenhang nur auf die monumentalen Werke von *Reinhard Wittram*, Peter I. Czar und Kaiser. Zur Geschichte Peters des Großen in seiner Zeit. Bd. 1-2. Göttingen 1964; *Max Braubach*, Prinz Eugen von Savoyen. Eine Biographie. Bd. 1-5. München 1963–1965; *Hermann Wiesflecker*, Maximilian I. Das Reich, Österreich und Europa an der Wende zur Neuzeit. Bd. 1-5. München/Wien 1971-1986.

[31] *Konrad Repgen*, Kann man von einem Paradigmawechsel in den Geschichtswissenschaften sprechen?, in: Jürgen Kocka/Konrad Repgen/Siegfried Quandt, Theoriedebatte und Geschichtsunterricht. Sozialgeschichte, Paradigmawechsel und Geschichtsdidaktik in der aktuellen Diskussion. (Geschichte, Politik und ihre Didaktik, Sonderh. 3.) Paderborn 1982, 29–77.

[32] *Joachim Fest*, Hitler. Eine Biographie. Frankfurt am Main/Berlin/Wien 1973.

Erst um 1980, also ein Jahrzehnt später, begann langsam ein gewisser Gegentrend einzusetzen; hingewiesen sei an dieser Stelle etwa auf die gewichtige Bismarck-Biographie von Lothar Gall[33], auf Hagen Schulzes „Otto Braun"[34], auf die bekannte Caesar-Darstellung Christian Meiers[35], auf das 1983 erschienene Alterswerk Theodor Schieders über Friedrich den Großen[36], schließlich ebenfalls auf die Adenauer-Biographie von Hans-Peter Schwarz, deren erster Band 1986 erschien[37]. Freilich darf man in diesem Zusammenhang die Tatsache nicht übersehen, daß es zumeist arrivierte Historikerpersönlichkeiten (oder eben Außenseiter der historischen Zunft wie Fest) waren, die sich an die Abfassung einer politischen Biographie heranwagten und die auch methodisch zum Teil neue Wege zu gehen versuchten[38]; Nachwuchshistoriker dagegen fehlten weitgehend, und die Annahme liegt nicht vollkommen fern, daß man hier weiterhin dem sozialgeschichtlichen Verdikt gegen die politische Geschichte und die Biographie (zumal mit Blick auf die eigene Karriere) nicht zu widersprechen wagte.

IV.

Die Gegenwartslage des historischen Biographen stellt sich also einigermaßen paradox dar. Auf der *einen* Seite wurden und werden immer noch bedeutende Lebensdarstellungen, gerade auch aus dem Bereich der politischen Geschichte, erarbeitet, auf der *anderen* Seite wiederum kommt die Biographie als historische Darstellungsform, wie bereits bemerkt, in den Einführungskompendien so gut wie nicht mehr vor. Und wenn jüngere Historiker, wie in den letzten Jahren mehrfach geschehen, doch einmal eine Biographie als akademische Qualifikationsschrift verfassen, dann sehen sie sich nicht selten zu weit ausgreifenden Begründungen veranlaßt, die von Verlegenheitstopoi[39] bis hin zu ausführlichen sozial- und wissenschaftstheoretischen

[33] *Lothar Gall*, Bismarck. Der weiße Revolutionär. Frankfurt am Main/Berlin/Wien 1980.

[34] *Hagen Schulze*, Otto Braun oder Preußens demokratische Sendung. Eine Biographie. Frankfurt am Main/Berlin/Wien 1977.

[35] *Christian Meier*, Caesar. Berlin 1982.

[36] *Theodor Schieder*, Friedrich der Große. Ein Königtum der Widersprüche. Berlin/Frankfurt am Main 1983.

[37] *Hans-Peter Schwarz*, Adenauer. Der Aufstieg: 1876–1952. Stuttgart 1986.

[38] Siehe dazu etwa statt vieler nur den tiefdringenden Rezensionsaufsatz zu Meiers „Caesar" von *Alfred Heuß*, Grenzen und Möglichkeiten einer politischen Biographie, zuerst in: HZ 237, 1983, 85–98, erneut abgedruckt in: ders., Gesammelte Schriften in drei Bänden. Stuttgart 1995, Bd. 2, 1568–1581.

[39] Vgl. die oben in Anm. 7 belegte Feststellung von *Frie*.

Reflexionen reichen – auch dann, wenn keine im engeren Sinne politischen, sondern etwa wissenschaftsgeschichtliche Biographien verfaßt werden[40].

Der Grund hierfür liegt nicht zuletzt wohl in der Nachwirkung der These vom historischen Paradigmenwechsel, mit dem man fortan auch jeden weiteren angeblichen Theoriewandel kennzeichnete, vom vermeintlichen Übergang von der Gesellschaftsgeschichte zur Historischen Anthropologie und zur „Alltagsgeschichte", zum „linguistic turn" oder gar zu einer „kulturalistischen Wende", alles Ansätze, die, wie immer man sie nun in ihrem wissenschaftlichen Erkenntniswert einschätzen mag, dem Genre der Biographie nicht immer günstig gewesen sind. Dieser Befund dürfte auch dann noch Gültigkeit besitzen, wenn man einräumt, daß es seit den 1980er Jahren immer wieder vereinzelte Versuche gegeben hat, die Biographie unter neueren theoretischen Vorzeichen wenigstens teilweise zu rehabilitieren – sei es nun unter explizit sozialhistorischem Blickwinkel[41] oder sei es auch in psychohistorischer Perspektive[42].

Jüngst ist sogar die These aufgestellt worden, in der Gegenwart trete eine „neue Biographie" auf den Plan, um die ältere, einem vermeintlich angestaubten Historismus entstammende Tradition der lebensgeschichtlichen Darstellung zu ersetzen.[43] In einem im Ganzen durchaus nützlichen und informativen, die neueren theoretischen Debatten (wenn auch etwas einseitig) aufarbeitenden Beitrag singt etwa Hans Erich Bödeker das Loblied einer vorgeblich „neuen" Biographik, der er – als negative Hintergrundfolie – indes nur eine veritable Karikatur der traditionellen Biographie gegenüberstellt.[44] Das ist eine in der wissenschaftlichen Literatur nur allzu bekannte rhetorische Figur: Die „alte" Biographik, so heißt es da, pflege lediglich ein „unreflektierte[s] Nacherzählen einer Lebensgeschichte und ihres vermeint-

[40] Vgl. z. B. *Friedrich Lenger*, Werner Sombart 1863-1941. Eine Biographie. München 1994, 14ff. (dazu auch meine Rezension in: Zeitschrift für Religions- und Geistesgeschichte 48, 1996, 367f.); *Margit Szöllösi-Janze*, Fritz Haber 1868-1934. Eine Biographie. München 1998, 9f.; siehe auch den anregenden Aufsatz dieser Autorin: *Margit Szöllösi-Janze*, Lebens-Geschichte – Wissenschafts-Geschichte. Vom Nutzen der Biographie für Geschichtswissenschaft und Wissenschaftsgeschichte, in: Berichte zur Wissenschaftsgeschichte 23, 2000, 17-35.

[41] Vgl. *Andreas Gestrich/Peter Knoch/Helga Merkel* (Hrsg.), Biographie – sozialgeschichtlich. Sieben Beiträge. Göttingen 1988.

[42] Vgl. *Hedwig Röckelein* (Hrsg.), Biographie als Geschichte. (Forum Psychohistorie, 1.) Tübingen 1993.

[43] *Hans Erich Bödeker*, Biographie. Annäherungen an den gegenwärtigen Forschungs- und Diskussionsstand, in: ders. (Hrsg.), Biographie schreiben. (Göttinger Gespräche zur Geschichtswissenschaft, 18.) Göttingen 2003, 9-63.

[44] Ein nicht unbedingt originelles Diktum von *Jürgen Oelkers*, in dem die Biographie als die „letzte Auffangstellung des deutschen Historismus" denunziert wird (*Jürgen Oelkers*, Biographik – Überlegungen zu einer unschuldigen Gattung, in: NPL 3, 1974, 299), wird von *Bödeker* sogar gleich zweimal zitiert: *Bödeker*, Biographie (wie Anm. 43), 12, 33.

lichen Zusammenhangs", sie nähre den „Mythos der personalen Kohärenz des untersuchten historischen Subjekts", sie deute den einzelnen Menschen als „eine kleine Welt für sich" (ein Ausdruck von Norbert Elias), die unabhängig von der Außenwelt existiere, und sie rekonstruiere jeden Lebenslauf im Blick „auf ein unterstelltes Ziel", d. h. sie tappe in die theoretisch-methodische Falle einer impliziten Teleologie.[45]

Fragt man nun aber, was dagegen die „neue" Biographik zu bieten hat, dann fällt die Bilanz – trotz eines großen Theorieaufgebots – merkwürdig mager aus. Vor allem muß man fragen: Ist das „Neue" an der „neuen Biographik" wirklich so neu? Als Kennzeichen der neuen Biographik wird zuerst genannt die „Wendung zum Konkret-Besonderen"[46], sodann wird die Behauptung aufgestellt, die jüngste biographische Forschung konzipiere „die untersuchte historische Person nicht mehr als ein individuelles, in sich geschlossenes Selbst", und sie löse „diese Person nicht mehr aus den gesellschaftlichen Strukturen, in denen sie lebt, die sie prägten und auf die sie andererseits selbst einwirkte"; hierin liege „ein charakteristischer Unterschied zur individualistischen Biographie des Historismus".[47] Und weiter: Die „neue" Biographik zeichne sich aus durch „die Einsicht in die Komplexität der historischen Person", sie begreife „den einzelnen Menschen zugleich auch als Subjekt seiner eigenen Lebensgeschichte, als Konstrukteur seiner eigenen Biographie", der „neue" Biograph akzeptiere im Gegensatz zum alten (d. h. historistischen) Objektivitätsglauben „seine unausweichliche Perspektivität", schließlich betone „die neue Biographik ihren heuristischen Wert, ihr Potential als wissenschaftliche Darstellung, als Mittel zur Gewinnung wissenschaftlicher Erkenntnisse".[48]

Sieht man genauer hin, dann handelt es sich eigentlich um reichlich viel alten Wein in neuen Schläuchen, die manchmal freilich auch nicht mehr ganz so neu sind! Die Wendung zum Konkret-Besonderen ist seit eh und je ein Grundaxiom des Historismus gewesen. Daß man die Lebensgeschichte auch eines bedeutenden historischen Individuums niemals strikt „für sich" nehmen kann, sondern in die großen geschichtlichen Zusammenhänge der jeweiligen Epoche einzuordnen hat, wußte bereits Ranke, wie man im Vorwort zur „Geschichte Wallensteins" nachlesen kann.[49] Ebenfalls nicht gerade neu ist der Anspruch auf wissenschaftlichen Erkenntnisfortschritt durch biographische

[45] Die Zitate: *Bödeker*, Biographie (wie Anm. 43), 14, 27, 31, 44.

[46] Ebd. 17; es handelt sich hierbei um eine von *Bödeker* zustimmend zitierte Äußerung von *Sigrid Weigel*, Korrespondenzen und Konstellationen. Zum postalischen Prinzip biographischer Darstellung, in: Klein (Hrsg.), Grundlagen der Biographik (wie Anm. 9), 42.

[47] Die Zitate: *Bödeker*, Biographie (wie Anm. 43), 19f.

[48] Alle Zitate ebd. 24, 28, 51, 55.

[49] Vgl. *Leopold von Ranke*, Sämmtliche Werke. Bd. 23. Leipzig 1872, V (Vorrede): „Indem eine lebendige Persönlichkeit dargestellt werden soll, darf man die Bedingungen nicht vergessen, unter denen sie auftritt und wirksam ist. Indem man den großen Gang der welthistorischen Begebenheiten schildert, wird man immer auch der Persönlichkeiten eingedenk sein müssen, von denen sie ihren Impuls empfangen. – Wie viel gewalti-

Arbeit; ihn hat bereits Dilthey erhoben, den Bödeker nur an einer Stelle kurz nennt[50], dessen zentral wichtige einschlägige Äußerungen zur wissenschaftlichen Bedeutung der Biographie er aber weder zitiert noch erwähnt[51].

Lobend hebt er indessen Roger Chickerings Lamprecht-Darstellung als bedeutendes Beispiel einer modernen Wissenschaftsbiographie hervor, denn „gerade aus den Grenzfällen nicht gelingender Integration eines Individuums in die berufliche Lebenswelt und die vorherrschenden Lehrmeinungen werden die Mechanismen sichtbar, auf denen die konkreten Zusammenhänge der Wissenschaftsproduktion beruhen".[52] Das ist in der Sache ohne Frage zutreffend, aber auch diese Erkenntnis ist – unbeschadet der keinesfalls anzuzweifelnden bedeutenden Leistung Chickerings[53] – ebenfalls alles andere als „neu", denn eine vergleichbare Leistung hat bereits, und zwar schon um 1900, Dilthey in seiner leider unvollendet gebliebenen großen Schleiermacher-Biographie vorgelegt[54]. Und schließlich verweist der schon von Max Weber eingehend thematisierte Begriff der „Lebensführung"[55] auf das „konstruierte", auch „selbstkonstruierte" Element jeder persönlichen Biographie – „neu" ist also auch dies keineswegs. Unter dem Strich bleibt also nur wenig wirklich „Neues" übrig, und man fragt sich, worin die Ursachen für einen derartigen theoretischen und methodisch-reflektierenden Aufwand wohl liegen mögen, um das vermeintlich „Neue" einer bei näherem Hinsehen eigentlich gar nicht so neuen Biographik zu legitimieren.

V.

In neuerer Zeit ist der zentrale, auch immer wieder zitierte[56] Einwand gegen die Biographie von einem der einflußreichsten Stichwortgeber einer „kultu-

ger, tiefer, umfassender ist das allgemeine Leben, das die Jahrhunderte in ununterbrochener Strömung erfüllt, als das persönliche, dem nur eine Spanne Zeit gegönnt ist, das nur da zu sein scheint, um zu beginnen, nicht um zu vollenden. Die Entschlüsse der Menschen gehen von den Möglichkeiten aus, welche die allgemeinen Zustände darbieten; bedeutende Erfolge werden nur unter Mitwirkung der homogenen Weltelemente erzielt; ein Jeder erscheint beinahe nur als eine Geburt seiner Zeit, als der Ausdruck einer auch außer ihm vorhandenen allgemeinen Tendenz".

[50] Vgl. *Bödeker*, Biographie (wie Anm. 43), 32; *Bödeker* verweist hier (in Anm. 63) lediglich auf einen Titel der Sekundärliteratur aus dem Jahr 1931.

[51] *Wilhelm Dilthey*, Gesammelte Schriften. Bd. 8: Der Aufbau der geschichtlichen Welt in den Geisteswissenschaften. Stuttgart/Göttingen 1992, 246–251.

[52] *Bödeker*, Biographie (wie Anm. 43), 62.

[53] *Roger Chickering*, Karl Lamprecht. A German Academic Life (1856–1915). Atlantic Highlands, N. J. 1993.

[54] *Wilhelm Dilthey*, Gesammelte Schriften. Bd. 13/1-2: Leben Schleiermachers. Hrsg. v. Martin Redeker. Göttingen 1970.

[55] Vgl. *Max Weber*, Wirtschaft und Gesellschaft. Köln/Berlin 1964, 412ff., 686ff. u. a.

[56] Vgl. nur *Bödeker*, Biographie (wie Anm. 43), 14, 25, 41 u. a.

ralistischen" Geschichtsschreibung formuliert worden – nicht etwa von einem Historiker, sondern von dem französischen Soziologen Pierre Bourdieu, in dem man einen der ohne Zweifel meistzitierten (aber vielleicht auch einen der meistüberschätzten) Autoren der Gegenwart zu sehen hat. Bourdieu veröffentlichte 1982 einen kleinen Vortrag mit dem Titel „Die biographische Illusion", der einige Jahre später auch in deutscher Übersetzung erschienen und in dem 1998 publizierten Sammelband „Praktische Vernunft – Zur Theorie des Handelns" erneut abgedruckt worden ist.[57] Da sich auf diesen Text praktisch alle diejenigen berufen, die sich gegenwärtig als Kritiker der Möglichkeit einer biographischen Darstellung verstehen, sei dieser Aufsatz im folgenden etwas eingehender in den Blick genommen; nach einer Rekonstruktion der Hauptthesen des französischen Soziologen werden sich einige kritische Bemerkungen anschließen.

Bourdieu zufolge erweise sich bereits die Bezeichnung „Lebens*geschichte*" als „ein *common sense*-Begriff, der in das wissenschaftliche Universum eingeschmuggelt" worden sei und der mit seiner Grundannahme einer Linearität und damit einer irgendwie gearteten „Ganzheit" des Lebens als zutiefst fragwürdig angesehen werden müsse. Dahinter stecke, so Bourdieu weiter, ein genuines Interesse des Menschen an „Sinngebung", und dies gelte sowohl für den Selbstbiographen wie auch für den Biographen. Mache sich der erste zum „Ideologen des eigenen Lebens", so komme der Wille jedes einzelnen Menschen nach innerer „Kohärenz" des eigenen Lebens „die natürliche Komplizenschaft des Biographen entgegen, der in jeder Hinsicht [...] geneigt ist, diese künstliche Sinnschöpfung zu akzeptieren". Während die moderne Literatur die Illusion von der Einheit und Zielgerichtetheit der menschlichen Existenz bereits widerlegt habe (in diesem Zusammenhang erinnert Bourdieu an die Autoren des französischen „nouveau roman" der 1950er Jahre), hingen die Biographen immer noch an einer „rhetorischen Illusion", wenn sie eine Lebensgeschichte „als kohärente Erzählung" produzierten.[58]

Wie begründet Bourdieu nun diese These? Für ihn gibt es keine an sich bestehende, vorgegebene *Einheit der Person* und erst recht kein eigenes Bewußtsein dieser Einheit; es gibt nur die von der bestehenden sozialen Ordnung vorgegebenen „Institutionen zur Ich-Summierung und Ich-Vereinheitlichung", von denen der Mensch *im sozialen Sinne* (und *nur diesen* nimmt Bourdieu wahr) gewissermaßen erst eigentlich geschaffen werde. Wichtigster „Designator" des Einzelwesens im sozialen Raum ist für ihn der *Eigenname*, der den Menschen als Objekt innerhalb eines bestimmten „sozialen Feldes" markiere.[59] Nur die „Institution" des Eigennamens verschaffe dem

[57] *Pierre Bourdieu*, Die biographische Illusion, in: ders., Praktische Vernunft. Zur Theorie des Handelns. Frankfurt am Main 1998, 75–83.
[58] Alle Zitate ebd. 75–77.
[59] Vgl. ebd. 78ff.

Menschen eine „*nominale Konstanz*", die wiederum jene Art von „Identität" sichere, „welche die soziale Ordnung verlangt". Nur der *Name* verbürge die Einheit seines Trägers „in der Abfolge seiner Erscheinungsformen", womit alle seine jeweiligen „biologischen und sozialen Fluktuationen" gemeint sind.[60]

Der Mensch existiert nach Bourdieu also (so läßt sich dieser Gedankengang zusammenfassen) nicht als an sich vorhandene und damit aller Reflexion vorgegebene Einheit, sondern nur als *Nomen*; und dasjenige, was dieser jeweils bezeichne, erweise sich lediglich als „eine zusammengewürfelte und disparate Rhapsodie aus sich ständig verändernden biologischen und sozialen Eigenschaften".[61] Und daraus folge wiederum, daß bereits die Rede von einer „*Lebensgeschichte*" nichts anderes als ein ideologiekritisch leicht durchschaubares Konstrukt darstelle, das auf bestimmte Interessen der sozialen Ordnung und deren Institutionen bzw. deren Träger zurückgeführt werden könne. Da Bourdieu in biographisch identifizierbaren Ereignissen letztlich nichts anderes zu sehen vermag als im Kern *sinnlose* „Plazierungen und Platzwechsel im sozialen Raum", kommt er zu dem Resultat: „Der Versuch, ein Leben als eine einmalige und sich selbst genügsame Abfolge von Ereignissen zu verstehen, deren einziger Zusammenhang in der Verbindung zu einem ‚Subjekt' besteht, ist ungefähr so absurd wie der Versuch, eine Fahrt mit der U-Bahn zu erklären, ohne die Struktur des Netzes zu berücksichtigen."[62]

VI.

Einige kritische Anmerkungen möchte ich gleich an das letzte Zitat anknüpfen. Auf den ersten Blick scheint Bourdieu mit seiner Bemerkung tatsächlich recht zu haben, auf den zweiten Blick aber bereits nicht mehr. Denn es kommt immer auf die *Fragestellung* und damit auf die *Absicht* desjenigen an, der etwas erklären will: hier also eine Fahrt mit der U-Bahn. Jede Fahrt verfügt über einen Ausgangspunkt und ein Ziel: Man steigt ein, man steigt gegebenenfalls um, und man steigt am Ende der Fahrt aus. Das heißt, wenn erklärt werden soll, wie man mit der U-Bahn von A nach B gelangt, dann ist ein Überblick über das *gesamte* Netz und dessen Struktur an sich *keineswegs* unbedingt notwendig; die Netzstruktur ist allenfalls *dann* von Interesse, wenn man sich einen Überblick über die Reichweite des Verkehrsnetzes im Zusammenhang mit dem Plan einer Großstadt verschaffen will, aber das wiederum ist eine *ganz andere Fragestellung*. Kurz gesagt: Der Denkfehler Bourdieus liegt hier darin, daß er die *eigene* Fragestellung absolut setzt, *an-*

[60] Die Zitate ebd. 79.
[61] Ebd. 80.
[62] Die Zitate ebd. 82.

dere mögliche – und als solche in der Sache auch berechtigte – Fragestellungen aber gar nicht erst zur Kenntnis nimmt.

Führen wir unsere Kritik weiter, indem wir in dem von Bourdieu gewählten Bilde bleiben: Wenn das U-Bahn-Netz als gegebene Grundtatsache der alles entscheidende Erkenntnisfaktor ist, und wenn der einzelne Mensch, der sich darin bewegt, dagegen als peripher, als unerheblich gilt, dann muß dies zwangsläufig zu einer systematischen *Ausblendung* der gegebenen und an sich für jeden Menschen subjektiv wahrnehmbaren *Einheit einer Person in Raum und Zeit* führen. Diese Auffassung jedoch ist nur für denjenigen nachvollziehbar und akzeptabel, der die radikalen Voraussetzungen der soziologischen Theorie Bourdieus bejaht.

Deren Kennzeichen besteht *zum einen* darin (und hierin unterscheidet sie sich deutlich von den sozialwissenschaftlichen und geschichtsphilosophischen Großentwürfen etwa eines Max Weber und seiner Zeitgenossen), daß Bourdieu keine der traditionellen Sinngebungsentwürfe mehr anerkennt – seien sie nun rational konstruiert oder traditional überliefert (etwa als Religion, als Glaube). *Zum anderen* aber läßt sich der Kern der Bourdieuschen Sozialtheorie kennzeichnen als ein mit äußerster gedanklicher Stringenz und Radikalität durchgeführter *deterministischer Reduktionismus*, der den Menschen *ausschließlich* auf seine *sozialen Funktionen* reduziert, der ihn gewissermaßen als einen nominal konstruierten *sozialen Punkt* interpretiert – einen Punkt wiederum, der lediglich dazu fähig ist, seinen eigenen „Habitus“[63] nach den Erwartungen und Normen einer bestehenden sozialen Ordnung zu konstruieren und dessen Leben darin besteht, gewissermaßen von einem sozialen Feld ins andere zu springen und auf diese Weise eine im ganzen gesehen letztlich *sinnlose* Bewegung zu vollziehen, die erst durch den biologischen Tod beendet wird.

Wer diesen – als theoretischer Entwurf in seiner Radikalität und Konsequenz an sich durchaus eindrucksvollen – soziologischen Reduktionismus akzeptiert, der den Menschen gewissermaßen als außengesteuertes, durch die sozialen Institutionen überhaupt allererst „konstruiertes“ Wesen definiert, das sich nicht etwa als selbstbewußtes, sondern als sozial fremdgesteuertes Objekt einen „Habitus“ zulegt und dessen Bewegungen im sozialen Raum durch die mehr oder weniger zufälligen Anforderungen der „sozialen Ordnung“ bestimmt werden, der – aber eben auch *nur* der – wird tatsächlich der These Bourdieus von der *Unmöglichkeit* jeder wissenschaftlich anspruchsvollen biographischen Darstellung zustimmen können und wohl auch müssen.

63 Zu diesem von den historischen Wissenschaften zum Teil breit rezipierten Zentralbegriff der Bourdieuschen Soziologie siehe vor allem: *Pierre Bourdieu*, Die feinen Unterschiede. Kritik der gesellschaftlichen Urteilskraft. Frankfurt am Main 1982 (zuerst 1979), 171ff., 277ff. u. a.; *ders.*, Sozialer Sinn. Kritik der theoretischen Vernunft. Frankfurt am Main 1987 (zuerst 1980), 97ff. u. a.

Es ist ausgesprochen merkwürdig, daß viele Historiker (manche von ihnen geradezu in Ehrfurcht vor der wissenschaftlichen Autorität des großen Bourdieu erstarrt) sich nicht einmal die Frage nach der Bedeutung, nach den Ursprüngen, nach dem Wahrheitsgehalt und nach dem möglichen – oder eben auch *nicht* möglichen – geschichtswissenschaftlichen Erkenntnisfortschritt einer solchen Theorie stellen, sondern unbefragt davon ausgehen, daß es sich hierbei um Erkenntnisse von höchster Bedeutung handelt.[64] Was aber spricht eigentlich für die Annahme, daß Historiker ausgerechnet von dieser Theorie etwas lernen können? Auf den ersten Blick nicht allzu viel. Es spricht manches dafür, daß man sie zur Kenntnis nehmen, sich damit eingehend befassen sollte, schon um die eigenen Ideen in der Auseinandersetzung mit konkurrierenden Ansätzen zu schärfen und zu präzisieren. Aber man sollte auch dort, wo man es für notwendig hält, mit scharfer Kritik nicht sparen. Und es spricht nicht wenig dafür, daß vieles von dem, was in der Gegenwart als „letzter Schrei" einer hochspezialisierten theoretischen Debatte gilt, schon wenige Jahre später nur noch für diejenigen von einem gewissen Interesse sein wird, die sich mit der Geistes- und Wissenschaftsgeschichte des ausgehenden 20. Jahrhunderts beschäftigen und die dann auch auf die inzwischen umfänglich vorhandenen und oft bereits jetzt reichlich angestaubten soziologisch-philosophischen Glasperlenspiele und Theorieversatzstücke stoßen werden, die seinerzeit einmal die Gemüter bewegt haben.

VII.

An dieser Stelle wird ein Grundproblem geisteswissenschaftlicher Theorierezeption sichtbar: Man sollte sich wirklich einmal *ernsthaft* der Frage stellen, ob viele der älteren Theorien schon deshalb überholt sind, nur weil sie alt sind – und im Gegenzug: ob neue Theorien bereits deshalb grundsätzlich erkenntnisfördernd sind, nur weil sie neu sind. Diese Frage mag auf den ersten Blick banal klingen, ihre Beantwortung ist aber gerade für die Geschichtswissenschaft von grundlegender Bedeutung. Zur systematischen Verdrängung eben dieser Frage hat nicht zuletzt die höchst problematische Rezeption der Idee des „Paradigmenwechsels" beigetragen, indem sie den Blick auf bedeutende Deutungs- und Theorieangebote, deren Entstehungs-

[64] Vgl. hierzu etwa *Christian Klein*, Lebens*be*schreibung als Lebens*er*schreibung? Vom Nutzen biographischer Ansätze aus der Soziologie für die Literaturwissenschaften, in: ders. (Hrsg.), Grundlagen der Biographik (wie Anm. 6), 69–85, bes. 74ff., sowie neuestens den in mehrfacher Hinsicht aufschlußreichen Überblick bei *Ingrid Gilcher-Holtey*, Gegen Strukturalismus, Pansymbolismus und Pansemiologie: Pierre Bourdieu und die Geschichtswissenschaft, in: Catherine Colliot-Thélène/Etienne François/Gunter Gebauer (Hrsg.), Pierre Bourdieu: Deutsch-französische Perspektiven. Frankfurt am Main 2005, 179–194.

zeit mehr oder weniger länger zurück lag, schlichtweg verstellte: Andere Paradigmen konnten sozusagen schon per definitionem gar nicht mehr aktuell sein. Eben diese Auffassung aber ist selbst auf den Prüfstand zu stellen, und mit Bezug auf das Thema der Biographie ist zu fragen, ob Wilhelm Diltheys Thesen zur Bedeutung der Biographie für die Geisteswissenschaften[65] tatsächlich so überholt sind, wie dies von manchen neueren und neuesten Autoren wenigstens suggeriert wird[66].

Diltheys Theorie der Biographie entspricht gerade nicht der Karikatur, die in der neueren Literatur zuweilen davon entworfen wird, d. h. sie thematisiert das Individuum eben *nicht* als „geschlossenes Selbst", das angeblich aus den „gesellschaftlichen Strukturen", in denen es lebe, herauszulösen sei.[67] Im Gegenteil: Dilthey sieht die „Aufgabe des Biographen" ausdrücklich darin, in der gründlichen Auswertung der Dokumente eines vergangenen Menschenlebens „den Wirkungszusammenhang zu verstehen, in welchem ein Individuum von seinem Milieu bestimmt wird und auf dieses reagiert. Alle Geschichte hat Wirkungszusammenhang zu erfassen".[68] Die „Biographie als die literarische Form des Verstehens von fremdem Leben" richtet sich nach seiner Auffassung vor allem auf den „historische[n] Mensch[en], an dessen Dasein dauernde Wirkungen geknüpft sind".[69] Diese „Sphäre des Weltzusammenhanges"[70] bestimmt letztlich die Bedeutung und den Rang einer historischen Persönlichkeit.

Die Aufgabe des Biographen – und gerade des politischen Biographen – besteht nach Dilthey nun nicht etwa darin, sich möglichst in die jeweilige Sphäre, Geistes- oder Ideenwelt einer einzelnen Persönlichkeit zu versenken, sondern in der Erfassung größerer historischer Zusammenhänge im Brennspiegel eines einzelnen Individuums: Die Biographie, bemerkt er, müsse „den Standpunkt finden, in welchem der allgemeinhistorische Horizont sich ausbreitet und nun für einen Wirkungs- und Bedeutungszusammenhang doch dies Individuum im Mittelpunkt bleibt". Es komme keineswegs nur, nicht einmal in erster Linie darauf an, das Individuum in seiner Eigenart und Einzigartigkeit zu verstehen, sondern die großen geschichtlichen und Lebenszusammenhänge, in denen es sich befinde, in den Blick zu nehmen, denn „das Individuum ist nur der Kreuzungspunkt für Kultursysteme, Organisationen, in die sein Dasein verwoben ist". Nach Dilthey besteht eine Hauptaufgabe des Biographen also darin, eben diesen „doppelten Gesichts-

[65] *Dilthey*, Gesammelte Schriften, Bd. 8 (wie Anm. 51), 246–251.
[66] Vgl. *Bödeker*, Biographie (wie Anm. 43), 32.
[67] Siehe oben Anm. 47.
[68] *Dilthey*, Gesammelte Schriften, Bd. 8 (wie Anm. 51), 246.
[69] Die Zitate ebd. 247; vgl. auch ebd. 248: „Der Lebenslauf einer historischen (Persönlichkeit) ist ein Wirkungszusammenhang, in welchem das Individuum Einwirkungen aus der geschichtlichen Welt empfängt, unter ihnen sich bildet und nun wiederum auf die geschichtliche Welt zurückwirkt."
[70] Ebd. 248.

punkt"[71] zu erfassen und die Zusammenhänge zwischen Individuum und allgemeiner historischer Welt in den Griff zu bekommen[72].

Natürlich gibt es einzelne Elemente der Diltheyschen Theorie, die aus heutiger Sicht problematisch erscheinen: so etwa sein Konstrukt eines „Lebensplans". Der Denker interpretiert historische Wirkungszusammenhänge „in erster Linie als Realisierung von Zwecken", und er knüpft daran die Folgerung, daß aus eben diesen Zwecken „Lebensplan" entstehe – „als ein Zusammenhang von Zwecken untereinander und mit Mitteln".[73] Diese Idee erscheint nun als durchaus fragwürdig, da schon der Begriff des „Plans" auf Elemente der einheitlichen Deutung eines jeweiligen Lebens verweisen, die auf vorgegebenen (oder eventuell auch nachgeschobenen) Sinngebungen beruhen oder doch beruhen können. Sinngebungen dieser Art neigen tatsächlich dazu, Brüche und Unebenheiten innerhalb eines Lebenslaufs zu überdecken und damit letztendlich in ihrer Bedeutung zu verkennen, und daher sind und bleiben sie außerordentlich problematisch. Ein heutiger Biograph wird das Konzept des „Lebensplans" daher – wenn überhaupt – wohl nur mit größter Zurückhaltung verwenden.

Gleichwohl bleibt der Kern der Biographietheorie Wilhelm Diltheys weiterhin höchst bedenkenswert, auch wenn seine Konstatierung der gestiegenen Bedeutung lebensgeschichtlicher Darstellungen für die Historiographie fraglos einer vergangenen Epoche angehört und vielleicht in letzter Konsequenz auch nur aus dem Zusammenhang seiner eigenen lebensphilosophischen Bemühungen heraus zu verstehen ist.[74] Immerhin hat er mit seiner klaren Überschreitung eines einseitigen Individuationsprinzips und seiner Betonung der Interdependenz von geschichtlich Allgemeinem und individuell Besonderem den Weg für eine neue Definition der Biographie gewiesen; manche seiner Aussagen – etwa die vom Individuum als einem „Kreuzungspunkt für Kultursysteme"[75] – muten geradezu modern an. Und

[71] Die Zitate ebd. 250f.

[72] Vgl. ebenfalls die aufschlußreiche Feststellung ebd. 251: „... allgemeine Bewegungen gehen durch das Individuum als ihren Durchgangspunkt hindurch; wir müssen neue Grundlagen für das Verständnis derselben aufsuchen, die nicht im Individuum gelegen sind, um sie zu verstehen".

[73] Ebd. 249.

[74] Vgl. ebd. 250: „Die Stellung der Biographie in der Geschichtsschreibung hat eine außerordentliche Steigerung erfahren. Sie ist vorbereitet durch den Roman. Vielleicht ist Carlyle der erste, der sie in ihrer ganzen Bedeutung erfaßt hat. Sie beruht darauf, daß das größte Problem, welches nach der Entwicklung der historischen Schule bis auf Ranke hervorgetreten ist, in dem Verhältnis des Lebens selbst in seiner Allseitigkeit zur Geschichtsschreibung liegt. Dieses soll die Historie als ein Ganzes bewahren. Alle letzten Fragen nach dem Wert der Geschichte haben schließlich die Lösung darin, daß der Mensch in ihr sich selbst erkennt." – Zum Zusammenhang der Diltheyschen Lehre vom Leben „als Einheit von Selbst und Welt" siehe auch die Bemerkungen bei *Otto Friedrich Bollnow*, Dilthey. Eine Einführung in seine Philosophie. 4. Aufl. Schaffhausen 1980, 48ff.

[75] *Dilthey*, Gesammelte Schriften, Bd. 8 (wie Anm. 51), 251.

mit der Idee gegenseitiger Kraftwirkungen des bedeutenden historischen Individuums und der „geschichtlichen Welt“ bleibt Diltheys Konzeption, auch wenn er sie nur ansatzweise und im ganzen lediglich in recht fragmentarischer Form ausgearbeitet hat, allem einseitigem modernem soziologischem Reduktionismus nach der Art Bourdieus klar überlegen.

VIII.

Die Möglichkeit der politischen Biographie im engeren Sinne hat Dilthey nur knapp angerissen. Gleichwohl läßt sich vieles von ihm Gesagte auf diese Spezialdisziplin ohne größere Probleme übertragen. Freilich darf in diesem Zusammenhang nicht übersehen werden, daß einzelne der traditionellen Elemente früherer politischer Biographik[76] zweifellos überholt sind: Das gilt etwa für die (hier und da sich auch in der Gegenwart noch gelegentlich bemerkbar machende) Tendenz zur Hagiographie ebenso wie für die eifrige Faktenzusammenstellung nach dem „Life and letters“-Modell. Auch die vornehmlich psychologisierende, sich ausschließlich auf die Innenwelt einer historischen Gestalt konzentrierende Vorgehensweise kann man heute wohl als weitgehend obsolet ansehen. Worin liegen dagegen, so ist zu fragen, die Konstituentien einer modernen Ansprüchen genügenden, sich auf der Höhe der Zeit befindlichen politischen Biographie? Vier zentrale Einzelaspekte, die in der Sache durchaus noch als ergänzungsbedürftig anzusehen sind, seien im folgenden knapp umrissen:

Erstens muß im Anschluß an Dilthey noch einmal die Notwendigkeit betont werden, die individuelle Biographie – auch und gerade diejenige einer politisch bedeutenden Persönlichkeit – in ihre jeweiligen *Wirkungszusammenhänge* einzuordnen, um sie wiederum aus diesen Zusammenhängen heraus zu verstehen; genauer gesagt, aus den Wechselwirkungen des Individuellen und des Allgemeinen, d. h. auch des Persönlichen und des Sozial-Gesellschaftlichen im umfassendsten Sinne dieses Begriffs. Jede moderne politische Biographie wird in diesem Sinne gewichtige sozialgeschichtliche Elemente enthalten müssen, indem sie das beschriebene Individuum nicht zuletzt in seinen milieubedingten und sozial-gesellschaftlichen Prägungen erfaßt. Und sie wird ebenfalls in der Lage sein müssen – darin liegt die zweite Dimension des Konzepts der Wirkungszusammenhänge –, die Rückwirkungen des Handelns jedenfalls der besonders einflußreichen politischen Akteure auf die politische und soziale Welt ihrerseits zu beschreiben und zu analysieren.

Zweitens hat eine zeitgemäße politische Biographie zu versuchen, dasjenige in den Blick zu bekommen, was Max Weber mit dem auch für einen Biographen zentralen Begriff der menschlichen „Lebensführung“ umschrieben hat,

[76] Hier sei verwiesen auf die knappen Hinweise, die oben in Abschnitt II. gegeben wurden.

also eine (von Weber zuerst noch im wesentlichen auf Religion gegründete, in der Sache aber durchaus weiter auslegbare) „Systematisierung des praktischen Handelns in Gestalt seiner Orientierung an einheitlichen Werten".[77] Die Rekonstruktion und Analyse einer individuell ausgestalteten Lebensführung kann tatsächlich von fundamentaler Bedeutung zum Verständnis des politischen Handelns einer geschichtlichen Persönlichkeit sein. Inwieweit sich die Lebensführung zum Habitus im Sinne Bourdieus weiterentwickeln kann, und inwieweit das zu analysierende Individuum sich tatsächlich den jeweils von außen an es herangetragenen sozialen Zwängen und Erwartungen unterworfen hat, mag der Biograph jeweils selbst beurteilen. Und es liegt ebenfalls in seiner Kompetenz, die Tragfähigkeit des Habitus-Konzepts[78] für die biographische Arbeit einzuschätzen – oder dieses Konzept zu verwerfen.

Ein *dritter* zentraler Aspekt der modernen politischen Biographie ist darin zu sehen, daß neben den Verbindungslinien eines Lebenslaufes auch dessen *Brüche* herausgearbeitet werden, daß also nicht etwa dort Zusammenhänge hergestellt werden, wo bei genauem Hinsehen keine erkennbar sind, daß falsche Harmonisierungen vermieden und unzutreffende Kontinuitäten als solche erkannt und verworfen werden – daß also, zusammenfassend bemerkt, Selbststilisierungen entlarvt und historische Legenden aufgedeckt und zerstört werden. Hierin liegt das notwendige und starke *kritische* Element der Arbeit eines Biographen, dem im Bereich der politischen Biographie eine besondere Bedeutung zukommt. Das gilt vor allem dort, wo mit biographischen Legenden noch Gegenwartspolitik betrieben wird, wo sich etwa die Legitimation bestehender politischer Ordnungen zum nicht geringen Teil auf die Verehrung fast schon mythisch gewordener politischer Gründerfiguren stützt (mögen sie nun Lenin, Atatürk, Gandhi, Mao Tse Tung, Ho Tschi Minh oder anders heißen). Freilich wird in solchen Fällen, wie sich leicht denken läßt, das Geschäft des kritischen Biographen auf nicht unerhebliche Schwierigkeiten stoßen.

Und *viertens* schließlich wird gerade der Verfasser einer politischen Biographie besonderes Gewicht legen müssen auf die genaue Ausleuchtung der jeweiligen historisch-politischen *Handlungsspielräume* einer historischen Persönlichkeit. In einer bemerkenswerten Untersuchung zur historischen Kategorie des Handlungsspielraums hat Rudolf Vierhaus bemerkt: „Da [...] das Handeln selbst derjenigen, die über das Tun anderer gebieten

[77] *Weber*, Wirtschaft und Gesellschaft (wie Anm. 55), 412. – Grundlegend zur umfassenden Bedeutung des Themas im Rahmen der Weberschen Soziologie bleibt der Aufsatz von *Wilhelm Hennis*, Max Webers Thema: ‚Die Persönlichkeit und ihre Lebensordnungen', in: ders., Max Webers Fragestellung. Studien zur Biographie des Werks. Tübingen 1987, 59–114.

[78] Siehe dazu oben Anm. 63; vgl. dazu auch die (das Habitus-Konzept positiv einschätzenden) Bemerkungen bei *Klein*, Lebens*be*schreibung als Lebens*er*schreibung? (wie Anm. 64), 75ff.

können, nicht allein eigenen Intentionen folgt, sondern sich stets als vielfältig konditioniert erweist, steht der Historiker vor der Aufgabe, die Ursachen- und Bedeutungskonstellationen zu rekonstruieren, in denen ihr Handeln erfolgte. Das bedeutet nicht die Mediatisierung der handelnden Individuen zu bloßen Agenten des Geschehens, sondern die Einbeziehung ihrer Motive und der sie leitenden Interessen in den Wirkungszusammenhang des geschichtlichen Prozesses, also in jene historische Wirklichkeit, deren darstellende Rekonstruktion die Aufgabe des Historikers ist."[79] Für den politischen Biographen kommt es also darauf an, das eigene historische Erkenntnisinteresse auszuweiten „auf die historischen Wirklichkeiten", in denen die untersuchten geschichtlich bedeutsamen Individuen jeweils lebten und wirkten.[80]

IX.

Das eben Ausgeführte kann in drei Hauptpunkten zusammengefaßt werden:

Erstens: War schon die mit großem Aufwand vertretene These eines Paradigmenwechsels in den Geisteswissenschaften an sich äußerst fragwürdig, da in diesen Wissenschaften fast immer – und zwar bis zur Gegenwart – ein thematisch-inhaltlicher wie auch ein methodischer *Pluralismus* vorherrschend ist, so hat sich ebenfalls die hieran anknüpfende These vom erkenntnismäßigen Vorrang der großen sozialen und ökonomischen Strukturen vor den politischen Gegebenheiten, und das heißt auch: vom Vorrang des Kollektivs, der Gesellschaft vor dem einzelnen Menschen, als nicht haltbar erwiesen. Gegen eine Erweiterung geschichtswissenschaftlicher Methoden, Themen und Arbeitsweisen war und ist nicht das geringste einzuwenden; die Vergangenheit an sich ist zu mannigfaltig, als daß sich der Historiker einseitig nur auf die Bereiche des Sozialen oder nur des Politischen beschränken sollte – doch von einer Ablösung des großen Paradigmas „Politikgeschichte" durch ein neues großes „Paradigma", heiße es nun „Sozialgeschichte", heiße es „Historische Anthropologie" oder auch „Neue Kulturgeschichte", kann der Sache nach überhaupt keine Rede sein.

Zweitens: Ein radikaler soziologischer Reduktionismus, der das menschliche Individuum nur noch als soziales Konstrukt und damit letztlich als determiniertes, außengesteuertes Produkt sich überkreuzender sozialer Räume und Felder aufzufassen in der Lage ist, mag vielleicht als eine interessante

[79] *Rudolf Vierhaus*, Handlungsspielräume. Zur Rekonstruktion historischer Prozesse, in: ders., Vergangenheit als Geschichte. Studien zum 19. und 20. Jahrhundert. Hrsg. v. Hans Erich Bödeker/Benigna von Krusenstjern/Michael Matthiesen. (Veröffentlichungen des Max-Planck-Instituts für Geschichte, 183.) Göttingen 2003, 30–48, hier 35.
[80] Ebd. 40; vgl. auch 39.

und geistreiche Variante gegenwärtiger soziologischer Theoriebildung angesehen werden und als solche vielleicht durchaus einen begrenzten Wert besitzen – doch als zentraler theoretischer Orientierungspunkt für eine vermeintlich „neue" Geschichtsschreibung ist sie in mehr als einer Hinsicht untauglich.

Drittens: Die politische Biographie ist eine seit langem bewährte und bis zur Gegenwart höchst erfolgreich betriebene Darstellungsform der modernen Geschichtsschreibung.[81] Sie ist alles andere als überflüssig geworden, wenngleich sich ihre Methoden und inhaltlichen Zugriffe im Laufe des vergangenen Jahrhunderts stark verändert haben. Strikte Analyse der geschichtlichen Wirkungszusammenhänge zwischen Individuum und Gesellschaft, Untersuchung der unterschiedlichen Möglichkeiten von „Lebensführung" (im Weberschen Sinne), kritische Rekonstruktion auch der Brüche und Unebenheiten eines vergangenen Lebenslaufs und schließlich genaue Eingrenzungen und Bestimmungen jeweiliger Handlungsspielräume zu bestimmten Zeiten an bestimmten Orten – dies alles gehört zu den zentralen Aufgaben des Verfassers einer politischen Biographie.

Wenn es denn überhaupt nötig sein sollte, eine neue, zeitgemäße Theorie der (nicht nur politischen) Biographie zu entwickeln, dann müßte man sich vielleicht gerade auf den – von einem Autor wie Bourdieu so offenkundig verabscheuten – *common sense* berufen. Es wäre nicht einmal nötig (wenngleich durchaus möglich) auf die Ergebnisse der existenzphilosophischen und anthropologischen Reflexionen etwa eines Heidegger, Plessner oder Gehlen zu rekurrieren, um die in Fremd- wie Eigenwahrnehmung erfahrbare *Einheit der Person* in Raum und Zeit zu konstatieren oder um die Körperlichkeit und die auch im Bewußtsein reflektierte *Endlichkeit* als konstitutives Moment des Einzelmenschen in seiner konkreten Individualität und Personalität theoretisch zu begründen.[82]

Noch etwas Weiteres kommt hier für den politischen Biographen hinzu: Nämlich die ebenfalls nicht nur wahrnehmbare, sondern auch für den Historiker exakt rekonstruierbare Tatsache, daß herausragende historische Persönlichkeiten in bestimmte historische Lagen eingreifen und diese nicht nur fundamental prägen können, sondern auch in der Lage sind, bestimmte Entwicklungen in eine andere Richtung zu lenken. Man braucht keineswegs im-

[81] Aufschlußreiche Bemerkungen, die seine früher vertretene Auffassung einer angeblichen „Zwietracht" zwischen Historikern und Biographen (siehe oben Anm. 6) erheblich relativieren, macht inzwischen (in einem „Kleine[n] Versuch zu einem aktuellen und pragmatischen Nachwort" seines zum zweiten Mal gedruckten Aufsatzes) *Raulff*, Das Leben – buchstäblich (wie Anm. 6), 66–68.

[82] Verwiesen sei in diesem Zusammenhang statt vieler nur auf den vorzüglich zusammenfassenden Artikel von *Michael Großheim*, Heidegger und die philosophische Anthropologie, in: Dieter Thomä (Hrsg.), Heidegger-Handbuch. Leben – Werk – Wirkung. Stuttgart/Weimar 2003, 333–337.

mer nur auf die in diesem Zusammenhang stets erwähnten Lenin, Stalin und Hitler zu verweisen, sondern ebenfalls (um nur wenige Namen zu nennen) auf Roosevelt, Churchill, de Gaulle oder Adenauer. Natürlich ist es möglich, auch diese – durch Forschung durchaus zu untermauernde – Zeiterfahrung in Frage zu stellen, sie als Ideologie, als „Kult der großen Männer" oder Ähnliches zu kritisieren, aber es bleibt doch die Frage, welche Bedeutung man solchen – und zwar wissenschaftlich wie auch politisch meist leicht durchschaubaren – Attacken zumißt. Vielleicht kommt es viel eher darauf an, um am Schluß eine von Klaus Hildebrand im Zusammenhang des biographischen Themas gemachte Bemerkung aufzunehmen, sich eben nicht „der Despotie [...] einseitiger Theorien" zu beugen und so manchem „methodischen Geßlerhut"[83] der Gegenwart den Gruß einfach zu verweigern.

[83] *Klaus Hildebrand*, Vielleicht war sie entzückt, vielleicht war sie bedrückt [Laudatio auf Brigitte Hamann], in: Frankfurter Allgemeine Zeitung, 27. 12. 2003, 32.

Moral und Politik

Das Beispiel der Biographie von Theodor Heuss*

Von

Guido Müller

I. Die Peripetie der Trennung von Politik und Moral: Heuss und das Thema Widerstand im „Dritten Reich“

Im deutschen Widerstand gegen Hitler und den Nationalsozialismus beriefen sich Hans von Dohnanyi und Dietrich Bonhoeffer neben dem Glauben auch auf den Anstand statt auf politische Überlegungen als Beweggrund ihres Widerstands gegen den Nationalsozialismus. Nach Klaus von Dohnanyi schrieb Hans von Dohnanyi an seine Frau Christine Bonhoeffer in einem seiner letzten Briefe vor der Ermordung: „Schließlich haben Dietrich [Bonhoeffer] und ich das Ganze ja nicht als Politiker getan, sondern als anständige Menschen.“[1] Darin wird nicht nur die Gegenüberstellung, sondern sogar die bewußte Trennung der Sphären von Politik und von moralisch-sittlichem Handeln deutlich.

Diese Haltung in den Kreisen des Widerstandes stellt in der deutschen Geschichte des 20. Jahrhunderts sicher den Höhepunkt der Trennung von Moral und Politik dar. Diese Trennung geschah nicht nur aus der persönlichen Motivation heraus, sondern auch, um beide Sphären – sowohl die Moral wie die Politik – vor ihrer totalen Pervertierung durch die Nationalsozialisten zu schützen. Sowohl das Politische wie die Moral waren durch die Nationalsozialisten und ihre Helfer zerstört. Zugleich wird darin ein wichtiger Beweggrund bürgerlichen Verhaltens im 20. Jahrhundert deutlich: der Anstand und anständiges Verhalten als Antriebskraft des Widerstandes gegen den Nationalsozialismus und gegen seine destruktive Ideologie und deren Folgen. Diese langfristigen kulturellen Prägungen sind entscheidender als politische Überlegungen.

* Der Aufsatz entstand im Rahmen einer Tätigkeit als Wissenschaftlicher Mitarbeiter am Institut für Zeitgeschichte München von 2000 bis 2003, mit wesentlicher finanzieller Förderung durch die Fritz-Thyssen-Stiftung, die Robert Bosch Stiftung, das Arbeitsamt Ludwigsburg und das Institut für Zeitgeschichte München.

[1] Er war ein echter Konspirator. Ein Gespräch mit Klaus von Dohnanyi über seinen Vater, Hans von Dohnanyi, den deutschen Widerstand und die Gegenwart, in: Süddeutsche Zeitung, Nr. 160, 14. 7. 2004, 15. Vgl. *Marikje Smid*, Hans von Dohnanyi – Christine Bonhoeffer: eine Ehe im Widerstand gegen Hitler. Gütersloh 2002.

In der Person des ersten deutschen Bundespräsidenten werden sie nicht nur verkörpert, sondern auch in die ersten beiden Jahrzehnten nach 1945 transportiert. Theodor Heuss wurde auch durch Eigenstilisierung zum moralischen Gewissen der Deutschen in der demokratischen Neuorientierung nach dem Ende des Naziregimes. Daher ist er über das Biographische hinaus ein interessantes Beispiel für die Thematisierung und Untersuchung der Beziehungen von Politik und Moral im 20. Jahrhundert.

In biographischen Fragestellungen und historischen Untersuchungen stoßen im Individuellen exemplarisch die Fragen von Moral und Politik aufeinander. Hier, gerade eben im Individuellen ist das exklusive historische Feld, wo die Fragen der Beziehungen von Moral und Politik abgehandelt werden. Damit rückt das Individuum ins Zentrum der Geschichte und gerade des spannungsvollen Verhältnisses von Moral und Politik.

Hier wird die Biographie von Theodor Heuss ausgewählt, um das Feld des Themas abzustecken. Seine Biographie kann als exemplarisches Beispiel für den Versuch gelten, beide Sphären zu verbinden – vor und nach 1945.

Heuss stand persönlich dem Widerstand vor allem um Goerdeler, den Bosch-Kreis und die Bekennende Kirche nahe.[2] Nach 1945 suchte er immer wieder durch Reden und Hilfe die Menschen und die Taten des Widerstands gegen Hitler zu würdigen und im deutschen Bewußtsein zu erhalten. Daher hielt 1954 der Bundespräsident in der Freien Universität Berlin eine große und aufsehenerregende Rede zum zehnjährigen Gedächtnis des 20. Juli 1944 „Vom Recht zum Widerstand – Dank und Bekenntnis", die er selber zu seinen wichtigsten rednerischen Kundgebungen zählte.[3]

Bereits die beiden Begriffe „Dank" und „Bekenntnis" sind zwei zentrale moralische Kategorien des Politikverständnisses von Heuss, und die Anbindung an das „Recht" ist die zentrale Komponente seiner Moralvorstellung. Theodor Heuss machte damit am Beispiel der Rechtmäßigkeit des Widerstands seine grundsätzlichen Positionen zum Thema der Beziehungen von Moral oder Ethik und Sittlichkeit und Politik deutlich: „Natürlich war auch in diesem Kreise des 20. Juli das elementar Sittliche die Bindung, hier stärker, dort schwächer wesenhaft religiös getönt, aber das Emotionelle dann doch in die *rationalen* Überlegungen eingegliedert."[4]

Hier behauptet Heuss, daß die wesentliche Antriebskraft und die Bindekräfte des Widerstands und der Attentäter des 20. Juli im ethisch-moralischen Feld liegen: im „Elementar-Sittlichen". Zugleich erläutert Heuss die Sittlichkeit in zwei Richtungen: in emotionaler Richtung verweist er auf die

[2] *Jürgen C. Heß*, „Die Nazis haben gewußt, daß wir ihre Feinde gewesen und geblieben sind." Theodor Heuss und der Widerstand gegen den Nationalsozialismus, in: JbLibF 14, 2002, 143–195.

[3] *Theodor Heuss*, Vom Recht zum Widerstand – Dank und Bekenntnis, in: ders., Die Großen Reden. Der Staatsmann. Tübingen 1965, 247–262.

[4] Ebd. 249f.

mehr oder weniger starke religiöse Tönung und dann unter rationalen Gesichtspunkten auf die hohe Bedeutung der Einbettung in die Vernunft.

Das Gute und das Vernünftige im Bündnis ist hier dem liberalen bürgerlichen Humanisten ganz in den Traditionen des 18. Jahrhunderts die Leitidee. Dies ist für ihn sehr viel wichtiger als die religiöse Fundamentierung. Unabhängig von weltanschaulichen Begründungen ist das Elementar-Sittliche der Standard und das Maß zwischenmenschlichen Verhaltens und Handelns. Dieses Sittengesetz ist durch ein natürlich eingeborenes Gefühl für Recht und Unrecht bestimmt.

Danach weist Heuss auf die über rein militärische Entscheidungen von Leben und Tod hinausgehende grundsätzliche zivile Sensibilität für sittliche Entscheidungssituationen hin: „Ich bin nie Soldat gewesen, aber man muß es nicht gewesen sein, um die Grenzsituation der sittlichen Entscheidungen – denn darum handelt es sich, handelt es sich immer – erspüren zu können."[5] Dieser Hinweis auf Grenzsituationen zwischen sittlicher und politischer Entscheidung, Befehlsgehorsam und Widerstand gilt über das Grundsätzliche hinaus ebenso für die individuelle und allgemeine politische Biographie von Heuss. An einigen Stationen seines Lebens wird dies noch verdeutlicht werden.

Heuss betont im folgenden seine Auffassung, daß der Staat „auf Befehlsgewalt und Gehorsamsanspruch beruht". Er stellt letztlich eine „Rechtsordnung" als „Ordnungssystem des menschlichen Zusammenlebenkönnens" dar. Wenn diese Ordnung durch „Unrecht und Brutalität" zerstört wird, kommt es wie beim sogenannten Röhm-Putsch im „Dritten Reich", als Hitler das Recht aus eigenen Machtüberlegungen heraus beugte, zu folgender Entwicklung: „Aber die geschichtlich und staatsmoralisch entscheidende Peripetie des deutschen Schicksals erfolgte jetzt vor zwanzig Jahren im Juli *1934*, als ein deutscher Justizminister seinem Auftraggeber gefügig war, durch ein Gesetz der nachträglichen globalen Rechtfertigung von Morden [...] das Rechtsbewusstsein im Innersten zu erschüttern, und ein Reichswehrminister es hinnahm".[6]

Die Rechtsstaatlichkeit und ihr Bruch sind für Heuss demnach das entscheidende Kriterium der Staatsmoral, nicht die Verfassungsform und Herkunft der Legitimität im Göttlichen oder der Volksidee. Und – so ist zu ergänzen – diese staatsmoralische Rolle kann daher nicht die Selbstentmachtung des Parlaments durch die Zustimmung zum Ermächtigungsgesetz spielen, an der der Abgeordnete Heuss selbst mit seiner Zustimmung beteiligt war.

Schließlich steht die Beziehung von Moral und Politik für Heuss auch immer in der historischen Bewährung und Überprüfung. Da sieht er in der Geschichte Preußens leuchtende Vorbilder, in der geradezu Preußen und mo-

[5] Ebd. 251.
[6] Ebd. 252.

ralisches Verhalten am historischen Beispiel in eins gesetzt werden können: „Wenn irgendwo, dann steht Preußens Denkmal, das Wort als moralischer Begriff“ in „Gehorsamsverweigerungen“ wie denen des Kommandeurs Marwitz im Siebenjährigen Krieg, über den ein Denkstein seines Sohnes sagt: ‚Sah Friedrichs Heldenzeit und kämpfte mit ihm in allen seinen Kriegen, wählte Ungnade, wo Gehorsam nicht Ehre brachte.‘ So mag das Preußische, Preußens ‚Gloria‘, als moralische Substanz begriffen werden. [...] Ehre [...] ist eine Gegebenheit, die man achten soll, um sie nicht zu verlieren.“[7]

So stellt sich letztlich die Moral, die Sittlichkeit, die ethische Begründung auf Normen auch selbst als historisch dar. Sie steht in der notwendigen Überprüfung durch die Realität. Die Moral ist kein ewiges oder gegebenes Gesetz, sondern bedarf des immer erneuten Ringens, Schärfens und der Sicherung in zwischenmenschlicher Übereinkunft: „Das öffentliche Leben sucht und bedarf der Normen, damit es im Recht geordnet werden könne, aber die Geschichte mag diese immer wieder in Frage stellen, ihre Überprüfung fordern, ja erzwingen.“[8]

Theodor Heuss hatte auf diese ‚historische Bewährungsnotwendigkeit von Moral‘ bereits 1951 in seiner Ansprache vor dem „Deutschen Werkbund“ in Stuttgart über die Frage „Was ist Qualität?“ zum Schluß deutlich hingewiesen, als er zunächst Friedrich Theodor Vischer zitierend „Das Moralische versteht sich von selbst“ fortfuhr: „Wie oft haben wir das mit gelassener Sicherheit ihm nachgesprochen, bis wir erschreckt merkten: Hier irrt Vischer. Den wir alle mußten schier neu lernen, daß das Moralische nicht bloß eine herbe Pflicht, sondern ein gefährliches Wagnis geworden war.“[9]

Ist so auch die Moral der historischen Bewährung und dem Wandel unterworfen, so gilt dies unzweifelhaft für die Politik. Daher verweist bereits das einleitend angeführte Beispiel des Widerstandes gegen Hitler und der Gewissenprüfung der Widerständler auf die These dieses Beitrags: Die dualistische Grundstruktur moralischen und politischen Denkens und Handelns bestimmt die politische Geschichte des 20. Jahrhunderts. Oder anders formuliert läßt sie sich auch als Frage stellen: Sind Moral und Politik getrennt oder verbunden oder in welchem Verständnis lassen sie sich verbinden?

Seit der Säkularisierung, vor allem seit der Jahrhundertwende wächst die Tendenz zur Trennung der beiden Bereiche. Hingegen herrscht im christlichen Humanismus und im Liberalismus die Verbindung. Diese Verbindung oder Trennung ist stark an die zeitlichen, gesellschaftlichen und nationalen Umstände gebunden. Dies soll für das deutsche Bürgertum hier am Beispiel der Biographie von Theodor Heuss exemplifiziert werden.

[7] Ebd. 255.
[8] Ebd. 262.
[9] *Theodor Heuss*, Was ist Qualität? Vor dem Deutschen Werkbund (10. 2. 1951), in: ders., Die Großen Reden. Der Humanist. Tübingen 1965, 93.

Das Ende des Zweiten Weltkriegs und der Sieg über den Nationalsozialismus 1945 bilden den Höhepunkt der Verbindung in Deutschland durch die Schuldanerkennung beider Kirchen und international durch die Atlantikcharta, die Menschenrechtscharta und Gründung der Vereinten Nationen. In diesen Dokumenten werden bewußt politisches und moralisches Handeln aneinander gekoppelt.

Seitdem vertieft sich der Graben zwischen einer zunehmend säkularisierten west-europäischen Welt und ihren Trabanten und den ideologischen oder religiös fundierten Glaubensstaaten wie der untergegangenen Sowjetunion und ihrem Reich, den christlich wie säkular religiös aufgeladenen USA und der islamischen Welt. Jetzt zu Beginn des 21. Jahrhunderts stehen wir wieder vor ähnlichen Entscheidungen wie in der Mitte des 20. Jahrhunderts, da wir uns in dem von den USA erklärten dritten Weltkrieg gegen den Terror befinden.

II. Liberale Begriffsklärungen zu Moral und Politik im 20. Jahrhundert: Max Weber und John Rawls

In der politischen Ethik versuchte Max Weber den „unaustragbaren Gegensatz" zwischen dem Guten und dem Rechten, zwischen der Apriori-Setzung und dem Vernünftigen im Dualismus von Gesinnungsethik und Verantwortungsethik zu beschreiben. Seitdem spielt diese dualistische Definition und Hilfskonstruktion von Gesinnungs- und Verantwortungsethik eine zentrale Rolle im politischen Raum. Sie ist selbst ein historisches Produkt der krisen- und spannungsvollen Beziehungen von Moral und Politik im Zeitalter der Weltkriege und globalen Bürgerkriege. Daher eignet sich diese Begriffsbestimmung eines politischen Denkers und Soziologen aus liberaler und protestantischer Tradition ähnlich wie Heuss so gut zur Erläuterung von politischen Entscheidungssituationen im ideologischen und totalitären Zeitalter der Weltbürgerkriege. Ähnlich gilt dies in der katholischen und konservativen Denktradition für die moralisch-politischen Verschärfungen des Freund-Feind-Schemas bei Carl Schmitt, das auch als Wegweiser einer politischen Verhaltenslehre im 20. Jahrhundert dienen kann.

Eine zweite für das Verständnis der Biographie von Heuss wie das Verhältnis von Politik und Moral im 20. Jahrhundert hilfreiche Erläuterung liefert der amerikanische Sozialphilosoph und Liberalismus-Theoretiker John Rawls mit seiner Grundlegung einer politischen Gerechtigkeitskonzeption.[10] Rawls geht vom modernen demokratischen Verfassungsstaat aus. Sein Zen-

[10] *John Rawls*, Die Idee des politischen Liberalismus. Aufsätze 1978–1989. Hrsg. v. Wilfrid Hinsch. Frankfurt am Main 1992, vor allem: Der Vorrang des Rechten und die Ideen des Guten, 364–396.

tralbegriff ist der Bürger als freie und moralische Person. In der Theorie von Rawls, die sich als Beitrag zur Lehre des politischen Liberalismus versteht, verbindet sich die Idee der herausragenden Rolle des Individuums und der Persönlichkeit im Zentrum der Geschichte und der Politik mit der hier exemplarisch verstandenen Biographie des liberalen Bürgers Theodor Heuss.

Bei Rawls gründet sich die Konzeption politischer Gerechtigkeit auf zwei moralischen Vermögen der Bürger: dem Gerechtigkeitssinn und der Befähigung zu einer Konzeption des Guten. Dies ist eine moralische Konzeption, die auf Recht beruht und nicht auf einer bestimmten religiösen, philosophischen oder moralischen Lehre. Es kann bereits nach den einführenden Zitaten aus der Widerstands-Rede von Heuss gesagt werden, daß auch bei ihm diese Theorie der Gerechtigkeit als Fairneß leitend ist. Diese rechtsgebundene Vorstellung funktioniert auch ohne eine explizite Bindung an eine Morallehre.

Bei Heuss drückt sich die Problematik der Verbindung von Moral und Politik in den immer wieder verwandten Begriffen von „Anstand“, „Sittlichkeit“, „Verantwortung“, „Dank“, „Scham“ und „Metapolitik“ aus. In diesen ethischen Begriffen ist für Heuss das Zentrum einer dem Mitmenschen verantworteten Menschlichkeit begründet. Es ist interessant und wichtig zu beobachten, daß diese Begriffe sozial aufgeladen sind. Schon in dem für Heuss zentralen und immer wieder verwandten moralisch verstandenen Begriff des „Anstandes“ steckt ja der Begriff des „Standes“. Darin schwingen Sinnteile einer Erziehung mit, die auf Selbst-Beherrschung, Kontrolle, Konzentration, Aufmerksamkeit und Respekt ausgerichtet sind.

Überhaupt läßt sich „Anstand“ geradezu als Erziehungsidee kennzeichnen. Weit über rein moralisch-ethische Fragen hinaus reicht diese Bildungsidee in den Bereich der Ästhetik, des Stils, des richtigen Benehmens und der Zweckmäßigkeit. So versteht sich bei Heuss auch sein Schluß der Ansprache vor dem Deutschen Werkbund: „Qualität ist das Anständige“.[11]

Ähnlich wie bei Rawls läßt sich die Idee der Verbindung von Moral und Politik bei Heuss sozial nicht von der Bürgerlichkeit, politisch nicht vom Liberalismus und ethisch nicht vom hohen Rang der Gerechtigkeit lösen. Bei Heuss kommt noch der Gedanke des Stils und der politischen Kultur hinzu. Bei dem stark durch Bildlichkeit und Kunst geprägten Theodor Heuss und seiner Herkunft aus einem künstlerisch und literarisch ambitionierten Elternhaus verwundert dies nicht. Schließlich fühlte sich Heuss von Anbeginn den lebensreformerischen kulturpolitischen Ideen des Werkbundes besonders verbunden. So sind bei Heuss immer Fragen der Moral, der Politik und der Ästhetik verknüpft. Damit steht er in den Traditionen eines Idealismus einer ästhetischen Erziehung zum Guten und Schönen im Sinne Friedrich Schillers.

[11] *Heuss*, Was ist Qualität (wie Anm. 9), 93.

III. Theodor Heuss und das Ermächtigungsgesetz

Die Biographie von Heuss, seine Reden und seine biographische Schriftstellerei dienen hier als Exempel für das Thema der Verbindung von Moral und Politik im 20. Jahrhundert. Bei ihm findet sich die Entwicklung zur Trennung seit 1900 bis 1944, durch Folgen von NS und Welt-Krieg wieder zusammengeführt (1945 als Höhepunkt), seitdem wieder die langsame Abkehr. Also sind – wie Heuss bereits am Beispiel des 20. Juli und dem Normenwandel im öffentlichen Leben ausführte – die Beziehungen von Moral und Politik selbst historisch, sie lassen sich an politischen Biographien historisch exemplifizieren und problematisieren.

Beispiele werden daher hier der Biographie von Heuss entnommen, also wird eine Überprüfung am Handeln vorgenommen. Der bekannteste und exemplarische Fall seiner Biographie ist sicher seine Zustimmung zum Ermächtigungsgesetz 1933.[12] Dort finden wir die in der Entscheidung geradezu klassische Situation der Trennung von Gesinnungsethik und Verantwortungsethik.

Obwohl von Heuss bereits 1933 die Zustimmung als moralischer Fehler und Verstoß gegen historisches Stilgefühl empfunden wird, kommt es aus Überlegungen der situativen und historischen Folgenabschätzung heraus zur Zustimmung. Gesinnungsethisch wäre das Nein gefordert, verantwortungsethisch das Ja. Daher war wohl Heuss zunächst für eine Enthaltung. Dann schloß er sich der Fraktionsmehrheit an und stimmte mit Ja.[13]

Mit den folgenden zwölf Jahren der nationalsozialistischen Terrorherrschaft wurden die 1933 falsch eingeschätzten Folgen schließlich für ihn selbst spürbar. Doch sollte Heuss die aufgehobene Rechtsstaatlichkeit sehr viel stärker und einschneidender empfinden als die aufgehobene parlamentarisch-demokratische Verfassung und das Ende der parlamentarischen Institutionen und der Parteien. Wie Heuss 1951 in seiner Qualitäts-Rede ausgeführt hatte, mußte auch er erst allmählich durch diese Zeit lernen, daß moralisches Verhalten in Deutschland keineswegs sicher ist, sondern sogar zum Wagnis werden kann – wie am Beispiel des 20. Juli ausgeführt.

[12] *Jürgen C. Heß*, „Die deutsche Lage ist ungeheuer ernst geworden." Theodor Heuss vor den Herausforderungen des Jahres 1933, in: JbLibF 6, 1994, 65–136, insbes. 83–99; *Ernst Wolfgang Becker*, Ermächtigung zum politischen Irrtum. Die Zustimmung zum Ermächtigungsgesetz von 1933 und die Erinnerungspolitik im ersten württemberg-badischen Untersuchungsausschuß der Nachkriegszeit. Stuttgart 2001.

[13] *Theodor Heuss*, Die Machtergreifung und das Ermächtigungsgesetz. Zwei nachgelassene Kapitel der ‚Erinnerungen 1905–1933'. Hrsg. v. Eberhard Pikart. Tübingen 1967, 23–27; *Ernst Wolfgang Becker*, Die Zustimmung zum ‚Ermächtigungsgesetz', in: Thomas Hertfelder/Christiane Ketterle (Hrsg.), Theodor Heuss. Publizist – Politiker – Präsident. Begleitband zur ständigen Ausstellung im Theodor-Heuss-Haus. Stuttgart 2003, 111–113.

IV. „Moralische Wiedergutmachung" und „Mut zur Liebe": Heuss und eine moralisch begründete Politik der Bundesrepublik in den Beziehungen zu den Juden und zu Israel nach 1945

Zu den frühesten Zeugnissen der öffentlichen Erinnerung von Theodor Heuss an die ermordeten Juden, gegen das Vergessen und für moralische Verantwortung und Wiedergutmachung zählt die Rede, die er unter dem Motto „In Memoriam" am 25. November 1945 in Stuttgart hielt. Er sprach als württembergisch-badischer Kultminister am Totensonntag zum Gedenken an die Opfer des Nationalsozialismus.[14] Heuss benannte einerseits das Versagen des deutschen Volkes, das es „sich zu leicht gemacht" habe, „in seiner Masse, sich in die Fesseln des Nationalsozialismus zu begeben". Zugleich wies er auf „Gegenbewegungen" und „Gegenunternehmungen gegen die nationalsozialistische Herrschaft" hin, die von unterschiedlicher sozialer Herkunft und politischer Einstellung waren wie die „Rote Kapelle", die „Weiße Rose" und der Widerstand des 20. Juli. Hier würdigte er zum ersten Mal in großer öffentlicher Rede den Widerstand im „Dritten Reich".

Damit ging es Heuss um die „moralische Volkszukunft".[15] Dies ist ein zentraler Begriff zum nationalen Politikverständnis von Heuss. Dabei suchte er im Wechselspiel von Schuldanerkenntnis und Schuldabwehr die Deutschen auf die Erinnerung zu verpflichten und das öffentliche Schuldbekenntnis mit der Individualisierung der Schuldprüfung zu verbinden.[16]

Die erste und besonders wichtige Periode einer moralisch begründeten, sowohl auf die Deutschen wie auf die Juden und Israel ausgerichteten Politik von Theodor Heuss umfaßt die Jahre von 1945 bis 1952/53, dem Zeitpunkt des Inkrafttretens des Luxemburger Reparationsabkommens und des Bundesentschädigungsgesetzes. Diese Phase soll daher hier näher betrachtet werden, und dann ein kurzer Blick auf die folgende Periode bis zum Ende seiner Amtszeit 1959 und schließlich seine letzten Jahren als Alt-Bundespräsident bis 1963 gerichtet werden.

[14] *Theodor Heuss*, In Memoriam, 25. 11. 1945, in: ders., Die großen Reden. Der Staatsmann (wie Anm. 3), 68. In dieser Würdigung und Herausstellung einzelner Juden aus der Masse der Verfolgten die „Bestätigung antisemitischer Vorurteile" zu sehen, wie dies der von Deutschland nach Israel emigrierte Frank Stern unterstellt, scheint mir verfehlt. Vgl. *Frank Stern*, Im Anfang war Auschwitz. Antisemitismus und Philosemitismus im deutschen Nachkrieg. Gerlingen 1991, 249; *ders.*, Besatzer, Deutsche und Juden in der Nachkriegszeit, in: Dachauer Hefte 6, 1990, 25–42.

[15] Ebd. 64.

[16] Vgl. *Ulrich Baumgärtner*, Reden nach Hitler. Theodor Heuss – Die Auseinandersetzung mit dem Nationalsozialismus. Stuttgart 2001, 92.

Auf die Anregung von Karl Marx, des Düsseldorfer Herausgebers der „Allgemeinen Wochenzeitung der Juden in Deutschland“ und Heuss-Beraters in jüdischen Fragen, ging es zurück, daß Bundeskanzler Konrad Adenauer Marx am 11. November 1949, im Gedenken an das November-Pogrom von 1938, ein Interview gab, um den negativen Eindruck von Adenauers eigener Regierungserklärung zu korrigieren. Der Bundeskanzler war in dieser ersten Regierungserklärung am 20. 9. 1949 nur kurz insoweit auf die Situation der Juden in Deutschland eingegangen, als er jüngste Gewaltakte gegen Juden wie Friedhofsschändungen „auf das schärfste“ verurteilte und Antisemitismus in der Bundesrepublik schlichtweg für unvorstellbar erklärte.

Das löste in „jüdischen Kreisen in Deutschland und im Ausland tiefe Enttäuschung aus“. Sie „hätten seit viereinhalb Jahren vergeblich auf eine klare Stellungnahme eines der verantwortlichen Politiker – auch von ihm – gewartet“.[17] So lautete die repräsentative Reaktion des Herausgebers der „Allgemeinen Wochenzeitung der Juden in Deutschland“.

Die zwei Wochen später publizierten Äußerungen des Bonner Regierungschefs fanden daher ebenso große Beachtung wie deutliche Kritik. Der Bundeskanzler bekannte sich in dieser gleichsam offiziellen Stellungnahme der Bundesregierung zur Wiedergutmachung als „unserer Pflicht“, auch durch Hilfe beim Wiederaufbau von „jüdischen Kultstätten“. Man beabsichtige *neben* der „moralischen Wiedergutmachung“ sowie der angelaufenen individuellen Entschädigung „dem Staat Israel Waren zum Wiederaufbau im Werte von zehn Millionen DM zur Verfügung zu stellen, und zwar als erstes unmittelbares Zeichen dafür, daß das den Juden in aller Welt durch Deutsche zugefügte Unrecht wiedergutgemacht werden muß“.[18]

In der „Neuen Zeitung“ erschien wenige Tag nach dem Adenauer-Gespräch ein Interview des Bundespräsidenten Heuss mit der Nachrichtenagentur United Press. Dort bekundete Heuss seinen Wunsch, „daß die Deutschen wieder ein gutes Verhältnis zu den Juden gewinnen möchten“. Eine „deutsche Kollektivschuld an den vom Nationalsozialismus an Juden begangenen Verbrechen“ wies er zurück, betonte aber, daß das deutsche Volk „sich kollektiv schämen“ müsse.[19]

Somit stand das deutsch-jüdische Verhältnis auf der politischen Tagesordnung, als Heuss dazu mit seiner Rede „Mut zur Liebe“ Stellung nahm. In dieser Rede griff er auch wieder den Begriff der „kollektiven Scham“ auf. Er hielt die Ansprache am 7. Dezember 1949 in der Gesellschaft für christlich-jüdische Zusammenarbeit in Wiesbaden am Rande seines Vorstellungs-

[17] Allgemeine Wochenzeitung der Juden in Deutschland, 25. 11. 1949, 1.

[18] Ebd.

[19] Deutschland und Israel, in: Neue Zeitung. 30. 11. 1949; vgl. *Niels Hansen*, Aus dem Schatten der Katastrophe. Die deutsch-israelischen Beziehungen in der Ära Konrad Adenauer und David Ben Gurion. Ein dokumentierter Bericht. Düsseldorf 2002, 38.

Staatsbesuchs als Bundespräsident im Bundesland Hessen.[20] Die großenteils improvisierte Rede entsprang einem persönlichen Bedürfnis von Heuss und keiner direkten Anregung – etwa von amerikanischer oder jüdischer Seite. Trotzdem wird schon durch die Anwesenheit des amerikanischen Hoch-Kommissars John McCloy die sicher auch von Heuss bedachte Signalwirkung vor allem nach Amerika deutlich.[21]

Der Bundespräsident wies zwar einerseits die Kollektivschuldthese zurück, beharrte andererseits darauf, daß die Deutschen allen Anlaß zur Scham haben. Er forderte damit nachdrücklich moralische Sensibilität und das Wachhalten der Erinnerung: „Wir dürfen nicht vergessen die Nürnberger Gesetze, den Judenstern, die Synagogenbrände, den Abtransport von jüdischen Menschen in die Fremde, in das Unglück, in den Tod. Das sind Tatbestände, die wir nicht vergessen sollen, die wir nicht vergessen dürfen, weil wir es uns nicht bequem machen dürfen."[22]

Bewußt führte Heuss die persönliche Erfahrung an und erwähnte, daß von seinen vier oder fünf nächsten Freunden zwei oder drei Juden waren. Daher glaube er, genügend von der sogenannten ‚jüdischen Frage' zu verstehen: „War ich mit ihnen befreundet, weil sie oder trotzdem sie Juden waren? Ich war mit ihnen befreundet, weil der Funke der menschlichen Liebe zwischen uns sprang. [...] Wir müssen im Verhältnis Mensch zu Mensch eine freie Bewertung des Menschentums zurückgewinnen."[23] Dieser Appell an eine Aussöhnung im Sinne eines deutsch-jüdischen Dialogs und des „Muts zur [gegenseitigen] Liebe", so der anspruchsvolle Titel seiner Rede, konnte für Juden, die emotional und kulturell besonders eng an Deutschland gebunden waren, wie Martin Buber oder Leo Baeck oder die gar dort überlebt hatten, akzeptabel sein. Heuss suchte damit den Bruch der Shoa und die NS-Zeit im direkten menschlichen Kontakt zu überbrücken.[24]

[20] Diese Gesellschaften waren ein amerikanischer Import. Anläßlich seines Antrittsbesuchs als Bundespräsident in Hessen wurde Heuss von der Gesellschaft zu einer Feierstunde eingeladen.

[21] Unter den Gästen befand sich der amerikanische Hochkommissar John McCloy. Er beurteilte wenig später gegenüber dem Chef des Bundespräsidialamts Manfred Klaiber die Heuss-Ansprache zum damaligen Zeitpunkt als besonders bedeutungsvoll. Damit habe Heuss übertriebenen amerikanischen Pressemeldungen über neue nationalistische und antisemitische Strömungen in Deutschland entgegenwirken können; Bundesarchiv (künftig: BA) Koblenz, Bundespräsidialamt, Amtszeit Heuss B 122/2080: Klaiber an Blankenhorn, 13.12.1949.

[22] *Theodor Heuss*, Mut zur Liebe, in: ders., Die großen Reden. Der Staatsmann (wie Anm. 3), 101.

[23] Ebd. 102f.

[24] So dankte Carl F. Zietlow, die Schlüsselfigur der US-Besatzungsverwaltung bei der Gründung von Gesellschaften für christlich-jüdische Zusammenarbeit Heuss ausführlich für seine Rede und dessen „informal way you chatted with many different German groups"; BA Koblenz, Bundespräsidialamt, Amtszeit Heuss, B 122/614, Zietlow an Heuss, 19.12.1949. Die Rede wurde als Teil der amerikanischen Umerziehungspolitik benutzt, vgl. *Baumgärtner*, Reden nach Hitler (wie Anm. 16), 208f.

Bei Vertretern anderer jüdischer Gruppen sowohl außerhalb wie innerhalb Deutschlands gab es Vorbehalte. So hatte der Vertreter des jüdischen Weltkongresses bei den Vereinten Nationen Maurice Perlzweig „etwas viel Tiefer- und Weitergehendes" erwartet. Indem auch Heuss den Antisemitismus in der Bundesrepublik herunterspielte und die Friedhofsschändungen als „politische Lausbüberei" gegen die Stellung des neuen westdeutschen Staates zwischen den Völkern bezeichnete, vermochte er Befürchtungen der Juden nicht zu beruhigen.[25] So führte Norbert Wollheim im Januar 1950 in einem fast dreiviertelstündigen Gespräch mit dem Bundespräsidenten eine scharfe Sprache. Wollheim war Präsident des jüdischen Gemeindeverbandes der britischen Besatzungszone. Er hatte Auschwitz als IG-Farben-Zwangsarbeiter überlebt und engste Angehörige dort verloren. Heuss kannte er vor 1933 von der Deutschen Hochschule für Politik her.

Der Bundespräsident hatte Wollheim anläßlich seines Antrittsbesuchs in Kiel um das Gespräch gebeten. Heuss bedauerte, daß mit den jüdischen Körperschaften „bis jetzt keinerlei offizieller Kontakt herzustellen möglich war", obwohl er „des öfteren den Wunsch dazu geäußert habe". Für Wollheim lag die Verantwortung dafür ausschließlich bei den Bundesorganen.

Heuss sah trotz der politischen Begrenzung seiner amtlichen Kompetenzen als Bundespräsident seine Hauptaufgabe darin, dem deutschen Volk die Wahrheit zu sagen, „so bitter sie auch sein möge und es zu entkrampfen aus dem geistigen, politischen und moralischen Schockzustand". Es sei „sein persönliches Anliegen", das nicht notwendigerweise an seine Pflichten als Bundespräsident gebunden wäre, „das Gespräch mit jüdischen Menschen wieder aufzunehmen und die Kluft überwinden zu helfen, die ein verbrecherisches Regime zwischen Deutschland und den Juden in Deutschland und der Welt geschaffen hat". Dieses Anliegen gelte „gerade auch denen, die in Israel den neuen von ihm bewunderten Staat haben schaffen und organisieren können".[26]

Beim nächsten Gespräch am 20. März berichtete Wollhein von der Enttäuschung der jüdischen Menschen in der ganzen Welt über den mangelnden moralischen und materiellen Wiedergutmachungswillen. Bisher seien weder vor dem Parlament noch der deutschen Öffentlichkeit verbindliche Erklärungen abgegeben worden. Adenauers Angebot sei taktlos und der Wiesbadener Beitrag von Heuss zum christlich-jüdischen Gespräch „eine Verlage-

[25] Ebd.; Maurice Perlzweig in: Neue Zeitung, 10. 12. 1949. Doch schrieb Heuss dem Rabbiner Geis in Amsterdam im Januar 1950, daß das umfangreiche Briefecho auf seine Rede „mit verschwindenden Ausnahmen gut und tröstlich" ausgefallen sei; Heuss an Geis, 12. 1. 1950, BA Koblenz, Bundespräsidialamt, Amtszeit Heuss, B 122/614.

[26] Gespräch zwischen Bundespräsident Theodor Heuss und Norbert Wollheim am 19. 1. 1950 in Kiel, in: *Yeshayahu A. Jelinek* (Hrsg.), Zwischen Moral und Realpolitik. Deutsch-Israelische Beziehungen 1945–1965. Eine Dokumentensammlung. Gerlingen 1997, 136.

rung der Problemstellung" ins Theologische, während eine politische Konzeption des deutsch-jüdischen Gesprächs notwendig sei.[27]

Im April 1950 wurden erste inoffizielle Gespräche zwischen Adenauers außenpolitischem Berater Herbert Blankenhorn und der europäischen Vertretung des Jüdischen Weltkongresses in London aufgenommen. Allerdings war Adenauers Interesse an diesen Fragen 1950 eher gering, da er mit den westeuropäischen und innerdeutschen Fragen so vollauf beschäftigt war, daß die deutsch-jüdischen Gespräche stockten.

Im April 1951 kam es in Paris zu einem höchst geheimen Treffen Adenauers mit David Horowitz, dem israelischen Finanzstaatssekretär. Den Anstoß zu dieser Initiative Adenauers hatte der remigrierte deutsch-jüdische SPD-Abgeordnete Jakob Altmaier gegeben, der eine herausragende Rolle in der Anbahnung deutsch-israelischer Kontakt gespielt hat.[28] In einem seiner berühmten einsamen Entschlüsse akzeptierte Adenauer in Paris israelische Forderungen nach kollektiver Entschädigung (Schilumim) als Verhandlungsgrundlage. In der deutlich unterkühlten Unterredung blieben aber die Form und der Inhalt eines von Horowitz geforderten vorherigen feierlichen öffentlichen Schuldbekenntnisses ungeklärt.[29]

Mit dieser Initiative im April 1951 begannen die schwierigen direkten Verhandlungen zwischen der Bundesrepublik und Israel, die schließlich anderthalb Jahre später zu dem Luxemburger Reparationsabkommen vom 10. 9. 1952 führten. Dabei spielte Heuss mehrfach eine drängende Rolle.

Heuss hatte im Sommer 1951 verschiedene Gespräche geführt, vor allem mit dem Chefredakteur der deutschsprachigen New Yorker Wochenzeitung „Aufbau", Manfred George, und am 22. August mit dem ehemaligen Berliner Oberrabbiner Leo Baeck, den Heuss bereits vor 1933 als Dozent an der Hochschule für die Wissenschaft des Judentums und nach 1933 als Präsident der Reichsvertretung der deutschen Juden kennengelernt hatte. Daraus ergab sich für den Bundespräsidenten zwei Tage nach dem Besuch von Leo Baeck das dringende Bedürfnis, wie er am 24. 8. 1951 im direkten Gespräch Adenauer nahelegte, daß in den deutsch-jüdischen Beziehungen „etwas Deutliches geschehe", weil nach seinem „Gefühl bestimmte Stimmungserweichungen festzustellen" seien.[30]

[27] Notiz vom 23. 3. 1950 von Norbert Wollheim: Zweites Zusammentreffen mit Bundespräsident Heuss in Bad Godesberg am 20. 3. 1950, in: ebd. 143–147.

[28] *Hansen*, Aus dem Schatten der Katastrophe (wie Anm. 19), 85f.

[29] Ebd. 94f.

[30] *Konrad Adenauer – Theodor Heuss*, Unter vier Augen. Gespräche aus den Gründerjahren 1949–1959. Bearb. v. Hans Peter Mensing. Berlin 1997, 24. 8. 1951, Top. 6, 68; Bemerkungen des Bundespräsidenten zur Erklärung der Bundesregierung zur Judenfrage 1951, in: BA Koblenz, Bundespräsidialamt, Amtszeit Heuss, B 122/2080. Adenauer bot daraufhin zunächst an, daß er seinen engsten außenpolitischen Mitarbeiter Herbert Blankenhorn zur Besprechung mit Heuss schicken wolle.

Heuss empfahl Adenauer in einem „etwas momentanen Einfall“ aus Anlaß des bevorstehenden jüdischen Neujahrfestes am 1. Oktober eine Erklärung des Bundeskanzlers in einer Plenarsitzung des Bundestages.[31] Daraus ging Adenauers Regierungserklärung über die „Haltung der Bundesrepublik gegenüber den Juden“ vor dem Bundestag am 27. 9. 1951 hervor. Mit ihr wurde die Verpflichtung des deutschen Volkes zur moralischen und materiellen Wiedergutmachung der „unsagbaren Verbrechen“ des nationalsozialistischen Unrechts gegenüber rassisch, religiös, weltanschaulich und politisch Verfolgten anerkannt. Diese moralische Erklärung eröffnete der israelischen Regierung die Möglichkeit einer versöhnlichen Entgegnung. Adenauer bemerkte in seinen „Erinnerungen“ zu dem starken Engagement des Bundespräsidenten in der Frage der moralischen Anerkennung der Pflicht zur Wiedergutmachung gegenüber den Juden: „Heuss war besonders an dieser Frage interessiert.“[32]

Nachdem Nahum Goldmann wegen der ablehnenden Haltung amerikanischer Juden und in Israel im Dezember 1951 eine Einladung von Heuss „zu seinem übergroßen Bedauern“ noch ablehnen mußte, wurde Heuss in Januar 1952 initiativ. Der Bundespräsident entwickelte ein „Programm zur Moralischen Wiedergutmachung an den Juden“.[33] Er regte bei Adenauer die Bildung einer Sachverständigenkommission an, die die Grundlagen für die diesbezügliche Gesetzgebung bereitstellen sollte.[34] Im gleichen Monat hatte auch der israelische Regierungschef Ben Gurion nach einer der heftigsten Debatten, die das israelische Parlament in seiner Geschichte erlebt hatte, grünes Licht für Verhandlungen erhalten.

Der März 1952 war als Beginn der Verhandlungen mit Vertretern Israels und der Jewish Claims Conference geplant. Die für den 9. bis 16. März angesetzte erste bundesweite Woche der Brüderlichkeit der Gesellschaften für christlich-jüdische Zusammenarbeit besaß damit eine besondere politische Dimension. Der Bundespräsident hielt daher zur Eröffnung eine Rundfunk-

[31] Ebd. – Allerdings kam es nicht zu einer gemeinsamen Erklärung aller Fraktionen des Bundestags, die der CDU-Fraktionsvorsitzende Heinrich von Brentano angestrebt hatte. Die von Paul Löbe verlesene SPD-Erklärung betonte emphatischer als Adenauer die menschliche Verpflichtung zur Aussöhnung mit Israel und den Juden in aller Welt und den Beitrag deutscher Juden zum deutschen geistigen, gesellschaftlichen und wirtschaftlichen Leben. In der SPD-Fraktionssitzung wurde die Erklärung der Bundesregierung als „zu wässrig“ (Altmaier) und „zu lau“ (Schumacher) beurteilt, vgl. *Shlomo Shafir*, Die SPD und die Wiedergutmachung gegenüber Israel, in: Ludolf Herbst/Constantin Goschler (Hrsg.), Wiedergutmachung in der Bundesrepublik Deutschland. München 1989, 198; *Hansen*, Aus dem Schatten der Katastrophe (wie Anm. 19), 129.

[32] *Konrad Adenauer*, Erinnerungen. Bd. 2: 1953–1955. Stuttgart 1966, 136.

[33] BA Koblenz, Bundespräsidialamt, Amtszeit Heuss, B 122/2080: Marx an Heuss, 10. 12. 1951.

[34] BA Koblenz, Bundespräsidialamt, Amtszeit Heuss, B 122/2080: Aufzeichnung vom 24. 1. 1952.

ansprache. In der sorgfältig vorbereiteten und publikumswirksamen Ansprache stellte Heuss sich stärker als moralisch Mahnenden denn als politisch Beratenden dar. Er mahnte einen Wandel der Mentalitäten ein, indem er den Mut zur Selbstreflexion und Selbstkritik ebenso wie intellektuelle Redlichkeit und emotionale Sensibilität forderte.[35]

Am 3. März hatte Heuss den Bundeskanzler „auf das Verhältnis zu Israel und die moralische Wiedergutmachung gegenüber dem Judentum" angesprochen. Adenauer reagierte darauf lediglich mit dem Ausdruck seiner Besorgnis angesichts der erwarteten „recht erheblichen finanziellen Forderungen" in den deutsch-israelischen Verhandlungen. Er bat Heuss, zunächst keine Sachverständigenkommission einzurichten, bis die Bundesregierung aus den Verhandlungen mit Israel besser über die atmosphärischen Bedingungen Bescheid wüßte.[36] Adenauer bremste also das Engagement des Bundespräsidenten, wohl auch aus Mißtrauen gegenüber dem ernsthaften Willen der deutschen Öffentlichkeit zur deutsch-israelischen Versöhnung. Heuss teilte zwar diese Sorge, nutzte aber gerade deshalb den symbolträchtigen öffentlichen Aufruf zur Brüderlichkeit zur Mahnung.

Die moralische Wiedergutmachung gegenüber dem Judentum, das Verhältnis der Bundesrepublik zu Israel und Themen der deutsch-jüdischen Geistes- und Kulturgeschichte bewegten Heuss auch in seiner zweiten Amtszeit in starkem Maße. Er nutzte jede Gelegenheit zum Gespräch mit Emigranten, mit deutschen Juden und Israel-Reisenden.[37]

Doch zum Träger einer moralisch fundierten Politik nach 1949 wurde Heuss vor allem durch seine Reden. Sie hatten große Bedeutung für ein moralisch und zwischenmenschlich erneuertes deutsch-jüdisches Verhältnis. Vor allem waren es seine Erinnerung an die deutschen Verbrechen an den jüdischen Mitmenschen 1933 bis 1945, der Ausdruck von Kollektivscham als seelische Stimmung der Deutschen nach dem Bruch durch die Shoa und die Mahnung zum Mut zur Liebe dem Mitmenschen gegenüber. Die von Heuss formulierte Pflicht zur Erinnerung an die systematische Ermordung der Juden und das deutsch-jüdische Verhältnis wurde konstitutiv für das Selbstverständnis der Bundesrepublik, lange bevor es sich gesamtgesellschaftlich durchgesetzt und im kulturellen Gedächtnis ritualisiert hatte.

[35] *Theodor Heuss*, Rundfunkansprache zur Woche der Brüderlichkeit 1952, in: ders., An und über Juden. Düsseldorf/Wien 1964, 133f. Heuss betonte wie in seiner Rede „Mut zur Liebe", es sei wesentlich, ein mitmenschliches Verhältnis zwischen den Individuen neu zu begründen: „Das ganze schwierige Problem von Restitution und Wiedergutmachung steckt voll von ‚brüderlichen Einzelhandlungen'."

[36] *Adenauer – Heuss*, Unter vier Augen (wie Anm. 30), 3. 3. 1952, Top. 3, 81.

[37] Solche Begegnungen fanden statt mit den SPD-Abgeordneten Jakob Altmaier und Erich Ollenhauer, mit dem Düsseldorfer Verleger Karl Marx, der sein Berater in jüdischen Fragen wurde, oder mit dem Violinisten Yehudi Menuhin und dem Komponisten Ernst Toch, der bis 1933 sein Berliner Hausnachbar gewesen war; vgl. *Theodor Heuss*, Tagebuchbriefe 1955–1963. Stuttgart 1970, 173.

Mit Nachdruck und unermüdlich setzte Theodor Heuss sich für Hilfeleistungen an rassisch Verfolgte ein, für die Integration von jüdischen Deutschen und Emigranten in die Bundesrepublik, für die moralische und materielle Wiedergutmachung und für die Anknüpfung der Beziehungen zu Israel.

Dies mag sicher mit einem gewachsenen Verständnis für über das Staatlich-Politische hinaus reichende Faktoren zusammenhängen, auch in den internationalen Beziehungen, mit Fragen der Moral, der Sensibilität, der Erinnerung und des emotionalen Faktors. Heuss nannte dies in einem Brief an Adenauer 1959 die „Sphären des Metapolitischen", in denen er einiges bewirkt habe.[38] Noch die Reise von Heuss nach Israel 1960 ebenso wie das deutsch-jüdische Gedenkwerk zu seinem 80. Geburtstag 1964 zeugen von dem passionierten Bemühen von Theodor Heuss, die durch die Shoa aufgerissene tiefe Kluft zu überbrücken. Damit gab das metapolitische moralisch fundierte Handeln von Heuss, so wie er es 1962 in einem Gedenkartikel für das Luxemburger Abkommen formulierte, „einen Ausblick, wenn nicht in das Land des ‚Guten', so doch des Besseren".[39]

V. Erste große auslandskulturpolitische Aktion der Bundesrepublik nach 1949: „Dankspende des deutschen Volkes"

„Es ist kein Politikum, sondern es ist ein Humanum, was uns zuvörderst hier beschäftigt. Die Dinge verzahnen sich. Und dankbar sein können und sein dürfen ist etwas, was ein Volk innerlich selber mit erhöht, denn es ist die Haltung des freien Menschen."[40]

Die Dankspende war die erste große außen-kulturpolitische Initiative in der Bundesrepublik unter Führung des Bundespräsidenten Theodor Heuss. Unter Beteiligung verschiedener Institutionen und Verbände (Gründungsgremium: Vors. Heuss; Staatssekretär Dieter Sattler, CSU; Kölner Oberbürgermeister Robert Görlinger, SPD) sollte sie unmittelbar nach der Auf-

[38] Heuss an Adenauer am 9.4.1959, in: *Theodor Heuss/Konrad Adenauer*, Unserem Vaterland zugute. Der Briefwechsel. München 1992, 315.

[39] *Theodor Heuss*, Bestätigung eines moralischen Aktes. Zum zehnjährigen Bestehen des Luxemburger Abkommens, in: ders., An und über Juden (wie Anm. 35), 224.

[40] Bundespräsident Theodor Heuss im Schlußwort zur Verkündigung der Dankspende des Deutschen Volkes am 27.11.1951 im Hause des Bundespräsidenten zu Bonn, in: Dankspende des Deutschen Volkes 1951. Ein Bericht. Berlin 1955, 33. Vgl. *Guido Müller*, Theodor Heuss und die Dankspende des Deutschen Volkes 1951–1956: Kunstwerke ins Ausland und neues deutsches kulturelles Selbstbewusstsein, in: Johannes Paulmann (Hrsg.), Auswärtige Repräsentationen. Deutsche Kulturdiplomatie nach 1945. Köln/ Weimar/Wien 2005, 35–44.

hebung des Kriegszustandes im September 1951 der jungen Bundesrepublik internationales kulturelles Ansehen und Gleichberechtigung verschaffen, indem man sich für Hilfsleistungen an Deutschland aus dem Ausland nach 1945 durch Kunstschenkungen zeitgenössischer westdeutscher Künstler revanchierte.

Durch öffentliche Sammlungen wurden bis zum Frühjahr 1953 1,5 Millionen DM aufgebracht. Über 2000 Werke (Plastik, Kunsthandwerk, Gemälde, Graphik, Mosaiken) gingen an Länder und karitative Organisationen in aller Welt, die Deutschland nach 1945 geholfen hatten – vor allem an die USA, dann an alle nichtkommunistischen europäischen Länder außer Österreich und Griechenland, an Südamerika, Australien, Kanada und Südafrika und an zahlreiche ausländische, vor allem kirchliche Organisationen in Deutschland. Initiatoren waren bereits seit 1948 Rüdiger Robert Beer (CDU), der Mitbegründer, zunächst Pressereferent und dann auch Beigeordnete für Schul- und Bildungsfragen des Deutschen Städtetages, und 1951 Otto Benecke (SPD) von der Notgemeinschaft der deutschen Kunst und Vorgänger Beers als Kulturdezernent des Deutschen Städtetags.

Theodor Heuss gelang es nicht zuletzt durch das eigene Gewicht als Kenner bildender Kunst und als Bundespräsident sowie durch die Auswahl enger Freunde Einfluß auf die Auswahl der fast durchweg gemäßigt modernen Kunstwerke und ihre Adressaten auszuüben. Zu seinen Vertrauten zählte vor allem Werner Stephan, der die Geschäftsführung in Köln leitete. Die Sitzungen der Jury fanden immer im Haus des Bundespräsidenten statt. Es handelt sich um die erste ins Ausland zielende kulturpolitische Initiative der nach internationaler Anerkennung und Gleichberechtigung strebenden Bundesrepublik nach 1949 – und zwar gleichzeitig mit moralischen und mit politischen Absichten.

So betonte der Bundespräsident 1953 im Sendesaal des Kölner Funkhauses: „Unsere nicht materiell, sondern geistig und human gedachte Antwort in die Fremde [...] soll dann nicht ‚Propaganda' für uns treiben, ein Begriff des kirchlichen Lebens, der in der verblichenen Zeit zu einer Funktion der Hölle geworden ist. Sie soll auch nicht ‚Werbung' treiben: sie soll einfach da sein: Zeugen der Kraft des Dankes. [...] Die stille Sprache dieser Werke der Kunst erzählt in mahnenden Worten aus dem Wesen der Kunst heraus von der Wohltat, von dem Geschenk, von der Pflicht, von der Gnade des Friedens."[41] Mit Dank und Geschenk kommt hier eine weitere moralisch-ethische Dimension der emotionalen Sensibilität neben die moralische Wiedergutmachung an den Juden, den „Mut zur Liebe" und den „Mut zur Selbstreflexion und Selbstkritik" zum Tragen.

[41] Bundespräsident Theodor Heuss am 10.1.1953 im Sendesaal des Kölner Funkhauses, zitiert in: *Müller*, Dankspende (wie Anm. 40), 37

VI. Schluß

Am Beispiel der Biographie von Theodor Heuss sollte das Problem der Rolle der Entscheidungsfreiheit im Moralischen und Politischen und ihre Beziehungen problematisiert und dargestellt werden. Die Geschichte der Spannung von innerer und äußerer Freiheit im Moralischen und Politischen begleitet ihn und die deutsche Geschichte im 20. Jahrhundert.

Während in der Situation der Entscheidung über das Ermächtigungsgesetz 1933 Heuss gesinnungsethisch für das Nein plädierte und sich dann verantwortungsethisch für das Ja entschied, wurde im Zusammenhang mit den Entscheidungen des Widerstands gegen den Nationalsozialismus deutlich, wie stark Moral ebenso wie Politik historischem Wandel in Situationen und Außenzwängen unterworfen ist.

So stellt sich letztlich die Moral, die Sittlichkeit, die ethische Begründung auf Normen auch selbst als historisch dar. Sie steht in der notwendigen Überprüfung durch die Realität. Die Moral ist kein ewiges oder gegebenes Gesetz, sondern bedarf des immer erneuten Ringens, Schärfens und der Sicherung in zwischenmenschlicher Übereinkunft.

Für Theodor Heuss ist unabhängig von weltanschaulichen Begründungen das Elementar-Sittliche der Standard und das Maß zwischenmenschlichen Verhaltens und Handelns. Dieses Sittengesetz ist durch ein natürlich eingeborenes Gefühl für Recht und Unrecht bestimmt. Als Bundespräsident schärfte Heuss seit 1949 in der Öffentlichkeit nach innen und außen und im politischen Handeln, etwa in Zusammenarbeit mit Bundeskanzler Konrad Adenauer, das Verständnis für über das Staatlich-Politische hinausreichende Faktoren, auch in den internationalen Beziehungen. Das sind die Faktoren, die mit Fragen der Moral, der Sensibilität, der Erinnerung und des emotionalen Faktors zusammenhängen.

Das wird besonders deutlich in seinem Engagement für die „moralische Wiedergutmachung" an den Juden – aber auch in der großen kulturpolitischen Initiative der „Dankspende des Deutschen Volkes". Heuss nannte dies zum Ende seiner Amtszeit die „Sphären des Metapolitischen". Damit sind über kulturelle Fragen hinaus alle Bereiche des Ethischen gemeint.

Für den Liberalen Theodor Heuss ist wie bei dem amerikanischen Sozialphilosophen John Rawls der Bürger als freie und gleiche moralische Person der Zentralbegriff auch im Politischen und für die politische Gerechtigkeit. Das Individuum und die Persönlichkeit als Handelnde und Opfer rücken damit ins Zentrum sowohl des politischen Handelns wie der Geschichte. So verbindet sich die Biographie als historisch-literarische Form in der Geschichte des Individuums oder mehrerer Individuen mit der Geschichte des Politischen gerade auch in und über die Fragen der Moral, der Ethik, der Wertegrundlagen und ihrem historischen Wandel.

Für Theodor Heuss war moralisches Verhalten oder wie er es bevorzugt nannte, „Anstand“, untrennbar mit Politik, Öffentlichkeit und politischem Verhalten verbunden und eine Trennung nicht möglich. Ethik und Politik gingen bei Heuss eine enge Verbindung ein. Die Kategorien eines zwischenmenschlichen anständigen Umgangs mußten für ihn auch im Politischen gelten.

Damit kamen zusätzlich auch emotionale Faktoren ins Spiel, die als Kategorien des Politischen bisher wenig historisch beachtet und untersucht sind. „Emotion“ und Politik ist somit ein weiteres faszinierendes Feld einer erneuerten und erweiterten Politikgeschichte und einer Kulturgeschichte der Politik. Die Persönlichkeit von Theodor Heuss vermag noch nach ihrem Tode und bis heute Emotionen zu wecken, unabhängig vom patriarchalischen Klischee des „Papa Heuss“. Auch hier ist eine Anbindung an die Biographie notwendige Voraussetzung zur Klärung der emotionalen Faktoren im politisch-historischen Prozeß.

Politik in Verbindung mit humanistischen Kategorien der Moral und der Emotion erscheint als Herausforderung für eine moderne Politikgeschichte, die die „Metapolitik“ im Sinne von Theodor Heuss einbeziehen sollte, ohne einfach das Feld den Kulturwissenschaften zu überlassen.

VII. Monarchische Politik

Zwischen europäischem Bewußtsein und nationaler Identität

Legitimationsstrategien monarchischer Eliten im Europa des 19. und frühen 20. Jahrhunderts

Von

Frank-Lothar Kroll

Klaus Hildebrand zum 18. November 2006

Von allen Angehörigen der alteuropäischen Gesellschaftsordnung vor 1914 besaß die internationale Gemeinschaft der europäischen Throninhaber auch im Zeitalter der sich formierenden Nationalstaaten das wohl ausgeprägteste Bewußtsein der Zusammengehörigkeit Europas als Ganzem, welches in dem Gefühl gründete, Teil eines großen dynastischen Familienverbandes zu sein. Eine solche Orientierung trug lange Zeit zur Relativierung ausschließlich nationaler Denkweisen und Interaktionsformen ebenso bei, wie sie den Kontinent als einen grenzüberschreitenden politischen Erfahrungsraum im Rahmen europäischer Wahrnehmungshorizonte und Handlungsspielräume projektierte. Doch der Herrschaftsanspruch der monarchischen Führungsschichten Europas war seit 1789 fundamental bedroht. Nach den Verwerfungen der Französischen Revolution und den Erschütterungen der napoleonischen Ära ließ er sich 1815 zunächst nur mühsam aufrechterhalten. Dann jedoch, nach Überwindung des Krisenjahres 1848/49, verstanden es die dynastischen Spitzen – einschließlich der sie jeweils umgebenden Beratergruppen – fast überall in Europa, ihre fragile Führungsposition neu zu legitimieren. Dabei verwandelten sie sich im Lauf der zweiten Jahrhunderthälfte von einer betont transnational agierenden Kommunität in kollektive Nationalsymbole ihrer jeweiligen Staaten.

Dieser Wandlungsprozeß, ein Phänomen *geglückter Elitenanpassung*, bietet eines der erstaunlichsten Beispiele für eine erfolgreich vollzogene *institutionelle Modernisierung* im langen 19. Jahrhundert zwischen 1815 und 1914. Noch erstaunlicher ist es, daß dieser Prozeß bisher weder unter sozial- und elitengeschichtlicher Perspektive noch unter kultur- und politikhistorischen Gesichtspunkten länderübergreifend ausgemessen worden ist. Lange Zeit wurde die „politische Gemeinschaft“[1] der europäischen Souveräne als ein nicht nur für die Politik-, sondern auch für die Gesellschaftsgeschichte rele-

[1] So *Benedict Anderson*, Die Erfindung der Nation. Zur Karriere eines folgenreichen Konzepts. 2. Aufl. Frankfurt am Main 1993, 15.

vantes Gruppenphänomen seitens der historischen Forschung vernachlässigt. Karl Ferdinand Werner hat in diesem Sinne noch 1985 auf dem 18. Deutsch-französischen Historikercolloquium lebhaft über „das Genieren der Historiker vor den Phänomenen Dynastie, Monarchie, Fürst und Hof zum 19. und 20. Jahrhundert" geklagt.[2] Tatsächlich hat vor allem die deutsche Geschichtswissenschaft der 1970er und 1980er Jahre – beeinflußt von sozialwissenschaftlichen Modetrends und fixiert auf ein mit großem Aplomb vorgetragenes, jedoch weitgehend unter Ausschluß eines breiteren Lesepublikums gehegtes Interesse am Lebensmilieu der „Unterschichten" und am Schicksal der zum Träger geschichtlichen Fortschritts stilisierten Arbeiterklasse – die Beschäftigung mit den von Werner angemahnten Gegenständen in der Regel vermieden. Im Unterschied zur britischen und amerikanischen Forschung[3] beraubte sie sich durch diese programmatisch gewollte Vernachlässigung eines maßgeblichen Teils der europäischen Führungsschichten jahrzehntelang der Möglichkeit, auf dem Feld der vergleichenden europäischen Eliten- und Oberschichtenforschung zu echten historiographischen Erkenntnisfortschritten zu gelangen. Erst in letzter Zeit haben diskursgeschichtlich und kulturwissenschaftlich argumentierende Untersuchungen – so vor allem Arbeiten von Johannes Paulmann[4], die sich wiederum auf Untersuchungen von Eric Hobsbawm, Terence Ranger[5] und Clifford Geertz[6]

[2] *Karl Ferdinand Werner*, Fürst und Hof im 19. Jahrhundert: Abgesang oder Spätblüte?, in: ders. (Hrsg.), Hof, Kultur und Politik im 19. Jahrhundert. Akten des 18. Deutsch-Französischen Historikerkolloquiums. Darmstadt 27.–30. September 1982. Bonn 1985, 15; vgl. auch *Heinz Gollwitzer*, Die Funktion der Monarchie in der Demokratie, in: Adolf M. Birke/Lothar Kettenacker (Hrsg.), Bürgertum, Adel und Monarchie. Wandel der Lebensformen im Zeitalter des bürgerlichen Nationalismus. München 1989, 147–156.

[3] Vgl. *David Cannadine*, Die Erfindung der britischen Monarchie 1820–1994. Berlin 1994; *ders.*, Royals in Toils, in: ders., History in Our Time. New Haven/London 1998, 3–85; *David Cannadine/Simon Price* (Eds.), Rituals of Royalty. Power and Ceremonial in Traditional Societies. Cambridge 1987; *David Barclay*, Ritual, Ceremonial, and the „Invention" of a Monarchical Tradition in Nineteenth-Century Prussia, in: Heinz Duchhardt/Richard A. Jackson/David Sturdy (Eds.), European Monarchy. Its Evolution and Practice from Roman Antiquity to Modern Times. Stuttgart 1992, 207–220; *ders.*, Anarchie und guter Wille. Friedrich Wilhelm IV. und die preußische Monarchie. Berlin 1995.

[4] Grundlegend und außerordentlich innovativ: *Johannes Paulmann*, Pomp und Politik. Monarchenbegegnungen in Europa zwischen Ancien Régime und Erstem Weltkrieg. Paderborn/München/Wien/Zürich 2000; dieser Studie verdanken die nachfolgenden Ausführungen maßgebliche Anregungen; vgl. ferner *ders.*, Europäische Monarchen in der Revolution von 1848/49: „Die erste wahrhafte Internationale"?, in: Dieter Langewiesche (Hrsg.), Demokratiebewegung und Revolution 1847 bis 1849. Internationale Aspekte und europäische Verbindungen. Karlsruhe 1998, 109–139; *ders.*, Peripatetische Herrschaft, Deutungskontrolle und Konsum. Zur Theatralität in der europäischen Politik vor 1914, in: GWU 53, 2002, 444–461.

[5] Vgl. *Eric Hobsbawm/Terence Ranger* (Eds.), The Invention of Tradition. Cambridge 1983.

[6] Vgl. *Clifford Geertz*, Center, Kings, and Charisma. Reflections on the Symbolics of Power, in: ders., Local Knowledge. Further Essays in Interpretative Anthropology. London

stützen – die Sicht freigelegt auf den *monarchischen Anteil* an der Konstruktion kollektiver nationaler Identitäten, Mythen und Stereotype. Und sie haben den Blick geschärft für die Bedeutung der *symbolischen Dimension* politischen Handelns in der Gesellschaft Alteuropas, deren maßgebliche Repräsentanten bis 1914 eben nicht zuletzt die europäischen Souveräne gewesen sind.

Solche Ergebnisse der neuesten, auch eigenen Forschung[7], in Betracht ziehend, wird in den folgenden Ausführungen nach dem *Strukturwandel monarchischen Selbst- und Fremdverständnisses* gefragt – eingebettet in das Spannungsfeld von traditionell transnationaler Verortung europäischer Fürstenherrschaft einerseits und deren wachsender Einbindung in den nationalstaatlichen Diskurs, der das Jahrhundert zunehmend bestimmen sollte, andererseits. Gab es, so ist zu fragen, unter den monarchischen Eliten im Europa des 19. und frühen 20. Jahrhunderts *Strategien zur Neulegitimierung* ihrer angefochtenen Stellung – Strategien, oder doch zumindest großangelegte taktische Anpassungsbewegungen, die darauf abzielten, sich in einem gesamteuropäischen Rahmen, der über die Ländergrenzen hinausging, mit den emanzipatorischen politischen Kräften der Moderne zu arrangieren oder diese Kräfte gar im eigenen Interesse zu modifizieren und zu manipulieren?

Der Beitrag sucht auf diese Fragen eine Antwort und gliedert sich in drei Teile. Im *ersten* Teil werden jene Anpassungsversuche skizziert, welche die Gemeinschaft der europäischen Souveräne und die sie tragenden Eliten angesichts der fragilen Wiederherstellung ihrer politischen Machtposition durch die Wiener Ordnung 1815 in der Epoche des Vormärz unternahmen. Diese Anpassungsversuche trugen bis 1848 noch einen stark übernationalen, gesamteuropäischen Akzent (I). Im Gefolge der mitteleuropäischen Revolutionen von 1848/49 ging diese transnationale Verortung monarchischer Herrschaft verloren. Ihre Neulegitimierung erfolgte nun durch die Integration der meisten Regenten in ihren Staat mittels Konstitutionalisierung und einer

1993, 121–146; vgl. auch *ders.*, Dichte Beschreibung. Beiträge zum Verstehen kultureller Systeme. 2. Aufl. Frankfurt am Main 1991.

[7] Vgl. *Frank-Lothar Kroll*, Friedrich Wilhelm IV. und das Staatsdenken der deutschen Romantik. Berlin 1990; *ders.*, Monarchie und Gottesgnadentum in Preußen, in: ders., Das geistige Preußen. Zur Ideengeschichte eines Staates. Paderborn/München/Wien/Zürich 2001, 55–74; *ders.*, Wilhelm II. (1888–1918), in: ders. (Hrsg.), Preußens Herrscher. Von den ersten Hohenzollern bis Wilhelm II. 3. Aufl. München 2006, 290–310; *ders.*, Monarchen als Gelehrte. Zum Typus des „homme de lettre" in den deutschen Fürstenstaaten des 19. Jahrhunderts, in: König Johann von Sachsen. Zwischen zwei Welten. Hrsg. von der Sächsischen Schlösserverwaltung und dem Staatlichen Schlossbetrieb Schloß Wesenstein. Halle, Saale 2001, 135–140; *ders.*, Herrschaftslegitimierung durch Traditionsschöpfung. Der Beitrag der Hohenzollern zur Mittelalter-Rezeption im 19. Jahrhundert, in: HZ 274, 2002, 61–85; *ders.*, Friedrich August III. (1904–1918), in: ders. (Hrsg.), Die Herrscher Sachsens. Markgrafen, Kurfürsten, Könige 1089–1918. München 2004, 306–319; *ders.*, Friedrich der Große als Gestalt der europäischen Geschichtskultur, in: Brunhilde Wehinger (Hrsg.), Geist und Macht. Friedrich der Große im Kontext der europäischen Kulturgeschichte. Berlin 2005, 187–198.

damit einhergehenden Nationalisierung. Diese in den 1850er bis 1880er Jahren kulminierende Entwicklung steht im Mittelpunkt des *zweiten* Teils (II). Ein *dritter* Teil umreißt abschließend die Konsequenzen nationalstaatlicher Monarchisierung und fragt nach dem herrschaftslegitimierenden Potential von Restbeständen transnationalen monarchischen Handelns im Rahmen des vielberufenen, verwandtschaftlich begründeten dynastischen Internationalismus während der letzten drei Jahrzehnte vor Ausbruch des Ersten Weltkriegs (III). Die Darlegungen fußen auf einem Quellenverständnis, das die Gesamtheit der sprachlichen und symbolischen Selbstartikulation der Monarchien umfaßt – Fürstenbriefwechsel und Zeremonialakten ebenso wie Herrscherporträts, Denkmäler oder Gegenstände der Alltagswelt. Methodisch zielen die Ausführungen auf eine durch Vergleich gewonnene *Typisierung* und auf eine durch Auswahl ermittelte *Abstraktion* und müssen daher manche nationale Sonderentwicklung unerwähnt lassen.

I.

Möglichkeiten und Grenzen transnationalen monarchischen Zusammenwirkens im 19. Jahrhundert bezeichnete zunächst jene 1815, unmittelbar nach Beendigung der napoleonischen Kriege, ins Leben gerufene Herrscherverbrüderung zwischen Franz I. von Österreich, Friedrich Wilhelm III. von Preußen und Alexander I. von Rußland, die unter dem Begriff „Heilige Allianz" geläufig ist.[8] Diese Einrichtung war die Solidargemeinschaft einer durch ihre Netzwerke und ihren gesellschaftlichen Umgang „international" orientierten Führungsschicht. Grenzüberschreitende Wahrnehmungs- und Erfahrungsräume waren dabei zweifellos präsent und ließen somit auch das Instrument der „Heiligen Allianz" als „europäische" Option gegenüber rein nationalen Bewußtseinshorizonten erscheinen. Doch der hier waltende „monarchische Europäismus" gab sich reaktiv und defensiv. Er war in erster Linie Ausdruck klassenspezifischer Besitzstandswahrung und schlug mit seiner konservativ-antirevolutionären Rhetorik keine Brücke zu den zusehends tonangebenden, nationalstaatlich orientierten Kräften der Epoche. Auch wenn manche zeitgenössische Beobachter die „Heilige Allianz" als christlich-universalistische Alternative zum Kosmopolitismus des Revolutionszeitalters mythisierten – so beispielsweise Heinrich Olivier in seiner Darstellung der Herrscher der drei Ostmächte als „Ritter des Abendlandes" (Abb. 1) – , ließ sich symbolisches Kapital für die Monarchen als Mitglieder einer trans-

[8] Darüber zuletzt perspektivenreich, mit Angabe aller maßgeblichen älteren Literatur *Wolfram Pyta*, Idee und Wirklichkeit der „Heiligen Allianz", in: Frank-Lothar Kroll (Hrsg.), Neue Wege der Ideengeschichte. Festschrift für Kurt Kluxen zum 85. Geburtstag. Paderborn/München/Wien/Zürich 1996, 315–345.

nationalen Gruppenformation mit alledem längerfristig nicht ansammeln. Es mußte auf andere Weise erworben werden.

Eine Möglichkeit dazu bot sich im Rahmen der Ideologie des sogenannten „Bürgerkönigtums“, das im vormärzlichen Europa für etwa zwei Jahrzehnte ein Leitbild darstellte und keineswegs nur im orléanistischen Frankreich der 1830er und 1840er Jahre mit seiner typenbildenden Gestalt des Louis-Philippe zu finden war.[9] Die neuere Forschung[10] hat erwiesen, daß es sich bei diesem zeitgenössischen Leitbild des „Bürgerkönigtums“ indes um eine Erfindung handelte – eine ideologische Attrappe, die ein bestimmtes Rollenverhalten der Monarchen suggerierte, ein Modell persönlicher Lebensführung entwarf, nicht aber unbedingt ein politisches Programm präsentierte oder gar das Spiegelbild einer staatlichen Wirklichkeit bot. Diese war zwar in Ländern wie Frankreich oder Belgien oder Baden im Vormärz insofern für ein mögliches „Bürgerkönigtum“ disponiert, als die dortigen Verfassungen auf eine Legitimation des Monarchen durch die Volkssouveränität abhoben, auf den König von Bürgers Gnaden also. Doch selbst im Frankreich Louis-Philippes wurde ein solcher Verfassungsanspruch in der politischen Praxis vielfach unterlaufen, und in anderen europäischen Staaten, deren Monarchen sich bewußt „bürgerlich“ gaben, existierte überhaupt keine Verfassung, auf deren Grundlage sich ein durch das Prinzip der Volkssouveränität legitimiertes „Bürgerkönigtum“ hätte entfalten können – etwa in England unter Victoria und Albert[11] oder in Preußen unter Friedrich Wilhelm III.[12] Nein:

[9] Zu dessen Herrschaftsverständnis vgl. jetzt umfassend *Guy Antonetti*, Louis-Philippe. Paris 1994; wichtig ferner *Michael Morrinan*, Painting Politics for Louis-Philippe. Art and Ideology in Orleanist France 1830–1848. New Haven 1988.

[10] *Heinz Dollinger*, Das Leitbild des „Bürgerkönigtums“ in der europäischen Monarchie des 19. Jahrhunderts, in: Werner (Hrsg.), Hof, Kultur und Politik (wie Anm. 2), 325–362; wichtig ferner *Rainer Schoch*, Das Herrscherbild in der Malerei des 19. Jahrhunderts. München 1975, bes. 15ff., 107ff., 150ff.; für den spezifisch preußischen Rahmen vgl. *Thomas Stamm-Kuhlmann*, War Friedrich Wilhelm III. von Preußen ein Bürgerkönig?, in: ZHF 16, 1989, 441–460; für Bayern insbes. *Manfred Hanisch*, Für Fürst und Vaterland. Legitimationsstiftung in Bayern zwischen Revolution 1848 und deutscher Einheit. München 1991, 83–107; vgl. ferner bereits *Heinz Gollwitzer*, Fürst und Volk. Betrachtungen zur Selbstbehauptung des bayerischen Herrscherhauses im 19. und 20. Jahrhundert, in: ZBLG 50, 1987, 723–747; zuletzt *Hubertus Büchel*, Untertanenliebe. Der Kult um deutsche Monarchen 1770–1830. Göttingen 2006, 64ff., 295ff.

[11] Dazu die Untersuchungen von *Ilse Hayden*, Symbol and Privilege. The Ritual Context of British Royalty. Tuscon, Ariz. 1987; *Monika Wienfort*, Monarchie in der bürgerlichen Gesellschaft. Deutschland und England von 1640 bis 1848. Göttingen 1993; *Margaret Homans*, Royal Representations. Queen Victoria and British Culture, 1837–1876. Chicago, Ill. 1998.

[12] Dazu *Thomas Stamm-Kuhlmann*, Der Hof Friedrich Wilhelms III. von Preußen 1797 bis 1840, in: Karl Möckl (Hrsg.), Hof und Hofgesellschaft in den deutschen Staaten im 19. und beginnenden 20. Jahrhundert. Boppard 1990, 275–319; *ders.*, König in Preußens großer Zeit. Friedrich Wilhelm III., der Melancholiker auf dem Thron. Berlin 1992; *ders.*, Die Rolle von Staat und Monarchie bei der Modernisierung von oben. Ein Litera-

„Bürgerkönigtum" meinte lediglich, daß viele Monarchen im vormärzlichen Europa einen privaten Lebensstil pflegten und ihn öffentlich zelebrierten, was wiederum durch die vielfältigen neuen Techniken der Massenkommunikation bildpropagandistisch popularisiert wurde. Dieser Lebensstil stimmte mit bürgerlichen bzw. großbürgerlichen Erwartungshaltungen überein, wie sie etwa auf dem Gemälde von Edwin Landseer zum Ausdruck kommen, das Königin Victoria von England als „Bürgermutter" im Kreis ihrer Familie zeigt (Abb. 2) – eine Atmosphäre betonter Schlichtheit und Bescheidenheit evozierend. Ähnliche Stimmungswerte beherrschen ein Schreibtischbild Ludwigs XVIII. von François Gerard (Abb. 3), das sogar diesen, in seinem politischen Selbstverständnis ganz und gar nicht „bürgerlich" gesinnten vorletzten Bourbonenkönig[13] 1823 als arbeitsamen Landesvater darstellt – mit der Feder in der Hand rechnend, sparsam und fleißig, und so den Wertvorstellungen der entstehenden wirtschaftsbürgerlichen Leistungsgesellschaft entsprechend.

Daß sich auch die Monarchen selbst in diesem bürgerlich-privaten, ausgesprochen unfeudalen Habitus gefielen, zeigen Selbstkarikaturen des preußischen Königs Friedrich Wilhelms IV. aus seinen Briefen, die fast schon die Grenzen der Bürgerlichkeit hin zur Unter-Bürgerlichkeit überschreiten (Abb. 4 bis 7): der Monarch als Sofa-Sitzer, als Sternrohr-Gucker, als Mondgesicht oder als Badender – mit der nicht eben königlichen Unterschrift: „meine Gestalt um elf Uhr". Und auch ein offiziell in Auftrag gegebenes Herrscherporträt wie jenes, das Franz Krüger 1846 von Friedrich Wilhelm IV. gefertigt hat (Abb. 8), bewegt sich in einem betont bürgerlichen Bezugsrahmen.[14] Krügers Gemälde, das durch ein Schabkunstblatt des Zeichners Friedrich Oldermann als Reproduktion einer breiteren Öffentlichkeit bekannt war, zeigt den König von Preußen als einen aus seiner amtsbedingt laufenden Schreibtischarbeit Herausgerissenen, ein Aktenstück in der einen Hand, die Lesebrille in der anderen haltend, um auf diese Weise darzutun, daß der Arbeitsprozeß nur für einen Moment unterbrochen wurde. Das Bild des an seinem Arbeitsplatz weilenden und dort im Interesse des Allgemeinwohls wirkenden Monarchen, pflichtbewußt, sachkonzentriert und bescheiden – das war ein Herrscherideal ganz nach dem Geschmack des in seinem

turbericht mit ergänzenden Betrachtungen zur Person König Friedrich Wilhelms III., in: Bernd Sösemann (Hrsg.), Gemeingeist und Bürgersinn. Die preußischen Reformen. Berlin 1993, 261–278.

[13] Grundlegend *Philipp Mansel*, Louis XVIII. London 1981; zur politischen Kultur Frankreichs unter den letzten beiden Bourbonenherrschern instruktiv *Guillaume de Bertier de Sauvigny*, Aristocratie et Monarchie dans la vie culturelle au temps de Louis XVIII et Charles X, in: Werner (Hrsg.), Hof, Kultur und Politik (wie Anm. 2), 61–75.

[14] Dazu ausführlich *Frank-Lothar Kroll*, „Bürgerkönig" oder „König von Gottes Gnaden"? Franz Krügers Porträt Friedrich Wilhelms IV. als Spiegelbild zeitgenössischer Herrscherauffassungen, in: ders., Das geistige Preußen (wie Anm. 7), 115–124.

Verhalten von gleichartigen Einstellungen geprägten „bürgerlichen" Publikums. Es sah „seinen" König hier in ein Umfeld eingebettet, das mit den eigenen Tugenden, Wertmaßstäben und Lebensgewohnheiten weithin in Deckung stand, eine Situation wiedergab, die den „bürgerlichen" Erfahrungsbereich spiegelte und infolgedessen eine umfassende Identifikation mit der Person des Monarchen und der von ihm vertretenen Herrschaftsform erlaubte.

Man kann in derart bildpropagandistischen Zeugnissen einen Versuch der europäischen Monarchen im Vormärz erblicken, durch symbolische Anpassung an den Werthorizont einer bürgerlich dominierten Öffentlichkeit Anschluß an den aktuellen Zeittrend zu finden. Doch dieser Anschluß blieb im vorpolitischen Raum stecken. Er beschränkte sich aufs Habituelle, denn die politischen Emanzipationspostulate der staatsbürgerlichen Gesellschaft mit ihrem Verlangen nach Kontrolle der Staatsgewalt und Reduzierung der monarchischen Macht wurden durch die „Bürgerkönige" in keinem einzigen damaligen Land Europas realisiert – auch nicht im liberalen Musterstaat Belgien[15], und erst recht nicht im orléanistischen Frankreich mit seinen rigiden Wahlrechtsregelungen[16]. Zugespitzt formuliert, ermöglichte gerade die habituelle Hinwendung der Monarchen zum Bürger dessen politische Ruhestellung im Sinne einer machterhaltenden Kompensationsstrategie.

Daß diese, den Typus des „Bürgerkönigtums" repräsentierende Kompensationsstrategie zur dauerhaften Neulegitimierung monarchischer Herrschaft ebensowenig ausreichte wie der im Rahmen der „Heiligen Allianz" betriebene Versuch einer transnationalen Kooperation der europäischen Dynastien, machten die Ereignisse des Jahres 1848/49 in ganz Mitteleuropa deutlich. Es bedurfte einer umfassenderen Integrationsideologie, um die nach politischer Partizipation strebenden Massen langfristig an die monarchischen Eliten zu binden. Hier bot sich ein anderes, und nun durchaus offensiv verfochtenes Modell an, das man auf Grund seiner nachhaltigen Durchschlagskraft in ganz Europa geradezu als das *Erfolgsmodell* monarchischer Selbststabilisierung in der zweiten Jahrhunderthälfte bezeichnen kann. Dieses Erfolgsmodell hieß: *monarchischer Nationalismus*, und diesem Phänomen einer *Nationalisierung der Monarchie* gelten die Darlegungen des zweiten Teils dieses Beitrags.

[15] Zu den entsprechenden Hintergründen vgl. detailliert *John Gilissen*, Die belgische Verfassung von 1831 – ihr Ursprung und ihr Einfluß, in: Werner Conze (Hrsg.), Beiträge zur deutschen und belgischen Verfassungsgeschichte im 19. Jahrhundert. Stuttgart 1967, 38–69; *Jean Stengers*, Evolution de la Royauté en Belgique: modèle ou imitation de l'évolution européenne, in: Res publica 1991, 85–103; *ders.*, L'action du Roi Belgique depuis 1831. Pouvoir et influence. Essai de typologie des modes d'action du Roi. Paris 1992.

[16] Dazu *Pierre Rosanvallon*, La monarchie impossible. Les Chartes de 1814 et de 1830. Paris 1994.

II.

Im ersten Drittel des 19. Jahrhunderts war das Verhältnis von Nation und monarchischer Herrschaft in weiten Teilen des Kontinents ein eher spannungsreiches gewesen. Vielfach revolutionär, demokratisch und am Prinzip der Volkssouveränität orientiert, war den meisten europäischen Nationalbewegungen der Brückenschlag zu den Dynastien im Vormärz schwergefallen. Allerdings hatte es auch damals schon erste Annäherungsversuche gegeben, so im europäischen Krisenjahr 1840, als der „Bürgerkönig“ Louis-Philippe angesichts des neuerlichen Streits um die Rheingrenze die Rückführung der sterblichen Überreste Napoleons I. von St. Helena in den Pariser Invalidendom zu einem Akt nationaler Identitätsstiftung ummünzte. Auf der anderen Seite des Rheins solidarisierten sich zur gleichen Zeit aus vergleichbarem Anlaß deutsche Monarchen erstmals in großem Stil mit der deutschen Nationalbewegung. König Ludwig I. von Bayern etwa schenkte dem Dichter des Rheinliedes, Nikolaus Becker, einen wertvollen Pokal[17], und auch Friedrich Wilhelm IV. von Preußen zeichnete Becker mehrfach demonstrativ aus[18].

Restlos möglich wurde der Schulterschluß zwischen Monarchie und Nation nach Einbindung der europäischen Souveräne in das Verfassungsmodell des *monarchischen Konstitutionalismus*. Im Rahmen dieses gesamteuropäischen Modells mußten sich die Herrscher überall in Europa, wie zuletzt Martin Kirsch in vergleichender Analyse eindrucksvoll gezeigt hat[19], mit gewählten Parlamenten auseinandersetzen, mußten den Kompromiß, das Bündnis mit den bürgerlichen Repräsentanten der Nationalbewegung suchen. Dadurch erst wurden die Träger der Krone zum integralen Bestandteil des nationalen Verfassungsdiskurses und konnten in ihrer neuen Rolle als personifizierte Verkörperungen der imaginierten Gemeinschaft der Nation das dringend benötigte symbolische Kapital ansammeln. Was sie dabei an unmittelbaren politischen Handlungsspielräumen einbüßten, gewannen sie als Identifikationsfiguren staatlicher Macht und nationalen Prestiges. Die

[17] Vgl. *Heinz Gollwitzer*, Ludwig I. von Bayern. Königtum im Vormärz. Eine politische Biographie. München 1986, 637.

[18] Dazu *Walter Bussmann*, Zwischen Preußen und Deutschland. Friedrich Wilhelm IV. Eine Biographie. Berlin 1990, 143ff.

[19] *Martin Kirsch*, Monarch und Parlament im 19. Jahrhundert. Der monarchische Konstitutionalismus als europäischer Verfassungstyp – Frankreich im Vergleich. Göttingen 1999; dazu direkt und weiterführend *Hans-Christof Kraus*, Monarchischer Konstitutionalismus. Zu einer neuen Deutung der deutschen und europäischen Verfassungsentwicklung im 19. Jahrhundert, in: Der Staat 43, 2004, 595–620; ferner *Martin Kirsch*, Die Entwicklung des Konstitutionalismus im Vergleich. Französische Vorbilder und europäische Strukturen in der ersten Hälfte des 19. Jahrhunderts, in: ders./Pierangelo Schiera (Hrsg.), Denken und Umsetzung des Konstitutionalismus in Deutschland und anderen europäischen Ländern in der ersten Hälfte des 19. Jahrhunderts. Berlin 1999, 147-173.

Konstitutionalisierung der europäischen Monarchien war die *Voraussetzung* für deren *Nationalisierung* – und diese wiederum bot die Basis und den Angelpunkt für den unerwarteten Ansehenszuwachs monarchischer Herrschaft in weiten Teilen Europas während der letzten Jahrzehnte des 19. Jahrhunderts. Man kann in diesem Entwicklungsprozeß durchaus eine spezifische Dimension von *Modernisierung* erblicken, die von gängigen Modernisierungstheorien, allen voran derjenigen von Hans-Ulrich Wehler, bisher vollkommen übersehen bzw. bewußt ausgeblendet worden ist und in Zukunft stärkere Berücksichtigung erfahren sollte.[20]

Diese Nationalisierung der Monarchie, die eben auch eine Modernisierung gewesen ist, vollzog sich wesentlich im öffentlichen Raum. Vor allem in Feiern und Festen, welche Dynastie und Nation miteinander verbanden, wurde nationale Identität kollektiv inszeniert und vor einem Massenpublikum zelebriert, mit dem Monarchen als Nationalsymbol im Mittelpunkt. Denkmalseinweihungen und Begräbniszeremonien waren in diesem Rahmen ebenso Ausdruck und Funktion kultureller Nationsbildung wie Krönungsrituale, Regierungsjubiläen oder Herrscherreisen.

Im neugeschaffenen Königreich Italien wurden solche nationalmonarchischen Einheitsrituale mit besonderer Intensität gepflegt. Neuere Forschungen haben damit begonnen, deren Modalitäten und Mechanismen in interdisziplinärer Perspektive freizulegen.[21] Ein typisches Beispiel entsprechender Inszenierungen boten die Funeralien für den ersten König des italienischen Nationalstaates Vittorio Emanuele II. Zur Ikonographie des Begräbnisses am 16. Februar 1878 gehörte die Aufbewahrung des Leichnams im Innenraum des römischen Pantheons, wobei der Saalschmuck monarchische und nationale Symbolik nahtlos miteinander zu verschmelzen

[20] *Hans-Ulrich Wehler*, Modernisierungstheorie und Geschichte. Göttingen 1975, 51ff.

[21] Vgl. insbes. *Robert Katz*, The Fall of the House of Savoy. A Study in the Relevance of the Commonplace or the Vulgarity of History. London 1972, XV-XXII; *Denis Mack Smith*, Italy and Its Monarchy. New Haven/London 1989; *Franz J. Bauer*, Gehalt und Gestalt in der Monumentalsymbolik. Zur Ikonologie des Nationalstaats in Deutschland und Italien 1860-1914. München 1992; *ders.*, Nation und Moderne im geeinten Italien (1861-1915), in: GWU 46, 1995, 16-31; *Susanne von Falkenhausen*, Italienische Monumentalmalerei im Risorgimento 1830-1890. Strategien nationaler Bildersprache. Berlin 1993; *Francesco Cruciani*, La „Monarchia popolare". Immagini del re e nazionalizzazione delle masse negli anni della Sinistra al potere, in: Filippo Mazzonis (Ed.), La monarchia nella storia dell'Italia unita. Problematiche ed esemplificazioni. Rom 1997, 141-188; *Catherine Brice*, La monarchie, un acteur oublié de la „nationalisation" des Italiens?, in: RHMC 45, 1998, 147-169; *Bruno Tobia*, Una patria per gli italiani. Spazi, itinerari, monumenti nell'Italia unita (1870-1900). Rom 1999; *ders.*, Die Toten der Nation. Gedenkfeiern, Staatsbegräbnisse und Gefallenenkult im liberalen Italien (1870-1921), in: Sabine Behrenbeck/Alexander Nützenadel (Hrsg.), Inszenierungen des Nationalstaates. Politische Feiern in Italien und Deutschland seit 1860/71. Köln 2000, 67-85; *Kathrin Mayer*, Mythos und Monument. Die Sprache der Denkmäler im Gründungsmythos des italienischen Nationalstaates 1870-1915. Köln 2003, 83-127, 257-301.

suchte. Allegorien, welche die politischen Tugenden des Verstorbenen ins Gedächtnis riefen, standen zwischen den Wappen italienischer Städte, im Kuppelraum leuchteten 140 sternförmige Ampeln, jede für einen gefallenen Helden der Einigungskriege zeugend, in der Mitte glänzte der Stern Italiens. Um das als Ruhestätte für die Könige Italiens dienende Pantheon vollends vom dynastischen Mausoleum in ein nationalmonarchisches Monument zu verwandeln, wurde 1885 ein Abbild der Eisernen Krone der Langobarden am Grabmal angebracht. Diese Krone stand zwar zum Haus Savoyen, der Dynastie des jungen italienischen Nationalstaates, in keinem Bezug. Doch sie hatte im Mittelalter zur Krönung mancher römisch-deutschen Könige gedient, war 1805 von Napoleon Bonaparte bei seiner Erhebung zum König von Italien im Mailänder Dom getragen worden und galt daher als symbolträchtige patriotische Reliquie. Durch ihre Installation am römischen Königsgrab wurde diesem die Qualität eines neuen, nationalmonarchischen Erinnerungsortes verliehen, an welchem sich nationale Überlieferung und dynastische Legitimation trafen.

Dieser komplizierte Umdeutungsvorgang steht exemplarisch für die Neuerfindung einer national konnotierten monarchischen Tradition, mit der die Legitimationsstrategien der sich zusehends nationalisierenden Monarchien nicht nur in den jungen Nationalstaaten Italien und Deutschland, sondern auch in anderen Ländern Europas eng verknüpft waren. Eric Hobsbawm und David Cannadine haben diesen Vorgang unter dem Begriff „invention of tradition" vor allem mit Blick auf die britische Monarchie im 19. Jahrhundert beschrieben.[22] Dort war die Nationalisierung des Königtums früher als irgendwo sonst erfolgt, und dort vollzog sich auch die Monarchisierung der Nation schon seit den 1880er Jahren im Einzugsfeld eines neuartigen Phänomens: der Konsummechanismen des modernen Massenmarktes.[23] 1887, zum 50jährigen Thronjubiläum der Königin Victoria, erschien ihr Konterfei auf zahlreichen Produkten des täglichen Gebrauchs, auf Seifenschachteln, Keksdosen und Wursthüllen – wohl die erste derartige Verwendung eines Herrscherporträts als schlichtes Werbemittel. Was damals noch ohne den Willen der Monarchin geschah, hatte sich zwei Jahrzehnte später zu einer Strategie medialer Selbstpropagierung der Monarchie unter den Bedingungen des Mas-

[22] Vgl. Anm. 5 bzw. Anm. 3.

[23] Vgl. *Rosalind Brunt*, A „Divine Gift to Inspire"? Popular Cultural Representation, Nationhood and the British Monarchy, in: Dominic Strinati/Stephen Wagg (Eds.), „Come on Down"? Popular Media Culture in Post-War Britain. London 1992, 285-301; *Frank Prochaska*, Royal Bounty. The Making of a Welfare Monarchy. New Haven/London 1995, 100-135; *William M. Kuhn*, Democratic Royalism. The Transformation of the British Monarchy 1861-1914. London 1996; *David Chaney*, The Mediated Monarchy, in: David Morley/Kevin Robins (Eds.), British Cultural Studies. Geography, Nationality, and Identity. Oxford 2001, 207-220; zur entgegengesetzten „Tradition" vorzüglich *Antony Taylor*, „Down with the Crown". British Anti-monarchism and Debates about Royalty since 1790. London 1999, 110-143, 174-208.

senkonsums entwickelt: Als Edward VII. anläßlich seines fünfjährigen Krönungsjubiläums 1907 den Militärhafen Cardiff besuchte, ließ er dort 40 000 Blechschachteln mit Schokolade verteilen – die Dosen trugen sein Porträt und das der Königin Alexandra in vollem Krönungsornat (Abb. 9). Das Krönungsornat symbolisierte nationale Macht, massenwirksamer und moderner konnte die Monarchie seinerzeit wohl kaum der Nation präsentiert, popularisiert und von ihr im Wortsinn konsumiert werden.

Zur gleichen Zeit präsentierten sich auch die Mitglieder des deutschen Kaiserhauses den Bürgern ihres Landes in einer zum Anfassen nahen Form: Zum 25jährigen Regierungsjubiläum Kaiser Wilhelms II. wurden überall im Reich Anziehbögen des Kaiserpaares angeboten (Abb. 10). Dadurch sahen sich alle Kinder Deutschlands in die Lage versetzt, nicht nur „ihren" Herrscher nach Belieben einzukleiden und ihm jenes Aussehen zu verleihen, das ihrer jeweiligen Wunschvorstellung vom Träger der Krone am nächsten kam. Auch Anziehbögen der kaiserlichen Enkel waren im Handel erhältlich (Abb. 11). Da die Prinzen im gleichen Alter wie die potentiellen Benutzer der Anziehbögen waren, bot sich auf diese Weise in verstärktem Maße die Möglichkeit, heranwachsenden Jugendlichen patriotische Identifikationsfiguren zu liefern. Monarchie und Nation erwiesen sich auch hier als eine nahezu deckungsgleiche Größe.

III.

Beispiele für eine Nationalisierung der Monarchie während des letzten Drittels des 19. Jahrhunderts ließen sich aus nahezu allen europäischen Nationalstaaten beibringen. Allerorts suchten die nationalstaatlichen Dynastien Anschluß an die Gemeinschaft der Nation und betrieben damit zugleich das höchst erfolgreiche Geschäft einer Neulegitimierung ihres lange Zeit rein defensiv verfochtenen Herrschaftsanspruchs. Dieses Geschäft freilich war den Dynastien nicht von vorneherein vorgegeben. Sie fanden zu ihm im Verlauf eines langfristigen Entwicklungsprozesses, dessen Etappen im Vorstehenden skizziert wurden. Wie geschildert, war der Versuch der monarchischen Eliten Europas, ihren von den Kräften der Moderne bedrohten Herrschaftsanspruch nach 1815 zunächst mittels einer internationalen Monarchenverbrüderung zu konsolidieren, erfolglos geblieben – er versandete in den 1820er Jahren. Daraufhin vollzogen zahlreiche Dynastien schrittweise eine Annäherung an die politischen und gesellschaftlichen Epochentrends. Die Stationen dieses Annäherungsprozesses, den man, mit gewissen Einschränkungen, durchaus als eine „monarchische Modernisierung" bezeichnen kann, hießen: Bürgerkönigtum, konstitutionelles Königtum, nationales Königtum. Im Zeitalter der Nationalisierung des politischen Lebens rechtfertigten auch die Dynastien – sofern sie nicht multinationalen Imperien vorstanden wie beispielsweise in Rußland oder Österreich-Ungarn[24] – ihre Herrschaft mit der Idee einer monarchisch konstituierten Nation. Ihr Bemühen, im Hauptstrom der Zeit zu bleiben, ließ sie Anschluß finden an den Prozeß der Nationsbildung, an die Konstruktion nationaler Identitäten und an die imaginierte Gemeinschaft der Nation. Sie bewiesen in erstaunlicher Anpassungsfähigkeit ihre fortdauernde Relevanz als Repräsentanten ihrer jeweiligen Nation und stabilisierten dadurch ihre Stellung unter den Bedingungen der Moderne. Diese Strategie einer umfassenden Neulegitimierung ihrer in die Defensive geratenen Herrschaftsstellung war insgesamt erfolgreich – auch deshalb, weil sie, je länger, desto mehr, eine zunehmende Eigendynamik entfaltete, in deren Verlauf sich Eliten und Öffentlichkeit wechselseitig die Bälle zuspielten. Abgesehen vom Sonderfall Frankreich[25] ist die monarchische Staatsform vor 1914 nur in einem einzigen europäischen Land einer Revolution zum Opfer gefallen: 1910 in Portugal, und das hatte ganz spezifische Gründe. Eine derart erfolgreiche institutionelle Selbststabilisierung hätte im gesamteuropäischen Krisenjahr 1848/49 kaum jemand für möglich gehalten. Doch die erfolgte und erfolgreiche monarchische Selbstbehauptung hatte auch ihren Preis – und zwar in zweifacher Hinsicht.

1. Dadurch, daß die Monarchie in fast allen europäischen Nationalstaaten des späteren 19. Jahrhunderts zu einem integralen Teil des Nationsbildungsprozesses wurde, gewann sie zwar wachsende symbolische Bedeutung und damit neues Ansehen trotz sinkender politischer Macht. Aber die Einbindung der Monarchie in den nationalen Diskurs wirkte wiederum auch auf diesen selbst zurück. Der Nation wurde eine neue, „monarchische" Konnotation zugesprochen, „Nation" wurde als durch die Dynastie konstituiert gedacht und damit obrigkeitsstaatlich imprägniert. Der nationale Diskurs, ursprünglich stark von Freiheits-, Emanzipations- und Partizipationspostula-

[24] Dort ließ sich der nationalmonarchische Trumpf nur sehr bedingt ausspielen, weil beide Länder keine einheitlichen Nationalstaaten, sondern multiethnische Reiche waren. Monarchisches Kapital mußte hier mittels einer immer stärker öffentlich inszenierten und zelebrierten Identifikation des Staates mit den Trägern der Krone als den jeweiligen Repräsentanten der Dynastie angesammelt werden; vgl. zu Rußland *Richard S. Wortman*, Scenarios of Power. Myth and Ceremony in Russian Monarchy. 2 Vols. Princeton, N. J. 1995–2000; *Orlando Figes*, A People's Tragedy. The Russian Revolution 1891–1924. London 1996, 3ff., 9ff. (Feiern zum 300jährigen Romanow-Jubiläum 1913); ferner die ältere ideengeschichtliche Studie von *Michael Cherniavsky*, Tsar and People. Studies in Russian Myths. New Haven, Conn. 1961; zu Österreich *Andrea Blöchl*, Die Kaisergedenktage. Die Feste und Feiern zu den Regierungsjubiläen und runden Geburtstagen Kaiser Franz Josephs, in: Emil Brix/Hannes Stekl (Hrsg.), Der Kampf um das Gedächtnis. Öffentliche Gedenktage in Mitteleuropa. Wien 1997, 116–144; *Daniel Unowsky*, Creating Patriotism. Imperial Celebrations and the Cult of Franz Joseph, in: Österreichische Zeitschrift für Geschichtswissenschaften 9, 1998, 280–293.

[25] Vgl. die noch immer nicht überholte Studie von *Samuel M. Osgood*, French Royalism under the Third and Fourth Republics. Den Haag 1960.

ten geprägt, erfuhr dadurch eine nachhaltige ordnungspolitische Akzentverlagerung.[26] Dieter Langewiesche hat in diesem Zusammenhang von einer „Usurpation des Nationalismus durch die konservativen Eliten"[27] gesprochen und darin – mit Blick auf Deutschland – eine der entscheidendsten gesellschaftlich-politischen Formwandlungen im 19. Jahrhundert erblickt. Daß diese Formwandlungen sich nicht auf Deutschland beschränkten, sondern Teil eines gesamteuropäischen Prozesses gewesen sind, mag durch die vorstehenden Ausführungen deutlich geworden sein und wäre in einem umfassend und vergleichend angelegten Forschungsvorhaben eingehender darzustellen.

2. Dadurch, daß zahlreiche Monarchen in der skizzierten Weise zu kollektiven Selbstbildern ihrer Nationen avancierten, wurde einer staatenübergreifenden Politik transnationaler monarchischer Zusammenarbeit auf der Basis dynastischer Solidarität zusehends der Boden entzogen. Eine zwischenstaatlich vermittelnde Funktion, die den Herrschern – wie angedeutet – in der ersten Jahrhunderthälfte, etwa im Rahmen der „Heiligen Allianz" noch zugekommen war, ließ deren Eingliederung in die Ideologie des nationalen Machtstaates nun ebensowenig mehr zu wie das Ausmessen eigenständiger politischer Handlungsspielräume. Dynastisches Europabewußtsein beschränkte sich an der Wende zum 20. Jahrhundert auf die Pflege familiärer Beziehungen und verwandtschaftlicher Kontakte. Die politische Rückwirkung solcher Aktivitäten war gering[28], und dort, wo sie überhaupt noch eine gewisse Rolle spielten – etwa in den britisch-deutschen[29] oder in den

[26] Vgl. *Manfred Hanisch*, Nationalisierung der Dynastien oder Monarchisierung der Nation? Zum Verhältnis von Monarchie und Nation in Deutschland im 19. Jahrhundert, in: Birke/Kettenacker (Hrsg.), Bürgertum, Adel und Monarchie (wie Anm. 2), 76, 89.

[27] *Dieter Langewiesche*, Staatsbildung und Nationsbildung in Deutschland – ein Sonderweg? Die deutsche Nation im europäischen Vergleich, in: Ulrike von Hirschhausen/Jörn Leonhard (Hrsg.), Nationalismen in Europa. West- und Osteuropa im Vergleich. Referate einer Sektion auf dem 43. Deutschen Historikertag in Aachen am 27. September 2000. Göttingen 2001, 24.

[28] Vgl. *Karl Otmar Freiherr von Aretin*, Das Problem der monarchischen Solidarität an der Wende vom 19. zum 20. Jahrhundert, in: ders., Nation, Staat und Demokratie in Deutschland. Ausgewählte Beiträge zur Zeitgeschichte. Mainz 1993, 1–6; *Johannes Paulmann*, Searching for a „Royal International": The Mechanics of Monarchical Relations in Nineteenth-Century Europe, in: Martin Geyer/Johannes Paulmann (Eds.), The Mechanics of Internationalism. Culture, Society, and Politics from the 1840s to the First World War. Oxford 2001. Anderer Auffassung ist *Roderick R. McLean*, Royalty and Diplomacy in Europe, 1890–1914. Cambridge 2001, der vor allem der britischen Krone erheblichen diplomatischen Einfluß im Vorfeld des Ersten Weltkriegs zuspricht.

[29] Vgl. *Lamar Cecil*, History as Family Chronicle. Kaiser Wilhelm II and the Dynastic Roots of Anglo-German Antagonism, in: John C. G. Röhl/Nicolaus Sombart (Eds.), Kaiser Wilhelm II. New Interpretations. Cambridge 1982, 91–93; *David Cannadine*, Willy, Bertie und Vicky. Dynastische Beziehungen in Europa am Vorabend des Ersten Weltkriegs, in: Hans Wilderotter/Klaus-D. Pohl (Hrsg.), Der letzte Kaiser. Wilhelm II. im Exil. Gütersloh/München 1991, 43–54.

russisch-deutschen dynastischen Vetternschaften[30] oder in den umfassenden dynastischen Beziehungsnetzen der Coburger[31] oder der Hessen[32] – dienten sie nicht der Festigung monarchischer Solidarität oder gar der Formierung eines irgendwie gearteten „europäischen Bewußtseins" als Gegengewicht zum nationalstaatlichen Paradigma, sondern der Stärkung der Macht des eigenen Nationalstaates. An dessen Schicksal war auch das Schicksal der europäischen Monarchen vor 1914 unweigerlich gebunden. Den Weg in Krieg und Selbstzerstörung des Kontinents jedenfalls gingen sie alle nahezu ausnahmslos in vorderster Reihe mit – als Sinnbilder nationaler Identität, nationaler Rivalität und nationaler Hybris gleichermaßen.

[30] Vgl. *Lamar Cecil*, William II and His Russian „Colleagues", in: Carole Fink/Isabell V. Hull/MacGregor Knox (Eds.), German Nationalism and the European Response, 1890–1945. Norman, Oklahoma 1985; *Johannes Paulmann*, „Dearest Nicky ..." Monarchical Relations Between Prussia, the German Empire and Russia During the Nineteenth Century, in: Roger Bartlett/Karen Schönwälder (Eds.), The German Lands and Eastern Europe. Essays on the History of Their Social, Cultural and Political Relations. London 1999, 157–183.

[31] Dazu jetzt maßgeblich *Thomas Nicklas*, Das Haus Sachsen-Coburg. Europas späte Dynastie. Stuttgart 2003, 76–143, 197–218.

[32] Darüber zuletzt *Eckhart G. Franz*, Das Haus Hessen. Eine europäische Familie. Stuttgart 2005, 157–178, sowie zusammenfassend *Frank-Lothar Kroll*, Geschichte Hessens. München 2006, 67ff., mit weiterführender Literatur.

Abb. 1: Heinrich Olivier, Die Heilige Allianz (1815); Dessau, Staatliche Kunstsammlungen und Museen (Rainer Schoch, *Das Herrscherbild des 19. Jahrhunderts. München 1975, Abb. 132).*

*Abb. 2: Edwin Landseer, Königin Victoria und ihre Familie in Windsor (1843); Windsor Castle, Royal Art Collection (*Schoch, *Herrscherbild, Abb. 161).*

*Abb. 3: François Gérard, Ludwig XVIII. in seinem Arbeitszimmer in den Tuilerien (1823); Versailles, Musée National (*Schoch, *Herrscherbild, Abb. 111).*

Abb. 4: Friedrich Wilhelm IV. von Preußen, Selbstkarikatur als Sofa-Sitzer; Geheimes Staatsarchiv Preußischer Kulturbesitz/Brandenburg-Preußisches Hausarchiv, Rep. 50 J, Nr. 995, Fasz. 8, Bl. 15

Abb. 5: Friedrich Wilhelm IV. von Preußen, Selbstkarikatur als Sternrohr-Gucker; Geheimes Staatsarchiv Preußischer Kulturbesitz/Brandenburg-Preußisches Hausarchiv, Rep. 50 J, Nr. 995, Fasz. 18, Bl. 94v

Abb. 6: Friedrich Wilhelm IV. von Preußen, Selbstkarikatur als Mondgesicht; Geheimes Staatsarchiv Preußischer Kulturbesitz/Brandenburg-Preußisches Hausarchiv, Rep. 50 J, Nr. 995, Fasz. 20, Bl. 150

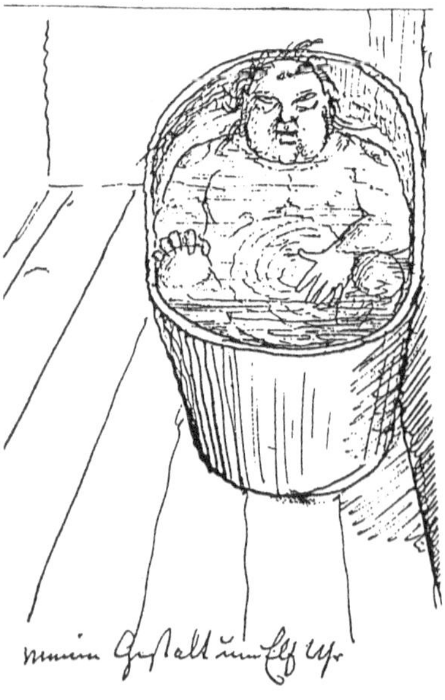

Abb. 7: Friedrich Wilhelm IV. von Preußen, Selbstkarikatur als Badender; Geheimes Staatsarchiv Preußischer Kulturbesitz/Brandenburg-Preußisches Hausarchiv, Rep. 50 J, Nr. 995, Fasz. 15, Bl. 20v

*Abb. 8: Franz Krüger, Friedrich Wilhelm IV. in seinem Arbeitszimmer (1846); Staatliche Schlösser und Gärten Potsdam, Schloß Charlottenhof (*Schoch, *Herrscherbild, Abb. 110).*

Abb. 9: Blechschachtel mit Schokolade, verteilt anläßlich des fünfjährigen Krönungsjubiläums Edwards VII. in Cardiff; abgebildet sind König Edward VII. und seine Frau, Königin Alexandra; Illustrated London News vom 21. September 1907.

Abb. 10: Anziehbogen des Kaiserehepaares; Preußen-Museum, Wesel.

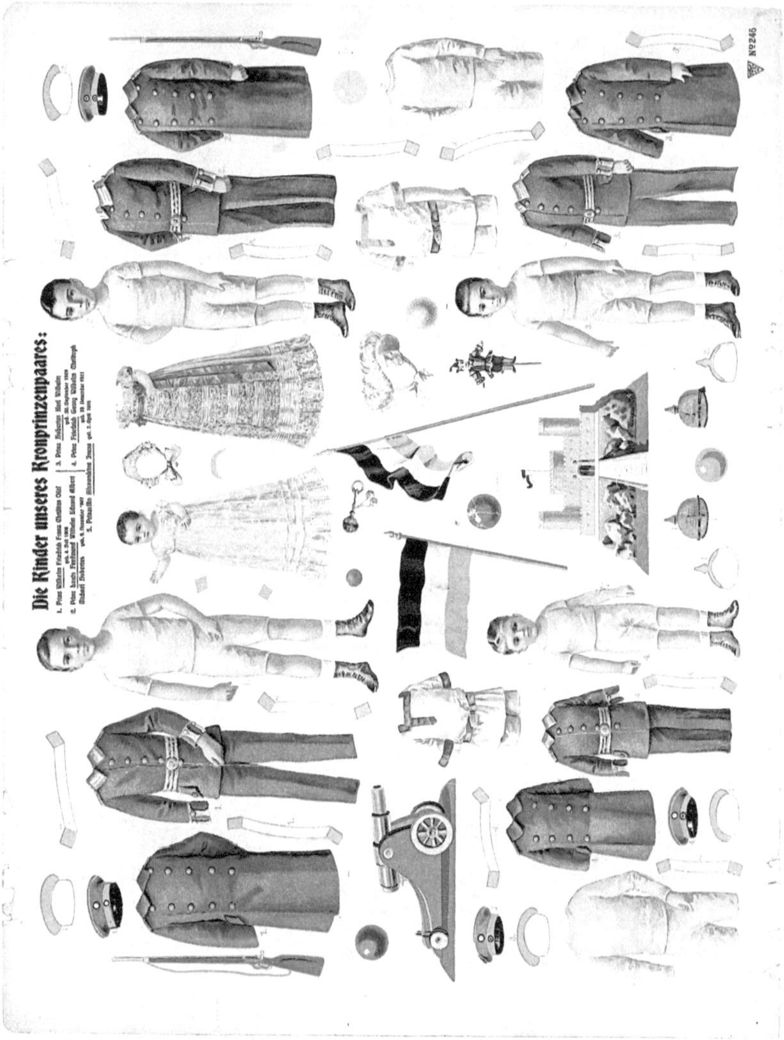

Abb. 11: Anziehbogen der kaiserlichen Enkel; Preußen-Museum, Wesel.

Machtverlust und Beharrung

Dimensionen einer erneuerten politischen Geschichte der regierenden Dynastien Europas im 20. Jahrhundert

Von

Matthias Stickler

Die Renaissance der Adelsforschung in den letzten Jahren[1] hat einen Zweig des europäischen Adels auffällig ausgespart, die (ehemals) regierenden Häuser des europäischen Hochadels. Für diese auffällige Zurückhaltung hat Wolfgang E. J. Weber bereits vor einiger Zeit folgende drei im wissenschaftspolitischen Bereich liegende Gründe genannt: Erstens die seit dem Aufkommen der sozialanthropologisch-kulturgeschichtlichen „New History" am Ende der achtziger Jahre zu beobachtende Verlagerung des historischen Interesses auf die „kleinen Leute", zweitens die behauptete Wahlverwandtschaft der Fürsten- und Dynastiegeschichte mit überholten Erkenntnisinteressen und Untersuchungsmethoden (Heinz Schilling: „Flucht in den Hafen des Neopositivismus"), drittens die Dominanz eines auf dem Konzept westlich-industriegesellschaftlicher Modernisierung fußenden historischen Bewertungsmaßstabs, vor dessen Hintergrund die monarchische Staatsform bestenfalls ein fremdartiges historisches Relikt aus einer überwundenen Epoche darstellt.[2]

Dieses Urteil wird scheinbar belegt durch die Tatsache, daß seit dem Ende des Ersten Weltkriegs ein erheblicher Anstieg des Anteils republikanischer Regierungssysteme in Europa bei den unterlegenen Mächten, aber auch den neu entstandenen Staaten zu verzeichnen ist: Hatte es im Jahr 1910 in Europa noch vier Kaiserreiche, 14 Königreiche, ein Großherzogtum, 3 Fürsten-

[1] Vgl. hierzu vor allem das grundlegende Handbuch von *Heinz Reif*, Adel im 19. und 20. Jahrhundert. München 1999, ferner die wichtigen Sammelbände von *Markus A. Denzel/ Günther Schulz* (Hrsg.), Deutscher Adel im 19. und 20. Jahrhundert. Büdinger Forschungen zur Sozialgeschichte 2002 und 2003. (Deutsche Führungsschichten der Neuzeit, Bd. 26.) St. Katharinen 2004, sowie *Eckart Conze/Monika Wienfort* (Hrsg.), Adel und Moderne. Deutschland im europäischen Vergleich im 19. und 20. Jahrhundert. Köln 2004.

[2] Vgl. hierzu ausführlich *Wolfgang E. J. Weber*, Einleitung, in: ders. (Hrsg.), Der Fürst. Ideen und Wirklichkeiten in der europäischen Geschichte. Köln/Weimar/Wien 1998, 1ff. Vgl. hierzu auch *David Blackbourn*, Das Kaiserreich transnational. Eine Skizze, in: Sebastian Conrad/Jürgen Osterhammel (Hrsg.), Das Kaiserreich transnational. Deutschland in der Welt 1871–1914. Göttingen 2004, 302–324, der kürzlich die Geschichte der gekrönten Häupter als „das antiquierteste aller historischen Themen" bezeichnete und von der Notwendigkeit sprach, dieses abzustauben (305f.).

tümer, aber nur drei Republiken (Frankreich, die Schweiz und San Marino) gegeben, so waren es 1922 noch 13 Königreiche (davon eines – nämlich Ungarn – ohne König), ein Großherzogtum und vier Fürstentümer, aber 14 Republiken (nämlich das Deutsche Reich, Danzig, Österreich, Polen, die Tschechoslowakei, die Türkei, Litauen, Lettland, Estland, Finnland, Portugal, San Marino, die Schweiz und Frankreich sowie die kommunistische Union der sozialistischen Sowjetrepubliken). Daß die Verlierer des Ersten Weltkriegs – mit Ausnahme von Bulgarien und Ungarn – die Monarchie beseitigten, erscheint in diesem Zusammenhang durchaus nachvollziehbar, doch fällt auf, daß die nach 1918 unabhängig gewordenen Staaten Ostmitteleuropas trotz durchaus vorhandener monarchischer Traditionen, an die man hätte anknüpfen können, durchweg Republiken wurden. Im Europa der Vorkriegszeit war dies keineswegs selbstverständlich gewesen, wie man an den Beispielen Norwegen (1905)[3] und Island (1874 und 1903 bzw. endgültig 1918)[4] sehen kann, die sich zwar von ihren „Mutterländern" Schweden bzw. Dänemark trennten, die monarchische Staatsform – bzw. im Falle Islands sogar (bis 1944) die bisherige Dynastie in Form einer Personalunion – aber beibehielten. Das Deutsche Reich und Österreich-Ungarn hatten in den von ihnen im Ersten Weltkrieg besetzten ostmitteleuropäischen Ländern durchaus mit einigem Erfolg versucht, den monarchischen Geist zu wecken bzw. zu stärken: Polen war etwa 1916 als Königreich (vorläufig ohne König) wiedererrichtet worden[5], die Großfürstentümer Litauen[6] und Finnland[7] hatten nach der Erklärung ihrer Unabhängigkeit von Rußland 1918 deutschen Prinzen die Königswürde ihrer Länder angeboten; der im Frühjahr 1918 aus Vertretern der deutschbaltischen Ritterschaft sowie estnischer und lettischer

[3] Vgl. hierzu *Hans-Dietrich Loock*, Norwegen, in: ders./Hagen Schulze (Hrsg.), Parlamentarismus und Demokratie im Europa des 19. Jahrhunderts. München 1982, 68–86; *Detlef Grell*, Die Auflösung der Schwedisch-Norwegischen Union – 1905 – im Spiegel der Europäischen Großmachtspolitik. Unter besonderer Berücksichtigung der Akten des Auswärtigen Amtes. Essen 1988, und *Tim Greve*, Haakon VII. of Norway. Founder of a New Monarchy. London 1983; ferner *Michael Stolleis*, Rüstet euch zum Freiheitskampf. Die Unabhängigkeit Norwegens: Auch eine lange bestehende Union läßt sich irgendwann auflösen, in: Frankfurter Allgemeine Zeitung, 4. 6. 2005, 42.

[4] Vgl. hierzu *Gudmundur Hálfdanarson*, Historical Dictionary of Iceland. Lanham, Md. 1997.

[5] Vgl. hierzu vor allem *Werner Conze*, Polnische Nation und deutsche Politik im Ersten Weltkrieg. Köln 1958, und *Tytus Komarnicki*, The Rebirth of the Polish Republic. A Study in the Diplomatic History of Europe 1914–1920. London 1957.

[6] Zu Litauen vgl. vor allem *Gerd Linde*, Die deutsche Politik in Litauen im Ersten Weltkrieg. Wiesbaden 1965, und *ders.*, Wilhelm (II.), in: Sönke Lorenz/Dieter Mertens/Volker Press (Hrsg.), Das Haus Württemberg. Ein biographisches Lexikon. Stuttgart/Berlin/Köln 1997, 388f.

[7] Zu Finnland vgl. *Osmo Jussila* [u. a.], Politische Geschichte Finnlands seit 1809. Berlin 1999, 115ff. und *Anders Huldén*, Finnlands deutsches Königsabenteuer 1918. Reinbek 1997.

Politiker gebildete vereinigte baltische Landesrat der Provinzen Kurland, Livland und Estland strebte die Errichtung eines mit Preußen in Personalunion verbundenen gesamtbaltischen Staates oder alternativ die Errichtung eines „Vereinigten baltischen Herzogtums" unter Herzog Adolf Friedrich von Mecklenburg (1873–1969) an.[8] Erst die Niederlage des Deutschen Reiches machte derartige Pläne hinfällig und verhalf den nationalrepublikanisch gesinnten Kräften zum Durchbruch. Der oben beschriebene Trend eines Rückzugs der monarchischen Staatsform setzte sich in den dreißiger und vierziger Jahren fort. Heute existieren in Europa noch sieben Königreiche, ein Großherzogtum und drei Fürstentümer gegenüber 33 Republiken. Die dauerhafte Restauration einer Monarchie gelang im 20. Jahrhundert nur einmal, nämlich 1975 in Spanien. Restaurationsbestrebungen nach 1990 in Ungarn, Rumänien und Albanien waren bisher erfolglos; die Tatsache, daß 2001 mit der Wahl des 1946 abgesetzten bulgarischen Zaren Simeon II. (geb. 1937, König 1943–1946) zum Ministerpräsidenten dieses Balkanlandes erstmals ein Monarch auf demokratischem Wege in veränderter Form wieder auf Zeit zur Herrschaft gelangte, stellt einen einmaligen Sonderfall dar, von dem ungewiß ist, ob er in eine förmliche Restauration einmünden wird.

Ein weiterer Grund für die weitgehende Nichtbeachtung der regierenden Dynastien durch die bisherige historische Forschung dürfte auch darin begründet liegen, daß durch die fortschreitende Parlamentarisierung in den noch existierenden Monarchien die Befugnisse der dortigen Herrscher immer mehr auf rein repräsentative Funktionen beschränkt wurden, eine Untersuchung von deren Rolle im politischen System bzw. den internationalen Beziehungen folglich gerade unter politikgeschichtlichen Vorzeichen fragwürdig bzw. wenig ertragreich erschien. Dieser Befund gilt übrigens teilweise auch schon für das 19. Jahrhundert, wo dynastische Beziehungen für die internationalen Beziehungen bei weitem nicht mehr die Rolle spielen wie in der Frühen Neuzeit und im Mittelalter.

Dem beschriebenen Desinteresse der Forschung steht allerdings ein eigentümliches, häufig zweifellos nostalgisch motiviertes Interesse an der Geschichte großer regierender Häuser in weiten Kreisen der historisch interessierten Öffentlichkeit gegenüber, welches nur zum Teil durch seriöse, wissenschaftlichen Ansprüchen genügende Arbeiten befriedigt wird.[9] Auf

[8] Vgl. *Georg von Rauch*, Geschichte der baltischen Staaten. 3. Aufl. München 1990, 55.

[9] Vgl. etwa die beim Kohlhammer-Verlag in der Reihe Urban-Taschenbücher erschienenen Dynastiegeschichten, die mittlerweile zunehmend auch die Neuzeit abdecken: vgl. etwa: *Thomas Nicklas*, Das Haus Sachsen-Coburg. Europas späte Dynastie. Stuttgart/Berlin/Köln 2003; *Wolfgang Neugebauer*, Die Hohenzollern. 2 Bde. Stuttgart/Berlin/Köln 1996–2003, und *Michael Erbe*, Die Habsburger. Eine Dynastie im Reich und in Europa. Stuttgart/Berlin/Köln 2000; ferner *Lorenz/Mertens/Press* (Hrsg.), Das Haus Württemberg (wie Anm. 6), und *Brigitte Hamann*, Die Habsburger. Ein biographisches Lexi-

diesem Felde tummeln sich vielmehr neben den Vertretern des apologetisch-legitimistischen Diskurses[10] unzählige selbsternannte Experten, deren Bücher häufig publizistische Schnellschüsse von meist geringer Halbwertszeit

kon. 3. Aufl. Wien 1988. Die Bücher von Brigitte Hamann (vgl. vor allem: Rudolf. Kronprinz und Rebell. Wien/München 1978, und Elisabeth. Kaiserin wider Willen. 2. Aufl. Wien 1997) stellen einen bemerkenswerten, erfolgreichen Versuch dar, wissenschaftliche Redlichkeit mit Lesbarkeit für ein größeres, historisch interessiertes Publikum zu verbinden. Ähnliches gilt für die Biographien von *Paul Sauer* (Der schwäbische Zar. Friedrich, Württembergs erster König. Stuttgart 1984; Reformer auf dem Königsthron. Wilhelm I. von Württemberg. Stuttgart 1997; Regent mit mildem Zepter. König Karl von Württemberg. Stuttgart 1999, Württembergs letzter König. Das Leben Wilhelms II. Stuttgart 1994). Zu nennen wären in diesem Zusammenhang auch die zahlreichen in den letzten Jahren erschienenen Sammelbände mit Herrscherbiographien. Vgl. hierbei vor allem: *Anton Schindling/Walter Ziegler* (Hrsg.): Die Kaiser der Neuzeit 1519-1918. Heiliges Römisches Reich, Österreich, Deutschland. München 1990; *Walther L. Bernecker/ Carlos Collado Seidel/Paul Hoser* (Hrsg.), Die spanischen Könige. 18 historische Porträts vom Mittelalter bis zur Gegenwart. München 1997; *Frank-Lothar Kroll* (Hrsg.), Preußens Herrscher. Von den ersten Hohenzollern bis Wilhelm II. München 2000; *ders.* (Hrsg.), Die Herrscher Sachsens. Markgrafen, Kurfürsten, Könige 1089-1918. München 2004; *Peter Claus Hartmann* (Hrsg.), Französische Könige und Kaiser der Neuzeit. Von Ludwig XII. bis Napoleon III. 1498-1870. München 1994; *Peter Wende* (Hrsg.), Englische Könige und Königinnen. Von Heinrich VII. bis Elisabeth II. München 1998; *Hans-Joachim Torke* (Hrsg.), Die russischen Zaren 1547-1917. München 1995; *Alois Schmid/ Katharina Weigand* (Hrsg.), Die Herrscher Bayerns. 25 historische Portraits von Tassilo III. bis Ludwig III. München 2001.

[10] Derartige Veröffentlichungen sind vor allem im Hinblick auf die Geschichte der Habsburger Legion. Zu nennen wären hier etwa die Bücher des Publizisten und Filmemachers *Ernst Feigl* (vor allem Kaiser Karl I. Persönliche Aufzeichnungen, Zeugnisse und Dokumente. 2. Aufl. Wien/München 1987; Kaiser Karl I. Ein Leben für den Frieden seiner Völker. Wien/München 1990; Zita. Kaiserin und Königin [Titel der Erstauflage: Kaiserin Zita – Legende und Wahrheit]. 5. Aufl. Wien/München 1991). Der Wert von Feigls Arbeiten liegt vor allem darin, daß er Zugang zu privatem, sonst unzugänglichem Archivmaterial des Hauses Habsburg hatte; vgl. hierzu ausführlich *Matthias Stickler*, Abgesetzte Dynastien. Strategien konservativer Beharrung und pragmatischer Anpassung ehemals regierender Häuser nach der Revolution von 1918 – Das Beispiel Habsburg, in: Denzel/Schulz (Hrsg.), Deutscher Adel im 19. und 20. Jahrhundert (wie Anm. 1), 398-403; dort auch ein ausführlicher Forschungsbericht. In den Umkreis des apologetisch-legitimistischen Diskurses gehören auch die beiden neuen Bücher über Kaiser Karl I. von Österreich (1916-1918) von *Elisabeth Kovács* (Untergang oder Rettung der Donaumonarchie? Die Österreichische Frage. Kaiser und König Karl I. [IV.] und die Neuordnung Mitteleuropas (1916-1922). [Veröffentlichungen der Kommission für neuere Geschichte Österreichs, Bd. 100/1.] Wien/Köln/Weimar 2004, und: Untergang oder Rettung der Donaumonarchie? Politische Dokumente aus Internationalen Archiven. [Veröffentlichungen der Kommission für neuere Geschichte Österreichs, Bd. 100/2.] Wien/ Köln/Weimar 2004). Eine Sonderstellung nehmen in diesem Zusammenhang die Bücher von *Gordon Brook-Shepherd* ein (vgl. vor allem: Um Krone und Reich. Die Tragödie des letzten Habsburgerkaisers. Wien/München/Zürich 1968, und: Zita. Die letzte Kaiserin. Biographie. Wien 1991), die überwiegend aus den Quellen geschrieben sind; sein Standpunkt ist stets habsburgfreundlich, allerdings nie unkritisch-legitimistisch oder tendenziös.

darstellen[11], manchmal als Materialsammlungen einen gewissen Wert besitzen[12], häufig allerdings auch nur gefällig und unterhaltsam aufbereitete Aufgüsse bereits vorhandener Literatur sind[13]. Dennoch erzielen derartige Werke oft Auflagen, von denen viele Wissenschaftler nur träumen können, und sie erreichen ein Publikum, das diese verfehlen.

Es soll im folgenden gezeigt werden, daß die politikgeschichtlich orientierte Untersuchung von Möglichkeiten und Grenzen monarchischer Politik im späten 19. und 20. Jahrhundert ein lohnenswertes, innovatives Forschungsfeld darstellt. Hierzu werden ausgewählte Themenfelder exemplarisch beleuchtet werden, zunächst Herrscherdynastien als integrierende und polarisierende Kräfte, dann Verwandtschaft als Mittel der Politik, drittens Restaurationsabsichten entthronter Dynastien; abschließend soll mit dem Beispiel der Verfassungsreform in Liechtenstein kurz der Sonderfall einer Stärkung der monarchischen Gewalt im frühen 21. Jahrhundert beleuchtet werden. Dieser Überblick ist aufgrund der beschriebenen Forschungslage zwangsläufig unvollständig und reißt viele Aspekte nur an, will aber auf diese Weise einen Beitrag zur Erschließung neuer, vergleichend angelegter Forschungsthemen leisten. Eigentlich erübrigt es sich, dies zu betonen, es sei an dieser Stelle aber dennoch nachdrücklich festgehalten: Die Beschäftigung mit der Geschichte der (ehemals) regierenden Häuser Europas verfolgt weder ein monarchistisch-nostalgisches oder antirepublikanisch-rückwärtsgewandtes noch ein wissenschaftspolitisch restauratives Interesse im Sinne einer Apologie monarchischer Politik. Für unser Thema gilt vielmehr in besonderer Weise, was Eckart Conze über die Geschichte des Adels allgemein formuliert hat, daß Niedergang und Obenbleiben sich auf unterschiedliche Referenzpunkte und Referenzfelder beziehen[14], festgefügte, auf den allmählichen und unaufhaltsamen Niedergang hinzielende Interpretationsmodelle folglich ungeeignet sind, die Entwicklung der regierenden Häuser zu beschreiben.

[11] Dies gilt vor allem für meist sensationsheischende und reißerisch aufgemachte Publikationen zu den Themen „Tod Ludwigs II. von Bayern" oder „Mayerling"; vgl. etwa *Gerd Holler*, Mayerling – Die Lösung des Rätsels. Der Tod des Kronprinzen Rudolf und der Baronesse Vetsera aus medizinischer Sicht. Wien 1980.

[12] Vgl. hierzu etwa die Arbeiten von *Gabriele Praschl-Bichler* (z. B. Das Familienalbum von Kaiser Karl und Kaiserin Zita. Wien 1995, und: Kaiserliche Kindheit. Aus dem aufgefundenen Tagebuch Erzherzog Carl Ludwigs, eines Bruders von Kaiser Franz Joseph. Wien/München 1997).

[13] Vgl. etwa *Erika Bestenreiner*, Sisi und ihre Geschwister. München 2002, oder *Karin Amtmann*, Elisabeth von Österreich. Die politischen Geschäfte der Kaiserin. Regensburg 1998.

[14] *Eckart Conze*, Von Deutschem Adel. Die Grafen von Bernstorff im 20. Jahrhundert. Stuttgart/München 2000, 403.

I. Herrscherdynastien als integrierende und polarisierende Kräfte

Die staatsbildende bzw. staatserhaltende Funktion der Herscherfamilien gehört seit jeher zum Mythos der Monarchie und wird von jenen im legitimatorischen Sinne deshalb auch gerne als Argument für ihre Existenzberechtigung angeführt, so daß man geradezu von einem Topos sprechen kann.[15] Dem Haus Habsburg kommt unter diesem Aspekt in der Geschichte der regierenden Häuser insofern eine Sonderrolle zu, als es der Habsburgermonarchie bekanntlich nie gelang, über die durch die Pragmatische Sanktion des Jahres 1713 geschaffene Realunion hinaus eine Weiterentwicklung dieser altertümlichen „monarchischen Union von Ständestaaten" (Otto Brunner) bzw. des teilweise absolutistisch-bürokratisch überformten „monarchischen Staats mit differenziertem Föderalismus" (Wilhelm Brauneder) zu einem modernen Staat josephinisch-absolutistischer, deutschliberal-zentralistischer, altkonservativ-föderativer oder multinational-bundesstaatlicher Provenienz zu erreichen.[16] Das Haus Habsburg blieb deshalb das wichtigste Bindeglied für den Zusammenhalt des Gesamtreiches, ohne sie war es schlechterdings nicht vorstellbar. Die als Folge von Österreichs Niederlage im Krieg gegen Preußen (1866) erzwungene dualistische Umgestaltung der Habsburgermonarchie teilte diese dann bei Wahrung gemeinsamer Angelegenheiten in den Bereichen Außen-, Finanz-, und Militärpolitik und starker Stellung des gemeinsamen Monarchen in zwei autonome Staaten auf. Ob es überhaupt noch ein Ungarn und *Die im Reichsrat vertretenen Königreiche und Länder*[17] überwölbendes Reichsdach gebe, war in der Folgezeit eine heftig diskutierte Frage und wurde insbesondere von den Ungarn vehement bestritten. In dieser Situation behielt die Dynastie als vorkonstitutionelle Legitimitätsreserve eine Schlüsselstellung, da sich in ihrer schieren Existenz und in den ihr verbliebenen monarchischen Prärogativen letztendlich die Reichsidee verkörperte. „Das Reich" – so hat Harm-Hinrich Brandt sehr treffend festgestellt – „(die pragmatisch gemeinsamen Angelegenheiten) als eine Sphäre ausgeprägter monarchischer Prärogative kann also in historischer Perspektive als

[15] Vgl. als Beispiel etwa das Geleitwort Herzog Carls von Württemberg für den oben bereits erwähnten Band von Lorenz/Mertens/Press (Hrsg.), Das Haus Württemberg (wie Anm. 6).

[16] Vgl. hierzu *Matthias Stickler*, Dynastie, Armee, Parlament – Probleme staatlicher Integrationspolitik im 19. Jahrhundert am Beispiel Österreichs und Sachsens, in: Winfried Müller/Martina Schattkowsky (Hrsg.), Zwischen Tradition und Modernität. König Johann von Sachsen 1801–1873. Leipzig 2004, 109–140, und *Harm-Hinrich Brandt*, Parlamentarismus als staatliches Integrationsproblem: Die Habsburger-Monarchie, in: Adolf M. Birke/Kurt Kluxen (Hrsg.), Deutscher und britischer Parlamentarismus. British and German Parliamentarism. München 1985, 69–106.

[17] So, nicht „Österreich", hieß bezeichnenderweise offiziell die westliche Reichshälfte, sinnfälliger Ausdruck für die Integrationsprobleme der späten Habsburgermonarchie.

der Restbestand einer gestalttypisch älteren Macht- und Institutionenbildung angesehen werden, der die Fortentwicklung zum Staat versagt blieb und die sich damit der Konstitutionalisierung und Parlamentarisierung im Kern entzog, die aber die Basis wirksamer politischer Gestaltungskraft *über* den durch sie vereinigten Staaten blieb, solange das Prinzip der monarchischen Legitimität noch Geltungskraft besaß."[18] Diese komplizierte Konstruktion wurde von der Dynastie keineswegs als gravierendes Defizit empfunden, sie entsprach vielmehr der eigenen Rollenzuweisung als unverzichtbarer Garant der Reichseinheit und erlaubte zudem bei extensiver Auslegung der monarchischen Prärogative die Wahrung eines Restbestandes an monarchisch-absolutistischer Handlungsfreiheit.

Hinzu kam noch, daß die Habsburgermonarchie in erheblichem Umfang den Nimbus der Kaiser- und Reichstradition des Heiligen Römischen Reiches Deutscher Nation bewahrte, gerade sein Charakter als Vielvölkerreich, dessen Existenz quer stand zum nationalistischen Denken des 19. und frühen 20. Jahrhunderts machte sie in gewisser Weise zu einem altertümlichen Relikt und die Dynastie zu einer Institution, die sich den die regierenden Häuser zunehmend erfassenden Nationalisierungsprozessen konsequent entzog. Das Haus Habsburg stellt in gewisser Weise, um ein in jüngster Zeit modisch gewordenes historiographisches Paradigma aufzugreifen, den Prototyp einer transnationalen[19] Fürstenfamilie dar, transzendierte sie doch ethnisch-nationale Grenzen sehr weitgehend. Obgleich nach Herkunft, Sprache und Tradition eine deutsche Familie[20], identifizierte sich das Haus Habsburg bis zuletzt weder vollständig mit den Deutschen der Habsburgermonarchie noch mit einer anderen Ethnie des Reiches. Wie problematisch indes ein derartiger Anspruch war, zeigt sich vor allem daran, daß Kaiser Franz Joseph im Wege des Ausgleichs mit Ungarn gezwungen war, die nationalen, auf Errichtung eines eigenen autonomen Nationalstaats gerichteten Ansprüche der Magyaren weitgehend zu befriedigen. Die auf Vollendung dieses Nationalstaats gerichteten Bestrebungen des ungarischen Nationalismus – das heißt konkret Magyarisierung der Minderheiten im Königreich Ungarn und sukzessive Schwächung der gemeinsamen Institutionen bzw. die Verhinderung einer Aufwertung der slawischen Reichsteile – mußten den multinationalen Charakter des Habsburgerreichs weiter beeinträchtigen und so dessen Krise verschärfen. Derartigen Tendenzen stand Kaiser Franz Joseph ablehnend bis distanziert gegenüber, mußte sie jedoch aufgrund der

[18] *Brandt*, Parlamentarismus als staatliches Integrationsproblem (wie Anm. 16), 100.

[19] Vgl. hierzu ausführlich *Conrad/Osterhammel* (Hrsg.), Das Kaiserreich transnational (wie Anm. 2).

[20] Bekanntlich hat sich Kaiser Franz Joseph bis zu seinem Tode in einem sehr alteuropäischen Sinne als deutscher Fürst gefühlt; Vgl. hierzu *Harm-Hinrich Brandt*, Franz Joseph I. von Österreich, 1848–1916, in: Schindling/Ziegler (Hrsg.), Die Kaiser der Neuzeit 1519–1918 (wie Anm. 9), 341–381, 496–499, hier 341f.

Eigendynamik der unaufhaltsamen Parlamentarisierungstendenzen jedoch mehr oder weniger machtlos hinnehmen. Der Untergang der Habsburgermonarchie 1918 war letztendlich eine – wenn auch keineswegs zwangsläufige – Konsequenz dieses Problems, dem die Dynastie mit ihrer eher statischen, auf Sicherung des Status quo gerichteten Rolle nicht mehr Herr wurde. Multinational-bundesstaatliche Reformvorstellungen Erzherzog Franz Ferdinands und Kaiser Karls I. gelangten wegen der Ermordung des ersteren bzw. der sich verschärfenden Kriegslage um und nach 1916 nicht zur Ausführung.

So einzigartig der Fall der Habsburgermonarchie auch anmuten mag, im europäischen Vergleich zeigt sich allerdings, daß es durchaus ähnliche Erscheinungen gibt. Herrscherhäuser beeinflussen die oben beschriebene Grundproblematik, einen Vielvölkerstaat gegen die zentrifugalen, auf nationale Selbstbestimmung bis hin zur Separation drängenden Tendenzen der dort lebenden Völker, zusammenhalten zu müssen, allerdings nicht nur ausgleichend, sondern auch verschärfend. So etwa im Königreich der Serben, Kroaten und Slowenen (Jugoslawien) nach 1918, wo sich die aus Serbien stammende Dynastie der Karadjordjević eindeutig mit den machtpolitischen Zielsetzungen des serbischen Nationalismus identifizierte. Der Versuch insbesondere des Königs Alexanders I. (1921-1934), den Vielvölkerstaat im Wege einer Königsdiktatur in einen integralen serbischen Nationalstaat umzuwandeln, leistete einen erheblichen Beitrag zur Destabilisierung und letztendlich zum Untergang des Vielvölkerstaates.[21] Dieses unselige Erbe wirkt bis heute nach.[22] Die Königsdiktaturen des Balkan[23] in der Zwischenkriegszeit gehören übrigens als, wenn man so will, „modernisierte" Formen des monarchischen Absolutismus[24], der sich mit rechtsgerichteten, autoritären Ideologien verband, ebenfalls zur politischen Geschichte vieler regierender Häuser in Europa, neben den Karadjordjević in Jugoslawien vor allem das

[21] Vgl. hierzu vor allem *Laslo Sekelj*, Die Diktatur König Alexanders in Jugoslawien (1929-1935), in: Erwin Oberländer (Hrsg.), Autoritäre Regime in Ostmitteleuropa 1919-1944. (Samizdat des Instituts für Osteuropäische Geschichte Mainz.) Mainz 1995, 154-168; *ders.*, Diktatur und die jugoslawische politische Gemeinschaft – von König Alexander bis Tito, in: Erwin Oberländer (Hrsg.), Autoritäre Regime in Ostmittel- und Südosteuropa 1919-1944. Paderborn/München/Wien/Zürich 2001, 499-537; *Tihomir Cipek*, Die kroatischen Eliten und die Königsdiktatur in Jugoslawien 1929-1934, in: ebd. 539-575; *Predrag Marković*, Die „Legitimierung" der Königsdiktatur in Jugoslawien und die öffentliche Meinung 1929-1939, in: ebd. 577-631.

[22] Vgl. hierzu im Überblick *Norman M. Naimark*, Flammender Haß. Ethnische Säuberungen im 20. Jahrhundert. München 2004, 175-229 (engl. Originalausgabe: Fires of Hatred. Ethnic Cleansing in Twentieth Century Europe. Cambridge, Mass. 2001).

[23] Vgl. hierzu *Holm Sundhausen*, Die Königsdiktaturen in Südosteuropa. Umrisse einer Synthese, in: Oberländer (Hrsg.), Autoritäre Regime (wie Anm. 21), 337-348.

[24] Vgl. ebd. 340; Sundhausen spricht auch ausdrücklich davon, der Elan der „Monarchokraten" habe den „Geist des 18. Jahrhunderts" geatmet (ebd. 339).

Haus Hohenzollern-Sigmaringen in Rumänien[25], die Sachsen-Coburg in Bulgarien[26], Ahmed Zogu in Albanien[27] und das Haus Schleswig-Holstein-Sonderburg-Glücksburg in Griechenland[28]. Ungarn stellt als (Rest-)Königreich ohne König einen Sonderfall dar[29], seine politische Struktur weist aber durchaus Gemeinsamkeiten mit den Königsdiktaturen auf. Deren wichtigstes Ziel war die Vollendung der nicht selten noch fragilen Staatsbildung durch die Überwindung des von religiöser, ethnischer und politischer Fragmentierung gekennzeichneten Untertanenverbandes, das heißt Modernisierung im Sinne einer geschlossenen nationalen Staatsbürgergesellschaft nach westeuropäischem Vorbild, allerdings ohne deren demokratisch-parlamentarische Komponente; (verspätete) aufgeklärt-absolutistische und französisch-etatistische Vorstellungen verbanden sich hierbei mit archaisch-romantischen Reichsideen bzw. völkisch-faschistoiden Rassegedanken. Im Ergebnis scheiterten diese neuabsolutistischen Experimente, im Falle Jugoslawiens bewirkten sie langfristig, wie bereits erwähnt, sogar den Untergang des Staates.

Eine auf Stabilisierung ausgerichtete Rolle spielt dagegen bis heute das Haus Sachsen-Coburg-Gotha in Belgien[30], dessen Innenpolitik ebenfalls gekennzeichnet ist durch die mittlerweile nicht mehr, wie noch im frühen 19. Jahrhundert, konfessionell überlagerte Konkurrenz zwischen Flamen und Wallonen. Insbesondere König Baudouin (1951-1993)[31], der nach dem

[25] Vgl. hierzu etwa *Ioan Chiper*, Autoritäre Regime in Rumänien, in: Oberländer (Hrsg.), Autoritäre Regime (wie Anm. 21), 196-204, und *Hans-Christian Maner*, Voraussetzungen der autoritären Monarchie in Rumänien, in: ebd. 431-469.

[26] Vgl. hierzu *Nikolaj Poppetrov*, Flucht aus der Demokratie: Autoritarismus und autoritäres Regime in Bulgarien 1919-1944, in: Oberländer (Hrsg.), Autoritäre Regime (wie Anm. 21), 379-401.

[27] Vgl. hierzu *Michael Schmidt-Neke*, Die Königsdiktatur Ahmet Zogus in Albanien, in: Oberländer (Hrsg.), Autoritäre Regime (wie Anm. 21), 205-214, und *Anila Habibi*, Das autoritäre Regime Ahmed Zogus und die Gesellschaft Albaniens 1925-1939, in: ebd. 349-378.

[28] *Kostas Loulos*, Genese und Charakter der Metaxas-Diktatur in Griechenland 1936-1941, in: Oberländer (Hrsg.), Autoritäre Regime (wie Anm. 21), 215-229, und *Susanne-Sophia Spiliotis*, Die Metaxas-Diktatur in Griechenland 1936-1941 – ein faschistoides Regime?, in: ebd. 403-430.

[29] Zu den Anfängen der Ära Horthy vgl. *Matthias Stickler*, „Éljen a Király!"? – Die Restaurationspolitik Kaiser Karls von Österreich gegenüber Ungarn 1918-1921, in: Ungarn-Jahrbuch 27, 2004, 41-79; vgl. ferner *Jerzy Kochanowski*, Horthy und Piłsudski – Vergleich der autoritären Systeme in Ungarn und Polen, in: Oberländer (Hrsg.), Autoritäre Regime (wie Anm. 21), 19-94, und *Thomas Sakmyster*, Hungary's Admiral on Horseback. Miklós Horthy 1918-1944. New York 1994.

[30] Vgl. hierzu: *Nicklas*, Das Haus Sachsen-Coburg (wie Anm. 9); *T. Aronson*, Defiant Dynasty: The Coburgs of Belgium. Indianapolis 1968; *Karlheinz Diedrich*, Die Belgier, ihre Könige und die Deutschen. Geschichte zweier Nachbarn seit 1830. Düsseldorf 1989.

[31] Vgl. hierzu *Jo Gérard*, Pas de Belgique sans Baudouin Ier. Brüssel 1985; *Jacques Franck* (Ed.), Baudouin: un roi face à son destin. Tournai 1998; *Christian Koninckx*, Le roi Baudouin: une vie – une époque. Brüssel 1998, und *Robert Serrou*, Baudouin, le roi. Paris 2000.

Zweiten Weltkrieg zunächst das durch die Kollaboration seines Vaters Leopold III. (1934–1951) beschädigte Ansehen der Krone wiederherstellen mußte, geriet durch den wachsenden Antagonismus beider Volksgruppen, die ein innenpolitisch instabiles Regierungssystem begründeten, immer mehr in eine Schlüsselstellung, weil er aufgrund häufig fehlender eindeutiger parlamentarischer Mehrheiten das verfassungsmäßige Recht der Krone auf Berufung des Ministerpräsidenten machtpolitisch im Sinne der Erhaltung der Einheit des Landes nutzen konnte. Die Umwandlung des belgischen Einheitsstaates in einen Bundesstaat durch die Verfassungsreformen von 1988 und 1993 hat er nicht unerheblich vorangetrieben. Günstig für die innenpolitische Stellung der Dynastie ist in Belgien bis heute, daß sie, da ursprünglich deutscher Herkunft, keiner der beiden Volksgruppen angehört, aber auch nicht mit Deutschland oder der deutschen Minderheit im Gebiet Eupen-Malmedy identifiziert wird, sie demnach, ähnlich wie die Habsburger in der Donaumonarchie, eine echte über- bzw. transnationale Institution darstellt.

II. Verwandtschaft als Mittel der Politik

Wie bereits erwähnt, verlieren dynastische Bande seit dem 19. Jahrhundert zunehmend an Bedeutung für die internationalen Beziehungen, weil diese durch die nationalstaatlichen Loyalitäten überlagert werden. Dennoch wäre es ein Irrtum anzunehmen, daß diese überhaupt keine Rolle mehr spielten. So waren bekanntlich die dynastischen Bande zwischen dem Haus Hohenzollern und dem Zarenhof bis in die 1880er Jahre hinein ein wichtiger Kitt der deutsch-russischen Beziehungen. Ebenso bedeutsam für das Verhältnis Österreich-Ungarns zu Rußland war viele Jahre lang die enge Freundschaft zwischen dem Feldmarschall Erzherzog Albrecht (1817–1895) und der Königin Olga von Württemberg (1822–1892), einer Schwester Zar Alexanders II. (1855–1881); über sie liefen viele Kontakte zwischen Wien und St. Petersburg. Dieser „heiße Draht" endete erst, als die österreichische Führung im Zusammenhang mit dem Frieden von San Stefano (1878) erkennen mußte, daß Rußland zur vorrangigen Durchsetzung seiner Staatsinteressen unbeirrbar entschlossen war.[32] Wichtig waren verwandtschaftliche Beziehungen auch und vor allem für die Pflege der Beziehungen zwischen Österreich und den katholischen Dynastien des Deutschen Reiches nach dem Ausscheiden Österreichs aus dem Deutschen Bund 1866. Auffällig viele einschlägige Ehen wurden seither geschlossen. Neben den traditionell befreundeten Häusern Sachsen und Bayern tritt seit den 1860er Jahren auch die katholische

[32] Vgl. hierzu ausführlich *Matthias Stickler*, Erzherzog Albrecht von Österreich. Selbstverständnis und Politik eines konservativen Habsburgers im Zeitalter Kaiser Franz Josephs. (Historische Studien, Bd. 450.) Husum 1997, 27f., 31, 39, 412ff. und 430ff.

Linie des Hauses Württemberg[33] und die standesherrliche fürstliche Familie Isenburg-Birstein[34] ins Zentrum der österreichischen Interessen. Die 1866 verlorene politische Stellung in Deutschland wurde aus Wiener Sicht durch Pflege der dynastischen Beziehungen teilweise kompensiert und so eine völlige Verdrängung Österreichs aus Deutschland verhindert.[35] Auf preußischer Seite erregte die Heiratspolitik der Habsburger zumal in dezidiert protestantischen Kreisen einiges Mißtrauen. Besonders vehement wurde sie von dem langjährigen preußischen Gesandten in Stuttgart und München und nachmaligen Botschafter in Wien Philipp Graf Eulenburg formuliert und von diesem auch bewußt in antiösterreichischem und antikatholischem Sinne geschürt. Er mischte sich hierbei auch in die württembergische Innenpolitik ein und suchte den bekanntermaßen preußenfreundlichen König Wilhelm II. gegen seine katholischen Verwandten einzunehmen.[36] Im Mittelpunkt von Eulenburgs Befürchtungen stand die Behauptung, Erzherzog Albrecht und die mit ihm verbündeten katholisch-konservativen Kreise planten die innere Destabilisierung und letztlich die Zerstörung des Deutschen Reiches.

Auch nach dem Ersten Weltkrieg bedienten sich die verbliebenen Dynastien noch gerne des Mittels der Heiratspolitik[37]: So vermählte sich etwa König Boris III. von Bulgarien (1918–1943) im Herbst 1930 mit Prinzessin Giovanna von Italien, einer Tochter Viktor Emmanuels III. (1900–1946)[38]. Er verfolgte damit das Ziel, sein im Ersten Weltkrieg besiegtes Land durch eine dynastische Verbindung mit der Siegermacht Italien machtpolitisch aufzuwerten.[39] Gleichzeitig war sie auch Ausdruck der fortschreitenden autoritä-

[33] Erzherzog Albrechts ältere Tochter Marie Thérèse (1845–1927) heiratete 1865 Herzog Philipp von Württemberg (1838–1917); der aus dieser Ehe hervorgegangene Herzog Albrecht von Württemberg (1865–1939) avancierte als Folge des absehbaren Aussterbens der evangelischen Linie des Hauses Württemberg im Mannesstamm nach 1900 zum präsumptiven Thronfolger des Königreichs; vgl. hierzu *Stickler*, Erzherzog Albrecht (wie Anm. 32), 493ff.

[34] Erzherzogin Maria Luisa von Habsburg-Toskana (1845–1917), eine Tochter des Großherzogs Leopold II. der Toskana und Bruder des Erzherzogs Johann Salvator („Johann Orth", 1852–1890[?]) heiratete 1865 den zum Katholizismus konvertierten Fürsten Karl von Isenburg-Birstein (1838–1899); vgl. hierzu *Hamann*, Die Habsburger (wie Anm. 9), 337f.

[35] Vgl. hierzu *Stickler*, Erzherzog Albrecht (wie Anm. 32), 355f. und 430ff.

[36] Vgl. hierzu insbesondere seine Gespräche mit dem Prinzen bzw. König Wilhelm vom 8. 1. 1891 und vom 15. 3. 1891, in: *John C. G. Röhl* (Hrsg.), Philipp Eulenburgs politische Korrespondenz. 3 Bde. (Deutsche Geschichtsquellen des 19. u. 20. Jahrhunderts, Bd. 52.) Boppard 1976–1983, hier Bd. 1, 622–624 und Bd. 2, 836f.

[37] Vgl. zum Folgenden neben der angegebenen Literatur vor allem: Europäische Stammtafeln. Neue Folge, Bd. 2. München/Frankfurt am Main 1984, Tafeln 165, 166, 173 und 198.

[38] Zu Viktor Emmanuel III. vgl. *Silvio Bertoldi*, Vittorio Emanuele III. Un re tra le due guerre e il fascismo. Turin 2002.

[39] Vgl. *Nicklas*, Das Haus Sachsen-Coburg (wie Anm. 9), 142.

ren Umgestaltung Bulgariens im Sinne einer Königsdiktatur, die zwischen 1934 und 1939 abgeschlossen wurde[40], und damit auch Symbol der Annäherung an den italienischen Faschismus. Das Haus Savoyen seinerseits verband sich 1939 mit dem griechischen Königshaus, indem Prinz Aimone (1900–1948), der Herzog von Spoleto, Prinzessin Irene, eine Tochter Konstantins I. heiratete.[41] Anfang der dreißiger Jahre hatte es sogar heiratspolitische Avancen gegenüber dem exilierten Haus Habsburg, konkret dem präsumptiven Thronfolger Erzherzog Otto[42] gegeben, welcher Restaurationsabsichten in Richtung Österreich hatte; zwar verliefen diese im Sande, doch heiratete Prinzessin Maria von Italien 1931 den Prinzen Ludwig von Bourbon-Parma (1899–1967), einen Bruder von Ottos Mutter, Kaiserin Zita.[43] Ähnliche politisch motivierte Eheschließungen gab es auch in Rumänien und Jugoslawien: So heiratete 1921 der spätere König Karl (Carol) II. von Rumänien (1930–1940) Prinzessin Helene von Griechenland, eine Tochter König Konstantins I. (1913–1917 und 1920–1922), während dessen Sohn König Georg II. (1922–1924 und 1935–1947) mit Karls Schwester Elisabeth vermählt wurde. König Alexander I. von Jugoslawien (1921–1934) heiratete 1922 ebenfalls eine Schwester Karls II. von Rumänien, nämlich Prinzessin Maria, während sein Vetter Prinz Paul, der spätere Prinzregent von Jugoslawien (1934–1941) 1923 Prinzessin Olga von Griechenland heiratete, eine Tochter des Prinzen Nikolaus und damit Cousine Georgs II. Man erkennt an dieser Heiratspolitik sehr schön das Zusammengehen der Siegermächte des Ersten Weltkriegs unter Ausschluß des Verlierers Bulgarien, das seine Isolierung erst durch die Eheschließung Boris' III. zu sprengen vermochte.

Trotz derartiger Überreste traditioneller dynastischer Heiratspolitik in Europa überlagerte vor dem Hintergrund des Siegeszugs des modernen Nationalismus die Loyalität der Krone gegenüber dem Staat, den sie regierte, zunehmend die interne Standessolidarität der transnationalen Fürstenfamilie. Ein gutes Beispiel hierfür ist der Zerfall des weitverzweigten Hauses Sachsen-Coburg-Gotha[44] während des Ersten Weltkriegs: Noch 1899 hatte

[40] Vgl. hierzu *Poppetrov*, Flucht aus der Demokratie (wie Anm. 26), 394ff.

[41] Aimone war unter dem Namen Tomislav II. von 1941 bis 1943 designierter König des mit Deutschland und Italien verbündeten „Unabhängigen Staates Kroatien", trat sein Amt allerdings nie wirklich an.

[42] Zu Otto von Habsburg vgl. vor allem *Stickler*, Abgesetzte Dynastien (wie Anm. 10), 412ff., sowie *Gordon Brook-Shepherd*, Otto von Habsburg. Biographie. Graz 2002, und die offiziöse Biographie von *Stephan Baier/Eva Demmerle*, Otto von Habsburg. Eine Biographie. Wien 2002.

[43] Vgl. hierzu *Stickler*, Abgesetzte Dynastien (wie Anm. 10), 416f.

[44] Vgl. hierzu vor allem *Nicklas*, Das Haus Sachsen-Coburg (wie Anm. 9), und *Rainer Hambrecht*, Eine Dynastie – zwei Namen: „Haus Sachsen-Coburg und Gotha" und „Haus Windsor". Ein Beitrag zur Nationalisierung der Monarchien in Europa, in: Wolfram Pyta/Ludwig Richter (Hrsg.), Gestaltungskraft des Politischen. Festschrift für Eberhard Kolb. (Historische Forschungen, Bd. 63.) Berlin 1998, 283–304.

nach dem Tode des coburgischen Erbprinzen Alfred dessen in England geborener Vater Herzog Alfred (1893–1900) mit seiner Mutter, der Königin Victoria von Großbritannien und Irland (1837–1901), im südfranzösischen Cimiez (!) über die Regelung der Erbfolge im Herzogtum Sachsen-Coburg-Gotha verhandelt. Der damals zum Nachfolger bestimmte Neffe Alfreds Charles Edward (Carl Eduard, 1900–1918), Enkel der Königin und Sohn Herzog Leopolds von Albany, unterzeichnete am 12. März 1917 ein vom Landtag des Herzogtums verabschiedetes Gesetz, welches die britischen Verwandten als Staatsangehörige eines Feindstaates von der Thronfolge ausschloß. Am 17. Juli 1917 gab schließlich sein Vetter König Georg V. von Großbritannien und Irland (1910–1936) aus Sorge, die deutsche Herkunft seines Hauses könne den Bestand der britischen Monarchie gefährden, vor dem Kronrat eine Erklärung ab, in welcher er auf die sächsisch-ernestinischen Würden und Titel verzichtete, dem britischen Königshaus den Namen Windsor verlieh und damit den Familienverband förmlich auflöste.

Die ursprünglich deutsche Abkunft des Hauses Windsor blieb auch nach dem Ersten Weltkrieg und noch einmal verstärkt nach dem Zweiten Weltkrieg ein latentes Problem britischer Innenpolitik. Dies zeigte sich etwa daran, daß der Ehemann von Königin Elisabeth II., Prinz Philipp, bei seiner Eheschließung 1947, obgleich er von Geburt eigentlich ein griechischer Prinz aus ursprünglich dänischer Familie (mit allerdings zahlreicher deutscher Verwandtschaft) war, seinen deutschen Familiennamen „Schleswig-Holstein-Sonderburg-Glücksburg“ bzw. „Oldenburg“ in „Mountbatten“[45] ändern mußte; 32 Prozent der Briten lehnten Philipp nach einer Umfrage damals wegen seiner „deutschen Herkunft“ ab. Seine deutschen Verwandten wurden zu den Feierlichkeiten nicht eingeladen. Königin Elisabeth bestimmte nach ihrer Thronbesteigung darüber hinaus, daß ihre erbberechtigten Nachkommen auch künftig „Windsor“ und nicht „Mountbatten“ oder „Windsor-Mountbatten“ heißen. Offenkundig ist die Familie Battenberg trotz Anglisierung ihres Namens immer noch zu deutsch.[46]

Bezeichnend für den Verlust an Transnationalität bei den regierenden Häusern ist auch, daß am Ende des Ersten Weltkrieges in den besiegten Staaten die angestammten Dynastien zugunsten republikanischer Staatsformen gestürzt wurden, ohne daß sich im Kreise der verbliebenen regierenden Häuser Europas eine Hand zu ihrer Verteidigung hob. Lediglich symbolisch

[45] Eigentlich Battenberg, der Mädchenname seiner Mutter, Prinzessin Alice. Die Battenbergs stammen in morganatischer Linie vom Haus Hessen-Darmstadt ab.

[46] Vgl. hierzu *Gina Thomas*, „Wohin mich der Sturm treibt, gehe ich“. Ein Pragmatiker, kein Romantiker. Prinz Philipp feiert am Sonntag seinen achtzigsten Geburtstag, in: Frankfurter Allgemeine Zeitung, 9. 6. 2001, 10. Zur jüngeren Geschichte des Hauses Windsor vgl. auch: *Gyles Brandreth*, Philip und Elizabeth. Portrait einer Ehe. München 2005; *Robert Lacey*, Monarch. The Life and Reign of Elizabeth II. New York 2002; *Ben Pimlott*, The Queen: Elizabeth II. and the Monarchy. London 2002.

wurden die betroffenen Dynastien für ihren Sturz entschädigt, als, wie ein Blick in den „Gotha“[47] zeigt, von der Gesamtheit des hohen Adels ihre prinzipielle Gleichrangigkeit mit den regierenden Häusern weiterhin anerkannt wurde, so daß insbesondere das Konnubium mit diesen weiterhin möglich war. Dieses Entgegenkommen orientierte sich deutlich an der vom Wiener Kongreß seinerzeit gefundenen und völkerrechtlich besiegelten ebenbürtigen Stellung für die deutschen Standesherren.[48] Diese dynastieübergreifende wechselseitige Loyalität muß als letztes Überbleibsel des traditionellen legitimitätsorientierten, gegen das Prinzip der Volkssouveränität und den egalitären demokratischen Republikanismus gerichteten konservativen Konsenses der regierenden Häuser gesehen werden. Eines Konsenses freilich, der zunehmend nicht mehr zur gemeinsamen Verteidigung der monarchischen Staatsform beziehungsweise ihrer Wiederherstellung reichte.

III. Restaurationsabsichten entthronter Dynastien

Ein weithin unbeachtetes Feld der neueren politischen Geschichte der europäischen regierenden Häuser sind auch die diversen Restaurationsversuche verschiedener Dynastien.[49] Die erfolgreiche Wiedereinsetzung (Re-

[47] Beim „Gotha“ handelt es sich um den seit 1763 erscheinenden „Hofkalender der regierenden, ehemals regierenden, vormals reichsständischen und fürstlichen Häuser Europas“, eine Art „Who is Who“ des europäischen Hochadels, das es in ähnlicher Form auch für die gräflichen, freiherrlichen, uradligen und briefadligen Häuser gibt. Nach 1918 erschien er meist jährlich unter dem Namen „Gothaischer Kalender. Genealogischer Hofkalender und diplomatisch-statistisches Jahrbuch“ (1920–1925), „Gothaischer Hofkalender. Genealogisches Handbuch der Fürstlichen Häuser“ (1926–1938) beziehungsweise „Gothaisches genealogisches Taschenbuch. Fürstliche Häuser“ (Hofkalender, 1939–1942). Die Bezeichnung „Gotha“ leitet sich ab vom damaligen Erscheinungsort. Seit 1951 erscheint der „Gotha“ in Glücksburg, seit 1958 in Limburg/Lahn als „Genealogisches Handbuch des Adels“, wobei es wiederum eine eigene Abteilung für den Hochadel unter der Bezeichnung „Genealogisches Handbuch der fürstlichen Häuser“ gibt.

[48] Vgl. *Heinz Gollwitzer*, Die Standesherren. Die politische und gesellschaftliche Stellung der Mediatisierten 1815–1918. Stuttgart 1957, 15–45.

[49] Eine vergleichende Darstellung dynastischer Restaurationspolitik fehlt bisher, auch der Komplex „abgesetzte Dynastien“ ist bisher noch nie systematisch und vergleichend behandelt worden. An Einzelarbeiten vgl. vor allem *Dieter Weiß*, „In Treue fest“. Die Geschichte des Bayerischen Heimat- und Königsbundes und des Bayernbundes 1921 bis 1996, in: Adolf Dinglreiter/Dieter J. Weiß (Hrsg.), Gott mit dir du Land der Bayern. Regensburg 1996, 9–54; *ders.*: Kronprinz Rupprecht von Bayern. Kronprätendent in einer Republik, in: Denzel/Schulz (Hrsg.), Deutscher Adel im 19. und 20. Jahrhundert (wie Anm. 1), 445–460; *Hans Wilderotter/Klaus-D. Pohl* (Hrsg.), Der letzte Kaiser. Wilhelm II. im Exil. Gütersloh/München 1991; *Friedrich Wilhelm von Preußen*, „Gott helfe unserem Vaterland“. Das Haus Hohenzollern 1918–1945. 2. Aufl. München 2003; *Matthias Stickler*, Abgesetzte Dynastien (wie Anm. 10); *ders.*, „Éljen a Király!“? (wie Anm. 29).

stauration) einmal abgesetzter Dynastien ist in der neueren Geschichte relativ selten. Denken könnte man hierbei etwa an die Rückkehr der englischen Stuarts mit Karl II. 1660, die Wiedereinsetzung der französischen Bourbonen 1814/15 unter Ludwig XVIII., die der spanischen Bourbonen 1874 unter Alfons XII., die Wiederherstellung der Monarchie in Griechenland 1935 durch den 1924 abgesetzten König Georg II. oder, aus jüngster Zeit, die Thronbesteigung von König Juan Carlos von Spanien 1975, mit der nach mehr als vierzig Jahren die spanischen Bourbonen zum zweiten Mal ihre Krone zurückgewannen. Allerdings waren derartige Restaurationen meist nicht von langer Dauer. So erfolgte bekanntlich die endgültige Vertreibung der – katholisch gewordenen – Stuarts 1688, die französischen Bourbonen verloren ihren Thron 1830 als Folge der Julirevolution, die spanischen (vorübergehend) 1931 und die instabile griechische Monarchie ging 1973 unter. Lediglich das moderne Spanien scheint, nicht zuletzt als Folge der außergewöhnlichen Persönlichkeit des regierenden Königs, ein Sonderfall zu sein. Die Regel war dagegen, daß einmal abgesetzte Dynastien sich dauerhaft im Exil einrichten mußten und anfangs meist noch aufrechterhaltene Thronansprüche auf längere Sicht nicht wahren konnten. Man denke in diesem Zusammenhang etwa an das 1809 auf Druck Napoleons abgesetzte schwedische Königshaus Schleswig-Holstein-Gottorp, die von Bismarck 1866 entthronten Fürstenhäuser von Hannover, Nassau und Kurhessen, die habsburgischen Sekundogenituren in Modena und der Toskana (1860), die neapolitanischen Bourbonen beziehungsweise das Fürstenhaus Bourbon-Parma (1860), das Kaiserhaus von Brasilien (1889) oder das portugiesische Königshaus (1912). Gleichsam symbolisch entschädigt für ihren Sturz wurden die betroffenen Dynastien, wie bereits erwähnt, insofern, als von der Gesamtheit des hohen Adels ihre Ebenbürtigkeit weiterhin anerkannt wurde. Die 1918 Entthronten fanden sich mit ihrem Schicksal indes vielfach nicht ohne weiteres ab und versuchten teilweise, die frühere Stellung zurückzugewinnen. Für den deutsch-mitteleuropäischen Bereich gilt dies insbesondere für die Häuser Hohenzollern, Wittelsbach und Habsburg. Die Restaurationspolitik der Habsburger, das heißt konkret Kaiser Karls und seiner Familie, war in diesem Zusammenhang lange Zeit besonders unnachgiebig, weil diese, ähnlich wie die französischen Bourbonen nach 1830, ihre Absetzung nicht anerkannten und für das Festhalten an ihren Ansprüchen Exil und Verarmung in Kauf nahmen. Kaiser Karl versuchte diese harte Linie auch von den übrigen Agnaten seines Hauses zu erzwingen, ein Unterfangen, das allerdings mehrheitlich vergeblich war. Das Haus Habsburg zerfiel nach 1919 faktisch in mehrere miteinander zerstrittene Linien, etwa ein Drittel aller erbberechtigten Erzherzöge leistete den verlangten Treueid auf die Republik Österreich, die Linie des Erzherzogs Joseph August (1872–1962) und die der Herzöge von Teschen unter Erzherzog Friedrich (1856–1936) entzogen sich einer eindeutigen Parteinahme, indem sie für die ungarische Staatsbürgerschaft optierten.

Bekannt geworden sind vor allem die beiden Restaurationsversuche Kaiser Karls in Ungarn im Jahre 1921. Diese scheiterten zum einen am Widerstand der Siegermächte des Ersten Weltkriegs, zum andern daran, daß auch ein beträchtlicher Teil der ungarischen Eliten einer habsburgischen Restauration kritisch bis ablehnend gegenüberstand. Die förmliche Entthronung der Habsburger vollzog die Budapester Regierung 1921 dennoch nur unter dem Zwang der Entente; der vakante Thron wurde nicht mehr wieder besetzt. Der bereits 1920 im Wege des Kompromisses zwischen Legitimisten und Habsburggegnern gewählte Reichsverweser Nikolaus von Horthy (1868-1957, reg. 1920-1944) regierte seither ein Königreich ohne König. Dennoch hielten Kaiser Karl und nach seinem Tode in der Verbannung auf Madeira (1922) auch sein unmündiger Sohn und Erbe Erzherzog Otto, für den seine streitbare Mutter Kaiserin Zita bis 1930 die „Regentschaft" führte, an ihren Ansprüchen unverbrüchlich fest. Konkretes Ziel restaurativer Maßnahmen wurde seit den dreißiger Jahren zunehmend Österreich, wo nach der Errichtung des Ständestaats (1933/34) ein solches Vorhaben realistisch schien. Erst das US-amerikanische Exil Ottos und das Erlebnis des völligen Scheiterns seiner Restaurationshoffnungen nach 1945 bewirkten bei Otto ein Umdenken und lenkten sein politisches Engagement hin auf den Einsatz für ein Vereintes Europa, in dem er seither das zeitgemäße Erbe seiner Vorfahren erblickte.

Ähnliche restaurative Absichten verfolgten, nicht zuletzt vor dem Hintergrund des von ihnen als große Gefahr erkannten aufstrebenden Nationalsozialismus bekanntlich auch die bayerischen Wittelsbacher, doch zerstoben auch deren Hoffnungen spätestens nach 1945. Charakteristisch am bayerischen Fall ist vor allem, daß republikanischer Staat und Dynastie von Anfang an ein partnerschaftliches Verhältnis pflegten. Kronprinz Rupprecht schloß mit dem Freistaat bereits 1924 ein Abkommen über die endgültige Trennung von Staat und Dynastie, die dieser – ein einzigartiger Fall in einer Republik – ein aus Stiftungsvermögen finanziertes Apanagensystem sicherte. Bis heute besitzt das Haus Wittelsbach in Bayern eine quasi öffentlich-rechtliche Stellung und ist als Familienkorporation Teil des offiziellen bayerischen Staatsbewußtseins.[50]

Einen Sonderfall stellt, wie bereits erwähnt, die erfolgreiche Restauration der spanischen Bourbonen 1975 mit der Thronbesteigung Juan Carlos' I. dar.[51] Spanien war nach der Flucht König Alfons' XIII. ins Exil 1931 eine Republik geworden. General Franco hatte nach dem Ende des Bürgerkriegs, wohl nicht zuletzt wegen der inneren Spaltung der spanischen Royalisten in An-

[50] Vgl. hierzu vor allem *Weiß*, Kronprinz Rupprecht von Bayern (wie Anm. 49).

[51] Vgl. *Walther L. Bernecker*, Ein moderner Fürst. König Juan Carlos I. von Spanien, in: Weber (Hrsg.), Der Fürst (wie Anm. 2), 209-245, und *ders.*, Juan Carlos I., in: Bernecker/Collado Seidel/Hoser (Hrsg.), Die spanischen Könige (wie Anm. 9), 281-302.

hänger Alfons XIII. und Karlisten – letztere hatten ihn offen unterstützt –, eine Rückkehr zur Monarchie zunächst verhindert. Diese wurde erst 1947 vollzogen, allerdings ohne einen König einzusetzen. Spanien blieb in der Folgezeit, ähnlich wie Ungarn zwischen 1920 und 1946, ein Königreich mit vakantem Thron. Zwar hatte Franco bereits frühzeitig erkennen lassen, daß er als künftigen König (unter Umgehung des legitimen Prätendenten Prinz Juan) dessen ältesten Sohn Juan Carlos präferierte, der auch in Spanien erzogen wurde, doch designierte er diesen erst 1969 als seinen Nachfolger. Juan Carlos wurde noch im gleichen Jahr von den Cortes zum „Prinzen von Spanien" und 1971 zum Stellvertreter Francos gewählt. Nach dem Tode des Diktators zum König ausgerufen, widerstand der junge König der Versuchung, eine Königsdiktatur zu errichten, er gestaltete vielmehr den friedlichen Übergang zu einer parlamentarischen Demokratie und versöhnte so die Mehrheit der Spanier mit der Restauration des Hauses Bourbon. Bemerkenswert war sein Eintreten für die Demokratie 1981 beim Versuch eines Militärputsches, als er in einer Fernsehansprache ohne Rücksprache mit der Regierung die Rückkehr der Streitkräfte in die Kasernen befahl. Das royalistische Generalskorps gehorchte ihm bezeichnenderweise entgegen den eigenen politischen Überzeugungen – ein bemerkenswertes Zeugnis für den Nimbus einer Monarchie im ausgehenden 20. Jahrhundert.

Restaurationsversuche in den Staaten Ostmitteleuropas, vor allem in Ungarn, Rumänien, Bulgarien und Albanien waren nach 1990, wie erwähnt, bisher nicht erfolgreich. Grundsätzlich gab es in diesen Ländern in Teilen der Bevölkerung eine vage royalistische Grundstimmung, die sich vor allem speiste aus der Abkehr vom Kommunismus und der Sehnsucht nach Rückkehr in eine scheinbar ungebrochene nationale Tradition. Beflügelt wurden derartige Tendenzen noch dadurch, daß in Rumänien, Bulgarien und Ungarn die nach dem Zweiten Weltkrieg entthronten Könige Michael I. (geb. 1921, König 1927-1930 und 1940-1947) und Simeon II. (geb. 1937, König 1943-1946) bzw. mit Otto von Habsburg (geb. 1912) der Sohn des letzten ungarischen Königs noch lebten. Dennoch scheiterten entsprechende Anläufe an den in der kommunistischen Zeit geschaffenen Fakten wie auch daran, daß die neuen republikanischen Eliten von der Restauration auch einer parlamentarischen Monarchie nach britischem oder belgischem Vorbild mehr zu verlieren als zu gewinnen hatten.[52] Eine Episode blieb der versuchte Staatsstreich des albanischen Thronprätendenten Leka, ein Sohn des früheren Präsidenten und Königs Ahmed Zogu (1925/28-1939), 1997, der erfolglos blieb. Im gleichen Jahr wurde in Albanien die Beibehaltung der republikanischen Staatsform per Volksentscheid gebilligt, allerdings

[52] Zu den Diskussionen in Ungarn vgl. etwa *Baier/Demmerle*, Otto von Habsburg (wie Anm. 42), 441ff. Vgl. hierzu auch *Brook-Shepherd*, Otto von Habsburg (wie Anm. 42), 315ff.

stimmten immerhin 40% der Abstimmenden für die Wiedereinführung der Monarchie.[53]

Bemerkenswert ist die Wahl des früheren bulgarischen Königs Simeon II. (bürgerlicher Name „Simeon Sakskoburggotski") zum bulgarischen Ministerpräsidenten (2001).[54] Viele Bulgaren verbanden mit der Wahl der Partei Simeons neben nostalgischen Gefühlen vor allem die Hoffnung auf einen spürbaren wirtschaftlichen Aufschwung, eine Beendigung der Korruption wie auch einen raschen Anschluß an die westliche Welt; Simeon war bis zu seiner Rückkehr nach Bulgarien immerhin ein weltgewandter Geschäftsmann mit Hauptwohnsitz in Spanien gewesen. Man sollte derartige Ereignisse bei aller notwendigen Nüchternheit in der Betrachtung nicht vorschnell überheblich als Folklore von wirtschaftlich benachteiligten Balkanbewohnern abtun. Sie zeigen, so scheint es, daß die traditionsstiftende Funktion von Dynastien auch im späten 20. Jahrhundert noch eine gewisse Bedeutung besitzt. Auch wenn in diesen Fällen die Restauration nicht erfolgreich verlief, so haben doch die genannten Länder mittlerweile einen neuen, meist unverkrampften Zugang zu ihren Dynastien und damit zu ihrer Geschichte gewonnen und die ehemals regierenden Familien setzen sich, auch ohne über formelle politische Macht zu verfügen, häufig im überkommenen transnationalen Sinne für ihre ehemaligen Königreiche ein. So ist es etwa kein Zufall, daß der jüngere Sohn Otto von Habsburgs, Erzherzog Paul Georg, der seit Mitte der neunziger Jahre in Ungarn lebt, 1997 Prinzessin Eilika von Oldenburg in der Budapester St.-Stephans-Basilika heiratete. Das Paar blieb in Ungarn wohnhaft, das Haus Habsburg zeigt auf diese Weise demonstrativ Flagge im Herzen der ehemaligen Donaumonarchie.[55]

IV. Zurück zum starken Monarchen? Der Sonderfall Liechtenstein

Das Fürstentum Liechtenstein[56] stellt insofern eine Besonderheit im Kreise der europäischen Monarchien dar, als dort der seit dem Tode Fürst Franz Josephs II. (1938–1989) regierende Hans-Adam II. sich auf einen Verfas-

[53] Vgl. Fischer Weltalmanach 1998, Sp. 64.

[54] Vgl. Fischer Weltalmanach 2002, Sp. 150, *Michael Martens*, „König ungefähr" kämpft um seine Zukunft, in: Frankfurter Allgemeine Zeitung v. 27. 7. 2005, 3, und *Markus Wien*, Die bulgarische Monarchie. Politisch motivierte Revision eines Geschichtsbildes in der Transformationsgesellschaft, in: Helmut Altrichter (Hrsg.), GegenErinnerung. Geschichte als politisches Argument im Transformationsprozeß Ost-, Ostmittel- und Südosteuropas. (Schriften des Historischen Kollegs, Kolloquien, Bd. 61.) München 2006, 219–236.

[55] Vgl. hierzu *Baier/Demmerle*, Otto von Habsburg (wie Anm. 42), 549.

[56] Vgl. hierzu vor allem *Ralph Kellenberger*, Kultur und Identität im kleinen Staat. Das Beispiel Liechtenstein. Bonn 1996; *Gerald Schöpfer*, Klar und fest. Geschichte des Hauses Liechtenstein. 2. Aufl. Graz 1996; *Harald Wanger*, Die regierenden Fürsten von

sungskonflikt mit dem Parlament einließ. Ziel war die Zurückdrängung des Parlamentarismus zugunsten einer stärkeren – fast bonapartistisch-präsidial zu nennenden – Rolle des Fürsten.[57] Durch zwei Referenden am 16. März 2003 beendeten die Liechtensteiner den zehnjährigen Machtkampf zwischen Fürstenhaus und Regierung bzw. Landtag. Mit knapp zwei Dritteln der abgegebenen Stimmen wurden dem Fürsten weitreichende Kompetenzen (Notverordnungsrecht, Auflösung der Regierung, Richterwahl) zugesprochen und damit das bisher bestehende Übergewicht des Parlaments zugunsten einer Stärkung der legislativen und exekutiven Gewalt des Fürsten empfindlich beschnitten. Ungewöhnlich für eine Monarchie, aber in gewissem Sinne konsequenter Ausdruck des plebiszitär legitimierten Charakters der revidierten Verfassung ist die Bestimmung, daß das Volk künftig einen Mißtrauensantrag gegen das Staatsoberhaupt stellen kann. Liechtenstein stellt somit das einzige Beispiel in Europa für eine regierende Dynastie dar, der es gelang, das Rad der Geschichte gleichsam zurückzudrehen; entsprechend stießen die Verfassungsänderungen auch auf Kritik beim Europarat.[58] Dennoch bleibt festzuhalten, daß die erreichte Stärkung der monarchischen Gewalt nicht durch einen restaurativen Rückgriff auf das Monarchische Prinzip im Stile des frühen 19. Jahrhunderts, sondern ausschließlich auf plebiszitärem Wege möglich war, insofern also das Grundprinzip der Volkssouveränität gewahrt blieb. Fürst Hans-Adam II. hat sich bei seinem Konfliktkurs mit dem Landtag geschickt eine latente Unzufriedenheit seiner Untertanen mit den im Parlament vertretenen Parteien zunutze gemacht und jene durch den gezielten und teilweise durchaus demagogischen Appell an das Staatsvolk empfindlich geschwächt.

V. Ausblick

Es ist zu hoffen, daß die präsentierten Beispiele zeigen konnten, daß die Beschäftigung mit den ehemals regierenden Häusern ein lohnendes Betätigungsfeld für eine erneuerte politische Geschichte des hohen Adels darstellt. Auch wenn dieser im 20. Jahrhundert nicht mehr die dominierende politische und gesellschaftliche Stellung besaß wie in den Jahrhunderten zuvor, so existierte er trotz aller Brüche tendenziell immer noch als transnational verfaßte soziale Gruppe weiter, die in einem gewissen Umfang politische Wirksamkeit entfalten konnte.

Liechtenstein. Neustadt an der Aisch 1995; *Günther Winkler*, Verfassungsrecht in Liechtenstein. Demokratie, Parlamentarismus, Rechtsstaat, Gewaltenteilung und politische Freiheit in Liechtenstein aus verfassungsrechtlichen, verfassungsrechtsvergleichenden, verfassungsrechtspolitischen und europarechtlichen Perspektiven. Wien 2001.

57 Vgl. hierzu Fischer Weltalmanach 2004, Sp. 543f.

58 Vgl. hierzu Fischer Weltalmanach 2005, Sp. 279.

Abschließend sollen nun noch auf einige weniger politik- als vielmehr sozial- bzw. kulturgeschichtliche Aspekte unseres Themas verwiesen werden, die allerdings eng mit dem Felde der Politik verknüpft sind: Man kann in Anlehnung an die Begrifflichkeit des französischen Soziologen Pierre Bourdieu[59] davon sprechen, daß die regierenden Häuser über ökonomisches, kulturelles und soziales Kapital verfügen, welche sie zur Aufrechterhaltung ihrer gesellschaftlichen Position einsetzen. Noch bestehende Regierungsverantwortung, Familienvermögen, dynastischer Nimbus im Lande sowie der Familienzusammenhalt sind hierbei zu nennen. Vor allem letzteres ist für den Zusammenhalt der Dynastien von erheblicher Bedeutung, realisiert sich doch bei den meist repräsentativen und zeremoniellen Familientreffen, etwa aus Anlaß von Hochzeiten und Begräbnissen, der Gedanke der prinzipiell standesintern egalitären familien- und staatenüberwölbenden Solidarität von regierenden und nicht mehr regierenden Dynastien symbolisch stets neu. Ausdruck dieser Ebenbürtigkeit war lange Zeit das nur untereinander gepflegte Konnubium, das heißt die Vermeidung nicht standesgemäßer Ehen mit Angehörigen des niederen Adels oder Bürgerlichen. Auffällig ist hierbei, daß anders als bei bürgerlichen Eliten, wo es derartige Abschließungstendenzen natürlich auch gibt, hierbei nicht primär der Gedanke der Wahrung der eigenen Klassenzugehörigkeit im Mittelpunkt steht, sondern vielmehr alte geblütsrechtliche Vorstellungen weiterwirken.

Doch zeigen sich andererseits auf diesem Felde in jüngster Zeit charakteristische Veränderungen: Während vor allem die traditionsreichen nicht mehr regierenden Häuser, sofern sie über ausreichendes ökonomisches Kapital verfügen, unverbrüchlich an geblütsrechtlichen Vorstellungen festhalten und durch Schaffung geeigneter Rechtsverhältnisse meist in Form von Familienstiftungen dafür gesorgt haben, daß dieses Prinzip auch unter den Bedingungen einer republikanischen Demokratie bewahrt werden kann[60], gehen die regierenden Häuser zunehmend davon ab[61]. Vereinzelt war dies bereits in den sechziger und siebziger Jahren in den stark sozialdemokratisch und damit egalitär geprägten Monarchien Nordeuropas festzustellen, so etwa bei den Eheschließungen der damaligen dänischen Kronprinzessin Margarethe mit dem französischen Grafen Henri de Laborde de Monpezat (1967), des heutigen norwegischen Königs Harald V. mit der norwegischen

[59] Vgl. hierzu vor allem *Christian Papilloud*, Bourdieu lesen. Einführung in eine Soziologie des Unterschieds. Bielefeld 2003.

[60] Wie problematisch derartige Regelungen im Einzelfall sein können, zeigt derzeit der immer noch nicht abgeschlossene Erbfolgestreit im Haus Preußen; vgl. hierzu *Anna von Münchhausen*, Wer erben will, muß klagen, in: Frankfurter Allgemeine Sonntagszeitung, 9.12.2001, 64, und *Reinhard Müller*, Auch Hohenzollern dürfen aus Liebe heiraten, in: Frankfurter Allgemeine Zeitung, 3.4.2004, 7.

[61] Vgl. hierzu *Dirk Schümer*, Glück mit der Brautwerbung, in: Frankfurter Allgemeine Zeitung, 19.11.2001, 52.

Bürgerlichen Sonja Haraldsen (1968) oder des Königs von Schweden Karl XVI. Gustav mit der deutschen Bürgerlichen Silvia Sommerlath (1976).[62] Dieser Trend verstärkte sich seither in vielen europäischen Monarchien: So entsprechen etwa die Ehen der Kinder des spanischen Königs Juan Carlos[63] in keiner Weise den überkommenen Prinzipien der Ebenbürtigkeit, ebensowenig die des niederländischen[64], belgischen[65], norwegischen[66] und dänischen[67] Kronprinzen. Zunehmend scheint es hierbei wichtiger zu werden, daß die Ehepartner Landeskinder sind, Nationalität geht folglich vor Ebenbürtigkeit. Eisern festgehalten wird demgegenüber immer noch am konfessionellen Gleichklang der Eheleute. So mußte zwar die katholische Maxima Zorreguieta bei ihrer Eheschließung nicht zum Protestantismus konvertieren, doch ist es, Religionsfreiheit hin oder her, in den Niederlanden offenbar unvorstellbar, daß die Kinder des Kronprinzenpaares nach dem Glauben ihrer Mutter erzogen werden; und dies obgleich die Katholiken heute in den Niederlanden die größte Religionsgemeinschaft darstellen.[68] Anscheinend geht sowohl die Dynastie als auch die Mehrheit des Parlaments immer noch von einem protestantischen Charakter der niederländischen Monarchie aus. Überkommene staatskirchliche, mit dem niederländischen Nationalgefühl amalgamierte Vorstellungen wirken hier offenkundig fort.

Gefallen ist demgegenüber in den meisten europäischen Monarchien die agnatische Erbfolge, also die generelle Bevorzugung des Mannes bei der Sukzession; in Mitteleuropa und Teilen Westeuropas wurzelte diese im salischen Erbrecht, doch gab es auch in den anderen Monarchien bis ins 20. Jahrhundert die Praxis, eine cognatische Erbfolge nur dann zuzulassen, wenn der regierende Herrscher keinen männlichen Erben hatte. Heute wiegt die Gleichberechtigung der Frau allerdings schwerer als ehrwürdige Traditionen, das salische Erbrecht in seiner ursprünglichen Form existiert heute nur noch im Fürstentum Liechtenstein, viele Monarchien haben mittlerweile das Prinzip der Primogenitur dem Erbrecht des Mannes grundsätzlich übergeordnet, so zuletzt Schweden, Norwegen und Belgien; in Däne-

[62] Ein frühes Beispiel ist auch die Heirat der damaligen niederländischen Kronprinzessin Beatrix mit dem deutschen Diplomaten Klaus von Amsberg (1966).

[63] Kronprinz Felipe mit der Journalistin Letizia Ortiz, Prinzessin Elena mit dem Grafen Jaime de Marichalar, Prinzessin Christina mit dem baskischen Handballspieler Inaki Urdangarin.

[64] Kronprinz Willem-Alexander mit der argentinischen Großgrundbesitzerstochter Maxima Zorreguieta.

[65] Kronprinz Philipp mit der Logopädin Mathilde d'Udekem d'Acoz.

[66] Kronprinz Haakon mit der alleinerziehenden Mutter Mette-Marit Tjessem Høiby.

[67] Kronprinz Frederic mit der aus Australien stammenden Juristin Mary Donaldson.

[68] Vgl. hierzu: *Dirk Schümer*, Maxima culpa. Holland in Not: Darf eine Prinzessin im Jahre 2001 glauben, woran sie will?, in: Frankfurter Allgemeine Sonntagszeitung, 2. 12. 2001, 33.

mark scheint dieser Schritt unmittelbar bevorzustehen.[69] Auf der anderen Seite ist es bemerkenswert, daß – Menschen- und Bürgerrechte hin oder her – das Leben der Agnaten und Cognaten der regierenden Häuser nach wie vor eingeschränkt wird durch die Kompetenzen der nationalen Parlamente und rigide verfassungsrechtliche Vorschriften: Sie besitzen weder uneingeschränkte Religionsfreiheit noch das Recht auf freie Wahl des Ehepartners, noch das auf Freizügigkeit. Hier zeigt sich in aller Deutlichkeit, daß die Dynastien bzw. deren einzelne Mitglieder als späte Folge der immer noch nachwirkenden „Verstaatlichung" der regierenden Häuser im 19. Jahrhundert nach wie vor in erster Linie Staatsorgane sind, deren Persönlichkeitsrechte der politischen Rolle, die sie verkörpern, nachgeordnet sind.

Insofern dürften die (ehemals regierenden) Häuser Europas der Geschichtswissenschaft noch einiges an Forschungsgegenständen bieten. Es wäre zu hoffen, daß diese von der Adelsforschung aufgegriffen werden.

[69] Vgl.: Kronprinz Frederik kann eine Tochter bekommen, in: Frankfurter Allgemeine Zeitung, 7. 6. 2005, 2.

VIII. Politische Ideengeschichte

Ideen von 1648?

Reichsverfassungsrecht als Quelle politischer Ideengeschichte

Von

Frank Kleinehagenbrock

Das Jahr 1648 ist ein Epochenjahr der europäischen und deutschen Geschichte.[1] Der Westfälische Friede muß als ein Ereignis angesehen werden, dessen Bedeutung und Wirkung über die (immer prägnanter im Bewußtsein der Fachwelt stehenden und geschlossener werdenden) Epochengrenzen der Frühen Neuzeit hinaus bis in unsere Gegenwart im frühen 21. Jahrhundert groß ist: Diplomatie und Staatenordnung in Europa, deutsche Verfassungs- und Sozial-, ja Kulturgeschichte wären ohne das Vertragswerk von Münster und Osnabrück undenkbar.[2] Doch welche großen politischen Ideen, welche Verfassungs-, Gesellschafts- und Politikentwürfe lassen sich damit verbinden? Schließlich regelte der Westfälische Friede in Anlehnung an den Augsburger Religionsfrieden von 1555 nicht nur das Verhältnis der Konfessionen im Rahmen der schärfer konturierten Reichsverfassung, sondern ist auch als ein wichtiger Schritt auf dem Wege zum modernen Völkerrecht anzusehen. Die folgenden Ausführungen unternehmen den Versuch, sich zumindest ansatzweise den Ideen von 1648 beziehungsweise Ideen, die sich „1648" als

[1] Diese Aussage zu belegen ist eigentlich müßig, doch sei hier auf Lehrbücher zum akademischen Unterricht verwiesen, so allen voran auf *Johannes Burkhardt*, Frühe Neuzeit. 16.–18. Jahrhundert. (Grundkurs Geschichte, Bd. 3.) Königstein 1985 (vor allem Abschnitt 7: Der Westfälische Friede – Völkerrechtsmodell, Konfessionsfriede, Reichsverfassung, hier besonders 164). Gerade zum Epochencharakter vgl. zudem *Winfried Schulze*, Einführung in die neuere Geschichte. 4. Aufl. Stuttgart 2002, 33, sowie auch noch immer das ältere Lehrwerk von *Reinhard Elze*/*Konrad Repgen* (Hrsg.), Studienbuch Geschichte. Eine europäische Weltgeschichte. Bd. 2: Frühe Neuzeit/19. und 20. Jahrhundert. Unter Mitarbeit von Heinz Hürten und Ernst Walter Zeeden. 5. Aufl. Stuttgart 1999, 104f.

[2] Verwiesen sei hier auf zwei Aufsätze von *Konrad Repgen*, Aktuelle Friedensprobleme im Lichte der Geschichte des Westfälischen Friedens, und vor allem: *ders.*, Der historische Ort des Grundgesetzes: 1648 – 1789 – 1949, beide in: ders., Dreißigjähriger Krieg und Westfälischer Friede. Studien und Quellen. Hrsg. v. Franz Bosbach u. Christoph Kampmann. Paderborn 1998, 817–830, 831–849 (zu diesem bemerkenswerten Sammelband nun auch die ausführliche Besprechung von *Martin Heckel*, Konfessionalisierung in Koexistenznöten. Zum Augsburger Religionsfrieden, Dreißigjährigen Krieg und Westfälischen Frieden in neuerer Sicht, in: HZ 280, 2005, 647–690), ferner: *Christoph Link*, Die Bedeutung des Westfälischen Friedens in der deutschen Verfassungsentwicklung. Zum 350jährigen Jubiläum eines Reichsgrundgesetzes, in: Juristenzeitung 53, 1998, 1–9.

Anknüpfungspunkt genommen haben, anzunähern, und dabei zu hinterfragen, ob sich mit dieser Jahreszahl wie mit anderen Epochenjahren der deutschen Geschichte – beispielsweise 1848 oder 1945 – große politische Konzeptionen und Entwürfe verbinden lassen.

I. Der Westfälische Friede als ideengeschichtliches Thema

Die teilweise älteren handbuchartigen Darstellungen und Aufsatzsammlungen zur politischen Ideengeschichte, meist an den Entwürfen bestimmter Denker orientiert und nach Epochen aufgebaut[3], sind dabei ebensowenig hilfreich wie etwa Lexikonartikel[4]. Der Autor des einschlägigen Standardwerkes zum Westfälischen Frieden, Fritz Dickmann, hat zwar die Forschung stark inspiriert, jedoch ideengeschichtliche Aspekte hinsichtlich der Wirkungsgeschichte ebenfalls nicht als strukturierende Elemente seiner Untersuchung betrachtet.[5] Die Mitte der 1990er Jahre erschienene Bibliographie zum Westfälischen Frieden, sonst immer überaus nützlicher Ausgangspunkt für alle Forschungen zum Thema, bietet gleichfalls keinen direkten Zugriff auf die mit diesem Vertragswerk verknüpfte politische Ideengeschichte.[6] Ebenso verzeichnet das Inhaltsverzeichnis des von Heinz Schilling und Klaus Bußmann herausgegebenen und sowohl umfangreichen als auch thematisch vielfältigen Katalogbands „1648" keinen einschlägigen

[3] Stellvertretend sei hier auf das mehrfach nachgedruckte Werk von *Hans Fenske* u. a. (Hrsg.), Geschichte der politischen Ideen. Von der Antike bis zur Gegenwart. Frankfurt am Main 2003 (zuerst Königstein 1981), hingewiesen, in dem der Westfälische Friede kurz im Rahmen der Diskussionen um die Reichsverfassung (*Wolfgang Reinhard*, Vom italienischen Humanismus bis zum Vorabend der Französischen Revolution, 241–376, hier 309–312) abgehandelt wird. Weit verbreitet, aber ohne Hinweis auf den Westfälischen Frieden ist etwa auch *Reinhold Zippelius*, Geschichte der Staatsideen. 6. Aufl. München 1989. Ähnlich ist es mit neueren Festschriften, die ideengeschichtliche Studien in großer Breite abdecken, so etwa: *Frank-Lothar Kroll* (Hrsg.), Neue Wege der Ideengeschichte. Festschrift für Kurt Kluxen zum 85. Geburtstag. Paderborn 1996, oder *Heiner Lück/Bernd Schild* (Hrsg.), Recht, Idee, Geschichte. Beiträge zur Rechts- und Ideengeschichte für Rolf Lieberwirth anläßlich seines 80. Geburtstages. Köln/Weimar/Wien 2000.

[4] *Warren F. Kuehl*, International Peace, in: Philip P. Wiener (Ed.), Dictionary of the History of Ideas. Studies of Selected Pivotal Ideas. Vol. 3. New York 1973, 448–457.

[5] *Fritz Dickmann*, Der Westfälische Frieden. 7. Aufl. Münster 1998. (Darin findet sich freilich wohl immer wieder passim eine Diskussion der Entwicklung der deutschen Reichspublizistik seit dem 16. Jahrhundert.) Vgl. dazu ferner die teilweise erst posthum veröffentlichten Arbeiten in: *ders.*, Friedensrecht und Friedenssicherung. Studien zum Friedensproblem in der Geschichte, Göttingen 1971. – Nachfolgende Ausführungen sind an vielen Stellen der Monographie von Dickmann verpflichtet, ohne daß im einzelnen Seitennachweise gegeben würden.

[6] *Heinz Duchhardt* (Hrsg.), Bibliographie zum Westfälischen Frieden. Bearb. v. Eva Ortlieb u. Matthias Schnettger. Münster 1996.

Beitrag.[7] Freilich ist es zu kurz gegriffen, diesen pessimistischen Befund damit zu erklären, daß die – traditionelle – politische Ideengeschichte in den zurückliegenden Jahrzehnten keine Konjunktur gehabt zu haben scheint und die sogenannte, nicht zuletzt von jüngeren Debatten in Großbritannien und in den USA inspirierte „Neue Ideengeschichte“ zwar zahlreiche Anregungen geben konnte, jedoch an ihrer methodischen Vielfalt im Rahmen einer umfassenden Kulturgeschichte laboriert.[8]

Denjenigen, welche die Geschichte der großen politischen Ideen vor allem als Geschichte der wichtigen Ideengeber und ihrer Theorien, ihrer Wirkungen und ihrer Diskurskontexte betreiben, erscheint der Westfälische Friede offenbar eher als ein wenig lohnenswertes Betrachtungsobjekt, steckt in den lateinischen Worten der Vertragsurkunden doch weniger das geistige Gut eines einzelnen Denkers und ein stringent entwickelter theoretischer Entwurf als praktischer politischer sowie juristischer Kompromiß, dessen Details die Forschung mehr interessiert haben.[9] Einen zentralen Staatsdenker des Westfälischen Friedens hat niemand ausgemacht; die in den Konflikten der Zeit und in den Friedenkompromissen auftauchenden Lösungen sind dafür einfach zu divergent, umfassen die Stellung Frankreichs zum Reich ebenso wie das Verhältnis von Kaiser und Reichsfürsten oder die dynastischen und konfessionellen Verhältnisse in der Grafschaft Wertheim gleichermaßen.[10]

[7] *Klaus Bußmann/Heinz Schilling* (Hrsg.), 1648. Krieg und Frieden in Europa. Ausstellungskatalog. 3 Bde. Münster 1998. Diese für die Forschung unverzichtbar gewordenen Katalogbände fassen in unzähligen Beiträgen den Forschungsstand zum Dreißigjährigen Krieg und zum Westfälischen Frieden zusammen, viele davon sind in die nachstehenden Ausführungen eingegangen, ohne daß eigens auf sie verwiesen würde; nur wenige, für die Argumentation zentrale Beiträge werden hervorgehoben.

[8] *Luise Schorn-Schütte*, Ideen-, Geistes-, Kulturgeschichte, in: Hans-Jürgen Goertz (Hrsg.), Geschichte. Ein Grundkurs. 2. Aufl. Reinbek 2001, 489–515, hier 489; *Günter Lottes*, Neue Ideengeschichte, in: Joachim Eibach/Günther Lottes (Hrsg.), Kompass der Geschichtswissenschaft. Ein Handbuch. Göttingen 2002, 261–269, hier 261f. u. 269; in diesem Sammelband auch eine sehr nützliche Literaturauswahl zur „Neuen Ideengeschichte“, 318–328; ferner auch *Christian Simon*, Historiographie. Eine Einführung. Stuttgart 1996, 248, 252 (Ideengeschichte als „Gipfelwanderung“), 253 (Ideengeschichte nun verstanden als Suche von Zusammenhängen „zwischen Lebenswelt und Ideenwelt“). Zum Diskussionsstand im englischen Sprachraum im Überblick hier lediglich der Hinweis auf *Hartmut Rosa*, Ideengeschichte und Gesellschaftstheorie: Der Beitrag der ‚Cambridge School‘ zur Metatheorie, in: PVS 35, 1994, 197–223.

[9] Als ein gutes Beispiel für das Ignorieren des Westfälischen Friedens kann hier *Kurt von Raumer*, Ewiger Friede. Friedensrufe und Friedenpläne seit der Renaissance. Freiburg/München 1953, herangezogen werden. Vgl. dazu auch die noch älteren historiographischen Traditionen des 19. Jahrhunderts verpflichtete, negative Perspektive auf den Westfälischen Frieden von *dems.*, Das Erbe des Westfälischen Friedens. Betrachtungen zu seiner 300. Wiederkehr, in: Ernst Hövel (Hrsg.), Pax optima rerum. Beiträge zur Geschichte des Westfälischen Friedens 1648. Münster 1948, 73–97.

[10] Vgl. die ähnlichen Schlüsse von *Helmut Gabel*, Glaube – Individuum – Reichsrecht. Toleranzdenken im Reich von Augsburg bis Münster, in: Horst Lademacher/Simon

Insofern ist der Westfälische Friede vielleicht ein guter Ansatzpunkt, von dem aus neuere Wege der Ideengeschichte – die an dieser Stelle freilich nicht methodisch reflektiert werden sollen – beschritten werden können.

Nichtsdestotrotz wurden in den beiden westfälischen Bischofstädten unzweifelhaft zukünftige Entwicklungen grundgelegt, die sich stichwortartig mit einer noch nicht durch die Aufklärungsphilosophie geprägten Vorstellung von Toleranz und Prinzipien völkerrechtlicher Friedenswahrung verbinden lassen.[11] Ferner nahm von hier aus zumindest eine vielseitige wie Veränderungen unterworfene Rezeptionsgeschichte ihren Ausgang, die ihrerseits Zeugnis ablegt vom Wandel des politischen Denkens seit der zweiten Hälfte des 17. Jahrhunderts.[12] Deswegen ist, wenn nach den Ideen von 1648 gefragt wird, zunächst auch zu fragen, inwieweit der Westfälische Friede in den unterschiedlichsten Epochen, als Anknüpfungspunkt politischer Ideen und Visionen herhalten mußte. Schließlich schien es schon keinem geringeren als Johann Stephan Pütter „nicht überflüssig [...] noch mehr um den Geist als um den bloßen Buchstaben des Friedens bekümmert“ zu sein.[13]

Groenfeld (Hrsg.), Krieg und Kultur. Die Rezeption von Krieg und Frieden in der Niederländischen Republik und im Deutschen Reich 1568–1648. Münster 1998, 157–177, 568–571, hier 175 (und ansonsten in der Tendenz mit einer eher kritischen Bilanz des Westfälischen Friedens).

[11] So sieht es – etwas optimistischer als *Raumer*, Das Erbe (wie Anm. 9) – schon im Jubiläumsjahr 1948 *Max Braubach*, Der Westfälische Friede. Münster 1948, 69, trotz im allgemeinen distanzierter Betrachtung des Westfälischen Friedens. Zur Einordnung der Beiträge von Braubach und Raumer vgl. *Heinz Duchhardt*, Das Feiern des Friedens. Der Westfälische Friede im kollektiven Gedächtnis der Friedensstadt Münster. Münster 1997, hier besonders 94–97. Grundsätzlicher sind die Ausführungen von *Gerhard Besier*, Art. „Toleranz XI. ‚Toleranz‘ als religionspolitischer Begriff im 17. und 18. Jahrhundert“, in: Otto Brunner/Werner Conze/Reinhart Koselleck (Hrsg.), Geschichtliche Grundbegriffe. Historisches Lexikon zur politisch-sozialen Sprache in Deutschland. Bd. 6. Stuttgart 1990, 495–523, hier 496, und *Reinhart Koselleck*, Vergangene Zukunft der frühen Neuzeit, in: ders., Vergangene Zukunft. Zur Semantik geschichtlicher Zeiten. 4. Aufl. Frankfurt am Main 2000, 17–37, hier 24–26; zur Entwicklung von Toleranz im Zusammenhang mit dem Westfälischen Frieden vgl. *Winfried Schulze*, Pluralisierung als Bedrohung: Toleranz als Lösung, in: Heinz Duchhardt (Hrsg.), Der Westfälische Friede. Diplomatie, politische Zäsur, kulturelles Umfeld, Rezeptionsgeschichte. München 1998, 115–140.

[12] Hierzu an dieser Stelle zunächst der Hinweis auf einen prägnanten Überblick aus der Tagespresse: *Bernd Schönemann*, Riesenwerk und Schicksalsschlag. Vor 350 Jahren wurde der Westfälische Frieden geschlossen. Die wechselvolle Geschichte seiner Deutungen, in: Frankfurter Allgemeine Zeitung, 24. 10. 1998.

[13] [*Johann Stephan*] *Pütter,* Geist des Westphälischen Friedens nach dem innern Gehalte und wahren Zusammenhange der darin verhandelten Gegenstände. Göttingen 1995; Zitat auf der ersten Seite der unpaginierten Vorrede.

II. Der Westfälische Friede in der politischen Ideenwelt nachfolgender Epochen

Es ist gewiß bemerkenswert, wenn in jüngster Vergangenheit mit großem finanziellen und organisatorischen Aufwand das 350jährige Jubiläum des Westfälischen Friedens als symbolträchtiges Großereignis vorrangig im europäischem Einigungssinne und – eher zweitrangig – im ökumenischen Geist veranstaltet wurde, wiewohl der Historiker feststellen muß, daß beide Aspekte vielleicht weniger mit dem Westfälischen Frieden zu tun haben als den Veranstaltern lieb sein mag. Immerhin hat die Beschäftigung mit dem Dreißigjährigen Krieg und dem Westfälischen Frieden um das Jubiläumsjahr 1998 herum dadurch neuerlich Auftrieb erhalten, was die Bedeutung von 1648 im allgemeinen Bewußtsein sowie im wissenschaftlichen Diskurs untermauert hat.[14]

Mit der Geschichte der politischen Ideen von 1648 verbinden sich also mehrere, miteinander verquickte Problemkreise. Zum einen ist die Bedeutung als eine der wichtigen völkerrechtlichen Zäsuren herauszustellen, welche die Friedensinstrumente von Münster und Osnabrück darstellen und die das System der europäischen Staatenwelt in Verknüpfung mit dem System des Alten Reiches neu justiert und in eine neue Entwicklungsphase übergeleitet haben.[15] Vor allem scheint unsere Vorstellung vom europäischen Gleichgewicht der Kräfte[16], wie es vor allem im 18. Jahrhundert zu voller Ausprägung kam, mit den Ergebnissen der Verträge von Münster und Osnabrück als Ausgangspunkt verknüpft zu sein, ohne daß das Wort

[14] *Heinz Duchhardt*, „Westphalian System". Zur Problematik einer Denkfigur, in: HZ 269, 1999, 305–315, hier vor allem 305f.; *Johannes Arndt*, Ein europäisches Jubiläum: 350 Jahre Westfälischer Friede, in: JbEurG 1, 2000, 133–158, und auch *Gerd Steinwascher*, Städtische Erinnerungskultur zwischen protestantischer Polemik und Marketing. Die Jubiläumsfeiern des Westfälischen Friedens in Osnabrück, in: Heinz Duchhardt (Hrsg.), Städte und Friedenskongresse. Köln/Weimar/Wien 1999, 69–82.

[15] *Arthur Nußbaum*, Geschichte des Völkerrechts in gedrängter Darstellung. München/Berlin 1960, 128–131, *Wilhelm G. Grewe*, Epochen der Völkerrechtsgeschichte. Baden-Baden 1984, 26, 49.

[16] Zur Idee vom Gleichgewicht der Kräfte in der Frühen Neuzeit noch immer wichtig *Ludwig Dehio*, Gleichgewicht oder Hegemonie. Betrachtungen über ein Grundproblem der neueren Staatengeschichte. 3. Aufl. Krefeld o. J., Kap. I-III; grundlegend: *Heinz Duchhardt*, Gleichgewicht der Kräfte, Convenance, Europäisches Konzert. Friedenskongresse und Friedensschlüsse vom Zeitalter Ludwigs XIV. bis zum Wiener Kongreß. Darmstadt 1976; ferner: *Heinz Schilling*, Formung und Gestalt des internationalen Systems in der werdenden Neuzeit – Phasen und bewegende Kräfte, in: Peter Krüger (Hrsg.), Kontinuität und Wandel in der Staatenordnung der Neuzeit. Beiträge zur Geschichte des internationalen Systems. Marburg 1991, 19–46, *Holger Th. Gräf*, Das europäische Mächtesystem, in: Olaf Mörke/Michael North (Hrsg.), Die Entstehung des modernen Europa 1600–1900. Köln/Weimar/Wien 1998, 11–24.

„Gleichgewicht" darin vorkommt.[17] Es ist also nicht gezielt eine Ordnung geschaffen worden, wiewohl berücksichtigt werden muß, daß die Akteure in den westfälischen Kongreßstädten in älteren europäischen Traditionen standen und – wenigstens zum Teil – das Oeuvre Hugo Grotius' rezipiert hatten. Grotius-Rezeption und Völkerrechtsentwicklung sollen im folgenden jedoch in den Hintergrund rücken.

Des weiteren ist nämlich auf die verfassungsmäßige Organisation des Alten Reiches hinzuweisen und in diesem Zusammenhang besonders auf die Befriedung der konfessionellen Konflikte im Heiligen Römischen Reich zu achten. Daß der Westfälische Friede daneben auch eine wichtige Wegmarke bei der Institutionenbildung des 1806 untergegangenen Heiligen Römischen Reiches und bei der Entwicklung der bis heute die deutsche Verfassungsordnung prägenden föderativen Staatlichkeit in Deutschland ist, darf nicht unberücksichtigt bleiben.[18] Das Vertragswerk ist von verschiedenen Juristen- und Historikergenerationen sowohl hinsichtlich seiner völkerrechtlichen als auch seiner reichspolitischen Bedeutung umgedeutet worden und muß als

[17] *Konrad Repgen*, Der Westfälische Friede und die Ursprünge des europäischen Gleichgewichts, in: ders., Von der Reformation zur Gegenwart. Beiträge zu Grundfragen der neuzeitlichen Geschichte. Hrsg. v. Klaus Gotto u. Hans Günter Hockerts. Paderborn 1988, 53–66; *Randall Lesaffer*, War, Peace and Interstate Friendship and the Emergence of the Ius Publicum Europaeum, in: Ronald G. Asch/Wulf Eckart Voß/Martin Wrede (Hrsg.), Frieden und Krieg in der Frühen Neuzeit. Die europäische Staatenordnung und die außereuropäische Welt. München 2001, 87–113; *Michael Stolleis*, Ius belli ac pacis und der frühmoderne Staat, in: Mario Ascheri u. a. (Hrsg.), „Ins Wasser geworfen und Ozeane durchquert." Festschrift für Knut Wolfgang Nörr. Köln/ Weimar/Wien 2003, 933–1007, hier besonders 1000ff.; *Randall Lesaffer*, Peace Treaties from Lodi to Westphalia, in: ders. (Ed.), Peace Treaties and International Law in European History. From the Late Middle Ages to World War One. Cambridge 2004, 9–44; *Heinz Duchhardt*, Peace Treaties from Westphalia to the Revolutionary Era, in: ebd. 45–58.

[18] Vgl. hierzu *Georg Schmidt*, Der Westfälische Frieden – eine neue Ordnung für das Alte Reich?, in: Reinhard Mußgnug (Red.), Wendemarken der deutschen Verfassungsgeschichte. Tagung der Vereinigung für Verfassungsgeschichte in Hofgeismar vom 11.3.–13.3.1991. Berlin 1993, 45–83 (mit dokumentierter Aussprache), *Anton Schindling*, Westfälischer Frieden, in: Handwörterbuch zur deutschen Rechtsgeschichte. Bd. 5. Berlin 1995, 1302–1305, *ders.*, Reichsinstitutionen und Friedenswahrung nach 1648, in: Asch/Voß/Wrede (Hrsg.), Frieden und Krieg (wie Anm. 17), 259–291, und explizit zur Frage der Souveränität der Reichsstände *Peter Schröder*, Reich versus Territorien. Zum Problem der Souveränität im Heiligen Römischen Reich nach dem Westfälischen Frieden, in: Olaf Asbach/Klaus Malettke/Sven Externbrink (Hrsg.), Altes Reich, Frankreich und Europa. Politische, philosophische und historische Aspekte des französischen Deutschlandbildes im 17. und 18. Jahrhundert. Berlin 2001, 123–143, *Ronald G. Asch*, The *ius foederis* re-examined: the Peace of Westphalia and the Constitution of the Holy Roman Empire, in: Lesaffer (Ed.), Peace Treaties (wie Anm. 17), 319–411, sowie *Johannes Burkhardt*, Der Westfälische Friede und die Legende von der landesherrlichen Souveränität, in: Jörg Engelbrecht/Stephan Laux (Hrsg.), Landes- und Reichsgeschichte. Festschrift für Hansgeorg Molitor zum 65. Geburtstag. Bielefeld 2004, 199–220.

ein bis heute präsentes Element der politischen Ideen nachfolgender Epochen betrachtet werden.[19]

Bekanntlich hat es nach dem Ende des Heiligen Römischen Reiches 1806, für das der Westfälische Friede ein Reichsgrundgesetz gewesen ist, das für über 150 Jahre innere Spannungen nicht mehr zu einem großen gewaltsamen Ausbruch wie dem Dreißigjährigen Krieg werden ließ[20], mehrfach Wandlungen in der historischen Betrachtung des Westfälischen Friedens gegeben.[21] Schlagwortartig sei daran erinnert, daß in den vorherrschenden, weit über Fachkreise hinaus verbreiteten und langlebigen Anschauungen der Historiker seit der zweiten Hälfte des 19. Jahrhunderts unter dem Vorzeichen der kleindeutschen Reichsgründung die besondere Rolle (Brandenburg-)Preußens für die (klein-)deutsche Einheit und die protestantische Prägung des neu entstandenen Staatswesens betont wurde.[22] Entsprechend düster wurde auf die Jahrhunderte der Frühen Neuzeit geschaut; im Mittelpunkt des negativen Gegenbildes zum Deutschen Reich nach 1871 standen ein vielgliedriger Reichskörper, eine dominante, jedoch fortschrittsfeindliche katholische Gesinnung und ein machtloser Kaiser. Für all dies wurde der Westfälische Friede in besonderer Weise ein Sinnbild.

Diese Vorstellungen sind nach 1945 zunächst zaghaft, dann jedoch nachhaltiger revidiert worden – und zwar nicht allein durch die Rezeption des

[19] *Bernd Schönemann*, Die Rezeption des Westfälischen Friedens durch die deutsche Geschichtswissenschaft, in: Duchhardt (Hrsg.), Der Westfälische Friede (wie Anm. 11), 805–825.

[20] Einen Fokus auf die zeitgenössische Interpretation richtet *Bernd Mathias Kremer*, Der Westfälische Friede in der Deutung der Aufklärung. Zur Entwicklung des Verfassungsverständnisses im Hl. Röm. Reich Deutscher Nation vom Konfessionellen Zeitalter bis ins späte 18. Jahrhundert. Tübingen 1989, sowie *ders.*, Die Interpretation des Westfälischen Friedens durch die „Schulen" des *Jus Publicum*, in: Duchhardt (Hrsg.), Der Westfälische Friede (wie Anm. 11), 757–778.

[21] Vgl. dazu den älteren Beitrag von *Fritz Dickmann*, Der Westfälische Friede und die Reichsverfassung, in: Forschungen und Studien zur Geschichte des Westfälischen Friedens. Vorträge bei dem Colloquium französischer und deutscher Historiker vom 28. April – 30. April 1963 in Münster. Münster 1965, 5–32, hier besonders 5–11; neuere Überblicke darüber gewähren *Heinz Duchhardt*, Der Westfälische Friede – Bild und Gegenbild im Wandel der Jahrhunderte, in: Westfalen 75, 1997, 105–113, *Konrad Repgen*, Der Westfälische Friede: Ereignis und Erinnerung, in: HZ 267, 1998, 615–647, hier besonders ab 637; *Volker Press*, Das römisch-deutsche Reich – ein politisches System in verfassungs- und sozialgeschichtlicher Fragestellung; *ders.*, Die kaiserliche Stellung im Reich zwischen 1648 und 1740, beide in: ders.: Das Alte Reich. Ausgewählte Aufsätze. Hrsg. v. Johannes Kunisch. 2. Aufl. Berlin 2000, 18–41 u. 189–222; *Schmidt*, Der Westfälische Friede (wie Anm. 18), hier besonders 47–52; *Anton Schindling*, Kaiser, Reich und Reichsverfassung 1648–1806. Das neue Bild vom Alten Reich, in: Asbach/Malettke/Externbrink (Hrsg.), Altes Reich, Frankreich und Europa (wie Anm. 18), 25–54.

[22] *Eike Wolgast*, Die Sicht des Alten Reiches bei Treitschke und Erdmannsdörffer, in: Matthias Schnettger (Hrsg.), Imperium Romanum – Irregulare Corpus – Teutscher Reichs-Staat. Das Alte Reich im Verständnis der Zeitgenossen und der Historiographie. Mainz 2002, 169–188.

einschlägigen Werkes von Dickmann.[23] Von München aus, von den Schülern Franz Schnabels und Max Spindlers, und auch von der Bonner Schule Max Braubachs ging diese Veränderung über biographische Arbeiten oder das Editionsprojekt der Acta Pacis Westphalicae aus.[24] Die strukturgeschichtlichen Ansätze Otto Hintzes und Gerhard Oestreichs aus der Berliner Schule haben das gesteigerte Interesse an kleinen und mindermächtigen Ständen des Alten Reiches geleitet, wobei an ältere landesgeschichtliche Traditionen angeknüpft werden konnte und die Beschäftigung mit den größeren Gliedern im Reichssystem wie etwa dem brandenburgisch-preußischem Territorienkonglomerat zu kurz gekommen ist. Der Westfälische Friede wird nun weniger als Unglücksfall auf dem Weg zum Nationalstaat, sondern als Wiederherstellung der Ordnung des Reiches nach Konfessionskonflikt und institutioneller Lähmung betrachtet.[25] Dazu gehört auch, daß Kaiser und Reichstag, Reichskammergericht und Reichshofrat sowie die Reichskreise als durchaus funktionierende und das Reich zusammenhaltende Institutionen gelten.[26]

[23] Vgl. neben den bereits genannten Beiträgen zur Entwicklung der Frühneuzeitforschung jetzt auch den kompetenten und fundierten Beitrag von *Matthias Schnettger* im vorliegenden Band.

[24] Vgl. hierzu und zum Folgenden *Press*, Römisch-deutsches Reich (wie Anm. 21), 19–22; *Schindling*, Kaiser, Reich und Reichsverfassung, (wie Anm. 21), vor allem 27, 33f. (mit bibliographischen Nachweisen in den Anmerkungen 5, 13, 15 und 16; *Georg Schmidt*, Das frühneuzeitliche Reich – Sonderweg und Modell für Europa oder Staat der deutschen Nation?, in: Schnettger (Hrsg.), Imperium Romanum (wie Anm. 22), 247–277, hier besonders 261–269.

[25] *Volker Press*, Die Krise des Dreißigjährigen Krieges und die Restauration des Westfälischen Friedens, in: Monika Hagenmaier/Sabine Holtz (Hrsg.), Krisenbewußtsein und Krisenbewältigung in der Frühen Neuzeit. Festschrift für Hans-Christoph Rublack. Frankfurt am Main 1992, 61–72.

[26] Vgl. dazu schon *Hans Erich Feine*, Zur Verfassungsentwicklung des Heil. Röm. Reiches seit dem Westfälischen Frieden, in: ZRG GA 65, 1932, 65–133. Aus der Fülle neuerer Literatur seien hier lediglich folgende Werke herausgegriffen: *Press*, Kaiserliche Stellung (wie Anm. 21); *Friedrich Hermann Schubert*, Die deutschen Reichstage in der Staatslehre der frühen Neuzeit. Göttingen 1966; *Anton Schindling*, Der Westfälische Frieden und der Reichstag, in: Hermann Weber (Hrsg.), Politische Ordnungen und soziale Kräfte im Alten Reich. Wiesbaden 1980, 113–153; *ders.*, Die Ausbildung des Immerwährenden Reichstags zu Regensburg, in: Harald Dickerhof (Hrsg.), Festgabe Heinz Hürten zum 60. Geburtstag. Frankfurt am Main 1988, 301–315; *ders.*, Die Anfänge des Immerwährenden Reichstages zu Regensburg. Ständevertretung und Staatskunst nach dem Westfälischen Frieden. Mainz 1991; *Winfried Dotzauer*, Die deutschen Reichskreise (1383–1806). Geschichte und Aktenedition. Stuttgart/Berlin/Köln 1991; *Wolfgang Wüst* (Hrsg.), Reichskreis und Territorium: Die Herrschaft über der Herrschaft? Supraterritoriale Tendenzen in Politik, Kultur, Wirtschaft und Gesellschaft. Ein Vergleich süddeutscher Reichskreise. Stuttgart 2000; *Volker Press*, Das Reichskammergericht in der deutschen Geschichte. (Schriftenreihe der Gesellschaft für Reichskammergerichtsforschung, H. 3.) Wetzlar 1997; *Ingrid Scheurmann*, Frieden durch Recht. Das Reichskammergericht von 1495 bis 1806. Mainz 1994; *Friedrich Hertz*, Die Rechtsprechung der höchsten Reichsgerichte im römisch-deutschen Reich und ihre politische Bedeutung, in: MIÖG 69, 1961, 331–358; *Volker Press*, Der Reichshofrat im System des frühneuzeitlichen Rei-

Dahinter kann durchaus der Versuch gesehen werden, mittels Interpretation historischer Fakten den bestehenden politischen Verhältnissen Legitimation zu verleihen – um 1870/71 genauso wie nach 1945.

Bleibt zu fragen, ob sich hinter dieser Wirkungs- und Interpretationsgeschichte des Westfälischen Friedens eine Idee, eine für die Entwicklung der politischen Verhältnisse in Deutschland zentrale Idee verbirgt. So hat schon Martin Heckel von rechtsgeschichtlicher Seite darauf hingewiesen, daß der Westfälische Friede, indem er die Ergebnisse des Augsburger Religionsfriedens von 1555 bestätigte, die darin grundgelegte Grundrechtsentwicklung manifestierte und ausweitete.[27] Die zarten Anfänge von individuellen Grundrechten lassen sich schon im älteren Reichsgrundgesetz etwa im Auswanderungsrecht für Angehörige konfessioneller Minderheiten erkennen, „diese Religionsfreiheit im Gewande des religiösen Freizügigkeitsrechts ist das erste allgemeine Grundrecht, das das Reich durch das geschriebene Verfassungsrecht jedem Deutschen garantierte". 1648 wurde das Ius emigrandi im Instrumentum Pacis Osnabrugense (IPO)[28] etwa hinsichtlich der Bestimmungen zum Besitz der Auswanderer optimiert (IPO V §§ 36, 37), ja diese

ches, in: Friedrich Battenberg/Filippo Ranieri (Hrsg.), Geschichte der Zentraljustiz in Mitteleuropa. Festschrift für Bernhard Diestelkamp zum 65. Geburtstag. Köln/Wien 1994, 349-365.

[27] So etwa in *Martin Heckel*, Deutschland im Konfessionellen Zeitalter. Göttingen 1983 (u. ö.), hier 47f., 202f., das nachfolgende Zitat 47; ferner *ders.*, Religionsfreiheit. Eine säkulare Verfassungsgarantie, in: ders., Gesammelte Schriften. Staat, Kirche, Recht. Hrsg. v. Klaus Schaich. Bd. 4. Tübingen 1997, 647–859, hier besonders 661f., und *ders.*, Zu den Anfängen der Religionsfreiheit im Konfessionellen Zeitalter, in: ebd. Bd. 5. Tübingen 2004, 81-134. Verwiesen sei auch auf die ältere, aus katholischer Perspektive verfaßte Überblicksdarstellung von *Joseph Lecler*, SJ, Geschichte der Religionsfreiheit im Zeitalter der Reformation. Bd. 1. Stuttgart 1965, 369-421. Für den Augsburger Religionsfrieden nun grundlegend *Axel Gotthard*, Der Augsburger Religionsfrieden. Münster 2004, hier besonders Kap. D: Der Augsburger Religionsfrieden – ein Meilenstein auf dem Weg in die Moderne, vor allem 528ff. (mit dem Hinweis auf die schwierige Forschungslage), 554 (zu den Kontinuitäten im Westfälischen Frieden). Vgl. dazu ferner noch immer *Hermann Fürstenau*, Das Grundrecht der Religionsfreiheit nach seiner geschichtlichen Entwicklung und heutigen Geltung in Deutschland. Leipzig 1891, ND Glashütten, Taunus 1975, sowie – mit ganz anderem Tenor – *Nikolaus Paulus*, Religionsfreiheit und Augsburger Religionsfriede, in: Heinrich Lutz (Hrsg.), Zur Geschichte der Toleranz und Religionsfreiheit. Darmstadt 1977, 17–41; auch *Karl Graf Ballestrem* bezieht ganz knapp den Augsburger Religionsfrieden – und den Westfälischen Frieden – in seine Argumentation ein: Zur Theorie und Geschichte des Emigrationsrechtes, in: Günter Birtsch (Hrsg.), Grund- und Freiheitsrechte im Wandel von Gesellschaft und Geschichte. Beiträge zur Geschichte der Grund- und Freiheitsrechte vom Ausgang des Mittelalters bis zur Revolution von 1848. Göttingen 1981, 146–161, hier 147f.

[28] Eine deutsche Fassung des IPO findet sich in *Arno Buschmann* (Hrsg.), Kaiser und Reich. Verfassungsgeschichte des Heiligen Römischen Reiches deutscher Nation vom Beginn des 12. Jahrhunderts bis zum Jahre 1806 in Dokumenten. T. 2: Vom Westfälischen Frieden 1648 bis zum Ende des Reiches im Jahre 1806. 2. Aufl. Baden-Baden 1994, 15–106. Danach alle Verweise auf den Text des Westfälischen Friedens.

Gewissensfreiheit wurde – etwas widersprüchlich dazu – sogar ausgeweitet durch das Verbot der Ausweisung von durch die Normaljahrsregelung entstandenen konfessionellen Minderheiten (IPO V §§ 31, 32) sowie deren differenzierte und abgestufte Rechte zur Religionsausübung (IPO V §§ 34, 35), daneben Spezialregelungen wie etwa für die Protestanten in Schlesien (IPO V §§ 38, 40).[29] Diese Ansätze individueller Grundrechtsentwicklung, in engem Zusammenhang mit dem Ius reformandi der Landesherren zu sehen[30], war indes nur möglich in der paritätischen Ordnung des Reichskirchenrechts, die der Westfälische Frieden manifestierte, und durch die Interpretation desselben in der Reichspublizistik.

III. „Paritätische Religionsfreiheit" in den Bestimmungen des Westfälischen Friedens

Genauso wie der Westfälische Friede zwar beanspruchte, ein „christlicher allgemeiner und immerwährender Friede" (IPO I) zu sein, wiewohl er doch von einem wegweisenden säkularen Friedensbegriff gekennzeichnet war[31], so hat er trotz der Bekräftigung des Augsburger Religionsfriedens von 1555 das in diesem älteren Friedenswerk enthaltene Wiedervereinigungsgebot zur Einheit der Kirche faktisch Makulatur werden lassen.[32] Vielmehr wurde eine Ordnung geschaffen, die auf der Ebene des Reiches die Konfessionen voneinander trennte, die sich keine Entscheidungen bezüglich des Wahrheitscharakters konfessioneller Parteiungen anmaßte und denselben in ihren klar umrissenen räumlichen, das heißt territorialen Grenzen geschützte Entfaltungsmöglichkeiten bot. Somit wurde christlicher Lebensentfaltung in den aus der Reformation entstandenen, nach 1648 legitimierten lutherischen und reformierten Kirchen sowie der katholischen Kirche ein reichsrechtlicher Rahmen gesteckt, der nicht mehr nach dem theologischen Selbstverständnis und dem jeweiligen Kirchenrecht fragte.

Dieses Grundprinzip der „paritätischen Religionsfreiheit"[33] in der Reichsverfassung hat folglich die innere Entwicklung einzelner, dem Ideal

[29] *Georg May*, Die Entstehung der hauptsächlichen Bestimmungen über das ius emigrandi (Art. V §§ 30–43 IPO) auf dem Westfälischen Friedenkongreß, in: ZRG KA 74, 1988, 436–494.

[30] *Bernd Christian Schneider*, Ius reformandi. Die Entwicklung eines Staatskirchenrechts von seinen Anfängen bis zum Ende des Alten Reiches. Tübingen 2001; *Martin Heckel*, Ius reformandi. Auf dem Wege zum „modernen" Staatskirchenrecht im Konfessionellen Zeitalter, in: ders., Gesammelte Schriften (wie Anm. 27), Bd. 5, 135–184.

[31] Vgl. hierzu *Kremer*, Westfälischer Friede (wie Anm. 26), 16–23.

[32] *Martin Heckel*, Die Wiedervereinigung der Konfessionen als Ziel und Auftrag der Reichsverfassung im Heiligen Römischen Reich Deutscher Nation, in: ders., Gesammelte Schriften (wie Anm. 27), Bd. 3. Tübingen 1997, 179–203.

[33] *Heckel*, Religionsfreiheit (wie Anm. 27), 661.

nach konfessionell homogener Territorialstaaten geprägt[34], auch wenn diese aus einem juristischen Formelkompromiß hervorgegangene Ordnung der Religion selber eigentlich völlig wesensfremd war. Der Westfälische Friede verstärkte die „Tendenz zur Säkularisierung des Reichskonfessionsrechts"[35], indem er den weltlichen juristischen Rahmen für die Entfaltung theologischer Inhalte schuf, also für eine Religionsfreiheit steht, die „theologisch entleert, juristisch formalisiert, inhaltlich paritätisch angeglichen, im Sinngehalt relativiert"[36] war. Auf der Ebene des Heiligen Römischen Reiches entstand seit dem 16. Jahrhundert ein säkulares Religionsrecht, daß vom Absolutheitsanspruch der drei zugelassenen, konkurrierenden christlichen Konfessionen und den jeweiligen theologischen Lehren distanziert zu betrachten ist, ja das sich davon emanzipiert hatte, um so deren paritätisches Nebeneinander zu ermöglichen.[37]

Das Reichskirchenrecht seit der Mitte des 17. Jahrhunderts unterscheidet sich zweifelsohne von den heutigen grundgesetzlichen Bestimmungen. Das bis heute in der Bundesrepublik Deutschland gültige System der „hinkenden Trennung"[38] von weltanschaulich neutralem, betont nicht-laizistischem Staat

[34] Auf der Ebene der Territorien werden die Zusammenhänge von Territorialisierung beziehungsweise Staatswerdung und Konfessionalisierung seit langem und durchaus kontrovers diskutiert. Die Debatte um die Konfessionalisierung, ausgehend von *Ernst Walter Zeeden*, Grundlagen und Wege der Konfessionsbildung in Deutschland im Zeitalter der Glaubenkämpfe, in: HZ 185, 1958, 249-299 (wieder in: ders., Konfessionsbildung. Studien zur Reformation, Gegenreformation und katholischen Reform. Stuttgart 1985), kann an dieser Stelle nicht nachgezeichnet werden, verwiesen sei allein auf *Thomas Kaufmann*, Die Konfessionalisierung von Kirche und Gesellschaft. Sammelbericht über eine Forschungsdebatte, in: Theologische Literaturzeitung 121, 1996, 1008-1025, 1113-1121, *Anton Schindling*, Konfessionalisierung und Grenzen der Konfessionalisierbarkeit, in: ders./Walter Ziegler (Hrsg.), Die Territorien des Reichs im Zeitalter der Reformation und Konfessionalisierung. Land und Konfession 1500-1650. Bd. 7: Bilanz – Forschungsperspektiven – Register. Münster 1997, 9-44, und *Walter Ziegler*, Kritisches zur Konfessionalisierungsthese, in: Peer Fries/Rolf Kiesling (Hrsg.), Konfessionalisierung und Region. Konstanz 1999, 41-53.

[35] *Gabel*, Glaube – Individuum – Reichsrecht (wie Anm. 10), 175.

[36] *Heckel*, Anfänge der Religionsfreiheit (wie Anm. 27), 113.

[37] *Anton Schindling*, Der Westfälische Frieden und das Nebeneinander der Konfessionen im Heiligen Römischen Reich deutscher Nation, in: Konrad Ackermann/Alois Schmid/Wilhelm Volkert (Hrsg.), Bayern. Vom Stamm zum Staat. Festschrift für Andreas Kraus zum 80. Geburtstag. München 2002, 409-432; *ders.*, War ‚1648' eine katholische Niederlage?, in: Horst Carl u. a. (Hrsg.), Kriegsniederlagen. Erfahrungen und Erinnerungen. Berlin 2004, 257-277, spezieller mit Bezug vor allem zum Hochstift Osnabrück *ders.*, Ein historisches Beispiel für Gerechtigkeit und Fairneß im Verfahren: Der Westfälische Frieden – Die Regelung im konfessionellen Nebeneinander, in: Günter Bierbrauer/Walther Gottwald, Beatrix Birnbreier-Stahlberger (Hrsg.), Verfahrensgerechtigkeit. Rechtspsychologische Forschungsbeiträge für die Justizpraxis. Köln 1995, 245-255. Ein älterer Überblick findet sich bei *Lothar Weber*, Die Parität der Konfessionen in der Reichsverfassung von den Anfängen bis zum Untergang des alten Reiches im Jahre 1806. Diss jur. Bonn 1961.

[38] Diese Formulierung prägte *Ulrich Stutz*, Das Studium des Kirchenrechts an den deutschen Universitäten, in: Deutsche Akademische Rundschau 6, 1924, 1-4, hier 2.

und den Kirchen beziehungsweise Religionsgesellschaften, deren autonomes öffentliches Wirken – auch in Zusammenarbeit mit staatlichen Institutionen – Anerkennung und Schutz findet (Art. 140 Grundgesetz), ist gewiß von verschiedenen Traditionen geprägt und deswegen kompliziert und rechtsdogmatisch uneinheitlich geformt. Es beruht auf den Regelungen des letzten Reichsgrundgesetzes, des Reichsdeputationshauptschlusses von 1803, der sich explizit auf den Westfälischen Frieden berief und dann für die Situation in einzelnen deutschen Ländern nach 1806 und im Deutschen Bund prägend wurde, sowie auf zahlreichen Kompromissen aus den Jahren 1848, 1919 sowie 1949 und verbindet sich mit dem individuellen Grundrecht auf Religionsfreiheit (Art. 4 Grundgesetz), wie es sich seit der Aufklärung ideengeschichtlich und im deutschen Verfassungsrecht seit dem 19. Jahrhundert weiterentwickeln konnte, wobei die Bedeutung der Säkularisation in diesem Prozeß gerade von rechtsgeschichtlicher Seite oftmals stark betont wird.[39] In einer seiner Wurzeln läßt sich dieses aufgrund schwindender Kirchenbindung und weniger verbreiteter christlicher Religiosität heute oftmals unverstandene, pragmatische System indes bis zu den Ergebnissen der Osnabrücker Friedensverhandlungen zurückführen, indem nämlich der Staat nicht in die Kirchen und Religionsgesellschaften hineinwirkt und ihnen in den Grenzen des Grundgesetzes Handlungsfreiheit sichert.[40]

Unter dem fast programmatisch anmutenden Titel „Denn es sind ja die Deutschen .... ein frey Volk“ hat Ronald G. Asch unlängst die Religionsfreiheit als zentralen Inhalt des Westfälischen Friedens ausgemacht, wobei er sich ebenfalls nachdrücklich auf die Heckelschen Ausführungen von der Grundrechtsentwicklung aus der deutschen Reichsverfassungstradition seit

[39] Vgl. hierzu – allerdings mit zu pessimistischem Blick auf den Westfälischen Frieden und auf dünner Literaturbasis, doch durchaus anregend – *Wilhelm Damberg*, Vom Konfessionsstaat zur Bekenntnisfreiheit. 1648 – 1848 – 1998, in: Josef Alfers/Thomas Sternberg (Hrsg.), Die Kirchen und der Westfälische Friede. Eine Tagungsdokumentation. Münster 1999, 147–168, sowie fundierter, aber aus ähnlichem Blickwinkel *Christoph Link*, Ein Dreivierteljahrhundert Trennung von Kirche und Staat in Deutschland. Geschichte, Grundlagen und Freiheitschancen eines staatskirchenrechtlichen Modells, in: Bernd Becker u. a. (Hrsg.), Festschrift für Werner Thieme zum 70. Geburtstag. Köln 1993, 95–122, und mit europäisch-komparatistischem Blickwinkel *Michael Stolleis*, Religion und Politik im Zeitalter des Barock. „Konfessionalisierung“ oder „Säkularisierung“ bei der Entstehung des frühmodernen Staates, in: Dieter Breuer (Hrsg.), Religion und Religiosität im Zeitalter des Barock. T. 1. Wiesbaden 1995, 23–42.

[40] Die diesen Zusammenhang prägenden geistesgeschichtlichen Veränderungen – zumal der Aufklärung – und Veränderungen der Staatlichkeit auf deutschem Boden seit dem frühen 19. Jahrhundert können nicht Gegenstand dieser Abhandlung sein. Ein Überblick dazu bei *Martin Heckel*, Parität, in: ders., Gesammelte Schriften (wie Anm. 27), Bd. 1. Tübingen 1989, 106–226, *ders.*, Zur Entwicklung des deutschen Staatskirchenrechts von der Reformation bis zur Schwelle der Weimarer Verfassung, in: ebd. 367–401, hier besonders Abschnitt III, sowie *ders.*, Die Kirchen unter dem Grundgesetz, in: ebd. 402–446, hier besonders 406–414.

1555 bezieht.[41] Es ist zu betonen, daß das von Asch im Aufsatztitel verwendete Zitat aus dem Kreise der lutherischen Verhandlungspartei in Osnabrück kam und ganz aus der protestantischen Auslegung der Reichsverfassung seit dem 16. Jahrhundert entsprang, wie sie sich vor 1618 und während der ersten zweieinhalb Jahrzehnte des Dreißigjährigen Krieges nicht durchsetzen ließ und wie sie als Ausgangspunkt für die protestantischen Forderungen der Verhandlungen in Osnabrück diente.[42] Zugleich ist die grundsätzliche Perspektive zu berücksichtigen, aus der diese Verhandlungen protestantischerseits betrachtet wurden, nämlich nicht als ausschließlich von den Reichsständen geführt, sondern zugleich als Kongreß der Religionsparteien. Auf diese Art und Weise erwies sich das Ius emigrandi – neben den Reichsgerichten[43] – als ein wichtiger Faktor für die Entwicklung der Rechtsbeziehungen zwischen Heiligem Römischen Reich einerseits und Untertanen der einzelnen Territorien andererseits. Das Reich garantierte Freiheit, die aus konfessionsgebundenen Rechten erwuchs.

Dieses paritätisch gewordene Reichsrecht in seiner immer feineren Ausformung seit der beginnenden Glaubensspaltung war es, das dem einzelnen in der Tat einklagbare Rechtstitel zusprach. Insofern waren in Osnabrück (neben den auswärtigen Mächten) nicht allein Kaiser und Reichsstände ver-

[41] *Ronald G. Asch*, „Denn es sind ja die Deutschen ... ein frey Volk". Die Glaubensfreiheit als Problem der westfälischen Friedensverhandlungen, in: Westfälische Zeitschrift 148, 1998, 113–137; Zitat im Titel aus *Johann Gottfried von Meiern*, Acta Pacis Westphalicae Publica oder westphälische Friedens-Handlungen und Geschichte. T. 2. Hannover 1734, ND Osnabrück 1969, 743 (mit Bezug auf das Auswanderungsrecht). Vgl. dazu ferner *ders.*, Das Problem des religiösen Pluralismus im Zeitalter der „Konfessionalisierung": Zum historischen Kontext der konfessionellen Bestimmungen des Westfälischen Friedens, in: BlldtLG 134, 1998, 1–32, sowie *Georg Schmidt*, „Deutsche Freiheit" und der Westfälische Friede, in: Asch/Voß/Wrede (Hrsg.), Frieden und Krieg (wie Anm. 17), 323–347, hier besonders 342; *ders.*, „Wo Freiheit ist und Recht, da ist der Deutsche untertan?", in: Matthias Werner (Hrsg.), Identität und Geschichte. Weimar 1997, 105–124.

[42] *Gerhard Schmid*, Konfessionspolitik und Staatsräson bei den Verhandlungen des Westfälischen Friedenskongresses über die Gravamina Ecclesiastica, in: ARG 44, 1953, 203–223; ferner *May*, Entstehung (wie Anm. 29), hier vor allem 438–445. Auf unterschiedliche Positionen im protestantischen Lager – etwa zwischen den traditionellen Forderungen von Wolfgang Konrad von Thumbshirn und der pragmatischen, eher vermittelnden Haltung von Jacob Lampadius – macht *Richard Dietrich*, Landeskirchenrecht und Gewissensfreiheit in den Verhandlungen des Westfälischen Friedenskongresses, in: HZ 196, 1963, 563–583, hier besonders ab 578, aufmerksam. Die katholische Position in den Verhandlungen zeichnet *Konrad Repgen* nach: Die katholische Kirche und der Westfälische Friede, in: Alfers/Sternberg (Hrsg.), Kirchen und Westfälischer Friede (wie Anm. 39), 7–59.

[43] Vgl. hierzu *Martin Heckel*, Die Religionsprozesse des Reichskammergerichts im konfessionell gespaltenen Reichskirchenrecht, in: ders., Gesammelte Schriften (wie Anm. 27), Bd. 3. Tübingen 1997, 383–440, sowie die umfängliche Studie von *Bernhard Ruthmann*, Die Religionsprozesse am Reichskammergericht (1555–1648). Eine Analyse anhand ausgewählter Prozesse. Köln/Weimar/Wien 1996.

treten, wie vorwiegend katholische Interpretationen lauteten, sondern über die sich gegenüberstehenden Religionsparteien zugleich auch die Betroffenen, die Untertanen der einzelnen Reichsstände. Dies wird überdies an der zunehmenden Verfestigung der konfessionellen Corpora während der Friedensverhandlungen in Münster und Osnabrück deutlich[44], die in der Verhandlungspraxis des Reichstages in Form der Itio in partes integriert wurden.[45] Noch deutlicher sichtbar wurde das paritätische Prinzip der Reichsverfassung in einer Minderheit von Reichsständen, in deren Herrschaftsgebieten aufgrund verzögerter Konfessionalisierungsprozesse und uneinheitlicher Besitzlage zum Stichtag 1. Januar des Normaljahres 1624 zwei Konfessionsparteien miteinander existieren mußten (IPO V § 2), neben einigen Reichsstädten[46] ist hier vor allem das Hochstift Osnabrück[47] zu nennen.[48] Es ist in diesem Zusammenhang hervorzuheben, daß durch die Normaljahrsregelung die konfessionellen Besitzstände gesichert wurden, wie überhaupt die Kirchengüterfrage ein zentraler Konfliktgegenstand im Vorfeld und während des Dreißigjährigen Krieges war.[49]

44 *Fritz Wolff*, Corpus Evangelicorum und Corpus Catholicorum auf dem Westfälischen Friedenskongreß. Die Einfügung der konfessionellen Ständeverbindungen in die Reichsverfassung. Münster 1966; *Gabriele Haug-Moritz*, Corpus Evangelicorum und deutscher Dualismus, in: Volker Press (Hrsg.), Alternativen zur Reichsverfassung in der Frühen Neuzeit. München 1995, 189-207, *Anton Schindling*, Corpus evangelicorum et corpus catholicorum. Constitution juridique et réalités sociales dans le Saint-Empire, in: Jean Pierre Kintz/Georges Livet (Eds.), 350e anniversaire des Traités de Westphalie 1648-1998. Une genèse de l'Europe, une société à reconstruire. Actes du Colloque International. Straßburg 1999, 43-55.

45 *Martin Heckel*, Itio in partes. Zur Religionsverfassung des Heiligen Römischen Reiches Deutscher Nation, in: ders., Gesammelte Schriften (wie Anm. 27), Bd. 4, 636-736.

46 Hier sind die schwäbischen Reichsstädte Dinkelsbühl, Ravensburg, Biberach und als größte Augsburg anzusprechen; hingewiesen sei hier auf *Paul Warmbrunn*, Zwei Konfessionen in einer Stadt. Das Zusammenleben von Katholiken und Protestanten in den paritätischen Reichsstädten Augsburg, Biberach, Ravensburg und Dinkelsbühl von 1548 bis 1648. Wiesbaden 1983, und auf die umfänglichen Studien zu Augsburg von *Ingrid Bátori*, Die Reichsstadt Augsburg im 18. Jahrhundert. Verfassung, Finanzen und Reformversuche. Göttingen 1969, *Bernd Roeck*, Eine Stadt in Krieg und Frieden, Studien zur Geschichte der Reichsstadt Augsburg zwischen Kalenderstreit und Parität. Göttingen 1989, und *Etienne François*, Die unsichtbare Grenze. Protestanten und Katholiken in Augsburg 1648-1806. Sigmaringen 1991.

47 *Anton Schindling*, Westfälischer Friede und Altes Reich. Zur reichspolitischen Stellung Osnabrücks in der Frühen Neuzeit, in: Osnabrücker Mitteilungen 90, 1985, 97-120; *ders.*, Der Westfälische Frieden 1648. Die Regelung im konfessionellen Nebeneinander, in: Karl Georg Kaster/Gerd Steinwascher (Hrsg.), 450 Jahre Reformation in Osnabrück. Ausstellungskatalog. Osnabrück/Bramsche 1993, 623-634.

48 *Anton Schindling*, Andersgläubige Nachbarn. Mehrkonfessionalität und Parität in Territorien und Städten des Reichs, in: Bußmann/Schilling (Hrsg.), 1648 (wie Anm. 7), Textbd. 1, 465-473, gewährt einen reichsweiten Überblick.

49 *Anton Schindling*, Der Passauer Vertrag und die Kirchengüterfrage, in: Winfried Becker (Hrsg.), Der Passauer Vertrag von 1552. Politische Entstehung, reichsrechtliche

IV. Toleranz im reichsrechtlich normierten Nebeneinander der Konfessionen

Es nimmt nicht wunder, daß der Westfälische Friede von den Zeitgenossen im Heiligen Römischen Reich getrennt nach konfessionellen Zugehörigkeiten wahrgenommen und gefeiert wurde. Friedensfeste auf katholischer Seite lassen sich viel seltener ausmachen als Friedensfeste auf protestantischer, auf lutherischer Seite. Diese lutherischen Friedensfeiern trugen im ganzen Alten Reich sehr ähnliche Züge und wirkten zutiefst in eine gemeinsame lutherische Konfessionskultur des Reiches hinein. Die Lutheraner feierten, daß sie im Westfälischen Frieden als den Katholiken gleichberechtigte Konfessionspartei reichsrechtlich Anerkennung gefunden hatten, daß sie ihren konfessionellen Standpunkt behaupten und Besitzstände gegen die katholische Seite bewahren konnten.[50]

Die Friedensfeiern nach 1648 – zumeist erstmals 1650 und dann öfter begangen – zeigen also deutlich, was Toleranz und Religionsfreiheit im Heiligen Römischen Reich deutscher Nation meinten: Die Angehörigen katholischer, lutherischer und reformierter Konfession fanden im Westfälischen Frieden die Bedingungen des Nebeneinanders ihrer Existenz geregelt. Der

Bedeutung und konfessionsgeschichtliche Bewertung. Neustadt a. d. Aisch 2003, 105–123; *Michael Frisch*, Das Restitutionsedikt Kaiser Ferdinands II. vom 6. März 1629. Eine rechtsgeschichtliche Untersuchung. Tübingen 1993; *Martin Heckel*, Das Restitutionsedikt Kaiser Ferdinands II. vom 6. März 1629. Eine verlorene Alternative der Reichsverfassung, in: ders., Gesammelte Schriften (wie Anm. 27), Bd. 5, 185–207.

[50] Die Literatur zu den Friedensfeiern konzentriert sich oftmals auf lokale oder regionale Schwerpunkte, so beispielsweise *Konrad Repgen*, Die Feier des Westfälischen Friedens in Kulmbach (2. Januar 1649), in: ZBLG 58, 1995, 261–275, (mit Nachtrag in: ebd. 59, 1996, 185–190), oder *Frank Kleinehagenbrock*, „Nun müßt ihr doch wieder alle katholisch werden". Der Dreißigjährige Krieg als Bedrohung der Konfession in der Grafschaft Hohenlohe, in: Matthias Asche/Frank Kleinehagenbrock (Hrsg.), Das Strafgericht Gottes. Kriegserfahrungen und Religion im Heiligen Römischen Reich Deutscher Nation im Zeitalter des Dreißigjährigen Krieges. 2. Aufl. Münster 2002, 59–122, hier 110–118; *ders.*, Die Grafschaft Hohenlohe im Dreißigjährigen Krieg. Eine erfahrungsgeschichtliche Untersuchung zu Herrschaft und Untertanen. Stuttgart 2003, Kap. VI.5: Die Feier des Westfälischen Friedens von 1650 als Zeugnis lutherischen Beharrungsvermögens; *Johannes Burkhardt/Stephanie Haberer* (Hrsg.), Das Friedensfest. Augsburg und die Entwicklung einer neuzeitlichen Toleranz-, Friedens- und Festkultur. Berlin 2000. Überblick gewähren *Konrad Repgen*, Der Westfälische Friede und die zeitgenössische Öffentlichkeit, in: HJb 117, 1997, 38–83, *Bernd Roeck*, Die Feier des Friedens, in: Duchhardt (Hrsg.), Der Westfälische Friede (wie Anm. 21), 633–659, *Claire Gantet*, Les fêtes luthériennes de la paix de Westphalie, in : Revue de l'Histoire des Religions 217, 2000, 459–472, *dies.*, Peace Festivals and the Culture of Memory in Early Modern South German Cities, in: Karin Friedrich (Ed.), Festive Culture in Germany and Europe from the Sixteenth to the Twentieth Century. Lewiston 2000, 57–71, *dies.*, La Paix de Westphalie (1648). Une histoire sociale, XVIIe–XVIIIe siècles. Paris 2001, hier besonders Kap. 3 : La célébration de la paix.

Begriff Toleranz ist in diesem Kontext freilich nicht bedenkenlos anzuwenden und scheint als Bedingung die grundsätzliche Akzeptanz der konfessionellen Trennung im politischen Denken nach 1555 gehabt zu haben.[51]

Diese Regelungen können nun nicht so verstanden werden, daß nach 1648 konfessioneller Friede geherrscht hätte. Vielmehr gilt es festzustellen, daß nunmehr eine Phase unterschiedlicher Auslegung und Deutung des Westfälischen Friedens einsetzte, die jedoch keineswegs mehr zu einer Lähmung der Reichsinstitutionen und in einen größeren, konfessionell motivierten Konflikt wie dem Dreißigjährigen Krieg führten, womit sich die 1648 geschaffene Reichsverfassung „als eine Barriere gegen den Konfessionskrieg" erwies.[52] Störungen des festgefügten Nebeneinanders der Konfessionen traten vor allem dann ein, wenn Versuche zur Veränderung der konfessionellen Verhältnisse unternommen wurden.[53] Entscheidend waren dabei die konfessionellen Besitzstände, die um keinen Preis angetastet werden durften. Gerade an solchen Konfliktfällen kann – abseits gelehrter Diskurse – gezeigt werden, was Toleranz im Sinne der Reichsverfassung meinte und wie sie in der alltäglichen Wirklichkeit der Untertanen der Reichsstände und der Einwohner ihrer Territorien praktiziert wurde. Schließlich war – nicht zuletzt wegen der lange lebendigen Erinnerung an den Dreißigjährigen Krieg – die Beilegung

[51] Vgl. hierzu die an praktischen Problemen ausgerichteten Ausführungen von *Gotthard*, Augsburger Religionsfriede (wie Anm. 27), 560–578, dort auch eine Einordnung in die Literatur. Hervorzuheben ist einerseits *Hans Guggisberg*, Wandel der Argumente für religiöse Toleranz und Glaubensfreiheit im 16. und 17. Jahrhundert, in: Lutz (Hrsg.), Toleranz und Religionsfreiheit (wie Anm. 27), 455–481, mit europäisch-vergleichender Perspektive und andererseits mit Blick auf den Augsburger Religionsfrieden einige Beiträge von *Winfried Schulze*, Concordia, Discordia, Tolerantia. Deutsche Politik im konfessionellen Zeitalter, in: Johannes Kunisch (Hrsg.), Neue Studien zur frühneuzeitlichen Reichsgeschichte. Berlin 1987, 43–79; *ders.*, „Ex dictamine rationis sapere". Zum Problem der Toleranz im Heiligen Römischen Reich nach dem Augsburger Religionsfrieden, in: Michael Erbe u. a. (Hrsg.), Querdenken. Dissens und Toleranz im Wandel der Geschichte. Festschrift zum 65. Geburtstag von Hans R. Guggisberg. Mannheim 1996, 223–240; *ders.*, Pluralisierung als Bedrohung (wie Anm. 11); *ders.*, Augsburg und die Entstehung der Toleranz, in: Burkhardt/Haberer (Hrsg.), Friedensfest (wie Anm. 50), 43–71; *Georg Schmidt*, Die frühneuzeitliche Idee „deutsche Nation": Mehrkonfessionalität und säkulare Werte, in: Heinz-Gerhard Haupt/Dieter Langewiesche (Hrsg.), Nation und Religion in der deutschen Geschichte. Frankfurt am Main/New York 2001, 33–67, hier vor allem 52–60.

[52] *Anton Schindling*, Das Strafgericht Gottes. Kriegserfahrungen und Religion im Heiligen Römischen Reich Deutscher Nation im Zeitalter des Dreißigjährigen Krieges. Erfahrungsgeschichte und Konfessionalisierung, in: Asche/Schindling. (Hrsg.), Strafgericht Gottes (wie Anm. 50), 11–51, hier 34–44, Zitat 34.

[53] Ohne hier näher darauf eingehen zu können, sei an dieser Stelle allein an Fürstenkonversionen, die Rijswijker Klausel und die Konfessionswirren in der Kurpfalz oder an die Ausweisung der (geheimen) Protestanten aus Salzburg erinnert. Einen Überblick geben *Gabriele Haug-Moritz*, Kaisertum und Parität. Reichspolitik und Konfessionen nach dem Westfälischen Frieden, in: ZHF 19, 1992, 445–482, und knapper *Schindling*, Reichsinstitutionen (wie Anm. 18), 285–288, 290.

konfessionell motivierter Konflikte im Rahmen der Bestimmungen von 1648 von allgemeinem Interesse.

Im Alltag der Menschen in den Städten und Dörfern der Territorien des Heiligen Römischen Reiches besaßen die im Westfälischen Frieden erworbenen Rechtspositionen der Konfessionen, der konfessionelle Besitz und die daraus abgeleiteten Vorstellungen von Toleranz sowie Religions- und Gewissensfreiheit tatsächlich Relevanz. Ein Konfliktraum konfessioneller Differenzen war etwa die Grafschaft Wertheim im Fränkischen Reichskreis, die im Westfälischen Frieden (IPO IV §§ 41, 42) definitiv lutherischer Konfession war, wo jedoch ein katholischer Zweig des gräflichen Hauses bis zum Ende des Alten Reiches beharrlich versuchte, ein Simultaneum herzustellen, das heißt neben der lutherischen eine katholische Pfarrgemeinde zu errichten.[54] Es gelang zwar, Kapuziner anzusiedeln und eine pfarrähnliche Seelsorge aufzubauen, Katholiken in die Stadt zu holen und den Chor der Stiftskirche für katholischen Gottesdienst zu nutzen, doch rein rechtlich wurde dieser als Hofkapelle behandelt. Noch 1803, als man infolge des Reichsdeputationshauptschlusses mit weiteren Reichstagsabschieden zur Neuregelung der konfessionellen Verhältnisse rechnete, scheiterten Pläne zur Errichtung einer eigenen katholischen Pfarrei, der Einrichtung eines katholischen Friedhofs und zur Annahme katholischer Bürger am Widerstand der evangelischen gräflichen Linie des Hauses.[55]

In diesem Zusammenhang ist die Supplik einer Schuhmacherwitwe interessant, die einen Schuhknecht aus ihrer Werkstatt, ihren „Liebhaber", zu ehelichen wünscht, der sie zwar „verführet und unglücklich gemachet", doch treu zu ihr stehe und sie heiraten wolle.[56] Voraussetzung, auch zur Weiterführung ihres Betriebes als Meister, wäre die Annahme dieses Schuhknechts als Bürger. Der jedoch stammte aus Bamberg, war katholisch und offenbar nicht geneigt zu konvertieren. „[I]n dunkleren und noch nicht so aufgeklärten Zeiten" seien zwar keine Katholiken in Wertheim als Bürger angenom-

[54] Die konfessionellen Verhältnisse in der Stadt Wertheim sind in der Literatur nur ungenau erfaßt worden, weswegen präzisere Erkenntnisse weiteren Forschungen des Verfassers vorbehalten bleiben. Verwiesen sei hier lediglich auf *Heinrich Neu*, Geschichte der evangelischen Kirche in der Grafschaft Wertheim. Heidelberg 1903, hier vor allem Kap. 5 (aus protestantischer Perspektive); *Hermann Ehmer*, Geschichte der Grafschaft Wertheim. Wertheim 1989, 179f. Deutliche Informationen zur Situation in Wertheim am Ende des Alten Reiches finden sich in *A[nton] F[riederich] Büsching*, Große Erdbeschreibung. Bd. 19. Brünn 1787, 268–283; grundlegend zu den gräflichen Handlungsspielräumen in dieser Zeit ist die Monographie von *Harald Stockert*, Adel im Übergang. Die Fürsten und Grafen von Löwenstein-Wertheim zwischen Landesherrschaft und Standesherrschaft 1780–1850. Stuttgart 2000.

[55] Vgl. hierzu Staatsarchiv Wertheim, F 22, Nr. 299, passim.

[56] Ebd., Supplik der Susanne Zwingelin, verwitwete Schuhmacherin, an Graf Johann Carl Ludwig von Löwenstein-Wertheim-Virneburg, ohne Ort und Datum (bearbeitet im Oktober 1803 und im Januar 1804).

men worden, doch die beim Grafen „herrschende Toleranz für alle Christen" lasse die Witwe nun darum bitten. Hier tritt um 1800 ein Wandel des Toleranzverständnisses zutage, der um so mehr verdeutlicht, was in dem 1648 geschaffenen Nebeneinander der Konfessionen und Religionsfreiheit zu verstehen ist.

Deutlicher noch macht das der letztlich erfolglose Kampf der lutherischen Bürger und des Magistrats der Stadt Fürstenau im Hochstift Osnabrück gegen den öffentlichen Gottesdienst der Katholiken in ihrer Stadt, die immerhin den größten Anteil an der Bevölkerung stellten, aber im Jahre 1624 nicht im Besitz der Kirche waren und deswegen Minderheitenstatus besaßen.[57] Diese, nach 1650 durch die Capitulatio perpetua noch in besonderer Weise eingefrorenen konfessionellen Besitzverhältnisse wurden durch einen Religionsvergleich im Jahre 1786 verändert[58]; dieser war jedoch vor allem von den Lutheranern in Schledehausen vorangetrieben worden, deren Lage ähnlich jener der Fürstenauer Katholiken war, und stellte im Grunde einen Kompromiß dar, der eine vorsichtige, durch Aufklärungsdenken beeinflußte Anpassung der konfessionellen Verhältnisse, wie sie das Normaljahr festgelegt hatte, an die sozialen und konfessionellen Gegebenheiten der 1780er Jahre brachte.[59] Sogleich begannen die lutherischen Fürstenauer, die den Religionsvergleich ablehnten, sich Sorgen um den Unterhalt von Pfarrer, Totengräber, Lehrer und Kirche zu machen. Denn, so war ihre Befürchtung, wenn die Katholiken eine eigene Pfarrgemeinde besäßen, würden die angestammten Lutherischen Einbußen bei den Einkünften erfahren und alles in Verfall geraten. Gesteigert wurde dies durch die Furcht, dann etwa die Kinder bei einem katholischen Lehrer in die Schule geben zu müssen. Der Fall Fürstenau, der hier im einzelnen nicht nachgezeichnet werden kann, erregte durch diverse

[57] Zu den Konfessionsverhältnissen im Hochstift Osnabrück vgl. neben *Schindling*, Westfälischer Frieden und Altes Reich (wie Anm. 47), und *ders.*, Westfälischer Friede (wie Anm. 47): *Hermann Hoberg*, Die Gemeinschaft der Bekenntnisse in kirchlichen Dingen. Rechtszustände im Fürstentum Osnabrück vom Westfälischen Frieden bis zum Ausgang des 19. Jahrhunderts. Osnabrück 1939; *Theodor Penners*, Zur Konfessionsbildung im Fürstentum Osnabrück. Die ländliche Bevölkerung im Wechsel der Reformationen des 17. Jahrhunderts, in: Jahrbuch der Gesellschaft für Niedersächsische Kirchengeschichte 72, 1974, 25–50; nun auch – allerdings nicht völlig befriedigend – *Mark Alexander Steinert*, Die alternative Sukzession im Hochstift Osnabrück. Bischofswechsel und das Herrschaftsrecht des Hauses Braunschweig-Lüneburg in Osnabrück 1648–1802. Osnabrück 2003.

[58] Zur Capitulatio Perpetua vgl. *Wolfgang Seegrün*, In Münster und Nürnberg. Die Verteilung der Konfessionen im Fürstentum Osnabrück 1648/50, in: BlldtLG 134, 1998, 59–94, *ders./Gerd Steinwascher*, 350 Jahre Capitulatio perpetua Osnabrugensis (1650–2000). Entstehung – Folgen – Text. Osnabrück 2000.

[59] *Manfred Rudersdorf*, Justus Möser, Kurfürst Max Franz zu Köln und das Simultaneum zu Schledehausen: Der Osnabrücker Religionsvergleich von 1786, in: Klaus J. Bade/Horst-Rüdiger Jarck/Anton Schindling (Hrsg.), Schelenburg – Kirchspiel – Landgemeinde. 900 Jahre Schledehausen. Bissendorf 1990, 107–136.

Druckschriften allgemeines Aufsehen und beschäftigte über mehrere Jahre das Reichskammergericht, den Reichstag und das Corpus Evangelicorum.

Die lutherischen Fürstenauer und ihr Magistrat handelten sich – ganz im Sinne des Toleranzverständnisses, das auch in der Wertheimer Supplik erkennbar war – den Vorwurf der Intoleranz ein, wogegen sie sich wehrten: „Die jetzt so beliebte und fast allgemeine Sprache des Publikums Toleranz paßt auf unseren Fall gar nicht, denn die hiesigen Catholischen Eingesessenen haben ihren Gottesdienst nur $^1/_4$ Stunde von hier zu Lütkenberge und ihr Geistlicher wohnt hier in der Stadt, können also ohne Störung ihren Gottesdienst halten, es würde vielmehr offenbar intoleranz seyn uns unseren wohl erworbenen Rechte zu nehmen und den Catholischen zu geben [...]" – und das waren vor allem eben Besitz- und Anspruchsrechte.[60]

Toleranz im Sinne der „paritätischen Religionsfreiheit" hieß also den Status quo des konfessionellen Besitzes und der konfessionellen Handlungsspielräume aus dem Jahre 1624 unangetastet zu lassen, um so keinen Unfrieden zu schüren. Gerade der Schutz von Besitz und Eigentum scheint im Rechtsgefüge des Heiligen Römischen Reiches von besonderer Bedeutung gewesen zu sein und sich – zumal ja immer auch Klagemöglichkeiten vor den höchsten Reichsgerichten zum Schutze eigener Positionen bedacht werden müssen – gleichsam mit Freiheitsvorstellungen verbunden zu haben, die aus den Rechten der Konfessionen nach dem Westfälischen Frieden erwuchsen, wie sie bereits angesprochen wurden.[61]

Unter Hinweis darauf, daß die Osnabrücker Capitulatio Perpetua auf den Bestimmungen des Westfälischen Friedens beruhe, trugen die Fürstenauer Lutheraner des weiteren vor, daß der Fürstbischof kein Recht habe, den Religionsvergleich mit den Schledehausenern abzuschließen, ihnen jedoch nur Mitteilung darüber zu machen, ja lange beklagten sie, daß ihnen das Dokument gar nicht vorläge: Die Capitulatio perpetua sei ein „FundamentalGesetz", das der Landesherr nicht zuungunsten eines Teiles seiner Untertanen verändern dürfe; sie waren überzeugt, „[e]s kann also kein deutscher Fürst ohne Bewilligung seiner Unterthanen an den Orten, wo in dem

[60] Staatsarchiv Osnabrück, Rep. 900, Nr. 272, Vol 1, Supplik von Bürgermeister und Rat zu Fürstenau an den Bischof von Osnabrück, 18. 1. 1787. Eine genauere Analyse dieser Textstelle sowie der gesamten Supplik nun bei *Frank Kleinehagenbrock*, Die Erhaltung des Religionsfriedens. Konfessionelle Konflikte und ihre Beilegung im Alten Reich nach 1648, in: HJb 126, 2006, 135–156.

[61] *Peter Blickle*, Von der Leibeigenschaft zu den Menschenrechten. Eine Geschichte der Freiheit in Deutschland. München 2003, hier vor allem 227–243, 299f., 303ff. (mit Betonung der genossenschaftlichen Traditionen Deutschlands); *Georg Schmidt*, „Deutsche Freiheit" (wie Anm. 41), 330–334; mit konkreten Beispielen: *Maria Schimke/Manfred Hörner*, Prozesse zwischen Untertanen und ihren Herrschaften vor dem Reichskammergericht in der zweiten Hälfte des 18. Jahrhunderts. Auseinandersetzungen um Fronen und Besitzwechselabgaben im Hochstift Würzburg, in: Dieter Albrecht/Karl Otmar Freiher von Aretin/Winfried Schulze (Hrsg.), Europa im Umbruch 1750–1850. München 1995, 279–303.

Entscheid-Jahr keine Simultaneen gewesen sind, auch keine einführen".[62] Dabei können sie sich auch auf den Westfälischen Frieden berufen, der nicht nur die Konfessionsverhältnisse in gemischtkonfessionellen Bistümern (IPO V § 23), sondern auch die Rechte protestantischer Untertanen katholischer Reichsstände festlegte (IPO V § 31), die im Osnabrücker Fall bemüht werden, indem eigens die Normaljahrsregeln betont wurden, an denen nichts geändert werden dürfe, „solange nichts anderes wegen der christlichen Religion entweder allgemein oder zwischen den Reichsständen und ihren Untertanen im gegenseitigen Einvernehmen vereinbart worden ist, und keiner soll den anderen auf irgendeine Art und Weise beeinträchtigen".

Hier klingen Partizipationsrechte an, die möglicherweise in Verbindung mit älteren kommunalistischen Traditionen gesehen werden können[63] und ein spezieller Ausfluß der Religionsfreiheit nach dem Westfälischen Frieden von 1648 wären – zumindest in den Augen der traditional argumentierenden Fürstenauer Lutheraner. Diesbezüglich bedarf es jedoch weiterer, intensiver Forschung, die verschiedene Ansätze von Grundrechtsentwicklungen in der Verfassungstradition des Alten Reiches, wie sie im Westfälischen Frieden in entscheidender Weise Ausdruck gefunden hat, systematisch zusammenführt. Hier liegen vielleicht auch Ansätze zu einer spezifischen Geschichte der Ideen von 1648, die an dieser Stelle nur skizziert werden konnten.

V. Die politischen Ideen von 1648 als Forschungsaufgabe

Die politischen Ideen von 1648, die nicht losgelöst von älteren Entwicklungen seit der Reformation betrachtet werden dürfen – sie fordern auf, ver-

[62] Unterthänigste nähere Ausführung der Beschwerden, Erklärung über den projektierten Vergleich und Vorschläge Seitens des evangelischen Stadt-Magistrats und der evangelischen Bürgerschaft der Stadt Fürstenau im Hochstift Osnabrück wider jetzige evangelische hohe Landes-Regierung zu Osnabrück [...]. Halle 1787, 14f., Zitat 15.

[63] Hierzu nur ein kurzer Verweis auf *Peter Blickle*, Kommunalismus. Skizzen einer gesellschaftlichen Organisationsform. 2 Bde. München 2000, bes. Bd. 1, 70–86, sowie auf *Volker Press*, Von den Bauernrevolten des 16. Jahrhunderts zur konstitutionellen Verfassung des 19. Jahrhunderts. Die Untertanenkonflikte in Hohenzollern-Hechingen und ihre Lösungen, in: Hermann Weber (Hrsg.), Politische Ordnungen und soziale Kräfte im Alten Reich. Wiesbaden 1980, 85–112; *ders.*, Kommunalismus oder Territorialismus? Bemerkungen zur Ausbildung des frühmodernen Staates in Mitteleuropa, in: Heiner Timmermann (Hrsg.), Die Bildung des frühmodernen Staates – Stände und Konfessionen. Saarbrücken 1989, 109–135; *Markus Meumann/Ralf Pröve*, Die Faszination des Staates und die historische Praxis. Zur Beschreibung von Herrschaftsbeziehungen jenseits teleologischer und dualistischer Begriffsbildung, in: dies. (Hrsg.), Herrschaft in der Frühen Neuzeit. Umrisse eines dynamisch-kommunikativen Prozesses. Münster 2004; *Frank Kleinehagenbrock*, Herrschaft und Untertanen in der Grafschaft Hohenlohe vor dem Dreißigjährigen Krieg. Die Einführung von Dienstgeldern und die Festlegung von Landsteuern durch die Dienstgeld-Assekuration von 1609, in: ebd. 51–78.

stärkt über die spezifischen Ansätze politischer Ideen im rechtlich normierten System des Heiligen Römischen Reiches nachzudenken, bleiben zumindest Ansporn für die Forschung, vertieft über eine eigentümliche Traditionslinie von Grundrechten, insbesondere der Religionsfreiheit, ja überhaupt von Freiheitsvorstellungen aus den Verfassungsstrukturen des Reichssystems heraus Untersuchungen anzustellen.[64] Der zu starre Blick auf die Diskurse der Aufklärung und die Entwicklungen seit der Französischen Revolution und der Amerikanischen Verfassung etwa hinsichtlich von individuellen Grundrechten und Partizipationsmöglichkeiten, führt dazu, Brüche zu betonen und langfristige Entwicklungen über die von Koselleck in die Forschung eingeführte Sattelzeit hinweg aus dem Auge zu verlieren. Dazu gehört auch ein komparatistischer Blick auf Entwicklungen außerhalb des Heiligen Römischen Reiches, wobei dieses aufgrund seines spezifischen Charakters als überterritorialer Rechtsraum und mit einer paritätischen Absicherung der Konfessionen eine Sonderstellung innehaben dürfte.[65]

[64] Vgl. hierzu für Preußen und mit Hinweis auf die Perspektivenveränderungen durch obrigkeitsstaatliche Postulate des 19. Jahrhunderts: *Wolfgang Neugebauer*, Zur Geschichte des preußischen Untertanen – besonders im 18. Jahrhundert, in: FBPG 13, 2003, 141–161.

[65] Hierzu eine eher unbefriedigende Literaturlage, hier nur der Hinweis auf: *Asch*, Religiöser Pluralismus (wie Anm. 41), 8–15 (mit Blick nach Westeuropa); ebenso *ders.*, „Denn es sind ja die Deutschen“ (wie Anm. 41), 134–137 (mit Blick nach England).

Zeitschriftensiglen

AfS	Archiv für Sozialgeschichte
AHR	American Historical Review
AHY	Austrian History Yearbook
AKG	Archiv für Kulturgeschichte
ARG	Archiv für Reformationsgeschichte
BlldtLG	Blätter für deutsche Landesgeschichte
FBPG	Forschungen zur brandenburgischen und preußischen Geschichte
GG	Geschichte und Gesellschaft
GWU	Geschichte in Wissenschaft und Unterricht
HJb	Historisches Jahrbuch
HZ	Historische Zeitschrift
JbEurG	Jahrbuch für Europäische Geschichte
JbGMOD	Jahrbuch für die Geschichte Mittel- und Ostdeutschlands
JbLibF	Jahrbuch zur Liberalismus-Forschung
JbWG	Jahrbuch für Wirtschaftsgeschichte
JContH	Journal of Contemporary History
JModH	Journal of Modern History
MGM	Militärgeschichtliche Mitteilungen (heißt jetzt „MGZ" Militärgeschichtliche Zeitschrift)
MIÖG	Mitteilungen des Instituts für Österreichische Geschichtsforschung
NPL	Neue Politische Literatur
PVS	Politische Vierteljahresschrift
QuFiAB	Quellen und Forschungen aus italienischen Archiven und Bibliotheken
RH	Revue Historique
RHMC	Revue d'histoire moderne et contemporaine
VfZ	Vierteljahrshefte für Zeitgeschichte
ZBLG	Zeitschrift für bayerische Landesgeschichte
ZfG	Zeitschrift für Geschichtswissenschaft
ZHF	Zeitschrift für Historische Forschung
ZNR	Zeitschrift für neuere Rechtsgeschichte
ZRG GA	Zeitschrift der Savigny-Stiftung für Rechtsgeschichte, Germanistische Abteilung
ZRG KA	Zeitschrift der Savigny-Stiftung für Rechtsgeschichte, Kanonistische Abteilung
ZUG	Zeitschrift für Unternehmensgeschichte

Die Autoren

Prof. Dr. Eckart Conze, Philipps-Universität Marburg
PD Dr. Sven Externbrink. Philipps-Universität Marburg
Prof. Dr. Axel Gotthard, Friedrich-Alexander-Universität Erlangen-Nürnberg
Dr. Michael Hochedlinger, Österreichisches Staatsarchiv Wien
Prof. Dr. Manfred Kittel, Institut für Zeitgeschichte München
Dr. Frank Kleinehagenbrock, Julius-Maximilians-Universität Würzburg
PD Dr. Hans-Christof Kraus, Ludwig-Maximilians-Universität München
Prof. Dr. Frank-Lothar Kroll, Technische Universität Chemnitz
PD Dr. Günther Kronenbitter, Universität Augsburg/Emory University Atlanta, Ga. (USA)
PD Dr. Bernhard Löffler, Universität Passau/Universität Magdeburg
PD Dr. Guido Müller, Bochum
Prof. Dr. Sönke Neitzel, Johannes-Gutenberg-Universität Mainz
Prof. Dr. Thomas Nicklas, Friedrich-Alexander-Universität Erlangen-Nürnberg
Prof. Dr. Andreas Rödder, Johannes-Gutenberg-Universität Mainz
Prof. Dr. Matthias Schnettger, Johannes-Gutenberg-Universität Mainz
PD Dr. Matthias Stickler, Julius-Maximilians-Universität Würzburg